上海市研究生教育创新计划学位点引导布局与建设培育项目资助
农林经济管理研究生系列教材

U0390371

第三版 环境与自然资源经济学

——现代方法

乔纳森·M.哈里斯（Jonathan M. Harris）布瑞恩·罗奇（Brian Roach） 著

孙星 译

上海财经大学出版社

图书在版编目(CIP)数据

环境与自然资源经济学:现代方法(第三版)/(美)哈里斯(Harris,J.M.),(美)罗奇(Roach,B.)著.孙星译.—上海:上海财经大学出版社,2017.4
书名原文:Environmental and Natural Resource Economics:A Contemporary Approach,Third Edition
(农林经济管理研究生系列教材)
ISBN 978-7-5642-2693-0/F.2693

Ⅰ.①环… Ⅱ.①哈… ②罗… ③孙… Ⅲ.①环境经济学—研究生—教材 ②自然资源—资源经济学—研究生—教材 Ⅳ.①X196 ②F062.1

中国版本图书馆 CIP 数据核字(2017)第 054012 号

□ 策　划　刘　兵
□ 责任编辑　袁春玉
□ 封面设计　钱宇辰

HUANJING YU ZIRAN ZIYUAN JINGJIXUE

环 境 与 自 然 资 源 经 济 学

——现代方法

(第三版)

乔纳森·M.哈里斯

(Jonathan M. Harris)　　著

布瑞恩·罗奇

(Brian Roach)

孙　星　译

上海财经大学出版社出版发行
(上海市中山北一路 369 号　邮编 200083)
网　址:http://www.sufep.com
电子邮箱:webmaster @ sufep.com
全国新华书店经销
上海叶大印务发展有限公司印刷装订
2017 年 4 月第 1 版　2017 年 4 月第 1 次印刷

710mm×1000mm　1/16　35 印张　647 千字
印数:0001—2500　定价:68.00 元

图字:09-2014-873 号

Jonathan M. Harris Brian Roach

Environmental and Natural Resource Economics: A Contemporary Approach,

Third Edition (Armonk, NY: M.E. Sharpe, 2013)

前　言

　　《环境与自然资源经济学——现代方法》(*Environmental and Natural Resource Economics：A Contemporary Approach*) 的第三版保留了针对广大学生对于制订环境课题的重点关注。本书凝聚了作者在本科生和研究生环境与自然资源经济学课程教学 20 多年的经验和体会。它反映了环境课题的重要性，同时，阐明了更广范围地了解人类经济和自然世界之间的关系是必要的。

　　典型地，参与环境经济学课程的学生们已经意识到环境问题的严肃性，同时，还需要地方、国家和全球的政策方案。一些学生可能对环境政策方面感兴趣，另一些学生则对职业、个人生活和社交等相关方面问题感兴趣。在任何一种情况下，环境问题的重要性都使我们对于这类课程给予很高的热忱。这份热忱正是上苍赐与那些设法给边际成本和效益曲线注入活力的教师们的一份特别的恩惠。

　　然而，一个明显的缺憾就是由于严格意义上的传统方法应用于环境经济学，这份最初的热忱迅速地被熄灭了。其中，传统方法的主要局限在于新古典主义微观经济技术的专用。这种标准的微观经济学观点强烈地暗示了任何事物的重要性都能够通过价格进行衡量，虽然许多重要的环境职能还不能完全地通过金钱捕捉到。同时，新古典主义微观经济学的观点难以从本质上研究"宏观的"环境课题，如全球气候改变、海洋污染、臭氧枯竭、人口增长以及全球碳、氮和水循环系统。

　　基于以上原因，本书作者展示出一种替代的方法。除了标准经济学原理，这种替代方法还引入了生态经济学，因此，给读者提供了更加广阔的视角。在作者的观念中，这两种方法是互补的而不是冲突的。标准微观经济学分析的许多要素是分析资源和环境课题的基础。同时，在人类和自然系统的相互作用上，意识到严格意义上的成本—效益方法的局限性对于生态与生物物理的引入是重要的。

第三版的新内容

《环境与自然资源经济学——现代方法》的第三版根据世界环境政策的发展与对教学应用的评论与建议进行了更新。

第三版中新的内容包括：

● 添加了关于水资源经济的章节,包括对水资源需求管理、水资源定价与水资源自由化等方面的分析。

● 添加了环境保护与经济之间的关系的章节,包括从资源与能源投入的解耦产出以及推进绿色经济的相关政策。

● 提供了气候变化的新的科学证据,并添加了关于全球气候变化政策的新的章节,包括技术潜力、减排成本与给予地球大气信托基金(Earth Atmospheric Trust)和温室发展权(Greenhouse Development Rights)的建议。

● 增加了关于经济价值评估技术应用的更多内容,包括评估新的汞管制规则、重视生命、估计海湾石油泄漏产生的影响。

● 增加了关于"绿色"国家收入会计的新内容,包括调整后的净储蓄、真实发展指标(GPI)、美好生活指数与环境资产账户。

● 添加关于人口发展的新段落,包括变化的生育率、2050～2100 年的预测以及人类生态足迹。

● 增加了处在变化中的食物供应规划、"食物危机"的影响、处于上升的肉类消费量以及生物燃料的有关内容。

● 提供了不断上升的矿物价格最新数据与化石燃料供应限制的新规划、关于化石燃料补贴的讨论、转型至可再生能源的可能性。

所有的数据都更新至可以反映最近的趋势。涵盖正规分析的章节都增加了新的附录,这样可以提供有关分析技术的更深层次信息。

文章结构

本书适用于多门课程。它以基础微观经济学为背景,并且可应用于高级大学课程或者是政策导向的硕士课程。第一部分为资源、环境以及经济/环境交互作用的基础问题的不同经济分析方法提供了广阔的视角。第二部分涵盖了标准环境与资源经济的基础知识,包括外部性理论、资源跨时期配置、公共财产资源、公共物品与估价。第三部分介绍了生态经济学方法,包括国家"绿色"账户与经济/生态模型。

第四部分与第五部分将这些分析方法应用于环境与资源的基本问题。第四部分关注人口、农业与环境,回顾了不同的人口理论,概括了世界农业系统的环境影响,并且讨论了对人口与食物供应问题的政策反应。第五部分从微观与宏观两个角度分析了可再生资源与不可再生资源的经济问题。

第六部分提供了污染控制经济的标准分析,增加了环境保护与经济之间关系的章节与演示全球气候变化的两个章节。第七部分将之前贸易与发展问题部分的一些具体主题中的内容放在了一起讨论。

学生与教师的教学辅助

每一章都准备了问题讨论,而且有更多的章节添加了数值问题集。每一章节的关键部分都用详尽的词汇进行了说明。本书将有用的网址也都罗列出来。希望教师与学生可以物尽其能地使用本书的支持网站:http://www.gdae.org/environ-econ。

教学网站中有教学提示与目标以及测试试题与习题答案。学生网站则包括了章节回顾问题、网上练习,并且定期会在公告栏中更新最热门的环境问题。

鸣谢

要写出一本覆盖多个领域的教科书,除了支持资料以外,也是一个大工程,我们非常感激所有为之付出努力的人。全球发展与环境研究所的同事们提供了必不可少的灵感与帮助。研究助理 Anne-Marie Codur 编写了关于全球气候变化的第18章的原稿并且提供了有关人口与可持续发展章节的材料。特别重要的是研究所负责人 Neva Goodwin 的毫不动摇的支持,他一直以来都在捍卫教学材料的重要性,他认为教学材料可以为经济学的教育带来更广阔的视角。

我们的同事 Timothy Wise、Frank Ackerman、Kevin Gallagher、Julie Nelson、Liz Stanton 与 Elise Garvey 就一些具体问题提供了见解。Uchitelle-Pierce、Adrian Williamson、Baoguang Zhai、Maliheh Birjandi Feriz、Lauren Jayson、Reid Spagna 与 Mitchell Stalllman 提供了必要的研究支持,另外,Dina Dubson 与 Alicia Harvey 为之前的版本做出了贡献。Lauren Denizard 与 Erin Coutts 提供了行政支持。

这本书得益于 Kris Feder、Richard Horan、Gary Lynne、Helen Mercer、Gerda Kits、Gina Shamshak、Jinhua Zhao、John Sorrentino、Richard England、Maximilian Auffhammer 与 Guillermo Donoso 等评论家的评价,并且从这本书中可以看出我们从斯塔夫大学与其他机构的同事的成果中学到了很多,尤其是 William Moomaw、William Wade、Sheldon Krimsky、Molly Ander son、Ann Helwege、Kent Portney、Kelly Gallagher、Paul Kirshen 与 Richard Wetzler。包括 Herman Daly、Richard Norgaard、Richard Howarth、Robert Costanza、Faye Duchin、Glenn-Marie Lange、John Proops 与生态经济学国际社团的许多其他成员的成果为本书提供了特别的启发。Fred Curtis、Rafael Reuveny、Ernest Diedrich、Lisi Krall、Richard Culas 与许多美国及世界范围内的大学学院成员反馈了课堂使用效果。M. E. Sharp 出版公司的编辑 George Lobell 全程提供支持与建议,Stacey Victor 给整个生产过程提供指引。最后,我们要感谢历年来我们有幸教导的学生们——你们不断激励我们,你们为更美好的未来带来了希望。

乔纳森·M.哈里斯　布瑞恩·罗奇
全球发展与环境研究所
斯塔夫大学
Jonathan.Harris@Tufts.edu
Brian.Roach@Tufts.edu

目　录

第一部分

导言：经济和环境

第 1 章　不断改变的环境观念

焦点问题

- 21 世纪我们面对的主要环境问题是什么?
- 经济学怎样帮助我们理解这些问题?
- 经济观念和生态观念有何不同? 我们怎样综合利用这两种观念去解决环境问题?

1.1　经济与环境

在过去 40 多年里,我们越来越意识到群体、国家以及地球正面临着环境问题。在这个期间,自然资源和环境的问题大规模地快速增多。在 1970 年,美国建立了环境保护机构来应对当时公众开始关注的空气和水资源污染问题。在 1972 年,第一个有关环境的国际会议——联合国人类环境会议——在斯德哥尔摩召开。自此,全世界开始越来越关注环境问题。

1992 年,联合国环境与发展会议(UNCED)在巴西里约热内卢召开,聚焦于地球臭氧层的损耗、热带和原始森林与湿地的破坏、物种灭绝、不断增长的二氧化碳和其他温室气体造成的全球变暖和气候变化等全球主要议题。20 年后,在联合国里约 20 国可持续发展会议上,世界各国"重申承诺"去整合环境与发展,但承认对于这些目标取得的进展有限。[1] 在 2012 年,联合国环境组织(UNEP)做出《全球环境展望 5》(*Global Environmental Outlook 5*)报告,发现"不断增长的人口和蓬勃发展的经济体正在动摇生态系统稳定性"。根据这个报告:

20 世纪具有人口快速增长和经济全球化扩张的特点,人口翻两番达到 70 亿人(至 2011 年),全球经济出口增长超过了 20 倍。这种扩张随着人类社会与自然界的关系在规模、强度、角色方面都发生了根本性的变化。环境变化的驱动因素正在以这样快速度、大规模、高覆盖的方式增长、演化、组合,它们给环境施加了前所未有的压力。[2]

UNEP 报告证实在一个通过国际协议实现排放量大量减少的地区,排除臭氧层损耗的因素,在大气、土壤、水源、生态、化学物质以及污染方面,1992年 UNCED 定义的问题依旧在持续或者变得更差。UNEP 的《全球环境展望报告》定义了淡水海洋的氮污染、接触性有毒化学品和危险废物、林地和淡水生态系统的危害、城市空气污染、主要海洋渔业过度开发为全球主要问题。这些问题的根本是全球人口增长,每年人口增长规模超过 7 000 万。全球人口在 2011 年超过 70 亿人,并被预期至 2050 年将增长到 90 亿人左右。

科学家、政策制定者和广大市民开始设法解决这样的问题:未来将会怎么样? 我们是否能够正确且及时地应对这么多重大威胁以阻止对我们生活的行星系统造成无法挽回的伤害? 这些问题的最重要组成之一且很少得到足够关注的是环境问题的经济分析。

然而,一些人认为,环境问题高于经济问题,应该用不同于经济学分析中金钱价值的方法进行判断。的确,这个观点有些道理。然而,我们发现环境保护政策经常用它们的经济成本进行衡量,有时也被否定。例如,有高度商业开发价值的空地极难被保留下来,无论是在购买这块地所需金钱数额大量上涨方面或是必须战胜反对锁定这块地的政治反对派力量方面。随着不断增长的经济压力,环境保护组织面对的是一场持续性的战斗。

公共政策问题往往产生于发展和环境的冲突方面。一个例子是近期关于通过水力压裂法获得天然气的争论。生产天然气是有利可图的,并且可以提升国家的能源供给,但是对社会是有社会成本和环境成本的。然而,那些对减少二氧化碳排放这一国际共识的反对者往往争辩这些方法的经济成本太高。增加石油生产的支持者与保护北极国家野生动物保护区的倡导者是冲突的。在发展中国家,人类需求的急迫性与环境保护的冲突更加巨大。

经济发展是否必须付出高昂的环境价格? 尽管所有经济发展必定会在一定程度上影响环境,但一个"环境友好型"的发展是否可能? 如果我们必须在发展与环境之间做出一个权衡,满意的平衡怎样才能够达到? 这些问题突出了环境经济的重要性。

两种途径

在这本书中,我们探索了处理自然资源和环境经济之间关系的两种途径。第一种途径,或者说传统的一条途径,用一系列立足于标准新古典主流经济学思想的模型和技术应用在环境经济概念上。[a] 第二种途径被称为生态经济①（ecological economics），它提供了一个不同视角。[3] 不是给环境提供一个经济学概念，而是生态经济将经济活动置于支撑生命的生物和物理系统的范畴下，包含所有人类活动。

传统经济学视角

经济学理论下的几个模型具体地处理了环境问题。新古典经济学理论的一个重要运用之一是应对不可再生资源②（nonrenewable resources）的采集问题。这个分析在理解诸如石油煤炭资源的消耗问题以及可再生资源③（renewable resources）如农业土壤的应用上都十分重要。其他经济分析处理一些公共财产资源④（common property resources），如大气和海洋以及国家公园和野生动物保护区的公共物品⑤（public goods）。因为这些资源不是个人拥有的，管理它们使用的经济原则不同于那些在市场中被交易的物品的原则。

环境新古典经济分析的另一个中心概念是外部性⑥（externalities），即外部成本和收益。外部性理论为分析经济活动带来环境损害的成本以及经济活动改善环境带来的社会收益提供了一个经济框架。有些时候，外部性被称作第三方效应⑦（third-party effects），因为涉及两个方面的市场交易，例如，一个人在加油站加油，影响了其他人；又如，暴露在因生产汽油、燃烧汽油造成的污染中的那些人。

在此基础上建立的现代环境经济学理论解决了很多问题，从渔业过度开发到化石燃料消耗再到绿地养护。在本书中，我们研究了这些经济理论怎样用来应对环境问题并为环境政策的制定提供指导。

生态经济学视角

生态经济学在表述环境问题上将其纳入自然科学规则，从而提供了一个更广阔的视角。例如，在理解许多重要海洋的渔业倒塌上，生态经济学会参考人口生物学和生态学以及将鱼看作生产资料的经济观点。

生态经济学理论强调能量资源（特别是石油）在当前经济系统中的重要

---

　　a　新古典主义的价格理论，建立于边际效用概念和边际生产概念，强调市场价格在平衡需求供给方面的基本功能。

　　①　生态经济：一种经济视角，将经济系统视为生态系统的一个子集，遵循生态法则。

　　②　不可再生资源：有固定供应量的资源，如矿石和石油。

　　③　可再生资源：可以由生态系统持续供应的资源，如森林、渔业会因物种的灭绝而耗竭。

　　④　公共财产资源：没有私人产权，所有人都可享用的资源，如大气和海洋。

　　⑤　公共物品：可以被所有人使用的物品，并且一个人的使用不会减少其他人对其的可获得性。

　　⑥　外部性：交易外的正的或负的能改变市场交易效益的影响。

　　⑦　第三方效应：在市场交易中对交易外的人们产生影响，如那些影响当地社区的工业污染。

性。所有生态系统依靠能量的输入,而自然系统完全依赖于太阳能⑧(solar energy)。在 20 世纪,经济生产的高速增长需要巨大的能量输入,而全球经济系统在 21 世纪感受到了更大的能源需求。能源的可获得性和对环境的影响是生态经济的核心问题。

生态经济学的基本原则是人类经济活动受到环境承载力⑨(carrying capacity)的限制。承载力是指可以保持自然资源可持续利用的人口水平和消费水平。例如,当牛群超过一定规模时,牧场会因过度放牧而减少潜在的食品供应,从而导致数量的减少。

对于人口,这个问题则更加复杂。食品供应问题与全球人口十分相关,全球人口在 2012 年超过 70 亿人,预计在 2050 年达到 90 亿人。但是生态经济学家也指出,能源供应、稀缺的自然资源、积累的环境问题将制约经济增长。他们称传统理论没有给这些因素足够的权重以及经济活动的性质结构变化需要适应环境限制。

在本书中,我们从传统和生态视角研究环境经济。有时,这些理论有相同的地方,但有时它们又会有极其不同的含义。判断哪些方法是有效的最好途径是具体问题的具体应用,这个思想也贯穿了这本书。然而,首先我们必须理解经济系统、自然资源和环境的相互关系。

1.2 环境分析的构架

我们怎么才能最好地概念化经济活动和环境的关系? 一种方法是以在大部分经济课堂中用来描述经济进程的循环流动⑩(circular flow)图开始。

循环流动模型

图 1.1 显示了在商品和服务市场中生产要素市场中的家庭和企业关系的简易模型。生产要素一般指的是土地、人力、资金。这些要素作为生产商品和服务的"投入",而商品和服务反过来成为家庭的消费基础。商品、服务和要素顺时针方向流动;它们的经济价值通过逆时针的资金流来反映。在这两个市场上,供给需求的相互作用确定了市场出清价格,建立了产量的平衡水平。

---

⑧ 太阳能:有太阳持续不断提供的能量,包括直接太阳能和太阳能的间接形式,如风能和潮汐。
⑨ 承载力:在可获得资源的基础上可持续下去的人口和消费水平。
⑩ 循环流动:资源(如商品、货币和能源)在经济和生态系统中的移动方式。

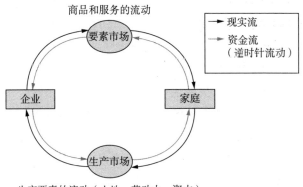

图 1.1　标准的循环流动模式

在图表中,自然资源和环境体现在何处? 自然资源[⑪](natural resources),包括煤、水、石油、森林、渔业、耕地,一般都属于"土地"这一科目下。其他两个主要生产要素——劳动力和资本——可以通过经济循环流持续再生,但是自然资源是通过怎样的过程为未来经济使用而再生的? 为了回答这个问题,我们需要考虑一个更大的循环流,这个循环流将经济活动和生态系统活动一起考虑进来(见图 1.2)。

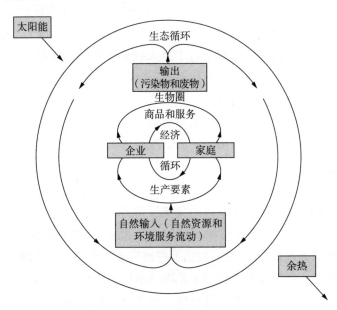

图 1.2　广义的循环流动模式

----

⑪　自然资源:是指产生于自然的状态下,并且在经济活动中是有价值的,如煤和木材。

通过这个更大的视角,我们注意到标准的循环流动图忽略了生产过程中废物和污染物的影响。这些来自于工厂、家庭的污染源流入生态系统中的某些地方,不是通过地面处置,就是直接污染大气、水源。

除了从生态系统中提取资源后又将污染排放到生态系统中的简单过程外,经济活动还通过更微妙、更普遍的方式影响着自然系统。例如,现代集约化农业不仅改变了土壤和水系统的组成和生态,也影响了环境中的氮碳循环。

图 1.2 尽管仍比较简单,但是它提供了一个更大的框架,将经济系统放置在它的生态框架中。你会看到,生态系统有自己的循环流,由物理生物定律决定,而不是经济规则。这个更广的流只有一个净投入——太阳能,一个净产出——余热。其余部分都通过某种办法在地球生态圈内再循环或保存。

经济流和生态流的接触点

为了理解经济系统、自然资源和环境的相互关系,我们将从明确自然系统的不同功能开始。

● 环境的资源功能[12](source function)是指它为人类使用提供服务、原材料的能力。资源功能的衰竭往往由于两个原因:(1)资源消耗[13](resource depletion):由于人类消耗速度大于资源的再生速度,使得资源在数量上耗竭。(2)污染[14](pollution):资源的污染造成它的质量和功能性降低。

● 环境的降解功能[15](sink function)是指吸收人类活动产生的污染的能力。但在给定时间内污染的数量过于巨大或者污染的毒性很大时,环境的降解功能就会衰竭。当这种情况发生时,我们所依赖的环境(经常发生于土壤、水和空气)就会变得有害、有毒。

人类活动和自然环境的这些关系明确了内圈经济流和外圈生态流的接触点。自然资源和环境经济分析了经济系统循环和生态系统循环的关系。

经济评估法

这种分析自然资源和污染流的传统经济方法,使用相同的应用于生产要素、商品和服务的经济评估[16](economic valuation)。这种分析寻求给经济的每一种自然资源设定一个价格,包括那些通常不在市场上交易的投入,如干净的空气和水源。经济技术也可用来获取污染损害和水处理的货币价值。

通过给自然资源和环境功能提供一个资金价值,我们可以将它们纳入经

---

[12] 资源功能:环境提供服务和原材料,这些服务和原材料能够因人类的使用而被获得。
[13] 资源消耗:由于人类的开发利用,可再生资源存量的下降。
[14] 污染:有害物质排放造成的土壤、水和大气的污染。
[15] 降解功能:自然环境吸收废物和污染物的能力。
[16] 经济评估:从货币的角度评价资源的价值。

济循环中。这是许多标准资源和环境分析的目的。正如我们将看到的,许多方法可以实现这个目的,包括重新定义和重置产权、创造新的机构(如污染排放许可市场),或者通过调查和其他方法评估其隐含价值。如果这些定价机制可以准确地反映资源和环境损害的"真实价值",我们就可以容易地把这些因素包括在市场主导的经济分析中。

生态系统法

生态经济方法将经济系统视为生态系统的子集。在这个观点下,以价格表达的经济评估不能完全抓住生态系统的复杂性,有些时候导致与生态系统需求严重冲突。

生态经济学家总是说标准经济估价技术必须反映生态系统现实或者被其他如聚焦于能量流、环境承载力和生态平衡需求的分析所补充。正如我们将要讨论分析的有关人口、能量、资源、污染的具体问题,我们可以看到,标准和生态经济视角在一些案例中有着相似的应用,但是在其他案例中,这两种方法对有关合适的资源环境政策的结论显著不同。

例如,在处理全球气候变化的问题中(将在第 18 章中详细讨论),传统的经济方法涉及平衡成本和收益以避免未来气候变化。海平面升高造成的损害或者更强的热浪被以经济项目进行评估并接着与通过减少化石燃料的使用或其他方法减缓气候变化的成本进行比较。随后,制定政策提案以实现净利润最大化。相反,生态经济方法首先看重稳定气候的自然需求,特别是对大气中二氧化碳及其他温室气体的限制。当稳定气候的自然需求确定之后,采取实现这种分析的经济方法。

气候变暖问题的标准经济方法的应用往往导致为了避免大量经济损失而使提案受到更多的限制。生态方法通常建议更为迅猛的行动以保持大气平衡。成本最小化也是生态经济学家所关注的,但是仅当保持生态系统稳定的基本生物物理的需求得到满足后。

1.3　微观环境经济和宏观环境经济

另一种研究标准法与生态法之间区别的方式是研究从微观经济角度和宏观经济角度观测环境问题的不同。标准环境经济分析主要立足于微观经济学,聚焦于个体资源和环境问题。然而,环境宏观经济学[⑰](environmental

---

⑰　环境宏观经济学:为了在生态限制中平衡经济规模,将人类经济系统包含在生态的背景中。

macroeconomics)将经济系统包括在更广的生态内容中。宏观经济学的视角深入研究了经济增长和生态系统的内部关系。

微观经济和评估技术

当我们能够成功地给自然资源和环境定价时,标准微观经济理论的扩展可以帮助解释怎样在自然资源和环境服务[18](environmental services)的市场中取得均衡。在微观环境经济[19](environmental microeconomics)中扮演着重要角色的分析技术包括:

● 评价外部成本和收益。例如,估计酸雨污染造成损失的经济价值。可以将这个经济价值同通过污染控制技术和减少污染活动的产出以解决这个问题的成本相比较。我们可以将这些外部成本内生化[20](internalizing external costs),如对污染活动征税。

● 将自然资源和环境当作资产[21](assets)进行评估,无论所有权是私人的或共有的。这都需要考虑跨期资源配置[22](intertemporal resource allocation),涉及资源是现在使用还是保留到未来使用的选择。标准经济技术用一个折现率[23](discount rate)来平衡现在和未来的效益成本。在这项技术中,现在的成本和收益比未来的成本和收益要高一些,高多少则取决于采用的折现率和未来有多远。

● 为环境自然设计合理的产权[24](property rights)原则,为公共资源的使用和公共物品的供应建立规则[b]。例如,渔业的所有权可以是私有的,也可以是共有的,可以通过政府销售捕鱼执照进行限制。类似地,野生动物保护区既可以由私人拥有和管理,也可以作为公园存在。

● 通过成本—收益分析法[25](cost-benefit analysis)平衡经济成本和收益。这往往涉及市场中可观察价值(如土地和商品的价值)和非市场价值估计(如自然美和生物多样性的保存)的组合。例如,决定是否在一个未开发的山上建造一个滑雪胜地,需要考虑对滑雪的娱乐价值的估计,这是对可获得的土地价值以及对不易量化的如对水资源供应、野生动物和原生态的影响的估价。

在图 1.2 的双循环中,上述分析技术衍生较小的经济循环:在效果上,它

---

b   可以被公众无限制使用的资源和商品。更精确的定义将在第 4 章中给出。

[18] 环境服务:环境吸收废物和污染物,获取太阳能以及其他为经济活动服务的能力。

[19] 微观环境经济:用微观经济技术,如经济评估、产权原则和折现,决定自然资源和环境服务功能的有效分配。

[20] 外部成本内生化:例如,通过税收将外部成本考虑进市场决策。

[21] 资产:具有市场价值的事物,包括金融资产、实物资产和资源资产。

[22] 跨期资源配置:对资源进行时间配置。

[23] 折现率:将未来预期收益和成本折算成现值的比率。

[24] 产权:某种资源所有制关系的法律表现形式,如土地拥有者有禁止他人非法侵入的权力。

[25] 成本—收益分析法:计算目标行动的所有成本和收益,以确定一个净收益的政策分析工具。

们将经济系统中的定价概念应用于自然资源和污染的中间流,从而建立两个循环之间的联系。当我们聚焦于一个具体的、可量化的问题时,这些方法似乎是最合适的,例如,计算在公地上砍伐树木许可证的合适价格和计划工厂排放废气许可权的合适形式。

宏观环境经济

估值技术在处理重要的且不可量化的价值时不是很有效,如美学、道德问题和生物多样性㉕(biodiversity)。它们也不能解决近几年来愈发重要的全球环境问题㉗(global environmental problems)。例如,全球气候变化问题、臭氧层空洞问题、物种减少问题与大范围的农业土地退化、水资源缺乏、森林和海洋系统受创以及其他大规模环境问题需要一个更宽的视角。由于这个原因,生态经济学家 Herman Daly 呼吁环境宏观经济学的发展,这种经济学需要不同于之前讨论的标准经济技术的方法。[6]

在环境问题上发展出这样一个宏观的视角,需要将经济系统放在更广的生态背景中。正如图 1.2 所示,经济循环流实际上是更大的生态循环流的一部分。生态流实际上由许多循环组成。生态循环㉘(ecological cycles)包括:

● 碳循环。在这个循环中,绿色植被将大气中的二氧化碳分解变成碳和氧气。碳被储存在植被中,一些植被被动物吃掉。碳通过动物的新陈代谢、有机物的衰变或者通过燃烧再次与氧气结合,最终回到大气。

● 氮循环。大气中的氮通过土壤中的细菌和化学作用与氧气结合,成为植物生长的必需营养素。

● 水循环。水循环包括降水、径流和水蒸气,为动植物不断地提供新鲜的水。

● 其他有机循环。包括生长、死亡、腐烂和新生,在这里,必要的营养素通过土壤循环为动植物提供生存基础。

所有这些循环由太阳能驱动,在一个超过千年演化的复杂平衡中运行。

通过这些内容,我们可以看出,经济活动是一个加速生态圈中物质吞吐量㉙(throughput)的过程。"吞吐量"表示能量和材料作为一个进程的投入和产出的所有用途。

例如,现在农业为了获得更高的产量而大量使用人工化肥。过剩的营养被雨水带走,造成环境问题和水污染。农业和工业都对水供给有很大的需求。

㉕　生物多样性:在一个生态群中,不同物种之间保持相互联系。
㉗　全球环境问题:环境问题影响全球,如全球气候变化和物种灭绝。
㉘　生态循环:能源和自然资源在生态系统中流动。
㉙　吞吐量:在某过程中能源和材料总的输入和输出。

再加上家庭使用,这些需求超过了自然水循环的能力,耗尽水库以及地下蓄水。

加快资源吞吐量的最重要方式是使用更多的能源驱动经济系统。全球经济系统中超过80%的能量来自于矿物燃料。燃烧这些燃料排放的二氧化碳破坏了全球的碳循环平衡。过量的二氧化碳在大气中积累,改变了决定全球气候的进程,从而影响全球众多的生态系统。

随着经济发展,经济系统对生态循环的需求也越来越大。能源使用、资源和水使用、废物生成的规模都在提高。于是,宏观环境经济问题就是怎样将经济规模或者说宏观经济规模㉚(macroeconomic scale)与支撑的生态系统相平衡。以这种方式看待这个问题代表了经济分析的一个重要范式的转变,通常的经济分析没有全面考虑生态系统的限制。

生态导向经济的应用

生态导向宏观经济涉及一个新的国家收入的测量方法,即在计算国家收入时考虑环境污染和自然资源消耗。除此之外,生态经济学家在微观经济水平和宏观经济水平都引入了新的分析方法。这些新的分析方法建立在生态圈中涉及能量及物质流动的物理定律上。在经济进程中应用这些定律,相对于对环境问题的传统微观分析,这提供了一个全新的视角。

为了在经济增长和生态圈健康之间追求一个平衡,可持续发展㉛(sustainable development)的概念(将在第2章和第21章中具体讨论)被提了出来。不会使自然"降级"的经济发展方式包括可再生资源的使用、原生态的农业和资源节约技术。在全球范围内推广可持续发展以应对本章一开始列出的许多资源环境问题,从整个生态系统的角度看待这些问题,而不是孤立地看待这些问题。[7]

1.4　展望

我们怎样才能最好地利用这两种方法去应对环境问题以进行经济分析?在下面的章节,我们将对具体的问题应用具体的方法。一开始,第2章对经济发展和环境的关系提供了一个概览。资源和环境经济的微观要素将在第3章至第6章逐一给出。第7章和第8章包括了生态经济、环境会计和生态系统建模等内容。

㉚　宏观经济规模:一个经济的总体规模,生态经济学认为生态系统对宏观经济的规模加以限制。

㉛　可持续发展:指既满足当代人的需求,又不损害后代人满足其需求的能力。

在第9章~第19章中,我们分别将标准经济分析技术和生态分析技术应用于诸如人口、食物供给、能源使用、自然资源管理、污染控制和气候变化等主要问题上。第20章和第21章将这些话题汇集到对环境相关贸易、经济增长和发展的问题上来。

总　结

21世纪的主要挑战是国家范围和全球范围的环境问题。应对这些挑战需要对环境经济进行很好的理解。立志于自然保护的环境问题有经济成本和收益,并且这个经济尺度在采纳政策时十分重要。一些情况需要在经济目标和环境目标之间进行权衡,在另一些情况中,这些目标是兼容的、相互促进的。

环境问题的经济分析有两种不同的方法。标准方法是用货币估值和经济平衡的概念将经济理论应用于环境问题上来。这种方法的目的是实现自然资源的有效管理以及给污染一个合理定价。生态分析方法则是将整个经济系统看成生态系统的一个子集。这种方法强调经济活动的需求必须受自然和生态限制所约束。

标准方法的许多分析都是微观的,建立在市场活动之上。各种标准市场分析可以被应用在经济活动损害环境或耗尽稀缺资源的情况下。其他经济分析方法着眼于公共财产资源和公共物品的使用之上。

宏观环境经济,这是一个相对新的领域,强调经济生产和地球上主要生态圈的关系。在许多情况下,经济系统运行和自然系统的冲突造成了区域和全球问题,如过量二氧化碳集聚造成的全球气候变化。这个广义的方法需要一个衡量经济活动的新方法,也需要对经济活动怎样影响自然系统进行分析。

本书应用这两种分析去阐明人口、食物供给、能源使用、自然资源管理和污染等主要问题。这些分析的组合既可以帮助制定处理具体环境问题的政策,也可以推广环境的可持续发展观念。

问题讨论

1.经济增长一定与环境保护政策冲突吗? 列出一些必须在经济增长和环境保护中做出选择的例子以及两者可以兼容的例子。

2.是否可能给环境资源定价? 怎样做? 是否在一些情况下不能做到? 举

出一些你熟悉的或读到过的给环境定价的例子。

3.生态循环在哪些方面与经济循环类似？它们又有什么不同？在农业、水和能量系统上举出具体的例子。

注 释

1.See www.uncsd2012.org/rio20/index.html.

2.UNEP，2012；figures on global economic output from Maddison，2009；for background on human/environment interactions，see McNeill，2000；Steffen et al.，2007.

3.For an overview of many issues in ecological economics，see Common and Stagl，2005；Costanza，1991；Krishnan et al.，1995；Martinez-Alier and Røpke，2008.

4.For collections of articles on environmental economics，see Grafton et al.，2001；Hoel，2004；Maler and Vincent，2003；Markandya，2001；Stavins，2012；van den Bergh，1999.

5.For an approach specifically focused on ecological economics，see Daly and Farley，2011.

6.See Daly，1996，chap. 2.

7.For an overview of the relationship between environmental/ecological economics and sustainable development，see Daly，2007；Harris et al.，2001；and Lopez and Toman，2006. For a discussion of global ecosystem impacts of human activity，see World Resources Institute et al.，2011.

参考文献

Common, Michael S., and Sigrid Stagl. 2005. *Ecological Economics：An Introduction*. Cambridge：Cambridge University Press.

Costanza, Robert, ed. 1991. *Ecological Economics：The Science and Management of Sustainability*. New York：Columbia University Press.

Daly, Herman E. 1996.*Beyond Growth：The Economics of Sustainable Development*. Boston：Beacon Press.

——. 2007.*Ecological Economics and Sustainable Development*. Northampton, MA：

Edward Elgar.

Daly, Herman E., and Joshua Farley. 2011. *Ecological Economics: Principles and Applications*, 2d ed. Washington, DC: Island Press.

Grafton, R. Quentin, Linwood H. Pendleton, and Harry W. Nelson. 2001. *A Dictionary of Environmental Economics, Science, and Policy*. Cheltenham, UK: Edward Elgar.

Harris, Jonathan M., Timothy A. Wise, Kevin P. Gallagher, and Neva R. Goodwin, eds. 2001. *A Survey of Sustainable Development: Social and Economic Dimensions*. Washington, DC: Island Press.

Hoel, Michael. 2004. *Recent Developments in Environmental Economics*. Northampton, MA: Edward Elgar.

Krishnan, Rajaram, Jonathan M. Harris, and Neva R. Goodwin, eds. 1995. *A Survey of Ecological Economics*. Washington, DC: Island Press.

López, Ramón, and Michael A. Toman. 2006. *Economic Development and Environmental Sustainability: New Policy Options*. Oxford: Oxford University Press.

Maddison, Angus. 2009. *Historical Statistics for the World Economy: 1-2001 A.D.* www.ggdc.net/maddison/.

Mäler, Karl-Goran, and Jeffrey R. Vincent, eds. 2003. *Handbook of Environmental Economics*. Amsterdam: North- Holland/Elsevier.

Markandya, Anil. 2001. *Dictionary of Environmental Economics*. London: Earthscan.

Martinez-Alier, Joan, and Inge Røpke. 2008. *Recent Developments in Ecological Economics*. Northampton, MA: Edward Elgar.

McNeill, John R. 2000. *Something New Under the Sun: An Environmental History of the Twentieth Century*. New York: Norton.

Stavins, Robert N., ed., 2012. *Economics of the Environment: Selected Readings*, 6th ed. New York: Norton.

Steffen, W., P.J.Crutzen, and J.R. McNeill. 2007. "The Anthopocene: Are Humans Now Overwhelming the Great Forces of Nature?" *Ambio* 36(8): 614-621.

United Nations Environment Programme (UNEP). 2012. *Global Environmental Outlook 5: Environment for the Future We Want*. Malta: Progress Press, www.unep.org/geo/geo5.asp.

Van den Bergh, Jeroen C.J.M. 1999. *Handbook of Environmental and Resource Economics*. Northampton, MA: Edward Elgar.

World Resources Institute, United Nations Development Programme, United Nations Environment Programme, and World Bank. 2011. *World Resources 2010-2011: Decision Making in a Changing Climate*. Washington, DC: World Resources Institute.

相 关 网 站

1.**www.worldwatch.org.** The homepage for the Worldwatch Institute，an organization that conducts a broad range of research on environmental issues. The Worldwatch annual "State of the World" report presents detailed analyses of current environmental issues.

2.**www.ncseonline.org.** Web site for the National Council for Science and the Environment，with links to various sites with state，national，and international data on environmental quality.

3.**www.unep.org/geo.** Web site for the Global Environment Outlook，a United Nations publication. The report is an extensive analysis of the global environmental situation.

第 2 章 资源、环境和经济发展

焦点问题

- 经济增长和环境之间的关系是怎样的?
- 经济增长将会遭遇星球的极限吗?
- 经济发展怎样实现环境可持续发展?

2.1 经济增长和环境关系的历史

人口和经济活动在很长一段时间内都保持着稳定。在 18、19 世纪,工业革命之前,欧洲人口增长缓慢,生活水平几乎没有改变。市场经济的到来以及科技的高速发展极大地改变了这个状况。欧洲人口进入了一个高速增长时期,英国经济学家 Thomas Malthus 提出,随着人口增长,将提供不了使人类持续生存下去的食物。

Thomas Malthus 在 1798 年发表了一篇题为"An Essay on the Principle of Population as It Affects the Future Improvement of Society"的论文,引起了一场关于人口增长影响和资源可获得性的持久讨论。历史已经证明简单的 Malthusian 假设①(Malthusian hypothesis)是错误的:在欧洲,无论是人口还是生活水平在 Malthus 论文发表后的两个世纪都得到了快速增长。但是,如果我们考虑一个更复杂的争论:不断增长的人口和经济系统将会超出支撑它们的生物系统,这个争论将会有很强的现实意义。

人口增长的争论密切交织着资源和环境问题。在 21 世纪,这些问题,而非简单的人口和食物供给赛跑,将强烈影响经济发展。在全球范围内,几乎不可能看到食物供给有重大的不足,尽管因价格上升导致的局部食物短缺问题

---

① Malthusian 假设:Thomas Malthus 在 1798 年提出的理论,即人口最终将会超过可获得的食物供给。

已经变得非常重要。但是,因不断的人口增长以及资源需求带来的环境压力使得经济系统需要发生大的转变。

测量增长率

在开始一个复杂的增长问题之前,我们可以以一个有关人口与经济活动关系的简单经济分析开始。在传统方法中,用国内生产总值[②](gross domestic product,GDP)测量经济产出,我们有一个简单的定义[a]:

$$GDP=人口×人均 GDP$$

上式还可以表示为 GDP 增长率[③](GDP growth rate)、人口增长率[④](population growth rate)、人均 GDP 增长率[⑤](per capital GDP growth rate)的关系[b]:

$$GDP 增长率=人口增长率+人均 GDP 增长率$$

为了修正通货膨胀的影响,我们在这个等式中用实际GDP[⑥](real GDP),而不是名义 GDP[⑦](nominal GDP)。[c] 真实人均 GDP 将持续增长,只要真实 GDP 的增长率一直高于人口增长率。为了让其发生,生产率也要持续增长。不断增长的生产率就是逃离 Malthus 陷阱的关键。

增长的农业生产率意味着在田间工作的人口可以减少,剩余劳动力可以用于工业发展。增长的工业生产率意味着更高的生活水平。总的来说,在欧洲、美国以及其他工业国家,经济发展以这样的路线展开。

经济增长的关键因素

是什么决定性因素导致生产率增长,从而使得稳步增长成为可能?标准经济理论定义了生产率不断增长的两个来源。第一个来源是资本的聚集。投资使得资本储蓄[⑧](capital stock)增长成为可能:伴随着单位人工成本增长,每一个工人的生产率也得到提高。第二个来源是技术进步[⑨](technological progress)提高了资本、人力的生产效率。标准经济增长模型没有给这个过程设置限制。可以证明,当投资以一个适当的速率持续增长时,生产率以及人均消

---

a   GDP 被定义为在一个国家内的某一具体时间中(如 1 年)所有的商品流和服务流。
b   这个关系来自于自然对数函数的数学方法:如果 $A=BC$,则 $\ln A=\ln B+\ln C$。而 A、B、C 的增长率分别可以表示为 $\ln A$、$\ln B$、$\ln C$。
c   名义 GDP 通过当期价格测量。真实 GDP 通过价格指数修正通货膨胀来计算持续的商品价值。
②   国内生产总值(GDP):一年内一个国家生产的所有产品和服务的价值。
③   GDP 增长率:年度国民生产总值的增长百分比。
④   人口增长率:具体区域的年度人口增长百分比。
⑤   人均 GDP 增长率:年度人均 GDP 的增长百分比。
⑥   实际 GDP:使用价格指数调整通货膨胀的国内生产总值。
⑦   名义 GDP:使用当前货币价值测量的国内生产总值。
⑧   资本储蓄:一个给定地区的资本存量,包括生产资本、人力资本和自然资本。
⑨   技术进步:用以研发新产品或提高现有产品质量的知识的增长。

费在未来也会持续增长。

生态经济聚焦于经济增长的其他三个重要因素。第一个因素是能源供给。在 18、19 世纪，欧洲的经济增长严重地依赖于煤炭作为能源来源，当时的一些学者表达了关于煤炭会耗尽的忧虑。在 20 世纪，石油取代了煤炭，成为工业的主要能量来源。

当今，石油、天然气和煤提供了美国、欧洲、日本和其他一些工业国家超过 80％的能量，其实对于整个世界来说，也是如此。[1] 在很大程度上，农业、工业上的经济增长已经是一个用化石燃料替代人力的过程。这种替代有一个重要的资源和环境的含义，这将反过来影响未来的增长。

第二个基础因素是土地以及自然资源的供给，有些时候被称作自然资本⑩(natural capital)。几乎所有的经济活动都要使用一些土地。当经济活动增加时，将土地从自然状态转为农业、工业和其他用途的压力则会增大。一些用途之间会互相冲突：对于乡村土地，住房用途会与农业用途相冲突；工业和修路用途会使土地不适于农业或其他用途。

当然，土地的供应量是固定的。除了一些受限制的地方，如荷兰的堤防区，人类的技术造不出更多的土地。自然资源很丰富，但煤炭资源、森林的再生能力和其他一些生物资源都有自然极限。

第三个重要因素是工业污染中环境的吸收能力⑪(absorptive capacity of the environment)。这个问题在经济活动与自然环境还不是很相关时不是很重要。但是随着国家范围和全球范围的经济活动加剧，污染增加，并将对自然系统产生威胁。土壤污染、水污染、有毒放射性污染和大气污染都造成了具体的环境问题，需要当地、区域和全球共同解决。

增长的乐观主义者和悲观主义者

在关于促成经济增长并最终会限制经济增长的资源和环境因素方面，争论一直持续。在 1972 年，麻省理工学院的研究团队刊登了一篇研究，名为"The Limits to Growth"。他们用电脑构建了模型来预测经济持续发展所带来的严重的资源环境问题(见专栏 2.1)。[2] 这个报告触发了大量的关于经济增长的"乐观主义者"和"悲观主义者"的争论。

乐观主义者相信未来的科技进步将会带来新的能量来源，克服资源的限制和控制污染问题。悲观主义者指出，人口和 GDP 的高速增长已经带来了一系列可怕的环境问题，并警告说，人类正处于过度消耗地球支撑经济活动能力的危险中。总的来说，这个问题在于过去两个世纪经济增长的成功经验是否

---

⑩　自然资本：可利用土地和资源的禀赋，如空气、水、石油、渔业、煤和生态生命支撑系统。
⑪　环境的吸收能力：吸收环境中无害废物产品的能力。

能够在未来保持下去。

专栏 2.1　　　　　　　　　　　**增长极限模型**

　　增长极限模型(The Limits to Growth Model)由麻省理工学院(MIT)的研究团队在 1972 年提出,描绘了经济增长的自然极限问题。这个研究用了一个叫 World 3 的模型,试图捕捉人口、农业产出、经济增长、资源使用和污染的内在关系。在当时,公众注意力才刚刚开始关注环境问题,而MIT 研究团队传递的信息具有巨大的影响。他们得出结论,人类将在一个世纪内达到增长的自然极限,并称如果没有强烈的变化,将会有一个类似于"过冲/崩溃"的结果:无论在人口还是工业能力上都将发生一个突然的、失控的衰减。[1]

　　这个模型十分依赖指数增长模型和反馈效应。指数增长发生在人口、经济生产、资源使用和污染以一个确定比例增长的时候。反馈效应发生在两个变量相互作用时,如资本积累增加经济产出,经济产出反过来带来更快的经济增长速度。积极的反馈作用会加强增长的趋势,而消极的反馈作用缓解这种趋势。然而,消极的反馈作用可能是不好的,例如,食品供给的限制将会通过营养不良和疾病造成人口减少。

　　图 2.1 显示了在 World 3 模型中复杂的反馈模式的一部分。这个模型的标准运行结果在图 2.2 中显示出来。人口、工业产出和食物需求的指数增长造成资源的消耗和污染的加剧,将使经济增长在 21 世纪中叶出现一个灾难性的增长反转。

　　这个报告也呼吁采取积极的政策以缓解人口增长、资源消耗和污染,从而避免这个灾难性的后果,给全球经济和生态稳定性带来一个平滑的过渡。这个结论受到的关注远远小于对那个灾难性的预测。由于这个报告没有意识到经济系统的弹性和适应性,以及夸大了资源衰竭的危险,因而受到了广泛的批评。

　　在 1992 年,1972 年做报告的作者出版了另一本书,重申了他们的结论,但是更加强调如臭氧层空洞和全球气候改变的环境问题。他们重申灾难不是不可避免的,但是警告改变大量政策以实现可持续性的需求更加迫切,因为一些生态系统已经超出它们的极限了。当政策改变后,结果将会大为不同。[2]通过模型运行显示,要实现向可持续的转变,为了稳定人口、限制工业产出的增长、保存资源和耕地以及控制污染,政策必须被实施。这将在 2050年带来一个稳定的、富裕的世界,并伴随着污染水平的下降(见图 2.3)。

　　注:1.Meadows et al.,1972.

　　　　2.Meadows et al.,1992.

在 2002 年,30 年后"*Limits to Growth*"一书的再版中,作者称在主要生态系统中,"过冲"已经出现了。2012 年,在第四十个年度报告中,其中的一个作者 Jorgen Randers 表示,在 2050 年左右,人口和 GDP 依旧会保持稳定,但同时这将给气候、珊瑚礁、海洋、森林和其他生态系统带来显著的伤害。值得注意的是,即使图 2.3 中的"可持续发展世界"模型得到实现,指数经济增长模型依旧会呈现一个激进的变化。

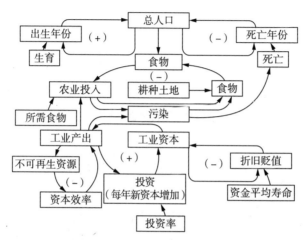

资料来源:Meadows et al., 1992.

图 2.1 人口、资本、资源、农业和污染的反应回路图

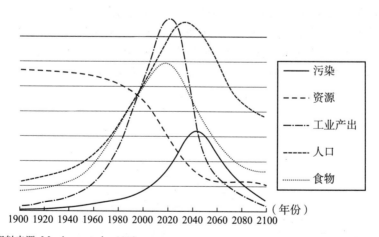

资料来源:Meadows et al., 1992.

图 2.2 增长极限模型

我们可以通过回顾经济增长的历史,并预期未来在人口、食物供给、资源、能源以及污染方面的可能性来探究经济增长的一些具体的限制。

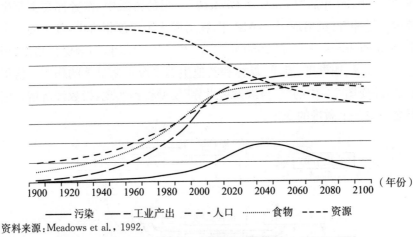

资料来源：Meadows et al.，1992.

图 2.3   可持续世界模型

2.2   增长情况的一个总结

值得注意的是，自第二次世界大战以来，经济增长无论是在规模还是在特点上都是史无前例的。在历史上，1800～1950 年间全球人口和经济呈现一个缓慢但重要的增长。但是增长速度在 1960 年之后显著增加。

在 1950～2010 年间，世界人口增长超过一倍，世界农业产出比以前的三倍还多，真实 GDP 和能耗翻了不止两番（图 2.4 显示了自 1961 年来的这种趋势）。当然，这也将对资源和环境的需求提高到一个前所未有的水平。然而，这个增长过程远远还未完成。全球人口在 2011 年超过 70 亿人，并以每年 1.2 的速度持续增长，每年净增加 7 000 万人（超过法国总人口）。

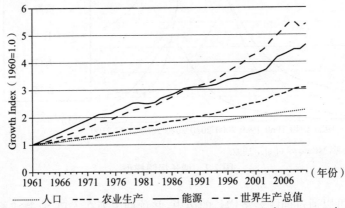

资料来源：Population and agriculture：FAO，2012；GWP：IMF，www.imf.org；energy data：US EIA，www.eia.gov.

图 2.4   1961～2010 年人口、农业生产和能源利用的增长

伴随着人口增长,提高生活水平的需求持续驱使整体生产稳步上升。GDP 增长自 2008 年经济危机以来有所下降,但是排除通胀的影响,每年也有 2%~3% 的增长,在许多发展中国家,如中国,增长速度更快。以这个速度,到 2030 年全球 GDP 将超过 2000 年 GDP 水平的 2 倍。

伴随着人口和人均 GDP 的增长,对食物、居住空间和商品消费的持续增长的需求不断给土地、水、资源和大气带来压力。许多压力已经很明显,并带来许多问题,如土地沙漠化、水资源不足、森林消失、生态系统衰竭和气候变化,影响着基础生命支撑系统的功能。

我们是否有足够的能量、资源和环境能力去支撑更高的产出水平?我们将在下面的小节从许多具体方面来检验这个问题。作为介绍,我们回顾一下这个问题的主要维度,并提出一些方法去分析它们。

2.3 经济增长和环境的未来

在 20 世纪经济史上,环境问题越来越突出。在 20 世纪 30 年代的大萧条期间,水土流失吸引了人们的关注,而在 20 世纪 50、60 年代,对于农药使用和空气污染、水污染的忧虑已经出现。然而,直到 20 世纪末,环境问题才被承认是整个经济增长过程的主要挑战。相对地,在 21 世纪全球经济中,环境考量成为影响经济发展的决定因素。

人口增长

有关这个新全球经济的第一个基本事实是我们快速增长的人口。这一人口惯性[12](population momentum)保证了未来的四十年大部分国家人口的不断增长。不像许多很快被事实所驳斥的预测,这个预测几乎可以肯定,因为历史上最多的一代孩子降生了。我们知道这些孩子将会长大成人,并拥有他们自己的孩子。即使他们组成的是一个小家庭(大家庭在全球许多地方非常普遍),他们的孩子也会超过他们的上一代。尽管一些国家,比如日本和一些欧洲国家,面临着人口的衰减(第 9 章),但全球大部分国家依旧在经历着人口增长。

因此,只有死亡率的极大提升才能改变未来更多人口的趋势。除了在少数几个地区,即使艾滋病在全球传播也不可能影响人口增长的这种趋势。2050 年人口数的最低预测是 80 亿人,中等或更高的预测是 90 亿~100 亿人。

---

[12] 人口惯性:即使生育率跌落更替水平,人口的趋势依旧保持增长,只要人口中年轻人占高比例。

这些增长的 95% 将来自发展中国家。

尽管自 19 世纪 70 年代以来,全球人口增长率一直在下降,并且这种趋势将会持续下去,但是全球人口在将来几十年依旧会保持每年超过 5 000 万人的增长。

这样的人口增长让我们疑虑未来我们能否养活地球上的每一个人,以及农业是否有能力再提供额外的 10 亿~30 亿人口的食物。我们可以通过几个办法来检验这个问题。最基本的是在考虑适宜耕种的土地限制后,农业是否有能力生产足够的粮食和其他食物来满足 80 亿~100 亿人营养所需。比较困难的是考虑能否满足日益增长的需求,包括对"奢侈"食品的需求和以肉食为中心的饮食需求。

全球不平等意味着即使以全球为基础的平均食品供应是足够的,但是仍然会存在大范围的饥荒和营养不良。经济增长可能会提高最贫困地区的生活水平,但是它也鼓励了人均消费。考虑到这一点,食品消费的增长很可能比人口增长快得多。

提高全球食品产量需要集约化生产⑬(intensification of production)。这意味着每亩地必须生产更多的粮食。对土地和水资源的压力、增长的化肥需求和侵蚀、化学径流和农药污染的问题都给农业扩张带来限制。除此之外,日益增长的生物燃料需求将占用大量的农业用地,这将与食物生产相竞争。

在第 10 章,我们将更详细地检验人口、社会不公、食物消费、食物生产和环境影响之间的相互作用。只关注生产能力是不够的。资源、环境因素和公平问题是应对使用有限资源养活更多人口这一挑战的关键。

除了对耕地的需求,扩张的人口需要更多的城市空间、住宅空间和工业发展空间。这些需求将侵占田地、森林和自然生态系统。在一些国家,如印度(每平方公里 383 个人)或孟加拉国(每平方公里 1 062 个人),人口对土地的压力是剧烈的。在一些人口密度较低的国家,如美国(每平方公里 33 个人),伴随着城市化发展对耕地和自然区域的压力,以及大规模农业和林业与野生动物保护之间持续的冲突,土地使用依旧是一个重要的环境问题。

增长的资源需求

资源使用问题也围绕着未来人口经济增长的问题。1972 年,《增长极限》报告强调了关键不可再生资源⑭(nonrenewable resources),如金属矿产和其他矿产的有限供应问题。自此,讨论的焦点转变了。增长极限悲观主义的批评者指出,新资源的发现、新的萃取技术、替代资源的发展以及大规模的回收都将提高

---

⑬   集约化生产:在给定资源供给的情况下提高生产效率,如提高每亩农业产量。
⑭   不可再生资源:有固定供应量的资源,如矿石和石油。

资源使用的水平。只要有足够的食物供给,真正的问题不是资源可获得性的限制,而是增长的资源开采⑮(resource recovery)对环境的影响。

例如,采矿作业对环境造成严重的损害。如果在人口增长的同时,全球对铁、铜、铝和其他金属的消费需求提高到当前美国的消费水平,那么对矿产的提取将极大地提高。大量的金属矿需要从地壳中开采出来——但是,以一个什么样的环境为代价呢?

经济理论和常识都告诉我们,高质量的矿产将首先被开采出来。当我们开始使用低质量的矿产时,加工金属所需的能源以及相关的工业污染都将稳步上升。我们现在的采矿作业已经留下了伤痕累累的地表和被污染的水源——我们将怎样应对未来有更大影响的需求,包括对稀有金属以及手机和其他电器所需的稀土的新需求?

增长的能源使用

资源的扩大利用,如农业大规模生产,依赖于能源的供给。能源是经济活动和生活的基础,使其他资源的利用成为可能。能源资源问题正变得前所未有的重要。19 世纪的经济发展主要依赖于煤炭,20 世纪的发展则依赖于石油。我们当前对化石燃料的严重依赖是 21 世纪经济发展的主要问题。

这些问题部分是由化石燃料的有限供给引起的。目前所知的石油和天然气储量将大约在 50 年内被耗尽。煤炭储量持续的时间将会长一些——但是煤炭是所有化石燃料中"最脏"的一种。煤炭、石油和天然气的燃烧将会对地表空气造成污染,还会排放出二氧化碳,造成全球气候改变⑯(global climate change)。

接下来的 40 年,增长的人口以及不断提高的生活水平都将造成不断增长的能源使用。正如我们所知道的,自第二次世界大战以来,世界能源的使用已经变为原来的 4 倍。每年 2% 的能源使用增长速度与人口增长速度差不多,将会使它在 35 年后再翻一倍。更可能的是,能源的使用随着染料工业的发展,特别是在发展中国家将以一个更快的速度增长。新的低污染能源来源以及发达国家人均能源使用的减少似乎都是必要的。向替代资源过渡的经济将在第 12 章和第 17 章中讨论。

正在萎缩的资源

对诸如森林、渔业这些可再生资源⑰(renewable resources)的全球性压力

---

⑮ 资源开采:为了经济利用而进行的资源开采或提取。

⑯ 全球气候改变:全球气候的改变,包括天气、降水量、风暴的频率和强度,这一结果是由大气中温室气体的浓度变化导致的。

⑰ 可再生资源:可以由生态系统持续供应的资源,如森林、渔业会因物种的灭绝而耗竭。

变得愈发显著。对可再生资源的过度开发[⑱]（overharvesting of renewable resources）造成严重的环境损失。世界森林覆盖正在减少，热带森林在过去几十年间快速减少，虽然温带森林保持稳定，或者微微上升。随着19世纪50年代至80年代中期捕鱼量稳定的增长，全球捕鱼量似乎已经达到一个最大值，一些主要鱼种正在消亡。

自然资源的开发也加快了物种灭绝的速度，并带来未知的生态风险，裁减了自然界下一代的"继承权"。很明显，这些压力只会因对食物、燃料、林产品的需求的增加而提高。

经济理论为这种过度开发现象给出一个解释，我们将在第4章和第13章中看到，而相应的解决方案更加艰巨。这样的方案需要一个概念的转变，从将森林和渔业看作一个无限制的开放存取资源[⑲]（open-access resources）到意识到它们是全球公共物品[⑳]（global commons）的一部分。未来经济的发展不能简单地利用"免费"资源，如未开发的土地和开放的海洋，而是还要适应生态限制。在一些情况下，私有产权可以为个体拥有者创造保存资源的动机。其他一些情形则需要有效的区域和全球公共产权管理政策的发展。

污染

经济发展也会带来不断增长的累计污染物[㉑]（cumulative pollutants）和有毒核废物。作为传统污染政策的核心，用控制排放应对这些潜伏得更深的污染问题不再有效。当我们处理累计排放物时，如含氯氟烃（CFC）、有机氯化物，又如DDT或者放射性的污染，我们必须在处理所有以前遗留的污染和废物的同时考虑我们现在的活动将怎样影响未来的环境。这涉及很多成本和效益的评估。

不会累积的空气污染和水污染可以通过具体的管理政策得以控制。但是经济增长经常导致这些污染的增强。在排放控制方面，进步的技术一直在和增长的消费赛跑（汽车的使用就是一个简单的例子）。一些主要的污染物在一些工业化国家因环境管制而有所减少。但是在发展中国家，一些其他的污染物还在增加，比如中国刚刚开始处理它们严重的工业污染问题。污染控制的经济分析可以为具体的排放问题提供政策方法，而第17章提出的"工业生态"[㉒]（industrial ecology）的新理论为产生污染的活动和自然环境的关系提供了一个概述。

---

⑱　对可再生资源的过度开发：降低资源库存或数量的开采/捕获率。
⑲　开放存取资源：没有进入限制的资源，如海洋渔业和大气。
⑳　全球公共物品：全球共同拥有的资源，如大气和海洋。
㉑　累计污染物：在一段时间内不会明显分解的污染物。
㉒　工业生态：应用生态原则管理经济活动。

应对经济增长和环境问题的一个生态方法

回顾 21 世纪这些主要环境和资源的挑战,我们不需要倾向于"积极"或"消极"的观点。它们大多是由政策应对所决定的。尽管分析师关于如何进行合适的应对分歧很大,但是很少对全球环境和资源问题有争议。正如我们将看到的,无论是强调经济系统的适应性的市场方法还是对生物物理问题的生态评估,都在设计政策应对中扮演着重要的角色。

第 9 章~第 19 章将对这些问题给予更多细节上的关注。尽管在每一个案例中,具体的政策可能只能应对个别问题,但这些问题一起显示了对于不同经济分析的一个共同需求,在资源和环境考量下处理全球经济问题比以往显得更加突出。

不是将环境问题作为处理完基础经济问题后的第二个问题,而是我们必须将环境作为生产过程的基础。当然,经济生产总是依赖于环境,但是经济活动的规模却是不同的。既然经济生产造成了如此广泛的环境影响,这就需要整合我们关于经济和环境问题的观点。

如果我们采纳一个更广泛的观点,我们必须使经济活动的目标适应于生态的现实。传统上,经济活动的主要目标是通过工业产品和人均消费的增长来提高福利。由于上述理由,这些目标可能会对我们经济系统的环境可持续性[23](environmental sustainability)造成威胁。无论是我们选择实现它们的目标还是方法,都必须随着环境和人口压力的增长而修改。

为平衡经济和环境目标的努力在可持续发展[24](sustainable development)理论中得以体现——提供人类所需的、不会破坏全球生态系统和耗竭必要资源的经济发展。一些人批评说"可持续发展"只是一个时髦词汇,没有具体内容。其他人很快转而意识到"可持续"一词只是对传统经济发展模式的一种微调。尽管如此,对重新定义经济目标的新概念的概述已经开始出现。

2.4 可持续发展

回顾对经济发展的标准定义——人均 GDP,意味着 GDP 总值增长速度快于人口增长速度。可持续发展需要不同的测量。商品和服务产出的增长的确是预期结果的一部分,但是经济系统的生态基础的保持也同样重要——肥

---

[23] 环境可持续性:以一个健康的状态继续存在的生态系统;生态系统可能会随时间改变,但不会显著退化。

[24] 可持续发展:指既满足当代人的需求,又不损害后代人满足其需求的能力。

沃的土地、自然生态系统、森林、渔业和水系统。

我们将在第 8 章中看到，国家收入的测量方法的修改技术可以把这些因素考虑进去。即使如此，可持续发展也不仅仅意味着简单地使用不同的尺度。它涉及对生产和消费过程的一个不同分析。

可持续发展与标准经济发展观点

在生产方面，区分可再生资源和不可再生资源非常重要。每一种经济都会用到不可再生资源，但是可持续发展意味着对这些资源的节约和再利用，以及更多地依赖于可再生资源。在消费方面，一个重要的区分在于想要和需要。可持续发展不同于标准经济样式，在标准的经济样式中"美元投票"命令经济市场，决定商品的生产，而可持续发展意味着供应基础需求优先于奢侈品。

同样不同于标准经济理论的是，可持续性意味着对宏观经济规模㉕(macroeconomic scale)的一些限制。最大化水平可以通过一个地区的承载水平㉖(carrying capacity)而被假定，而不是映射未来无限期的增长速率。这反过来意味着在最大化水平之上，环境承载力水平将会被超过，生活水平必然下降。

人口和可持续发展

人口作为关键变量决定着生态经济增长的限制，这对发展中国家和发达国家都有借鉴意义。对于伴随着人口快速增长的发展中国家，这意味着限制人口增长是成功发展的关键因素。

对于发达国家，人口的角色有所不同。在大部分欧洲国家和日本，人口增长很稳定，并且一些国家转而忧虑人口的减少(见第 9 章)。然而在美国，人口增长持续地对国家以及全球的生态系统施加压力。尽管美国的人口增长比许多发展中国家要慢得多(相对于许多拉丁美洲、非洲和亚洲国家2%~3%的增长，每年有 0.5%的增长)，但是美国更高的人均消费水平意味着每一个额外的美国居民比一个额外的尼日利亚或者孟加拉国居民需要更多的额外资源。

这意味着人口政策必是可持续发展的一个关键因素。人口政策必须包含教育因素、社会政策因素、经济政策因素和健康医疗因素，包括避孕措施的可获得性，并且经常与已有宗教和社会习俗相冲突。然后，这个通常不被标准经济发展模型所考虑的难点，对可持续性来说特别重要。

㉕ 宏观经济规模：一个经济的总规模；生态经济意味着生态系统输出规模限制着宏观经济。
㉖ 承载水平：在可获得资源的基础上可持续下去的人口和消费水平。

农业和可持续性发展

当我们考虑农业生产系统时，可再生资源所依赖的往往与标准农业现代化相冲突。现代食物生产以集约型农业㉗(input-intensive agriculture)为基础，意味着它非常依赖于额外的肥料、农药、灌溉用水和机械化。所有这些反过来依赖于化石能源。传统农业依赖于太阳能、动物的力量以及人力，比现代农业产量要低。

可持续农业㉘(sustainable agriculture)的概念将传统和现代技术的元素结合起来。它强调可再生资源利用的最大化。例如，对农作物废料、动物粪便的利用，以及作物轮作、不同作物的间作、农林复合经营、节水灌溉、免耕技术、病虫害综合防治(将在第 10 章讨论)。这样的农业形式是否能够获得通过集约技术得到产量还不一定，但是它的环境影响非常小，甚至对环境有益。

能源和可持续发展

一个相似的问题被提出，可再生能源资源㉙(renewable energy sources)[包括太阳能㉚(solar energy)]是否可以取代对化石燃料的依赖。这是一个令人生畏的挑战，因为在工业化国家，可再生资源所提供的能量低于 10%。但这在发展中国家却有所不同，它们有很大一部分能源来源于生物能㉛(biomass)。有效地利用生物能以及对森林资源的保持将在能源政策中起到重要的作用。在太阳能、风能、生物质能上的先进技术使得这些可再生资源的价格下降，并且它们未来的潜力对发达国家和发展中国家来说都是非常重要的。

大量的、经常被忽略的潜力在于保护和提高效率——根据一些估计，发达国家通过使用这些技术将减少至少 30% 的能源使用量，并且对生活质量几乎没有影响。传统对增强能源供给㉜(energy supply augmentation)(如建造新的发电厂)的强调将被对需求方面的管理㉝(demand-side management)(不断增加的效率和不断减少的能量消费)所取代。

因为工业化国家现在占世界上 3/4 的能源使用(然而只有全球 1/4 的人口)，发展中国家增长的能源消费可以被发达国家减少的能源使用所取代。这种减少

㉗ 集约型农业：非常依赖于机械化、人造肥料、农药和灌溉用水的农业生产。

㉘ 可持续农业：不会消耗土地生产力或破坏环境质量的农业生产系统，包括综合虫害管理、有机技术和复种等技术。

㉙ 可再生能源资源：可以由生态系统持续供应的能源资源，如风、水、生物质能和直接的太阳能。

㉚ 太阳能：由太阳持续不断提供的能量，包括直接太阳能和太阳能的间接形式，如风能和潮汐。

㉛ 生物能：木头、植物和动物废料提供的能源供应。

㉜ 增强能源供给：一种强调能源供给增加的能源管理方法，如建立更多的发电厂或者增加石油钻井。

㉝ 需求方面的管理：一种强调增加能源效率并降低能源消费的能源管理方法。

可以通过提高效率而不是降低生活水平来实现。全球气候政策的谈判(在第19章讨论)建议,这样的折中对于减少全人类对世界气候影响来说是必要的。

对自然资源的可持续管理

可持续的自然资源管理[34](sustainable management)意味着一种经济观点和生态观点的组合。自然资源管理的经济理论(第13章~第15章)显示,许多资源,如森林和渔业的管理系统会导致这种资源的耗竭,甚至灭绝。合理的动机和制度可以促进可持续管理。然而,现代管理系统还远远不能做到可持续。

在工业污染管理领域,标准的经济方法是通过分析不同污染控制的成本和收益来确定一种经济最优的政策。这种方法有它的优点(将在第16章中全面考虑),但它对于可持续来说并不是有效的。这个最好的污染控制政策会被产生污染活动的增加压垮,特别是那些产生累积污染物的活动。

因此,注意力开始集中于工业化生态这个更综合污染控制方式的新概念上。使用类似于资源生态系统循环自己产生废弃物的方式,这个方法尝试将工业系统看作一个整体,从而确定一个最小化或者避免污染物产生、最大化资源循环使用的路径。工业化生态技术的应用(在第17章讨论)对于重建现存的工业系统和拉丁美洲、亚洲和非洲的经济发展都有潜在作用。

在所有这些地方,可持续发展提供了一个新的理论样式[35](theoretical paradigm),它不同于标准的经济学方法。考虑一个新的思维方式是合理的,因为相对于早些时候,全球现状已经发生了根本性的变化,而之前经济政策的制定不用过多地关注环境影响。

随着这个逻辑,我们可以在经济史上粗略地区分出三个时期。在前工业化时期,人口和经济活动保持在一个相当稳定的水平,对生态系统只有有限的需求。在过去工业快速发展、人口快速增长的200年间,经济增长对环境的影响越来越严重。这个过程是不一致的,在某些情况下进步的技术和不断改变的工业计划会减轻污染和减少资源需求。然而,已被讨论的不断增长的压力暗示我们正在进入第三个时期,在这个时期,人口增长和经济活动必须与生态承载力匹配。

我们将在第二部分学习的经济分析工具来自于标准经济学理论,第三部分呈现的观点则回答了经济增长的生态限制问题。这两部分组合在一起为处理环境和经济关系的多方面问题提供了一个有力的分析技术工具。

---

[34] 可持续的自然资源管理:自然资源的管理方式,例如,自然资本随时间推移保持不变,包括存量和流量的保持。

[35] 理论样式:用于学习一个特殊问题的基本概念方法。

总 结

一段时间的经济增长既反映了人口增长,也反映了人均 GDP 的增长。这种增长依赖于资本的增长和技术的进步,也依赖于能源、自然资源供应的增长和环境吸收废物的能力。

一个关于人口、工业产出、资源和污染关系的简单模型显示了无限制的经济增长将会导致资源的耗竭和不断增加的污染,最终导致经济系统和生态系统的崩溃。然而,这样一个模型建立在技术进步和模型中变量的反馈模型的假设下。一个更乐观的假设考虑了不断增加的效率、污染控制和可供选择的与更可持续的技术转变。

1950~2010 年,出现史无前例的超过 2 倍的人口增长速度、超过 3 倍的全球农业生产和超过 4 倍的全球 GDP 以及能源使用。持续的人口和经济增长将在 21 世纪前半期对资源和环境产生更大的需求。食物生产、不可再生资源再利用、能源供给、大气污染、有毒废料和可再生资源的管理都是需要在更细节的地方进行分析和制定政策的主要问题。除此之外,经济增长的本质必须适应于环境和资源限制。

可持续增长的概念尝试将经济目标和环境目标结合起来。农业生产、能源使用、自然资源管理和工业生产的可持续技术有很大的潜力,但是必须被广泛接受。一个可持续发展的全球经济意味着对人口和物质生产的限制。经济活动的可持续性问题已经成为一个主要的问题,并且在将来会更加重要。

问题讨论

1.我们可以说历史反驳了马尔萨斯猜想吗?什么因素导致马尔萨斯预期不成立?为什么这个预期在今天依旧有作用?

2.在过去几个世纪中,人们担心全球的石油和资源将会耗竭。然而,现在依旧有足够的石油满足需求,没有一个重要的资源耗竭。是不是这些担心被夸大了?考虑过去的经历和未来的期望,你怎么评价它们?

3.是不是生活标准的提高必须意味着更多的消费?是否可以设想未来对商品和自然资源的消费将会减少?如果这种情况发生,是否意味着经济增长的终结?对于一个美国居民和一个印度居民来说,对这些问题的看法有什么不同?

注 释

1.U.S. Department of Energy，2012.

2.Meadows et al.，1972.

3.Meadows et al.，2002，chap. 2.

4.Randers，2012.

5.Population Reference Bureau，2012；United Nations，2010.

6.Population Reference Bureau，2012.

7.Food and Agriculture Organization，2011.

8.For a review of theory and practice in the area of sustainable development，see Harris et al.，2001；López and Toman，2006.

9. The "basic needs" approach to development，first set forth by Streeten et al.，1981；it has been further developed in Stewart，1985；Sen，2000；and UNDP，1990—2011.

10.See Daly，1996，on limits to macroeconomic scale.

11. See，for example. Intergovernmental Panel on Climate Change (IPCC)，2007，and the American Council for an Energy-Efficient Economy，www.aceee.org.

参考文献

Daly，Herman E. 1996.*Beyond Growth：The Economics of Sustainable Development*. Boston：Beacon Press.

Food and Agruculture Organization，2011. *State of the World's Forests 2011*. Rome.

Harris，Jonathan M.，Timothy A. Wise，Kevin Gallagher，and Neva R. Goodwin，eds. 2001.*A Survey of Sustainable Development*. Washington，DC：Island Press.

Intergovernmental Panel on Climate Change (IPCC). 2007. *Climate Change 2007：Mitigation of Climate Change*.Cambridge：Cambridge University Press.

López，Ramón，and Michael A. Toman. 2006. *Economic Development and Environmental Sustainability：New Policy Options*. Oxford：Oxford University Press.

Malthus，Thomas Robert. 1993.*Essay on the Principle of Population as It Affects the Future Improvement of Society*.New York：Oxford University Press.(Original publication 1798.)

Meadows, Donnella H., et al. 1972. *The Limits to Growth*. New York: Universe Books.

——. 1992. *Beyond the Limits: Confronting Global Collapse, Envisioning a Sustainable Future*. White River Junction, VT: Chelsea Green.

——. 2002. *Limits to Growth: The 30-Year Update*. White River Junction, VT: Chelsea Green.

Population Reference Bureau. 2012. *2011 World Population Data Sheet*. Washington, DC.

Randers, Jorgen. 2012. *2052: A Global Forecast for the Next Forty Years*. White River Junction, VT: Chelsea Green.

Sen, Amartya. 2000. *Development as Freedom*. New York: Knopf.

Stewart, Frances. 1985. *Basic Needs in Developing Countries*. Baltimore: Johns Hopkins University Press.

Streeten, Paul, et al. 1981. *First Things First: Meeting Basic Needs in Developing Countries*. New York: Oxford University Press.

United Nations. Department of Economic and Social Affairs, Population Division. 2010. *World Population Prospects: The 2010 Revision*, http://esa.un.org/unpd/wpp/index.htm.

United Nations Development Programme (UNDP). 1990 − 2011. *Human Development Report*. New York: Oxford University Press.

U.S. Department of Energy. 2012. *International Energy Outlook*. Washington, DC: Energy Information Administration.

World Resources Institute, United Nations Development Programme, United Nations Environment Programme, and World Bank. 2011. *World Resources 2010-2011: Decision Making in a Changing Climate*. Washington DC: World Resources Institute.

相关网站

1. **www.iisd.org.** The homepage for the International Institute for Sustainable Development, an organization that conducts policy research toward the goal of integrating environmental stewardship and economic development.

2. **www.epa.gov/economics.** The Web site for the National Center for Environmental Economics, a division of the U.S. Environmental Protection Agency that conducts and supervises research on environmental economics. Its Web site includes links to many research reports.

3.**http://ase.tufts.edu/gdae.** The homepage for the Global Development and Environment Institute at Tufts University, "dedicated to promoting a new understanding of how societies can pursue their economic goals in an environmentally and socially sustainable manner." The site includes links to many research publications.

4.**www.wri.org.** The World Resources Institute Web site offers the biennial publication *World Resources* as well as extensive reports and data on global resource and environmental issues.

第二部分

环境问题的经济分析

第 3 章　环境外部性理论

焦点问题

- 环境污染是如何在经济中体现的?
- 应制定什么样的政策来应对环境问题?
- 什么时候并且怎样才能依靠产权来解决环境问题?

3.1　外部性理论

　　环境问题是怎么影响市场经济问题分析的? 市场反映了那些参与买卖商品和服务的人的经济活动的利润。但是,我们怎么说明环境的影响呢? 经济学家指出,市场交易对于市场参与者之外的人的影响为外部性①(externalities)。外部性也经常被称作第三方效应②(third-party effects),因为它们影响市场外的个人或团体。

　　外部性既可以是正的,也可以是负的。一个负外部性③(negative exter-nality)的最常见的例子是污染。在没有任何规章的情况下,企业的生产决定将不考虑对社会和生态的污染伤害。消费者通常也不会因为他们所购买的商品和服务会造成污染而不去购买它们。但是,当我们分析市场的全社会福利的时候,我们需要考虑污染的危害。

　　在一些例子中,如果一个市场交易产生市场的外部收益,它可以产生正外部性④(positive externalities)。一个正外部性的例子是买树和种树的土地所有者。这些树可以使人们欣赏风景,而且可以吸收二氧化碳,并为野生动物提

---

① 外部性:市场交易对市场外积极或消极的影响。
② 第三方效应:在市场交易中对交易外的人们产生影响,如那些影响当地社区的工业污染。
③ 负外部性:市场交易的负面影响,影响那些交易外的内容。
④ 正外部性:市场交易的正面影响,影响那些交易外的内容。

供栖息地。

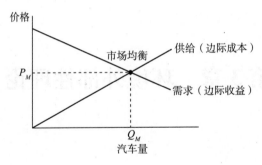

注：边际成本就是生产者生产产品的成本。

图 3.1　汽车市场

在基础市场经济分析中，需求供给曲线呈现了交易的成本和收益。一条供给曲线告诉我们产品的边际成本⑤（marginal costs），换句话说，生产者生产商品和服务的成本。与此同时，需求曲线可以被认作边际收益⑥（marginal benefit）曲线，因为它告诉我们顾客多消费一单位产品的收益。需求曲线和供给曲线的交集给我们一个均衡价格⑦（equilibrium price），在这个价格上，需求和供给平衡，正如图 3.1 所示的一个假定的汽车市场。这个均衡呈现了一个经济有效⑧（economic efficiency）（最大化社会净收益的资源分配；排除外部性的完全竞争市场）状况，因为它最大化了市场中买方和卖方的收益——如果没有外部性的话。

考虑环境成本

然而，这个市场均衡并没有说出所有的故事。产生和使用汽车产生了大量的负外部性。汽车会造成环境污染，包括城市的雾霾和区域问题，比如酸雨。除此之外，汽车所引起的二氧化碳排放会造成全球变暖。因汽车而泄露的或处理不当溢出的汽油会污染湖泊、河流和地下水。汽车生产要用有毒的材料，释放到环境中成为有毒废物。汽车所需的道路系统铺平了大量的农村和开放的土地，并且从道路流出的盐径流会污染流域。

这些成本出现在图 3.1 中的哪些地方？答案是它们一点也没出现。因此，这个市场高估了汽车的净社会收益，因为负外部性成本没有被考虑。所以，我们需要找到外部效应内部化⑨（internalizing external costs）的方法——

---

⑤　边际成本：生产或消费额外一单位产品和服务的成本。
⑥　边际收益：生产或消费额外一单位产品和服务的收益。
⑦　均衡价格：供给量等于需求量时的市场价格。
⑧　经济有效：最大化社会净收益的资源分配；排除外部性的完全竞争市场。
⑨　外部效应内部化：例如，通过税收将外部成本考虑进市场决策。

将外部成本⑩(external costs)考虑在我们的市场分析中。

这样做的第一个问题是给环境危害分配一个货币价值。我们怎么才能将大量的环境效益简化为一个货币价值？这里没有一个明确的答案。在一些例子中，经济危害是不清晰的。例如，如果道路径流污染小镇的水供给，水处理的成本至少提供了一种衡量环境危害的方法。然而，这并不包含无形因素，如对江湖系统造成的危害。

如果我们能够确认空气污染对健康的影响，它导致的医疗花费给我们另外一个金钱损失的衡量，但是这没有考虑到空气污染对审美的伤害。雾霾限制了视觉，这减少了人们的福利，即使不算它对人们健康的可用货币衡量的效应。诸如这一类的问题很难被压缩成一个货币指标。然而，如果我们不能对这些环境危害分配一个货币价值，市场会自动将其视为零，因为这些问题都没有直接影响顾客和厂商关于购买或生产汽车的决定。

一些经济学家已经尝试着将汽车的外部性用货币价值进行衡量（见专栏 3.1 和表 3.1）。假设我们对这些外部成本有一个合理的衡量，这些成本怎么加进我们的供给需求分析呢？

回忆一下供给曲线告诉我们生产一单位商品和服务的边际成本。但是除了正常的生产成本，我们现在也需要将外部成本加进生产成本中以获得汽车的总体社会成本。这导致一个新的成本曲线，我们称为社会边际成本曲线⑪(social marginal cost curve)，如图 3.2 所示。

社会边际成本曲线在最初的市场供给曲线之上，因为它包括了外部成本。注意，两条曲线间的直线距离就是我们对每辆汽车的外部成本的衡量，以美元度量。在这个简单的例子中，我们假设汽车的外部成本是不变的。因此，这两条曲线是平行的。这可能不是现实中的例子，因为汽车的外部成本可能因汽车数量的增加而改变。具体来说，当更多的汽车被生产出来后，多生产一辆汽车的外部成本将会增加，因为空气污染超过关键水平或者交通堵塞变得更加严重。

专栏 3.1　　　　　　　　汽车使用的外部性

汽车使用的外部的或者说社会的成本是什么？在美国，每年汽车排放出 6 000 万吨一氧化碳、一氧化氮和其他有毒物，包括甲醛和苯。在美国，汽车事故每年造成超过 3 万人死亡，超过 300 万人受伤。另外的外部效应还包括因建造道路和停车场对自然栖息地的摧毁、对汽车或者零部件的处理、在石油供给方面有关国家安全的成本和噪音污染。

---

⑩　外部成本：不必是货币形式的一种，没有反映在市场交易中的成本。

⑪　社会边际成本曲线：在既考虑私人产品成本又考虑到外部性时，给人们提供额外一单位产品或服务的成本。

　　虽然一些外部成本可以通过汽油税进行内部化,但根据经济分析发现,这些税不足以包括所有外部成本。可能关于用货币估计汽车使用的外部效应的最复杂的尝试是一项20卷的研究(Delucchi,1997)。这项研究估计了空气污染、作物损失、降低可见度、国家安全、高速公路维护和噪音污染的成本。

　　一些成本由公共部门支付,而其他的就是外部社会损失。在低估计的假设下,每年总外部成本是1 670亿美元,在高估计的假设下,每年总外部成本是14 830亿美元(2012年等值美元)。每年公共部门为有关汽车的基础设施和服务的成本估计在2 230亿~4 060亿美元。因此,在潜在的假定下,总的外部的和公共部门的有关汽车使用的成本占GDP的比重为3%~13%。

　　一篇2007年的文章(Parry et al.,2007)对已有的关于汽车外部性的文章进行总结,呈现了一个关于美国汽车外部性的最好分配方案,将外部性分为如表3.1中所示的几类。这些估计暗示汽车使用的外部性占GDP的比重为3%。然而,Parry等人的研究不包括公共部门的支出,如对高速公路的养护。Parry等人关于气候变化的外部性的估计是每加仑6美分,这一数据是建立在社会碳危害每吨20美元的基础上的。我们将在第18章看到,其他研究对碳危害的估计要更高些。

　　这些研究中提到,需要使用一系列政策方法将有关汽车使用的成本完全内部化。例如,应在汽车排放量的基础上内部化空气污染,而不是在汽油消耗的基础上。有关堵车的外部性需要通过依据一天中的时间和利用电子感应器向在拥挤公路上的司机收取拥堵费的基础上进行内部化。

表3.1　　　　　　　　　　　　美国摩托车使用的外部成本

成本种类	美元/加仑	总计(百万美元/年)
气候变化	0.06	10
石油的依赖	0.12	20
当地污染	0.42	71
拥堵	1.05	177
事故	0.63	106
总外部性成本	2.28	384

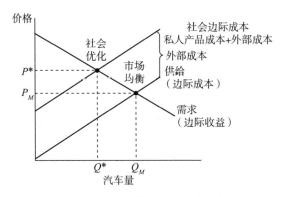

图 3.2 负外部性效应的汽车市场

考虑图 3.2,我们的市场均衡是否依旧是经济有效的结果? 不一定。为了理解为什么,你可以想象社会通过比较边际成本和边际收益去决定汽车的生产。如果边际收益超过边际成本,考虑所有收益和成本。从社会的角度看,生产汽车是有意义的。但是如果成本超过收益,那么生产汽车就没有意义了。

因此,在图 3.2 中,我们看到生产第一辆车是有意义的,因为需求曲线在社会边际成本曲线上方。即使第一辆车产生了一些负外部性,但高边际收益促使生产汽车。我们发现,这对每一辆车都是成立的,直到产量 Q^*。在这个点上,边际收益等于社会边际成本。但是我们注意到超过 Q^* 的每一辆车生产的社会边际成本是高于边际收益的。换句话说,因为超过 Q^* 的每一辆车的生产,社会变得更糟了。

因此,我们未被管制的市场产出 Q_M,导致了一个过高的产量。我们只在边际收益高于边际社会成本时生产汽车。所以汽车生产的最优水平是 Q^*,而不是市场结果。因为负外部性的存在,这个均衡结果是无效的。我们也可以在图 3.2 中从社会的角度看到,市场的汽车价格太低了——这是说,它不能很好地反映汽车的真实成本。汽车的社会有效[12](socially efficient)的价格是 P^*。

内部化环境成本

我们怎么去修正这个非有效的市场均衡? 解决方法在于获得"正确"的汽车价格。市场不能向消费者和生产者传递一个信号,即超过 Q^* 的生产是社会无效的。然而,每辆车对社会造成的成本既不是由消费者承担,也不是由生产者承担。因此,我们需要将外部性内部化,使得这些成本进入消费者和生产者的决策中。

---

⑫ 社会有效:社会效益最大化的市场状态。

内部化负外部效应的最常见的方法是征税。这种方法被称为"庇古税"[13]（pigovian tax），在亚瑟·庇古（Arthur Pigou）于 1920 年出版的《福利经济学》一书中提出。它也被称作"污染者付费"原则[14]（polluter pays principle），因为他们有责任为其对社会造成的伤害付费。

简单地看，假设这些税都由汽车生产者支付。对于生产的每一辆汽车，他们都必须支付一系列费用。但是，一个合适的税量是多少呢？

通过迫使生产者为每一单位汽车生产缴税，我们潜在地增加了它们生产的边际成本。因此，你可以把税看作是对边际生产曲线向上的一个改变。税越高，应将成本曲线向上移动的量越大。因此，如果我们能够精确地将税等于与每一辆车有关的负外部效应，那么产品的边际产品曲线等于图 3.2 中的社会边际成本曲线。这就是"正确"的税量——每单位产品的税需要等于每单位产品的外部效应。换句话说，那些造成污染的人需要为他们的行为产生的全部社会成本付费。

在图 3.3 中，赋税的新供给曲线与图 3.2 中的社会边际成本曲线是一样的。当生产者决定提供多少汽车时，这将是合适的供给曲线，因为他们现在必须在边际成本上额外付税。

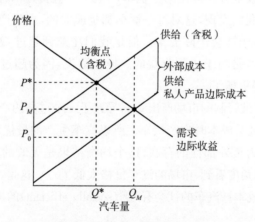

图 3.3　汽车市场的"庇古税"

这个新的均衡导致更高的价格 P^* 和更低的产量 Q^*。税收导致最优的汽车生产水平。换句话说，汽车只生产到边际收益等于边际成本时。还要注意到，即使只向生产者征税，一部分税还是以价格上升的方式附加到消费者身上。这导致消费者将他们的购买从 Q_M 减少到 Q^*。从社会最优的角度来看，

---

[13]　庇古税：每单位税收等于某一活动造成的额外损失，例如，每吨排污的税收等于 1 吨污染额外的损失。

[14]　污染者付费原则：这个观点是指为污染负责的那些人应该为相关的外部成本付费，如健康费用和对野生动物的危害。

这是一个很好的结果。当然,生产者和消费者都不喜欢税收,因为顾客将付出更高的价格,生产者则销量减少,但是从整个社会的角度出发,我们可以说这个均衡是最优的,因为它精确地反映了汽车使用的真实成本。

这个故事告诉我们一个令人信服的建议,即关于政府在负外部性效应的调控方面的建议。税收在推进一个更有效的结果方面是一项有效的政策。但是,政府应该一直利用征税来应对外部效应吗?大部分商品和服务的生产与一些污染危害相关。因此,对于所有产品,政府应该在它们对环境危害的基础上征税。

但是,有两个因素建议我们可能不应该对所有产品征收庇古税。第一,回忆一下前面提到的,我们需要以货币的形式估计税收,这要求经济的研究和分析可能还需要毒理学和生态学的研究。一些产品只有极少的环境危害,对其征收的税甚至还比不上为得到"正确"税收所花费的成本。第二,我们需要考虑征税的行政成本。同样,如果一个产品没有造成大量的环境危害,则行政成本可能高于税收的收入。

为每一种引起环境危害的商品确定一个合适的税收是一项艰巨的任务。例如,我们可能要对衬衫征税,因为其生产过程可能涉及棉花的种植、使用石油化合物、提供潜在有毒的燃料等。但是,我们在理论上需要对棉质的衬衫或者化纤制的衬衫,甚至不同尺寸的衬衫征收不同的税。

经济学家总是建议尽可能在产品生产的上游部门征收庇古税,而不是关注于最终的消费品。

上游税[15](upstream tax)是在原料生产水平上征税,比如制造衬衫的原油和棉花。如果我们确定了关于棉花的庇古税,那么这个成本最终将反映在衬衫的售价上。我们可以集中向那些造成大部分生态危害的原材料征税。这限制了征税的管理难度,以及避免估计大量产品合适的税额。

另一个与外部性相关的问题分析是探索税收负担如何在生产者和消费者之间分担。根据许多非经济学家的说法,因为更高的价格,税收只是简单地由消费者承担。然而汽车提高的价格就是所有的税赋吗?答案是否定的。注意,每单位的税是图 3.3 中的 P_0 和 P^* 之间的差距,而价格只是从 P_M 提高到了 P^*。在这个例子中,税收似乎由生产者和消费者平均分摊了。

在一些例子中,税收主要由消费者承担。然而,在另一些例子中,税收主要由生产者承担。这是由价格的需求弹性[16](elasticity of demand)和供给弹性[17](elasticity of supply)所决定的——需求和供给在面对价格变化时是如何

---

⑮　上游税:在尽可能靠近自然资源提取点征税。

⑯　需求弹性:需求数量对价格的敏感性;弹性的需求意味着一比例价格增加带来了更大比例的需求数量的增加;非弹性的需求意味着一比例价格增加带来了较小的变化。

⑰　供给弹性:供给数量对价格的敏感性;弹性的供给意味着一比例价格增加带来了更大比例的供给数量的增加;非弹性的供给意味着一比例价格增加带来了较小的变化。

响应的。我们将在后面(包括附录 3.1)更具体地讨论弹性这个话题。

最后一个考虑是对于一定收入群体,税收可以不成比例地下降。有关环境税的忧虑,比如石油税,是它对低收入家庭的打击最大。这是因为收入越低,他们越倾向于把钱花在诸如汽油和电子类的产品上。因此,我们希望用一些税收补偿对低收入家庭的影响,可能采用以税收优惠和折扣的方式。

在实际运用中,环境政策经常采用除税收以外的政策,在汽车的例子中,采用的是石油效率标准或者规定的污染控制装置,如催化式排气净化器。这些政策减少了石油消费和污染,而不需要减少汽车的销售。它们也可能会提高汽车的价格,在这一方面与税收的作用很像(尽管更高的石油使用效率减少了运行成本)。

正外部性

正如出于社会利益需要将污染的社会成本内部化,我们也需要将会产生正外部性的活动所产生的利益内部化。与负外部性一样,自由市场也会因为正外部性的存在而不能将社会福利最大化。类似地,需要政策干预来达到有效结果。

正外部性是一个商品或服务除个人利益和市场利益之外的社会利益。因为需求曲线告诉我们商品和服务的个人边际效用,我们可以通过将需求曲线向上提高一段距离来将正外部性纳入我们的分析中去。这个新的曲线呈现了总的社会利益。

图 3.4 展示了一个正外部性的商品的例子——太阳能电池板。每一块太阳能电池板的建立都会减少二氧化碳的排放,从而提高整个社会的效益。市场需求曲线和社会边际利益曲线之间的纵向距离就是每一块太阳能电池板的正外部性,以美元衡量。在这个例子中,每一块板的社会利益是不变的,所以这两条曲线是平行的。

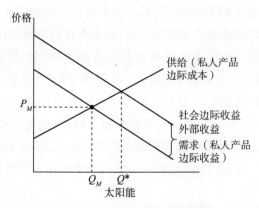

图 3.4　太阳能市场的正外部性

市场均衡价格是 P_M,均衡数量是 Q_M。但是注意到在图 3.4 中,在 Q_M 和

Q^* 之间社会边际利益是高于边际成本的。太阳能电池板的最优数量是 Q^*，而不是 Q_M。因此，可以通过提高太阳能电池板的产量来提高社会的净利益。

在正外部性的例子中，最常用的解决市场非有效的政策是补贴。补贴[18]（subsidy）是支付给生产者的一笔钱，从而使他有动机生产更多的商品和服务。在我们的市场分析中说明一项补贴的方法是意识到补贴可以有效地减少生产一些产品的成本，所以补贴降低了供给曲线。在本质上，一项补贴可以使得生产太阳能板的成本更低。"正确"的补贴可以降低供给曲线，从而使得新的市场均衡在 Q^* 上。如图 3.5 所示，附有补贴的供给曲线与市场需求曲线在 Q^* 相交。

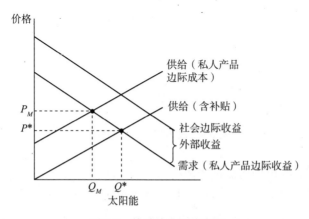

图 3.5　补贴的太阳能市场

这个原理与用税收阻碍会产生外部效应的经济活动类似——除了一点，即在这个例子中我们鼓励有正外部性的活动。

3.2　外部性的福利分析

我们可以以一种叫作福利分析[19]（welfare analysis）的经济理论形式来展示为什么将外部性内生化是社会最优的。这里的想法是供给需求图区的面积可以用来衡量总体的利润和成本。需求曲线下的区域表示对于消费者来说的全部利润，在供给曲线下的部分表示对于生产者来说的所有成本。对于每一单位的购买，需求曲线表示对于消费者来说没有单位价值。

这个概念在图 3.6 中得以展示。正如上文所提到的，因为供给需求曲线

---

⑱　补贴：政府对某个行业或经济活动的帮助；可以是直接地通过金融帮助补贴，或者可以是间接地通过保护性政策进行补贴。

⑲　福利分析：一种分析不同群体政策的效益和成本的经济工具，如生产者和消费者群体。

展示了对于每一单位生产的边际成本和收益，所以在这些曲线下的面积实际上组成了对于所有产品的总收益和总成本。对于消费者来说，净利益被称为消费者剩余（A 部分）——体现了消费者消费汽车所获得的效用和他们以 P_M 支付的价格之间的差距。生产者得到一个净效益，称为生产者剩余（B 部分），即他们的生产成本和他们接受的价格 P_M 之间的差距。

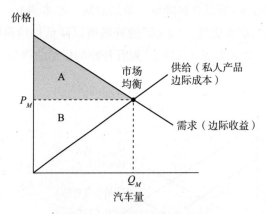

图 3.6　汽车市场的福利分析

　　排除外部性，市场均衡是经济有效的，因为它最大化了社会净效益（A＋B）。但是如果我们引入外部性，市场均衡就将不再经济有效了。

　　我们可以将汽车市场的社会净效益定义为生产者和消费者剩余的总和减去外部性损失。所以净效应等于市场效益（A＋B）减去负外部性，如图 3.7 所示。这里，我们将私人边际成本曲线和社会边际成本曲线之间的区域叠加到图 3.6 上。（图 3.7 与图 3.2 等效，精确地显示了我们之前得到的负外部性，但是它也显示了全部外部性成本，即深色的区域。）

　　注意，外部性损耗明显抵消了消费者和生产者剩余。在负外部性面前，社会净福利等于 A′＋B′－C，C 是 Q^* 右方的三角形面积。我们之所以用符号 A′ 和 B′，是因为这些区域小于图 3.6 中的区域 A 和 B，代表了减去负外部性后的消费者和生产者剩余。除了这些更小的净效益之外，区域 C 代表了一个净损失，因为 Q^* 和 Q_M 之间的社会边际成本超过了社会边际利益。

　　现在我们考虑通过征税来内部化外部性。这个税将均衡量从 Q_M 改变成 Q^*。我们可以证明，相比于税前社会福利（见图 3.7），税后的社会福利增加了。在价格 P^* 和数量 Q^* 下，我们的新消费者剩余是 A″，新生产者剩余是 B″。注意，A″ 和 B″ 的总和与图 3.7 中 A′ 和 B′ 的总和是相等的——我们不久将看到，这点对于我们的分析来说非常重要。

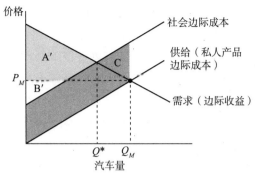

图 3.7 外部性汽车市场的福利分析

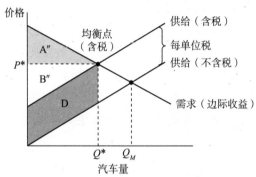

图 3.8 "庇古税"改进的福利效果

如果我们只生产 Q^* 而不是 Q_M,外部性损失现在将是区域 D,这比图 3.7 中的外部性损失要少。税收是以数量 Q^* 进行征收,所以总共的税收收入表示为区域 D。税收收入恰好等于外部性损失。换句话说,税收收入足以补偿外部性损失。

社会净福利是生产者剩余加上消费者剩余,减去外部性损失,再加上税收收益,或者

$$社会净福利＝A''+B''-D+D=A''+B''$$

正如我们前面提到的,面积 $A''+B''$ 等于面积 $A'+B'$。回忆一下,税前的社会净福利是 $A'+B'-C$。现在社会净福利是有效的 $A'+B'$。社会净福利因为庇古税而提高了面积 C。社会因税收变得更好。

一个类似的关于正外部性和补贴的福利分析也显示出补贴在正外部性面前提高了社会净福利。这个分析有点复杂,我们将在附录 3.2 中进行。

最优污染

我们关于负外部性的分析启示了一个可能矛盾的想法——最优污染[20]

---

[20] 最优污染:最大化净社会效益的污染水平。

(optimal level of pollution)的概念。注意,即使征收一项外部税,社会依旧留有污染损失区域 D。根据分析,这是依据当前的生产和技术来说的"最优"的污染数量。但是你可能反对,难道最优的污染数量不是零吗?

经济学家的回答是,实现零污染的唯一途径是零生产。事实上,如果我们希望生产任何加工品,就会产生一些污染。作为一个社会,必须决定什么样的一个污染水平是愿意被接受的。当然,我们可以随着时间的推移降低污染水平,特别是通过减污技术,但是只要我们进行生产,我们就必须确定一个"最优"污染水平。

有些人依旧很难接受最优污染的概念。注意,例如,如果汽车的需求增加了,那么需求曲线就会向右移动,"最优"污染水平就会增加。这意味着,随着全球对汽车的需求持续增加,不断上升的污染水平是可以被接受的。我们将在考虑健康和生态的基础上设置一个最大化的可被接受的污染水平,而不是仅仅通过经济分析。实际上,在美国,主要的联邦空气污染条例,即《空气清洁法》,在有关污染对健康影响的科学数据的基础上设置污染标准,明确地排除了设置标准中的经济考虑。我们将在第 16 章更具体地讨论污染政策和最优污染的概念。

3.3　产权和环境

庇古税的概念要求污染者为他们对社会和环境造成的影响付费,这个想法直觉上是吸引人的。庇古税思想的内涵是社会具有因任何污染伤害得到补偿的法律权利。许多人声称这涉及适当的产权分配。换句话说,社会有权拥有洁净的空气,但是污染者没有权利向大气中排放任何有害气体。

在其他一些例子中,产权的分配可能不清晰。设想一个农民对他所拥有的一块湿地进行排水,使其变成一块适合种植的土地。他的下游的邻居抱怨说没有一块湿地吸收雨水,她的土地将被淹没,从而使她的作物受到损失。第一个农民有责任为第二个农民的作物损失付费吗? 或者他是否有权利在他的土地上做任何他想做的事情?

我们可以看出这个问题不仅是外部性问题,也是产权问题。试想第一个农民(我们叫他 Albert)确实有权利排干湿地里的水。假设排水湿地的作物的净利润是 5 000 美元。进一步,让我们想象第二个农民(Betty)可能会因为土地被排水而造成损失 8 000 美元。即使 Albert 有权利对湿地进行排水,Betty 也可以通过支付给 Albert 一定的钱来使他不进行排水。具体地说,她愿意最多支付给 Albert 8 000 美元去保持湿地的完整性,因为这是 Albert 实施他的权利对 Betty 造成的损害的价值。与此同时，Albert 也愿意接受任意比 5 000 美元高的价格，因为这是他对湿地进行排水的所得。

在 5 000 美元和 8 000 美元之间有足够的协商空间，使得 Albert 和 Betty 达成使双方都满意的共识。我们可以说，Albert 接受 Betty 的一个 6 000 美元的报价而不行使自己的权利。这样他相对湿地排水来说多获得 1 000 美元的利润。Betty 可能不会高兴，但是这比她因为湿地排水损失 8 000 美元要好。实际上，Betty 购买的是怎么使用土地的权利（而不是购买这块土地）。

我们也可以通过设定一项法律，如果下游利害方不同意，任何人都不能对湿地进行排水，从而把相关权利分配给 Betty。在这个例子中，Albert 对湿地进行排水的时候必须征得 Betty 的同意。在我们已假设的作物价值的基础上，将会达到相同结果——湿地不会被排水，因为 Albert 这样做的收益不足以弥补 Betty 的损失。Betty 需要 8 000 美元才能同意，这对 Albert 来说太高了。因此，忽略产权的因素，结果将是相同的。

现在，假设一个新的作物将会流行，这个作物在原来的沼泽地上生长得非常好，并且将会给 Albert 带来 12 000 美元的利润。一笔这样的交易将可能发生——Albert 可以支付给 Betty 10 000 美元去排干沼泽地里的水，然后通过新的作物挣 12 000 美元，这样自己净收入 2 000 美元，Betty 也获得 2 000 美元的利润。

这个简单例子中的原理被称为科斯定理[21]（Coase Theorem），由 Ronald Coase 在他著名的"社会成本问题"一文中提出，凭借这篇文章，Coase 击败了当时研究产权和外部性的众多经济学家，获得了诺贝尔经济学奖。科斯定理表示，如果我们明确了产权，并且没有交易成本[22]（transaction costs），也会有一个有效的产权分配，即使有外部性的存在。交易成本产生于达成和实施一项共识，包括获取信息的成本、花费在谈判上的时间和努力以及执行这项协议的成本。在 Albert 和 Betty 的例子中，这些成本可能会很低，因为他们只需要对补偿量达成一个共识，尽管还涉及使协议正式化的法律成本。

通过协商，双方将会对一给定行为的外部性成本进行平衡。在上述的例子中，外部成本是 8 000 美元。虽然为 5 000 美元的利润承担这些成本是不值得的，但是对 12 000 美元的利润来说是值得的。忽略产权的分配，通过协商将实现有效率的结果。

---

[21]　科斯定理：如果我们明确了产权，并且没有交易成本，也会有一个有效的产权分配，即使有外部性存在。
[22]　交易成本：与市场交易和谈判有关的成本，比如转移财产或使争议双方在一起的法律和行政成本。

科斯定理的一个例证

我们可以通过图表显示附有外部性的经济活动的边际利润和边际成本来说明科斯定理。例如,工厂向河里排放污水,污染了下游的水。工厂当前排放了 80 吨的污水。如果工厂被要求将污水的排放量减少到 0,它将放弃一条很有价值的生产线。因此我们可以说,工厂通过排放污水实现边际收益,公众因污水对他们的损害付出了边际成本。我们通过水处理的成本对这些外部成本做出合理的估计。边际成本和边际收益都呈现在图 3.9 中。

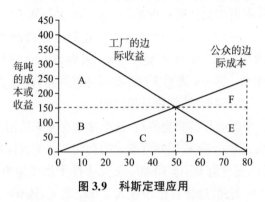

图 3.9　科斯定理应用

什么是最优解决方法？80 吨的污水排放明显对公众施加高额的边际成本,然而给工厂带来的边际收益却很低。这就是"过多"的污染。但是,设想排放量被限制在 50 吨,对于工厂的边际收益和对于公众的边际成本相同。如果限制到 20 吨,将导致工厂的高额损失,但是带给公众的利益却很少。最优的解决途径是将排污量限制在 50 吨。在这个水平上进行生产带给工厂的额外收益等于污水带给公众的额外损失。

科斯定理陈述了无论将排污权分配给工厂或者公众都适用的方法。假设公众有权利决定多少污水可以被排放。你开始会想公众可能不让工厂排放任何污水。但是注意在图 3.9 中,工厂可能最多愿意为第一吨的污水排放付给公众 400 美元。与此同时,第一吨的污水排放对公众的影响非常小。因此,这时很有可能达成一个协议,工厂付费给公众去获得第一吨污水的排放权。

注意,协商可以持续到工厂的边际收益等于公众的边际成本时。然而在图 3.9 中,协商的空间随着向右移动越拉越少。例如,在工厂已经购买了 40 吨的污染排放权之后,它的边际收益已经跌到了每吨 200 美元,然而对于公众的边际成本已经变成了每吨 120 美元。最终,在 50 吨的时候,工厂已经不能向公众支付足够的钱从而排放更多的污水。因此,当工厂的边际收益等于公众的边际成本时,我们达到最优污染水平。如果再有污染,边际成本将会高于边际收益。

在这个水平上,工厂的边际收益和公众的边际成本都等于 150 美元。工厂不愿意为第 50 单位的污水支付超过 150 美元的价格,而公众也不愿意接受任何低于 150 美元的价格。

我们可以用福利分析来研究这个结果的影响。例如,在图 3.9 中,区域 C 代表 50 吨污水排放的总损害。这块区域代表 3 750 美元。

我们假设排污的权利都以相同的价格 150 美元卖出,那么公众收到 7 500 美元的支付(区域 B+C)。污染对公众的总损害是 3 750 美元(区域 C)。因此,公众得到 3 750 美元的净收入。

对于工厂呢? 购买 50 吨污水的排放权后,工厂的总收益是 13 750 美元 (A+B+C)。但是它必须支付给公众 7 500 美元去购买 50 吨的排放权。所以工厂相对于没有购买排放权多获得 6 250 美元。考虑到公众和工厂的总利得,社会通过协商获得的总福利是 10 000 美元,具体见表 3.2。

表 3.2	和不同产权协商的得失	
	如果公众持有产权	如果公司持有产权
对于公众的净收入/损失	+7 500 美元收入	−4 500 美元收入
	−3 750 美元环境成本	−3 750 美元环境成本
	+3 750 美元	−8 250 美元
对于公司的净收入/损失	+13 750 美元总收益	+13 750 美元总收益
	−7 500 美元收入	+4 500 美元收入
	+6 250 美元	+18 250 美元
净社会收入	+10 000 美元	+10 000 美元

如果工厂有权决定排放量呢? 在这个例子中,我们从一家排放 80 吨污染物去获取最大化净利润的公司开始。公司的总利润是区域(A+B+C+D),为 16 000 美元。对公众的伤害是区域(C+D+E+F),为 9 600 美元。谈判之前,排放 80 吨污染物的社会净收益是 6 400 美元。

但是,对于最后一单位排放来说,公司获得的边际收益很小,只有几美元。与此同时,最后一个单位的排放对公众的伤害是 240 美元。因此,公众愿意付费给公司,让它减少污染,所以这里有一个显著的协商空间,使得双方都获利。再一次,最终的结果将是公司获得 50 吨的排放量,公众将为每单位的污染减少量支付给公司 150 美元。

在这个例子中,公司在其保留的生产污染中获取经济利润,即区域(A+B+C),等于表 3.2 中的 13 750 美元。设想排放权协商以 150 美元交易,那么公司还将从社会获取支付 4 500 美元,从而公司的总利润为 18 250 美元。注意,这个比其从最大污染排放获取的 16 000 美元利润要多。

公众剩余的环境损伤是区域 C，为 3 750 美元。它还要支付给公司 4 500 美元。所以它的总损失现在是 8 250 美元——对公众来说这不是一个很好的结果，但是，相对于先前的损失 9 600 美元来说要好。注意，社会净收益是 10 000 美元——与我们将产权赋予公众相比获得了相同的结果。

对科斯定理更正式的表述是，有效的解决途径与产权的分配无关。在产权已被清晰定义的情况下，最看重其价值的一方将拥有它，污染的外部成本和生产的经济效益将通过市场机制实现平衡。

然而，产权的分配对双方的收益和损失造成了极大的不同。在两种情况下，社会的净利润都是相同的（A＋B），为 10 000 美元。但是，在一种情况下，收益在公司和公众之间分配；但是在另一种情况下，公众只有净损失而公司有很大的净收益。

我们可以说，污染和控制污染的权利的价值在这个例子中为 12 000 美元。通过重新分配这项权利，我们可以让一方多得 12 000 美元，而让另一方少 12 000 美元。权力的不同分配在效率上却是相同的，因为最终平衡的结果总是边际收益等于边际成本，但是它们在社会公平上大有不同。

实际的运用

其中一个纽约流域土地征用工程是使用科斯定理的环境保护的一个例子。城市必须给它的 820 万居民提供干净的用水。这可以通过过滤厂实现，同时，可以通过流域保护避免建造这些工厂的成本。通过对主要流域周边的土地进行保护，水的质量可以维持在一个不需要过滤厂的水平上。这些流域地处北部，并不属于纽约。根据美国环境保护机构：

> 纽约流域土地征用工程是城市关于保护其北部流域环境敏感性土地的长期策略的关键因素。土地征用是城市避免建造净化厂的关键因素。通过这个工程，纽约市在十年间至少要征收 355 050 英亩土地。这个工程的目标是城市可以从愿意的买家手中获得水资源质量敏感的未开发土地的所有权或保护地役权。土地将会以一个公平的市场价值买进，财产税将由城市支付。征用不能获得任何资产。（www.epa.gov/region02/water/nycshed/protprs.htm＃land/）

正如我们关于科斯定理的例子，所有的交易都是自愿的，建立在私有产权的基础上。征用的力量（政府可以迫使产权所有者放弃土地的权利）将不被使用。纽约政府已经测定为保护地役权（限制土地的使用）或者完全购买土地的付费将比建造净化厂小很多。这种市场方法看上去既有环境上的效果也有经济上的效果。

专栏 3.2　　　　　　　　　　产权和环境规章

在征用条例下,政府将被允许为了公共目的占用产权。然而,美国宪法第五次修正法案要求对产权所有者公平地进行补偿。特别地,第五次修正法案总结道"没有补偿,私有产权不得被用于公共用途"。

政府夺取公民产权的行为被看作"takings"。在产权所有者被夺取所有产权的案例中,宪法明确规定了完全补偿。例如,如果一个州政府建造的一条高速公路需要占用一小块私人产权的土地,那么州政府必须对土地所有者按公平的市场价格进行补偿。

一个更模糊的情况可能产生于政府的行动限制了产权的使用,从而降低了产权的价值。政府规定降低产权价值的例子经常被称为"regulatory takings"。例如,如果一项新的法律调整木材的砍伐,减少了私有森林的价值,那么土地主是否符合第五次修正法案中的补偿条件?

最值得关注的例子是 Lucas 诉讼南卡罗来纳州海岸委员会的例子。

David Lucas,一个真正的房地产开发商,在 1986 年购买了两处海滨地段,计划建造度假村。然而,在 1988 年,南卡罗来纳州议会制定了海滩管理条例,禁止 Lucas 建造任何永久性的建筑。Lucas 提起讼诉,认为州议会剥夺了他资产的所有经济用途。

一审法院判 Lucas 胜诉,宣判州议会已经使得 Lucas 的产权没有价值,应该补偿他 120 万美元。然而,南卡罗来纳州最高法院推翻了这个判决。它裁定在那个地方建造建筑将会对公共资源产生威胁,在那些制定规章意图防止私有产权"有害使用"的例子中,不需要进行补偿。

这个案子最终到达美国最高法院。尽管最高法院推翻了州法院的判决,它划定了全部和部分 takings 的区别。补偿只适用于全部 takings 的例子——当一项规定夺走了资产所有者"所有经济收益"的时候。如果一项规定仅仅减少了产权的价值,补偿不是必须的。

实质上,这项判决代表了环境保护者的胜利,因为所有 takings 的例子非常少。然而,部分 takings 作为政府规章的结果非常普遍。要求对部分 takings 进行补偿将造成法律和技术上的困难,从而迫使许多环境法律低效。然而,部分 takings 将对个体带来大量成本,关于公平的争论将继续下去:为实现公共利益,私人成本是不是必须的。

资料来源:Ausness, 1995; Hollingsworth, 1994; Johnson, 1994.

科斯定理的限制

根据科斯定理,明晰的产权分配似乎可以有效地解决包括外部性在内的一系列问题。理论上，如果我们能够为所有环境外部性分配产权，那么未来的政府干预将不再需要。在谁有权利污染或者谁有权利避免污染变得清晰之后，个人和企业将会协商解决污染控制和其他一些环境问题。通过这样的过程，我们将获得解决外部性的完全有效的途径。

这是自由市场环保主义㉓(free market environmentalism)思想的理论基础。事实上，通过建立一个环境产权系统，可以将环境放入市场中，允许自由市场处理资源使用问题和污染管理问题。

正如我们将在以后章节中看到的，在处理具体的例子中，这个方法有很大的潜力，特别是在一些类似水资源权利的地方很适用。但是，它也有很重要的限制。在简单地产权分配和让自由市场处理环境资源问题时会产生什么样的问题呢？

我们之前提到过科斯定理假设没有交易成本阻止有效的协商。在我们已经用过的例子中，只有双方协商。但是，当有 50 个下游群体会收到工厂排放污水的影响时会发生什么样的情况呢？协商排污上限的过程将会非常冗长，在有些情况下甚至是不可能的。如果不止一家工厂的话，情况将会更糟。因为高昂的交易成本，所以有效的结果可能不会实现。

搭便车者和抵抗者的影响

另一个问题是由大量受影响社会团体引起的。假设我们分配给工厂排污权。这些社会团体可以通过提供补偿来减少污染。但是，哪一个团体该分担并且分担多少份额呢？除非 50 个团体都同意，否则将不可能给公司一个具体的报价。单独一个团体或一组团体不可能站出来支付整个账单。实际上，大家都倾向于退缩，等待别的团体买单——从而免费获得污染控制的收益。这个阻碍成功协商的障碍被称为搭便车效应㉔(free-rider effect)——这里有个趋势，不去支付应负担的成本但依旧尝试着获得收益。

如果是这些团体被赋予"有权远离污染"，将会产生类似的问题，工厂需要因任何排放去补偿他们。如此一来，谁又能决定哪一个团体收到补偿且补偿多少呢？因为所有团体都坐落于同一条河附近，任意单独的团体都能实施否决权。试想 49 个团体都与一家公司关于污染水平及相应的补偿达成了一项共识。而第 50 个团体却要求一个更高的补偿率，因为他拒绝同意，所有的协议都作废，公司被限制至零排放水平。这个和搭便车等同的效应是抵抗者效应㉕(holdout effect)。

㉓ 自由市场环保主义:更完全的产权系统以及市场方法的扩充使用是解决资源使用和污染控制问题的最好办法。
㉔ 搭便车效应:当人们从资源中获得的收益不受其是否支付影响时，人们倾向于不去支付，这就导致公共物品供应不足。
㉕ 抵抗者效应:一个单一的实体通过不成比例的需求阻碍多方协议的能力。

因此,当大量团体受影响时,科斯定理通常不适用。在这个例子中,某些类型的政府干预是需要的,如设置条例和庇古税。由州政府和联邦政府设置污水排放的标准以及每单位排放的税赋,这不单单是一个市场方法(尽管一项税是通过市场进程来实施影响的),因为政府官员必须决定管理的限制或者税收的水平。

公平和分配问题

另一些关于科斯定理的批评在于它对公平的影响。试想,在我们初始的例子中,受污水影响的是一个低收入群体。即使污水会导致很严重的健康问题,这个群体可能也不能"买通"污染者。在这个例子中,市场方法很明显不是独立于产权分配。如果产权被分配给公司,那么污染水平将会非常严重。

然而,即使产权被分配给社区,比较贫穷的社区将处于对补偿资金的渴望中,从而接受有毒废物和其他污染设施。尽管这满足科斯定理的要求(这是一个自愿交易),许多人相信,社区不应用它们居民的健康换取资金。对自由市场环保理论的一个重要的批评是,在一个纯市场体系下,贫穷的社区和个人通常负担着最重的环保成本。

一个类似的例子与保留空地有关。比较富裕的社区可以支付保留空地,而贫穷的社区则不可以。如果允许社区通过分区来保留湿地和自然区域,那么贫穷的地区也能保护他们的环境,因为通过一项分区的规定,除了强制执法外不会产生其他成本。

考虑科斯定理的限制,另一个值得注意的点是环境对非人类生命形式以及生态系统影响的问题。目前我们的例子假设环境破坏只影响具体的个人和交易。但是如果环境破坏不直接影响个人,而是威胁物种的存亡时会怎样?如果某种农药对人类无害,但是对于鸟类是致命的,又会怎样?谁会进入市场保护非人类生命的存活?没有公司或者个人可能会这样做,如果有,也只会在一个相对较小的范围内。

考虑一个组织如自然保护组织的活动,它通过购买大片具有生态价值的土地来保护它们。这是一个组织愿意付费去拯救环境的例子。但是它所购买的土地只是受发展、密集农业、其他经济活动威胁破坏的自然区域中很小的一部分。在"美元投票"的市场中,纯生态利益总是败给经济利益。

我们也应该注意,产权总是被限制在当前一代。下一代的产权会怎样呢?许多环境问题有长期影响。不可再生资源的权利可以分配给今天,但是那些资源将在未来某个时期被用完。关于随着时间推移的资源分配的问题是第 5 章的主题。长期环境影响对于气候变化的分析是至关重要的,这将在第 18 章中体现。

在一些例子中,产权不再是一个处理环境问题的合理工具。例如,建立有关大气和海洋的产权是不可能的。当我们面对全球变暖、海洋污染、鱼群灭绝或者濒临灭绝的物种的问题时，我们发现产权系统虽然已经演化成经济系统的基础，但是还不能将其扩充到生态系统中。虽然可以利用市场交易，如气体排放或者捕鱼的流通许可权，但是这些只适用于有限的生态系统功能的子集。在许多例子中，其他一些经济分析的办法将有助于考虑人类经济活动和更广泛的生态系统之间的相互作用。我们将在第4章中考虑这些问题。

总　结

许多经济活动都有很强的外部性——影响那些不直接参与活动中的人们。使用汽车而带来污染是一个例子。这些外部性的成本不直接在市场价格中反映出来，从而导致过量生产，产生负外部性和低效率的结果。

一个污染控制的方法是利用税收或者其他工具使得消费者和生产者将污染的成本考虑进来，从而将外部性内部化。总的来说，税收的使用将会提高价格，减少这类商品的生产，从而减少污染。通过这样做，将市场均衡转变得更加社会有效。理论上，一个可以精确反映外部性的税收可以获得一个社会最优的结果，但是通常很难对负的外部性建立很好的评估。

不是所有外部性都是消极的。正外部性会导致经济活动使得那些没有直接参与市场交换的人受益。空地的保留直接使住在附近的人受益。太阳能的使用会减少污染水平而使公众受益。当正外部性存在时，可以通过补贴提高市场对这种产品的供应。

对外部性产权的分配可以替代税收。如果这里有对无论是排放污染还是阻止排放污染的权利进行明确规定，那么根据科斯定理，就会产生"污染权"市场。然而这种方式依赖于工厂和个人之间低成本的交换污染权的能力。当有很多人受影响时，或者环境破坏而不能轻易地用金钱衡量时，这种方法不再有效。这种方法也会引起公平问题，因为在市场体系下，穷人通常会承受更重的污染压力。

问 题 讨 论

1."解决环境经济问题很简单，只要将外部性内生化即可。"你是怎样认为的？外部性理论适用于所有的经济问题吗？在外部性内生化过程中会产生什么样的问题？你能举出适用科斯定理的例子以及不适用科斯定理的例子吗？

2.污染税是一项将外部性内生化的政策工具。讨论其对汽车、汽油、尾气排放征税的政策意义。哪一个对降低成本最有效？哪一个在减少污染水平上最有效？

练习题

1.考虑以下钢铁供给需求表：

价格（美元）	20	40	60	80	100	120	140	160	180
需求（百万吨）	200	180	160	140	120	100	80	60	40
供给（百万吨）	20	60	100	140	180	220	260	300	340

钢铁的外部成本被估计为每吨 60 美元。将外部成本、市场均衡、社会最优写在一个表格中。哪一种政策最利于实现社会最优？这些政策对消费者和生产者的影响是什么？这对市场均衡价格和数量会产生什么样的影响？

2.一家化工厂坐落于一块农田附近。化工厂排放的废气会损害农田的作物。工厂排放废气的边际收益以及对农田造成损害的边际成本如下：

排放量	100	200	300	400	500	600	700	800	900
边际收益（千美元）	320	280	240	200	160	120	80	40	0
边际成本（千美元）	110	130	150	170	190	210	230	250	270

从经济观点看，什么是解决环境利益冲突的最好办法？这种方法是怎么实现的？在这个例子中，效率和公平是怎么平衡的？

注释

1.Coase，1960.

2.See Bullard，1994，and Massey，2004.

参考文献

Ausness，Richard C. 1995. "Regulatory Takings and Wetland Protection in the Post-Lucas Era." *Land and Water Law Review*，30(2)：349—414.

Bullard，Robert D. 1994.*Dumping in Dixie：Race，Class，and Environmental Quality*. Boulder：Westview Press.

Coase，Ronald. 1960. "The Problem of Social Cost." *Journal of Law and Economics*

3: 1—14.

Delucchi, Mark A. 1997. *The Annualized Social Cost of Motor Vehicle Use in the U. S., 1990—1991: Summary of Theory, Data, Methods, and Results.* Report # UCD-ITS-RR-96-3(1), Institute of Transportation Studies, University of California, Davis.

Hollingsworth, Lorraine. 1994. "Lucas v. South Carolina Coastal Commission: A New Approach to the Takings Issue." *Natural Resources Journal* 34(2): 479—495.

Johnson, Stephen M. 1994. "Defining the Property Interest: A Vital Issue in Wetlands Takings Analysis After Lucas." *Journal of Energy, Natural Resources & Environmental Law* 14(1): 41—82.

Massey, Rachel, 2004. *Environmental Justice: Income, Race, and Health.* Tufts University Global Development and Environment Institute, http://www.ase.tufts.edu/gdae/education_materials/modules.html#ej.

Parry, Ian W.H., Margaret Walls, and Winston Harrington. 2007. "Automobile Externalities and Policies." *Journal of Economic Literature* 45: 373—399.

相关网站

1. **www. journals. elsevier. com/journal-of-environmental-economics-and-management.** Web site for the *Journal of Environmental Economics and Management*, with articles on environmental economic theory and practice.

2. **http://reep.oxfordjournals.org.** Web site for the *Review of Environmental Economics and Policy*, with articles on the application of environmental economic concepts to practical cases of environmental policy; the journal "aims to fill the gap between traditional academic journals and the general interest press by providing a widely accessible yet scholarly source for the latest thinking on environmental economics and related policy."

3. **www. iisd. org/susprod/browse. aspx and www. iisd. org/publications.** A compendium of case studies and articles by the International Institute for Sustainable Development on economic instruments for promoting environmentally sound economic development.

4. **http://chicagopolicyreview. org/2012/02/15/when-costs-outweigh-bene-flts-accounting-for-environmental-exter-nalities.** A paper estimating the cost of environmental externalities in major industries to the U.S. economy, indicating that "the cost of environmental externalities in several industries exceeds the value they add to the economy."

附录 3.1　供给、需求和福利分析

这篇文章假定你已经学过初级经济学课程,但是如果你没有,或者你对基础经济理论有点生疏,那么这篇附录就可以给你提供这本书所需的经济学背景知识。

经济学家使用模型解决复杂的经济现象。一个模型是一个可以帮助我们从现实的某一方面出发理解一些东西而忽略掉其他东西的科学工具。没有模型可以考虑到相关的每一个可能的因素,所以科学家做出了简化假设。一个科学模型可以采取简化故事、表格、图画或者一系列等式的形式。在经济学中,最有力、最广泛的模型之一就是供给和需求模型。在几个简单假设的基础上,这个模型帮助我们预期当某些事情发生时会产生什么样的变化,或者在不同的情况下哪种经济政策最合适。

需求理论

需求理论考虑了当价格和一些相关变量发生变化时,消费者对商品和服务的需求是怎么发生变化的。在这个附录中,我们以汽油市场为例。显然,许多因素影响着消费者对汽油的需求,所以我们从做出一个简单的假设开始。首先,我们只考虑当价格发生变化时消费者对汽油的需求是怎么变化的——其他相关因素保持不变。经济学家使用拉丁语"ceteris paribus",意思是"其他条件相同",从而隔离一个或者几个变量的影响。

随着价格的变化,消费者对于汽油的需求是怎么变化的? 需求法则[26]告诉我们,在其他条件不变的情况下,商品的价格提高,消费者对它的需求降低。反过来,我们也可以说,当商品和服务的价格下降时,消费者的需求上升。一些物品的价格与需求的相反关系可以通过一些方法来表示。一种方法是需求表——显示在不同价格下具体的商品和服务数量的表格。另一种方法是使用图形说明需求曲线——即需求表的图形表示。经济学家习惯于将需求数量放在横轴(x 轴),将价格放在纵轴(y 轴)。

假设我们已经收集了某一大城市在不同价格下消费者对汽油的需求量。这个假想的需求表是表 A3.1。我们可以看到,伴随着汽油价格的上升,人们对其的需求降低。将表 A3.1 中的数据以图的形式表现出来,我们就得到了图 A3.1。这里注意,需求曲线随着向右移动而向下倾斜,这正是由需求法则

---

[26]　需求法则:产品和服务需求的数量随着价格升高而下降的经济理论。

可以得到的。

表 A3.1   汽油的需求表

价格(美元/加仑)	2.80	3.00	3.20	3.40	3.60	3.80	4.00	4.20	4.40	4.60
需求数量(千加仑/周)	80	78	76	74	72	70	68	66	64	62

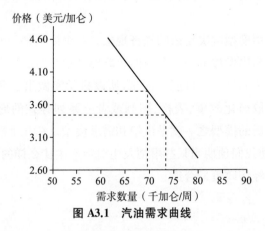

图 A3.1   汽油需求曲线

我们可以看到,在图 A3.1 中,在价格为 3.4 美元/加仑处,消费者每周将购买 74 000 加仑汽油。假设价格提高到了 3.8 美元/加仑。在更高的价格处,我们可以看到,消费者将决定购买更少的汽油,即近 70 000 加仑/周。我们把沿着需求曲线的这种移动称为需求量的变化。这不同于经济学家所说的需求的变化。需求的变化是指整条需求曲线的移动。

什么会导致整条需求曲线的移动?首先,我们需要意识到汽油价格的变动不会导致需求曲线的移动,它只会导致消费者沿着需求曲线移动。在图 A3.1 中可以看到需求曲线很稳定,只要我们假设其他相关因素没有发生变化——这就是其他条件不变的假设。为了再进一步扩充我们的图形,让我们考虑几个会导致整条需求曲线发生移动的因素。一个因素是收入。如果消费者的收入提高,在相同的价格下,许多人将会决定购买更多的汽油。更高的收入将导致需求的变化。这种变化可以从图 A3.2 中需求曲线向右移动看出。[1]

另一个会引起需求发生变化的因素是相关物品价格的变化。在我们对汽油的需求变化的例子中,假设公共交通的价格显著提高,这将会引起对汽油的需求提高(向右移动),因为公共交通对于人们来说太贵了,所以许多人

---

[1]   经济学家通常以向左或向右来描述需求曲线的移动,而不是向上或者向下。因为给定一个价格消费者的需求变多还是变少的说法比消费者愿意在更高的或更低的价格购买一定的数量的说法要更直观。

决定开自己的车。消费者的偏好变化也会引起汽油需求曲线的移动。例如，美国消费者最近几年偏向于更小的、更节油的汽车，这将会引起汽油的需求降低。驾车人数的显著变化也会引起汽油需求的变化。如果大都市的人口减少 20％，你认为需求曲线向什么方向变动？你还能想出其他影响需求变动的因素吗？

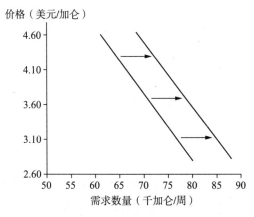

图 A3.2　需求变化

供给理论

　　我们的分析的下一步是分析市场的另一个方面。供给理论考虑的是生产者是怎样应对他们所提供的商品或服务的价格或者其他因素变化。然而更低的价格吸引消费者前来购买，更高的价格吸引供给者获利。你可以预料到，供给定理[⑳]是与需求定理相反的。供给定理告诉我们当商品或服务的价格上升时，保持其他条件不变，生产者将选择提供更多的产品。根据供给定理，价格和数量将向相同的方向改变。

　　再一次，我们同时用表格和图来表示价格与供给数量的关系。表 A3.2 阐述了汽油的供给情况，供给量随着供给价格的上升而上升。图 A3.3 将表 A3.2 中的数据简单地转化成图的形式。注意，随着我们向右移动，需求曲线上升。

表 A3.2　　　　　　　　　　　　　　汽油的供给

价格（美元/加仑）	2.80	3.00	3.20	3.40	3.60	3.80	4.00	4.20	4.40	4.60
需求数量（千加仑/周）	52	57	62	67	72	77	82	87	92	97

——————————

⑳　供给法则：产品和服务供给的数量随着价格升高而升高的经济理论。

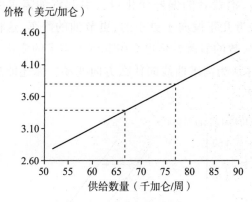

图 A3.3   汽油供给变化

这里,在供给数量变化和供给变化之间也有一个区别。供给量的变化随着商品和服务价格的变化沿着供给曲线变化。这在图 A3.3 中显示出来。我们可以看到,当价格为 3.4 美元/加仑时,生产者愿意每周提供 67 000 加仑汽油。但是当价格提高到 3.8 美元/加仑时,生产者愿意提供的数量上升到每周 77 000 加仑。

供给的变化意味着整条供给曲线发生变化。同之前一样,我们将讨论几个会引起整条供给曲线发生变动的因素。例如,汽油公司职工工资的上涨将会提高生产者对汽油的售价,这意味着供给曲线向左移动,正如图 A3.4 所示。另一个将引起供给曲线发生变动的因素是生产技术的变化。假设一项创新减少了汽油提炼的成本,那么供给曲线会向什么方向移动? 还有什么其他因素会引起供给的变化?

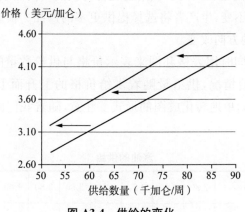

图 A3.4   供给的变化

市场分析

现在我们将市场的供给和需求放在一起。汽油的价格将由消费者和生产者的相互作用决定。我们可以通过把需求曲线和供给曲线放在同一张图里来说明这种相互作用,如图 A3.5 所示。我们可以用这个图来确定汽油的价格和数量。首先,试想汽油的初始价格是 3.8 美元/加仑。我们在图 A3.5 中看到,在这个价格上供给数量超过了初始的需求。我们把这个状态叫做剩余⊗,因为生产者愿意提供的汽油超过消费者愿意购买的数量。为了不把剩余的汽油丢掉,生产者愿意降低它们的价格来吸引更多的消费者。所以,在生产者剩余的例子中,我们预期这对价格有一个下降的压力。

如果初始价格换作 3.2 美元/加仑呢? 在图 A3.5 中,我们可以看到在这个价格上需求的数量超过了供给者愿意提供的数量。供给者会注意到超出的需求,意识到他们可以提高价格。因此,在这个短缺⊗的例子中,对价格有上升的压力。

当剩余和短缺存在时,市场就会进行调整,试图消除过度供给或者过度需求。这个调整将会持续到供给数量等于需求数量时。只有在这时,其他条件不变,才对未来市场不存在调整压力。我们在图 A3.5 中看到这种情况发生在价格为 3.6 美元/加仑的时候。在这个价格上,供给和需求的数量都是每周72 000 加仑。经济学家用术语市场均衡⊛来描述一个达到这种状态的市场。

只要其他因素如消费者收入、相关商品的价格以及生产技术保持不变,处于均衡中的市场就是稳定的。这些因素的改变会使得一条(或两条)曲线移动,最终达到一个新的均衡,正如图 A3.6 所示。假设消费者收入的增加使得对汽油的需求曲线从 D_0 变成 D_1。这将导致一个更高价格和更高产量的新的市场均衡。你可以自己尝试分析,当需求曲线向相反的方向改变或者供给曲线发生改变时,均衡价格和数量将会发生什么样的变化。

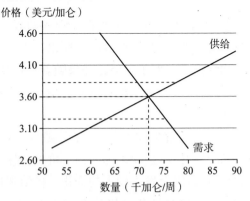

图 A3.5　汽油市场的均衡

⊗　剩余:供给数量超过需求数量的市场状态。
⊗　短缺:需求数量超过供给数量的市场状态。
⊛　市场均衡:供给数量等于需求数量的市场产出。

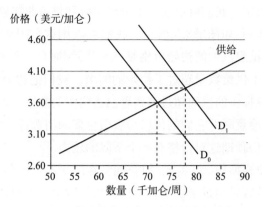

图 A3.6　伴随需求改变一个新的市场均衡

需求弹性和供给弹性

需求弹性和供给弹性表明消费者或生产者面对价格改变的反应。然而，我们认为所有需求曲线都是向下倾斜的，所有供给曲线都是向上倾斜的，面对价格变化的反应可大可小。现在我们来考虑消费者面对汽油价格的上涨会有怎样的反应。消费者将会购买更少的汽油，但是，至少在短时期内，数量可能不会太少，因为消费者总是有一个固定的工作与生活规律，不能随便换一种新的交通工具等。消费者对价格变化的反应程度是由需求的价格弹性[31]决定的。

如果伴随着价格变化，需求数量变化很小，则对这种商品的需求是缺乏弹性的。这在图上可以用相对陡峭的需求曲线表示。在数学上比较正式的表达是：

需求弹性＝需求数量的百分比变化/价格的百分比变化

因为需求数量向价格变化的反方向改变，所以需求弹性是一个负数。汽油是一个需求缺乏弹性商品的例子。但是如果随着价格变化，需求数量改变很显著，那么这个商品的需求就属于相对富有弹性。什么样的商品有相对富有弹性的需求曲线呢？

我们也可以讨论供给的价格弹性[32]。如果伴随着价格变化，供给数量变化很小，则认为这种商品的供给是缺乏弹性的。价格弹性的供给曲线说明伴随着价格变化，供给的数量将会发生较大的变化。供给弹性的数学表达形式和需求弹性一样，但是因为数量和价格的变化方向相同，所以供给弹性是正的。

---

③　需求的价格弹性：需求量对价格变化的反应，等于需求数量的百分比变化除以价格变化的百分比。
②　供给的价格弹性：供给量对价格变化的反应，等于供给数量的百分比变化除以价格变化的百分比。

注意,如果我们考虑一个较长的时期,那么供给和需求的价格弹性是会变化的。在一个较短的时期里,对于汽油的需求供给曲线是相对缺乏弹性的。但是如果我们考虑一个较长的时期,消费者可以通过向离工作更近的地方搬家或者买一个更省油的交通工具,生产者可以通过建更多的炼油厂或者开采更多的石油来应对汽油价格的变化。

福利分析

我们在这个附录中的最后一个课题是福利分析。福利分析关注消费者和生产者可以通过经济交易获得的利益。利用福利分析,我们的需求和供给模型可以成为一个有力的政策分析工具。我们从对供给和需求曲线进行更仔细的观察来开始理解福利分析。

人们为什么购物?经济学家假设除非人们从他们的购买中所获得的收益大于他们的支出,否则人们不会购买商品和服务。然而某些物品的成本以美元的形式表现,以美元形式量化的收益并不明显。经济学家以人们实际支付的、少于他们最大意愿支付③的钱来定义净收益。例如,如果某人为一件衬衫愿意支付的最高价格是 30 美元,而实际的价格是 24 美元,那么他或者她通过买这件衬衫所获得的净收益是 6 美元。这个净收益称为消费者剩余④。

注意,如果衬衫的价格提高到 32 美元,消费者将不会购买,因为购买成本大于他们的收益。我们观察人们购买商品或者服务,得出他们购买的原因是可获得收益大于成本的结论。如果某一项目的价格上升,人们可能决定不再购买——买其他的东西代替或者省钱。价格上升得越多,越多的人会放弃这个市场,因为价格超过了他们最大意愿支付的价格。换句话说,需求曲线也可以看作最大支付意愿曲线。

我们现在来看图 A3.7,均衡价值和以前一样(3.6 美元/加仑,72 000 加仑),但是需求和供给曲线被延伸至 y 轴。假设需求曲线就是最大支付意愿曲线,需求曲线和均衡价格之间的纵向距离就是消费者剩余。汽油市场的总消费者剩余见图 A3.7 中的三角形。

我们也可以进一步研究供给曲线。价格学家假设只有当价格超过生产者的生产成本时,他们才会提供单位的产品。供给曲线显示了需要多少钱支付生产成本。这解释了向上倾斜,当生产量提高时,成本趋向提高。(在低产量时,成本可能会因为产量的提高而下降,这个现象称为规模经济⑤。但是最终成本会因为原材料短缺、支付工人加班费等而提高。)事实上,供给曲线告诉我

---

③　最大意愿支付:人们为了增加效益和为了商品与服务愿意支付的最多的钱。
④　消费者剩余:消费者从购买中获得的净收益,等于其最大意愿支付减去价格。
⑤　规模经济:每单位投入的产出规模增加。

们产生额外 1 单位的产品将花费多少成本。生产额外 1 单位产品的成本称为边际成本。换句话说,供给曲线称为边际成本曲线㊱(考虑私人产品和外部性,生产额外 1 单位产品的成本)。

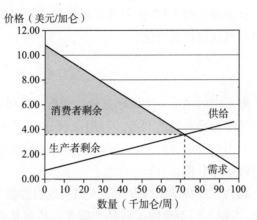

图 A3.7　消费者与生产者剩余

经济学家定义生产者卖出 1 单位商品所获得的利益为生产者剩余㊲。生产者剩余等于卖出价减去生产成本。再一次,我们关注供给和需求图以使生产者剩余形象化。我们在图 A3.7 看到,生产者剩余是供给曲线和均衡价格之间的位置较低的三角形。整个市场的总净收益是消费者剩余和生产者剩余的简单加总。

我们可以用福利分析来确定政府政策的影响,比如税收和价格控制。虽然福利分析可以表明一项政策是提高还是降低净收益,但是它通常不能告诉我们成本和收益的分配,或者更广的社会和生态影响。显然,如果我们想实施一个完全的政策分析时,其他的因素也需要考虑进去。

附录 3.2　外部性分析:先进材料

外部性的正式表述

在这个附录中,从负外部性开始,我们呈现了一个更正式的外部性分析。图 A3.8 与图 A3.7 类似,显示了存在负外部性的汽车市场。汽车市场的净福利是市场利益(消费者和生产者剩余的加总)减去外部性成本。在图 A3.8

㊱　边际成本曲线:考虑私人产品和外部性,生产额外 1 单位产品的成本。
㊲　生产者剩余:生产者从市场交易中获得的净收益,等于售价减去产品成本(如利润)。

中,处于市场均衡 Q_M 的消费者剩余是:

$$CS = A + B + C + D$$

生产者剩余是:

$$PS = E + F + G + H$$

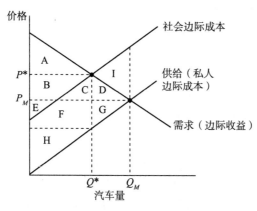

图 A3.8　附有外部性的汽车市场福利分析

社会边际成本和私人边际成本的纵向距离是每辆汽车的外部成本。这些外部成本随着每辆车销售的增加而增加,直到市场均衡 Q_M。因此,总的外部性是从两条曲线之间到 Q_M 为止的平行四边形,或者:

$$外部性 = C + D + F + G + H + I$$

由于外部性代表了一种成本,所以我们为了确定社会净福利需要从市场利益中减去这些成本。因此,未受管制的汽车市场的社会净收益是:

$$净收益 = (A + B + C + D) + (E + F + G + H) - (C + D + F + G + H + I)$$

抵消相同的项,留下:

$$净收益 = A + B + E - I$$

下一步,我们确定用庇古税将外部性完全内部化后的社会净福利,见图 A3.9。

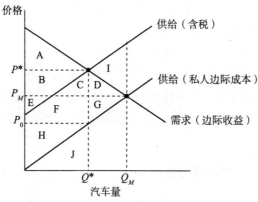

图 A3.9　附有庇古税的汽车市场福利分析

在新的价格 P^* 下,新的消费者剩余为区域 A。注意,这比初始的消费者剩余要少。因此,这项税提高了价格,并且明显减少了汽车消费者的福利,这意味着在其他条件不变的情况下,消费者通常不喜欢征税。

对于生产者剩余的影响有点复杂。我们知道,生产者的总收入是价格乘以数量。在图 A3.9 中,矩形部分包括以下区域:

$$总收入 = B + C + E + F + H + J$$

生产者剩余是总收入减去总成本。在这个例子中,生产者有两种成本。一个是他们的生产成本。这是生产者原私人边际成本曲线下的区域,即区域 J。另一个成本是税收。在图 A3.9 中,每辆汽车的税收等于 P^* 与 P_0 之间的距离,必须为每一辆出售的汽车支付这项税收。因此,付出的总税额是矩形,包括以下区域:

$$税收 = B + C + E + F$$

当我们将这两种成本从总收入中减去后,我们获得生产者剩余:

$$PS = (B + C + F + E + H + J) - J - (B + C + E + F) = H$$

注意,生产者剩余也减少了。它曾经是区域 (E+F+G+H),但是现在是区域 H。

如果消费者剩余和生产者剩余都减少了,税收是怎么提高社会福利的?首先,我们需要把减少的污染算进去。伴随着收入减少到 Q^*,总的负外部性现在是:

$$外部性 = C + F + H$$

所以,与 Q^* 和 Q_M 之间产量有关的负外部性被避免了。

但是,在这里,施加税收还有一个好处。政府现在收取税 $B+C+E+F$。用这笔钱,政府可以实现任意社会有效的目标。因此,税收代表了对社会总体的收益。

因此,为了确定税收的社会净收益,我们需要把税收收入加到生产者和消费者剩余上。我们现在可以把社会收益计算为:

$$净收益 = (A) + (H) + (B + C + E + F) - (C + F + H)$$

消除相同的正负项,我们得到:

$$净收益 = A + B + E$$

这与不征税的社会总收益相比呢?当时的净收益是 (A+B+E-I)。因此,收益因税收提高了 I。看出这点的另一种方法是我们已经避免了生产太多汽车的负面影响(用区域 I 表示,这个区域显示了边际成本高于边际收益的部分)。

负外部性——一种数学方法

进一步地,我们可以通过一个数值的例子来表述对负外部性的福利分析。

假设在美国,新的汽车需求表述为:

$$P_d = 100 - 0.09Q$$

这里,P_d 是新车的价格,以千美元为单位。Q 是每月需求的数量,以 10 万辆为单位。

价格对汽车供给的表达式为:

$$P_s = 4 + 0.03Q$$

这里,P_s 也是新车的价格,以千美元为单位。Q 是每月销售的数量,以 10 万辆为单位。

我们知道,均衡时 P_d 必须等于 P_s。因此,我们可以把两个等式放在一起来解均衡的数量:

$$100 - 0.09Q = 4 + 0.03Q$$

$$96 = 0.12Q$$

$$Q = 800$$

我们可以把这个产量代入需求或者供给等式来解均衡价格。注意,每个等式得到的价格都一样:

$$P_d = 100 - 0.09(800)$$

$$P_d = 100 - 72$$

$$P_d = 28$$

或者

$$P_s = 4 + 0.03(800)$$

$$P_s = 4 + 24$$

$$P_s = 28$$

所以,新车的均衡价格是 28 000 美元,每月购买的数量是 800 000 辆。

我们接下来可以确定在这个市场上的消费者和生产者剩余。在这之前,我们可以画一个图描述这个市场,见图 A3.10。由于我们的供给和需求曲线是线性等式,所以消费者和生产者剩余都是三角形区域。对于消费者剩余,我们知道这个三角形的底是均衡数量,即 800 000 辆车。三角形的高是均衡价格与需求曲线和 y 轴交点之间的差,如图 A3.10 所示。为了确定交点,我们将数量等于 0 代入需求曲线,解出价格:

$$P_d = 100 - 0.09(0)$$

$$P_d = 100$$

所以属于消费者剩余的三角形的高是(100-28),即 72 000 美元。因此,消费者总剩余是:

$$CS = (72\,000) \times (800\,000) \times 0.5$$

$$CS = 288(亿美元)$$

（注意，对于例中的单位，我们需要谨慎，以确保得到正确的答案。）

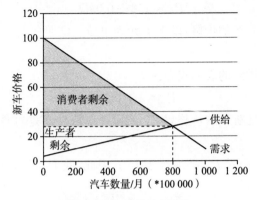

图 A3.10　汽车市场例子

对于生产者剩余，三角形的底也是均衡数量 800 000。为了确定高，我们需要算出供给曲线与 y 轴相交的价格。我们将数量 0 代入供给方程：

$$P_s = 4 + 0.03(0)$$

$$P_s = 4$$

所以生产者剩余的高是 24(28−4)，或者 24 000 美元。生产者剩余是：

$$P_s = (24\ 000) \times (800\ 000) \times 0.5$$

$$P_s = 96(亿美元)$$

市场总利益是消费者剩余和生产者剩余的总和 384 亿美元。但是，我们也需要考虑负的外部性成本。设想每辆车的负外部性成本是 6 000 美元。我们可以将这个数字乘以汽车出售的数量算出总外部成本：

$$外部成本 = 6\ 000 \times 800\ 000$$

$$外部成本 = 48(亿美元)$$

因此，汽车市场的社会净收益是 384 亿美元减去 48 亿美元，即 336 亿美元。

接下来，我们考虑如果我们对汽车市场征收一个可以将全部外部性内生化的税时的社会净收益。因此，我们对每辆车征收 6 000 美元税。由于这反映了一个额外的成本，所以新的市场供给曲线会向上移动 6 000 美元，如图 A3.11 所示。换句话说，征税使供给曲线截距提高了 6，使得：

$$P_s = (4 + 6) + 0.03Q$$

$$P_s = 10 + 0.03Q$$

和以前一样，我们通过需求价格等于税收的供给价格得到均衡数量：

$$100 - 0.09Q = 10 + 0.03Q$$

$$90 = 0.12Q$$

$$Q = 750$$

将这个数量代入需求曲线,我们解出均衡价格:

$$P_d = 100 - 0.09(750)$$

$$P_d = 32.5$$

因此,伴随着征税外部性,新车的价格提高到 32 500 美元,出售汽车的数量跌到 750 000。

我们可以计算新的消费者剩余,即以 750 000 为底,以 100 和新价格 32.5 之间的差 67.5 为高:

$$CS^* = 67\,500 \times 750\,000 \times 0.5$$

$$CS^* = 253.125(亿美元)$$

我们可以看到,税收使得消费者剩余减少了超过 30 亿美元。

注意,在图 A3.11 中,生产者剩余是市场供给曲线之上均衡价格之下的三角形区域,但是我们也需要扣除税收。由于数量税是 6 000 美元/辆,我们知道代表生产者剩余的三角形的高等于新的市场均衡价格减去 6 000 美元。因此,高是 22 500(32 500 - 4 000 - 6 000)美元。新的生产者剩余是:

$$PS^* = (22\,500) \times (750\,000) \times 0.5$$

$$PS^* = 84.375(亿美元)$$

生产者剩余也因征税降低了超过 10 亿美元。因此,市场收益显然因为税收下降了。

由于售出汽车的数量减少,负外部性减少。每辆车的负外部成本依旧是 6 000 美元,所以总的外部成本是:

$$外部成本 = 6\,000 \times 750\,000$$

$$外部成本 = 45(亿美元)$$

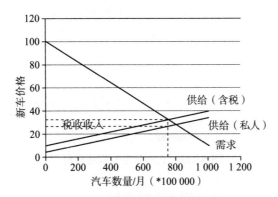

图 A3.11　附外部税的汽车市场例子

因此,外部成本下降了 3 亿美元。最后我们需要考虑税收收入。税收收入是 6 000 美元的数量税乘以汽车销售的数量：

$$税收收入 = 6\,000 \times 750\,000$$

$$税收收入 = 45(亿美元)$$

我们看到，税收收入等于剩余的负外部性。换句话说，市场参与者已经完全弥补了自身行为的外部成本。税收的社会净收益是：

$$净收益 = CS + PS - 外部成本 + 税收收入$$

$$净收益 = 25.312\,5 + 8.437\,5 - 4.5 + 4.5$$

$$净收益 = 33.75(亿美元)$$

与我们初始的净福利 336 亿美元相比，我们可以看到，净收益提高了 0.15 亿美元。因此，社会的确因为税收而变得更好。

正外部性的福利分析

我们现在开始对存在正外部性的市场进行正式分析，如图 A3.12 所示。我们再一次使用太阳能的例子。市场收益是一般消费者和生产者剩余。因此，消费者剩余是：

$$CS = B + C$$

生产者剩余是：

$$PS = D + E$$

正外部性区域是从两条收益曲线之间到 Q_M 为止的平行四边形：

$$外部性 = A + F$$

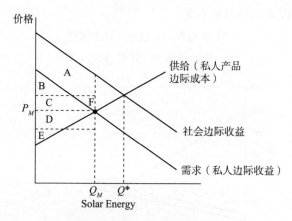

图 A3.12　正外部性的福利分析

所以社会总收益是市场与外部收益之和：

$$净收益 = A + B + C + D + E + F$$

但是注意在图 A3.12 中，Q_M 和 Q^* 之间区域的边际社会收益超过了边际成本。因此,太阳能的最优水平是 Q^* ,而不是 Q_M ,所以我们可以通过提高太阳能的产量来提高社会净收益。我们可以通过对生产或者安装太阳能系统进行补贴来实现这个目的,如图 A3.13 所示。

伴随着补贴,新的均衡价格下降到 P_0 ,产量提高到 Q^* 。消费者剩余是在 P_0 之上、需求曲线之下的三角形:

$$CS = B + C + D + G + L$$

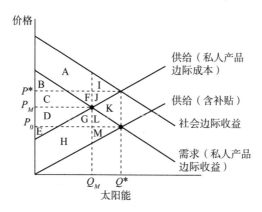

图 A3.13　有补贴的太阳能市场

确定生产者剩余并不是简单的事。我们先不考虑补贴,所以生产 Q^* 的成本处于私人边际成本曲线之下。注意,对于最初生产的太阳能板,价格处于边际成本曲线之上,产生正的生产者剩余区域 E。但是超过这个点,价格处于边际成本曲线之下,太阳能生产者就会赔钱。因此,损失的增加等于区域 (G+K+L)。没有补贴的生产者剩余是:

$$PS = E - G - K - L$$

如果不考虑补贴,生产者可能会赔钱。但是,当然他们会收到补贴。每个太阳能板的补贴是 P^* 和 P_0 之间的垂直距离。因此,对于产量 Q^* ,总补贴是:

$$补贴 = C + D + F + G + J + K + L$$

有补贴的净生产者剩余是:

$$净生产者剩余 = (E - G - K - L) + (C + D + F + G + J + K + L)$$
$$\text{Net } PS = E + C + D + F + J$$

正外部性区域就是到 Q^* 为止的两条边际收益曲线之间的区域:

$$外部性 = A + F + I + J + K$$

最后,我们必须意识到社会需要对补贴付费,如通过更高的税收进行补贴。因此,补贴的支付必须从社会的角度进行考虑,必须通过减去上面定义的补贴区域来确定社会净福利。因此,社会净收益是:

$$净收益=(B+C+D+G+L)+(E+C+D+F+J)+$$
$$(A+F+I+J+K)-(C+D+F+G+J+K+L)$$

如果我们抵消掉正和负的部分,我们得到:

$$净收益=A+B+C+D+E+F+I+J$$

与没有补贴的社会净福利相比较,我们可以看到,因为补贴,社会净福利提高了(I+J)。再一次证明,社会因市场干预变得更好。补贴使我们得到一个更有效的结果。

第4章 公共财产资源和公共物品

焦点问题

● 为什么诸如渔业和地下水之类的资源总是被过度使用?

● 什么样的政策可以有效地管理公共资源?

● 我们怎样才能有效地保存诸如国家公园、海洋以及大气之类的公共物品?

4.1 公共财产、开放存取以及产权

正如我们在第3章中看到的,明晰的产权有利于资源的有效配置。在市场经济中,私人产权是核心,但并不总是如此。在传统社会或部落社会,资源的私有权很少。对整个部落都很重要的资源不是共同拥有(如一块公共牧地)就是完全没有拥有(如捕猎的动物)。经济发达的社会——我们喜欢将自己认为是"先进"的社会——已经演变成覆盖大部分资源、商品以及服务的产权的复杂系统。但是现代工业化国家也存在很多很难由产权分类的资源、服务、商品。

一条自由流动的河就是一个例子。如果我们把这条河简单地看作流过人们土地的水的集合,我们可以对水的产权制定规则,设定允许每个土地主的取水量。但是河里的水生生命呢? 如果包括河的娱乐用途,如划船、游泳、钓鱼呢? 如果包括河岸的景色呢?

河流的这些方面也可以成为具体的产权种类。例如,某些河的苏格兰鳟鱼捕捞权是需要保护的财产。但是这很难将河流的每一项功能包装起来作为某人的财产。在某种程度上,河流是一项公共财产资源①(common property

---

① 公共财产资源:不属于私人拥有而是可以被每一个人获得的资源,例如海洋或者大气。

resources）——它可以被每一个人获得，不属于私人拥有。科学地说，公共财产资源是一种非排他性商品②（nonexclusive good），因为人们很难被排除在外，很难不使用它。

怎样管理一项公共财产资源以实现社会收益最大化呢？是否需要政府监管？如果需要的话，那么怎样通过政府监管实现一个有效的结果？我们将以海洋渔业为例说明这些问题。

渔业经济学

公共财产资源的一个经典的例子是海洋渔业。虽然海岛和沿岸的渔业可能由私人或者政府部门管理系统拥有，但是开放海域的渔业依旧是一个典型的开放存取资源③（open-access resources）。在非私有化的水中，任何想钓鱼的人都可以钓鱼，这意味着没有人拥有野生鱼群这项基础资源。我们用这个例子将产品基础理论的很多概念应用于一个开放存取资源。

我们怎么才能将经济理论应用于渔业？让我们从尝试开始。如果只有少量的渔船在一个鱼种富饶的河里捕鱼，他们的收获肯定会相当丰厚。这很可能吸引其他捕鱼者，从而使更多的船只加入捕鱼队，总的捕鱼量将会上升。

由于渔船的数量变得非常大，很明显将会超过渔业的承载能力，每条船的捕鱼量将会减少。我们从经验中可以知道，如果这种过程进一步发生，该河域渔业的产量都会遭受损害。在什么点上，更多的努力会导致适得其反的效果呢？什么力量使我们到达那一点？经济理论可以帮助我们理解这些有关公共财产资源管理的重要问题。

我们可以设想渔业的总产量④（total product）为图 4.1 所示。横轴显示捕鱼的努力程度，用渔船的数量表示。纵轴表示所有船只的总捕获量。伴随着船只数量的增加，在图 4.1 中，总产量曲线经过三个不同的阶段。

第一个阶段是规模报酬不变⑤（constant returns to scale）（0～400 艘船）。在这个范围内，每一艘额外的船都可以找到供应充足的鱼，并且能够在返港时带有 10 吨的捕获量。[a]

第二个阶段是规模报酬递减⑥（diminishing returns）（400～850 艘船）。现在，捕获一定数量的鱼将变得更加困难。当一艘额外的船出海时，它将提高总捕获量，但是他也减少了其他船只的捕获量。这项自然资源不再对所有人

---

a　为了简化，我们假设在这个例子中所有船只都是相同的。每艘船捕获相同的鱼。

②　非排他性商品：一种可以被所有使用者获得的商品，公共产品的两个特点之一。

③　开放存取资源：开放存取资源是一种缺乏进出/使用管制的公共财产资源，如海洋渔业或者大气。

④　总产量：给定投入品数量所能生产的产品或服务的总数量。

⑤　规模报酬不变：投入以一定比例增加会引起产出以相同的比例增加。

⑥　规模报酬递减：投入以一定比例增加会引起产出以较小的比例增加。

充足；现在对鱼的储量存在紧张的竞争，这使得所有渔民的工作变得困难。

最后一个阶段是绝对规模报酬递减[7]（absolutely diminishing）时期（投入的增加引起产出的减少），即当渔船超过 850 艘时。这个阶段，更多的渔船将会降低总捕获量。这里有证据表明，过度捕捞[8]（overfishing）是存在的，鱼的储量在被消耗。鱼群种类的再生能力受到损害，并且造成了经济崩溃和生态崩溃。[b]

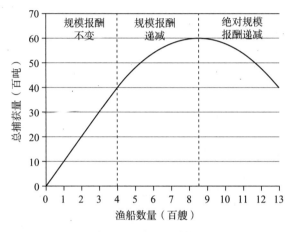

图 4.1　渔业总产量

为了理解驱动渔业的经济力量，我们必须考虑不同的捕捞努力水平是怎样影响利润的。我们假设渔民只对他们自己的利益感兴趣。第一步，为了确定利润，我们需要将以吨为单位的鱼的捕获量转化为以钱为单位，以此显示挣得的总收入。这可以简单地用捕获量乘以每吨价格来实现（$TR = P \times Q$）。我们在这里假设鱼的价格稳定在每吨 1 000 美元。这些捕获量对于整个市场来说非常小，所以不会显著影响市场的价格。如果这条河的渔业是市场上鱼的唯一来源，那么我们必须考虑价格的改变。

我们现在可以计算渔业的总收入[9]（total revenue），如表 4.1 所示。接下来，让我们假设运行一艘渔船的成本保持在 4 000 美元。[c] 因此，一艘船的边际成本[10]（marginal costs）是 4 000 美元。由于运行一艘船的成本是固定的，所

---

　　b　注意：在这个例子中，我们使用的是一个长期生产函数，表示一段时间内的渔业产品。渔业的衰退或者崩溃，在图中由绝对规模报酬递减表示出来的部分，不会在单独的一段时期内发生，而是会经过几年的时间。

　　c　同样，由于在这个例子中所有船只都一样，所以假设运行一艘船的成本都一样。

　　⑦　绝对规模报酬递减：投入的增加引起产出的减少。

　　⑧　过度捕捞：随着时间的推移会减少鱼类存量的捕捞努力水平。

　　⑨　总收入：通过售卖一定数量的产品或服务获得的总收入，等于价格乘以卖出的产品数量。

　　⑩　边际成本：生产或消费额外一单位产品和服务的成本。

以运行一艘船的平均成本[①]（average cost）也是 4 000 美元。所有船的总成本[⑫]（total cost）等于 4 000 美元乘以船的数量。通过从总收入中减去总成本（TC），我们得到渔业的总利润[⑬]（profits）（$TR-TC$），如表 4.1 所示。

我们可以从表 4.1 中看到在 600 艘船和 700 艘船时，渔业的利润都是 300 万美元。[d] 图 4.2 绘制了在每一努力水平下渔业的总收入、总成本和总利润。我们可以看到，在 600 艘船和 700 艘船之间，即在 650 艘船时利润最大化了。如果努力水平过高（超过 1 200 艘船），渔业的总利润可能是负的。

表 4.1　　　　　渔业的总捕获量、总收入、总成本和总利润

船只的数量（百艘）	1	2	3	4	5	6	7	8	9	10	11	12	13
总捕获量（百吨）	10	20	30	40	48	54	58	60	60	58	54	48	40
总收入（百万美元）	1	2	3	4	4.8	5.4	5.8	6	6	5.8	5.4	4.8	4
总成本（百万美元）	0.4	0.8	1.2	1.6	2	2.4	2.8	3.2	3.6	4	4.4	4.9	5.2
总利润（百万美元）	0.6	1.2	1.8	2.4	2.8	3	3	2.8	2.4	1.8	1	0	−0.8

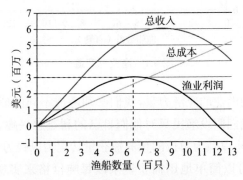

图 4.2　渔业的总收入、总成本和总利润

过度捕捞的诱因

我们知道利润的最大化水平是在 650 艘船时。但是在缺乏有关渔业管理规定的情况下，将会产生什么样的渔业努力程度？我们假设每个渔民只关注他们自身的利益。因此，每个个体不会考虑他们的活动对整个渔业的影响，只会考虑捕鱼对他们是否有利可图。与其关注表 4.1 中整个渔业的价值，倒不如从个体渔民的角度考虑问题。

---

　　d　在这个例子中，我们将分析限制在最大化渔业的利润上。因此，我们不考虑消费者从购买鱼中获得的收益以及任何外部性。
　　①　平均成本：每单位产品或服务带来的生产平均成本，等于总成本除以产品数量。
　　⑫　总成本：一个企业生产产出带来的总成本。
　　⑬　总利润：获得的总收益减去生产的总成本。

我们知道每艘船的运行成本是 4 000 美元。对于表 4.1 中的每一水平的努力,我们可以通过将总收入除以船只数量来计算每一个渔民的收入。例如,运行 800 艘船的总收入是 600 万美元,所以每艘船的收入是 7 500 美元 (6 000 000/800)。这是平均收入[⑭](average revenue)或者每艘船的收入,如表4.2 所示。用数学公式表示,$AR = TR/Q$。通过减去每艘船的运营成本 4 000 美元,我们获得每艘船的利润,这也在表 4.2 中显示出来。

假设有 400 艘船在运行。我们在表 4.2 中可以看到每艘船带来的收入是 10 000 美元,带来的利润是 6 000 美元。另一些人会注意到捕鱼有利可图,所以新的渔民将会加入该河域的渔业。无论是现有的渔民需要更多的渔船还是新的渔民进入这个渔业,只要渔民可以自由进入这个产业,渔船的数量将会持续增加。

表 4.2					个体渔民的收入,成本,利润							
船只的数量(百艘)	1	2	3	4	5	6	7	8	9	10	11	12	13
每艘船利润(千美元)	10	10	10	10	9.6	9	8.2	7.5	6.6	5.8	4.9	4	3.1
每艘船成本(千美元)	4	4	4	4	4	4	4	4	4	4	4	4	4
每艘船利润(千美元)	6	6	6	6	5.6	5	4.2	3.5	2.6	1.8	0.9	0	−0.9

同样,当渔船超过 400 艘时,在表 4.2 中,每艘船的利润开始下降,我们进入了一个规模报酬递减区域。但是只要运行每一艘船都是有利可图的,就会存在一个动因吸引更多的船进入这个产业——即使进入绝对规模报酬递减区域。例如,当有 1 000 艘船运作时,每艘船的利润依旧有 1 800 美元。因此,尽管额外的船只会减少总捕获量以及总收入,但是对于单个渔民来说,这里依旧存在经济动因使他们投入更多的船。

只有当渔船的数量达到 1 200 艘时,每艘船的利润最终跌为 0,再有一艘船进入,每艘船的利润将会低于 0,这对于一些渔民来说就有了退出这个产业的动机。超过 1 200 艘船,市场通过无利可图发出一个信号,即这个产业已经过度拥挤了。因此,开放存取均衡[⑮](open-access equilibrium)是 1 200 艘船,在这个点上不再有动机进入或者退出这个市场。[e]

开放存取均衡很明显不是经济有效的。这个市场信号来得太迟了——远远高于有效水平 650 艘船。通过表 4.1,我们发现在 1 200 艘船时,整个产业

---

　　e　你可能会怀疑为什么更多的船愿意继续运行,尽管每单位船的利润相当小。我们的解释是先假设一种情况,例如,即使每艘船的利润是 50 美元,也会有更多的船只被吸引进这个行业。在这个例子中,利润代表经济利润,这是和渔民下一个最好的选择相关的利润。只要这个利润是正的,捕鱼比下一个最好的选择更有吸引力,这里就存在动因投入更多的船进入这个行业。

　　⑭　平均收入:一个企业收到的每单位产品或服务的平均价格,等于总收入除以产品数量。

　　⑮　开放存取均衡:由于市场自由进入导致的一个开放存取资源使用的水平,这种使用水平可能会导致此资源耗竭。

的利润为 0。产业利润的确可以通过减少捕捞努力量来提高。

除了经济无效之外,开放存取均衡也是生态不可持续的。由于开放存取均衡处在绝对规模报酬递减区域,渔业最终可能会崩溃。自由进入以及在个体水平上的利润最大化的力量,通常作用于推进经济有效,但是在公共财产资源的例子中会产生相反的作用。这些力量鼓励过度捕捞,最终会消除整个行业的利益以及摧毁自然资源。对于这个现象的经济解释是渔民可以免费接近有价值的资源——鱼群。经济逻辑告诉我们,定价太低的资源会导致过度使用,定价为 0 的资源将会被浪费。

这个现象有时被称作公地悲剧[16](tragedy of the commons)。因为公共资源不属于任何一个具体的人,没人有动机保存它们。相反地,人们有动机在别人得到它之前尽可能多地使用。当资源充足时,例如在殖民时期,鱼群的数量远超于人们的需求或者捕获能力,这就不存在问题。当人口和需求足够大时,捕鱼技术更加先进,经济逻辑勾勒出一个过度捕捞的危险,甚至是整个渔业的崩溃。

公共财产资源的边际分析

经济学家通过比较边际收益[17](marginal benefit)和边际成本来确定有效的结果。这真的只是一个常识——如果做某件事的收益大于成本,通常做这件事是有意义的。因此,在我们的例子中,只要增加一艘船的收益大于成本,那么对于整个产业来说保持船的增长是有意义的。换句话说,如果一艘船的边际收入大于边际成本[18](marginal revenue),那么提高船的数量是有效的。然而,当边际成本大于或等于边际收益时,我们应该停止增加船只。经济有效的结果是边际成本等于边际收益。

我们知道,边际成本固定在 4 000 美元。为了计算每一单位捕捞努力的边际收益,我们来计算当捕捞努力改变时收入的增加(捕捞努力以船只的数量计算)。我们通常会说从一单位捕捞努力水平到另一单位捕捞努力水平的边际变化,所以我们计算两个捕捞努力水平之间的边际收入。

让我们考虑渔船的数量从 400 提高到 500 时的边际收益。产业的总收入从 400 万美元提高到 480 万美元,提高了 80 万美元。由于是额外的 100 艘船提高了 80 万美元的收入,所以当渔船的数量从 400 提高到 500 时,每艘船的边际收益是 800 000/100＝8 000 美元。数学表达式为:

---

⑯　公地悲剧:公共财产资源被过度采伐的趋势,因为没有人有动机去保护该资源,而个人的财政激励促使他们扩大采伐。

⑰　边际收益:生产或消费额外一单位产品和服务的收益。

⑱　边际成本:通过卖出额外一单位产品或服务获得的额外收入。

$$MR = \Delta TR / \Delta Q$$

　　从 400 艘船提高到 500 艘船是有经济意义的,因为边际收入是每艘船 4 000美元。换句话说,边际收益大于边际成本,所以将渔船的数量从 400 提高到 500 提高了渔业的经济效率。

　　表 4.3 计算了每个努力水平之间每艘船的边际收益以及边际成本。在 600 艘船和 700 艘船之间,边际收益恰好等于边际成本每艘 4 000 美元。因此,我们可以说,捕捞努力的有效水平在 600 和 700 之间,如图 4.3 所示。

　　经济有效的结果在边际成本等于边际收益处,即当船只数量为 650 艘时。但是开放存取均衡出现在平均收入等于 1 艘船的成本时。在这个例子中,由于成本假设不变,边际成本 4 000 美元也是平均成本。注意,在 650 艘船时,平均收入和平均成本的差别大约是 4 500 美元。这代表在有效努力水平上每艘船可获得的利润。我们将在下一个单元看到为什么这是重要的。如果对于 650 艘船,每艘船可以获得的利润为 4 500 美元,那么整个产业的最大利润是 290 万美元。显然,这比开放存取均衡的总利润有了一个大的提高。

　　经济有效的结果也更可能是生态可持续的。回头看图 4.1,我们可以发现,650 艘船正处在规模报酬递减区域,而不是绝对规模报酬递减区域。虽然捕捞努力足够高,使得个人捕捞量有所减少,但是这不可能导致渔业的崩溃。

表 4.3　　　　　　　　　　　渔业的边际收入和成本分析

船只的数量(百艘)	1	2	3	4	5	6	7	8	9	10	11	12
总收入(百万美元)	1	2	3	4	4.8	5.4	5.8	6	6	5.8	5.4	4.8
边际收入(千美元)	10	10	10	8	6	4	2	0	−2	−4	−6	−8
边际成本(千美元)	4	4	4	4	4	4	4	4	4	4	4	4

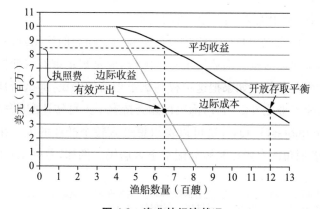

图 4.3　渔业的经济状况

渔业管理的政策

使用什么样的政策才能实现经济有效的结果,并且降低捕捞努力以保护渔业?其中一个选择可能是所有渔民协议自愿将捕捞努力水平限制在 650 艘船。但问题是每一个渔民依旧有强烈的经济动机投入一艘或更多的渔船,这将使协议作废。此外,新的渔民会被吸引进渔业,并且不受自愿协议约束。

由于外部性的问题,实现有效的结果需要管控。一种政策选择是通过使用执照费[19](license fee)来阻碍过度捕捞。正确的费用可以参照图 4.3 来决定。我们希望直到 650 艘船的有效水平捕捞都是有利可图的,但是我们想要阻碍超过这个水平的捕捞,所以执照费需要足够高,从而使得第 651 艘船无利可图。在 650 艘船时,平均收入是每艘船 8 500 美元,利润是每艘船 4 500 美元。在 651 艘船时潜在的利润将略低于 4 500 美元。因此,我们将执照费定在 4 500 美元,那么第 651 艘船将无利可图,并且捕捞努力在 650 艘船时达到新的均衡。换句话说,伴随着 4 500 美元的执照费,在 650 艘船时捕捞依旧有利可图,但是超过 650 艘船就变得无利可图。所以"正确"的执照费是在有效努力水平下的平均成本和收入的差。执照费有效地将无效率的开放存取均衡转变为有效的结果。

在 650 艘船的时候,每一个渔民将处在完全竞争的位置,获得最少的或者说"正常"的利润。[f]但是在这个例子中,竞争的逻辑是保护生态系统,而不是摧毁它。实际上,渔民将被要求为之前免费的资源——鱼群——的捞捕权付费。这项政策在渔民中不得人心,但是它会阻止这项产业毁掉他们的生活方式。

另一个征收执照费的好处是政府获得了一笔收入来源。对每艘船征收 4 500 美元的费用,政府有效地聚积了潜在的产业利润达 290 万美元。这笔收入可以用于任何目的,例如,改善鱼群的栖息地,弥补那些因为征费而离开渔业的人,或者投资于能减少渔业伤害的技术。

另一个可以实现相同目的的政策是定额[20](quota)的使用,或者说捕捞限额。政府官员可以对整个渔业规定一个限额,但是规定谁有权捕捞一定数量的鱼可能会引起争议。如果把这项权利赋予当前的渔民,那么新加入者就会被排除在这个产业之外。另外,渔民可能会持有个人可转让配额[21](individual transferable quotas,ITQs),这可以卖给想进入整个产业的人。在一些例子中,打猎或者捕鱼的有限权利被分配给土著居民。例如,专栏 4.1 是 ITQs 的

---

f　正常利润是指一项生意在产业中生存的最少利益。它等于下一个最好选择可以获得的利润。

[19]　执照费:为了使用一种资源而支付的费用,例如捕捞许可证。

[20]　定额/定额系统:通过限制资源收获许可的方式限制资源使用的系统。

[21]　个人可转让配额(ITQs):可交易的收获资源的权利,例如允许捕捞特定数量鱼的捕捞许可。

另一个例子。

　　然而,另一种可能性是在拍卖市场上出售捕捞限额,最终导致和执照费相同的经济结果。设想政府正确设定 650 艘船是有效的船只数量,并把这些许可数量放在拍卖会上。那么,这些许可权的最终报价是多少? 如果渔民们理性的预期在这个努力水平下,潜在的利润是每艘船 4 500 美元,那么许可权的价格将会被拍到 4 500 美元。实质上,定额产生了与执照费相同的结果,无论是在船只的数量还是在政府的收入上。无论选择哪一种方法,它都需要有计划的政府干预。尽管经济学家经常表示没有政府干预的市场运行将更有效率,但是以下就是一个政府干预更有效率(无论是在经济上还是在生态可持续性上)的例子。

专栏 4.1　　实践中的公共财产资源管理:个人可转让配额

　　一个利用个人可转让配额管理渔业的真实的案例是长岛蛤渔业。这个案例显示出配额制度的细节大大影响了这个产业的效率。

　　纽约环保部只分配了 22 个许可权,限制每年的捕获量为 300 000 蒲式耳。在 2011 年的物价水平上,每一许可权的潜在收入为 135 000 美元。

　　然而渔民声称扣除成本之后,单单一个许可权不足以谋生。许可权被转让,意味着一个渔民可以持有多个许可权。但是许可权系统最初规定一艘船对应一个许可权。如果你买了第二个许可权,你就需要运行第二艘船,这将使你的运营成本加倍。这个要求意味着有效的结果不能实现。

　　在 2011 年,政府改变了法律,允许"合作经营"——意味着渔民不再需要为了额外的许可权再购买并运营更多的船。给定总限额保持在 300 000 蒲式耳,这条法律不会影响渔业的生态,但是它潜在地提高了产业的经济效率。

　　资料来源:《新闻日报(纽约)》,2012 年 7 月 6 日,A28 版。

　　在我们的分析中,我们还没有考虑外部性。高努力水平的捕捞会产生负的外部性,如水污染或者减少休闲娱乐的机会。如果在这个例子中,社会有效结果低于 650 艘船,并且我们在设置执照费或者定额时还需要将这些外部性考虑进去。如果我们将这些负外部性货币化,则把这些货币化的外部性加到费用中,进一步降低努力水平。

　　历史上人们很早就发现了管理公共资源需要一定的社会规范。许多传统社会通过实施社会可接受的管理渔业的规则来保持渔业的繁荣。这个方法体现了限制捕捞和保存资源的长期原则。

　　人口增长、高需求以及技术进步使得这些规则的实施变得复杂。由于全球对鱼的需求增长,越来越多的地方开始过度捕捞,鱼的价格趋于上升。高价格使得开放存取问题变得更加糟糕,因为它提高了捕鱼的获利能力,鼓励更多人进入这个产业。技术进步也使这个问题恶化——通常生产率提高是有利于社会的,但是在开放存取资源的例子中,它加重了对资源的压力,并使得生态系统更可能崩溃。例如,声纳系统可以追踪鱼群,对于大渔船来说,更易于它们提高捕获量,但是也加速了鱼群的消亡。

经济理论和生态原理都告诉我们,我们必须找到管理公共资源的方法,避免因为过度使用而使它们遭到毁灭的风险。正如我们将在后面章节中看到的一样,以渔业为例的公共资源管理的原则适用于其他许多资源,如森林、公地甚至大气。

4.2　环境作为一种公共物品

经济学家很早就意识到公共物品㉒(public goods)的概念。普通商品,比如汽车,通常由个人所有,并且只有购买者享有它们的效益。相反,公共物品使许多人受益,经常是整个社会。与公共资产资源一样,公共物品也具有非排他性,但是它还具有非竞争性㉓(nonrival good)。如果一种商品是非竞争性的,一个人对它的使用不会减少它对于其他人的质量和数量。[g]

美国的国家公园系统就是一个例子。国家公园对所有人开放,一些人对它们的使用并不会妨碍其他人的享受(除了当过度拥挤成为问题的时候)。公共物品并不一定就是环境方面的问题:高速公路系统或者国防都是公共物品的例子。另一个非环境公共物品的例子是公共广播,因为任何有广播的人都可以收听它,并且一些人对其的使用并不会影响其他人对其的使用。环境保护的一些方面也可以归类于公共物品中,因为事实上每个人都对健康的环境有兴趣。[h]

我们能够通过市场为我们提供合适水平的公共产品吗?答案很明显是"不能"。在很多例子中,市场根本不会提供公共物品。市场上的商品会有价格,并且通过明晰的产权来排除非购买者享受购买者的权益。因为公共产品的非排他性以及非竞争性的特点,没有人会愿意为任何人都可以免费使用的物品付费。

---

g　公共物品的标准定义是一种商品或者服务,如果已经提供给一个人,那么可以无额外成本地提供给其他人(Pearce,1992)。一个"纯"公共物品是指生产者不能排除任何人消费的物品,所以一种纯公共物品呈现了非竞争性和非排他性两种性质。

h　理论上,国家公园不是一项纯公共物品,因为它可以收取门票,从而排除那些不付费的人进入。但是只要它保持免费或者低门票,那么它依旧可以算作公共物品。

㉒　公共物品:可以被所有人使用的物品,并且一个人的使用不会减少其他人对其的可获得性。

㉓　非竞争性:一个人使用某物品不会限制其他人使用该物品的权利;公共物品的两个特征之一。

第二个提供公共物品的可能依赖于捐赠。这与一些诸如公共广播和电视的公共商品有关。一些环境保护组织保护的栖息地，即使是私人拥有的，也可以被认为是公共物品（见专栏 4.2）。然而，捐赠通常不能提供足够的公共产品。由于公共产品是非排他的，每一个人都可以从公共物品中获益，无论他们是否为它们付费。尽管有些人可能愿意为公共广播付费，但是其他大部分人仅是简单地免费收听。这些不付费的人选择搭便车[24]（free riders）。很显然，一个自愿捐献的系统不足以维持下去，如国防供应。

尽管我们不能通过市场或者自愿捐献来提供公共物品，但是公共物品的充足供应对于整个社会来说很重要。解决这个困境的方法同样需要一定程度的政府参与。关于公共物品供应的决定一般由政府部门决定。这通常都是正确的，如国防。在政策决定制定时，必须考虑一些市民可能同意更多的国防支出，而另一些人则希望支出更少。但是政策必须制定，并且政策一旦制定，我们都将通过税收付费。

类似地，关于环境公共物品的供应的决定必须由政治系统制定。例如，国会必须决定建造国家公园的基金。公园是否需要更多的土地？可否为了发展卖出或者租出现存的一些公园？在做类似的决策时，我们需要环境设施的公共需求水平的一些指标。在这里，经济理论会有帮助吗？

专栏 4.2　　　　　　　　　　自然保护协会

虽然不能依赖自愿捐赠来提供充足的公共物品，但这种努力是政府努力的一个有效的补充。自然保护协会，成立于 1951 年的环保组织就是一个成功的例子。不靠政治游说和宣传，自然保护协会致力于利用它所收到的捐赠购买土地。这种方法实际上创造了一个自愿的市场，在这个市场里人们可以表达他们对栖息地保护的偏爱。

这个组织成立于美国，现在超过 30 个国家运作。自然保护协会在全球范围内保护了超过 1.19 亿英亩的土地——等于美国新墨西哥州的面积。它保护的大部分土地都用作娱乐，虽然有一定比例的土地允许采伐和打猎，以及其他的一些用途。

除了直接购买和管理土地之外，自然保护协会也和土地主一起建立保护地役权。在一项保护地役权的例子中，土地主卖出开发土地的权利，但是还保留所有权和一些传统的用途，如放牧和伐木。另一项努力是他们开展的"种 10 亿棵树"计划。他们在巴西的热带雨林地区种树，每收到 1 美元捐赠，就种 1 棵树。

---

[24]　搭便车：个人或者群体从公共物品中获得收益但是不为其支付价款的行为。

自然保护协会友善的使用方法受到了广泛的尊敬。它通常被认为是最受信任的非营利组织之一,并因为它有效的捐赠使用而受到夸奖。尽管有一些经济学家怀疑它的一些政策,如卖掉一些捐赠的土地用于盈利而不是保护,但是它的努力使得个人可以通过市场机制改善栖息地的保护。

资料来源:环境保护协会,www.nature.org.

公共物品经济

公共物品提供的问题不能通过通常的供给和需求分析过程解决。在上述讨论的渔业案例中,问题来自于生产方——传统的市场逻辑导致过度捕捞,对资源产生过量的压力。在公共产品的例子中,问题产生于需求方。回顾在第3章我们提到的需求曲线,它既可作为边际收益曲线,也可作为意愿支付曲线。一个消费者愿意为一件 T 恤支付,比如 30 美元,因为这是他或者她可以从拥有 T 恤中所获得的收益。但是在公共产品的例子中,某人从公共物品中所获得的边际收益不等于他愿意为它支付的价钱。具体来说,他们愿意支付的价钱远远低于他们的边际收益。

一个简单的例子可以阐释这一点。考虑一个只有两个人的社会:Doug 和 Sasha。两个人都很看重森林保护———一项公共物品。图 4.4 显示了每个人从森林保护中所获得的边际收益。作为常规需求曲线。保护每英亩土地的边际收益会随着有更多的保护而降低。我们可以看到,Doug 比 Sasha 获得的边际收益要高。这是因为 Doug 可能从森林中获得更多的娱乐,或者这只是反映了不同的偏好。

保护森林的社会边际收益来自于两条边际收益曲线的垂直加总[25](vertical addition)。在图 4.4 中,我们可以看到,如果已经保存了 10 英亩的土地,那么对于 Doug 来说,额外 1 英亩地的边际收益是 5 美元。而 Sasha 的边际收益只有 2 美元,所以额外 1 英亩地的社会边际收益是 7 美元。注意,总需求曲线是曲折的,因为在折点的右边曲线只反映 Doug 的边际收益,Sasha 的边际收益在这个范围中都为 0。

假设保护森林的边际成本固定在每英亩 7 美元。这在图 4.4 底部的图案中可以看出。在这个例子中,森林的最佳水平是 10 英亩——在这个点上,边际成本等于边际社会收益[26](social benefits)。但是我们还没有解决 Doug 和 Sasha 愿意为森林保护支付多少钱的问题。在公共产品的例子中,一个人的

---

[25]　垂直加总:在相同的需求数量上,将几条需求曲线的价格相加。
[26]　社会收益:与产品和服务相关的市场和非市场收益。

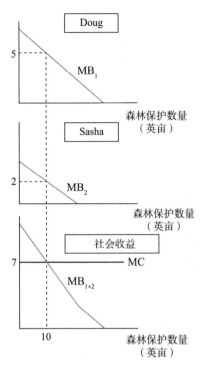

图 4.4　森林保护经济学

边际收益曲线和愿意支付曲线并不相同。例如,虽然 Doug 此时的边际收益是 5 美元,但是他有动机成为一个搭便车者,他可能只愿意支付 3 美元或者一点也不付出。

　　问题来自于我们没有一个市场可以精确地反映人们对公共物品的偏好。我们可以通过调查来收集人们对公共物品的估价(我们将在第 6 章讨论经济调查),但是人们可能不会提供准确的答复。最后,关于公共物品的决定需要一些社会考虑。一种可能性是候选人可能会为了他们的选票做出有关公共物品的决定。另一种有关于民主进程,如直接选举和当地的市镇议会。

　　即使我们达到了从社会角度看的"正确"的供应水平,由于个体之间的不同也会引起另一个问题。假设我们已经正确地确定了森林保护的合适水平10 英亩。在边际成本 7 美元/英亩下,我们需要支出 70 美元作为保护付费。我们可以向 Doug 和 Sasha 每人征收 35 美元。Doug 的最低边际收益也有 5 美元,所以他所获得的总收益至少为 50 美元,所以他可能不会反对 35 美元的税收。然而 Sasha 的收益更低,她可能会觉得税收太高了。

　　假设我们将两个人的例子扩展到美国全国人口——1.14 亿人。如果人们的偏好都和 Doug 与 Sasha 类似,我们将需要大约 40 亿美元(1.14 亿×35)用于森林保护,每个人需要缴纳 35 美元的税收。但是,显然每个人的边际收益是不同的。而去评估每个人的边际收益是不现实的。必须从全社会的角度做决定。一些人可能会认为他们付的钱太多了,另外一些人则认为用于森林保护的钱不足。但是向每个人征税对实现这个目标来说是重要的。关于公共物品中效率与公平的争论自然是不可避免的。

4.3 全球经济

在对公共财产资源和公共物品的例子分析的过程中,我们已经扩展了我们自愿和环境分析的范围。我们需要搞清楚一点,这些例子与我们第 3 章讨论的外部性理论非常相关。感觉上,我们在处理具体的外部性例子。增加额外一艘船的某渔民对其他渔民施加了一个外部成本,使得他们的平均捕获量微微下降。一个环保组织购买以及保存一块重要的栖息地对剩下的我们赋予一个外部收益。

然而,对于这些例子分析的扩展似乎会引起其他一些问题。我们真的能够将所有环境问题都定义为"外部性"问题吗?对于外部性概念的使用似乎意味着它成为经济理论中的第二角色——外部性理论加上除此之外的经济理论似乎就完整了。但是这些外部性真的是一些更基本东西的症状吗?

在我们考虑的近些年来受到的关注越来越多的众多环境问题中,我们看到了这些涉及公共财产资源以及公共物品案例的重要性不断提高。全球变暖问题、臭氧层空洞、海洋污染、淡水污染、地下水超采以及物种灭绝与这章讨论的问题有很明显的相似性。这些问题盛行产生了一个新的焦点——全球公共物品[27]。如果许多全球资源和环境系统都显示了公共财产资源或者公共物品的特征,可能我们需要改变我们对于全球经济的看法。

不是只关注与经济增长而把外部性当作一个事后想法,我们需要意识到全球经济系统高度依赖于全球生态系统的健康。对这些系统现状的评估以及对经济怎样能最好地适应地球限制的评估都是非常重要的。这暗示了对新的经济政策方法以及国内和国际新的制度的需求。显然,这引起的问题超出了对个人捕鱼以及国家森林管理的范围。

对全球公共利益的管理引起了一个特殊的挑战,因为这需要不同政府之间的安全协议。除了冲突观点以及搭便车诱惑的可能,几个重要的国际协议,例如关于臭氧层空洞的《蒙特利尔协议》已经得已实施去应对对全球大气、海洋、生态系统的威胁。在其他一些例子中,例如关于全球气候变化的《京都协

㉗ 全球公共物品:全球共同拥有的资源,例如大气和海洋。

议》,还难以有效地实施,因为许多国家在等其他的国家行动或者不同意承担成本。

我们将在第 7 章中研究从更广泛角度看公共财产问题的一些启示,并在之后的一些章节考虑全球公共利益的管理问题,特别将在第 18 章和第 19 章讨论气候变化问题。

总　结

公共财产资源是那些由群体所拥有的资源,没有对个人或者公司分配私有产权。管理这些资源可能用到很多系统,例如传统使用习惯和政府管理。但没有规则限制使用的时候,资源是开放的,意味着任何人都可以没有限制地使用。这种状态将会导致资源的过度使用,有时将会摧毁它的生态功能。

公地悲剧的一个经典例子是海洋鱼类的过度捕捞。由于没有对捕捞的限制,经济动机造成过量的渔船入海。最终导致鱼群耗减,所有渔民的收入变少。但是在经济利润到零之前,这里一直都存在动机使得新的参与者进入渔业。这个开放存取均衡不但是经济无效的,还是会对生态造成损害。

应对开放存取资源的过度使用问题,可能的政策包括执照和限额的使用。限额可以分配给个体渔船,并且可以流通。在小一点的传统社会,往往遵循资源管理的社会原则。但是在大型工业化国家,伴随着捕捞的先进技术和其他资源提炼技术,对开放存取资源的政府管理是必须的。

类似地,在公共物品提供领域积极的政府政策也是需要。公共物品一旦被提供,将会使大众受益而不是选中的几个人。他们包括商品和服务,例如公园、高速公路、公共健康设施以及国防。没有个人或者个人团体有足够的经济动机或者基金提供公共物品,然而它们的利益非常大,并且对于社会全人类都很重要。许多环境公共物品,例如森林和湿地的保护,不能由市场提供足够的量,需要政府干预和公共基金提供这些公共物品实现公共利益。

全球范围的许多公共资产资源和公共物品,包括大气和海洋,引起了关于全球利益合适管理的问题。需要新的制度管理全球水平上的公共财产资源。这里的难点在于建立有效的国际权威去监管那些威胁全球经济系统的活动。

问 题 讨 论

1.一项好的渔业管理政策是否可以获得最大可持续捕捞? 我们从经济观

点谈论最优均衡时,是否这个均衡也是生态最优的? 什么使得经济原则、生态原则与渔业管理相冲突?

2.假设本章中讨论的渔业例子不是公共财产资源,湖里的鱼属于个人或者一家公司。所有者可以选择允许捕捞,并且为此收费。这与公共财产资源的例子中的经济逻辑有什么不同? 是否这里的经济效率更高? 谁可以获得社会净收益?

3.通过公共产权资源的例子讨论技术进步对一个产业的影响。例如,考虑捕捞设施的技术进步使得捕捞船只的成本减半。技术进步通常提高社会净收益。在这个例子中是不是这样? 当由政府干预时呢?

4.你是否认为可能在私有物品和公共物品之间划分清晰的界限? 下列哪一项物品可以看作公共物品:农田、林地、海滨、高速公路、城市公园、停车场、体育场。什么样的市场或者公共政策原则可以适用于这些商品的供应?

练习题

1.莫斯科干旱地区的农民用地下水灌溉。地下水最大再生的速率是每天34 000 加仑。水井的总产量如下:

水井数	10	20	30	40	50	60	70	80	90
总水量(千加仑/天)	100	200	280	340	380	400	400	380	340

运行一口井的成本是每天 600 比索;对于农民来说水的价值是 0.1 比索每加仑。计算每一口井产出水平下的总收入。

如果每口井由不同的农民拥有,将运行多少口井? (首先你需要计算平均收入。注意水井数量是以 10 为单位的。)从经济有效性和可持续性的角度分析结果。

经济有效的水井数量是多少? (首先你需要计算边际收入)写出在这个水平下被最大化的社会净收益。

社会有效均衡是怎么实现的? 在这个例子中,是否社会有效均衡也是生态可持续的?

如果每口井的运行成本是每天 400 比索,则结果会怎样?

2.四个镇共享一个水资源。通过购买岸边的空地,他们可以保护水资源免受污水、路面径流等污染。建立在水处理成本基础上的对空地的需求,可以表达为:

$$P = 34\ 000 - 10Q_d$$

这里,Q_d 是购买的土地,P 是小镇愿意支付的价格。

如果土地的成本是 30 000 美元/英亩,如果每个小镇独立运行,将会有多少土地被购买? 如果它们组成一个联合体,土地的购买量又是多少? 用图表的形式表示。(如果经济理论不清楚,试想四个镇的代表坐在一张桌子,讨论购买不同数量土地的成本和收益。)

哪一个会是社会有效的途径,为什么? 如果土地的价格变成 36 000 美元/英亩,答案会怎样?

从对干净水的需求讨论这个问题。在这个例子中,干净的水是不是公共物品? 水是否总可以被看作公共物品?

注 释

1.This concept was first introduced in Hardin, 1968. A more recent assessment of the issue is given in Feeny et al., 1999.

2.For an extensive treatment of the economic analysis of fisheries and other natural resources, see Clark, 1990.

3.See Heal, 1999, and Johnson and Duchin, 2000, on the concept of the global commons.

参考文献

Clark, Colin W. 1990.*Mathematical Bioeconomics: The Optimal Management of Renewable Resources*. New York: Wiley. Feeny, David, Fikret Berkes, Bonnie J. McCay, and James M. Acheson. 1999. "The Tragedy of the Commons: Twenty- Two Years Later." In *Environmental Economics and Development*, ed. J.B. (Hans) Opschoor, Kenneth Button, and Peter Nijkamp, 99—117. Cheltenham, UK: Edward Elgar.

Hardin, Garrett. 1968. "The Tragedy of the Commons."*Science* 162: 1243—1248.

Heal, Geoffrey. 1999. "New Strategies for the Provision of Public Goods: Learning for International Environmental Challenges," in *Global Public Goods: International Cooperation in the 21st Century*, ed. Inge Kaul et al. New York: Oxford University Press.

Johnson, Baylor, and Faye Duchin. 2000. "The Case for the Global Commons," in *Rethinking Sustainability*, ed. Jonathan M. Harris. Ann Arbor: University of Michigan Press.

Pearce, David W., ed. 1992. *The MIT Dictionary of Modern Economics*, 4th ed.

Cambridge，MA：MIT Press.

相 关 网 站

1.www. iasc-commons. org. Links to articles related to management of common pool resources. The site is managed by the International Association for the Study of Common Property，"a nonprofit Association devoted to understanding and improving institutions for the management of environmental resources that are（or could be）held or used collectively by communities in developing or developed countries."

2.www. sciencemag. org/site/feature/misc/webfeat/sotp/commons. xhtmL. A special issue of *Science* magazine focusing on the tragedy of the commons，including the original article on the subject by Garrett Hardin and more recent commentary.

第 5 章　资源跨期分配

焦点问题

- 使用还是保护不可再生资源,你是怎样抉择的?
- 如何对未来资源消费进行估值?
- 如果资源趋于耗尽,价格和消费会发生什么样的变化?

5.1　不可再生资源的开采

资源有可再生资源[①](renewable resources)和不可再生资源[②](nonrenewable resourses)。可再生资源如果管理合适,那么将可以无限期地持续使用。良好管理的农场、森林和鱼塘——我们可以预测这些资源能够持续生产数个世纪。相对地,不可再生资源不能永久持续使用。一些资源可能相对比较稀缺,如高品质的铜矿石矿床和原油供应。这就引起了有关我们今天使用多少资源以及留给未来多少资源的问题。

一个普遍的认识是我们现在对资源的使用太快了。另一个观点是技术进步和适应性将避免资源短缺的问题。经济理论是怎样解释这些问题的呢?

为了简化对不可再生资源的分析,我们假设我们有一种已知的、数量有限的、在两期使用的资源。例如,高质量铜的供应量是一个固定的数字。那么,我们该怎样在两期内对资源进行分配呢?

一个简单的不可再生资源分配模型只与两个时期有关。(如果我们考虑所有可能时期,虽然并不是不可解的,我们将看到问题会变得非常复杂。)我们的经济分析将权衡比较铜在现期和未来的经济价值。铜矿的所有者将在未来价格预期的基础上决定是立刻开采还是保留至未来开采。我们可以将这个问

---

① 可再生资源:可以由生态系统持续供应的可再生的资源,例如,森林、渔业会因物种的灭绝而耗竭。
② 不可再生资源:有固定供应量的资源,如矿石和石油。

题表述成标准供给和需求问题的一个延伸。[a]

当期均衡

首先,让我们只考虑当期。图 5.1a 显示了铜的供给和需求曲线。从这个图中,我们可以得到铜的边际净收益[③](marginal net benefit)曲线,显示出每一单位铜消费价值和供给成本之间的不同。(例如,我们一开始开采 1 单位铜的成本是 50 美元,但对于购买者来说,它的价格是 150 美元,则它的边际净收益为 100 美元。)

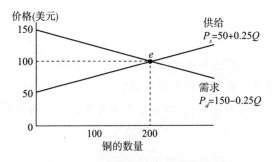

图 5.1a 铜的供给、需求和边际净收益

从图形上看,边际净收益就是供给曲线和需求曲线之间的垂直距离。边际净收益通常在开采第一个单位时最大,到均衡时减为 0。如果我们准备开采超过均衡数量的铜,由于开采铜的边际成本高于其对于购买者的价值,所以边际净收益为负。

边际净收益的概念是将同一时期的供给和需求信息压缩至一条曲线的简易方法。铜的边际净收益通过曲线 MNB 表示,见图 5.1b。

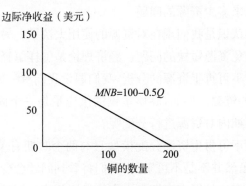

图 5.1b 铜的边际净收益

---

a 这里的分析排除了铜的循环利用;循环经济将在第 11 章和第 17 章讨论。

③ 边际净收益:额外一单位消费或者产出的净收益,等于边际收益减去边际成本。

代数上,如果需求供给公式如下:

$$P_d = 150 - 0.25Q$$

以及

$$P_s = 50 + 0.25Q$$

边际净收益如下:

$$MNB = P_d - P_s = [(150 - 0.25Q) - (50 + 0.25Q)] = 100 - 0.5Q$$

在均衡数量 $Q = 200$ 时,边际净收益为 0,意味着生产消费超过 200 单位的铜不再提供额外净收益。边际净收益曲线下的区域表示总净收益[④](正如需求曲线下的区域显示了总收益以及供给曲线下的区域显示了总成本一样)。

当边际净收益等于 0 时,总净收益最大化。这和第一时期的普通供给需求均衡一致,数量 200,价格 100。我们称之为静态均衡[⑤]——只适用于只考虑当前价格和收益的情况。[b]

现在我们考虑另一个时期的边际净收益。当然我们不能确切知道这个价值,因为没人可以预知未来,但是我们知道两个期间可以开采的铜的固定数量。让我们做一个简单的假设,第二期铜的边际净收益与第一期的完全一致。换句话说,在第二期供给曲线和需求曲线没变。(这个假设对于分析来说不是必须的,但是这会使得我们的第一个例子变得简单。)

我们可以通过图 5.2 比较两个时期。我们用水平轴测量铜的总量——例如,250 单位——接着照常在图 5.2 上放置第一时期的边际净收益曲线,MNB_1。接下来,我们用镜像的方式,从右到左在图 5.2 放置第二时期的边际净收益 MNB_2。我们有两个水平尺度,第一时期的数量 Q_1 从左向右显示,第二时期的数量 Q_2 从右向左显示(见图 5.2)。在水平轴上的任一点,两个时期的总数量相加为 250 单位。

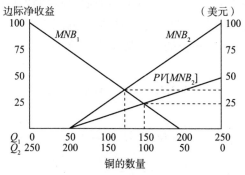

图 5.2　两期的资源分配

---

b　在这个章节中,我们假设铜的生产不存在外部性。外部性对不可再生资源开采的影响将在第 11 章中讨论。

④　总净收益:总收益减总成本。

⑤　静态均衡:只考虑当前成本和收益的市场均衡结果。

进一步完善我们的分析。因为我们想要比较两个时期,我们必须将未来的价值折现。现值[6](present value)的经济概念取决于折现率[7](discount rate)的使用。例如,假设我允诺10年后给你1 000美元。那么这个允诺的现值是多少?

假设我确信,你将来肯定能收到这笔钱,那么这个问题的答案只取决于折现率。假设这里的利率为7.25%。[c]以复合计息的方式计算,500美元放在银行10年后大约值1 000美元。因此我们说10年后1 000美元的现值约为500美元。换句话说,现在的500美元和10年后的1 000美元对你来说同样好。[d]

在我们关于铜的例子中应用这个原理,假设该例中两期相隔10年。(将10年只分为两期的假设虽然是不切实际的,但是从这个简单的数学例子中阐述的道理可以扩展到 n 期模型。)使用现值模型,我们可以将第二期的边际净收益变现到第一期。我们将用到以下公式:

$$PV[MNB_2] = MNB_2/(1+r)^n$$

这里,r 是每年的折现率,n 是两期之间的间隔。

如果 $r=0.072\,5$,$n=10$,那么我们可以估算出:

$$PV[MNB_2] = MNB_2/(1.072\,5)^{10} = MNB_2/2$$

第二期边际净收益的现值在图5.2中表示为未折现的 MNB_2 曲线中一半高的一条曲线。

两期的动态均衡

做出这样特殊的图形的目的现在看来很明显。考虑 MNB_1 曲线和 $PV[MNB_2]$ 曲线的交点。这个点上两期铜的边际净收益现值是相同的。这是资源最优跨期分配,因为在这个点上不能通过将消费从一期转移到另一期来增加净收益。正如在这张图上看到的,最优分配方案是第一期分配150单位的铜,第二期分配100单位的铜。从代数上看,这个方法可以通过联立两个等式实现:

$$MNB_1 = PV[MNB_2]$$

和

$$Q_1 + Q_2 = 250$$

---

c   我们假设这个是真实利率,校正了预期通货膨胀。
d   你可能反对说你更愿意今天花500美元。但是如果这是你的选择,你可以以当期7.25%的利息借500美元实现你的选择。10年后你要偿还的债务是1 000美元,你可以通过10年后我给你的1 000美元偿还。
[6]   现值(现值):未来成本或收益流的当前值;折现率是将未来成本或收益贴现为当前值。
[7]   折现率:将未来预期收益和成本折算成现值的比率。

第二个等式是供给约束[8](supply constraint),这告诉我们两期的供给数量之和必须等于 250。

我们先解第一个等式:

$$MNB_1 = 100 - 0.5Q_1 = PV[MNB_2] = (100 - 0.5Q_2)/2$$

$$100 - 0.5Q_1 = 50 - 0.25Q_2$$

因为 $Q_1 + Q_2 = 250$,$Q_2 = 250 - Q_1$。将其代入上式,得:

$$100 - 0.5Q_1 = 50 - 0.25(250 - Q_1)$$

$$0.75Q_1 = 112.5$$

$Q_1 = 150$,并且因为 $Q_1 + Q_2$ 必须等于 250:

$$Q_2 = 100$$

我们可以用之前介绍的福利分析的方法检验这个方法是否是经济最优的。通过选择 $Q_1 = 150$ 以及 $Q_2 = 100$ 的均衡点,我们获得最大化总净收益,如图 5.3a 中的 A+B。

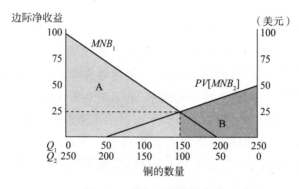

图 5.3a 最优跨期资源分配

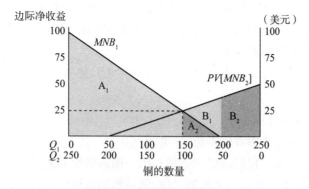

图 5.3b 次优跨期资源分配

---

⑧ 供给约束:供给的上限,如一种不可再生资源。

将这个结果与其他分配方式比较，比如 $Q_1=200$ 以及 $Q_2=50$。正如图 5.3b所示，新的分配方案的社会总福利比较低。通过将 50 单位的铜从第二期移到第一期，我们得到第一期的福利增加 A_2，但是第二期损失的福利为 A_2+B_2，净损失为 B_2。现在总福利是 $A_1+A_2+B_1$，比图 5.3a 中的 $A+B$ 要小。同样地，对于其他分配方案，我们都将证明不会优于 $Q_1=150$ 和 $Q_2=100$ 的最优水平。

使用者成本和资源消耗

让我们将数学分析和图形分析中学到的东西扩展到更常见的项目中。我们知道，可以通过使用更多的铜来提高今日的利润（在这个例子中，如果不考虑未来需求，我们现在最多可以使用 200 单位的铜）。如果我们今天选择只使用 50 单位的铜，那么我们可以给下一期留下 200 单位的铜——最大化下一期的利润。但是如果今天使用超过 50 单位的铜，我们就在减少未来对铜的使用。

另一种说法是今天我们对铜的使用提高了未来铜的消费成本。在上图中，这些使用者成本[9]（user costs）以稳步上升的曲线 $PV[MNB_2]$ 表示。今天我们使用得越多，未来这些成本越高。使用者成本正是一种不同的第三方成本或者外部性——时间上的外部性[10]（externality in time）。

只要现在使用铜所获得的收益高于时间给未来的使用成本，那么今日铜的使用就是合理的。但是当使用者成本高于今天消费铜所获得的边际收入——在我们的例子中，即超过 150 单位的任意现期消费水平——那么我们就因现期的过度消费而减少总福利。

回顾我们的代数和图表分析，我们定义了第一期最优消费水平上的使用者成本的价值。MNB_1 曲线和 $PV[MNB_2]$ 曲线的交点的垂直距离就是均衡时的使用者成本。我们可以轻易地通过计算 MNB_1 或者 $PV[MNB_2]$ 在均衡点的值计算出使用者成本。

$$使用者成本 = MNB_1 = 100 - 0.5(150) = 25$$

或者

$$使用者成本 = PV[MNB_2] = 50 - 0.25(100) = 25$$

所以均衡时的使用者成本是 25 美元。

这意味着什么？我们回忆一下最初第一期的供给和需求（在图 5.4a 中重新画出）。如果我一点都不考虑第二期，第一期的市场均衡将是在 100 美元的价格下消费 200 单位铜。现在我们在普通生产成本上加上使用者成本——正

---

⑨　使用者成本：与未来可使用资源减少相关的机会成本。
⑩　时间上的外部性：影响将来或者后代的外部性。

如我们在前面章节中在不同生产成本上加上一个环境外部成本一样。结果由图 5.4a 中的社会成本[⑪](social cost)曲线 S' 表示。

新的均衡出现在 150 单位铜的消费水平上,价格是 112.5 美元。在新均衡上使用者成本是 25 美元——旧的供给曲线 S 和新的社会成本曲线 S' 之间的垂直距离。

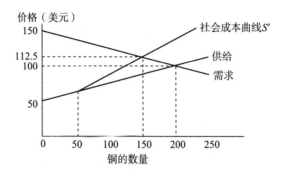

图 5.4a　附有使用者成本的铜市场(第一期)

我们可以通过原始的供给和需求公式计算这个新的第一期与第二期的价格,在第一期供给曲线上加 25 美元的使用者成本即可。[e] 第一期:

$$P_d = 150 - 0.25Q_1 \ , \ P_s = 75 + 0.25Q_1$$

联立这些等式,我们得到第一期的均衡:

$$Q_1 = 150 \ , \ P_1 = 112.5$$

若第一期消费 150 单位的铜,那么第二期消费 100 单位的铜,第二期的价格是 125 美元(假设需求条件未变),见图 5.4b。使用需求等式,均衡价格即可算出:

$$P_2 = 150 - 0.25(100) = 150 - 25 = 125$$

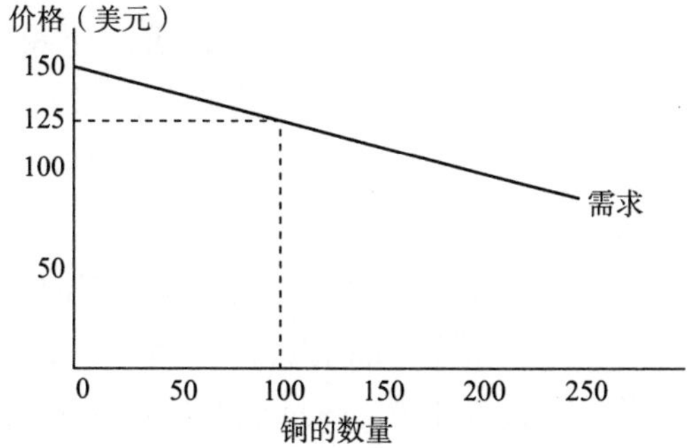

价格(美元)

图 5.4b　铜市场(第二期)

---

e　这个等式不要求呈现精确的需求曲线,但是它可以给出正确的均衡价格和数量,因为我们知道在该水平上的使用者成本是 25 美元。

⑪　社会成本:与产品和服务相关的市场和非市场成本。

如果将使用者成本内生化,新的市场均衡被称作动态均衡[12](dynamic equilibrium),反映了即期和未来的需求。高价格给生产者和资源的消费者传递了一个信号,使得他们现期的使用下降,从而给未来保留更多。但是使用者成本是怎样在市场上反映出来的?

一种可能是施加在产品和销售上的资源消耗税[13](resource depletion tax)。与污染税一样,这个税将使得有效的供应计划提高到真实的社会成本 S'。另一个政策方法是政府对资源开发进行直接控制,预留资源矿床或者保持库存。

然而在某些例子中,市场并不需要政府干预将使用者成本内生化,特别是对于资源耗竭将至的时期。在这个例子中,资源的私人拥有者将会预测第二期的情况,并采取相应的行动。

如果资源短缺是可以预见的,逐利的资源拥有者将保持现有的存量不卖或者让铜矿留在地下,等待短缺时期更高的价格。供给限制将起到与征收资源消耗税相同的效果(使得供给曲线向左向上移动)。因此,在这个例子中,征收消费税不是必须的——市场会自动针对铜矿资源的未来限制进行调整。

5.2　霍特林规则和时间贴现

如果不再呈现两个时期,而是考虑未来无限期的真实的世界,又会怎么样?我们需要为50年内预留多少铜矿?100年呢?扩展我们的两期模型,得到一个更一般的理论为这些问题提供视角。这些问题测试了经济理论的极限,并且处理了社会价值和经济理论中更具体的市场价值之间的相互关系。

我们以简单的两期模型为例解释了折现率是一个重要的变量。在不同折现率下,两个期间的铜资源的分配变化非常显著。让我们从一个极端开始——折现率为0。在我们的例子中,铜的均衡分配量将是每期125单位。在折旧率为0的情况下,未来净收益与它们如果是现期净收益的价值相同。因此,铜的总产量在两期平分。

在任何折现率大于0的情况下,我们比较偏爱现期的消费。在一个高折现率下——比如50%——第一期分配的铜为198单位,接近静态均衡例子中的消费量,并且使用者成本接近于0。高折现率使得现期消费的收益权重远大于未来消费的收益(见图5.5和表5.1)。

---

[12]　动态均衡:既考虑当期成本和收益也考虑未来成本和收益的市场均衡。
[13]　资源消耗税:开采或销售自然资源需要支付的税收。

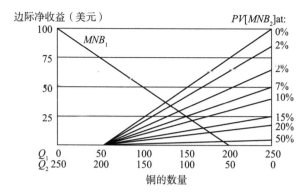

图 5.5　不同折现率下的跨期资源分配

表 5.1	不同折现率下的跨期资源分配		
折现率（%）	$(1+r)10$	Q_1	Q_2
0	1	125	125
2	1.2	132	118
5	1.6	143	107
7.5	2	150	100
10	2.6	158	92
15	4	170	80
20	6.2	179	71
50	57.7	198	52

　　我们可以将这个逻辑从一期扩展到很多期，甚至到无限期。相关的原理称为霍特林规则[14]（Hotelling's rule）。这个理论陈述了均衡时资源的净价格（价格减去生产成本）必须以与利率提高相同的速率提高。

　　从铜矿所有者的角度考虑这个例子。所有者提取每单位的利润等于净价格。在决定是否开采与卖出铜时，所有者将会权衡今天可以获得的净价格和未来可能更高的净价格。如果当期的净价格加上利息超过未来可能的净价格，所有者今天开采资源将获利更多。如果未来预期净价格高于当期的净价格加上利息，那么等到未来再开采这些资源更有利可图。

　　如果所有资源拥有者遵循这个逻辑，今天提供铜的数量将一直增长到今天铜的价格下降足够低，鼓励资源所有者保存资源，期待未来更好的价格。在这点上，霍特林规则提出：未来预期价格的增长将准确地沿着一条指数曲线 $P_1(1+r)^n$，这里的 P_1 是当日的价格，r 是折现率，n 是从现在开始的年数（见图 5.6）。

────────────────

　　[14]　霍特林规则：均衡时资源的净价格（价格减去生产成本）必须以与利率提高相同的速率提高的理论。

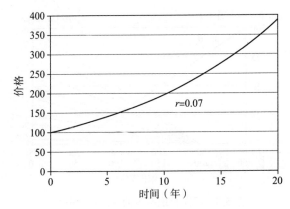

图 5.6　均衡资源价格的霍特林规则

　　如果这听起来让人困惑,简来来考虑,根据常识:高折现率产生了一个快速使用资源的动机(由于资源的现期价值相对于未来价值较高);低折现率产生了保存资源的动机。更一般地,我们可以说经济理论暗示了最优损耗率[15](optimal depletion rate)的存在。在市场条件下,一种不可再生资源可以以一个"最优"速率使用,在更高的折现率上这个速率将会更快。

　　有意思的是,根据这个理论,最优的资源消耗方式——折现率越高,消耗完的时间越短。和最优污染理论一样,这也让许多人产生误解。难道要抛弃留点东西给下一代的伦理吗?

　　一种回答是我们没有伦理要求把资源原封不动地留给下一代。相反地,我们可以留给他们包括因使用这些资源积累而来的资本的经济系统。如果我们今天使用这些资源并且用于毫无意义的浪费上,这的确对后代不公平。但是如果我们明智地投资这些资源,今天对资源的使用将使我们和我们的后代同时受益。用经济术语表达这个道理就是哈特维克规则[16](Hartwick rule)。哈特维克规则说明我们应该投资资源租金[17](resource rents)(来源于稀缺资源所有权的收入)——资源销售收益,开采的净成本——而不是消费它们。因此,我们可以用等价的生产资本来代替减少的自然资源。

　　对于折现,一个更广泛的批评建立在以下事实上——基于标准商业基础上的折现率给下一代的权重比较低。这使得一些人怀疑我们是否能够客观地在折现率的基础上进行现值分析。这个问题对我们在第 6 章中估值和成本/利益分析以及第 7 章长期可持续性分析中很重要。

---

⑮　最优损耗率:最大化资源现期净价值的自然资源损耗率。
⑯　哈特维克规则:资源使用的原则是与消费相比较,应该投资于资源租金——资源的规模收益,净开采成本。
⑰　资源租金:从稀缺资源的所有权中获取的收入。

另一个影响耗竭性资源理论的问题在于资源开采的外部性。在本章中，我们简单地假设在铜的生产过程中不存在外部性，所以铜的供给曲线和需求曲线准确地反映了它的社会成本和收益。在现实世界中，对铜的开采有严重的环境效应。当高质量的铜矿用完后，从低质量铜矿中提炼铜的环境成本将会上升。将这些成本内部化将影响市场价格和跨期的铜矿开采。除此之外，循环铜的市场在发展，为市场供应提供了一个新的来源，但是在我们的基础分析中未加以考虑。我们将在第 11 章充分考虑这些问题。

总　结

不可再生资源可以现在使用或者保留至未来使用。经济理论对不可再生资源跨期分配进行了一些指导。事实上，现期使用资源的净收益必须与它未来使用的净收益相权衡。未来比较不同时期的价值，我们用折现率来衡量未来消费的现值。

使用者成本的概念捕捉到了这个想法，今日资源的使用给未来资源的消费施加了一些成本。使用者成本是一种时间上的外部性，与其他外部性一样，需要在市场价格上得到反映从而将所有社会成本内生化。将使用者成本纳入市场价格将会减少今天的消费，留下更多给未来使用。

如果资源使用者预见到未来的资源短缺，现期的价格将会反映使用者成本。价格上涨的预期将会为今日持有资源创造动机，以期在未来以更高的价格卖出。根据霍特林规则，在均衡时，资源的净价格将会以利率上涨的速率上涨。利率高，所有者更可能从今日对资源的开采以及出售中获利，而不是期待未来更高的价格。

特别地，在考虑长期时，折现减少了使用者成本的重要性，使得人们几乎没有保存非再生资源的动机。如果政府想要确保资源的长期供应，他们可以通过资源消耗税将使用成本内生化，这和用污染税将当期的外部性内生化一样。

还有一种可能的选择是开采不可再生资源直到耗尽，不留剩余给未来使用。这里，主要的问题是使用当期折现率确定长期资源的分配是否合适或者是否存在社会责任来为未来保存资源？

问题讨论

1.有争议说致力于不可再生资源保存的任何政府政策对于自由市场来说

都是不必要的干预。根据这个观点,如果一种资源开始稀缺,最可能意识到这点的是参与资源交易的私有投资者和商人。如果他们的获利稀薄,他们将为了未来利润持有这些资源,从而提高价格,提高未来储量。任何政府官僚主义的行动可能都没有这些利益驱动的私人公司有效。评价这个观点。你认为存在需要政府干预的例子吗? 如果有,他们应该选择什么政策工具?

2.怎么将跨期的资源分配原理应用于诸如大气、海洋的环境资源? 你认为关于最优消耗的结论是否同样成立?

练习题

我们可以通过对跨期分配模型进行修改来处理跨代资源收集问题。假设一代为 35 年,我们只关注两代。当代对石油的供给需求函数如下:

$$需求:Q_d = 200 - 5P \text{ 或 } P = 40 - 0.2Q_d$$
$$供给:Q_s = 5P \text{ 或 } P = 0.2Q_s$$

(a)不考虑未来,画出当代均衡价格和消费数量的供给需求图。然后画出当期消费的边际净收益曲线。用代数形式表达净收益。

(b)假设下一次的净收益函数和当期相同。但是这里有一个每年 4% 的折现率,经过 35 年 $(1.04)^{35}$,大约等于 4。石油总供给的上限为 100 单位。计算两代间有效的资源分配方式,用图的形式表现出来。

(c)这个有效分配的边际使用者成本是多少? 如果你将这个使用者成本纳入最初的供给需求曲线,新的均衡将是什么? 稀缺地租是多少? 如果第二代的需求曲线与第一期相同,那么那个时期的价格和消费数量是多少?

(d)这个答案与我们使用 0 折现率有什么不同? 你可以从这个例子中总结出关于长期资源分配普遍问题的什么道理?

注释

1.See Hartwick, 1977; Solow, 1986.
2.See, for example, Howarth and Norgaard, 1995.

参考文献

Hartwick, J.M. 1977. "Intergenerational Equity and the Investing of Rents from Exhaustible Resources." *American Economic Review*, 66(1977): 972—974.

Hotelling, Harold. 1931. "The Economics of Exhaustible Resources." *Journal of Political Economy*, 39(2): 137—175.

Howarth, Richard B., and Richard B. Norgaard. 1995. "Intergenerational Choices under Global Environmental Change." In *Handbook of Environmental Economics*, ed. Daniel W. Bromley. Cambridge, MA; Oxford: Basil Blackwell.

Solow, R.M. 1986. "On the Intertemporal Allocation of Natural Resources." *Scandinavian Journal of Economics*, 88(1986): 141—149.

相关网站

1. **http://ideas.repec.org/a/aen/journl/1998v19-04-a06.html # abstract/.** A paper that examines the application of Hotelling's rule to exhaustible resource pricing and depletion.

2. **https://www.nber.org/jel/Q3.html.** National Bureau of Economic Research working papers that deal with nonrenewable resources and conservation.

3. **http://dieoff.org/page87.htm.** Robert Costanza, "Three General Policies to Achieve Sustainability," including discussion of a resource depletion tax.

第6章　评估环境价值

焦点问题

- 如何以货币的形式表达环境和自然资源的价值？
- 成本—收益分析的优点与限制是什么？
- 如何给人的生命与健康估值？
- 如何对下一代的利益估值？

6.1　经济总价值

几乎所有人都同意环境对人类有极大的价值，从为经济提供基础材料投入的自然资源到为人们提供干净的空气和水、耕地、防洪以及审美享受的生态服务。有些价值以市场交换的形式表现出来。根据市场数据，经济学家可以估算消费者和生产者从市场商品服务中获得的收益。

但是，我们从自然中获取的许多收益不一定需要通过市场交换产生。海滨湿地可以减少极端天气下风暴潮的影响，旅行者通过参观国家公园获得一种享受以及新生的感觉，还可以因为保护濒危动植物和保存荒地付出努力而心生喜悦。除了这些普遍的看法，经济学家在分析各种政策实施的时候意识到了这些价值。认为经济学家一定会建议砍树所获得的经济收益要比为保护野生动物栖息地以及娱乐而保持森林完整的收益高，这样的想法是错误的。

然而，经济学家关于"价值"的概念通常不是建立在伦理和哲学的基础上。在标准经济理论中，自然价值只是在于人们赋予其价值。所以根据这个观点，物种没有天生的生存权。相反，它们的价值来自于它们的存在给人类带来的价值。类似地，没人天生有获得洁净空气的权利。相反，洁净空气的收益需要与市场中伴随污染的产品的价值相权衡。

一些理论家——主要是非经济学家——向这个观点挑战，反过来建议基于权利的价值概念。非人类物种的权利超越经济学家所接受的以人类为中心或者人类中心主义观点[1](anthropocentric viewpoint)。相对地,一个生命中心论[2](biocentric viewpoint)说明价值最基础的来源是生态系统功能,并且不应该受构成经济分析基础的人类价值观念的限制。这似乎不可能将天生权利理论和生命中心观点与金钱价值调和,但是却可以超越市场价值将环境和社会因素考虑进去,这需要经济学家付出更多的努力。

我们该怎样均衡商品和服务的市场价值与生态服务和环境舒适的非市场价值[3](nonmarket benefits)之间的关系呢? 许多经济学家认为若要做出一个有效的比较,我们需要用一个共同的尺度量化这些价值。你可能猜到,经济学家通常会使用的标准尺度是一些货币单位,如美元。因此,非市场估值的中心挑战就是如何将各种成本和收益用美元的形式表示。

首先,让我们考虑从自然资源和环境中得到的收益。回顾第 3 章,市场上的商品和服务提供给消费者的收益被定义为消费者最大意愿支付价格和实际支付价值之差,也就是消费者剩余。同样的概念也适用于非市场上的商品和服务。人们从一个具体资源中获取的经济价值被定义为他们的最大意愿支付[4](willingness to pay,WTP)。对于非市场商品不存在直接的为所获收益支付的“价格”。例如,洁净的空气是大多数人愿意付钱的东西。但是他们不一定通过市场表达对洁净空气的估值,他们可以通过其他的一些方式表达他们的支持,如投票或者捐赠。

如果某一政策会危害一定的环境资源或者降低环境质量呢? 我们也可以问有多少人愿意接受这些变化的补偿。这是环境估值的愿意接受[5](willingness to accept,WTA)方法。无论是 WTP 还是 WTA,都是理论上可行的经济价值测量方法。它们可以应用于任何潜在的政策情况。我们很快将考察各种经济技术用于估计 WTP 或者 WTA,但是首先我们来看不同种类的经济价值。

经济学家已经开发了一种分类表来描述环境的不同价值。这些价值首先被分为使用价值[6](use values)(人们通过对商品的使用获得的价值)和非使用价值[7a](nonuse values)(人们不需要真正使用一项资源就可获得的价值,非使用价值包括存在价值和遗产价值)。使用价值是有形的可观察到的价值。

---

　　a　非使用价值又称被动使用价值。
　　[1]　人类中心主义观点:以人类为中心的管理自然资源的方法。
　　[2]　生命中心论:意识到自然界固有的价值以及寻求保持生态系统功能的管理自然资源的观点。
　　[3]　非市场价值:不通过市场销售产品和服务获得的收益。
　　[4]　最大意愿支付(WTP):人们为了增加效用,愿意为商品和服务支付的最多的钱。
　　[5]　愿意接受(WTA):对于那些会降低效用的行为,人们愿意接受的最小的货币补偿。
　　[6]　使用价值:人们对产品和服务使用赋予的价值。
　　[7]　非使用价值:不通过实际使用一种资源而获得的价值;非使用价值包括存在价值与遗产价值。

它们还可以进一步分类为直接使用价值和间接使用价值。直接使用价值[8](direct-use value)是我们做出一个深思熟虑的决定去使用一项资源获得的价值。这些价值来自我们开采或者收获一项资源所获得的利益,如钻油的利润。它们也可能来自我们与环境接触而来的幸福感,如钓鱼和郊游。

间接使用价值[9](indirect-use values)是指不用我们做任何努力就可以从自然界获得的有形收益,也指生态系统服务[10](ecosystem services),它们包括防洪、防止水土流失、吸收污染以及蜜蜂授粉。虽然这些收益不如直接使用收益那么明显,但是它们依旧是真正的经济收益,并且可以包括在经济分析中。

非使用价值来自从环境中无形获取的幸福感收益。这些收益本质上属于精神层面,不过只要人们愿意为它们付钱,它们就是"经济的"。经济学家定义了三种非使用价值。第一种是期权价值[11](option value),或者说是人们愿意保存资源以期在未来使用的价值。例如,某人愿意付出成本以确保对北极国家野生动物保护区的保护,因为这样他或她在未来可以参观它。另一个期权价值的表达可能是保护亚马逊雨林的价值,因为可能某天会在其中发现治疗某种疾病的物种。

第二种非使用价值是遗产价值[12](bequest value),或者说对于一项资源,人们希望下一代也可以使用它的价值。例如,人们希望北极国家野生动物保护区得以保存,从而使他或她的孩子未来也可以参观。因此,期权价值来自于个体未来可以获得的收益,而遗产价值则建立在某人对下一代的关注上。

最后一类是存在价值[13](existence value),人们因某项自然资源的存在而获得的收益,前提是他或者她永远不会实际使用到它并参观它,也没有任何遗产价值。同样,只要有人愿意为这项资源的存在付费,它就是有效的经济收益。例如,当人们知道一个原始状态的海岸的环境因石油泄漏而遭到破坏时,他们感觉到福利的下降。从经济角度看,这些福利损失比因泄漏对商业捕鱼的影响更大——即使其中涉及的个体从未参观过这片受污染的地区。

图 6.1 以一片森林为例总结了不同种类的经济价值。注意,直接使用价值既包括提取用途,如对木材以及非木质产品的收获,也包括非提取用途,如爬山或者赏鸟。森林的间接用途包括防止水土流失、防洪以及吸收二氧化碳以限制气候的变化。期权成本包括未来娱乐作用以及森林可能为治疗一些疾

---

[8]　直接使用价值:人们直接通过使用自然资源获得的价值,如参观一个国家公园。
[9]　间接使用价值:不能在市场上定价的生态系统效益,如防洪和吸收污染的作用。
[10]　生态系统服务:自然界提供的免费的有益服务,如防洪、净化水和土壤形成。
[11]　期权价值:保存留给未来使用的价值。
[12]　遗产价值:一种资源对未来一代可获得的价值。
[13]　存在价值:人们对那些永远不会实际使用的自然资源赋予的价值。例如,某人从知道一片雨林被保护中获得的价值,即使他或她永远不会去参观。

病的药物提供材料的可能性。

特别值得注意的是,上述我们提到的经济价值都是可以相加的。因此,一项资源的总经济价值[14](total economic value)就是这些不同的使用价值和非使用价值的简单加总。一些价值可能与某一项具体的资源不相关。例如,一个当地的小公园可能没有可度量的存在价值,但是一个大型国家公园的总经济价值可能包含图 6.1 中呈现的各种价值。

我们已经见过一个例子,在这个例子中需要与总经济价值相关的信息——第 3 章中的外部性内生化。为了得到具有外部性的一项资源的"正确"价格,我们需要将这些外部性以货币的形式估计出来。对外部性的估值适用于这样的情况,某一商品和服务一开始具有市场价值,我们只需要加上或者减去外部成本或收益的价值。外部性既会改变使用价值也会改变非使用价值。例如,石油泄漏的负外部性包括生态退化损失的生态服务功能以及存在价值的潜在损失。

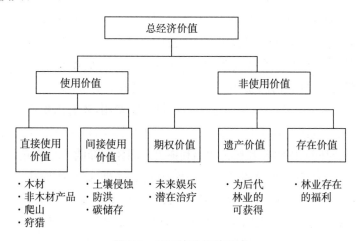

图 6.1　总经济价值的组成

环境评估的另一个应用是对现有的或拟定的政策进行分析,这种政策分析经常涉及对非市场价值的评估。例如,建立一座新的国家公园的建议或者限制使用一种特殊化学物质的规定。在这些例子中,我们可以使用评估技术对拟定的政策开展成本—收益分析[15](cost-benefit analysis,CBA)。在更具体地说明成本—收益分析方法之前,我们需要更具体地研究经济学家测量经济价值的技术。

---

[14]　总经济价值:使用价值和非使用价值的加总。
[15]　成本—收益分析:一种政策分析的工具,尝试将一个行动的成本和收益货币化以决定其净收益。

6.2　估值技术概述

我们可以将环境估值技术分为以下五类：[b]

- 市场估值
- 疾病成本法
- 替代成本法
- 显示偏好法
- 陈述偏好法

我们已经在第 3 章中讨论了怎样利用市场直接确定经济价值。许多环境商品，如森林、鱼群、煤矿以及地下水，都可以在现存的市场中买卖。通过估计消费者和生产者剩余，经济学家可以将这些资源按照市场商品算出社会收益——一种直接资源使用价值，在生产者剩余的例子中，收益是生产者的直接经济所得。在消费者剩余的例子中，收益以福利提高的形式呈现。

环境效应经常包括对人类健康的伤害。疾病成本法[16]（cost of illness method）将与环境因素有关的疾病的直接和间接成本货币化。直接成本包括医药费，如个人或者保险公司为门诊和药物付出的费用，还有因疾病产生的误工费。间接成本包括人力资本[17]（human capital）的减少（如儿童因为疾病错过了大量应上学的时间）、因疼痛和伤害的福利损失和因休假降低了的经济生产。

如果社会在为这些因环境产生的疾病成本付费，那么疾病成本法提供了为避免这些疾病而愿意付出的下界。真实的 WTP 可能会更大，因为以市场为基础的成本没有将个人因疾病产生的损失全部包括进去，但是估计出这个下界也能提供政策指导。例如，在 2007 年美国因哮喘付出的成本为 560 亿美元，以直接医药费用和因误学误工造成的生产损失为基础。每一个代表工人承担的成本高达 3 500 美元。这些估计是确定用于减少哮喘的努力是否经济有效的出发点。

替代成本法[18]（replacement cost methods）可以用于估计生态系统服务的间接使用价值。这些方法考虑用人为行动替代失去的生态系统服务的成本。例如，一个社区可以通过建造水处理厂来弥补失去的森林栖息地净化水的能

---

　　b　不同环境经济学家有不同的估值技术分类。特别是市场估值经常与显示偏好归为一类，在一些例子中又与替代成本法归为一类。我们将它们分类来强调这些技术间的不同。
　　⑯　疾病成本法：通过估计治疗那些由环境污染引起的疾病的成本来估计污染的负面影响的方法。
　　⑰　人力资本：劳动力拥有的知识、技能和能力，反映了在教育和培训上的投资。
　　⑱　替代成本法：通过估计用人为行动替代失去的生态系统服务的成本来评价环境影响的方法，比如通过施肥恢复土壤肥力。

量。自然界的蜜蜂授粉在某些程度上可以由人工或者机器取代。如果我们估计这些替代行为的成本,这些成本可近似地被认作全社会对这些生态系统服务的 WTP 值。

然而,很重要的一点是这种潜在的替代成本不是对 WTA 或者 WTP 的测量。假设社区可以通过支出 5 000 万美元建立水处理厂去弥补林地的预期损失。这个估计结果没有告诉我们当森林损失发生时,社区是否愿意支出 5 000 万美元。真实的 WTP 可能大于 5 000 万美元,也可能小于 5 000 万美元,本质上并不与水处理厂的成本有关。因此,在感觉上,替代成本需要谨慎使用。然而,如果我们知道这个社区愿意支付 5 000 万美元建立水处理厂,我们可以认为 5 000 万美元是森林净化水价值的下界。

近些年,一种被广泛运用的替代成本法是生境等价分析法[19](habitat equivalency analysis,HEA)。生境等价分析法通常被应用于估计危险化学品意外释放造成的经济损失,如石油泄漏。石油泄漏降低了自然生态系统的生态功效。在现存的美国法律下,责任方必须提供补偿基金用于生态恢复。因此 HEA 的目的是确定合适的生态恢复量来弥补因泄漏造成的生态损失(见专栏 6.1 中 2010 年深水地平线石油泄漏的例子)。

剩下的两种估值方法——显示偏好法和陈述偏好法——是在环境估值上被研究最多的技术。显示偏好法[20](revealed preference methods)以市场决策为基础,间接推断环境产品和服务对人们的价值。例如,干净的饮用水之于人们的价值可以通过他们在瓶装水上的花费推断出。

专栏 6.1　　　　估计 2010 年海湾石油泄漏的生态损失

2010 年 4 月英国石油公司(BP)位于墨西哥湾深水地平线石油钻井平台发生爆炸,产生了严重的海上溢油,估计约释放了 490 万桶石油。与之相比较,1989 年埃克森公司瓦尔迪兹号在阿拉斯加泄漏的量在 30 万～80 万桶之间。这次泄漏污染了大约 600 英里的海岸线,杀死了至少 7 000 只动物,大部分是海鸟。

深水地平线的泄漏对商业捕鱼以及旅游业造成了经济损失,并且 BP 公司花费了超过 140 亿美元用于清理和抑制,80 亿美元用于赔偿在这次石油泄漏中蒙受损失的个人和公司。除此之外,关于个人和公司的另外 78 亿美元的初步协议也已经提出,并且在 2013 年 1 月 BP 公司同意承认犯有杀人罪以及其他罪名,并且支付 40 亿美元的刑事处罚。但是因这次泄露造成的生态损失有多少呢?

---

[19]　生境等价分析法:一种用来赔偿自然资源损伤的方法,其赔偿额等于栖息地恢复的金额。
[20]　显示偏好法:基于市场行为的经济估值方法,包括旅行成本模型、享乐定价模型和防御性支出法。

　　在 1990 年的石油污染法下，那些被认定需为石油泄漏负责的责任方必须通过提供相等数量的生态恢复来弥补他们对社会造成的生态损害。具体地说，补偿量必须等于从泄露开始到恢复到基线这段时间积累的因失去生态服务而造成的损失。正常的对栖息地损失的衡量单位是英亩年。例如，损失 10 英亩的湿地长达 5 年的时间将造成 50 英亩年的生态服务损失。通过生境等价分析法，在原则上，这个损害可以通过提供 50 英亩年的湿地恢复进行补偿。

　　在理想情况下，应该选择与受泄漏影响相类似的并且距离较近的栖息地进行恢复。在生境等价分析法中需要考虑各种因素，包括相对于自然栖息地，恢复生态系统的生产力；恢复工程失败的可能性；恢复栖息地的寿命。对这些因素做出调整，受影响的国家或者联邦政府选择一个或者多个恢复工程去弥补因泄漏造成的生态损失。责任方接下来需要为这些工程投入资金。

　　对深水地平线泄漏损害的初步分析显示，损失的生态服务，包括沿海生态系统衰退以及生物死亡占这次泄漏总损害的 58%～70%。商业捕鱼损失估计占总损害的 5%～22%。依据净水法案，对生态损害的罚款在 54 亿美元到 210 亿美元之间，但是对生态功能的损失估计可能更高。BP 已经为泄漏成本预留了 372 亿美元，但是这可能不足以补偿所有的生态破坏。

　　资料来源：J. Schwartz, "Papers Detail BP Settlement in Gulf Oil Spill," *New York Times*, April 18 2012; M. Kunzelman, "Judge OKs *$4B BP Oil Spill Criminal Settlement*," Associated Press, January 29, 2013; Roach et al., 2010.

　　在陈述偏好法[21]（stated preference methods）中，我们使用调查问卷询问人们关于环境质量或者自然资源水平的虚拟情景的偏好。陈述偏好法的主要优势是我们可以调查人们关于图 6.1 中各种价值的偏好。因此，对总体经济价值的估计从理论上可以得到。使用显示偏好法，我们只能对一种价值进行估计。显示偏好法的主要缺点是估计的可信度存在疑问。我们接下来将考虑这些问题，但是首先我们总结一下不同种类的显示偏好方法。

　　㉑　陈述偏好法：基于为应对假设情景而设置的调研的经济估价方法，包括条件价值评估和条件排列。

6.3 显示偏好法

市场决策建立在诸多考虑的基础之上，包括环境质量。因此，即使是一个环境商品或服务不在市场上直接交易，它也可能是市场决策的相关因素。经济学家已经想出各种技术方法从现有的市场中提取有意义的定价信息。现在我们来看三种最常见的显示偏好方法。

旅行成本法

旅行成本法[22]（travel cost method，TCM）可以用作估计自然游憩地的使用价值，如国家公园、海滩、荒地。游憩地的访问者通常都会付出各种旅行成本，如汽油费和其他车辆费（如果他们开车的话），以及其他交通成本，如机票和公共交通、门票、住宿费、食物等。假设访问者都是理性的，我们可以说他们实际的旅行支出体现了他们参观这个地区的最大支付意愿的下界。例如，一个人为为期一周的参观国家公园的露营旅行付出 300 美元，那么他的最大支付意愿至少为 300 美元。

虽然可能很有用，但是关于实际消费的数据不能完全代表消费者剩余——净经济收益的正确衡量。为了估计消费者剩余，我们需要预计需求的数量是怎么随着价格变化的。注意，旅行的成本与旅行者和公园之间的距离相关。那些住得较近的人面临较低的旅行成本，然而那些住得较远的人就必须付出较高的旅行成本。这就有效地给我们提供了价格上的变化。我们可以使用这个变化估计出一条完整的曲线，从而估计出消费者剩余。

大量旅行成本法估计出了自然场所的娱乐效益。例如，对于澳大利亚墨累河的旅行者的一项研究发现，平均消费者剩余是每天 155 美元。另一项研究发现，得克萨斯加尔维斯顿岛游乐海滩全年的累计消费者剩余是 128 000 美元。通过使用 TCM，我们已经探索出鱼群捕获率对威斯康星州的钓鱼者们消费者剩余的影响，以及干旱对加利福尼亚水库参观者的效益的影响。

假设 TCMs 建立在关于娱乐选择的实际市场决策基础上，那么可以认为这些估计是有效的。TCMs 的主要限制可能是它们只能估计娱乐使用价值。TCM 不能提供一个自然区域总的经济价值，因为它不能估计直接使用价值或者非使用价值。

与任何数据模型一样，TCM 的结果因为模型的构造和假设会有很大的

---

[22] 旅行成本法：使用统计分析来决定人们愿意为参观某一自然资源而支付的金额。例如，一个国家公园或者河流，通过分析参观选择和旅行成本之间的关系来获得该资源的需求曲线。

不同。例如,研究者怎么估计旅行时间的价值会影响消费者剩余的结果。在25个不同的TCM的荟萃分析[23](meta-analysis)中,对于欧洲森林娱乐收益的估计是每次旅行的消费者剩余在1美元至100美元之间。[c] 这表示一项研究中得到的结果很少能直接应用在不同的情况中——我们将在本章后面谈论这个问题。

享乐定价法

第二个显示偏好的方法建立在环境质量可以影响某一商品和服务的市场价格的基础上。享乐定价法[24](hedonic pricing)尝试将市场商品价格与它潜在的特征相联系。享乐定价法最普遍的应用是住宅价格。

房价是由财产和社区的特征决定的,如房间的数量、面积、学校的质量以及是否靠近交通线。房价也会受环境的质量或者自然资源的可获得性的影响。使用数据的方法,研究者尝试分离出房价和环境变量之间的关系。这个结果表明了购买者愿意支付多少钱来提高环境的质量。

享乐定价法模型通常建立在对大量房屋销售分析的基础上。关于销售价格以及其他产权特征的公共数据都是可以得到的。研究者还补充了感兴趣的环境变量。这样,这个模型确定了环境变量和售价之间是否是显著的关系。

享乐模型的结果是不一致的。在一些享乐模型的研究中,当地空气质量对房价的影响不显著。但是其他的一些模型表明,空气质量越好,则房价越高。以美国242个城市为样本的一项研究发现,空气中颗粒浓度降低$1ug/m^3$的边际支付意愿为148美元到185美元之间。

另一些研究发现,房屋离垃圾处理厂或者诸如飞机场、高速公路之类的噪声源越近,房价越低。2010年的一项荟萃分析发现,大型垃圾填埋场(每天500吨或者更多)使房价平均降低14%,而小型垃圾填埋场使房价只降低3%。

防御性支出法

在一些例子中,个人可以通过购买某些特定的商品或者采取其他行动来减少或者消除他们在环境危害中的暴露。例如,关心饮用水质量的家庭可以通过购买瓶装水、装家庭净水系统或者从别的来源获得饮用水。如果我们可以观察个人花在高环境质量上的金钱和时间,我们就可以用这个信息推断质

---

[c]　荟萃分析是分析一个具体课题的许多现存研究从而确定一个共同规律。例如,旅行成本模型的荟萃分析包括许多模型中的消费者剩余作为因变量。潜在的自变量可能包括旅游区的特征、旅游的时间成本怎么被衡量以及研究者用的模型技术。

[23]　荟萃分析:基于现有研究的定量综述的一种分析方法,用以确定在结果中解释变量的差异。

[24]　享乐定价:应用统计分析来解释产品或服务的价格是一些解释因素的函数,例如,将房屋价格解释为房间数量、当地学校的口径和周边空气质量的函数。

量变化的 WTP。

防御性支出[25](defensive expenditures approach)的方法是收集真实消费信息从而获得环境质量改变的 WTP 下界。[d] 防御性支出法最常见的应用是饮水质量。假设一个家庭因为对饮用水质量的关注,每月花在瓶装水上的费用是 20 美元,那么他们为饮水质量的提高愿意支付最少为每月 20 美元。

例如,一项研究调查美国宾夕法尼亚州的家庭,确认他们对城市水污染事件的反映。在事件发生期间,整个社区的防御性支出因对时间估值的不同而从 60 000 美元到 130 000 美元不等。作为避免类似污染事件再次发生的 WTP 下界,这个结果表示保障城市水供应安全的投资是否经济有效。

巴西的一项研究发现,家庭每月愿意支付 16 美元到 19 美元的防御性支出来提高水的质量。在这项研究中,79%的家庭采取了一些行为提高他们饮水的质量。考虑到发展中国家对饮水质量的关注,防御性支出法给出了估计获得更安全饮水收益的方法。

防御性支出法的一个限制是它只能提供 WTP 的下界。一个家庭可能愿意支付比他们实际支付更多的钱来提高他们饮水的质量,但是这个方法不能估计出它的最大 WTP。防御性支出法另一个潜在的问题是采取某种行动以减少在环境危害下暴露的人,也可能因为其他一些原因采取这样的行动。[e] 例如,一些人买瓶装水可能是因为提高饮水质量,也可能因为它的方便性或者口味。在这个例子中,只有一部分人的防御性支出是因为对提高水质量的偏好,这意味着防御性支出对更高水质量的 WTP 的估计可能高了。为了减少这一类的问题,研究者需要确认单单为减少在环境危害中暴露的支出。

6.4　陈述偏好法

虽然显示偏好法在分析根据实际市场决策行为上存在优势,但是这些方法只能适用于一些情况(比如享乐模型只能估计影响房价的环境效益)并且只能获得使用收益。显示偏好法不能用于估计非使用收益,所以它们通常不能揭示一项自然资源的总经济成本。相反,陈述偏好法可以在任何情况下确定 WTA 或者 WTP。使用调查问卷,我们可以得到一项资源对于被调查者的总经济收益,包括使用或者非使用收益。

---

d　防御性支出法又叫作避免支持或趋避行为法。
e　这个问题称为"联合生产"问题。
[25]　防御性支出:基于家庭在避免或减轻其暴露于污染物中时支付的费用而采用的一种污染估价方法。

　　最常见的陈述偏好方法是条件价值评估[26]（contingent valuation, CV）。这个名字表明回答者的估值要依他对问卷中虚拟情景的反应。CV 问题既可以 WTA 的方式叙述，降低效用的情景，也可以 WTP 的方式叙述，提高效用的情景。研究者可以问回答者面对空气质量降低 10% 愿意接受的最低补偿，也可以问回答者愿意为空气质量提高 10% 的最大支付。理论上，面对环境质量的边际变化 WTA 和 WTP 应该非常相似。然而实际上，WTA 比 WTP 高很多——根据一项荟萃分析 10 次的平均结果。

　　你可以想象，WTA 问题询问人们愿意接受多少补偿，这往往使得人们有动机夸大价值。这个分歧就是批评条件价值评估不可靠的原因之一。然而，这个分歧可能说明了禀赋效应[27]（endowment effect），人们对收获和失去的估值不同。某人拥有某件物品后，比如一件实物产品或者某种程度上的空气质量，如果再拿走这物品，他们的效用或者满意程度将显著降低，因为人们认为自己已经建立关于它的权利。因此，从基线情况开始的损失与从基线情况开始的收益完全不同。

　　除了决定 CV 问题以 WTP 的形式呈现还是以 WTA 的形式呈现外，关于设计 CV 调查问卷还需要其他的考量，包括 CV 问题的不同提问方式以及调查实施的方式。关于 CV 调查设计，将在附录 6.1 中进行更具体的讨论。在过去几十年，实施了数百个条件价值评估。表 6.1 提供了 CV 分析的一些结果。我们可以看到，CV 可以应用于全球各种环境问题。专栏 6.2 就是关于其中一项研究的讨论。

　　尽管已经进行了如此数量的研究，但是关于 CV 问题的可靠性的怀疑依旧存在，一个以"问个有点傻的问题……"开头的经典文章总结道："对于非使用价值的 CV 测量法非常值得揣摩，因为使用 CV 往往高估了自然资源损失部分的价值。"另一些研究者总结道，CV 存在的许多所谓的问题可以通过谨慎的研究设计和补充来解决。然而关于 CV 可靠性的辩论，最初只限于学术讨论，但是1989 年埃克森公司瓦尔迪兹号的石油泄漏将 CV 讨论置于更广的审查下。

　　虽然埃克森公司瓦尔迪兹号的石油泄漏的一些危害是使用价值的损失，如商业捕鱼利润的损失以及娱乐效益的损失，联邦政府以及阿拉斯加州政府表示埃克森公司也需要为非使用价值损失向公众补偿，所以发起了一个大范围的CV 调查来确定石油泄漏对这个国家造成的非使用收益损失。结果表明，总的非使用收益损失在 30 亿美元左右，显著高于宣布的使用价值损失。因此，关于CV 调查结果的可靠性突然成为政府对埃克森公司索赔的中心问题。

---

　　[26]　条件价值评估：采用调研手段的一种经济工具，询问人们是否愿意为某一产品或者服务而支付，例如，愿意为远足的机会支付还是为空气质量的改善而支付。

　　[27]　禀赋效应：人们趋向于对已经拥有的东西赋予更高的价值。

为了探究 CV 问题的可靠性,美国国家海洋和大气管理局(NOAA)召集了一批著名的经济学家,包括两届诺贝得主,对这项技术的可靠性问题进行报告。在回顾与 CV 有关的文献,并且听取许多经济学家的证词之后,NOAA陪审团总结道:

> CV 研究的估计结果足够成为司法伤害评估过程的起点,包括被动使用价值的损失。为了使这个目的可被接受,这样的研究需要遵循[NOAA 陪审团报告]描述的指导原则。"成为起点"的意思是强调陪审团不建议将 CV 估计自动确定为伤害补偿的范围。法官和陪审团希望将 CV 研究所含的信息与其他证据组合在一起使用,包括专家证人的证词。

表 6.1　　　　　　　　　最近环境条件价值评估结果的样本

估值的商品或服务	WTP 估计
减少公路噪音和环境污染(西班牙)	22 美元/年
增加生物多样性(匈牙利)	23~69 美元/年
提高可再生资源的供给(美国)	10~27 美元/月
城市绿化(中国)	20~29 美元/年
提高森林保护(挪威)	261~303 美元/一次性支付
干净饮用水的供应(巴基斯坦)	7~9 美元/月
绿地保护(意大利)	11~19 美元/年
海洋生物多样性(亚速尔岛)	121~837 美元/一次性支付
河流游憩(澳大利亚)	113 美元/天

注:WTP=willingness to pay.

资料来源:

(1) Lera-Lopez et al.,2012;(2) Szabo,2011;(3) Mozumder et al.,2011;(4) Chen and Jim,2011;(5) Lindhjem and Navrud,2011;(6) Akram and Olmstead,2011;(7) Marzetti et al.,2011;(8) Ressurreicao et al.,2011;(9) Rolfe and Dyack,2010.

专栏 6.2　　　　　　对可再生资源的支付意愿

至少 66 个国家以及美国的 29 个州都为从可再生资源中获得的能量比例设定目标。例如,德国已经设立了一个有野心的目标,到 2050 年为止,100%的电能来自可再生资源。为了确定这样的目标对于社会福利的影响,需要确定电力的消费者是怎么评价可再生资源的。

2011 年的一篇论文用条件价值评估去确定新墨西哥州居民对在他们的电力供应中不断提高可再生能量比例的支付意愿。实施了一个互联网调查问卷,收回 367 份答卷。被访者首先被问一个开放性的问题,即关于他们愿意支付多少使得新墨西哥州 10%的能量来自于可再生资源,比如在他现在的电费单上再加上一笔额外的费用。随后的一个问题就是问他们愿意支付多少使得新墨西哥州 20%的能量来自于可再生资源。

调查问卷的结果显示,每家平均愿意支付超过十美元使得新墨西哥州10%的能量来自于可再生资源,这代表电费账单将提高14%。对于20%的来自可再生资源的能量,平均支付意愿为26美元/月——电费单提高36%。

虽然结果表明了为可再生资源付费的重要意愿,但是这个结果不一定能真正代表新墨西哥州居民的意愿,特别是因为这个调查是在网上进行的。被访问者的平均年龄是25岁,55%正是上学的年级,比正常的教育率要高。很显然,从这个结果得出的对于整个州的推断并不靠谱。但是,设计者还是希望这项研究的结果能够给能源监管机构、公共事业公司和其他能够设计更有效的方法并且能收取合适的费用来支持提高再生资源在能源中比例的相关机构提供有用的参考。

资料来源:Mozumder et al., 2011.

虽然NOAA陪审团总结了CV的研究可以对非使用价值产生有效的估计,但是它也提供了一系列的建议使得这些调查更可信,包括:

当面调查最好,因为这样能最大保持受访者的注意力并且可以使用图形。

WTP问题比WTA问题要好。

WTP问题应该以是/不是的形式针对具体的价格提问。例如,一个问题应该这样问,受访者是否愿意为珍稀物种的保护每年支付20美元。以"是/不是"的形式针对具体的价格提问与消费者考虑是否买某样东西相统一。消费者很少会考虑他们的最大支付意愿。

需要研究WTP对于损害规模的敏感度。一个CV研究使用独立调查探出受访者为了保护2 000、20 000或者200 000只海鸟免受石油泄漏伤害的WTP。这个WTP的数量对保护的海鸟数很敏感,导致设计者总结认为这些CV的结果不可靠。

下面的问题可能包括确定受访者是否了解这个虚拟场景以及他们为什么做出这样的回答。

还应该提醒受访者他们的收入上限,以及在此研究下用于这个情况的资金不能用于别的用途。

NOAA陪审团确认了在CV调查中"可能有夸大支付意愿的趋势",所以它的建议是保守使用WTP作为这个误差的补充。实际上,CV调查很少遵循NOAA陪审团的建议。即使服从了所有建议,调查的有效性检验也可能使得研究者得出结果无效的结论。

最终,关于CV是否能对非使用价值提供有效估计的争论还没有解决,因为不存在真实世界的市场对其进行检验。但是正如一篇文章所表示的,有数据总比没有好,不是吗?非使用价值是总经济价值的一部分,理论上应该被包括在所有的经济分析中。在埃克森公司瓦尔迪兹号石油泄漏的案例中,这些非使用价值可能超过可以观察的使用价值。

虽然在一些法律案件中,估计损失的非使用价值是必要的,一些经济学家相信,CV 不应该被用作指导环境政策,因为上述技术上的问题可能出于伦理原因。一个伦理问题是在 CV 调查中一个人的 WTP 是他支付能力的一个函数。因此,CV 的结果和市场大体一样,对富裕参与者的偏好更偏重。不是"一人一票"的原则,CV 结果遵循"一美元一票"的原则。

另一个伦理问题是给环境附加不能处理产权和责任问题。

> 其实,在经济学家看来所有的东西都有一个价格,并且这个价格可以通过仔细地求证发现。但是对于大多数人,权利和原则的重要性超过经济算法的结果。对市场设定边界可以帮助我们确定我们是谁、我们希望怎样的生活以及我们相信什么。

与条件估值有关的一些问题可以通过使用条件排列㉘(contingent ranking,CR)的技术避免。CR 也是一个陈诉偏好的方法,但是不会直接问受访者的 WTP。CR 呈现给受访者各种情形,并且要求对这些情况根据他们的偏好排列。[f]

例如,在英国的一项研究中,受访者被要求对四种与一条城市河流水质量有关的情形排序:保持当前水的质量,一点提高,中度提高,很大提高。保持现在的水的质量不需要提高税收,但是每一种水质量的提高需要逐步提高税收。通过数据分析,研究者可以估计每一种情形下的平均支付意愿。

CR 形式的调查可能使得受访者更舒服,因为他们不需要精确地进行评价。CR 相对于 CV 的另一个优势是因抗议报价㉙(protest bids)以及战略偏差/行为㉚(strategic bias/strategic behavior)得到减少(见附录 6.1)。然而当每种情形包含几个不同属性或者情形的数量非常大的时候,CR 问题将变得很难。与 CV 一样,很难建立 CR 对于非使用价值的可靠性。尽管经济学家一直在对陈述偏好进行研究,在调查设计以及数据分析上取得进步,但是对于这些技术的可靠性依旧没有达成共识。

6.5 成本—收益分析

关于经济的一个普遍的定义是它与稀缺资源分配有关。与个人和企业相

---

f 类似的方法是条件选择,受访者被要求从一系列情形中选择他们最喜欢的一种情形。

㉘ 条件排列:要求受访者根据他们的偏好对各种情况进行排列的一种调研方法。

㉙ 抗议报价:基于受访者对问卷问题或者支付工具的反感,而不是强调资源定价,对条件股价问题的一种反映。

㉚ 战略偏差/行为:为了影响政策决定,人们不准确地陈述其偏好或者估价的倾向。

似,政府必须经常对有限资源的分配做出决定。由于存在预算约束,政府不能购买提议中所有的公共项目。政府如何决定承担哪一个项目以及放弃哪一个项目呢?例如,公共资金应该更多地分配在修路上、提供健康医疗上还是提高环境质量上?更进一步,政府怎么决定实施哪一条政策建议?

上述讨论的估值技术考虑到一个决策框架,在这个框架中,理论上所有的影响可以通过一个共同的单位——金钱单位,如美元,得到评价以及比较。成本—收益分析(CBA)试图将所有的成本和收益通过金钱单位测量出来。[g] 原则上,使用一个共同单位更容易客观地评价权衡。

例如,考虑一项关于发电厂合适的汞排放水平的联邦政府决定。假设相较于基准水平,一个更严格的标准将会每年花费这个国家 100 亿美元,但是可以避免 10 000 人过早死亡。这样是否值得?换句话说,避免 10 000 人过早死亡的收益是否值每年 100 亿美元?CBA 提供了一个工具帮助我们做这样的决定。实际上,在现存的美国法律下,联邦机构,包括环境保护局,被要求对主要的政策建议实施 CBA。

CBA 的基本步骤相当简单:

1.列出所有与建议行动有关的成本和收益。

2.将这些成本收益以金钱单位测量出来,获得可靠的估计。

3.对于不能以金钱单位测量出来的成本收益,比如健康或者生态系统的影响,使用非市场技术获得估计值。

4.如果实际的非市场价值因为预算约束或者其他限制不能估计出,考虑转移价值或者专家建议。

5.将所有成本和收益加总,最好在一个合理的范围内。

6.将所有成本与收益相比较,获得一个建议。

CBA 通常考虑各种选择,包括基准线或者"不行动"选择。例如,当前的汞污染标准可以与更严格的几种标准相比较。

当然,在实际运用中,CBA 可能存在技术上的困难。特别是将所有非市场影响以货币的形式估计出可能不可行,甚至是不可取的。因此,大部分 CBA 有一定程度上的不完整。这并不意味不能获得一个明确的政策建议,我们将从下面看出这一点。

假设从现在开始我们能够以货币单位估计一项政策提议的所有成本和收益。我们可以说,上述的汞标准收益是每年 120 亿美元,成本是每年 100 亿美元。CBA 结果的底线可以以两种形式呈现:

1.净收益:总收益减总成本。在这个例子中,净收益为 20 亿美元。注意,如果总成本大于总收益,净收益为负。

2.收益成本率:总收益除以总成本。在这个例子中,收益成本率是 1.2。低于 1 的收益成本率表明成本大于收益。

如果一项政策建议产生正的净收益(或者收益成本率大于 1),这是不是意味着我们需要实施它? 不一定。回忆经济学是关于最大化净收益的科学。因此,尽管现在的汞标准阐述了正的净收益,但是依旧可能存在在相同成本下产生更大收益的方案。因此,我们需要在实施之前考虑一系列的选择。

专栏 6.3　　　　　　　　　环保局发布新的汞规则

在 1990 年,美国国会赋予环保局(EPA)监管本国以煤和石油为燃料的发电厂有毒气体排放的权力。这些有毒气体包括汞、砷、硒以及氰化物。然而,由于环保局、工业代表以及社会团体不能在细节上达成统一,20 多年都没有制定出一个规则。

在 2011 年 12 月,EPA 最终宣布了它的规则,设置了几种气体的最高排放水平。大约 40% 的以煤和石油为燃料的发电厂被要求整改以适应这些标准,并且一些老的污染最严重的发电厂需要关闭。

EPA 主管 Lisa P.Jackson 说:"这是关于公共健康,特别是我们孩子的健康的一场胜利。"作为一名患有哮喘的孩子的母亲,她很熟悉这些空气污染的不良影响,说道:"15 年前,我最小的孩子在医院度过了他的第一个圣诞节,为呼吸斗争。"

根据 EPA,一旦这个新规则被充分实施,它们将每年阻止 11 000 人过早死亡以及 4 700 人心脏病发作。尽管执行费用估计每年要 96 亿美元,但是 EPA 声称到 2016 年,这项规则将每年节约因医疗花费以及损失的工作日而产生的 370 亿到 900 亿美元的损失。

资料来源:Eilperin,2011.

同样需要注意的是,净收益的底线估计没有告诉我们有关社会间成本收益分配的任何事。假设一项政策建议的收益主要分给富裕的家庭,而成本主要由贫穷的家庭承担。即使这项政策会产生正的净收益,我们也会因不公平而拒绝它。因此,一个人若只依赖于 CBA 制定的政策决定时需要小心,我们将在本章结尾进一步讨论这一点,但是首先让我们考虑实施 CBA 时的几个重要课题。

平衡现在和未来:折现率

在大多数 CBA 中,存在一些发生在未来的成本收益。我们知道,因为通货膨胀,现在 100 美元的成本不等于 10 年或者 20 年后 100 美元的成本。我们可以通过把所有结果都进行真实—通货膨胀调整[31]（real or inflation-adjusted dollars）来控制通货膨胀。[h]

　　即使所有成本收益都进行了通货膨胀调整，我们还是更愿意接受一个现在的收益而不是未来的。现有资金通常可以通过投资获得一个正的实际回报率。这意味着今天的 100 美元未来将会增加，比如 10 年之后变成 200 美元。感觉上，今天的 100 美元等于 10 年后的 200 美元。另一个偏好现在资金的原因是对于未来的不确定性——如果我们现在获得收益，我们就不需要对是否能在未来得到它而担心了。这里还有缺少耐心的因素。[i] 即使经过通货膨胀调整，大部分经济学家相信想要比较现期和未来期的影响，一个未来的调整是必须的。这个调整就是折现[32]（discounting）。

　　折现实质上使得未来发生的效果"贬值"，所以 10 年后的 100 美元收益不如现在 100 美元的收益值钱。我们可以用下面的公式计算未来成本收益的现值：

$$PV(X_n) = X_n/(1+r)^n$$

　　n 是未来的年数，r 代表折现率[33]（discount rate）——未来价值减少的年率，以一个比率的形式表达。使用这个公式，在 3% 的折现率下，10 年后 100 美元的收益只等于今天 74.41 美元的收益。在更高的折现率下，如 7%，10 年后 100 美元的收益只等于今天 50.83 美元的收益。

　　你可以通过这个公式看出，现值[34]（present value）会因为经过更长的时间或者更高的折现率而变得更少。表 6.2 以及图 6.2 说明了 100 美元的现值随着折现率以及时间的变化而变化。折现率的范围是 1%～10%。

　　注意，如果发生在几十年以后，更高的折现率将会明显减少相关的影响。例如，发生在 50 年后的 100 美元成本在 7% 的折现率下的现值只有 3.39 美元，在 10% 的折现率下只有 0.85 美元。如果经过很长一段时间，折现率很小的一个变化也会产生很显著的影响。经过 10 年时间，1% 和 3% 的折现率相差不大，但是如果经过 100 年，那么 1% 的现值将会是 3% 的 7 倍。

　　我们在表 6.2 中看到，即使一个适中的折现率也会使几十年或者更久以后的影响变得无关紧要。例如，在 5% 的折现率下，100 年后发生估值为 100 美元的损失也不值得今天花 1 美元来避免。

---

　　h　美元的价值可以通过使用能够表示相对于基期现在总体价格水平的价格指数来进行通货膨胀调整（如消费者价格指数 CPI）。例如，如果相较于基年 100，价格指数是 120，现在 240 美元的价值和经过调整后的 200 美元一样。

　　i　关于这个因素有很多例子，比如人们用了大量的信用卡或者不能为退休存足够的钱。

　　31　真实—通胀调整的美元：随着时间推移，按照价格水平改变（如通胀）而进行的货币估价。

　　32　折现：相对于现在的成本和收益，未来的收益和成本应该被赋予一个更小的权重。

　　33　折现率：将未来预期收益和成本折算成现值的比率。

　　34　现值：未来成本或收益流的当前值；折现率是将未来成本或收益贴现为当前值。

　　显然,折现率的选择在任何 CBA 中都很重要。高的折现率将会非常偏好现在,然而一个较低的折现率将会给未来更高的权重。在一些环境应用中,收益在未来获得而成本在短期内支付。气候变化可能是最好的一个例子。减少气候变化的成本将会发生在近期而收益将会发生在未来几十年甚至几个世纪后(将在第 18 章具体讨论)。因此,低折现率将会支持更高程度的环境保护。

　　那么,什么是“正确”的折现率呢? 在经济方面,不存在可以适用于任何情况的折现率。一种确定折现率的方法是将其等同于低风险投资的收益率,如国债利率。这是因为用作公共利益工程的资金也可以投资于为未来可以提供更多的资源。换句话说,市场回报率代表了现在使用掉的机会成本。

表 6.2	不同折现率下 100 美元的现值			单位:美元
		折现率		
年数	1%	3%	5%	7%	10%
0	100	100	100	100	100
10	90.53	74.41	61.39	50.83	38.55
20	81.95	55.37	37.69	25.84	14.86
30	74.19	41.20	23.14	13.14	5.37
50	60.80	22.81	8.72	3.39	0.85
100	36.97	5.20	0.76	0.12	0.01

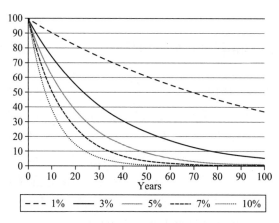

图 6.2　不同折现率下 100 美元的现值

　　通过在 CBA 中使用投资率作为折现率,我们可以估计政策建议的机会成本。在 2012 年,中期到长期政府债券的名义回报率为 1.6%～3.8%,实际回报率则为 0%～0.2%。

　　当然,政府债券的回报率会随着时间而变化。在 2012 年特别低,但是在 20 世纪 80 年代早期这些名义利率曾高达 13%。这使得许多经济学家怀疑我们是否应该以服从于反复无常的金融市场条件的利率作为估计长期效应的基础。

另一个确定折现率的不同方法来自于对于折现率的两点辩解：

1.人们天生趋向于偏好现在。这就是所谓的纯时间偏好率[35](pure rate of time preference)。

2.设想随着经济运行,人们在未来将会比现在富裕。因此,未来100美元的损失比现在100美元的损失"伤害要低",因为100美元占其收入的份额更小,所以对他们福利的影响更小。类似地,未来100美元的收益相对于现在100美元的收益价值要低,因为相对于穷人,100美元对于富人的重要性更低。从技术上说,效用被认为是消费的边际效用递减函数。

可以组合这两种因素来估计社会折现率,或者说社会时间偏好率[36](social discount rate/social rate of time preference,SRTP)：

$$SRTP = \rho + (\varepsilon \times c)$$

ρ 是纯时间偏好率,c 是消费增长率,ε 是消费边际效用的弹性。将消费增长率乘以随着消费增长,增长消费的额外满意度下降的速率(就是消费边际效用的弹性)告诉我们当社会更富裕时,社会变得有多好。

可以通过政府数据库估算历史上消费的增长率。斯特恩报告(一个著名的针对全球气候变化的成本收益分析报告,我们将在第18章讨论),使用的未来消费增长率为1.3%。ε 的估值在1.0~2.0,最近的一项研究则发现是在1.4。

经济学家的主要争论点在 ρ 值上。斯特恩报告使用的 ρ 值为0.1%。正常情况下都将纯时间偏好率设置在0附近,因为一代人的福利不一定就比其他代人的福利重要。

因此,斯特恩报告使用 $c=1.3\%$,$\varepsilon=1.0$,$\rho=0.1\%$,最终获得折现率为1.4%。在另一个被广泛提到的关于气候变化的分析中,ρ 被设置得更高,为1.5%。许多经济学家认为,要使用依据更高 ε 和 ρ 而来的更高的折现率。更高的 ε 和 ρ 的合理性来自于这些值与经济市场决策的时间偏好率相接近。例如,使用相同的 $c=1.3\%$,设置 $\varepsilon=1.4$,$\rho=1.5\%$,最终折现率将是3.4%。相较于1.4%,3.4%的折现率使得现期的一个价值在100年之后只有1/7。

经济学家认为折现率该是多大呢? 在2001年,2 000多位经济学家被问及他们关于用于估计长期环境项目合适的折现率,平均值是4%,中位数是3%。

一个可能的问题是,经济学家的观点是否是确定用于环境分析的折现率的最终因素。实际上,如果经济学家是通过CV问题去询问人们对于环境价

---

[35] 纯时间偏好率:现在而不是未来获得收益的偏好率,独立于收入水平的改变。
[36] 社会时间偏好率:试图反映未来适当的社会价值的贴现率,SRTP倾向于低于市场或者个人贴现率。

值的偏好，那么，为什么不问人们关于时间的偏好呢？在 2003 年一份创新论文中，科罗拉多州的居民被问及他们为了阻止因气候变化导致的森林消失而愿意付出的支付成本。从他们的回答中，研究者可以发现受访者的时间偏好：

估计结果表明，公众的折现率略微低于 1%。有意思的是，对于非经济学家来说可能并不惊讶，公众的折现率低于经济学家提出的折现率。

风险和不确定性

在许多 CBA 中，某一项具体工程或者政策建议的未来结果是不确定的。例如，核电厂的运营涉及诸如一个严重事故以及主要核辐射等风险。任意关于核电厂的 CBA 都需要把这个问题考虑进来。我们怎么将这个可能性包含进 CBA 的框架呢？

首先，我们必须意识到风险和不确定性意味着一些和经济学不同的事情，在 CBA 中，风险㊲(risk)被定义为可以被量化的变异性和随机性。例如，数据研究可以确定有关吸烟的风险。然而，没有人知道具体的一个吸烟者是因为早期发病死亡还是自然老去，很显然，吸烟提高了早期患病以及死亡的可能性，并且对于大多数的人来说，这些风险可以估计得相当精确。在风险情况下，全部可能的结果都被列在 CBA 中，每一种可能性都与对应的结果放在一起。当然，我们不知道哪一个具体的结果会发生，但是我们相信我们知道这些可能性。

例如，在对核电厂进行 CBA 的案例中，我们可以估计出灾难性事故发生的风险，如 1/1 000。[j]或者在开发海上油井的建议中，我们可预测发生大规模石油泄漏的风险约为 1/5 000。[k]

相反，不确定性㊳(uncertainty)被定义为不可以被量化的变异性和随机性。第 18 章将深入讨论的气候变化问题陈述了这个不确定性。温室气体的排放导致全球气候变化的全部影响还没有得到精确的预测。虽然科学家们通常同意在下个世纪，气温可能提高 1℃～6℃，但是全球气候系统太复杂了，任何不可预测事件都是可能的。

例如，正反馈效应的产生，因北极苔原的融化释放的二氧化碳增加了温室气体，加剧了温室效应。气候改变也可能导致诸如墨西哥暖流等洋流的变化，从而使北欧的气候在某种程度上像阿拉斯加州一样。尽管我们最近在气候变化模型中取得了进步，但没有人可以准确地确定这些事件发生的可能性。

风险可以被量化进 CBA 中，然而不确定性不能。对于一个可能的结果

---

j　在过去 40 年里约运行了 400 家核电厂，发生了两起灾难性的事故。这意味着事故发生的可能性约为几百分之一，千分之一是一个保守的估计。

k　这个粗略的估计来自于墨西哥海湾一次重大的石油泄漏，而全世界有几千口海上油井。

㊲　风险：用来描述所有的潜在收入和概率已知的情景。

㊳　不确定性：用来描述一些行为结果未知或者概率未知的情景。

x_i，结果的预期值[39](expected value)等于它的可能性 $P(x_i)$ 乘以它的净收益（或成本）。所以：

$$EV(x_i) = P(x_i) \times NB(x_i)$$

在风险情况下，我们可以列出所有可能的结果、它们的可能性以及与它们相关的净收益。这些可能结果的预期值可以这样计算：

$$EV(X) = \sum_i [P(x_i) \times NB(x_i)]$$

这里，$P(x_i)$ 是结果 i 发生的可能性，$NB(x_i)$ 是结果 i 的净收益。

让我们考虑一个建一座成本为 700 万美元的大坝控制洪水的提议。大坝的预期收益取决于发生洪水的风险，风险是降水量的函数。定义四种可能的降水量：低、平均、高、极高。在所有降水量中除了极高的降水量，大坝都可以阻止洪水爆发，从而为社会造福。在极高的降水量下，大坝被摧毁，社会遭到严重影响。

表 6.3 说明了这些可能的结果。控制洪水的收益随着降水量的提高而提高。大坝被毁的可能性只有 1%，但是伤害非常高。当我们计算这四种可能性的预期价值时，我们获得价值 985 万美元。假设这个净收益反映了所有成本收益以及没有其他比建大坝收益更好的建议，我们在这个分析的基础上建议建大坝。

预期价值的公式没有考虑风险厌恶[40](risk aversion)——避免风险情况的普遍趋势，特别是那些涉及损失的情况。例如，假设你有机会确定收到 100 美元以及 50/50 的机会赢得 300 美元或者失去 100 美元。后一种情形的预期价值是：

$$EV = [(+\$300 \times 0.5) + (-\$100 \times 0.5)] = [\$150 - \$50] = \$100$$

因此，在预期价值上，两种情况等价。但是许多人因为风险厌恶更偏好确定的 100 美元。

回到大坝的例子，我们看到大坝被毁的可能性对预期净收益没有重要影响。

表 6.3   **风险分析的虚拟案例**

场景	净收益	可能性	预期价值
低降雨量	500 万美元	0.27	135 万美元
平均降雨量	1 000 万美元	0.49	490 万美元
高降雨量	2 000 万美元	0.23	460 万美元
极高降雨量	−10 000 万美元	0.01	−100 万美元
总期望价值			985 万美元

---

[39] 预期值：潜在价值的加权平均。
[40] 风险厌恶：偏好确定性收入而不是风险收入，特别是当一种行动会导致显著的负面结果时。

即使大坝被摧毁的损失非常大,这种场景发生的低可能性意味着最终的结果没有很大的改变。如果我们是风险厌恶者,我们可能将更多的注意力集中在大坝被毁的可能性上。在定量分析中,我们可以给任何不好的结果增加权重。或者我们可以使用预防原则[41](precautionary principle)。住在大坝下的人可能不愿冒发生这种巨大灾难的风险。一个类似的原理适用于不可预测的极端的全球变暖效应。我们不知道它们是否发生,但是这一类的未知风险使得我们相当紧张,从而为减少温室气体做出努力。

预防原则特别适用于不可逆的影响。一些污染和环境损害可以通过减少排放或者依靠自然恢复力恢复。其他诸如物种灭绝,是不可逆的。在我们可以调整错误或者改变政策适应新的环境的例子中,权衡成本收益的经济分析是合适的。但是当重要的自然系统可能遭受不可逆损害时,最好使用最低安全标准[42](safe minimum standard)进行环境保护。例如,对臭氧层的破坏将对地球上所有物种产生威胁。结果,国际范围的恐惧使得许多会破坏臭氧层的物质被完全禁用,不考虑它们会提供的经济收益。

在处理涉及风险和不确定性的问题时,需要判断哪些风险是可以被估计并且能给出预期货币价值。仅因为结果不确定,不能说对环境的经济分析是不恰当的。但是在可能的经济估计不能包含对生态系统以及人类的所有影响时,需要谨慎分析这些案例。

利益转移

实施一个 CBA 会花费许多时间与金钱。联邦和州政府机构经常需要环境成本和收益的量化信息,但是缺少建立初始分析的来源。在一些例子中,这些机构可能会找出类似的研究,依靠它们获得估计值。使用已有的研究为新的情况获得估计值的实践称为利益转移[43](benefit transfer)。

考虑一个利益转移的例子。在 2001 年,美国环保局(EPA)正在实施一个有关饮用水中砷含量的 CBA 分析。砷消费对人类健康的影响之一是膀胱癌,一种通常不致命的疾病。同时,对于人们为了避免非致命膀胱癌的支付意愿进行原始研究,EPA 应用了利益转移。然而,那时没有对膀胱癌或者其他非致命癌症伤害的估计。根据 EPA 研究,最相似的一个估计是一项使用 CV 对人们关于避免支气管炎的支付意愿估计的研究。显然,膀胱癌和支气管炎是两种完全不同的疾病。因此,有人对这个利益转移的可靠性表示怀疑。

另一个利益转移的案例则更合理些。在 1996 年,罗德岛海岸的一起石油

---

[41]　预防原则:政策应该考虑不确定性并通过采取措施避免低概率但灾难性的事件发生的观念。

[42]　最低安全标准:应该对涉及的不确定的问题设定环境政策以避免可能的灾难性后果。

[43]　利益转移:使用已有的一种或多种相似资源的研究为新的资源获得估计值。

泄漏造成休闲渔业的损失。作为法律规定的伤害之一，假设这个案件中的政府机构需要对因泄漏造成休闲渔业消费者剩余损失进行估计。同样，原始分析不能实施，机构寻求利益转移。在看完超过100个案例后，机构最终使用了一个使用旅游成本法对纽约湾休闲渔业收益做出的估计。

一些研究测试了转移收益的有效性。通过比较来自于原始分析的结果，研究者可以测试转移价值的准确性。结果显示，来自转移价值的显著误差非常常见，从30%到7 000%不等。在一个娱乐收益的例子中，误差在12%～144%之间波动，平均值在80%与88%之间。

收益转移在实践中相当常见，但是如果可靠性有问题，经济学家可以如此频繁地使用它吗？当然，如果可以收集到足够的资料，原始研究比收益转移要好。但是收益转移的确在信息不可获得的情况下提供了估计。收益转移比较适合于如政策选择的初步筛选等一些情况，不适用于其他一些例子，如确定法律案件中的损失。基本上，决策者必须依靠自己的判断在利用收益转移和进行原始研究获取原始WTP估计之间进行权衡。原则上，一个分析者能够对收益转移中的误差进行修正从而适用于真实的世界。然而，需要知道收益转移不是灵丹妙药，而是一种利用现有的信息和资源提供一种粗略的估计的方法。

估计生命价值

在CBA中最争议的话题可能就是对生命的估价。许多环境政策，比如那些为空气污染或者饮用水中污染物设定标准的政策，影响死亡率。毒理研究可以对由具体政策阻止的死亡数量进行估计。例如，在污染控制设置以及管理成本上要花费5亿美元的一项提高空气质量的政策，可以每年减少55个因空气污染而造成的死亡。这项政策对于整个社会来说是否值得？

从感觉上来说，在制定环境政策时我们必须考虑生命的价值。但是即使估计出与环境污染有关的所有死亡在技术上是可行的，成本也太高。因此，社会必须在限制影响的花费与死亡率之间权衡。当然，可以追求通过技术的提高来减少在有毒污染物下的暴露，但是在可预见的未来，政策制定者需要对这项污染物确立"可接受"的标准。

显然，问别人为避免死亡的意愿支付多少是不合理的。因此，经济学家不对某一具体人的生命估值，而是估计人们是怎么评价相关风险的微小变化，并使用这个信息推导出统计生命价值[44]（value of a statistical life，VSL）。一个VSL估计理论上揭示了为减少一项因环境污染造成死亡的社会意愿支付，而

---

[44] 统计生命价值：为了减少死亡风险的社会意愿支付。

不是对于避免某一具体人死亡的偏好。

有一个例子更好地说明了怎么估计 VSL。假设我们实施一项 CV 调查，询问人们对于可以提高空气质量从而每年减少 50 例因空气污染造成的死亡的政策，愿意的支付是多少。我们假设调查的受访者可以代表大众，所以他们因这项政策获利的机会和其他人一样。假设调查结果表明家庭对于这项政策每年平均的支付意愿为 10 美元。如果社会由 1 亿家庭组成，则对于这项政策总的支付意愿是：

$$1 亿美元 \times 10/ 年 = 10(亿美元)$$

因为这是每年减少 50 例死亡的 WTP，所以 VSL 会是：

$$10 亿美元 /50 = 0.2(亿美元)$$

因此，每避免一个因污染导致的死亡，社会愿意支付 0.2 亿美元。

然而，这个例子是建立在 CV 研究上的，估计 VSL 最常用的方法是工资－风险分析[45]（wage-risk analysis）。在这个方法中，使用数据分析确定吸引工人参与高风险工作的额外工资。假设工人意识到了这项风险，并且在工作选择上有一定的自由，风险－工资分析可以确定吸引工人承担诸如伐木工、飞行员等更危险工作所需支付的工资。

根据最近的一项荟萃分析，VSL 研究的结果变化很大，产生的估计值从 50 万美元到 5 000 万美元不等。根据荟萃分析中的 32 项研究，VSL 平均值是 840 万美元，但是标准差高达 790 万美元。另一项荟萃分析也发现了估计量之间的巨大差异，但是它发现建立在美国劳动力市场的半数研究估计值在 500 万美元到 1 200 万美元之间。

美国政府机构使用的 VSL 尽管不相同，但是通常都随着时间而增加，从 19 世纪 80 年代的 200 万美元左右到最近的 1 000 万美元左右。更多关于美国 VSL 经济上、政策上的辩论，参见专栏 6.4。

一些经济学家（包括非经济学家）从方法和伦理两方面对 VSL 估计进行批判。VSL 使用的两种主要方法——CV 和工资－风险分析——都引起对可靠性的关注。我们已经讨论过关于 CV 的潜在问题。对工资－风险分析研究的批评指出那些承担高风险工作的人不能代表大众。具体地说，吸引普通人参与高风险工作的额外工资可能要比现在观测到的额外工资高。这可能是因为现在工作中承担风险的人天生就更容易接受风险工作。这也可能是因为现在参与风险工作的人的选择更少。

另一个问题是主要的风险工作都是有男性承担。大约一半的工资－风险研究都只包括男性工作选择的数据。如果男女对风险的估值不同，那么从男

---

⑤　工资－风险分析：一种根据工人参与高风险工作的额外补偿来分析统计生命价值的方法。

性工作推算出的结果对大众来说是不再可靠的。

在大多数政策应用中,机构一般都会使用相同的 VSL 估计值。但是,人们不会对因环境污染而产生的癌症风险和核事故风险有同样的评价。正如在专栏 6.4 中看到的一样,最近,机构在考虑对不同的政策状况使用不同的 VSL 估计值。

专栏 6.4   **生命估值政策**

对人生命的估值不仅仅是一个经济问题,也是一个政策问题,可以通过近些年来美国联邦政府使用的 VSL 的改变看出。在小布什执政期间,美国环保局使用的 VSL 低至 680 万美元。但是在 2010 年,EPA 在一个对于空气污染标准的成本—收益分析中,将他们的 VSL 提高至 910 万美元。在奥巴马执政期间,美国食品和药物管理局也将他们的 VSL 从 2008 年的 500 万美元提高到 2010 年的 790 万美元。在更高的 VSL 基础上,交通部门决定提高对车顶质量的要求——这项规定在小布什政府期间因为花费太高而被拒绝了。

在奥巴马执政期间,联邦监管机构也考虑了以风险的种类调整 VSL。例如,EPA 正在考虑使用一个"癌症差别"政策,这将提高癌症风险的 VSL,因为有研究表明,相对于其他疾病,人们对于避免癌症愿意支付得更多。国土安全局也表示,对避免因恐怖袭击造成死亡的风险的支付意愿是其他风险的 2 倍。

制造商和电力公司通常倡议对环境政策使用成本—收益分析,实质上是要求监管者证明环境提高的经济效益。但是最近 VSL 的提高使得他们开始反思他们的方法。例如,美国商会现在正在游说国会加大对联邦机构的监管。另一方面,即使是对 VSL 方法持质疑态度的环境组织也对奥巴马政府提高 VSL 大加赞赏。

资料来源:B. Appelbaum, "As U.S. Agenciees Put More Value on a Life, Businesses Fret," *New York Times*, February 16, 2011.

其他一些批评则拒绝我们应该对生命赋予具体数值这个提前。他们表示,生命天生就是无价的,所以对生命的风险估值没有任何意义。进一步,一些人认为对减少人生命的过程进行经济分析从根本上来说是违反伦理的。他们表示,需要使用 CBA 之外的方法对影响人类死亡率的政策做出决定。

成本—收益分析的例子

一个相对简单的 CBA 例子可以说明一些实际运用中经常会产生的问题。假设我们正在评估一个建大坝的政策建议。我们首先列出一些和大坝有关的成本和收益,见表6.4。

表 6.4　　　　　　　　　　　大坝建设方案的潜在成本和收益

潜在成本	潜在收益
建造成本	控制洪水
运行和维护成本	娱乐
环境损害	水电站供能
大坝被毁的风险	

这里列出的还不算全面——这些只是我们在这个案例中考虑的一些影响。你也可以思考其他该包括进去的成本和收益。

让我们假设建造大坝的成本为1.5亿美元,分3年支付,每年支付0.5亿美元。一般来说,建造成本都是通过贷款在更长的期间内支付,但是在这个例子中我们只假设3年期支付。在建造期,大坝不会产生任何收益。折现率设置为5%。所以3年期成本的现值为(所有影响以百万美元的形式表达):

$$PV = 50 + (50/1.05) + (50/1.05^2) = 50 + 47.62 + 45.35 = 142.97$$

注意,在计算中我们假设不用对第一年进行折现。我们收集的其他与成本和收益有关的信息如下:

1.每年的运行和维护成本为800万美元。

2.每年的娱乐收益为1 500万美元。注意,很显然,在大坝建成之前是不存在水库的,自然不能衡量它的娱乐收益。因此,我们需要依赖某些收益转移,在大坝建成之前对娱乐收益做出估计。

3.每年水力发电的收益是500万美元。这个估计建立在用电的消费者剩余以及产电的生产者剩余的基础上。

4.每年大坝对环境的损害为1 000万美元。这些损害包括失去的栖息地以及减少的鱼群,大坝会阻止某些鱼群产卵。

5.每年取决于降水量分布的防洪收益。在普通年份,没有洪灾的风险,所以不存在收益。假设普通年份占70%。在比较潮湿的年份,假设大坝阻止洪水的伤害获得的收益为2 000万美元。假设比较潮湿的年份占20%。剩下10%为特别潮湿的年份,收益为5 000万美元。

因此,我们知道所有可能结果的可能性以及它们的经济影响。每年的预期收益(百万美元)由下式可得:

$$EV = (0.7 \times 0) + (0.2 \times 20) + (0.1 \times 50) = 0 + 4 + 5 = 9$$

6.最后我们假设大坝建在一个地震带上,并且存在大地震造成大坝崩塌从而造成灾难性损失的可能性。一个工程师预测每年大坝因地震而崩塌的可能性是0.01%。然而,如果大坝崩塌,造成的伤害将有50亿美元,包括物质损

失以及人员伤亡。需要用 VSL 对可能的死亡估值。每年大坝崩塌的预期损失(百万美元)为:

$$EV = 5\ 000 \times 0.000\ 1 = 0.5$$

这个值远小于其他的影响,所以它对我们最终的结果没有显著的影响。然而,如果我们是风险厌恶者,我们可能希望对这个计算进行调整。

其他需要考虑的因素是大坝的预期寿命。我们假设大坝的寿命为 50 年,在此之后不再有成本和收益发生。虽然这可能会不切实际,我们没有考虑对生态永久性的伤害,但是我们把这个例子作为分析的基础。

我们现在可以把所有影响放在一起,得到一个净收益。出于折现的目的,我们通过一个电子表格将每一类影响折现(附录 6.2 介绍了怎么使用 Microsoft Excel 软件计算现值)。

表 6.5 呈现了具体计算过程(第 6~48 年被省略了)。

考虑环境成本,开始于第三年。环境成本在第三年是 1 000 万美元,折现为:

$$PV = 1\ 000/(1.05)^3 = 864$$

在大坝生命终了时,折现的影响更显著。最后几年的影响减少了超过 10 倍。

在大坝的整个生命期中,所有成本的现值是:

$$PV_{cost} = 142.97 + 132.47 + 165.59 + 8.28 = 449.31$$

表 6.5　　　　　　　　　　　大坝建造的每年成本收益现值　　　　　　　　　单位:百万美元

年数	成本				收益		
	建造	运营	环境	大坝崩塌	娱乐	水力发电	防洪
0	50.00	0.00	0.00	0.00	0.00	0.00	0.00
1	47.62	0.00	0.00	0.00	0.00	0.00	0.00
2	45.35	0.00	0.00	0.00	0.00	0.00	0.00
3	0.00	6.91	8.64	0.43	12.96	4.32	7.77
4	0.00	6.58	8.23	0.41	12.34	4.11	7.40
5	0.00	6.27	7.84	0.39	11.75	3.92	7.05
...	...	...	...	...	...	...	...
49	0.00	0.73	0.92	0.05	1.37	0.46	0.82
50	0.00	0.70	0.87	0.04	1.31	0.44	0.78
51	0.00	0.66	0.83	0.04	1.25	0.42	0.75
52	0.00	0.63	0.79	0.04	1.19	0.40	0.71
总现值 价值	142.97	132.47	165.59	8.28	248.38	82.79	149.03

所有收益的现值是：

$$PV_{benefits} = 248.38 + 82.79 + 149.03 = 480.20(百万美元)$$

在这个例子中，我们应该建大坝吗？收益比成本高 3 000 万美元，这可能意味着建大坝是有利的。但是正如之前提到的，我们不知道在给定成本下建造大坝是否产生最大的社会收益。投资 1.5 亿美元用作建学校或者减少空气污染可能会产生更大的净收益。我们也需要考虑大坝的规模是不是最优的。更小或者更大的大坝可能将产生更大的净收益。

一个好的 CBA 分析需要包括敏感性分析[46]（sensitivity analysis）。这需要考虑当我们改变分析中的一些假设时建议是否会改变。最常用的敏感性分析可能是改变折现率。在我们的例子中，首先支付建造成本，而净收益发生在未来（如在表 6.5 中，第三年后，每一年的收益都超过成本）。因此，提高折现率趋向于减少净收益，并且使得这项工程更没有吸引力。实际上，如果我们将折现率变为 8%，这个项目将呈现大约 3 000 万美元的净成本现值，我们将不建议建大坝。

另一种敏感性分析可能会考虑对大坝崩塌可能性的风险厌恶的影响。即使在 5% 的折现率下，因风险厌恶进行的调整（比如将这个影响的现值提高 5 倍）也会导致产生净成本，并建议不要建大坝。

敏感性分析是重要的，因为它告诉我们，对于假设的改变，我们的结果是否稳定。如果经过敏感性分析后，建议不会改变，那么我们将对这个建议充满信心。然而，如果我们的建议随着假设合理的变化而改变，那么说明我们没能做出一项稳固的建议。最后，我们也需要确定我们是否排除了一些成本和收益或者说是否留下一些没有量化的影响。这也可能是 CBA 不可靠的另一个原因。

6.6　总结：成本—收益分析在政策决定中的作用

对环境进行评估肯定是一个复杂的尝试。一些人声称自然给予我们的东西是无价的，我们不应该仅仅为了一些金钱而减少这些"服务"；其他人坚持认为，对生态功能进行限制是重要的，因为如果不这样就意味着经济系统可以将它们估值为 0。根据一项著名的分析，人类从自然界中获得的价值超过了全球经济生产的价值（见专栏 6.5）。

---

[46]　敏感性分析：一种分析工具，研究当模型的假设发生变化时模型结果的变化。

专栏 6.5   **估计全球生态系统价值**

    经济学家设计出各种办法对生态服务的非市场价值进行估值。这些价值允许我们将生态系统服务纳入成本—收益分析中。大部分估值是针对一项具体的生态系统或者服务进行的,如一片湿地的价值或者洁净空气的价值。一个更具抱负的方法用于考虑全球生态系统的价值。

    尽管许多人可能会争辩全球生态系统是无价的,但大范围的非市场技术应用是不现实的。实际上,在 1997 年《自然》杂志的一篇论文中,一组研究者估计了 17 个生态系统的价值,包括气候调节、侵蚀控制、污染处理、食物生产以及娱乐。他们进一步运用非市场估计研究获得了 16 个生态地,以及每一个生态地的 17 个生态系统价值(见表 6.6)。

    估计每年生态系统的总价值为 33 万亿美元,波动范围在 16 万亿到 54 万亿美元之间(作为比较,当时全球 GDP 在 30 万亿美元左右)。超过一半的价值来自养分循环服务。价值最高的生物群落是海洋、大陆架以及入海口。每公顷价值最高的生态系统是河口、沼泽/冲积平原以及藻类/海草床。

    这篇论文因尝试用相对简单的经济方法将生态观能转化为货币价值而受到批评(El Serafy, 1988;Turner et al., 1998)。但是即使是批评者也承认"这篇文章影响环境话语的潜力"以及引起了"丰富的方法的讨论"(Norgaard et al., 1998)。尽管任何具体的美元价值评估都是充满争议的,对全球生态系统评估的尝试的确体现了生态服务的重要价值以及它们对政策决定的重要性。

表 6.6   **全球生态服务的价值**

生物群落(生态圈)	面积(百万公顷)	年价值(1994 年,百万美元)
海洋	33 220	8 381
入海口	180	4 110
藻类/海草床	200	3 801
珊瑚礁	62	375
大陆架	2 660	4 283
热带雨林	1 900	3 813
温带/寒带森林	2 955	894
草地	3 898	906
潮沼/红树林	165	1 648
沼泽/冲积平原	165	3 231

续表

生物群落(生态圈)	面积(百万公顷)	年价值(1994 年,百万美元)
湖/河	200	1 700
沙漠	1 925	NA[1]
冻原	743	NA[1]
冰岩	1 640	NA[1]
农田	1 400	128
城市	332	NA[1]
总计	51 645	33 268

NA[1] 表示没有估计值。

对 CBA 的批评指出了许多涉及获取可信估计值的困难,以及诸如精神价值或者群落价值这些东西不能够以货币的形式估计出来的事实。经济学家总是坚持 CBA 是一个有用的工具,只要适当谨慎地使用。假设我们对每一样东西附上精确的货币价值是不合理的——但是在许多案例中,经济评估可以通过提供影响政策的具体估计来帮助决策者。

环境政策的 CBA 是特别困难以及有争议的,因为几个最重要的环境收益很难量化。首先,非使用价值只能使用 CV 估计。我们已经知道这种方法的可靠性一直是经济学家争论的话题。其次,减少死亡率的收益是通过 VSL 方法进行评估——另一个有争议的估值方法。最后,环境政策经常涉及预付成本或长期收益,这使得折现率的选择非常重要。较低的折现率趋向于支持环境保护。

虽然 CBA 在某些情况下可以提供明确的政策意见,但是在一般情况下它的结果往往是模棱两可的,原因在于排除的因素或者敏感性分析。因此,一些经济学家认为 CBA 不能以及不应该用来提供具体的政策建议。一种选择是依靠不同的过程设定政策目标,以及让经济学发挥有限的作用。通过成本—有效性分析㊼(cost-effectiveness analysis),经济分析只能确定实现最低目标成本的方法。

例如,假设我们将二氧化硫的污染减少 50% 设定为目标。[1]实现这个目标,可以通过要求高度污染工厂安装净化器;可以通过以排放水平为依据征税或者征收罚款;或者通过设立一定水平的可交易的排放权,总的排放水平不超过现有水平的 50%。假设经济分析可以提供每种政策成本的可靠估计,成本—有效性分析可以告诉我们在实现政策目标的各种选择中,哪一种选择是最经济有效的。

1　实际上,这是美国环保局在 1990 年清洁空气法案修正案下设定的一个目标。
㊼　成本—有效性分析:一种在给定目标下决定最小成本方法的政策工具。

很显然,采纳一个可以实现给定目标且成本最低的方法是有意义的。在这个方法中,我们没有依赖经济分析来告诉我们应该减少多少污染——这个决定建立在其他因素上,包括科学证据,政策讨论以及普通常识。但是经济分析可以告诉我们怎么选择出实现所需目标最有效的政策。

对 CBA 的另一个替代称为定位分析[48](positional analysis),它涉及对更广泛的社会及政策因素的考虑。在定位分析中,对某一具体政策经济成本的估计需要与对不同组的人、可能的替代政策、社会优先、个人权利、目标影响的估计组合起来,而不是与经济所得进行组合。这里没有单独的"底线",结果也要得到其他团体的支持。

例如,大坝的构建需要大量人的迁移。即使大坝的经济效益很显著,这些人保持自己住房的权利可能处于社会更优先的地位。这样的判断不能依靠纯经济决策做出。然而,我们已经讨论过的一些估值技术在确定社会及政策决定的经济部分可能有用。

在这点上,我们已经看出传统环境经济有几个核心的理论和方法可以提供环境政策指导。第 3 章~第 5 章讨论的理论指出了政策干涉是怎么产生更高的经济效益和环境效益以及结果的。为了使用经济分析提供具体的政策建议,我们必须依靠本章讨论的估计方法。我们已经看到,这是一个很有挑战性的任务,将产生很多有关可靠性、假设以及伦理的问题。

在下一章,我们转向有关定义生态经济核心的一些问题。生态经济不一定要拒绝使用第 3 章~第 6 章讨论的理论和方法。但是生态经济的确强调对环境进行经济估值的限制。它也会问一些更广泛的没有被传统环境经济完全解决的问题。

总　结

经济学家已经设计出各种估值技术来估计环境资源的总经济价值。一些价值可以直接或者间接地参考市场得出。显示偏好法可以用作估计户外娱乐、饮用水的质量、空气质量以及其他一些环境服务的收益。非使用价值往往是自然资源价值的重要组成,只能通过陈述偏好法测量,如 CV。CV 使用调查报告来询问受访者关于他们对于环境改善的意愿支付。CV 是有争议的,因为潜在的误差使得人们对方法的可靠性产生怀疑。

成本—收益分析可用作估计拟议计划及政府行为的价值。环境因素经常

---

⑱　定位分析:结合经济估价和其他考虑因素(如平等性、个人权利和社会优先)的一种政策分析工具,其目的不是减少货币方面的所有影响。

被纳入成本—收益分析中,并且是分析中最受争议的部分。一个重要的问题是对未来成本—收益的估值。经济学家使用折现技术权衡现在的和未来的需求。选择一个合适的折现率是重要的,并且显著影响成本—收益研究的结果。合适的折现率不同于用于估计经济投资回报的商业折现率。

另一个重要且充满争议的问题是对人的生命的评估。然而,我们必须用某种方法作估计,从而在环境保护花费和死亡风险之间进行权衡,VSL 方法以经济价值的形式设法估计社会为了避免因环境污染造成的 1 例死亡的支付意愿。

一些人争辩道,对环境进行估价天生就是错的,因为美元价值不是一个用来衡量生态系统收益的合适单位。另一些人则坚持认为对于比较政策选择,一些估计是必须的,并且如果谨慎实施,不会歪曲环境价值。

问 题 讨 论

1.假设请你做一项关于拟定的火力发电厂的成本—收益研究。这个发电厂将建在一片住宅区的边缘,并且将排放一定量的污染物。它需要足够的水来运行它的冷却系统。当地的工业认为亟需额外的供能,但是当地的居民反对这项建设。你怎么估计社会和环境成本? 怎么将它们与经济收益相权衡?

2.正如文章中提到的,在美国法律下,联邦机构必须使用成本—收益分析对主要政策建议进行估计。你同意这个要求吗,特别是对于环境政策? 在做政策决定的时候,你认为该给成本—收益分析的结果多少权重? 讨论在制定规章的时候应该如何权衡经济、健康、环境标准。

3.假设一个发展中国家的政府考虑在一个风景优美且有森林覆盖的地区建一座国家公园。当地反对的声音来自于那些希望在林地里伐木农作的人们。但是国家公园将会吸引当地以及国外的游客前来参观。成本—收益法能够帮助决定是否建造国家公园吗? 你该考虑什么因素以及你该怎么衡量它们的经济价值?

练 习 题

1.世界银行正在考虑来自一个赤道国家关于一项大坝工程的申请。工程的一些成本和收益如下:

建造成本:前 3 年,5 亿美元/年

运营成本:0.5 亿美元/年

水力发电:30 亿千瓦小时/年

电价:0.05 美元/千瓦

来自大坝的灌溉水:50 亿加仑/年

水的价格:0.02 美元/加仑

因土地被淹没造成的农作物损失:0.45 亿美元/年

因土地被淹没造成的林产品损失:0.2 亿美元/年

这里也有一些额外的、不易量化的损失:村民必须迁移的人道主义成本,对该流域造成的破坏,栖息地被毁的生态成本。新的湖泊可能导致水媒传染病的传播。

a.利用上述量化因素做一个正式的成本—收益分析。假设大坝的寿命是 30 年。正如表 6.5 中的例子,假设从现在开始(0 年)建造。所有其他影响开始于大坝建成之日(第 3 年)并且持续 30 年(直到第 32 年)。参考附录 6.2,使用 Excel 做必要的计算。

对于持续到无限期的成本 C_i 或者收益 B_i,使用公式 $PV[C] = C_i/r$ 或者 $PV[B] = B_i/r$ 来获得收益或成本的无限期价值流。你可以假设大坝将在可预见的将来运行。

在两种可能的利率下做完整的成本—收益分析:10％以及 5％。你在每个例子中是预测出一个明确的"是"、明确的"不"还是一个不确定结果?

b.现在考虑一个替代计划:建造一定数量较小的大坝来阻止一些重要的农田或者林地被洪水淹没。对于这个计划,总建造成本是前一个计划的一半,功能/灌溉收益也是前一个的一半。但是这个计划不破坏农田或者林地,并且不存在生态或者移民成本。评估这个工程,并在两种利率下与前一个计划相比较。

注　释

1.See.for example, Sagoff, 2004.

2.For a more in-depth overview of environmental valuation techniques, see Ulibarri and Wellman, 1997.

3.Barnett and Nurmagambetov, 2011.

4.Roach and Wade, 2006.

5.Rolfe and Dyack, 2010.

6.Marvasti, 2010.

7.Murdock，2006.

8.Ward et al.，1996.

9.Zanderson and Tol，2009.

10.For a summary of hedonic pricing model results，see Boyle and Kiel，2001；Palmquist and Smith，2002.

11.Bayer et al.，2009. 1 $\mu g/m3$ is one milligram per cubic meter，a measure of pollutant levels in air.

12.Ready，2010.

13.Abdalla et al.，1992.

14.Rosado et al.，2006.

15. For an overview of contingent valuation，see Breedlove，1999；Whitehead，2006.

16.Horowitz and McConnell，2002.

17.Anonymous，1992.

18.Carson et al.，2001.

19.See Portney，1994.

20.Carson et al.，2003.

21.Arrow et al.，1993.

22.Desvouges et al.，1993.

23.Diamond and Hausman，1994.

24.Ackerman and Heinzerling，2004，p. 164.

25.Bateman et al.，2006.

26.The rate varies depending upon the length to maturity（3 to 30 years）. See U.S. OMB，2012.

27.Stem，2007.

28.Evans，2005.

29.Nordhaus，2007.

30.Weitzman，2001.

31.Layton and Levine，2003，p. 543.

32.For a discussion of the difference，see Staehr，2006.

33.For discussion of the limitations of economic valuation，see，for example，O'Brien，2000；Toman，1994.

34.U.S. EPA，2001.

35.NOAA et al.，1999.

36.Spash and Vatn，2006.

37. Shrestha and Loomis，2003.

38. Ibid.，p. 95.

39. Bellavance et al.，2009.

40. Viscusi and Aldy，2003.

41. See Ackerman and Heinzerling，2004.

42. For an exposition of the basis of positional analysis，see Söderbaum，1999.

43. For a discussion of the interaction between estimation techniques and underlying values，see Gouldner and Kennedy，1997.

参考文献

Abdalla，Charles W.，Brian Roach，and Donald J. Epp. 1992. "Valuing Environmental Quality Changes Using Averting Expenditures：An Application to Groundwater Contamination." *Land Economics* 68(2)：163—169.

Ackerman，Frank，and Lisa Heinzerling. 2004. *Priceless：On Knowing the Price of Everything and the Value of Nothing*. New York，London：New Press.

Akram，Agha Ali，and Sheila M. Olmstead. 2011. "The Value of Household Water Service Quality in Lahore，Pakistan," *Environmental and Resource Economics* 49(2)：173—198.

Anonymous. 1992. "'Ask a Silly Question'. . . Contingent Valuation of Natural Resource Damages." *Harvard Law Review* 105(8)：1981—2000.

Arrow，Kenneth，Robert Solow，Paul R.Portney，Edward E. Learner，Roy Radner，and Howard Schuman. 1993. "Report of the NOAA Panel on Contingent Valuation." *Federal Register*，58(10)：4601—4614.

Barnett，Sarah Beth L.，and Tursynbek A. Nurmagambetov. 2011. "Costs of Asthma in the United States，2002—2007." *Journal of Allergy and Clinical Immunology* 127(1)：142—152.

Bateman，I.J.，M.A. Cole，S. Georgiou，and D.J. Hadley. 2006. "Comparing Contingent Valuation and Contingent Ranking：A Case Study Considering the Benefits of Urban River Water Quality Improvements." *Journal of Environmen Management* 79：221—231.

Bayer，Patrick，Nathaniel Keohane，and Christopher Timmins. 2009. "Migration and Hedonic Valuation：The Case of Air Quality." *Journal of Environmental Economics and Management* 58(1)：1—14.

Bellavance，Francois，Georges Dionne，and Martin Lebeau. 2009. "The Value of a Statistical Life：A Meta-analysis with a Mixed Effects Regression Model." *Journal of*

Health Economics 28: 444—464.

Boyle, Melissa A., and Katherine A. Kiel. 2001. "A Survey of House Price Hedonic Studies of the Impact of Environmental Externalities." *Journal of Real Estate Literature* 9 (2): 117—144.

Breedlove, Joseph. 1999. "Natural Resources: Assessing Nonmarket Values through Contingent Valuation." CRS Report for Congress, RL30242, June 21, 1999.

Carson, Richard T., Nicholas E. Flores, and Norman F. Meade. 2001. "Contingent Valuation: Controversies and Evidence." *Environmental and Resource Economics*, 19: 173—210.

Carson, Richard T., Robert C. Mitchell, Michael Hanemann, Raymond J. Kopp, Stanley Presser, and Paula A. Ruud 2003. "Contingent Valuation and Lost Passive Use: Damages from the *Exxon Valdez* Oil Spill." *Environmental and Resource Economics* 25: 257—286.

Chen, Wendy Y., and C. Y. Jim. 2011. "Resident Valuation and Expectation of the Urban Greening Project in Zhuhai China," *Journal of Environmental Planning and Management* 54(7): 851—869.

Costanza, Robert. Ralph d'Arge, Rudolf de Groot, Stephen Farber, Monica Grasso, Bruce Hannon, Karin Limburg, Shahid Naeem, Robert V. O'Neill, Jose Paruelo, Robert G. Raskin, Paul Sutton, and Marjan van den Belt. 1997. "The Value of the World's Ecosystem Services and Natural Capital." *Nature* 387: 253—260.

Desvousges, William H., F. Reed Johnson, Richard W. Dunford, Sara P. Hudson, and K. Nicole Wilson. 1993. "Measuring Natural Resource Damages with Contingent Valuation: Tests of Validity and Reliability." In *Contingent Valuation: A Critical Assessment*, ed. J.A. Hausman, 91-114. Amsterdam: North-Holland.

Diamond, Peter A., and Jerry A. Hausman. 1994. "Contingent Valuation: Is Some Number Better Than No Number?" *Journal of Economic Perspectives* 8(Fall): 45—64.

Eilperin, Juliet. 2011. "Environmental Protection Agency Issues New Regulation on Mercury." *Washington Post*, December 11.

El Serafy, Salah. 1998. "Pricing the Invaluable: The Value of the World's Ecosystem Services and Natural Capital." *Ecological Economics* 25(1): 25—27.

Evans, David J. 2005. "The Elasticity of Marginal Utility of Consumption: Estimates for 20 OECD Countries." *Fiscal Studies* 26(2): 197—224.

Gouldner, Lawrence H., and Donald Kennedy. 1997. "Valuing Ecosystem Services: Philosophical Bases and Empirical Methods." In *Nature's Services: Societal Dependence on Natural Ecosystems*. Washington, DC: Island Press.

Horowitz, John K., and Kenneth E. McConnell. 2002. "A Review of WTA/WTP Studies." *Journal of Environmental Economics and Management* 44: 426—447.

Layton, David F., and Richard A. Levine. 2003. "How Much Does the Future Matter?

A Hierarchical Bayesian Analysis of the Public's Willingness to Mitigate Ecological Impacts of Climate Change." *Journal of the American Statistical Association* 98(463): 533—544.

Lera-Lopez, Fernando, Javier Faulin, and Mercedes Sanchez. 2012. "Determinants of the Willingness-to-Pay for Reducing the Environmental Impacts of Road Transportation," *Transportation Research: Part D: Transport and Environment* 17(3): 215—220.

Lindhjem, Henrik, and Stale Navrud. 2011. "Are Internet Surveys an Alternative to Face-to-Face Interviews in Contingent Valuation?" *Ecological Economics* 70(9): 1628—1637.

Marta-Pedroso, Cristina, Helena Freitas, and Tiago Domingos. 2007. "Testing for the Survey Mode Effect on Contingent Valuation Data Quality: A Case Study of Web Based versus In-person Interviews." *Ecological Economics* 62: 388—398.

Marvasti, Akbar. 2010. "A Welfare Estimation of Beach Recreation with Aggregate Data." *Applied Economics* 42: 291—296.

Marzetti, Silva, Marta Disegna, Giulia Villani, and Maria Speranza. 2011. "Conservation and Recreational Values from Semi-Natural Grasslands for Visitors to Two Italian Parks." *Journal of Environmental Planning and Management* 54(2): 169—191.

Mozumder, Pallab, William F. Vásquez, and Achla Marathe. 2011. "Consumers' Preference for Renewable Energy in the Southwest USA." *Energy Economics* 33 (6): 1119—1126.

Murdock, Jennifer. 2006. "Handling Unobserved Site Characteristics in Random Utility Models of Recreation Demand." *Journal of Environmental Economics and Management* 51(1): 1—25.

National Oceanic and Atmospheric Administration (NO AA), Rhode Island Department of Environmental Management, U.S. Department of the Interior, and U.S. Fish and Wildlife Service. 1999. "Restoration Plan and Environmental Assessment for the January 19, 1996, *North Cape* Oil Spill."

Nordhaus, William D. 2007. "A Review of the Stem Review on the Economics of Climate Change." *Journal of Economic Literature* 45: 686—702.

Norgaard, Richard B., Collin Bode, and Values Reading Group. 1998. "Next, the Value of God, and Other Reactions." *Ecological Economics* 25(1): 37—39.

O'Brien, Mary. 2000. *Making Better Environmental Decisions: An Alternative to Risk Assessment*. Cambridge, MA: MIT Press.

Palmquist, Raymond B., and V. Kerry Smith. 2002. "The Use of Hedonic Property Value Techniques for Policy and Litigation." In *The International Yearbook of Environmental and Resource Economics 2002/2003: A Survey of Current Issues*, ed. Tom Tietenberg and Henk Folmer, 115-164. Cheltenham, UK; Northampton, MA: Edward Elgar.

Portney, Paul. 1994. "The Contingent Valuation Debate: Why Economists Should Care." *Journal of Economic Perspectives* 8(Fall): 3—17.

Ready, Richard C. 2010. "Do Landfills Always Depress Nearby Property Values?"

Journal of Real Estate Research 32(3): 321—339.

Ressurreição, Adriana, James Gibbons, Tomaz Ponce Dentinho, Michel Kaiser, Ricardo S. Santos, and Gareth Edwards-Jones. 2011. "Economic Valuation of Species Loss in the Open Sea." *Ecological Economics* 70(4): 729—739.

Roach, Brian, and William W. Wade. 2006. "Policy Evaluation of Natural Resource Injuries using Habitat Equivalency Analysis." *Ecological Economics* 58: 421—433.

Roach, Brian, Kevin J. Boyle, and Michael Welsh. 2002. "Testing Bid Design Effects in Multiple-Bounded Contingent-Valuation Questions." *Land Economics* 78(1): 121—131.

Roach, Brian, Jonathan M. Harris, and Adrian Williamson. 2010. *The Gulf Oil Spill: Economics and Policy Issues*. Tufts University Global Development And Environment Institute educational module, available at www.ase.tufts.edu/gdae/education_materials/modules/Gulf_Oil_Spill.pdf.

Rolfe, John, and Brenda Dyack. 2010. "Testing for Convergent Validity Between Travel Cost and Contingent Valuation Estimates of Recreation Values in the Coorong, Australia." *Australian Journal of Agricultural and Resource Economics* 54: 583—599.

Rosado, Marcia A., Maria A. Cunha-e-Sa, Maria M. Dulca-Soares, and Luis C. Nunes. 2006. "Combining Averting Behavior and Contingent Valuation Data: An Application to Drinking Water Treatment in Brazil." *Environment and Development Economics* 11 (6): 729-746.

Sagoff, Mark. 2004. *Price, Principle, and the Environment*. Cambridge: Cambridge University Press.

Söderbaum, Peter. 1999. "Valuation as Part of a Microeconomics for Ecological Sustainability." In *Valuation and the Environment: Theory, Method, and Practice*, ed. Martin O'Conner and Clive Spash. Cheltenham, UK: Edward Elgar.

Shrestha, Ram K., and John B. Loomis. 2003. "Meta-Analytic Benefit Transfer of Outdoor Recreation Economic Values: Testing Out-of-Sample Convergent Validity." *Environmental and Resource Economics* 25(1): 79—100.

Spash, Clive L., and Arlid Vatn. 2006. "Transferring Environmental Value Estimates: Issues and Alternatives." *Ecological Economics* 60(2): 379—388.

Staehr, Karsten. 2006. "Risk and Uncertainty in Cost Benefit Analysis." Environmental Assessment Institute Toolbox Paper.

Stern, Nicholas. 2007. *The Economics of Climate Change: The Stern Review*. Cambridge: Cambridge University Press.

Szabó, Zoltan. 2011. "Reducing Protest Responses by Deliberative Monetary Valuation: Improving the Validity of Biodiversity Valuation." *Ecological Economics* 72(1): 37—44.

Toman, Michael A. 1994. "Economics and 'Sustainability': Balancing Trade-offs and

Imperatives." *Land Economics* 70: 399—413.

Turner, R.K., W.N.Adger, and R. Brouwer. 1998. "Ecosystem Services Value, Research Needs, and Policy Relevance: A Commentary." *Ecological Economics* 25(1): 61—65.

Ulibarri, C.A., and K.F. Wellman. 1997. "Natural Resource Valuation: A Primer on Concepts and Techniques." Report prepared for the U.S. Department of Energy under Contract DE-AC06-76RLO 1830.

U.S. Environmental Protection Agency (U.S. EPA). 2001. *National Primary Drinking Water Regulations: Arsenic and Clarifications to Compliance and New Source Contaminants Monitoring; Final Rule.* Federal Register 40 CFR Parts 9,141, and 142, vol. 66(14): 6975-7066, January 22.

U.S. Office of Management and Budget (U.S. OMB). 2012. "Memorandum for the Heads of Departments and Agencies." January 3, 2012, www. whitehouse. gov/sites/default/files/omb/memoranda/2012/m-12-06.pdf.

Viscusi, Kip W., and Joseph E. Aldy. 2003. "The Value of a Statistical Like: A Critical Review of Market Estimates Throughout the World." *Journal of Risk and Uncertainty* 27(1): 5—76.

Ward, Frank, Brian Roach, and Jim Henderson. 1996. "The Economic Value of Water in Recreation: Evidence from the California Drought." *Water Resources Research* 32(4): 1075—1081.

Weitzman, Martin L. 2001. "Gamma Discounting." *American Economic Review* 91(1): 260—271.

Whitehead, John C. 2006. "A Practitioner's Primer on the Contingent Valuation Method." In *Handbook on Contingent Valuation*, ed. Anna Alberini and James R. Kahn. Cheltenham, UK; Northampton, MA: Edward Elgar.

Zanderson, Marianne, and Richard S J. Tol. 2009. "A Meta-analysis of Forest Recreation Values in Europe." *Journal of Forest Economics* 15(1-2): 109—130.

相关网站

1.**www.rff.org.** Home page for Resources for the Future, a nonprofit organization that conducts policy and economic research on natural resource issues. Many RFF publications available on their Web site use nonmarket techniques to value environmental services.

2.**https://www. evri. ca/Global/HomeAnonymous. aspx.** Web site for the Environmental Valuation Reference Inventory (EVRI), developed by the government of Canada. The EVRI is a "searchable storehouse of empirical studies on the economic value of environmental benefits and human health effects. It has been developed as a tool to help policy analysts use the benefits transfer approach. Using the EVRI to do a benefits transfer is an alternative to doing new valuation research."

附录 6.1　先进的估值方法

分区旅行费用模型

有一种旅行费用法被称为分区模型。[m] 使用一个分区 TCM,我们首先将一块或几块娱乐区周围的地区分为不同的区域。这些区域通常以地理上的不同进行区分,比如县、邮递区号或者乡镇。接下来我们需要不同区域对这些娱乐区访问率的信息。我们可以通过现场对参观者进行调查并询问他们来自哪里,或者进行全面的人口调查。在全面人口调查中,随机选取受访者,通过电话或者电子邮件询问他们在一段时间内,如去年,对这些娱乐区的访问量。无论是在现场调查还是在全面人口调查中,我们都会问各种问题,如聚会的规模、消费信息、停留的时间、参观中进行的活动以及诸如年龄和收入水平等的个人信息。

通过收集调查的数据进行推断,估计出在这个多点模型的例子中,每个区域有多少人访问这些娱乐区。将估计结果除以对应区域的人数得到人均访问量,可以排除各区域间人口不同的影响。这个变量用来作为统计模型中的因变量。主要的自变量或者解释变量是每个地区到每个目的地的旅行费用。旅行费用可以通过估计驾驶距离和费用的软件测量出。通常情况下,旅行的时间成本也要包括进来。旅行的时间成本通常通过参观者工资率的函数估计出。这可能是建立在调查中的收入数据或者一个区域的平均工资率的基础上。

为了估计出一个稳健的统计模型,TCM 需要包含旅行费用之外的其他解释变量,包括:

- 区域人口信息,如年龄水平、家庭规模以及收入水平。
- 场所特点(对于多点模型),如设施水平以及舒适性。
- 替代场所的数量和质量——在其他条件不变的情况下,一个娱乐区的

---

m　还有一种常见的旅行费用模型,即随机效用模型。

附近有高质量的替代场所,预期会减少对这个娱乐区的访问率。

- 其他相关变量,如气候条件以及节假和周末的时间。

在这个模型中,旅行费用变量的系数是负值,表明随着旅行费用的上升,访问率下降——基本上是一条向下倾斜的需求曲线。使用这个估计模型,一个人可以根据计算在不同成本下的折现率来绘出需求曲线。图 A6.1 显示了一个娱乐区的需求曲线。[n] 假设对于一个具体的区域,访问这个娱乐区的平均成本是 30 美元。将 30 美元的成本代入这个模型,得出估计的访问率是每年人均 5 次,如图 A6.1 所示。我们接下来可以估计消费者剩余,即需求曲线之下旅行费用之上的区域——图中的阴影区域。在这个例子中,消费者剩余是一个以 5 次访问为底、以 50 美元为高的三角形。因此,消费者剩余(CS)是:

$$CS = (5 \times 50)/2 = 125$$

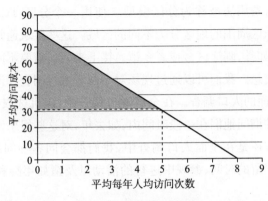

图 A6.1　旅行费用曲线

注意,这是访问量为 5 的需求曲线。每次访问的消费者剩余将是 25 美元(125÷5)。如果有了对这个区域访问总量的估计值,我们就可以估计总的消费者剩余。其他区域的收益可以用相同的方法得到,将这些收益加总获得这个娱乐区的总消费者剩余以及每一访问者的平均消费者剩余。

设计条件价值评估调查(CV)

在评估 CV 有效性的过程中,一个重要的问题是怎样问问题。这里有一些 CV 问题的基本问法,以湿地保护为例,参见图 A6.2。

---

n　为了简化,这个图形使用了一条线性的需求曲线。通常情况下,旅行费用需求模型是非线性的。

开放问题模版： 为了湿地保护工程,你每年最大意愿支付多少钱?	双界模板: 你每年愿意支付 75 美元用作湿地保护工程吗? 如果受访者回答"是",接下去问:"你愿意支付 150 美元吗?" 如果受访者回答"不",接下去问:"你愿意支付 40 美元吗?"

支付卡模板:
下面哪一个数量最接近你每年用作湿地保护工程的最大支付意愿? 请圈出你的答案。

$5	$40	$80	$200	$750
$10	$50	$100	$300	$1 000
$20	$60	$125	$400	$1 500
$30	$75	$150	$500	$2 000

多界模板:
对于下面每一笔钱,你是否每年愿意支付这笔钱用作湿地保护工程?

$5	是	不是	不确定
$10	是	不是	不确定
$25	是	不是	不确定
$50	是	不是	不确定
$75	是	不是	不确定
$100	是	不是	不确定
$200	是	不是	不确定
$300	是	不是	不确定
$500	是	不是	不确定
$1 000	是	不是	不确定

单界模板:
你每年愿意支付 75 美元用作湿地保护工程吗?
是
不
不确定

图 A6.2 CV 问题模板

开放式:CV 问题最简单的形式可能就是开放式,在开放式中,受访者被要求直接给出某一给定目标的最大支付意愿。因此,受访者可以提供任何货币价值。

支付卡:向受访者提供许多潜在的 WTP 值,要求他们挑选一个最能代表他最大 WTP 的值。

单界模板:给予受访者一个 WTP 值,询问他是否愿意为研究方案支付这个数量的钱。受访者们面对的 WTP 不都是相同的——不同的 WTP 可以提供相应的变化,从而做出更精确的 WTP 估计值。"不确定"这一选项允许不确定性。如果问题以投票的形式呈现出来,就称为公投模式。

双界模板:单界模板的局限是我们只知道受访者的 WTP 高于或者低于给定的数量。在双界模板中,初始 WTP 后还有一个不同的 WTP 问题,正如图 A6.2 所示。这种形式可以提供关于某人的 WTP 更精确的信息。

多界模板:想要获得更精确的信息,可以使用多界模板,询问受访者是否愿意支付几个不同的数量。

那么,哪一种形式最好呢? CV 问题还产生几个潜在的误差,所以我们可以研究每种模板如何减少或者加剧误差。一个普遍存在 CV 问题中的误差是策略性偏差——发生于受访者故意提供不正确的 WTP 值因而提高政策结果时。例如,单界模板可能会问一个受访者是否为了支持对濒危物种的保护每年支付 100 美元。即使她不准备支付这个数量的钱,她也会出于对濒危物种保护的支持回答"是"。另一个误差是 yea-saying——有些受访者接受给定的数量,往往是因为他们认为这是"正确"答案或者是研究者想听到的答案,所以 yea-saying 将导致结果存在正的误差,使得 WTP 偏大。范围偏差是存在于支付卡模板及多界模板中的问题,产生于受访者的答案受所给值的范围的影响。具体地说,受访者趋向于给出范围中间的值,从而产生误差。虽然大部分的误差都会导致高估 WTP,抗议出价则趋向于低估 WTP。抗议出价发生是因为一些人觉得自己在这个问题中已经因其他原因支付足够的税收或者费用,从而表示不愿意为这些付费。另一个在任何调查中都会出现的误差是非代表误差——发生于受访者不具有代表性的时候。在这样的例子中,调查结果不能向整个人口递推。

设计 CV 调查中的另一个问题是通过什么方式发放给受访者。CV 调查可以通过电子邮件、电话、面对面或者网络发放给被调查者。无论使用什么方法,研究者都希望获得高的答复率,这将减少非代表性误差发生的可能性。答复率可以通过后续的联系提高,如接着给没有答复的人打电话或者发电子邮件。虽然网络调查成本最低,但是它的答复率也最低。面对面调查可以让研究者更好地进行场景描述,并且往往使受访者对问题的注意力更集中,但是往往成本最高。正如本章中讨论的,NOAA 陪审团建议使用面对面调查,因为他们要求 CV 场景呈现得更具体。

附录 6.2　使用 Excel 进行现值计算

分析中的现值计算可以通过 Excel 轻松完成。假设我们计算从第 3 年开始持续 20 年且年收益为 20 000 美元的现值,折现率为 3%。

我们首先在电子表格中为年数建立一列——列 A(见表 A6.1)。因为收益是从第 3 年开始持续 20 年,所以年数最大为 22。注意,第 0 年(现在)至第 3 年的收益为 0。我们在 E2 单元格输入年收益率 20 000 美元,E5 单元格输入折现率。当我们想考虑不同场景时,如不同的折现率,在边上输入这些值可以让我们很简单地改变这些值。

表 A6.1　　　　　　　　　　　　使用 Excel 计算现值

	A	B	C	D	E
1	年	收益			
2	0	0		收益=	20 000
3	1	0			
4	2	0			
5	3	18 303		折现率=	0.03
6	4	17 770			
7	5	17 252			
8	6	16 750			
9	7	16 262			
10	8	15 788			
11	9	15 328			
12	10	14 882			
13	11	14 448			
14	12	14 028			
15	13	13 619			
16	14	13 222			
17	15	12 837			
18	16	12 463			
19	17	12 100			
20	18	11 748			
21	19	11 406			
22	20	11 074			
23	21	10 751			
24	22	10 438			
25					
26					
27		280 469	PV 合计		

第 3 年收益的现值：

$$PV = 20\ 000/(1+0.03)^3 = 18\ 303(美元)$$

为了在 Excel 演示这个计算，我们将下面的式子准确地输入单元格 B5：

$$=E2/((1+E5)^{A5})$$

必须要用"＝"，表明正在输入一个公式。输入 E2，告诉 Excel 使用单元格 E2 中的值作为分子。分母参考折现率和年数所在的单元格。输入这个式子后，得到一个值：18 303。

接下来，将公式从单元格 B5 复制到 B6，获得第 4 年的现值。你会得到一个 0 值——显然是不正确的。观察复制的公式（点击单元格 B6），你将看到每一个单元格引用都被向下移一格。复制的公式将是：

$$=E3/((1+E6)^{A6})$$

虽然我们希望用 A6 代替 A5（第 4 年替代第 3 年），我们希望保持单元格 E2 和 E5 的引用不变。为了在 Excel 中做到这一步，当我们输入公式的时候在行号和列号前面加一个"＄"来固定对一个单元格的引用。这样，无论公式何时被复制，引用都不会变。

回到单元格 B5 的公式，将它改成下列形式：

$$=\$E\$2/((1+\$E\$5)^{A5})$$

现在对单元格 E2 和 E5 的引用固定了，只有单元格 A5 的引用在复制时会调整。B5 的值依旧是 18 303。如果我们把这个修正过的式子复制到 B6，新的值将是 17 770。单元格 B6 的公式将是：

$$=\$E\$2/((1+\$E\$5)^{A6})$$

因此，现在用四年期的折现代替 3 年期的折现。接下来我们可以将这个公式复制到剩下的所有年份。加总所有年份的值（Excel 有一个简单的加总命令），我们得到一个总的现值 280 469 美元，如单元格 B27 所示。

通过改变边上的输入量，我们可以很简单地修改我们的分析。假设我们想要在 5％的折现率下重做我们的结果，只需将单位格 E5 的值从 0.03 变为 0.05，所有的计算将会自动更新。新的总现值是 226 072 美元。

附录 6.1 和附录 6.2 中的关键词

非代表误差	公投模式
抗议出价	策略误差
范围误差	yea-saying

第三部分

生态经济和环境核算

第7章 生态经济学:基本概念

焦点问题

- 自然资源属于资本吗?
- 应该如何理解并保护资源和环境系统?
- 是什么限制了经济系统的规模?
- 从长远来看,如何保持经济福利和生态系统的健康?

7.1 生态角度

经济和环境问题之间的关系可以从多个角度来看。在第3~第6章,我们把来源于标准经济学的分析概念应用于环境问题。然而,被人们熟知的生态经济学却采用了不同的方式。生态经济学尝试着重新定义基本的经济学概念以使它更适用于环境问题。正如在第1章所述,这往往意味着从宏观的而不是微观的角度来看待问题,关注生态循环并将物理逻辑和生物系统应用于人类的经济,而不是用经济的分析方式来透视生态系统。

与一般的经济分析方式不同,生态分析不仅有一个基于市场的分析框架[a]。生态经济学家 Richard Norgaard 将这种方法定义为方法论的多元主义[1](methodological pluralism),他主张多种角度可以避免基于单一视角的错误。通过将分析和技术相结合,我们可以对所研究的问题有一个更为全面的了解。

这一多元化方法不一定意味着生态经济学与市场分析不相容。在第3~6章所学的分析方法提供了很多视角,而这些视角对形成一个更广泛的生态观点给予了补充。但为了理解经济系统与生态系统之间的相互作用,市场分析中使用的一些假设和概念可能需要修改或替换。

---

[a] "Methodology"指用于分析问题的一系列技巧和方法。

[1] 方法论的多元主义:这种观点认为更全面地理解问题可以获得使用一种相结合的观点。

7.2　自然资本

　　生态经济学家强调的一个基本概念是自然资本[②]（natural capital）。许多关于生产理论的经济学模型着重强调两个生产要素：资本和劳动力。对于第三个生产要素，即通常所说的"土地"，虽为人们熟知，但在经济学模型中的作用并不显著。19 世纪的古典经济学家，尤其是 David Ricardo——《政治经济原则和税收》的作者——把土地及其生产力作为经济生产的基本决定因素。然而，许多现代经济学通常假设技术进步可以克服土地生产力的任何限制。

　　生态经济学家将古典经济学的概念——"土地"重新引入并加以扩充，命名为自然资本。自然资本被定义为土地的所有禀赋以及我们可以获得的资源，包括空气、水、肥沃的土地、森林、渔场、矿产资源以及生态生活支持系统（如果不存在，经济活动及生命本身也不会存在）。

　　从生态经济学的角度看，自然资本的重要性不亚于人力资本于生产的基础作用。更进一步来讲，一个谨慎的核算应该包括对自然资本的评估并反映其增减变化，而这些都应该反映在国家收入核算中。

考虑自然资本变化

　　将自然资源定义为一种资本有重要的经济含义。谨慎经济管理的一个中心原则是保存资本的价值。随着时间的推移，人们普遍希望增加生产性资本，经济学家将这一过程称为净投资和撤资[③]（net investment and disinvestment）。在一段时间内，如果一个国家的生产性资本（净负投资）减少，则说明这个国家的经济在衰退。

　　诺贝尔经济学奖得主、《价值与资本》（1939 年）的作者 John Hicks 爵士将收入定义为：在保持期末财富至少与期初财富等同条件下，一段时间内个人或国家消费的物品和服务的数量。换句话说，你无法通过减少你的资本来增加收入。

　　让我们看一下它在实践中的应用，假设你得到了 100 万美元的遗产（虽然很少有人会这么幸运，但我们可以想象一下）。假设将这 100 万美元投资于实

---

　　b　实际收益是剔除通货膨胀的收益。

　　②　自然资源：来自土地和资源可用的馈赠，包括空气、水、土壤、森林、渔业、矿业以及维持生命的生态系统。

　　③　净投资和撤资：随着时间的推移，通过从总投资中减去折旧来计算生产资本的增加或减少。

际收益率为 5% 的债券上[b],那么你每年可以有 5 万美元的收入。然而,如果你决定每年花费遗产中的 10 万美元,减掉 5 万美元的债券投资收入,每年你将花费 5 万美元的资产。这意味着:在未来几年里,你的收入将会减少,而且你的资产最终会被耗尽。显然,这不同于只建立在收入上的稳健策略,因为后者可以让你(或你继承的遗产)每年一直得到 5 万美元。

只要人们认可人造资本,那么这一原理也会被普遍接受。对人造资本随时间消耗的计算包含在国民收入核算中。每年我们会估计资本折旧[④](capital depreciation)并把它从国民收入中剔除,以得到国民生产净值。为保持国家财富的稳定,那么每年必须要有足够的投资以替代资本的损耗。我们也可以通过区分总投资和净投资的不同来理解这一点。净投资为投资减折旧,它可以为 0;当替代折旧的资本不充分时,也可以为负值。净投资为负值时意味着国家财富在减少。

然而,对自然资本折旧[⑤](natural capitial depreciation)却没有类似的定义。如果一个国家将其砍伐森林得到的木材用于国内消费或出口,这将仅作为一个积极影响计入国民收入核算,其值为木材的价值。没有人把活立木作为经济资源进行损失核算,也没有人对它的生态价值进行损失核算。从生态经济学的立场来看,这是一类严重的疏忽,必须加以纠正。生态经济学家已经提议修正国家收入核算体系,从而使之包括自然资本的折旧(我们将在第 8 章深入分析这一提议)。

自然资本的动态变化

同时,自然资本概念的提出也是因为单纯的经济学分析并不能充分反映自然资本存量和流量的变动。正如我们将在第 6 章中要看到的,虽然经济学家有很多用货币来表示自然资源和环境因素的方式,而且这些方式都满足经济分析的标准,但是它们却只能用来分析自然资本的一个方面。

掌控如能源、水、化学元素和生命体等自然资本的基本规律遍布化学、物理学、生物学和生态学等领域的物理定律中。如果不对这些法则加以明确考虑,我们也就不能对自然资本有一个全面的了解。

以农业系统为例,土壤肥力是由化学营养成分、微生物、水流和动植物废物回收利用之间的复杂的相互作用决定的。粮食的产出在测量土壤肥沃方面是短期经济计量的一个有效方式,但从长期来看,这可能是一个错误的引导,因为微妙的生态过程也在起作用。单纯经济学分析会导致土壤肥力长期保持

---

④ 资本折旧:在国民收入中扣除资本的磨损。
⑤ 自然资本折旧:扣除在国民经济核算中损失的自然资本,如木材供应、野生动物栖息地或矿产资源的减少。

的关注度不够。

　　因此,在涉及自然资本的保持问题上,把经济学分析的方法与生态原则相结合是必要的。这并不是说第 3～6 章所学的经济方法与生态分析不相关。确切来说,我们应以自然系统中的生态观点作为经济分析方法的补充,从而避免错误结论的得出。在自然资本核算和保护方面,经济学家主张的方式有:

　　● 对自然资本的物理核算⑥(physical accounting)。除了为人熟知的国家收入核算方式,卫星核算⑦(satelite accounting)通过构建以表示自然资源的多少来估计每年的变化。这些核算方式也可用以表示污染物的累积量、水质、土壤肥力变量以及其他表示环境状况的重要物理变量。如果核算指标显示资源枯竭⑧(resource depletion)或环境恶化⑨(environmental degradation)严重,那我们要采取措施以保护或恢复自然资本。

　　● 可持续产量⑩(sustainable yield)水平的决定。正如我们在第 4 章中看到的,自然资源的经济开发经常会超出生态可持续的水平。决定一个可持续的产量水平,人类可以在这一水平上一直进行经营。如果经济均衡产量超过了可持续经营的产量,那么资源就会受到威胁,此时,特定的保护政策是必要的。渔业以及林业也会面临同样的问题,我们将在第 13 章和第 14 章进行详述。

　　● 环境的吸收能力⑪(absorptive capacity of the environment)包括对家庭、农业以及工业废物的吸收。自然作用可以将废物分解且可以将它们在无公害的前提下再吸收到环境中。其他废物和污染物,如氯化农药、氯氟化碳和放射性废物,很难甚至不可能被环境再吸收。科学分析可以对废物排放的合理水平估计一个基准线,而这与第 3 章介绍的经济概念"最优污染物水平"并不是一个概念。

　　所有这些措施都是为实现自然资本的可持续性⑫(natural capital sustainability)这一一般原则。根据这一原则,国家应该通过限制资源的消耗或恶化以及为资源的再生进行投资达到保护自然资本的目的(如水土保持或重新造林计划)。将一般原则转变成特定政策条例的困难和争论使得经济分析与生态分析的不同更加突出。我们将在接下来的章节里对这类问题进行更深入的探讨。

7.3　宏观经济规模问题

　　宏观经济学的一般理论认为经济体的规模是没有限制的。凯恩斯理论、

---

　　⑥　物理核算:作为国民收入核算的补充,从物理方面来估计股票或者自然资源的服务,而不是从经济方面。

　　⑦　卫星核算:估计自然资本的实物供应而不是金钱供应的账户,用于补充传统的国民收入核算。

　　⑧　资源枯竭:由于人类的开发利用而使可再生资源的存量减少。

　　⑨　环境恶化:环境资源的功能和质量的损失,往往是由于人类的经济活动造成的。

　　⑩　可持续产量:维持资源不减少的产量水平。

　　⑪　环境的吸收能力:吸收环境中无害废物产品的能力。

　　⑫　自然资本的可持续性:通过限制损耗率并对资源更新进行投资以保护自然资本。

古典理论以及其他经济学理论解决的是基于消费、储蓄、投资、政府支出、税收和货币供给这些宏观经济总量下的均衡问题。但是随着经济的增长,均衡水平是可以无限增长的。因此,随着时间的推移,国民生产总值(GDP)将呈现十倍甚至百倍的增长。

以每年 5% 的增长率为例,每 14 年 GDP 将翻一番,那么 1 个世纪内 GDP 将超过 100 倍。即便每年的增长率为 2%,每 35 年 GDP 翻一番,那么 1 个世纪内将增长 7 倍。如果从数学计算的角度来看待经济均衡,其增长并不会引发什么问题。但是生态经济学,尤其是 Rovert Goodland 和 Herman Daly 争论说资源和环境因素为经济活动的合理水平施加了现实的限制,而且经济理论应该包含"最优宏观经济规模"[13](optimal macroeconomic scale)这一概念。

这一概念与受限于有限资源的个体经济和全球经济相关联,而且它对全球经济的意义尤为重要,因为国家经济可以通过国际间贸易来克服资源有限这一问题。我们在图 7.1 中表示了这一情况,虽然这让我们回忆起我们最初目的是描述经济系统和生态系统之间的关系(见第 1 章图 1.2),但图 7.1 还显示了支持生态系统内的经济增长,它提供了重要的生理和生活——周期压力。

在图 7.1 中,经济系统(如图 7.1 中矩形所示)把能源和资源作为投入并将废弃能源和其他废物排放到生态系统中(如图 7.1 中圆形所示)。我们将投入量和排出的废物量的总和称为吞吐量[14](throughput)。这里所说的经济系统是一个开放系统[15](open system),因为它与所处的全球生态系统进行能源和资源的交换。全球生态系统吸收太阳能并将余热排出,但是它属于另外一类系统——封闭系统[16](closed system)。

随着开放的经济子系统在封闭的地球生态系统中的扩大(如图 7.1b 中扩大的矩形所示),其资源需求和废物排放越发难以调节。地球生态系统大小的固定为经济系统的扩大设置了规模限制[17](scale limit)。

---

[13]　最优宏观经济规模:经济系统关于最佳规模水平的概念,当超出它并进一步增长时会导致较低的社会福利和资源退化。

[14]　吞吐量:在某过程中能源和材料总的输入和输出。

[15]　开放系统:与其他系统进行能量和自然资源交换的系统;经济系统被认为是一个开放的系统,因为它能从生态系统中获取能量和自然资源并将废弃物排到生态系统。

[16]　封闭系统:不与其他系统交换能量或资源的系统;除了太阳能和废热,全球生态系统是一个封闭的系统。

[17]　规模限制:对系统规模的限制,包括经济系统。

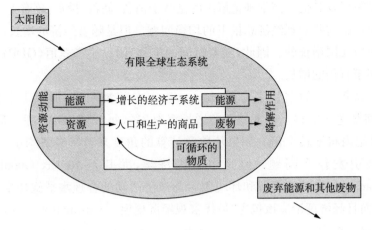

Source:Goodland，Daly，and El Serafy，1992，P.5.

图 7.1a　相对于全球生态系统的经济子系统(小范围)

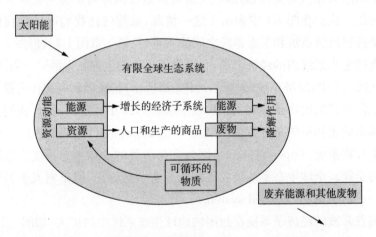

Source:Goodland，Daly，and El Serafy，1992，P.5.

图 7.1b　相对于全球生态系统的经济子系统(大范围)

图 7.1 涉及的是经济系统的物质增长,其中,物质的增长用资源和能源的需求量以及废物排放量来衡量。即便没有更多的资源配置,GDP 也有可能增长,尤其是当经济发展集中在服务部门时。正如扩大机动车的生产需要更多的铁、玻璃、橡胶和其他原料的投入,为使用这些交通工具,同时还需要更多的汽油。但是类似歌剧或儿童托管这类服务需要的物质资源则较少。如果每单位的产出需要更少的吞吐量,则说明对资源和能源的利用效率提高,这一过程被称为去物质化[18](dematerialization)或去耦化[19](decoupling)。对于这一问题,

---

⑱　去物质化:通过减少对物理材料的使用(如使用更少的金属制造铝罐)来实现经济目标的过程。
⑲　去耦化:打破经济活动增加以及由此对环境的影响增加之间的关系。

我们将在第 17 章进行更详尽的说明,但是 GDP 的增长通常伴随着资源和能源吞吐量的提高。

经济活动无疑面临着许多规模限制,那么,我们如何确定经济子系统是否在扭曲生态系统的限制呢? 一种方法是通过是否存在大规模的患病率的增加这一现象来判断,或是全球环境问题,如全球气候变化、臭氧层破坏、海洋污染、土壤恶化和物种灭绝来判断。按照常识,或者从生态分析的角度看,这些普遍的问题说明:20 世纪末,我们已经达到了一些重要的环境阈值。

衡量经济系统和生态系统之间的关系

生态经济学家已经提出从理论上将这两个系统结合起来的特定方法。生态系统和经济系统都以利用能源资源为支撑功能以及扩大生活的职能。因此,在一定程度上,我们可以认为能源是所有经济活动的基本要素:人类劳动、资本投资和自然资源的开发都需要能源。

生命系统通过植物光合作用获得太阳能。随着人类经济系统的发展,光合作用的净初级产品[20](net primary product of photosynthesis,NPP)的大部分直接或间接提供给经济活动。农业、林业、渔业或燃料占有生命系统通过光合作用获得的太阳能。除此之外,人类活动将原始土地和农业用地改为城市工业用地,或用以修建交通系统和房屋。人类已征用土地约 40% 的光合作用和包括海洋生态系统在内的全球总量的 25% 左右的光合作用。

这些 NPP 数据表明,过多的经济活动会使我们接近于地球承受能力的绝对极限。正如我们在第 2 章中所看到的,除非人口增长率或经济增长率大幅度变化,否则这一现象将可能发生。因此,我们非常重视规模限制这一问题。在第 10 章~第 19 章,我们将探讨农业、燃料和其他资源在这一问题上的特定意义,也将涉及经济理论的一般意义。

Herman Daly 认为经济的快速发展把人类从"虚世界"经济学(empty-world economics)到"实世界"经济学[21](full-world economics)中。在"虚世界"阶段,相对于生态系统,当经济系统比较小时,资源和环境的限制是不重要的,其主要的经济活动是通过对自然资源的开采以建立人造资本存量和扩大消费。在这一阶段,经济活动主要受限于人造资本量。

然而在"实世界"阶段,对自然资本的保护更加重要。如果我们没有采取适当的措施保护资源和环境,不管人造资本存量有多大,环境的恶化将危害到经济活动。

---

⑳　光合作用的净初级产品:通过光合作用直接产生的生物质能源。

㉑　虚世界和实世界经济:经济方法对环境问题应该有所不同,取决于相对于生态系统的经济规模是否是小的(虚世界)或大的(一个完整的世界)。

从这个角度来看的理论与一般经济理论在重要方面是不同的,后者通常假定资源具有可替代性㉒(substitutability),如工业生产的废料可以弥补土壤肥力的丧失。从生态的角度可知,这一替代关系没有那么简单,不像人造工厂和机器那样,以自然资源为基础的经济活动在某种程度上是不可替代的。以化肥为例,施肥过量会破坏土壤里的其他营养成分,同时化肥流失也会污染水道。

在很多情况下,自然资本在充当生产性资本时具有互补性㉓(complementarity)而非可替代性,这意味着这两类资本都是有效生产的必要组成部分。比如,如果鱼群枯竭,增加渔船的数量是无济于事的(正如在第4章和第13章讨论的那样)。自然资本的基本功能是我们应该调整经济增长的一般理论,从而将生态的局限性和长期可持续性问题考虑在内。

7.4　长期可持续性

在涉及自然资本时,我们已经提到可持续性。但是如何更精确地定义这一术语呢?我们想要限制自然资本的流失或恶化并为保护和恢复自然资本进行投资。从严格意义上来说,这意味着永远不会使用任何可耗减的资源或进行任何改变自然系统的经济活动。在一个超过70亿人的世界里,大规模地实现规模化或快速地进行工业化显然是不可能的。但是无限制地使用资源和废物的不断增加也是不可接受的,我们应该如何平衡?

我们已经回顾了针对这一问题的一般经济理论原理。外部经济理论、资源分配、共同财产和公共物品的管理在第3章～第5章已有所概述,这些为资源的使用和保护以及最优污染水平的确定提供了经济原理。然而,从长期来看,在全球背景下,这些理论可能还不够。在面向个人市场时,它们可能无法保证宏观经济层面上环境的可持续性。因此,我们需要整体保护国家和全球资源的指导方针。在这些方针的指导下,市场特定问题的解决方案与环境管理问题相互关联。

我们可以区分强可持续性㉔(strong sustainability)和弱可持续性㉕(weak sustainability)的概念。(这里用到的"强"和"弱"是指假设的强度,并不意味

㉒　可替代性(人力和自然资本的):一种资源或投入能替代另一类的能力,特别是人力资本弥补某些枯竭的自然资本的能力。

㉓　互补性:被共同用于生产或消费的特性,如对汽油和汽车的使用。

㉔　强可持续性:认为自然和人为资本一般是不可替代的,因此认为自然资本水平应维持不变。

㉕　弱可持续性:只要能由增加的人力资本进行补偿,那么认为自然资本的消耗就是合理的;假定人为资本可以替代大多数类型的自然资本。

着一个就一定比另一个好。)强可持续性是基于自然资本与人造资本之间的有限可替换性假设的基础上的。弱可持续性假设自然资本与人造资本之间通常是可以替换的。

采取强可持续性发展方法,可分别保留人造资本与自然资本,确保整体自然资本储备不会被耗尽。例如,可以砍伐一个区域的森林,只要同样的森林资源在别的区域内扩大,如此就可以保证整体的森林资本不变。只有在具有同等能力的替代资源同时期增加的情况下,石油储备才可以使用。强可持续性发展需要广泛的政府干预以及对经济活动本质的彻底改变。

弱可持续性更容易实现。这一原则假设自然资本与人造资本之间完全可以置换,证明资本总量是不变的。例如,为了扩张农业生产或工业生产而砍伐森林,但是,这需要对被砍伐的森林做一个比较正确的估计。除非新产生的人工资本大于损失的自然资本,否则不可以砍伐森林。

这一原则更接近标准的经济理论。私人所有者可能也会做出这样的计算,并且不会愿意用高价值的资源交换低价值的资源。但是,当出现以下情况时,需要政府干预保持弱可持续性:

● 私人所有者未能考虑自然资本的完全生态价值(例如,一个生产森林产品的公司计算木材的价值,但却不考虑其中濒危木材的生态价值)。

● 在发展中国家,自然资源的所有权没有得到很好的界定。这种情况会导致短期资源所有者或者非法用户对自然资源的快速掠夺。

● 私人所有者只考虑短期影响,没有考虑诸如累积形成的土壤侵蚀类的长期问题。

● 涉及公共财产资源或公共物品。

● 涉及真正不可替代的资源问题,如物种灭绝或者干旱地区水资源供应短缺的问题。

政策选择和未来折旧

强、弱可持续性之间的选择是十分困难的。例如,在管理森林资源时,强可持续性政策可能限制太多,要求一个国家在任何情况下都要保持森林覆盖率不变。然而,弱可持续性政策对于森林砍伐并没有固有的限制,只需要健全的经济核算。虽然必须定义一个中间立场,但这并不能简单地通过市场过程完成。这必须是一个明智的社会选择。

在定义中间立场时一个非常重要的因素是**对未来的折现**。我们在讨论资源分配(第 5 章)和成本-收益分析(第 6 章)时,已经强调了市场在选择资源使用时折现率的重要性。总的来说,折旧率越高,目前利用资源的积极性也越高。根据霍特林定律,私人所有者必须预计资源的净上涨速度至少等于在他们要为未来储存资源之前的利率。多数可消耗资源不会发生这种情况。在折旧率为5％的情况下,资源的净价格预计每14年翻一倍,引起资源存储。对投资人来说,立刻提取资源,并在折旧率为5％时进行投资更加有利可图。对于可再生资源,如森林,年收益率必须至少等于市场利率,这样,私人所有者才能进行可持续管理(详见第14章)。在较低的收益率上,经济激励措施支持砍伐森林以获得货币收益。实际上,这意味着把可再生资源作为可消耗资源处理,尽可能快地"挖"完它。

折旧是对自然资源系统的严厉测试。除非能满足一定的收益率水平,否则立即开发将优于可持续管理。如果主要的生态系统和重要的自然资源没有通过这个测试,那么急于尽快开发利用资源的结果就是未来的资源储存量降低。

这里关系到可持续性原则:一个拥有大量的人造资本,却只有少量的自然资源的世界能够满足未来的需要吗? 或者,是否应该实施更强的资源保护政策保卫我们自己与子孙后代的利益呢?

这不是一个关于未来长期发展的哲学辩论。许多高质量的矿产资源可能在30~40年被开采殆尽;这期间热带雨林也几乎可能消失;海洋和大气系统可能严重退化;水土流失可能在1个世纪的时间里摧毁数百万英亩农田的生产能力。如果运用严格的商业折扣原则,所有的这些对生态家园的破坏看起来都像是"理智的"甚至是"最佳的"选择。

Norgaard 和 Howarth 认为,不应该由以市场为基础的折旧率决定资源的未来长期使用问题。他们建议使用可持续性标准促进代际公平㉖(intergenerational equity)。按照这种观点,简单运用利润最大化的标准去决定有关长期投资与保护的问题是不正确的。这需要社会监督对未来资源进行保护。

复杂性、不可逆性和预防原则

另一个使用可持续标准的主要理由与生态复杂性㉗(ecological complexity)和不可逆性㉘(irreversibility)有关。经过几个世纪的发展,当前的生态系统达到一个平衡,其中涉及成千上万种植物和动物之间的交互作用(物种的总数是未知的,但是以百万为单位计算),以及大气、海洋、淡水以及陆地生态系统中的物理和化学上的微妙的平衡关系。

对自然资源的大量开采会永久性地改变生态平衡,并且伴随着不可知的生态影响。在某些情况下,改变生态平衡会导致荒漠化、海洋生态系统的崩

㉖　代际公平:将资源(包括人类和自然资本)在几代人之间进行分配。

㉗　生态复杂性:许多不同的有生命和无生命的元素共存于生态系统并以复杂的模式交互在一起的状态;生态系统的复杂性意味着生态系统可能是不可预知的。

㉘　不可逆性:指人类对环境造成了不好的影响并无法逆转的一个概念,如物种灭绝。

溃,臭氧层的破坏、含水层的污染以及抗杀虫剂的害虫灾等。物种灭绝就是对自然造成不可逆转的破坏的明显案例,未来需要花费难以计数的经济成本和生态成本来缓解这一危机。

因此,生态经济学主张预防性政策[29](precautionary principle)。人们应该尽量不干扰自然系统的发展,尤其是在无法预测的未来长期影响的情况下。这一政策不允许运用简单的经济公式去计算资源的价值并进行运用。只有在考虑生态意义时这些经济学计算才有意义,而且这些计算的生态意义有时要超过其计算的市场均衡逻辑。

能量和熵

如上所述,生态经济学特别关注能源。这意味着我们需要知道物理学的基本定律以便了解生态系统的基本驱动因子及其发展限制因素。热力学第一定律[30](first laws of thermodynamics)指出,物质和能量既不能被创造也不能被毁灭(尽管物质可以通过核过程转化为能量)。这意味着任何物理过程,包括所有经济过程,都可以被看作是物质和能量从一种形式转化为另一种形式。热力学第二定律告诉我们更多关于这种转变的实质,在所有的物理过程中,能量都是从一种可用的状态退化为不可用的状态。

这个过程的正式名称是熵[31](entropy)。熵是用来测量系统中不可用的能量,根据第二定律,熵会随着自然进程的发展而增加。熵的概念可以用在资源的计算上,也可以应用于资源以外的其他能源。一个容易使用的资源,如高档金属矿石,其熵值较低。矿石越低档,熵值越高;此概念也可以应用于在其他资源使用的程序中。

理解这个狡猾的熵的概念,最好的办法就是思考一个具体的例子,比如一块煤炭的燃烧。在其原始状态,煤炭的熵值较低,也就是说,它包含可用的能量。这种能量可以通过燃烧煤炭获得。一旦燃烧,煤转化为灰烬和废热。能量现在不再被使用,系统转到高熵状态。

Nicholas Georgescu-Roegen 是一位生态经济思想的先驱,他认为熵的法则应被视为经济学的基本指导原则。所有经济过程都需要能量,能量从一个可用的状态转换到一个不能用的状态。因此,可以说任何经济过程的物理输出包含具体能源[32](embodied energy)。

㉙　预防原则:政策应该考虑不确定性并通过采取措施避免低概率但灾难性的事件的发生的观念。
㉚　热力学第一和第二定律:是一个物理定律,指出物质和能量不能被破坏而只会转变,而且所有的物理过程都会导致可利用的能量减少(增加熵)。
㉛　熵:度量系统中不可获得的能量的测量方式;根据热力学第二定律,所有物理过程都伴随着熵的增加。
㉜　具体能源:商品和服务生产过程中所需要的总能量,包括间接使用和直接使用的能量。

　　例如,一辆汽车能源用于生产钢铁和将钢铁塑造成汽车零部件,以及工人组装使用的能量(或能量用于运行流水线机器人)。当然,它也需要额外的燃料能源。但最终这一切能源成为一个不可用的形式。燃料废弃转化为热能量耗散尽和污染。汽车最终报废,本身成为废物。在这个过程中,它已向其用户提供运输服务,但最终结果是可用的能源和资源退化成一个不可用的形式。

　　如果我们从这个角度去考虑经济过程,有两点是非常清楚的:一是经济过程需要连续流的可用能源和资源(低熵);二是它不断产生能源浪费和其他废物(高熵)。因此,输入和输出流的资源和能源的经济体制成为生产的基本管理机制。

　　这个角度不同于标准经济理论,在标准经济理论中劳动力和资本投入通常是最基本的生产要素。能源和资源投入往往没有特别考虑,有时甚至完全省略了。比起其他投入价格,能源和资源价格没有特殊的意义,正如我们所看到的,废物流效应通常被定义为生产外部性而不是作为生产的中心。

　　标准方法适用于能源和资源丰富、价格低廉以及环境容易吸收其造成的浪费和污染时,在理解经济和生态系统之间的关系时,作为一个重要的因素,出现了从熵来看的角度。但随着对能源、资源需求以及污染和浪费的增长,熵的概念对于理解经济和生态系统之间的关系是非常重要的因素。

能源流动与经济生产系统

　　现有的生态系统能够有效地捕捉到能量。几千年的进化已经开发出复杂并相互依存的生活系统,从环境中吸取能量,使用太阳流③(solar flux)(流动的阳光)。在所有生态系统中,光合作用是最基本的过程,由绿色植物利用太阳的能量生产所需的有机化合物。所有动物的生命都依赖于植物光合作用,因为动物缺乏能够直接利用太阳能的能力。

　　从熵的角度看,经济过程本质上是一个使用低熵值来维持生命活动的生物过程,以及增加整体熵的过程。工业系统大大增加了熵的运用。低熵的矿藏和储存低熵的化石燃料支持着工业过程。集约农业也"开采"土壤的储存资源。与此同时,工业系统大大增加了熵废物的排放。

　　标准的经济理论没有内在的"增长的极限"。但熵理论意味着有限制;经济系统必须在如下约束中运行:

- 低熵资源的存储有限,特别是高档矿石和化石燃料。
- 有限的土壤和运用太阳能生产食品和其他生物资源的生态系统。
- 吸收熵废物能力有限的生态系统。

---

③　太阳流:持续流向地球的太阳能。

在某些情况下,规避特定的约束是有可能的。例如,我们可以通过添加人工化肥增加土壤的生产力。但是由于化肥生产本身需要能量,所以我们无法逃避熵法则。实际上,我们可以通过从别处"借用"低熵物品来扩大农业系统的约束,但只能是通过更快速地使用能源资源(浪费和污染的加速更新换代)。低熵的一个真正的"自由"来源是太阳能。即便是太阳能,在吸收和使用能源的过程中也会产生材料和人工成本。

熵法则可以应用于许多不同的生产部门:能源行业本身、农业、矿业、林业、渔业和其他工业领域。这往往可以展示出这些经济活动运行的另一番情景。比如采矿行业,相对于劳动或资本输入衡量,标准的输出可能显示了生产力的提高。但是如果专注于每单位产出的能源投入,很可能看到生产力下降。换句话说,在开采矿石的质量下降时,需要越来越多的能源来达到相同的输出。

在这种情况下,我们用能源代替人工和资本投入,只要能源很便宜,这就是一个很好的经济性选择。然而,这意味着我们的经济系统越来越依赖于化石燃料,在第 13 章我们将看到,化石能源占当今工业能源的 80%以上。化石燃料的污染问题也在增加。

生态经济分析强调生产的物质基础,而不是生产的经济成本。这就可以将问题链接到地球生态系统。如果只关注经济成本,尽管我们试图使资源消耗和环境成本内在化,但可能忽略了经济活动对资源和环境的全面影响。

经济和生态系统模型

生态经济学也寻求不同的技术经济和生态系统的建模。我们可以将不同的分析整合起来以提供一个全面的经济和生态活动的蓝图。这种综合分析如图 7.2 所示。这个例子展示了荷兰布拉班特的经济和生态活动。

当地自然资源系统为布拉班特省的农场和工业提供生产资料来源。其他投入,包括化石燃料,都是进口,出口工业产品。布拉班特省的农业生产为当地消费和出口提供产品。工业、农业和家庭都利用当地的供水系统,但水资源受到一些硝酸盐和杀虫剂的污染。森林提供了户外休闲的场所以及木材业的生产资料来源。农业径流也会影响森林以及荒野(高地摩尔人)。

这种模型可以用来考察经济生产模式、土地利用和环境变化。虽然一些系统中的流动是由经济原理决定的,其他的一些则是生物的物理性质。模型试图捕捉两个系统之间的相互作用以及它们随时间变化而变化的路径。

当我们在第 9 章～第 19 章探讨资源与环境领域时,可以回顾第 3～第 6 章讨论的经济技术之间的关系和生态经济学的一般原则规定。此外,在考虑特定主题领域之前,我们试验一些生态经济学家运用的新的分析技术。一个重要的问题是,在测量经济产出或 GDP 时添加一个环境维度的测量,或者用一个更具包容性的衡量人类福祉和生态系统的健康的变量取代 GDP。我们将在第 8 章讨论这个话题。

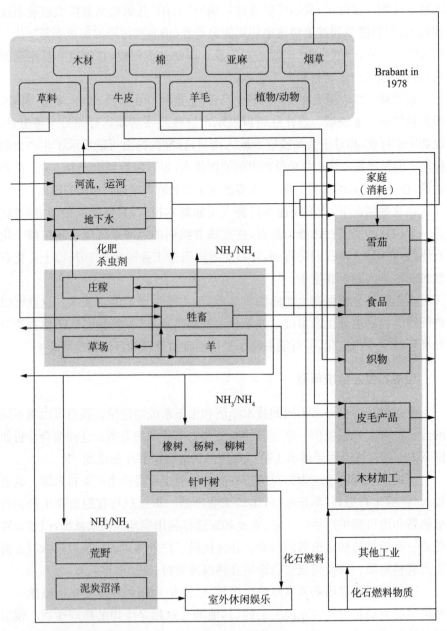

资料来源:Adapted from Braat and Steetskamp,1991,p.283.

图 7.2　荷兰布拉班特的经济和生态模型

总 结

生态经济学采取与基于市场的标准环境经济分析不同的方法。它强调了人类经济对自然生态系统的依赖,而且特别强调了自然资本的概念。虽然大部分标准经济学关心的是人造资本的积累和生产力,生态经济学侧重于维护支持生命的系统和经济活动的自然资本。自然资本包括所有的自然资源,即海洋、大气、植物和生态系统。这些必须根据可持续发展的原则进行管理,以防止随着时间的推移其功能退化。

从这个角度看,经济系统不能没有限制,但是必须使经济活动达到可持续发展的水平,使地球生态系统不受过度的压力。重要的证据表明,当前的经济活动超过这些限制或造成严重的压力。这方面的一个衡量指标是供人类使用光合作用的能源的比例,现在大约有 40% 的陆地光合作用。人类需求将进一步大幅增长,因此,地球上的其他生命系统将没有任何空间。

虽然在管理自然资本的过程中,可持续发展的概念很重要,但是却很难定义。狭义上的可持续发展的概念依赖于用人造替代品取代自然生态系统功能的可能性。广义上的定义假设人类取代自然系统功能的能力有限并且一个可持续发展的社会必须保持其大部分自然系统不会显著减少或退化。

长期可持续性的问题包括贴现未来的问题和为后代提供资源的责任。经济激励机制和产权系统影响资源使用方面的决定,以及资源管理和公共政策方面的决定。预防原则适用于复杂的生态系统受到不可逆转的破坏的情况。为了后代的资源保护,除了需要经济计算更需要社会判断。

对能源经济系统的特别关注强调熵的原理:可用的能源是有限的,它适用于所有物理过程,包括生态系统和经济系统。这就强调了要特别重视太阳能和有限化石燃料能源的使用。一般来说,熵分析显示了经济活动的范围和支付超过这些限制的生态代价。

生态学和标准经济学的原则都与资源管理问题相关。有时,这些原则相冲突,但重要的是考虑如何更好地将生态原则和经济原则同时应用到特定的资源和环境问题以及经济产出的测量、人类福祉、生态系统的健康的问题上。

问 题 讨 论

1."自然资本"在哪些方面类似于人造资本? 二者在哪些方面不同呢? "资

本回报率"是指资本投资形成的收入流,那么,存在自然资本的回报率吗? 自然资本投资的例子有哪些? 谁有动力进行这样的投资? 如果这样的投资没有成功,谁来承受损失? 或者,由于资源枯竭或环境恶化存在收回投资怎么办?

2.最佳规模经济的概念有用吗? 如果有用,你会如何决定? 你认为美国、欧洲和日本的经济已达到最优规模,还是已经超过最优规模? 拉丁美洲的经济怎么样? 亚洲呢? 非洲呢? 如何把全球经济最优规模的概念与处在不同发展阶段的国家的经济增长相联系?

3.区分强可持续性和弱可持续性的概念,并举出一些实例,除了在文中列出的那些。这两个概念用在哪里最合适呢? 哪些经济政策措施与实现可持续发展相关?

注 释

1.Norgaard，1989.

2. For a more detailed account of the development of ecological economics and its relation to economic theory, see Costanza et al., 2012; Krishnan et al., 1995; Martinez-Alier and Røpke, 2008.

3.See Ricardo，1951 (original publication 1817).

4.See Daly，1996; Goodland et al., 1992.

5.See Daly，2007.

6.See, for example, Goodland et al., 1992, chaps. 1 and 2; Meadows et al., 2002; Randers, 2012.

7.For a detailed assessment of environmental limits, see Millennium Ecosystem Assessment，2005.

8.Vitousek et al., 1986.

9.See Daly and Farley, 2011, chap. 7.

10.For discussion of the implications of an ecological economics perspective for growth theory, see Daly, 1996; Harris and Goodwin, 2003.

11.A discussion of the principles of strong and weak sustainability is in Daly, 2007; Martinez-Alier and Røpke, 2008, part VI A; Neumayer, 2003.

12.Norgaard and Howarth, 1991; see also Padilla, 2002; Page, 1997.

13.Application of the precautionary principle is discussed in Tickner and Geiser, 2004.

14.Georgescu-Roegen，1993.

参考文献

Braat, Leon C., and Ineke Steetskamp. 1991. "Ecological Economic Analysis for Regional Sustainable Development." In *Ecological Economics*, ed. Robert Costanza. New York: Columbia University Press.

Costanza, Robert, John Cumberland, Herman Daly, Robert Goodland, and Richard Norgaard. eds. 2012. *An Introduction to Ecological Economics*, 2d ed. Boca Raton, FL: CRC Press.

Daly, Herman E., 1996. *Beyond Growth: The Economics of Sustainable Development*. Cheltenham, UK; Northampton, MA: Edward Elgar.

——. 2007. *Ecological Economics and Sustainable Development: Selected Essays of Herman Daly*. Cheltenham, UK; Northampton, MA: Edward Elgar.

Daly, Herman E., and Joshua Farley. 2011. *Ecological Economics: Principles and Applications*. Washington, DC: Island Press.

Georgescu-Roegen, Nicholas. 1993. "The Entropy Law and the Economic Problem." In *Valuing the Earth: Economics, Ecology, Ethics*, ed. Herman E. Daly. Cambridge, MA: MIT Press.

Goodland, Robert, Herman Daly, and Salah El-Serafy, eds. 1992. *Population, Technology, and Lifestyle: The Transition to Sustainability*. Paris, France: United Nations Educational, Scientific and Cultural Organization (UNESCO).

Harris, Jonathan M., and Neva R. Goodwin. 2003. "Reconciling Growth and Environment." In *New Thinking in Macroeconomics*, ed. Jonathan M. Harris and Neva R. Goodwin. Cheltenham, UK: Edward Elgar.

Harris, Jonathan M., Timothy A. Wise, Kevin P. Gallagher, and Neva R. Goodwin, eds. 2001. *A Survey of Sustainable Development: Social and Economic Dimensions*. Washington, DC: Island Press.

Hicks, Sir John R. 1939. *Value and Capital*. Oxford: Oxford University Press.

Krishnan, Rajaram, Jonathan M. Harris, and Neva R. Goodwin, eds. 1995. *A Survey of Ecological Economics*. Washington, DC: Island Press.

Martinez-Alier, Joan, and Inge Røpke. 2008. *Recent Developments in Ecological Economics*. Cheltenham, UK; Northampiton, MA: Edward Elgar.

Meadows, Donnella, et al. 2002. *Limits to Growth: The Thirty Year Update*. White River Junction, VT: Chelsea Green.

Millennium Ecosystem Assessment. 2005. *Ecosystems and Human Well-Being: Synthesis and Volume 1: Current State and Trends*. Washington, DC: Island Press.

Neumayer, Eric. 2003. *Weak Versus Strong Sustainability: Exploring the Limits of*

Two Opposing Paradigms. Cheltenham, UK: Edward Elgar.

Norgaard, Richard B. 1989. "The Case for Methodological Pluralism."*Ecological Economics* 1 (February): 37—57.

Norgaard, Richard B., and Richard B. Howarth. 1991. "Sustainability and Discounting the Future." In *Ecological Economics*, ed. Robert Costanza. New York: Columbia University Press.

Padilla, Emilio. 2002. "Intergenerational Equity and Sustainability." *Ecological Economics* 41 (April): 69—83.

Page, Talbot. 1997. "On the Problem of Achieving Efficiency and Equity, Intergenerationally."*Land Economics* 73 (November): 580—596.

Randers, Jorgen. 2012. *2052: A Global Forecast for the Next Forty Years*. White River Junction, VT: Chelsea Green.

Ricardo, David. 1951. "On the Principles of Political Economy and Taxation." In *The Works and Correspondence of David Ricardo*, ed. Piero Sraffa. Cambridge: Cambridge University Press. Original publication 1817.

Tickner, Joel A., and Ken Geiser. 2004. "The Precautionary Principle Stimulus for Solutions- and Alternatives-based Environmental Policy." *Environmental Impact Assessment Review* 24: 801—824.

Vitousek, P.M., P.R. Ehrlich, A.H. Ehrlich, and P.A. Matson. 1986. "Human Appropriation of the Products of Photosynthesis."*BioScience* 36 (6): 368—373.

相关网站

1.**www.ecoeco.org.** Web site for the International Society for Ecological Economics, "dedicated to advancing under-standing of the relationships among ecological, social, and economic systems for the mutual well-being of nature and people." Their site includes links to research and educational opportunities in ecological economics.

2.**www.uvm.edu/giee.** Web site for the Gund Institute for Ecological Economics at the University of Vermont, which "transcends traditional disciplinary boundaries in order to address the complex interrelationships between ecological and economic systems in a broad and comprehensive way." The Gund Institute sponsors the EcoValue project, which "provides an interactive decision support system for assessing and reporting the economic value of ecosystem goods and services in geographic context."

3. **www. biotech-info. net/precautionary. html.** Information provided by the Science and Environmental Health Network (SEHN)，which promotes the precautionary principle as it relates to biotechnology and food engineering. Includes articles on definitions and applications of the precautionary principle.

第8章 国民收入和环境核算

焦点问题

- 传统的国民收入核算方式是否没有考虑环境因素?
- 如何调整传统方式以使它能更好地反映自然资本和环境质量?
- 什么是潜在的绿色衡量国家福利的替代方式?

8.1 绿化国民收入核算

重视自然资本①(natural capital)和环境质量影响我们对国民收入和福利的评价方式。我们是否能说一个人均收入比较高的国家必然比一个人均收入比较低的国家更好? 一个国家的整体福利取决于除收入水平之外的很多因素,包括健康、教育水平、社会凝聚力和政治参与。但更重要的是从环境的视角来分析,一个社会的福利水平也是自然资本水平和环境质量的函数。

作为标准的衡量指标,国民生产总值②(gross national product,GNP)和国内生产总值③(gross domestic product,GDP)通常用来衡量一个国家的经济活动和发展进步水平,而且 GDP 是最为常用的衡量指标(参见附录 8.1 对国民收入核算的介绍)。ª宏观经济分析和国际的对比基于这些衡量指标,并且这些指标被广泛认为是经济发展的重要标准。

许多分析师指出,这些衡量指标会给经济和人类发展一个很大的误导性的印象。公平地说,GDP 并不愿成为衡量一个国家福利水平的精确指标,但

---

a   GNP 和 GDP 的不同在于是否将本国人的国外收入包括在内。GNP 包括一个国家的公民和企业的收入,而不管他们坐落在哪里。GDP 是指一个国家内的所有收入,包括外国公民和企业的收入。在比较国际的数据时,GDP 是更加常用的指标。

①   自然资本:可用的土地和资源禀赋,包括空气、水、土壤、森林、渔业、矿产和生态维持系统。

②   国民生产总值(GNP):一个国家的公民在一年内所生产的所有最终商品和服务的总市场价值。

③   国内生产总值(GDP):一个国家在一年内所生产的所有最终商品和服务的总市场价值。

是政治家和经济学家往往不成比例地重视 GDP 和并把最大化 GDP 作为公共政策的主要目标。最大化 GDP 与其他目标促使社会平等或保护环境等相冲突。

虽然 GDP 准确地反映了生产销售商品和服务,但它却不是一个可以衡量社会福利的更广泛的指标。对诸如 GDP 这类标准核算指标的常见批评包括:

● 并未考虑志愿工作。标准的衡量指标并未计算志愿工作的好处,虽然这类工作对社会福利的贡献与支付工作一样多。

● 并未包括家庭生产。虽然标准的衡量指标包括诸如家政和园艺等家庭活动的有偿劳动,而当这些劳动无偿时,却并未包括在内。

● 并未考虑休闲时间的变化。在其他条件不变的情况下,如果一个国家的总工作时间增加,那么其 GDP 会上升。[b] 但是却并未将闲暇时间的损失考虑在内。

● 考虑了防御支出④(defensive expenditures)。警察保护是其中的一个例子。如果增加警力支出以阻止犯罪率的提高,增加的支出也会使 GDP 增加,但没有考虑到更高的犯罪率的负面影响。

● 并未考虑收入水平的分配。两个人均收入水平一样的国家在收入分配上可能有非常大的不同,结果是整体福利水平有很大不同。

● 并未考虑对福利的非经济贡献。GDP 并未考虑一个国家公民的健康情况、教育水平、政治参与或显著影响福利水平的其他社会和政治因素。

在研究环境问题时,必须指出标准核算指标另外的缺陷——它们并未考虑环境恶化和资源消耗。这一问题在发展中国家尤其重要,因为它们的发展在很大程度上依赖于自然资源。如果一个国家砍伐森林、消耗其土壤的肥力并污染其水供给,现实意义上这无疑使得该国变得贫瘠。但是国民收入核算只是考虑木材、农产品和工业产出对 GDP 做出的积极贡献。这可能使得政策制定者在一个不切实际的玫瑰色光环下看一个国家的发展——至少等到环境的破坏现象已经非常明显,而这在某些情况下可能需要几十年。

可以这么说,如果在衡量社会福利时选错了指标,我们因此得到的政策方针实际上可能会使一个国家更糟而不是更好。只有经济增长并不一定真正代表经济发展,如果它伴随着不平等增长和环境恶化,那么甚至可能会降低社会福利水平。定义更合适的指标引发了一些建议,调整或更换传统的会计核算方法,使之考虑资源和环境因素。在本章中我们将讨论几个替代指标的评估和应用。

相对来说,较晚才开始致力于发展"绿色"核算指标。将环境考虑列入国

---

b　*Ceteris paribus* 是拉丁语,意指"其他条件不变",经济学家用于明确作为分析基础的假设。
④　防御支出(方法):基于支出家庭采取的为避免或减轻他们与污染物接触的污染的估值方法。

民收入核算的兴趣始于20世纪七八十年代,那时欧洲一些国家开始对诸如森林、水和土地这类自然资源进行物理核算。1993年,联合国出版了一本关于全面环境核算的手册,这本手册在2003年得到修订并在2012年得到进一步的系统化,《环境和经济核算系统(2003)》⑤(*System of Environmental and Economic Accounts* 2013,通常被称为SEEA-2003)介绍了4种基本的环境核算方法:

1.测量环境和经济两个方向之间的关系。c 此方法寻求量化各经济部门依赖于自然资源的方式以及环境受到不同经济活动影响的方式。例如,不同的工业部门提高生产水平,人们可能估计这种行为会使多少空气受污染。这些账户将货币数据与在经济中流动的物质、污染和能源相结合。这种做法的一个关键的动机是确定经济活动如何与物质投入和污染产出紧密联系在一起。

2.测量环境的经济活动。这种方法测量的是环保支出以及为减少对环境的损害所实施的诸如税收和补贴这类经济政策的影响。

3.环境资产核算。这种方法收集各种类型的自然资本,如森林、矿产和地下水的数据。正如我们将在本章的后面所讨论的,这类核算方式(也称为天然资源或卫星核算⑥(satellite accounts)可以以物理单位或货币形式为单位。

4.调整现有的核算指标以使之考虑自然资本的消耗。这种方法试图将对自然环境资源的消耗以及环境质量的退化货币化,同时试图确定为回应或避免环境破坏而需要花费的防御性支出。这种方法基本上采取现有的国民核算指标,并以货币的形式扣除环境破坏。

注意,这些方法不一定是相互排斥的,我们可以在理论上同时实现所有的方法。虽然在一定程度上许多国家都采用其中一种或多种核算方法,但没有一个国家完全实施了SEEA-2003的规定。在本章中,我们主要考虑后两种方法。除此之外,我们考虑建立一个全新的国民福利指标,这一指标从与之前的指标非常不同的角度来衡量国民福利。

在我们深入研究具体指标之前,值得注意的是,没有普遍接受的方法来应付环境核算。虽然已经制定并实施了各种指标,但是在替代国民经济核算上没有统一的标准。在本章最后,我们将讨论环境核算的未来。

---

c　这一方法被称为"物理流核算"或"混合核算"。

⑤　《环境和经济核算系统(2003)》:是由联合国开发的,为将自然资本和环境质量纳入国民经济核算体系提供标准的指南。

⑥　卫星核算:用物理单位而非货币形式来估计自然资本的供给;用于补充传统的国民收入核算方式。

8.2　环境调整的国内生产净值

也许解决绿色核算[⑦](green accounting)的最根本的方法是从传统核算方法开始,并对其做出调整以反映环境问题(之前在 SEEA‐2003 中描述的第 4 种方法)。在目前的国民收入核算中,人们普遍认识到,每年的经济活动中有一部分被诸如建筑物和机器的固定资本及生产资本的折旧所抵消。[d] 换句话说,虽然经济活动为社会提供了新的商品和服务,但是每年这些用于生产的资产的价值会下降,而这种损失需要考虑在内。标准国民核算方法中有对国民生产净值[⑧](net domestic product,NDP)的估计,它是由 GDP 减去现有固定资本的年折旧进行估计的:

$$NDP = GDP - D_m$$

其中,D_m 是指固定资本的折旧。2011 年,虽然美国的 GDP 是 15.1 兆美元,但是这一年的固定资本的折旧为 1.9 兆美元,[e] 因此,2011 年美国的 NDP 大约为 13.2 兆美元。

以这样的逻辑更进一步考虑,我们认识到:由于资源开采和环境恶化,每年自然资本的价值也会发生折旧。在某些情况下,如果环境质量有所改善,自然资本的价值可能也会增加。我们可以将一个国家自然资本的净年度变化简单地从 NDP 中添加或减去,从而得到所谓的环境调整的 NDP[⑨](environmentally adjusted net domestic product,EDP)。所以我们可以推导出 EDP 为:

$$EDP = GDP - D_m - D_n$$

其中,D_n 是指自然资本的折旧。这一核算方式需要用货币形式而非诸如生物量或栖息地面积等物理单位来估计自然资本折旧[⑩](natural capital depreciation)。从理论上来说,我们可以用在第 6 章中讨论的方法来估计这些值,但显然用货币形式来估计所有类型的自然资本的折旧是一项艰巨的任务,因而可能需要很多假设条件。因此,对 EDP 的估计将只考虑几类自然资本的折旧。

---

d　折旧仅仅是资本价值因磨损而造成的损失。就会计处理而言,它可以使用根据该直线的公式。

e　固定资本折旧的估计是从纳税记录中获得的。企业没有自己的固定资本的价值征税折旧,因此,他们有强烈的动机支持这一推论。

⑦　绿色核算:用于将自然资源和环境质量纳入国民核算指标的一般术语。

⑧　国内生产净值(NDP):国内生产总值减去生产资本或人力资本的折旧值。

⑨　环境调整的国内生产净值(EDP):将自然资本的折旧从以货币的形式从国内生产净值中扣除的国民核算指标。

⑩　自然资本折旧:由于诸如木材、野生动物栖息地或矿产资源供应的减少所造成的自然资本损失,并在国民经济核算中扣除的部分。

最早的一个 EDP 估计尝试是印度尼西亚 1971～1984 年 14 年间的 EDP。在这一开创性的分析中，三类自然资本的折旧被扣除：石油、森林和土壤。这一时期的 GDP 和 NDP 的值如图 8.1 中所示。[f]

虽然图 8.1 中的数据比较旧，但是这一结果所指出的几个要点与本章继续讨论的内容是相关的。

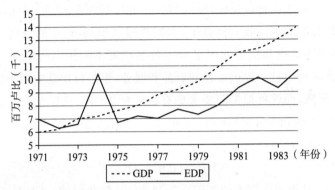

资料来源：Repetto et al.，1989.

图 8.1 印度尼西亚 1971～1984 年为资源损耗的调整 GDP

1.自然资本折旧所占 GDP 的比例显著。根据这一分析，EDP 通常比国内生产总值低约 20%。换句话说，自然资本折旧抵消了 20% 左右的经济生产。因此，国内生产总值是对社会福利过分乐观的评估指标，并且是国家政策的误导指南。（见专栏 8.1）

2.通过测量 GDP 的增长来说明社会福利的改变可能不会产生准确的结果。在图 8.1 所覆盖的期间内，GDP 达到 7.1% 的年增长率，然而 EDP 只有 4% 的年增长率。因此，这种情况表明，只盯着国内生产总值以确定国民福利的趋势可能导致政策制定者认为经济增长是强劲的。但是当考虑到环境恶化问题时，可以看出经济的明显增长是以牺牲环境为代价的。

3.需要谨慎地将自然资本货币化。在图 8.1 中，EDP 在 1974 年有一个明显的尖峰。这是否意味着自然资本的升值和环境的改善？不一定，这个尖峰主要是由于 1973～1974 年阿拉伯石油禁运导致全球石油价格急剧上升所引起的，而不是印度尼西亚实际的石油储量发生变化的结果。同样，在某些年份，虽然木材的总量下降，但由于市场价格上涨，木材资源的整体价值增加。然而，这掩盖了木材资源的物理退化现象。因此，如果我们以市场价格衡量自然资本的价值，我们会失去关于这些资源的实际物理存量的重要信息。

在瑞典，最近一个试图测量 EDP 的方式所包含的自然资源的类别更为广

---

f   分析实际上指的是 EDP 的 NDP，他们称之为调整的国内生产净值。但是为了避免与国内净产品只扣除固定资本这种比较常见的折旧方法混淆，我们称之为环境调整值 EDP。

泛,包括土壤侵蚀、娱乐价值、金属矿石和水的质量。结果发现,1993 年和
1997 年瑞典 EDP 比 NDP 降低 1%～2%。注意,虽然整体调整似乎相对较
小,但该分析并没有考虑到所有潜在的环境损害,如气候变化和损失的生物多
样性。此外,当着眼于环境恶化对经济整体的影响时,并未认识到一些部门,
如农业、林业和渔业受到的影响特别大。

专栏 8.1　　　　　　不正确的核算导致不正确的政策

　　如果经济学家接受国内生产总值(GDP)的常规估计,那么在自然资
源依赖型经济体的情况下,他们的政策建议有可能是错误的。输出估计
可能被夸大 20% 以上,而对资本形成的实际估计可能为零或负值。当
产品和输入的估算都有问题时,要素生产率的估算也会存在问题。如果
他们忽略了自然资本的快速清算,那么资本/产出比率将是不正确的。
基于这些数据的复杂宏观经济模型将会给长期发展一个备受质疑的
结果。

　　国际贸易将使国内价格与国际价格趋于一致,但国际市场价格往往
由于农业补贴、政治和军事干预以及未能将外部效应内部化的影响而被
扭曲。结果是自然资源可能以低于其全部环境成本的价格出售。

　　自然资本损耗对国民储蓄和投资的估算的影响特别大。世界银行对
调整后净储蓄的估计表明,许多国家的净储蓄和资本形成实际上可能是
负的,很显然,这是一个不可持续的指标。

　　自然资本的出口也扭曲了汇率,并给非资源出口部门(包括制造业)
带来偏见。从自然资产金融不可持续的出口到汇入盈余,高估汇率的估
计方法是不可靠的。在这种情况下,国内价格水平的稳定表观将是虚幻
的,掩蔽了非资源出口部门与人为廉价的进口竞争所带来的不良影响。
为平衡国际收支账户,贸易赤字可能会被掩盖或者看起来是贸易盈余,因
为经常账户对自然资本出口收益的记录不正确。

　　相对于环境政策来说,绿化国民账户对经济更为重要。特别是对那
些自然资源正在迅速被侵蚀的国家来说,侵蚀在国内生产总值中可以算
作增值是一种误导。一旦账户绿化,宏观经济政策就需要重新审视。

　　另一项研究估计了印度 2003 年森林资源价值的变化。基于木材和柴
禾的市场价格,其结果表明虽然总体的木材存量下降了,但实际上 EDP 比
NDP 略高。同样,这说明只看货币方面的调整而不看更详细的潜在扭曲
效应掩盖了实际的物理环境。

8.3　调整净储蓄

除 GDP 方法外,传统核算方法也会估计储蓄和投资率。这些核算为一个国家未来应该的储蓄量提供了一些见解。从总储蓄开始,包括政府、企业和个人的储蓄,在总储蓄经过借贷和固定资本折旧调整之后得到净国内储蓄[11](net domestic savings)。因此,净国内储蓄可正可负。例如,2010 年,美国净国内储蓄率为负,占国民收入的 −1.1%。

我们可以建议一个国家如何管理它的自然资源,环境质量也提供了关于该国是否为未来储蓄或还是当期损耗的信息。在 EDP 的计算过程中,我们可以将一个国家对自然资源的管理纳入国内净储蓄。世界银行已经开发出这样的核算方法,称为调整净储蓄[12](adjusted net saving,ANS)[g]。

> 与国民储蓄的标准核算方法不同,ANS 的涵盖范围更广,认为自然资本和人力资本是建立生产力的基础并因此决定了一国的福利水平。由于不可再生资源的消耗(或可再生能源的过度开发)减少了作为一种资产价值的资源存量,这样的活动代表了对未来生产力和福利的负投资。

ANS 分析尤其适合发展中国家,它表明表面上发展的"成功案例"可能掩盖了对自然资本的严重损耗,在某些情况下甚至出现负调整净储蓄率。

ANS 通常用占国民收入的比例计算,虽然也可以用货币单位表示。ANS 的计算总结如图 8.2 所示。ANS 计算步骤如下:[h]

- 从国民储蓄开始。
- 扣除固定资本折旧以获取净国民储蓄。
- 调整教育支出。不同于标准措施,ANS 认为教育支出是对未来的投资,所以对教育的支出被纳入净国民储蓄,以反映对人力资本的投资。[i]
- 调整能源资源损耗。从中减去不可再生的化石燃料的消耗——石油、煤炭和天然气。计算扣除的过程是在资源的总体市场价值中减去它的开采成本。调整金属和矿产损耗。扣除不可再生的矿产资源的开采成本,包括铜、金、铅、镍、磷和其他资源。计算扣除的过程是从每种矿物的总市场价值中减去其开采成本。
- 调整净森林损耗。一个国家不可持续地消耗森林资源被认为是对未来的负投资。

---

g　调整净储蓄又称真实储蓄。

h　除文中所述步骤外,在计算 ANS 时,还要扣除排放的物质。

i　教育储蓄总值已包括固定资本支出,如建筑支出和公共汽车。然而,教师工资、书籍费用、其他教育支出并不包括在内。ANS 会因这类非固定资本支出的增加而增加。

⑪　国内净储蓄:一个国民经济核算指标,等于国内总储蓄减去人造资本折旧。

⑫　调整后的净储蓄:由世界银行制定的一个国民经济核算指标,旨在核算一个国家为它的将来实际储蓄了多少。

森林是可再生资源,实际上,一个国家可能会增加其森林资源。因此,森林净损耗计算方法是:木材和薪材等具有商业用途的树种的年度开采价值加上对森林面积的净变化量的估计。

● 调整二氧化碳。二氧化碳排放代表着一个国家对未来的负投资,因为它们从气候变化角度对环境造成损害。一个国家的年度排放量乘以一个假定的损害量,即每吨碳20美元。[j]

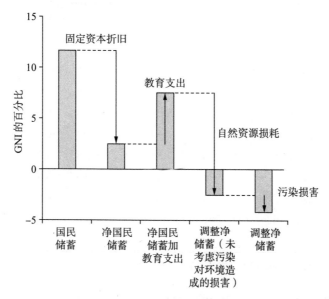

资料来源:World Bank,2012.
注:GNI=国民收入。

图8.2 ANS计算

世界银行为世界大多数国家计算 ANS 率,见表8.1。对于大多数国家来说,环境的调整量相对较小。例如,法国和美国的 ANS 率主要是净国民储蓄率和教育支出。但有些国家的环境调整量较大。

刚果共和国、沙特阿拉伯、印度尼西亚和俄罗斯的资源损耗抵消了相对强劲的净国民储蓄。基于传统的储蓄计算方法,这些国家似乎是大量投资于他们的未来,但是考虑他们对不可再生的化石燃料的提取,ANC 测量表明,实际上这些国家是在对未来负投资。智利是一个典型的可能过于依赖不可再生的矿产财富的国家。乌干达的资源扣除量相当于其国民收入的5%。

世界银行跟踪了 ANS 率的变化情况。图 8.3a 和图 8.3b 显示了几个国家加总之后的结果。图 8.3 显示了在高收入国家,ANS 在过去几十年普遍减小。同时,南亚的(包括印度、孟加拉国和巴基斯坦) ANS 率在过去十年存在

---

j 一些分析师认为,这种计算方法会低估二氧化碳的污染效应(参见 Ackerman 和 Stanton,2011)。我们将在第18章讨论这一问题。

明显上升的趋势。这反映了这些国家较高的投资水平,但并不表明环境消耗有所下降。在中东和北非,ANS 率大幅波动,这是由于石油开采量与国内投资的规模相比所导致的。

表 8.1　　　　　　　　　　　　　2008 年某些国家的 ANS 率

国家	国民储蓄	固定资本折旧	教育支出	能源损耗	矿产损耗	森林净损耗	碳损害	ANS
智利	24.23	−12.86	3.60	0.26	−14.32	0.00	0.31	0.08
中国	53.89	−10.08	1.80	−6.74	−1.70	0.00	−1.26	35.92
刚果共和国	26.68	−14.08	2.25	−71.19	0.00	0.00	−0.16	−56.50
法国	18.74	−13.86	5.05	−0.03	0.00	0.00	−0.10	9.80
印度	38.17	−8.49	3.17	−4.86	−1.42	−0.78	−1.16	24.64
印度尼西亚	22.25	−10.66	1.15	−12.60	−1.38	0.00	−0.61	−1.85
俄罗斯	32.78	−12.39	3.54	−20.47	−1.00	0.00	−0.85	1.62
沙特阿拉伯	48.33	−12.46	7.19	−43.51	0.00	0.00	−0.62	−1.06
乌干达	12.63	−7.42	3.27	0.00	0.00	−5.06	−0.15	3.27
美国	12.60	−13.96	4.79	−1.93	−0.11	0.00	−0.31	1.07

资料来源:World Bank,2012.

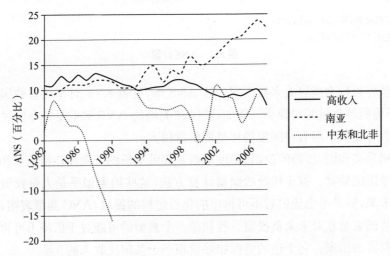

图 8.3a　ANS 世界银行加总:高收入国家、南亚、中东和北非

　　图 8.3b 显示了其他国家类似的变化。在东亚(其中包括中国、泰国、印度尼西亚和越南),ANS 率特别高。这是因为储蓄和投资率很高,但这些国家中的许多资源和环境的折旧也很高(参见专栏 8.2)。拉丁美洲的 ANS 率在

过去的几十年间维持在 5％和 10％。最后,在撒哈拉以南非洲地区,近年来 ANS 利率有所下降,实际上已经变成负值,其中的许多国家资源损耗量很大。

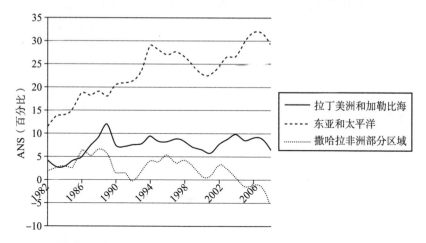

注:ANS＝调整净储蓄。

资料来源:World Bank,2012.

图 8.3b　ANS 世界银行加总:东亚和太平洋、拉丁美洲和加勒比海、部分撒哈拉非洲区域

专栏 8.2　　　　　　　　　中国环境核算

2004 年,中国国家环境保护局(SEPA)宣布将进行一项用以估计各种环境损害类型成本的研究。2006 年公布的初步结果表明,环境成本相当于中国约 3％的国内生产总值(GDP)。这份报告遭到广泛的批评,因为它没有包括众多类别的环境破坏,如地下水污染。不久,国家环保总局副局长朱光耀发布的另一份报告得出,环境破坏接近中国 GDP 的 10％——该值接近于许多人的预期值。

2007 年,在世界银行和中国国家环保总局联合发布的报告中指出,空气污染和水污染的健康和非健康成本预计占中国 GDP 的 5.8％(世界银行和国家环保局,2007)。

结果表明,中国目前的经济增长部分抵消了资源消耗和污染的增长。中国政府认识到破坏环境的成本后,在 2006 年为单位国内生产总值能源消耗、大气污染物释放量和总森林覆盖量等变量设定了目标。中国在污染控制和可再生能源上的投资正在迅速增长。然而,中国政府开发绿色 GDP 指标的努力近年来有所下降,并且没有实现 2006 年设定的一些目标。

在 2013 年初,北京的污染水平达到创纪录的高度"……民众对空气质量的愤怒已经达到一个新的水平,以至于宣传部门的官员认为,他们必须允许官方认可的媒体处理普通市民日益增加的担忧情绪。中共"十八大"

会议在北京举行,当时即将卸任的中国国家主席胡锦涛说中国必须重视由于快速发展导致的环境恶化问题。在政府报告中包含了生态发展的必要性,在新任国家主席习近平和中央政治局常委的监管下,可能在这些问题上给予更大的对话空间。(中国让媒体报道空气污染危机,《纽约时报》,2013 年 1 月 14 日。)

过去的政策和决定是在缺乏对环境影响和成本的具体知识的情况下做出的。中国切合实际的研究得出的新的定量信息可以减少这种信息鸿沟。同时……实质上还需要更多的信息来了解污染的健康和非健康后果,特别是在水行业。(世界银行和中国国家环保总局,2007 年,第 19 页。)

8.4 真实增长指标

ENP 和 ANS 调整了传统的国民核算,加入了自然资本折旧和环境损失值。但与国内生产总值(GDP)相比,所有这些方法都无法衡量社会福利大小。另外一种绿色国民经济核算方法是考虑如何创建一个全新的衡量社会福利的指标。迄今最具雄心的尝试也许是设计一个替代 GDP 的指标——实际增长指标[13](genuine progress indicator,GPI)。[k]

对 GDP 的批评之一是,它认为所有经济活动对福利具有正的贡献。例如,美国政府为清理有毒废物而建立的超级基金的所有支出是对 GDP 的贡献。治疗由空气或水的污染引起的疾病的医疗费用也同样增加了 GDP。如果沿海企业和居民的财产因为漏油事件而受损,涉及的法律支出以及清理成本也导致 GDP 增加。按照这个逻辑,更多的污染损害和清理费用会使得一个国家的福利增加。显然,这是不合理的。

因此,GPI 区分了减少自然和社会资本的经济活动和强化这些资本的经济活动。GPI 衡量了可持续的经济福利,而不仅是经济活动。特别是,如果在给定年份 GPI 稳定或增加,意味着所有商品和服务流所依赖的自然和社会资本的存量至少能满足下一代的需求;如果 GPI 下降,则意味着经济系统在侵蚀这些存量并限制了下一代的发展前景。

---

k   GPI 最早被称为可持续的经济福利指标(ISEW)。

[13]   实际增长指标(GPI):一个国民经济核算指标,包括商品的价值和提高社会福利的服务(如志愿者工作和高等教育)的货币价值,并扣除损害对社会福利的影响(如失去了国家的会计计量闲暇时间、污染和通勤)的价值。

正如在本章前面讨论的核算方法一样,用货币单位来衡量 GPI。GPI 的起点是个人消费,基于消费直接贡献于现期福利的基本原理。

在美国,大约 70％的国内生产总值是个人消费(其余部分是政府消费、投资和净出口)。GPI 中个人消费增添了一些能够增加社会福利的商品和服务,其中一些未被计入 GDP。计算 GPI 的下一步是扣除减少社会福利的因素。其中一部分可解释为防守性支出——与清理污染、试图修复或赔偿环境或社会损害相关的支出。在标准核算中,所有这类支出增加了 GDP。

计算 GPI 的步骤:[1]

● 按照收入不平等程度对消费进行加权。对个人消费进行调整以反映社会收入不平等的程度。

● 加入家庭劳动和教育的价值。GDP 只包含带薪家务和育儿工作,如家务清理和日托服务。GPI 估计了无偿家务和教育的市场价值。

● 加上高等教育的价值。GPI 的该部分反映了社会从受到优质教育的公民中获取的外部收益——估计每位受教育个体每年贡献 16 000 美元的正外部性。

● 加上志愿工作的价值。GDP 排除了志愿工作的价值,尽管显然社会从这些服务获得了收益。志愿者工作时间的价值用市场工资率估计。

● 添加耐用消费品的服务价值。这一类是为了加入消费者受益于长期商品如汽车、家电和家具的年度收益。

● 增加高速公路和街道的服务价值。GPI 排除了大部分政府开支,比如军事开支,因为这些开支是为了应对各种影响生活水平的风险,而不是增加消费者的福利。然而,假定使用公共高速公路和街道的能力为消费者带来直接的福利。

● 减去犯罪的成本。因为犯罪减少了社会福利,GPI 将犯罪作为成本减除,不像 GDP 将这些成本看作增加项。犯罪的成本包括监狱和防御的成本,如购买锁和警报。

● 减去休闲时间的损失。GDP 可能因为人们工作时间更长而增加。然而,休闲时间的损失不计入 GDP。基于对总工作时间的估计,GPI 计算了自 1969 年起休闲时间的减少量。

● 减去不充分就业的成本。未充分就业的人包括那些失去信心和放弃寻找工作的、正在兼职工作而更喜欢全职工作的和因为需要照顾孩子等情况导致的那些愿意工作而无法工作的人。

● 减去耐用消费品的成本。正如上面所讨论的,GPI 包括耐用消费品的

1　这些步骤描述了美国 GPI 的计算方式。其他国家以及美国各州也曾用同样的方法和数据来估计 GPI。

年度服务价值。为了避免重复计算,减去耐用品的年度支出。

● 减去通勤成本和汽车事故的成本。GDP 将通勤成本视作增加项,而 GPI 将通勤成本和失去的时间视作扣除项,汽车事故所造成的伤亡也一样。

● 减去家庭环境防御支出的成本。净水器和空气净化系统等产品的成本不会增加福利,只是用来修补现有的污染。

● 减去污染的成本(空气、水和噪音)。用第 6 章讨论的估值方法研究。GPI 估计每种污染的经济损失。

● 减去湿地、农田和森林的价值。GPI 减去自然资本损失,包括生态系统服务的减少、休闲机会的丧失和非使用值的下降。

● 减去不可再生能源的损耗成本。GDP 认为应该加入不可再生能源的市场价值,它未能考虑到资源存量的减少是对未来的一种成本。GPI 估计了该成本。

● 减去二氧化碳和臭氧损耗。如我们在第 18 章讨论的,众多经济学家试图估计与碳排放相关的损耗量。GPI 加入了 1 吨二氧化碳的累计排放的边际损失估计值。尽管由于 1987 年的蒙特利尔议定书,氯氟烃的生产在美国几乎已经被淘汰(见第 16 章),但由于过去排放的臭氧,大气破坏仍在继续。

● 调整净资本投资和外国借款。假设净投资或撤资[14](net investment and disinvestment)(投资总额减去折旧)增加社会福利,而净折旧或国外借款减少社会福利。

正如我们的预计,经过所有这些调整,GPI 和 GDP 在规模和趋势上有了很大区别。2004 年美国 GPI 的详细结果如表 8.2 所示。经收入调整个人消费的最大增加项是家务和家庭教育的价值及高等教育的收益。但增加项被各种扣除项抵消,最大的扣除项是不可再生能源的消耗和碳排放。因此,GPI 明显小于个人消费,这意味着调整导致社会整体福利的减少。

对比 GDP 和 GPI 的相对趋势,我们看到,在图 8.4 中,从 1950 年到 2004 年,人均 GDP 稳步增长。虽然 GPI 与 GDP 同步增长,直到 20 世纪 70 年代中期,GPI 保持相对稳定。这意味着经济生产的收益被诸如休闲时间的损失、污染、自然资本的损耗等负面因素所抵消。根据 GPI,而不是 GDP,可得出明显不同的政策建议,我们应该更多关注于减少对环境的破坏、保护自然资本和发展可再生能源资源等方面。

---

[14] 净投资和撤资:随着时间的推移,通过从总投资中减去折旧来计算生产资本的增加或减少。

表 8.2　　　　　　　　　　　　　　美国 GPI(2004 年)

GPI 构成	价值(10 亿美元)
个人消费	7 589
调整后的个人消费	6 318
家务价值	+2 542
高等教育	+828
义工	+131
耐用品的服务价值	+744
高速路和街道的服务价值	+112
犯罪成本	−34
休闲时间的损失	−402
失业成本	−177
耐用品的成本	−1 090
通勤和交通事故成本	−698
环境防御花费	−21
污染成本	−178
失去的湿地、农场和林地的价值	−368
不可再生能源的消耗	−1 761
碳排放和臭氧破坏	−1 662
资金投资和外商贷款的调整	+135
总和	4 419

资料来源:Talberth et al.,2007.

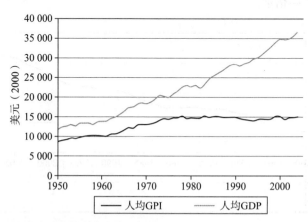

注:GPI=实际增长指标,GDP=国内生产总值。

资料来源:Talberth et al.,2007.

图 8.4　美国人均 GDP 和 GPI 比较(1970~2004 年)

GPI 估计值已经应用到除美国之外的其他国家,包括德国、澳大利亚、中国和印度。GPI 也被应用到地方性层面。例如,2009 年新西兰奥克兰地区的分析表明,与美国不同,GPI 增长率与该地区 1990～2006 年的 GDP 增长率相同（见图 8.5）。然而,即使在这种情况下,环境损失量的增长速度超过 GPI——前者上涨 27％,后者上涨 18％。但 GPI 中的积极贡献,特别是个人消费的增长,足以抵消且超过环境损失值。因此,尽管环境破坏在不断增加,GPI 也可能增长。

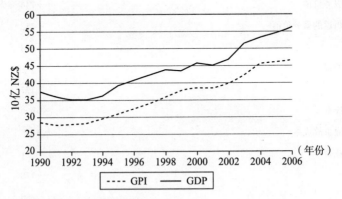

注:GPI＝实际增长指数,GDP＝国内生产总值。
资料来源:McDonald et al.,2009.

图 8.5　新西兰奥克兰区域 GPI 对比 GDP(1990～2006 年)

图 8.6 显示了 1960～2010 年马里兰州 GPI 中的经济、社会和环境要素。可以看出,虽然经济对 GPI 的贡献稳步上升,但社会净贡献仅略有增加,环境成本则增加了一倍多。

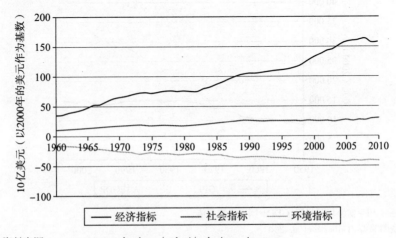

资料来源:www.green.maryland.gov/mdgpi/mdgpioverview.asp.

图 8.6　美国马里兰州 GPI 组成(1960～2010 年)

　　这指出了所有指标存在的一个潜在问题,即将所有经济、社会和环境因素简化成一项指标。该总体指标可能无法反映重要的正向和负向的趋势。因此,往往是指分解的结果,如图 8.6 中的数据,以便对社会中可能发生变化和能够增加社会福利的潜在政策有更完整的理解。就像 EDP 和 ANS,GPI 需要将各种环境因素转化为用单一美元度量。虽然这带来了许多方法论问题,如第 6 章中的讨论,我们也可以质疑完全不同的环境资源和自然资本是否可以直接比较。其他衡量国民福利的核算方法已经开发出来,以避免使用货币度量,但考虑的是生活质量的不同方面。最近的一个方法是,快乐星球指数,结合了寿命数据、生态影响和自尊幸福(更多关于快乐星球指数的内容,参见专栏 8.3)。接下来看最近的另一项指标。

8.5　美好生活指数

　　尽管诸如 GPI 等指标提供了有用的信息,并已经被一些决策者使用,目前似乎不太可能在世界各地广泛采用。人们更关注由世界银行等国际组织和美国公布的指标。引用率最高的生活质量衡量指标可能是美国的人类发展指数[15](Human Development Index,HDI)。

专栏 8.3　　　　　　　　快乐星球指数

　　快乐星球指数(HPI)也许是最新奇的一种试图用环境的持续发展性来衡量社会福利的方法。HPI 由英国新经济基金会发明,其理念是社会的目标是为其成员创造长期且幸福的生活。要做到这一点,必须经过自然资源的使用和废物的产生。HPI 由三部分组成:

　　1.平均期望寿命:用于衡量社会成员的寿命长短。

　　2.平均主观幸福感:用于衡量社会成员生活的幸福感。数据来源于对社会成员的关于他们有多么满足现有生活的随机问卷调查。虽然这种方法比较简单,但是多年的调查结果可以正确提供关于成员福利的相关信息。

　　3.生态足迹:用于衡量整个社会的生态影响。它被定义为一个社会所需的土地与资源消耗和吸收产生的废物。虽然一直受到方法论批评,但是通过将所有的生态影响转化为单一值,可以提供一个可持续发展的整体评估。

---

　　⑮　人类发展指数:联合国基于三种因素(国内生产总值水平、教育和预期寿命)制定的国民经济核算指标。

　　平均主观幸福感的测量范围为 0～1,通过乘以平均寿命来获得一个社会的"生命年快乐"。HPI 的计算公式为:

$$HPI＝快乐生活的年数/生态足迹$$

　　目前,143 个国家已经计算了 HPI 值。HPI 值较高的是那些国民生活很快乐或者寿命比较长,但是生态足迹相对适度的国家,包括哥斯达黎加、多米尼克共和国、牙买加、危地马拉和越南。有趣的一点是,国家的 HPI 值的排名与其国民生产总值(GDP)是无关的。美国排在 114 位,在尼日利亚之前。

　　对于 HPI 的理解以及其相关指导政策目前还不清楚。例如,印度和海地的 HPI 值比德国和法国高,但这意味着相对于德国和法国,印度和海地更适合居住吗? 或者是更加生态可持续化的吗? 答案或许是否定的。另一个问题是,一个国家的政策是否会影响其居民的幸福水平,可能更依赖于其固有的社会和文化因素,而不是政策选择。

　　尽管具有局限性,HPI 还是被当作 GDP 的补充或是替代的指数,特别是在欧洲。一份 2007 年的欧洲议会的报告引用了 HPI 的几个优点,包括:

- 它考虑了经济活动的最终目标,即幸福和寿命。
- 它创造性地将福利与环境因素结合起来。
- 它的计算公式很容易理解。
- 各国之间的数据很好比较。

　　虽然 HPI 不能作为 GDP 的替代指数广泛应用,但它还是提供了目前没有被其他国际会计指标提供的信息。

　　资料来源:Goossens,2007;新经济基础,2009。

　　HDI 的计算基于福利的三个部分:预期寿命、教育和收入。HDI 报告每年发布排名和政策建议。2011 年 HDI 指数最高的国家,按照顺序依次为:挪威、澳大利亚、荷兰、美国和新西兰。HDI 指数与 GDP 高度一致,但不是完全契合。

　　例如,在 2011 年 HDI 排名前 30 的国家中,除了 1 个之外,这些国家的人均收入排名同样也处在前 40 位。但也有一些显著的差异。例如,巴拿马的人均 GDP 与纳米比亚大致相同,越南的人均 GDP 与安哥拉大致相同,这是因为巴拿马和越南的预期寿命和读写能力高于纳米比亚和安哥拉。因此,在某些情况下,HDI 提供了收入之外的更多的信息。

经合组织(OECD)ᵐ 发起了一个更全面的整合不同国家福利数据的行动，称为美好生活行动。在它 2011 年报告中提出的"生活怎么样"描述了美好生活指数⑯(Better Life Index,BLI)。该报告承认,幸福是一个复杂的多变量的函数。虽然物质生活条件是影响福利的重要因素,健康的生活质量和环境可持续性也是。此外,在一个社会中福利的分布是很重要的。该报告认为,为了美好生活,我们需要更好的政策：

> 更好的政策建立在完善的证据和一个广义的焦点之上：不仅关注人们的收入和金融状况,同样关注他们的健康、能力及其生活和工作地方环境的质量和整体生活满意度。不仅关注商品和服务的总量,而且关注平等和底层人民的生活。不仅关注现在和本地的状况,也要关注世界其他地区人民的生活和未来的发展趋势。总之,我们需要关注福利和进步。

劳动保障局认为,福利水平受以下 11 种维度的影响：

1.收入、财富和不平等：这个维度的两个主要变量是家庭可支配收入和净财富。ⁿBLI 还考虑了收入和财富的不平等程度。

2.就业和收入：组成这个维度的这三个主要变量分别是失业率、长期失业率、每个员工的平均收入。

3.住房条件：充足的住房是重要的安全、隐私和稳定保障。

4.健康状况：BLI 包括预期寿命和一个人的整体健康状况的主观评价。

5.工作和生活的平衡：BLI 度量了每周工作时间较长员工的比例(50 个小时或更多),可用于休闲和个人护理的时间和有学龄儿童的妇女的就业率。

6.教育和技能：由作为成年人(25～64 岁)中的中等(高中)学历比例和基于标准化考试的学生的认知能力来度量。

7.社会关系：这个维度由人们对一个标准化的问题的回答来度量,即询问他们在需要帮助的时候是否有朋友或亲戚可以依靠。

8.公民参与和治理：这个维度是基于公民投票数的数据和度量政策决策中公民投入的综合指标。

9.环境质量：主要变量是空气污染水平,尤其是颗粒物。次环境变量包括由环境问题引起的疾病的比例,人们对当地环境的满意度和绿色空间的可获得性。

10.个人安全：这个维度关注威胁人类安全的因素,通过谋杀和袭击率来度量。

11.主观幸福感：这个维度衡量人们生活的总体满意程度以及负面情绪。

---

m　经合组织是由发达国家组成的一个组织,现在这一组织不包括像墨西哥这类的发展中国家。

n　除了文中所讨论的主要变量外,大多数维度还考虑辅助变量。例如,收入和财富维度还涉及家庭消费和对物质生活水平的主观评价。

⑯　美好生活指数(BLI)：经合组织(OECD)采用 11 种幸福维度制定的用来核算国民福利的指标。

经过标准化,每个维度的结果分别为从 0 到 10 的分数。虽然 BLI 包括众多要素,但它旨在产生一个总体幸福指数。然而,如何为每个部分分配权重呢? 一个基本的方法是赋予这 11 种要素相同的权重。但似乎有些要素贡献更大。BLI 指数没有就权重问题给出详细建议。BLI 指数的一个有趣的特点是,有专门的网站允许用户自由为每个维度选择权重。经合组织收集用户输入的数据,并以此更好地了解度量福利的最重要因素。

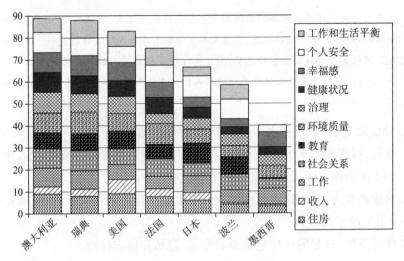

资料来源:OECD,2011.

图 8.7   不同国家的 BLI 指数

BLI 指数已经应用到了经合组织的 34 个成员国,也应用到了巴西和俄罗斯,计划扩大到中国、印度、印度尼西亚和南非。甚至对于经合组织成员来说,因为缺乏持续的数据,使得一些结果必须由估计得到,同时报告是美好生活计划的目标之一。

基于给予每个维度相同的权重,图 8.7 显示了如何选择国家排名。我们看到,澳大利亚、加拿大和瑞典排在前三名。美国在 OECD 国家中排名第七,在住房和收入方面绩效良好,但在工作与生活的平衡和健康方面排名较低。相较于其他国民核算方法,比如 GPI 和 EDP,给每个维度相同的权重降低了收入水平的重要性。至于环境排名,瑞典和英国的污染程度最低,智利、土耳其和希腊的污染最为严重。

BLI 指标提供了审视影响福利许多因素的综合视角。收入不作为起点,但是作为其中的一个组成部分。BLI 指标可以用来设计提高福利的政策。选择 BLI 变量的标准之一是政策的相关性。诸如教育、住房和环境质量等维度可通过有效的政策得到直接提高,尽管其他维度(如主观幸福感)和政策之间的关系需要进一步研究。因为 BLI 指标的重点不是环境和自然资源问题,可以考虑在未来给予环境质量指标更大的权重。

BLI 指标计算还表明,许多国家都需要进行数据收集。在 OECD 国家,开发一个一致的统计议程将改善结果的有效性,并为其他国家借鉴提供基准。不丹就独创了核算方法——国民幸福指数[17](gross national happiness,GNH),该指数度量了一些与 BLI 相同的维度(见专栏 8.4)。

专栏 8.4　　　　　　　不丹的国民幸福总值

也许没有一个国家像喜马拉雅小国不丹一样大力提倡设计替代国民生产总值(GNP)的指标。1972 年,国王旺楚克介绍了他的研究成果——国民幸福总值的概念(GNH),这为最大化经济增长提供了一个不同的发展理论。他试图通过实现以下四个政策目标实现这一发展:公平的经济发展、环境保护、文化韧性、良好的治理(Braun,2009)。

虽然一开始这仅仅只是一个指导思想,但近年来,不丹研究中心(CBS)试图实施国民幸福总值的理念,该研究中心在国民幸福总值中囊括以下 9 个领域:

- 心理健康
- 生活标准
- 良好治理
- 健康
- 教育
- 社区活力
- 文化多样性和应变力
- 时间使用
- 生态多样性和恢复力

2010 年,CBS 对 7 000 个不丹家庭进行了调查,用以评估该国的GNH。在每个领域都设置一些问题。例如,在生态领域,受访者要求回答:有多么关注空气污染、水污染、垃圾处理、洪水和土壤侵蚀。根据 CBS设立的阈值,确认每个家庭对这 9 个领域是否有足够的满意度。结果表明,41% 的不丹家庭至少在 6 个领域是满意的,因此被认为是快乐的。不丹家庭最满意的领域是卫生领域,然后是生态和心理健康领域。那些生活在城市地区的、年轻的以及受过正式的教育的家庭的满意度更高。

---

[17]　国民幸福总值(GNH):来源于不丹的一个概念,其社会和政策设法改善其公民的福利,而不是最大化的国内生产总值。

> 与其他大多数国家不同,不丹似乎不仅是为了找到 GDP 的替代指数,也以民主的方式使用这些结果用以指导今后的政策。
>
> 国民幸福总值似能促进民主的过程,它有助于公民向不丹政府表达他们的意见。国民幸福总值的调查和 CBS 调查使用的指标打开了政府和社会之间沟通的一个通道。在不丹,GHN 指标所反映的国民在各个领域的生活现状就是政府政策制定的指导法则。
>
> 资料来源:Braun(2009),第 35 页。

8.6　环境资产账户

在评估国际会计方法绿色化时的一个重要方面是它的结果能否用来评估社会环境可持续性。正如在第 7 章所讨论的,可以定义不同层次的可持续性,将其分为"弱"可持续性和"强"可持续性。(回想一下,这些术语是指不同的定义,并不意味着一个会比另一个好)。本章介绍的这些指标是如何反映可持续性的呢?

任何如 GDP 一般货币化各种环境因素并将结果与传统货币总量结合的指标都隐性地假定自然资本和经济生产中一定程度的可置换性。例如,当污染损害的增加被个人消费的增加抵消时,GPI 是不变的。因此,GPI 以及其他诸如 EDP 和 ANS 之类的总指数,可以考虑作为适当的指标来解决弱可持续性[18](weak sustainability)而不是更强形式的可持续性。

如果更愿意实现强可持续性[19](strong sustainability),则需要关注自然资本的保护。一些分析强调要进一步区别强可持续性和更强的可持续性。"强可持续性试图维持自然资本的整体水平,但允许不同类型的自然资本之间具有可置换性,至少是非关键资源。更强的可持续性试图维持各种类型的自然资本的水平,只允许每个类别的自然资本本身具有可替代性。

到目前为止,本章讨论的指标不一定是为了提供更强的可持续性的信息。尽管如此,其中的几个可以提供一些关于强劲的可持续发展目标的见解。例如,GPI 的环境组成能够提供自然资本消耗信息,虽然不是自然资本的整体水平。

另一种方法是跟踪不同类型的自然资本的水平以保持国民经济核算账

---

[18]　弱可持续性:只要能由增加的人力资本进行补偿,就认为自然资本的消耗就是合理的;假定人为资本可以替代大多数类型的自然资本。

[19]　强可持续性:认为自然和人为资本一般是不可替代的,因此认为自然资本水平应维持不变。

户,SEEA-2003 提供了环境资产账户⑳(environmental asset accounts)(或自然资源账户)的维护的指导。这些账户用于定义各种自然资本类别,如木材资源、矿产资源、农业土地和地下水。账户间可能有不同程度的聚合㉑(aggregation)。例如,矿产资源可能包括每种矿物的一个单独的账户,基于其进一步分解的程度或位置等。由于资源将不同单位的不同账户分开,所以矿产资源账户可能以吨计算,森林资源账户以森林覆盖公顷为单位,地下水资源账户以地下水面积为单位,等等。

以物理单位度量环境资产账户的两个主要优势:

1.提供了一国自然资本水平和对时间变化趋势的详细情况。特别关注关键自然资本㉒(critical natural capital)的存量水平。

2.提供了一种评估强可持续性的方法。因为自然资本的每个类别在单独的账户分别量化,决策者可以决定各自的存量水平。

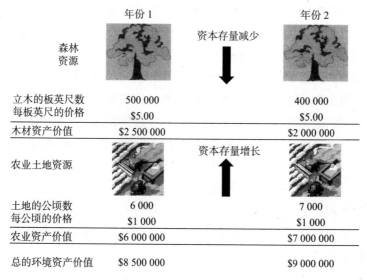

图 8.8　自然资源账户举例

环境资产账户也可以用货币单位表示。在大多数情况下,这仅仅涉及物理单位估计值乘以每单位市场价格。例如,如果一个社会现存 500 000 板英尺(board-feet)木材存量,市场价格是 250 万美元。涉及不同类型的自然资本和传统经济核算方面,如 GDP,用货币度量环境资产账户提供了比较上的便利。与用物理单位度量不同,用货币度量环境资产账户可以对可持续发展进

⑳　环境资产账户(国家资源账户):以物理或货币为单位,针对具体类别跟踪自然资源水平和环境影响水平的国民经济核算指标。

㉑　聚合:环境资产账户下不同类型的自然资本相结合的程度。

㉒　关键自然资本:自然资本的元素没有合适的人造替代品,如基本的供应水和可呼吸的空气。

行总体衡量,因为可以比较不同类别的收益和损失。

如图 8.8 所示,为简单起见,假设社会中只有两种自然资源:森林资源和农业土地资源。第 1 年,该社会有 500 000 板英尺木材和 6 公顷农田。在图 8.8 中显示的市场价格下,第 1 年,社会环境资产的总价值是 850 万美元;第 2 年,森林资源减少,但是农业用地增加,如图 8.8 所示。如果一直是以物理单位度量资产(在这个例子中,即木材的板英尺数和土地的公顷数),将无法评估这个社会是否保持了自然资本的整体水平。但图 8.8 表明,其自然资产的价值实际上增加了 500 000 美元,这表明自然资本的整体价值得到了保留。

在物理单位度量下比较不同资产,有优势也有劣势。假设第 2 年木材的价格增加到每板英尺 7 美元。尽管木材存量减少了 100 000 板英尺,第 2 年存量的价值将为 280 万美元(＝400 000 板英尺×7 美元)。尽管木材的库存减少,但其市场价值相对于第 1 年却增加了。如果只看货币单位,可能会错误地认为社会的木材存量由于增加种植或保护等因素而增加。这表明,我们需要谨慎分析价格变化对一个社会自然资产价值的影响。特别是对矿产和石油资产,因为这些大宗商品的价格可能会大幅波动。

货币价值度量方法的另一个问题是,图 8.8 中的估计值不考虑因收获木材而导致的生态系统服务的损失。除了木材的损失,可能还有野生动物栖息地、侵蚀控制、碳储存和其他服务的损失。在理想情况下,通过整合不同资产账户来评估可持续性,应该考虑市场收益和非市场利益。但在评估非市场价值时,如生态系统服务和无用价值,是有问题的,就像在第 6 章讨论的那样。因此,任何基于货币价值评估强可持续性的尝试可能并不完整或是依赖于大量有争议的假设。

一些国家已经开始维护环境资产账户。英国国家统计局为以下三类自然资源提供了估计值:

- 石油和天然气,这些账户可用物理或货币单位度量。
- 森林账户——包括森林覆盖面积以及现存木材市场价值的估计值。报告中提到森林的其他价值,包括休闲和野生动物栖息地,但它并没有试图量化这些价值。
- 土地账户——包括 19 类栖息地,包括林地、草地、沼泽以及开阔水面和建设区域的总面积。数据随着时间而发生变化,其中一些栖息地增加,其他减少。

其他准备建立环境资产账户的国家包括澳大利亚、加拿大、丹麦和挪威。其中,瑞典以物理单位度量的环境系统账户可能是最全面的(参见专栏 8.5)。

与本章中讨论的其他指标相比,环境资产账户提供评估可持续性"强"和"很强"的方法。

如果以物理单位度量这些指标,可以得到很强的可持续性。如果转换为货币单位,也能得到强可持续性,但只限于在能够准确度量不同类型的自然资源和环境服务㉓(environmental services)的货币价值的条件下。

专栏 8.5　　　　　　　　瑞典的环境账户

2003 年,瑞典政府将可持续发展作为政府政策的总体目标。为了促进可持续性发展,瑞典统计局在互联网上发布了一个环境指标的大型数据库(见本章结束后的"网页链接")。政府承认:

目前为止,还没有公认的可持续发展指标……[但是]瑞典正在为改善其环境核算、环境指标检测、绿色关键比率和大都市区分割地区的发展指标做出努力(可持续发展部,2006 年,第 69 页。)

目前,环境指标的类别包括:
- 物质流统计信息
- 化学指标
- 水账户
- 浪费
- 与环境相关的补贴
- 废气排放

跟踪这些指标一段时间之后,可得出一些积极的结果以及在其他领域需要改进的必要性。这些趋势的分析可指出政策在减少环境影响上最有效的领域。

指标显示,尽管从国际角度看有些问题不太严重,但有背离可持续发展的趋势。

例如,在气候变化问题上,到 2050 年之前减少排放的趋势并不明显。需要提高能源效率和增加非化石燃料以满足发展之需。报告指出,在排放趋势最为明显一些领域,即船运、空运和货物运输领域,缺少相关经济措施。

资料来源:瑞典统计局,2007 年,第 4 页。

8.7　替代指标的未来

正如我们在本章中所看到的,为了能够涵盖环境因素或者更好地反映社会福利——经济分析的最终目标,已有众多提议指出传统国民核算方法的缺陷。这些指标对可持续发展目标提供了一些指导。然而,将它们完全付诸实施还有待时日。

㉓　环境服务:例如,营养循环、净化水质和土壤稳定这些生态系统服务,它们能够使人类受益,也能够支持经济生产。

普遍认为,世界各地环境信息的当前状态不容乐观。环境统计数据分散于众多组织。它们彼此不相关,更别说与其他类型的统计数据相联系。这些环境统计数据不够完整且前后不一致。这种情况大大限制了国家和国际上关于开发与监测相关进展以实现环境政策的目标的能力。

虽然 SEEA - 2003 为环境核算方法提供了指导,但它没有表明对某种方法的特别偏好;相反,它提供了选择组合,即一个给定的国家可以选择实现其中的一些方式。但我们与设计出一个绝大多数国家所采用的公认的环境核算方法还相差甚远。

认识到 GDP 的局限性和开发包含社会和环境因素指标的必要性,2008年,法国总统 Nicolas Sarkozy 创建了专门衡量经济表现和社会进步的委员会。委员会主席由诺贝尔经济学奖获得者 Joseph Stiglitz 担任,主席顾问是另一位诺贝尔奖得主经济学家 Amartya Sen,委员会的其他成员包括许多著名的经济学家。该委员会的目标是:

> 为识别 GDP 作为经济绩效和社会进步指标的局限,为更广义上的生产提供额外的信息,为讨论如何以最合适的方式呈现这些信息,为检验委员会推出政策的可行性。

2009 年 9 月,委员会发表了一篇近 300 页的报告。该委员会指出,促进以 GDP 度量的经济增长的相关政策,但在增加福利方面并不成功,这是因为没有考虑其他因素,如环境恶化:

> 交通堵塞增加汽油消耗量从而增加国内生产总值,但显然生活质量没有增加。此外,如果公民关心空气的质量,空气污染在增加,那么忽略空气污染的统计导致对公民福利的不准确的估计;或测量渐变的倾向可能不足以反映突然变化的风险,比如气候变化。

该委员会认为有必要将重点从度量经济生产转移到度量福利。同时,因当期福利和可持续性而异。当期福利是否持续由转移到后代的资本量(自然、物理、人类和社会)决定。

委员会希望报告能激发研究其他替代指标的兴趣和鼓励国家投资能够度量福利和可持续性的指标。一些国家已经采取了行动。在英国,国家统计办公室直接组织调查询问人们可用于衡量福利的指标。在德国,成立了一个有关增长性和生活质量的委员会。其他试图改革国民核算的国家包括加拿大、韩国、意大利和澳大利亚。在美国,美国国家科学院资助项目用以开发关键国民指标体系:

> 将会收集最高质量的定量方法和相关的数据,将以简单和直接的方式在网上呈现,人们可以评估是否正在取得进展、在哪里取得了进展、由谁取得并且是与谁相比

取得。

对委员会的建议迄今最全面的尝试也许是上面所讨论的更好生活指数。经合组织在报告更好生活指数时指出：

> 委员会的工作在给予寻找度量发展和生活质量指标方面的一系列举措以动力层面上极为关键。

目前的研究专注于开发一系列与度量福利和可持续性最相关的指标。一些环境变量很容易度量，如空气污染水平和碳排放量。但更广泛的环境影响因素的测量，如生物多样性和生态系统服务，需要进一步的研究。是否每个国家都依赖于自选的一套指标，或者一个特定的指标体系是否会被普遍接受，还有待观察。另一个重要目标是开发一致的方法来测量不同的变量，如测量碳排放量和监管主观数据的收集。

数据收集的改善和相关指标的国际协定给度量"绿色"国民收入账户、福利和可持续性提供了更好的方法，而不是简单计算市场化经济生产。但测量福利和可持续性只是通往决策并施行促进社会和环境进步政策的第一步。接下来的章节将研究环境分析和一系列不同领域政策的含义，包括人口、农业、可再生资源与不可再生资源、污染控制和气候变化，最后再回到可持续发展的问题上。

总　结

国民收入的标准衡量，如国内生产总值（GDP），不能捕获重要的环境和社会因素。这可能导致对国民福利的错误度量以及忽略重要的环境因素。许多方法可用于更正 GDP 核算或提供替代方法。

用货币单位表示的自然资本折旧的估计值度量了自然资源的损耗量，如木材、矿产和农业土壤。从国民收入和投资的标准测量值中减去这些损失，对于许多发展中国家来说，结果表明了自然资源枯竭和环境恶化的实质性影响。

对于发达国家来说，污染控制和清理上的支出以及长期污染物的累积影响，是重要的因素。还可以估计环境服务的价值，如净水、养分循环利用、防洪、提供野生动物的栖息地。对这些因素的系统计算可以度量社会进步不同于 GDP 的程度。

修正的国民收入核算的应用具有广泛的政策含义。出口收入大部分来自于资源出口的国家可能高估了它们的经济发展水平。尽管存在明显的贸易顺差，自然资源可以低于其真实成本出售，从而导致净亏损。

社会以及环境条件影响国民收入的计算。人类发展的问题,包括教育支出和权利分配,与环境恶化问题密切相关。尽管这些因素很重要,但没有在如何将它们纳入国民经济核算方面达成共识。另一种方法是保留自然资源账户,将社会与环境指标和GDP独立核算。国际机构提供了此类数据更全面的报告,以期创建更准确地评估真实福利的基础。

问题讨论

1.使用标准GDP方法讨论经济政策会发现什么问题?随着国家发展程度的不同,即在不同高度工业化的国家,像美国以及印度尼西亚等发展中国家之间,这些问题又有何不同?

2.用于修正GDP核算中缺少的自然资源消耗和环境破坏的方法主要有哪些?出现了什么困难和争议?

3.你认为修正后的国民收入核算相较于目前GDP的概念是一个进步吗?或者保持GDP账户和自然资源账户分别核算更好?

4.考虑环境和资源折旧的修正方法有哪些政策含义?修正方法的使用将如何影响诸如宏观经济、贸易和资源定价等类的政策?

练习题

1.假设发展中国家赤道几内亚聘用你来核算EDP。为简单起见,假设为考虑自然资本折旧和污染损害只需进行三步调整:木材资本、石油资本、二氧化碳的损失。你得到以下数据:

经济数据:

国内生产总值　400亿美元

制造资本折旧　60亿美元

木材数据

末期木材存量(board-feet)　20亿

首期木材存量(board-feet)　24亿

末期木材价格($/board-foot)　6美元

首期木材价格($/board-foot)　4美元

石油数据

末期石油存量（桶） 5 000 亿

首期石油存量（桶） 5 500 亿

末期石油价格（桶美元） 60 美元

首期石油价格（桶美元） 50 美元

碳数据

二氧化碳排放量（吨） 750 亿

每吨二氧化碳排放量造成的污染 20 美元

对于木材和石油，你需要计算价值的贬值或升值，因为当年资源总市值在变化，其中，总市值是物理数量乘以资源价格。那么，赤道几内亚的 EDP 是多少？你会建议赤道几内亚使用 EDP 来衡量发展的可持续性吗？为什么或为什么不？你会向赤道几内亚的政策制定者提出其他什么样的建议？

注 释

1. For a history of environmental accounting, see Hecht，2007.

2. European Commission et al.，2012；United Nations et al.，2003.

3. Smith，2007.

4. Repetto et al.，1989.

5. Skånberg，2001.

6. Gundimeda et al.，2007.

7. Bolt et al.，2002，p. 4.

8. Talberth et al.，2007，pp. 1—2.

9. McDonald et al.，2009.

10. Posner and Costanza，2011.

11. United Nations，2011.

12. OECD，2011.

13. Ibid.，p. 3.

14. Dietz and Neumayer，2006.

15. Office for National Statistics，2011.

16. Smith，2007，p. 598.

17. Stiglitz et al.，2009.

18. Ibid.，p. 8.

19.Press，2011.

20.www.stateoftheusa.org/about/mission/.

21.OECD，2011，p. 3.

参 考 文 献

Ackerman, Frank, and Elizabeth Stanton. 2011. "The Social Cost of Carbon."*Environmental Forum* 28(6) (November/December)：38—41.

Bolt，Katharine，Mampite Matete，and Michael Clemens. 2002. Manual for Calculating Adjusted Net Savings，Environment Department，World Bank.

Braun，Alejandro Adler. 2009. "Gross National Happiness in Bhutan：A Living Example of an Alternative Approach to Progress." Wharton International Research Experience，September 24.

Centre for Bhutan Studies (CBS). 2011.www.grossnationalhappiness.com.

Dietz，Simon，and Eric Neumayer. 2006. "Weak and Strong Sustainability in the SEEA：Concepts and Measurement."*Ecological Economics* 61(4)：617—626.

El Serafy，Salah. 1997. "Green Accounting and Economic Policy," *Ecological Economics* 21(3)：217—229.

El Serafy，Salah. 2013. *Macroeconomics and the Environment：Essays on Green Accounting*. Cheltenham，UK：Edward Elgar.

European Commission，Food and Agriculture Organization，International Monetary Fund，Organization for Economic Cooperation and Development，United Nations，and World Bank. 2012. *System of Environmental-Economic Accounting：Central Framework*.

Goossens，Yanne. 2007. "Alternative Progress Indicators to Gross Domestic Product (GDP) as a Means Towards Sustainable Development." Policy Department，Economic and Scientific Policy，European Parliament，Report IP/A/ENVI/ST/2007—10.

Gundimeda，Haripriya，Pavan Sukhdev，Rajiv K. Sinha，and Sanjeev Sanyal. 2007. "Natural Resource Accounting for Indian States—Illustrating the Case of Forest Resources."*Ecological Economics* 61(4)：635—649.

Harris，Jonathan M.，Timothy A. Wise，Kevin P. Gallagher，and Neva R. Goodwin，eds. 2001. *A Survey of Sustainable Development：Social and Economic Dimensions*. Washington，DC：Island Press.

Hecht，Joy E. 2007. "National Environmental Accounting：A Practical Introduction." *International Review of Environmental and Resource Economics* 1(1)：3—66.

McDonald，Garry，Vicky Forgie，Yanjiao Zhang，Robbie Andrew，and Nicola Smith. 2009.*A Genuine Progress Indicator for the Auckland Region*. Auckland Regional Council and New Zealand Centre for Ecological Economics.

Ministry of Sustainable Development (Sweden). 2006. "Strategic Challenges: A Further Elaboration of the Swedish Strategy for Sustainable Development." Government Communication 2005/06:126.

New Economics Foundation. 2009. "The (Un)Happy Planet Index 2.0."www.newcco-nomics.org.

Office for National Statistics. 2011.*UK Environmental Accounts 2011*. Statistical Bulletin, June 29.

Organization for Economic Cooperation and Development (OECD). 2011. "How's Life? Measuring Well-Being." Paris.

Posner, Stephen M., and Robert Costanza. 2011. "A Summary of ISEW and GPI Studies at Multiple Scales and New Estimates for Baltimore City, County, and the State of Maryland."*Ecological Economics* 70:1972—1980. www.green. maryland.gov/mdgpi/mdg-pioverview.asp.

Press, Eyal. 2011. "The Sarkozy-Stiglitz Commission's Quest to Get Beyond GDP." *The Nation*, May 2.

Repetto, Robert, et al. 1989. *Accounts Overdue: Natural Resource Depreciation in Costa Rica*. Washington, DC: World Resources Institute.

Skånberg, Kristian. 2001. "Constructing a Partially Environmentally Adjusted Net Domestic Product for Sweden 1993 and 1997." National Institute of Economic Research, Stockholm, Sweden.

Smith, Robert. 2007. "Development of the SEEA 2003 and Its Implementation."*Ecological Economics* 61(4): 592—599.

Statistics Sweden. 2007. "Sustainable Development Indicators Based on Environmental Accounts."

Stiglitz, Joseph E., Amartya Sen, and Jean-Paul Fitoussi. 2009.*Report by the Commission on the Measurement of Economic Performance and Social Progress*, www.stiglitz-sen-fitoussi.fr/en/index.htm.

Talberth, John, Clifford Cobb, and Noah Slattery. 2007.*The Genuine Progress Indicator 2006: A Tool for Sustainable Development*. Redefining Progress.

United Nations. 2011.*Human Development Report 2011*. Sustainability and Equity: A Better Future for All, United Nations Development Programme, New York.

United Nations, European Commission, International Monetary Fund, OECD, and World Bank. 2003.*Integrated Environmental and Economic Accounting 2003*.

World Bank. 2012. Adjusted Net Saving website, http://go. worldbank. org/3AWKN2ZOY0.

World Bank and State Environmental Protection Agency (World Bank and SEPA), People's Republic of China. 2007. "Cost of Pollution in China," Rural Development,

Natural Resources and Environment Management Unit, East Asia and Pacific Region, World Bank, Washington, DC.

相 关 网 站

1.**www.beydnd-gdp.eu/index.html.** The Web site for "Beyond GDP," an initiative to develop national indicators that incorporate environmental and social concerns. The project is sponsored by the European Union, the Club of Rome, the WWF, and the OECD.

2.**http://go.worldbank.org/3AWKN2ZOY0.** The World Bank's Adjusted Net Saving Web site, which includes detailed data at the country level.

3.**www.green.maryland.gov/mdgpi/index.asp.** The Web site for the state of Maryland's calculation of its Genuine Progress Indicator.

4.**www.oecdbetterlifeindex.org.** The Web site for the OECD's Better Life Index. Note that you can adjust the weights applied to each dimension to create your own version of the BLI.

5.**www.mir.scb.se/Eng_Default.htm.** The Web site for environmental accounts in Sweden.

第四部分

人口、农业和环境

第9章 人口和环境

焦点问题

- 世界人口增长有多快?
- 未来人口增长的前景是什么?
- 人口与经济发展之间存在什么样的关系?
- 人口增长如何影响全球的环境?

9.1 人口增长的动态

在人类历史上的大多数时期,人口增长缓慢。仅在过去两个世纪,全球人口迅速增长成为现实。图 9.1 显示了 19 世纪和 20 世纪期间全球人口增长史,以及第 21 世纪的基线预测。如图所示,在过去的几百年中,人口在历史上以前所未有的速度加速增长。

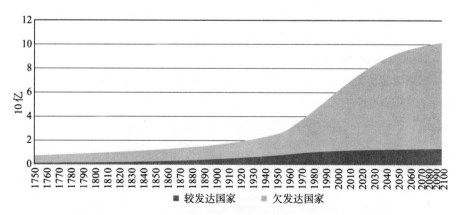

图 9.1 全球人口增长和预测(1750~2100 年)

在 1800 年,经过几百年的缓慢增长,全球人口大约为 10 亿人。到 1950 年,总数达到了 25 亿人。第二次世界大战后人口加速增长,在不到 40 年的时间里,世界人口翻了一倍,达到 50 亿人(1987 年)。到 2000 年,世界人口已超过 60 亿人,到 2011 年底,达到了 70 亿人。目前的预测显示,到 2100 年,人口最终在 100 亿人左右。

从 1960 年到 1975 年,人口每年约以 2% 的速度快速增长。2% 听起来可能不是那么引人注目,但以这样的增长率,人口在大约 35 年中将出现双倍增长。1975 年后,增长速度放缓,但更大的人口基数意味着人口每年以绝对的数量继续增加,直到 21 世纪的第一个十年(见图 9.2)。

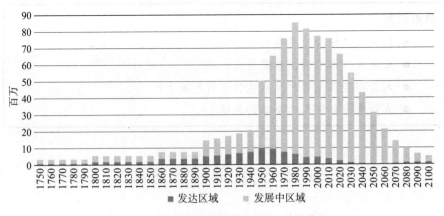

图 9.2　人口年均净增长(1750～2100 年)

在这段极速增长期间,许多学者敲响了有关危险指数增长[1](exponential growth)的警钟。50 亿人口,每年继续以 2% 的速度增长,例如,在 70 年里世界人口达到 200 亿以及一个多世纪后将达到 400 亿。人口如此巨大地增加,使得寻找食物、水和生活空间将变得不可能;残酷的马尔萨斯主义(Malthusian)关于饥荒和疾病的论断得到实现。[a]

Paul 和 Anne Ehrlich 等学者自 20 世纪 60 年代末以来一再发出警告,人类与自然世界在碰撞的过程中,人口增长失控可能抵消现代科学和经济增长的所有好处,留下一个悲惨的星球。新马尔萨斯学说的视角[2](neo-Malthusian perspective)得到广泛的关注并且提供了关于人口增长现代辩论的一个起点。

那些发现 Ehrlich 的视角并且过于消极的人经常指出,人口增长率[3]

---

a　第 2 章曾指出,马尔萨斯预言 19 世纪人口增长将超过粮食供应,饥荒和疾病将控制人口增加。
①　指数增长:一个价值增加的比例在每个时间段都相同,如人口每年增加相同的比例。
②　新马尔萨斯学说的视角:马尔萨斯现代版本的说法,人类人口增长会导致灾难性的生态后果和人类的死亡率的增加。
③　人口增长率:一个特定区域的人口年变化,表示为一个百分比。

(population growth rate)自 19 世纪 70 年代以来已经下降。截至 2011 年,全
球人口增长率已降至 1.1%,且仍在继续下降。这是否意味着人口将很快稳
定,并且快速增长的担忧仅仅是危言耸听? 很不幸,答案是否定的。

首先,年总人口增长率④(gross annual population increase)下降,但总人
口数比以前大大增加。根据联合国的数据,全球人口到 2011 年增长 7 700 万
人。[b] 每年地球人类居民增加的总额超过德国的全部人口。当增长率(用百分
比表示)达到最高时(见表 9.1、图 9.2 和图 9.3),比起 1960 年,每年会增加更
多的人口。相当于每周出现一个新的纽约,每九个月出现一个新的法国,大约
14 年后出现一个新的印度——这并不是自满的理由。

表 9.1　　　　　　　　　　**全球人口增长率和平均年增长**

	20 世纪 50 年代	20 世纪 60 年代	20 世纪 70 年代	20 世纪 80 年代	20 世纪 90 年代	21 世纪
人口增长率(%)	1.80	2.00	1.90	1.80	1.40	1.20
平均年增长(百万)	50.6	65.7	75.6	85.3	81.6	76.5

资料来源:United Nations,2010.

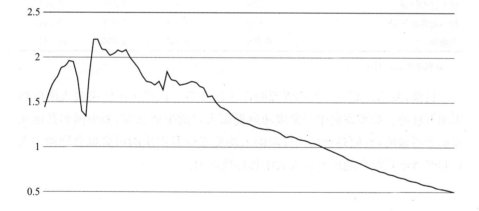

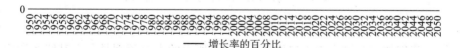

注:20 世纪 50 年代后期人口剧减的重要因素是中国的大饥荒。

资料来源:United States International Census Bureau, www.census.gov/population/international/
data/idb/information Gateway.php.

图 9.3　1950～2010 年世界人口增长(预测至 2050 年)

---

b　据人口资料局估计,每年净人口的增加水平略高于 2011 年的 8 300 万人(人口资料局,2011)。

④　年总人口增长:特定区域一年内人口总的增加数量。

联合国预估中值表明,人口将在 2025 年达到 80 亿,2043 年达到 90 亿并且在 21 世纪的最后二十年达到 100 亿。全球人口统计图远远没有稳定,这一现实将在未来的几十年继续构成更多的环境问题。

关注人口增长的第二个原因与区域模式有关。准确地说,人口增长最快的区域是在最贫穷和最窘迫的国家。超过 90% 的预计人口增长会在目前的发展中国家如亚洲、非洲和拉丁美洲国家(见表 9.2),尤其是在非洲,已经难以给当前的人口提供足够的粮食和基本商品。

表 9.2 　　　　　　　　　　　　　　**人口预测**

区域	2010 年人口（百万）	2050 年预测人口（百万）		
		低出生率	中值出生率	高出生率
非洲	1 022	1 932	2 192	2 470
亚洲	4 164	4 458	5 142	5 898
拉丁美洲	590	646	751	869
欧洲	738	632	719	814
北美洲	345	396	447	501
大洋洲	37	49	55	62
较发达的区域	1 236	1 158	1 312	1 478
较不发达的区域	5 660	6 955	7 994	9 136
全世界	6 896	8 112	9 306	10 614

资料来源:联合国,2010.

目前,发达国家通过人均资源的需求以及新一代产生的污染最大限度地影响着环境。如果发展中国家成功地提高人口的生活标准,如中国和其他东亚国家所做的,它们对食物和资源的人均要求以及产生的污染也会增加。人口和经济增长综合的影响将大大增加环境压力。

9.2 预测未来人口增长

我们如何预测未来人口增长? 图 9.1 所示的人口预测是一个基线预测中值。实际的数字可能更高还是更低呢? 如表 9.2 和图 9.4 所示,假设出生率显著影响预测的变化。这三种情况包含了全球人口在 2050 年的各种可能性数值,从 81 亿人到 106 亿人。在这个范围内,主要影响预测可信度的因素是人口惯性[⑤](population momentum)。

---

⑤　人口惯性:人口有继续增长的趋势,即使生育率下降到一定水平,只要年轻的年龄组在总人口中占有一个高比例。

　　了解人口增长势头,让我们考虑一个假想的国家 Equatoria,也是一个经历了几代人口快速增长的国家。为了简单起见,我们把一代定义为 25 年以及把 Equatoria 的人口划分为三个类别:25 岁以下、25～50 岁和 50 岁以上。Equatoria 的人口年龄结构取决于前几代人的出生率。现在,假设每一代的人口是之前一代的两倍。这将创建一个人口年龄结构⑥(population age profile),形状像一个金字塔(见图 9.5)。有了这个年龄结构,每 25 年总人口将翻倍,因为每个新一代的人口是其父母一代人口的两倍。整个国家的人口增长率平均每年约为 3%。[c]

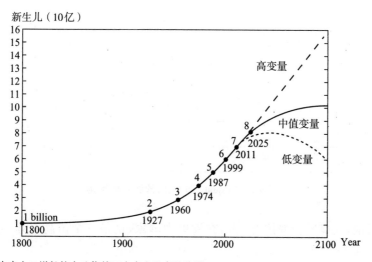

注:未来人口增长较大地依赖于未来出生率的路径。

资料来源:联合国,2010.

联合国使用了 3 种情景演示未来出生率的变化:

· 中值变量:假设世界平均出生率 2005～2010 年的每位妇女生 2.52 个孩子降低到 2045～2050 年的每位妇女生 2.17 个孩子。

· 高变量:假设 2045～2050 年每位妇女生 2.64 个孩子,在此情景下,世界人口在 2050 年将达到 106 亿人,在 2100 年将达到 158 亿人。

· 低变量:假设 2045～2050 年每位妇女生 1.71 个孩子,在此情景下世界人口在 2050 年将达到 81 亿,在 2100 年将达到 62 亿人。

图 9.4 截至 2100 年的人口预测

---

　　c　根据"70 原则",若人口增长率为 $x\%$,那么人口倍增时间大约是 $70/x$,所以在这种情况下 $25=70/x$,$x=70/25$ 或 3% 左右。

　　⑥　人口年龄结构:对一个国家一个时间点给定的年龄组人数的估计。

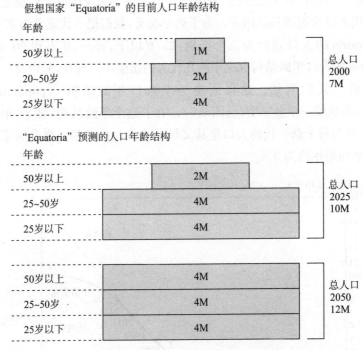

假想国家"Equatoria"的目前人口年龄结构

年龄

50岁以上	1M
20~50岁	2M
25岁以下	4M

总人口
2000
7M

"Equatoria"预测的人口年龄结构

年龄

50岁以上	2M
25~50岁	4M
25岁以下	4M

总人口
2025
10M

50岁以上	4M
25~50岁	4M
25岁以下	4M

总人口
2050
12M

图9.5 "Equatoria"人口预测年龄结构

目前,人口增长率接近 3%,在发展中国家,这是一个虽高但并不是前所未有的速度,比如利比里亚、尼日尔、冈比亚和马里。

现在考虑 Equatoria 未来的人口,如果这个增长速度持续下去,每 25 年人口翻一番,将会出现一个指数级增长的情况。如果在 2000 年人口是 700 万人,如图所示,到 2025 年将达到 1 400 万人,到 2050 年达到 2 800 万人,2075 年将达到 5 600 万人。没有哪个国家能长期承受人口如此增长所带来的环境和社会压力。但是,当然,增长率可能会下降。

要实现这一目标,平均生育率[⑦](fertility rate)必须下降。生育率是指妇女在她的一生中平均生育孩子的数量。在如此高的增长率下,Equatoria 的生育率是每名妇女大约生育 5 个孩子。同样,这在发展中国家是不寻常的。撒哈拉以南非洲地区在 2011 年的平均生育率是每名妇女生育多于 5 个孩子:尼日利亚是 5.7 个,马里是 6.4 个,尼日尔是 7.0 个。在世界其他地方,可以发现高水平的生育率在危地马拉(每个妇女生育 3.6 个孩子、阿富汗(4.7)和伊拉克(6.3)等国家。

稳定人口的生育率需要实现更替生育水平[⑧](replacement fertility

---

⑦ 生育率:社会中每个妇女孕育婴儿的平均数。
⑧ 更替生育率水平:使得社会人口水平稳定的生育水平。

level)，每个妇女生育两个孩子（精确的数量取决于婴儿和儿童死亡率的速度）。在每个新一代更替生育水平上，每个新一代与上一代一样。降低生育率通常需要多年的努力，比如 Equatoria。假设 Equatoria 达到这一目标，这是否意味着人口增长问题结束了呢？绝对不是！

想象一个极其有效的人口政策，立即降低生育更替水平。Equatoria 未来的人口如图 9.5 第二部分和第三部分所示。每个新一代将是上一代的规模。然而，目前一代 25 岁以下的人口是 Equatoria 有史以来规模最大的。即使在等值交换水平生育率，两代人的人口将继续增长。

下一代的儿童将是 50 代人口的 4 倍多，即另外 25 年的出生率将数倍高于死亡率。对于之后的 25 年，出生率仍然是死亡率的一倍。人口增长速度，即出生率与死亡率之间的差异，将继续为正。只有当现在 0～25 岁的人寿命结束并使自己的孙子一代的人口不再多于他们才会停止继续增长。因此，在接下来的 50 年里，Equatoria 的人口将继续增长直到其稳定下来，总数达到 1 200万人，在其稳定之前人口比目前的水平高出 71%。

这是人口动量的含义。当一个国家经历了人口快速增长的历史，那么未来几代人将持续增长，短暂的大规模的马尔萨斯灾难极大地提高了死亡率。对 Equatoria 来说，更现实的可能是生育率需要大约一代人才能达到更替水平，而不是在我们假设的情况下瞬间坠落。在这种情况下，人口将继续增长 75 年，最终稳定在一个水平上，超过 2000 年的水平并增加一倍。

Equatoria 的情况，不仅仅是一个抽象的例子（见专栏 9.1）。如图 9.6 所示，其所描述的简化的人口金字塔非常接近于现实中非洲大部分地区[用图 9.5、框架 3 来想象未来非洲的所有人口年龄组或人口队列[9]（population cohort）至少与现在的幼儿种群一样。]还记得，表 9.2 中的投影显示到 2050 年非洲人口翻倍，与我们所描述的简单的例子是一致的。

人口增长势头遍及亚洲和拉丁美洲。对这些地区的人口增长预测的可信度较高。人口态势的必然逻辑保证了 21 世纪人口数量的不断增长。图 9.5 的第二帧所显示的欧洲的稳定年龄结构是个例外，而不是规律。这就是为什么即使是最低的全球人口预测水平也是到 2050 年约为 81 亿人（见表 9.2）。

人口惯性使人口的大量增加不可避免，但对 2050 年及以后的"低"和"高"的预测之间仍存在巨大的差异（见表 9.2 和图 9.7）。在这些不同的预测中，关键变量是未来生育率的下降。如果生育率在整个发展中国家迅速下降，全球人口年龄金字塔可能在未来 35 年内达到更稳定的格局（将图 9.7 中 2030 年世界低生育率情况与图 9.6 中西欧人口年龄结构进行对比）。但缓慢的下降

---

⑨　人口队列：在一个国家某一特定时期内出生的一群人。

将使世界在 2030 年同时具有较高的人口规模和强烈的增长势头（见图 9.7）。

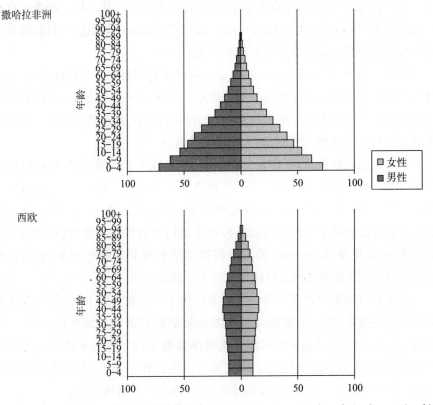

资料来源：美国人口普查局，国际数据库，2011，www.census.gov/population/international/data/idb/information Gate way.php.

图 9.6　撒哈拉非洲部分区域和西欧人口年龄结构（1990 年）

专栏 9.1　　　　　人口迅速增长使尼日利亚倍感压力

　　在世界人口最多的国家中，尼日利亚排在第 6 位，有 1.67 亿人。按照目前的增长速率，在 25 年内尼日利亚的 3 亿人口——相当于目前美国的人口——生活在像美国亚利桑那州、新墨西哥州和内华达州大小的土地上。尼日利亚的人口增长速度类似于其他撒哈拉以南非洲国家，这对政府来说是一个严重的问题，政府已经开始扭转鼓励大家庭生育的政策。2011 年，尼日利亚实施避孕药免费措施，并表示正式推广小家庭的优点。来自奥巴费米·洛沃大学的人口统计学家 Peter Ogunjuyigbe 说："人口是关键，如果你不考虑人口，学校将无法应对，也没有足够的住房——也没有办法发展经济。"

　　资料来源：E. Rosenthal，"Nigeria Tested by Rapid Rise in Population"，*New York Times*，April 14，2012.

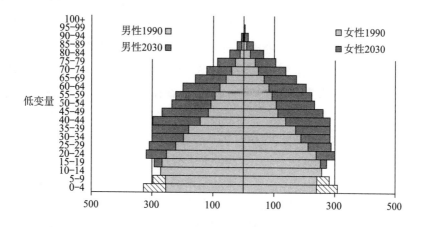

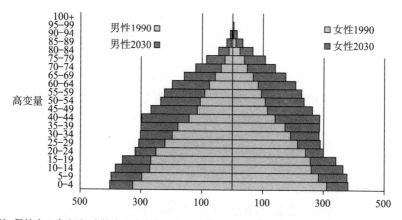

注:男性人口在左边,女性人口在右边。在低变量中,2030 年年龄组 0~4 和 5~9 比 1990 年的比较组少。

资料来源:联合国,2010。

图 9.7 世界人口的可能趋势

艾滋病的影响

世界人口会预测疾病所带来的影响,如疟疾,每年杀死数百万人。但最近艾滋病毒/艾滋病的蔓延已经改变了疾病的死亡率。根据联合国 2010 年的报告,全球超过 3 200 万人在过去的 30 年死于艾滋病毒/艾滋病。这个庞大的数字使艾滋病毒/艾滋病成为所有时代中最致命的流行病,堪比 14 世纪欧洲的黑死病,死亡 2 000 万余人。

幸运的是,预防政策和医学发现所做出的贡献比 30 年前首次发现艾滋病毒/艾滋病有着显著进展。2009 年,3 330 万人感染了艾滋病毒/艾滋病,其中包括 250 万 15 岁的儿童。新感染的人数在 1999 年为 310 万人,并达到顶峰,但是由于更好的预防使得受感染人数慢慢下降,2009年达到260万人。20世纪90年代,由于显著的治疗减缓了艾滋病的新的感染者并显著改善了他们的预期寿命。因为所需要的药物比较昂贵而且需要治疗的患者大多是在遥不可及的非洲的穷人,所以治疗只能涉及3 300万人中的500万人。2009年,在死于艾滋病的180万人中,72%(130万人)生活在撒哈拉以南非洲地区。

国际政府和私人基金会的努力都集中于制造新的药物并使其得到更广泛的使用。抗逆转录病毒疗法的效果在撒哈拉以南非洲特别明显,这里死于艾滋病或相关原因的人在2009年比2004年估计少32万人(或20%)。仅在2009年,有120万人第一次接受艾滋病抗逆转病毒疗法——1年增加了30%接受治疗的人。在亚洲,估计有490万人是在2009年感染了艾滋病毒,这一数目与5年前差不多。大多数国家的艾滋病流行似乎已经稳定下来。

艾滋病对世界人口增长的影响是什么?疫情对人口增长的影响来自两方面:一方面是艾滋病所直接带来的死亡率;另一方面是由于疾病或潜在的父母早亡所间接造成的出生人数的减少。2007年,联合国对受艾滋病影响最显著的62个国家进行预测。2015年,遭受艾滋病毒/艾滋病的影响的国家的人口比未遭受此病影响的国家的人口减少2%。在受影响最大的地区南非,2015年人口减少14%。但是,非洲南部的人口总数仍在增长:截至2025年,人口增幅预计是9%;截至2050年,人口增幅是7%。

艾滋病产生了大规模全球性的公众威胁和人道主义灾难,但是不会扭转人口增长的趋势。在非洲南部受灾最严重的国家,由于艾滋病使得那里的死亡率增加,但仍低于高生育率驱动下的出生率。但是,艾滋病的流行将极大地增加国家的公共健康负担,这些国家已经苦苦挣扎于大量儿童的生活需求。许多儿童将成为孤儿,这对家庭、社会和医疗系统造成了巨大的压力。

9.3　人口转变理论

从20世纪60年代到90年代,国际组织越来越关注快速的人口增长,1994年第三次联合国国际人口与发展会议就体现了这一点。这次会议制定了截至2015年世界人口数量将稳定在72.7亿人的宏伟目标——比1994年的人口大约增长了30%。

这个目标显然不会达成了。在2012年下半年,全球的人口已经达到了70亿人,而且很快就会超过这个数量。联合国预测截至2025年,全球人口将达到80亿人,比2012年净增加10亿人。截至2045年,人口将达到90亿人;截至2100年,将达到100亿人。显然,为增加的20亿~30亿人口提供所需是一个令人畏惧的问题。人口的增长和生育,在未来 20 年间将深刻影响包括粮食生产、资源使用和污染在内的所有问题,我们将在接下来的章节讨论这些问题。那么,关于人口政策,环境或生态经济学的分析能够告诉我们什么呢?

许多关于人口和经济增长的关系建立在西欧的经验之上。西欧的情况被认为是出生率和死亡率从高到低的人口转变[10](demographic transition)的最后阶段。图 9.8 显示了人口转变的这种模式。

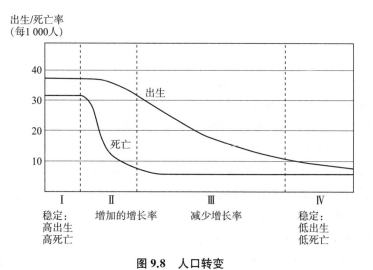

图 9.8 人口转变

在最初阶段,对应于工业化前期的欧洲,出生率和死亡率都很高。大家庭很普遍,但是医疗条件很差,许多孩子夭折。平均一个家庭只有两个孩子幸存。于是,人口世代保持稳定。这种社会状况在很多方面类似于自然状况,自然界中鸟类和动物通常会生育大量的后代,以抵消高捕食和高疾病的发生率。这是一个虽然残酷但是稳定的生态系统。

在第二阶段,工业化发生了,正如 19 世纪的欧洲。由于生活水平、公共健康和医疗保护水平改善,死亡率迅速下降。然而,由于家庭仍然认为大量孩子是有价值的,无论是在田间工作还是在工厂工作(那时童工依然是合法的和普遍的),或是作为一种养老的保证(那时社会保障机构还不存在)。由于净人口增长率等于出生率减去死亡率(见图 9.8 中两条线之间的垂直距离),这样的结果将导致人口高速增长。

人口增长影响

对整个国家来说,人口增长是好事还是坏事?如果资源充足,国家的领导

---

⑩ 人口转变:随着社会经济发展,死亡率和出生率依次下降的趋势,人口增长率首先上升最终下降。

者将会很欢迎它。大量的劳动力将推动经济的发展,使利用未开发的资源和新技术成为可能。然而,这一时期的人口和经济的快速增长可能包含一些自我的限制因素。

一个因素是经济发展需要伴随社会状况的提高。这种提高不是自动的,往往需要艰苦奋斗和经济改革。最终,这个国家可能会取得经济发达国家的一些社会特性,包括童工的法律、失业补偿、社会保障制度、私人养老金计划和更多的教育机会。

在这种变化的氛围中,人们对家庭规模的态度改变了。小家庭看来更可取——大家庭不是福利而是一种经济负担。同时,避孕方法更加有效。出于所有这些原因,生育率开始下降——通常相当迅速。这个国家进入第三阶段,即不断下降的出生率和人口净增长率。

图 9.8 显示了人口增长率(出生率和死亡率之间的距离)。当然,人口总数在第三阶段更多,所以低增长率仍然意味着每年更高的人口净增加。正如我们所看到的,在这一时期,人口数量变成原来的两倍或三倍。但是,如果出生率继续下降,最终这个国家将达到第四和最后阶段,在这一阶段,由于低出生率和低死亡率,人口总数趋向稳定。

回顾欧洲史,这个过程表现得相对温和。尽管在早期很残酷,但总体看来,人口增长、经济发展和社会进步齐头并进,人口增长最终自我限制。马尔萨斯的预测未能得以实现;相反,较多的人口导致更好的生活条件。

无论是欧洲还是美国,在人口结构转型的第三个阶段,相应的生育率(每个妇女生育孩子的平均数)下降与生活条件的改善密切相关。事实上,更好的经济条件与低生育率之间的密切关系很容易观察到,无论是从长期趋势还是利用比较的视角来看。图 9.9 显示了世界上所有国家的这种模式,生育率(y轴)普遍随着人均 GDP(x 轴)的增长而下降。

人口转变理论如何适用于目前的全球人口趋势?当然,人口转变理论的前两个阶段只适用于 20 世纪下半叶的世界。死亡率比出生率更快地下降,生育率和人口增长率在 1950～1975 年达到历史最高点。在那之后,证据表明,大多数国家已经进入总体增长率下降的第三阶段。然而,目前发展中国家的情况在许多方面不同于欧洲:

● 发展中国家的人口总数比发达国家更多,这在历史上是前所未有的。每 10 年,发展中国家人口的增长数相当于整个欧洲(包括俄罗斯)人口的总数。

● 欧美国家在扩张的时候,利用了世界各地的自然资源。然而,现在发达国家不成比例地消耗着全球吸收废物的能力(包括温室气体、消耗臭氧层的化学物质和其他环境污染物的排放比例都是最高)。发展中国家显然没有这些权利。

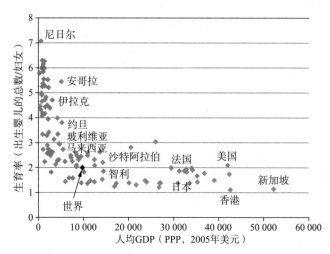

注：人口超过 500 万的国家，GDP＝国民生产总值，PPP＝购买力评价。通过国内消费的商品和服务，PPP 调整了 GDP。

资料来源：世界银行，世界发展指数，http://data.worldbankorg/data.catalog/world-development-indicators.

图 9.9　生育率 vs.人均 GDP(2009 年)

● 发展中国家生育下降的速度存在很大的不确定性。影响生育下降的因素，如女性受教育、医疗保健和避孕措施等。这些因素在一些国家可以获得但在另一些国家没有，而人口稳定的预测依赖于生育率的迅速下降，但这可能会或可能不会发生。

● 像欧洲一样，伴随着人口增长的经济快速增长在一些发展中国家发生了，但在另一些发展中国家没有发生。特别是在非洲，高速增长的人口数量伴随着停滞或下降的人均产出和粮食生产。在经济快速增长的地区，社会福利还没有覆盖到穷人，这将导致增长的不平等性并且相当数量的人们仍旧生活在极其贫穷的条件下。在拉丁美洲和南亚许多国家的"双经济"下，现代城市发展与大城市周边乡村的极度贫穷同时存在。许多人还没有达到改善的生活水平，但是他们已经引发了低生育率。

这些情况表明，"回顾"人口和经济的增长历史不足以洞察未来 40 年或 50 年的人口问题。社会、经济以及环境因素都影响着人口。人口增长的影响不仅局限于发展中国家，美国也正面临着自然增长和移民增加基础上的持续的人口增长(见专栏 9.2)。我们不能简单地等待人口转变第二阶段的自动发生。相反，我们必须用最好的分析和政策去应对 21 世纪的经济和环境参数转变的重要问题。

专栏 9.2　　　　　　美国人口持续增长

　　当我们考虑人口问题时，我们总是关注发展中国家人口的快速增长。但是在美国，人口数量也是极度不稳定的。虽然欧洲已完成向稳定人口水平的转变，但是在美国，由于自然增长和移民的增加使美国人口持续增长。美国的生育率虽然已在更替水平上，但是由于 1950 年以来出生的大量人口仍然处在生殖年龄，人口增长依旧保持持续动力。

　　在 20 世纪 90 年代，美国人口的增长比这个国家历史上任何一个 10 年都要多，甚至超过了 20 世纪 50 年代的婴儿潮时期。在这段时期，人口从 2.487 亿增长到 2.814 亿。2000～2010 年 10 年间，人口增长了 3 000 万，在 2013 年达到 3.15 亿人。

　　预计美国人口在未来 30 年依旧会保持增长。据预测，美国人口在 2025 年将达到 3.5 亿，比 2000 年的人口增长了 680 万，或者说 24%。预测 2050 年人口将超过 4 亿。尽管这些数据有一些不确定性，但是它们表明：伴随着移民，人口增长的动力依然强劲。

　　由于美国居民拥有这个星球上最高的资源消耗和废物产生率，这些额外人口对环境的影响将比在低收入国家要大得多。因此，尽管预计美国人口增长仅为 3%，但是它和包括温室气体排放在内的全球环境问题有着相同的重要意义。

　　美国增长的人口也将给国内资源和土地带来压力。城市和郊区杂乱排列、水供应的透支、空气和汽车交通拥挤都会变得更加难以管理。在考虑这些环境问题时，我们不应该忘记人口的潜在重要性。对美国来说，人口政策的重要性显然不亚于对于发展中国家的重要性。

9.4　人口增长和经济增长

　　经济理论所说的人口是什么？一个典型的经济模型——柯布—道格拉斯生产函数显示，经济产出是劳动投入、资本投入和技术参数的函数：

$$Q_t = A_t K_t^\alpha L_t^\beta$$

　　其中，Q 是总产出，K 是资本存量，L 为劳动力，α 和 β 分别是资本和劳动力的相关参数；A 反映技术的一个给定状态，t 表示一个特定的时间段。α 和 β 的值被假定为 0 和 1 之间的值；如果 $\alpha+\beta=1$，函数为规模报酬不变[11]（con-

---

[11]　规模报酬不变：一个或多个投入呈比例增加导致产量以相同的比例增加（或减少）。

stant returns to scale)。这意味着,如果劳动和资本投入增加一倍,产量也将增加一倍。

假设我们只是增加其中一个因素——劳动,那么产量也将增加,但是增加量小于劳动投入。如果劳动力大约只是总人口的一部分,那么人均产出[12](per capital output)会下降。随着越来越多的劳动力增加,收益递减规律[13](law of diminishing returns)开始发挥作用——额外增加1单位的劳动力的产出会变小。因此,在一个简单的经济模型中,人口增长仅会使生活水平下降。这是资本变少[14](capital shallowing)的结果,即意味着每个工人所控制的工作资本变少,进而生产率降低。

然而,很少有经济学家认为这个简单的逻辑是由于人口增长的影响。他们会指向资本存量变量 K,并指出若 K 增长的速度至少等于 L 增长的速度,人均产量将保持不变或上升。此外,他们坚信,随着时间的推移和技术进步[15](technological progress),A 会增加,导致更大的人均产出或资本投入。在此理论框架下,只要资本形成[16](capital formation)和技术进步是充足的,人口和劳动力的增长就会伴随着生活水平而提高。

自然资源限制[17](natural resource limitations)的问题是什么?我们可以通过修正柯布—道格拉斯生产函数来考量自然资本[18](natural capital)。自然资源,如农业生产用的耕地和水资源、矿物和化石燃料是所有经济活动的主要投入品。如果用 N 和 γ 分别表示自然资本和生产力的指数,我们得到一个修正公式:

$$Q_t = A_t K_t^\alpha L_t^\beta N^\gamma$$

在这个公式中,对自然资本的限制可能会导致收益递减,即使劳动力和资本增加。例如,当 $\alpha = \beta = \gamma = 1/3$ 时,劳动力和资本增加一倍,而自然资源保持不变,那么产量增加了 0.59 倍,这导致人均产出的下降。这种下降仍然可能由于快速的技术进步而得以避免,但是自然资源的限制对于产出的扩大而产生阻力。

一些证据表明,在某些情况下人口增长实际上可以推动技术进步。Easter Boserup 辩称,人口增加的压力迫使人们采取更有效的农业技术。至少在发展的早期阶段,规模经济[19](economies of scale)可能会占上风,增加的

---

⑫ 人均产出:一个社会总产出与人口的比值。
⑬ 收益递减法则:在生产中随着投入的持续增加而导致边际产出递减的规律。
⑭ 资本变少:人均资本的降低导致工作效率降低。
⑮ 技术进步:为研发新产品或改进现有产品所增加的知识。
⑯ 资本形成:一个国家为资本存量新增的资本。
⑰ 自然资源的限制:有限的自然资源对生产所带来的限制。
⑱ 自然资本:可用的土地和资源禀赋,包括空气、水、土壤、森林、渔业、矿产和生态维持系统。
⑲ 规模经济:企业生产规模的扩大增加单位投入的产出。

人口密度可能促使人们开发更高效、规模更大的行业。

从经济理论的角度来看,人口增长本身既不好也不坏。它的影响取决于它发生的背景。如果经济机构够强、市场运作良好并且环境外部性[20](externalities)不是很大,那么人口增长就能伴随着较高的生活水平。

人口增长阻碍还是促进经济的发展?

一些分析人士提出了一个正面的看法,认为人口的增长既是人类技术水平成功推进的一个证明,也是进一步取得进步的因素。这个观点最有力的支持者 Julian Simon 建议我们应该鼓励人口的进一步增长,因为人类的聪明才智总是会克服资源限制和环境问题。然而,大多数经济学家和生态学家拒绝了这一不合理的乐观看法。虽然承认技术进步的重要性,但是大多数分析认为人口增长的影响是非常复杂的。

经济理论认为人口的增长会对经济产生负面影响,包括:

● 增加了抚养比率。没有工作的人口数(主要是儿童和老人)与人口总数的比是一个国家的抚养比率。我们已经看到,在增加的人口中,儿童的比例很高。家庭必须花费更多的钱抚养子女,从而导致储蓄减少、国民储蓄率降低。对医疗和教育支出的高花销减少了可用于投资的资金。这些影响放缓了资本积累和经济增长的速度。随着人口数量的稳定,由于老年人比例的增加使得抚养比率增加,进而引起其他一系列经济问题(见专栏 9.3)。

专栏 9.3　　　　　生育率下降:存在生育死亡吗?

在人口预测中,生育,最不稳定的变量,已经在全球范围内衰退,在许多国家已比预期以更快的速率下降。这是否意味着"人口问题"已经走向反面? 一些分析师认为就是如此。Philip Longman 说"有些人认为人口过剩是全球面对的最危险的事。事实上,反过来才是真的。随着国家变得富裕,它们的人口年龄和出生率垂直下落。但是,这不仅仅是富裕国家的问题,发展中国家正在更快速地老龄化。降低出生率似乎是有益的,但是经济和社会成本太高以至于不能支付"(Longman,2004)。Longman 指出两方面的问题:一方面是在像欧洲和日本这类地区,生育率大大低于更替水平。这些国家面临着用较弱的劳动力支撑老人高抚养比的情况;另一方面是在发展中国家,其中少数国家正在接近或已经达到更替生育率水平。在这些发展中国家,较慢的人口增长很可能是有益的,可以降低所需抚养儿童的比例并且提高工作人员的比例以促进国家生产力。

---

[20]　外部性:交易外的正的或负的能改变市场交易效益的影响。

例如,印度的生育率较低,并伴随着妇女地位和经济福利的提高(B. Crossette "population estimates fall as poor women assert control," *New York Times*, March 10, 2002)。稳定的人口也减少对水源、耕地等稀缺资源的压力。有关人口问题的一个专家小组称,"高生育率国家的生育率下降,通过减缓人口增长,使得许多环境问题更容易解决,发展更容易实现"(应用系统分析国际研究所,2001)。

在日本,不同版本的故事正在上演。自1950年以来,日本的出生率一直急剧下降,并在2010年达到了每名妇女成功生育1.3个婴儿的历史低点。如果这种趋势继续下去,截至2050年,预计日本的人口从1.28亿人下跌到9 500万人(人口资料局,2011)。

老年人口一直在稳步增长,因此,到2040年,超过三分之一的人口将是年龄超过65岁的老人,并且"几乎一个百岁老人对应一名新生儿"(Eberstadt,2012)。紧缩的劳动力抚养越来越多的老人的问题也影响到欧洲,并且在未来几十年之内对中国和其他发展中国家产生重大影响。

然而,人口稳定的问题将要面临防止全球人口无限制地增长。正如我们所看到的,即使是最低的全球预测,截至2025年,人口将增加10亿以上,对于生育率较高的地区(如非洲),2050年之前有可能出现人口翻番,即使对于人口增长率放慢的拉丁美洲和亚洲,预计增加1.5亿~10亿人口。因此,Longman试图用政策处理发展中国家遇到的问题似乎是不明智的,即使它可被用于像欧洲或日本这些生育率已远低于更替水平的国家。

● 收入不平等[21](income inequality)问题增加。快速增长的人口造成劳动力供给过剩,这使工资率下降。高失业率及就业不足是可能的,许多贫困人口无法享受经济增长带来的好处。在许多拉美国家及印度,农村劳动力向大城市迁移寻找工作的情况普遍存在,这造成了城市周围环绕着庞大的贫民窟。

● 自然资源的限制[22](natural resource limitations)。正如前面提到的,生产函数中所包含的固定要素[23](fixed factors)(如有限的土地或不可再生的自然资源供应)可能导致劳动力和资本的收益递减。在一般情况下,经济学者倾向于假设技术进步可以克服这些限制,但是随着资源和环境问题日益呈现和复杂化,这种假设可能不成立。

[21] 收入不平等:在收入分配方面,部分人的收入比其他人多。
[22] 自然资源的限制:有限的可获得的自然资源给生产带来限制。
[23] 固定要素:短期生产中数量不变的生产要素。

● 市场失灵[24](market failure)。正如第 4 章中讨论的,在开放获取资源的情况下,人口的增加加速了资源的消耗。凡是在私人或社会产权定义不清的国家(如在非洲萨赫勒地区或巴西的亚马孙),人口压力会加速干旱化和森林砍伐。对于外部性问题(如空气和水的污染是无法控制的),人口增长也将加剧目前的污染问题。

人口和经济发展之间的更复杂关系的观点已由 Nancy Birdsall 提出,她认为"关于人口增长和经济发展的长期讨论正在进入一个新的阶段,现在应该强调人口的快速增长与市场失灵之间的关系"。在对经济研究的回顾中,她指出政策也扮演了至关重要的角色:

> 人口增长率较高的国家往往看到的是低经济增长率。对"亚洲经济奇迹"中人口的分析有力地证明,当工作的人抚养家属(儿童或老年人)相对较少时,生育率下降带来的年龄结构的变化创造了一次性的"人口礼物"或者说是机会窗口。承认并抓住这个机会的国家可以像亚洲四小龙一样实现经济产出的强劲爆发。

> 但这样的结果绝不能说明:只具备健全经济政策的国家才能有这样的机会窗口并创造奇迹般的结果。最后,几项研究证明了高生育率和贫穷之间的因果关系的可能性。虽然因果关系的方向并不是很清楚,但是很可能是反向关系(贫穷引发高生育率并且高生育率加强贫困),研究支持低生育国家能为家庭创造一条脱离贫穷的路径。

根据最近的这些观察,产生这样一些问题:人口增长的"积极"影响是早期世界历史(Herman Daly 所称"空的世界"阶段,在这一时期资源和环境的吸收能力相对于人的经济规模来说足够富裕)的主要特征吗? 随着全球人口上升到 80 亿人以上,负面影响将成为主导吗? 回答这些问题需要更广泛并以生态为导向的角度来考虑。

9.5　人口增长的生态视角

从标准经济学的角度看,人口或产出的增长不存在固有的局限性,但是生态方法是基于承载能力的概念。这意味着在限定区域内控制人口的可操作性的限制。这当然也适用于动物种群的性质。如果放牧的牛群超过土地的承载能力[25](carrying capacity),食物会出现短缺,许多牛会饿死,牛的数量将减少至可持续发展的水平。基于可获得的猎物,肉食动物更是受到严格限制,因为

---

[24]　市场失灵:某些市场未能实现资源的有效分配。
[25]　承载能力:依据现有自然资源可持续发展的人口和消费水平。

动物消耗植物或其他动物。地球上所有的生命依赖于绿色植物进行光合作用吸收太阳能的能力。可获得的太阳流[26](solar flux)，或太阳光照射到地球表面的能量，是承载能力的最终决定因素。

人类能够不受承载能力的限制吗？当然，我们已经非常成功地扩张了承载能力的局限性：使用人工肥料提高农业产出，化石燃料和核能为工业化提供了比直接通过太阳能系统或间接通过水力发电和风力发电更多的能源。通过这些手段，70 亿人可以生活在一个世纪以前只能维持 15 亿人口的星球上。

然而，这种扩张承载能力有着显著的生态成本。大量的化石燃料和矿产的提炼所产生的废物造成了环境退化。随着时间的推移，一些废物和污染物的累积对环境的负面影响逐渐显现出来。

一个典型的例子是由燃烧化石燃料引起的全球气候变化。水土流失、蓄水层枯竭、长期毒性和核废料的堆积是一个累积的过程。增加今天地球的承载能力将导致未来的问题。其中的许多问题已经造成了大问题，如果更大的人均消耗高于目前的水平，它们会变得更加严重。我们如何应对额外的 20 亿人或更多的人的食物供应、碳排放和其他的生态问题？

生态学家已经确定在三个主要领域中，当前的经济活动有系统地破坏了地球的长期承载能力。第一，侵蚀和表土的退化，全球范围内的表土损失目前估计为每年 240 亿吨，近 11% 的全球陆地植物中度至极度退化。第二，淡水被过度使用和污染，几乎每一个国家，特别是中国、印度和苏联，已经达到了临界水平。第三，也许是最严重的，即生物多样性的损失，现在相比于过去 6 500 万年的任何时间都有更多的物种灭绝。

回顾数十名科学家给出的证据，Paul 和 Anne Ehrlich 得出这样的结论："有相当多的证据表明，人类的极大扩张使得 *Homo sapiens* 超过了地球长期承载能力——可以持续许多代，在不减少必要的资源的同时，未来能够保持的相同的人口规模"。

人口、富裕程度以及科技的影响

我们通过一个等式可以使人口、经济发展和环境之间的内在关系概念化，这个等式就是 IPAT。

这个等式的形式如下：

$$I = P \times A \times T$$

这里：

I：生态影响（例如，污染和自然资源的消耗）

㉖　太阳流：持续流向地球的太阳能。

P：人口

A：以（产出/人口）测量的富裕程度

T：测量每单位产出的生态影响的技术变量

这个方程是一个恒等式[22]（identity），被定义的数学陈述。方程的右边在数学上可以表述如下：

$$人口 \times （产出/人口） \times （生态影响/产出）$$

"人口"和"产出"彼此抵消，由于同时出现在分子和分母，最后只留下生态影响——这和左边的变量是一样的。因此，我们不能就方程本身争辩。唯一的问题是：这个等式陈述变量的水平是什么，以及哪些因素决定了它们？

我们已经知道，根据联合国中等水平变量预计报告（见表 9.2 和图 9.4）预测，全球人口（P）在未来 40 年里将增长 20 亿或者说 30%。我们也知道全球人均消费水平（A）在稳定增长。如果人均消费水平每年以 2% 增长——大多数经济学家认为的最低满意速率，它在 50 年中将增长 2.7 倍。通过乘以 3.5，A 和 P 将共同影响等式的右边。

那么 T 呢？技术的进步将会降低人均 GDP 的生态影响——假设是 2。这将使对环境的影响显著增加（考虑自然资源、土地、水、森林、生物多样性等的污染和压力方面）。鉴于目前对环境问题的关注程度，这似乎是不可接受的。为了得出较低的环境影响，我们需要改善技术，这种改善可以使环境影响降低 4 倍或者更多。

当然，像 IPAT 这样的数学抽象对这些宽泛概念背后的细节缺乏足够的洞察。IPAT 因其假设 P、A 和 T 相互独立而受批评，因为实际中它们相互之间是相互关联的——正如我们前面看到的，正是这种关系成为了争议问题的本质。通过回归 IPAT 方程使用的理论意义，Marian Chertow 强调：

这个辩论——人口或技术是否是环境破坏的一个更大的动因——的鸡生蛋还是蛋生鸡的本质是有启示作用的。增加的人口需要改进技术还是改进技术能提高承载能力？（Boserup，1981；Kates，1997。）跨国比较表明了富裕水平（因子 A）或通过人均国内生产总值衡量的经济繁荣水平的不同类型的关系。例如，许多类型的空气污染物通常会降低人均 GDP 水平，而二氧化碳的排放量与富裕水平呈正比（Shafik and Bandyopadhyay，1992）。

尽管 IPAT 等式已被科学家（工程师、生态学家、生物学家等）大量使用，但是它面临关于所涵盖的人口增长、消费分布和市场工作的一些基本问题的强烈批评。工业生态领域（在第 17 章讨论）主要关注 IPAT 方程的 T，强调技术上的重大飞跃将使 T 降低 4 倍甚至 10 倍。

———————————

㉒　恒等式：由定义阐述的数学表达式。

一个明显的担忧是全世界高度不平等的人均消费量。占世界人口 1/4 的发达国家占用了全球约 3/4 的消费量。在许多发展中国家,贫困、缺乏基本的卫生服务以及缺乏教育都将提高人口增长率。这表明关注不平等问题的重要性,而不是仅仅关注人口总数和经济产值。

也许经济的观点和生态的观点可以趋同。即使我们不能确定地球的固定承载能力,但是很显然我们现在的人口增长速度提高了几乎所有资源和环境的压力(见专栏 9.4)。这意味着,各方面的调控都是至关重要的:降低人口增速,调节消费增长,促进社会平等,引入环保技术。

专栏 9.4　　　　　　　人类的生态足迹

大量的研究的关注点都在人类对环境的影响。人类在多个方面影响环境,包括自然循环中断、臭氧层的枯竭、物种灭绝和有毒污染物的处理。从政策角度看,将所有这些影响转化为一个单一的指标可能有一定的优势。此外,这个指标应该以人们容易理解和解释的单位衡量。最后,该指标的测量数据应在所有尺度上都可获得,从个人到国家,以及所有的社会和全球,从而可以进行比较。

使用"生态足迹"可以对环境影响进行衡量。生态足迹(EF)的概念最初由 Wackernagel 和 Rees(1996)提出,试图将所有人类活动的影响转变为生物生产性土地面积的等量单位。换句话说,一个人的生态足迹是他或她的生活方式所需的土地量。

有些影响很容易转变成土地面积当量。例如,对肉类的需求可以转换为对牧场的需要。其他影响转化为土地面积当量则比较难。例如,化石燃料燃烧排放的二氧化碳,在 EF 法下,测算吸收这些二氧化碳所需的植被区面积就比较困难。

一个国家的生态足迹计算需要超过 100 个因素的数据,包括对食品、木材、能源、工业机械、办公用品和车辆等的需求。以意大利为例,对一个国家的生态足迹的具体计算,可以在 www.footprintnetwork.org 查到。对于一个人的生态足迹计算,则可以在 www.myfootprintnetwork.org 查到。

将一个地区的生态足迹与其可用土地进行比较有助于确定这个区域是否产生对环境的可持续影响。表 9.3 和表 9.4 显示了主要地区和世界的人均生态足迹、总生态足迹和总生产性土地。人均生态足迹在发达国家比在发展中国家高很多。

　　大多数国家,发达国家或是发展中国家,当前正面临着生态赤字。全球人均影响为2.69公顷/人,超过了全球人均可用生物生产性土地(2.0公顷/人)。因此,EF方法表明,目前全球环境的影响是不可持续的,这意味着对自然资本的消耗。

表9.3　　　　　　　　　　人均生态足迹(2005年)

国家/地区	人口 (百万)	生态足迹消耗 (gha*/人)	生物能力 (gha/人)	生态消耗或保留 (gha/人)
世界	6 476	2.69	2.06	−0.63
高收入	972	6.40	3.67	−2.71
中等收入	3 098	2.19	2.16	−0.03
低收入	2 371	1.00	0.88	−0.12

　　备注:gha=全球公顷(面积的测量=10 000平方米或2.47亩)。1个单位的全球公顷代表1公顷的全球平均生产力。

　　资料来源:研究和标准局,全球生态网,*Ecological Footprint Atlas* 2008。

表9.4　　　　　　　　　　总生态足迹(2005年)

国家/地区	人口 百万	生态足迹消耗 (gha*)	生物能力 (gha)	生态消耗或保留 (gha)
全世界	6 476	17 444	13 361	−4 083
高收入	972	6 196	3 562	−2 634
中等收入	3 098	6 787	6 685	−102
低收入	2 371	2 377	2 090	−287

　　备注:gha=全球公顷(面积的测量=10 000平方米或2.47亩)。1个单位的全球公顷代表1公顷的全球平均生产力。

　　资料来源:研究和标准局,全球生态网,*Ecological Footprint Atlas* 2008。

　　生态足迹的概念及方法仍有争议。《生态经济》2000年3月开辟了一个专栏,发表了12篇与生态足迹相关的文章。有些文章对这种方法进行了批评。例如,Ayres(2000)认为,EF概念"太聚集(并且在其他方面太有限)以致不能成为国家水平上政策目的的适当引导"。其他的研究人员,虽然认识到EF方法需要进一步完善,但是相信对于政策相关性的分析也有价值。Herendeen(2000)指出,经过改进,EF将能描述更大的画面以及更多的细节。至少,关于EF方法论的争论已经引起了对可持续性不再满足于修辞性的表述而转向量化结果的需求。

　　资料来源:Ayres, 2000;Herendeen, 2000;Wackernagel and Rees, 1996.

9.6 21 世纪的人口政策

在最近几十年,关于人口政策的讨论发生了改变。过去的争论主要在"乐观者"(增长的人口不存在问题)和"消极者"(导致灾难)之间。然而现在,随着元素共识的不断涌现,大多数分析者认为增长的人口对环境和资源产生压力,并且同意减缓人口增长是必不可少的。我们如何能够做到这点呢?

国家试图通过政府的强制手段来控制人口增长。最突出的例子是中国严厉的"独生子女"政策,虽然促进了经济和社会发展,但是这样的政策在大多数其他国家涉及侵犯人权。这些国家依靠的是处罚,包括对妇女进行强制堕胎和绝育手术,不是改变人民对有孩子的渴望。

然而,当人们尤其是女性受到更高的教育和享受更好的就业机会时,出生率迅速下降。在东亚大部分国家以及印度,出生率的显著减少来源于较高水平的基础教育、卫生保健和工作保障。

在分析哪种人口政策最有效时,Nancy Birdsall 集中分析了高生育率和贫困之间的联系,以及对社会和环境造成负面影响的恶性循环。她指出,一些政策既可以帮助减缓人口增长也可以提高经济效率和产出。其中,最突出的是教育和其他社会项目的推广、妇女地位的改善、营养保健的提高以及有效的避孕等。

这些政策会降低生育率,并且被 Birdsall 定义为"双赢"的政策——通过自愿节制的人口增长使经济与环境受益。健全的宏观经济政策、提高信贷市场和改善农业条件对于促进经济增长和减少贫困也是很重要的,这反过来又对人口/环境的平衡起到关键的作用。

在许多发展中国家,这样的政策对避免严重的环境及经济下行很重要。当人们对土地产生更高的需求时,减缓人口增长可以提供关键的呼吸空间——适应创新的时间。高人口增长率可以将偏远地区推向新马尔萨斯(Neo-Malthusian)崩溃——并不是因为对承载力的绝对限制,而是因为接受新技术和方法需要时间。

城市地区(由于自然增长和迁移相结合,人口增长最快)常常碰到重大的社会和基础设施问题。亚洲和非洲的城市人口预计将在未来 30 年翻一番。住房不足、卫生恶化、交通拥堵、空气和水的污染、森林砍伐、固体废物和土壤污染都将对发展中国家的城市造成威胁。持续的、不可预计的人口增长将给城市带来巨大的社会和环境问题。人口增长的减速将是实现城市可持续发展的一个重要组成部分。

在 20 世纪后半叶,人口增长是城市发展的重要影响因素,并且在 21 世纪上半叶继续扮演着重要的角色。经济学家、生态学家、人口学家和其他社会理论家的不同观点都有助于开发有效的政策,旨在人口的稳定性和适当的人口/环境的平衡。

在后面的章节中,我们将使用人口这个概念作为我们研究相关压力的基础——农业、能源的使用、对自然资源的需求和污染的产生。在第 21 章,我们将转而讨论关于一个不断增长的人口的可持续的全球问题。

总　结

尽管 20 世纪后半期全球人口增长率已经放缓,但全球新增人口仍处于历史最高水平。截至 2011 年,全球人口达到 70 亿人。预计增长将持续至少 40 年,截至 2025 年,预计人口将达到 80 亿,2045 年达到 90 亿。超过 90% 的增长来自亚洲、非洲和拉丁美洲这些发展中国家。

人口预测并不能确定未来的实际人数,但人口惯性的现象可以进一步显著增长。目前,整个发展中国家的平均生育率(每个妇女生育子女数)仍然比较高。虽然生育率普遍下降,但是趋于稳定还需要数十年的时间。

在欧洲,人口结构已经实现由迅速增长向相对稳定转型。在美国,因人口惯性和移民这两个因素将继续增长。在发展中国家,人口结构的转型还远未完成,而且未来生育率仍然不确定。经济增长、社会公平、获得避孕和文化等因素都在发挥作用。

对人口增长的经济分析强调其他因素(如技术进步)以抵消人口增长所带来的影响。当经济发展和技术进步有利时,人口增长可能会伴随着生活水平的提高而不断提高。然而,人口的快速增长伴随着社会不平等和显著的外部环境因素可能导致生活水平的下降。

从生态的角度来看会对区域的人口承载能力和全球生态系统有更严格的限制。更多的人口增加了对原料、能源和天然资源的需求,而反过来这对环境也增加了压力。鉴于现有的环境损害的程度,尤其是这个伤害是不可逆的累积,对地球生态系统提出了严峻的挑战。

强制性的人口控制政策一般不能改变生育的基本诱因,应该提倡更有效的人口政策措施,包括改善营养、卫生保健、社会更加公平、妇女的教育和避孕服务等。

问题讨论

1.新马尔萨斯主义者把人口增长看作人类面临的主要问题,他们认为人口增长对经济发展来说是一个中性的甚至是积极的因素,你用什么样的标准来评价他们之间的争论呢? 如何评价在美国这一相对迫切的人口问题? [(人口增长率为每年 0.7%),印度(每年 1.9%)和肯尼亚(每年 3.3%)。]

2."每多一张口会带来额外的一双手。因此,我们不必担心人口增长。"请用更正式的经济语言来分析这句话中的劳动力和生产。在多大程度上这句话是可信的? 在何种程度上是误导呢?

3.承载能力对于动物和植物种群的生态分析是一个很有用的概念。那它是不是也对人口增长的分析有用? 为什么是或为什么不?

注　释

1.United Nations, 2010, Medium Variant.

2.Ehrlich, 1968; Ehrlich and Ehrlich, 1990, 2004.

3.United Nations, 2010.

4.Population Reference Bureau, 2011.

5.United Nations, 2010.

6.*UNAIDS Report on the Global Aids Epidemic*, 2010, www.unaids. org/globalreport/documents/20101123_GlobalReport_full_en.pdf.

7.United Nations, Department of Economic and Social Affairs, Population Division, *Population and HIV/ AIDS 2007*, www.un.org/esa/population/publications/AIDS_Wallchart_web_2007/HIV_AIDSchart_2007.pdf. "Southern Africa" includes Botswana, Lesotho, Namibia, South Africa, and Swaziland.

8.Population Reference Bureau, 2011.

9.Boserup, 1981.

10.Simon, 1996.

11.See, for example, Solow, 1986.

12.Birdsall, 1989.

13.Birdsall, Kelley, and Sinding, 2001.

14.Daly, 1996, chap. 2.

15.On the relationship between population and other environmental issues, see, e.g., Ryerson, 2010.

16.Ehrlich, Ehrlich, and Daily, 2003; Postel, 2003.

17.Ehrlich and Ehrlich, 2004.

18.Chertow，2000.

19.Weizsacker, Lovins, and Lovins, 1997.

20.Cohen，1995；Engelman，2008；Harris et al.，2001，part IV；Halfon，2007.

21.The cases of China and Kerala are reviewed in Sen, 2000, 219—224. On India, see also Pandya, 2008.

22.See Birdsall, Kelley, and Sinding, 2001; Engelman, 2008; Halfon, 2007；Singh, 2009.

23.United Nations，2010.

24.See Harris et al.，2001，part IV.

参考文献

Ayres, Robert U., 2000. "Commentary on the Utility of the Ecological Footprint Concept,"*Ecological Economics*, 32(3): 347—349.

Birdsall, Nancy. 1989. "Economic Analyses of Rapid Population Growth."*World Bank Research Observer* 4(1): 23—50.

Birdsall, Nancy, Allen Kelley, and Stephen Sinding. 2001. *Population Matters: Demographic Change, Economic Growth ,and Poverty in the Developing World*. New York: Oxford University Press.

Boserup, Ester. 1981.*Population Growth and Technological Change: A Study of Long-Term Trends*. Chicago: University of Chicago Press.

Caldwell, John C., and Thomas Schindlmayr. 2002. "Historical Population Estimates: Unraveling the Consensus." *Population and Development Review* 28(2): 183—204.

Chertow, Marian R. 2000. "The IPAT Equation and Its Variants: Changing Views of Technology and Environmental Impact."*Journal of Industrial Ecology* 4(4): 13—29.

Cohen, Joel E. 1995. *How Many People Can the Earth Support?* New York: W.W. Norton.

Daly, Herman E. 1996.*Beyond Growth: The Economics of Sustainable Development*. Boston: Beacon Press.

Eberstadt, Nicholas. 2002. "The Future of AIDS." *Foreign Affairs* 81 (November/December), www.foreignaffairs.com/ articles/58431/nicholas-eberstadt/the-future-of-aids.

——.2012. "Japan Shrinks."*Wilson Quarterly* (Spring): 30—37.

Ehrlich, Paul R. 1968. *The Population Bomb*. New York: Ballantine Books.

Ehrlich, Paul R., and Anne H. Ehrlich. 1990.*The Population Explosion*. New York: Simon and Schuster.

———.2004. *One with Nineveh*: *Politics*, *Consumption*, *and the Human Future*, Washington, DC: Island Press.

Ehrlich, Paul R., Anne H. Ehrlich, and Gretchen Daily. 2003. "Food Security, Population, and Environment." In *Global Environmental Challenges of the Twenty-first Century*, ed. David Lorey. Wilmington, DE: Scholarly Resources.

Engelman, Robert. 2008. *More*: *Population*, *Nature*, *and What Women Want*. Washington, DC: Island Press.

Ewing, Brad, et al., *Ecological Footprint Atlas 2008*. Oakland, California: Global Footprint Network.

Halfon, Saul. 2007. *The Cairo Consensus*: *Demographic Surveys*, *Women's Empowerment*, *and Regime Change in Population Policy*. Lanham, MD: Lexington Books.

Harris, Jonathan M., Timothy A. Wise, Kevin Gallagher, and Neva R. Goodwin, eds. 2001. *A Survey of Sustainable Development*: *Social and Economic Perspectives*. Washington, DC: Island Press.

Herendeen, Robert A., 2000. "Ecological Footprint Is a Vivid Indicator of Indirect Effects."*Ecological Economics*, 32(3): 357—358.

International Institute for Applied Systems Analysis. 2001. *Demographic Challenges for Sustainable Development*: *The Laxenburg Declaration on Population and Sustainable Development*. www.popconnect.org/Laxenburg/.

Kates, R. 1997. "Population, Technology, and the Human Environment: A Thread Through Time." In *Technological Trajectories and the Human Environment*, ed. J. Ausubel and H. Langford, 33—55. Washington, DC: National Academy Press.

Kelley, Allen C. 1988. "Economic Consequences of Population Change in the Third World." *Journal of Economic Literature* 26 (December): 1685—1728.

Longman, Phillip. 2004. "The Global Baby Bust."*Foreign Affairs* 83 (May/June). www.foreignaffairs.com/articles/59894/ phillip-longman/the-global-baby-bust.

Lorey, David E., ed. 2003. *Global Environmental Challenges of the Twenty-first Century*: *Resources*, *Consumption*, *and Sustainable Solutions*. Wilmington, DE: Scholarly Resources.

Pandya, Rameshwari, ed. 2008.Women, *Welfare and Empowerment in India*: *A Vision for the 21st Century*. New Delhi: New Century Publications.

Population Reference Bureau. 2011.*2011 World Population Data Sheet*. Washington, DC.

Postel, Sandra. 2003. "Water for Food Production: Will There Be Enough in 2025?" In *Global Environmental Challenges of the Twenty-first Century*, ed. David Lorey. Wilmington, DE: Scholarly Resources.

Repetto, Robert. 1991.*Population*, *Resources*, *Environment*: *An Uncertain Future*. Washington, DC: Population Reference Bureau.

Ryerson, William N. 2010. "Population: The Multiplier of Everything Else." In *The Post-Carbon Reader: Managing the 21st Century's Sustainability Crisis* ed. Richard Heinberg and Daniel Lerch. Healdsburg, CA: Watershed Media.

Sen, Amartya. 2000. *Development as Freedom*. New York: Alfred A. Knopf.

Shafik, N., and S. Bandyopadhyay. 1992. *Economic Growth and Environmental Quality: Time Series and Cross-country Evidence*. World Bank, Policy Research Working Paper Series, no. 904. Washington, DC.

Simon, Julian L. 1996. *The Ultimate Resource* 2. Princeton: Princeton University Press.

Singh, Jyoti Shankar. 2009. *Creating a New Consensus on Population: the Politics of Reproductive Health, Reproductive Rights and Women's Empowerment*. London: Earthscan.

Solow, Robert. 1986. "On the Intertemporal Allocation of Natural Resources." *Scandinavian Journal of Economics* 88: 141—149.

United Nations. Department of Economic and Social Affairs, Population Division. 2010. *World Population Prospects: The 2010 Revision*, http://esa.un.org/unpd/wpp/index.htm.

Von Weizsacker, Ernst, Amory B. Lovins, and Hunter Lovins. 1997. *Factor Four: Doubling Wealth, Halving Resource Use*. London: Earthscan.

Wackemagel, Mathis, and William Rees, 1996. *Our Ecological Footprint: Reducing Human Impact on Earth*. Stony Creek, CT: New Society.

相关网站

1. **www.prb.org.** Home page for the Population Reference Bureau, which provides data and policy analysis on U.S. and international population issues. Its World Data Sheet provides demographic data for every country in the world.

2. **www. un. org/esa/population/unpop. htm.** Web site for the United Nations Population Division, which provides international information on population issues including population projections.

3. **www.populationconnection.org.** Home page for Population Connection, a nonprofit organization that "advocates progressive action to stabilize world population at a level that can be sustained by Earth's resources."

第10章 农业、食品和环境

焦点问题

- 我们能够生产足够的粮食来满足全球人口的增长吗?
- 农业生产系统正在破坏环境吗?
- 新农业技术的影响是什么?
- 将来我们如何发展可持续的农业系统?

10.1 养活世界:人口与食品供给

食品供应构成人类社会与环境之间的基本关系。在野外,动物种群消长主要基于食物供应。许多个世纪以来,人类的数量与食物的丰富或稀缺性密切联系。在过去的两个世纪,越来越多的农业生产技术推动了人口的显著增加。

尽管人口增长是前所未有的,但是在过去60年,世界人均粮食生产一直稳步上升(见图10.1)。许多经济理论家断言,基于这样的发展趋势,历史将否定马尔萨斯的断言——人口数量超过食物供应的争论。然而在驳回食品限制之前,我们必须考虑人口、农业和环境问题的以下几个方面:

- 土地利用。在第二次世界大战之后,农业土地利用显著扩展,但是这种扩张结束于1990年左右(见图10.2a)。最适合农业的土地已被耕种,并且大多数剩余土地是处于边缘质量的。此外,城市和工业侵占农业用地,并且随着人口的持续增长,人均可用耕地面积不断减少(见图10.2b)。为了生存和使世界变得更美好,我们必须提高人均种植面积的生产力。

- 消费模式。现有的食品供应是根据市场需求来分配的,这种分配有利于高收入消费者。例如,在美国,直接和间接的人均粮食消费是发展中国家的3倍还要多。这并不是由于美国人吃的谷物多,而是因为美国国内3/4的谷

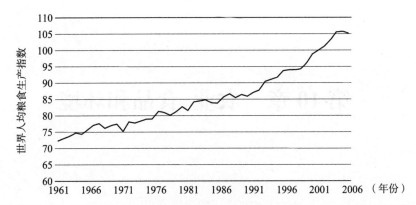

注：每种商品的生产数量由国际平均商品价格加权，并且根据每年求和。
资料来源：FAO，2012，人均生产指数（2004～2006 年＝100）。

图 10.1　世界粮食人均生产（1961～2010 年）

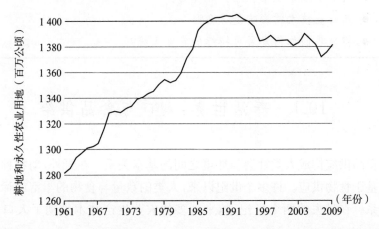

资料来源：FAO，2012，人口；世界银行，http://data.worldbank.org/indicator/SP.POP.TOTL.

图 10.2(a)　世界总耕地和永久性农业用地（1961～2009 年）

物用于饲养动物。美国以肉类为中心的饮食方式所需要的粮食是典型饮食方式（如印度人）的 4 倍。[a]

● 食品分配的不平等。总的来说，我们已经提供了足够的粮食以满足地球上每一个人的需求。但是实际上，许多低收入地区的人们遭受着营养不良[①]（nutritional deficit），这意味着有 8 亿～10 亿的人不能获得足够的营养。

---

a　参见 FAO，2011。世界饥饿统计的最新评估："世界饥饿与贫困的事实和数据"，http://www.worldhunger.org.
①　营养不良：未能满足人类对营养水平的基本需求。

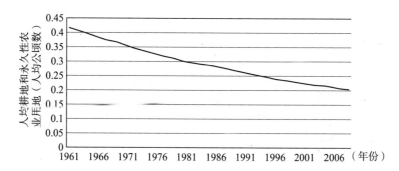

资料来源：FAO,2012；人口：世界银行,http://data.worldbank.org/indicator/SP.POP.TOTL/.

图 10.2(b)　人均耕地和永久性农业用地(1961～2009 年)

● 农业对环境的影响。随着农业用地的扩大,更多边缘和脆弱的土地用来耕种。其结果就是越来越严重的侵蚀、对森林的砍伐和野生动物栖息地的大量损失。水土流失和土壤中的养分耗尽使可再生资源[②](renewable re-sources)逐渐变成可耗竭资源[③](depletable resource),土壤肥力也逐渐被破坏。对于现代农业来说至关重要的灌溉,也带来了诸多环境问题,包括盐化、碱化、水涝以及地下水和地表水的污染透支。

化肥和农药的使用造成对土地和水的污染,加重了大气问题,如全球变暖和臭氧耗竭。生物多样性[④](biodiversity)的枯竭与抵抗农药的"超级害虫"的出现也是集约型农业的结果。这些问题的出现是农业经济学的重要课题。更广泛地说,这些问题引发了对全球农业系统能力——在没有不可接受的环境破坏的前提下维持不断增长的人口的需要——的质疑。

这些因素导致了对于养活不断增长的世界人口这一问题的更复杂的认知。我们必须研究人口、人均粮食消费和环境之间的相互作用,而不是着眼于人口与粮食的简单的二分法。

10.2　全球粮食生产的趋势

首先,我们认真回顾一下全球粮食生产的趋势。图 10.3 反映了谷物总量和人均生产量的发展趋势。谷物或粮食的产出量容易测量并且是非常重要的,因为它是全球人口饮食总量的依据,尤其是在贫穷国家。在世界范围内,谷物粮食的消费量占所有食物消费总量的 50%,在许多发展中国家能占到 70%。

---

②　可再生资源：生态系统所能持续提供的资源,如森林和渔业,经过开采会枯竭。
③　可耗竭资源：可以被利用和枯竭的可再生资源,如土壤或清洁的空气。
④　生物多样性(生物多样性)：许多不同的相互关联的物种在生态社区共同生存。

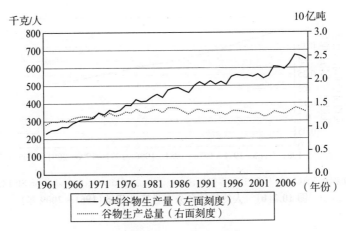

资料来源:FAO,2012;人口:世界银行,http://data.worldbank.org.

图 10.3　谷物粮食总量和人均量(1961~2010 年)

1961~2010 年,粮食生产总量持续增长,但是粮食人均生产量却是不同的情况。1961~2010 年,粮食人均生产量缓慢、稳定地增长。每年大约 0.5%的增长速度,这种增长速度是非常重要的。它意味着在全世界范围内,人均营养水平逐步地提高。当然,我们注意到,这并不是对等增长,但是一定程度上"水涨船高"。

然而,在接下来的几年里,我们发现一个变化。在 1985 年之后,人均生产量不再增长而是略有下降。尽管如此,正如在前面提到的,粮食总产出量持续增长,谷物粮食增长显著。粮食总产量指数由价格衡量,所以一些较"昂贵"的粮食占有较大的系数,但是一些谷物粮食,如大米、小麦和玉米为全球大部分人提供了基本的营养。

一些分析人士如地球政策研究所的 Lester Brown 认为,这代表了世界农业生产动力学的一个基本的变化。引用以上提到的许多环境问题,Brown 认为,生态极限已达到防止农业产量进一步的快速增长。由于农业产量增长的放缓,粮食总产量不再超过人口的增长。由于需求的不断增长、供应的限制和极端天气的影响,使得粮食总产量下降意味着"世界可能更接近一个失控的食品短缺状况,而不是大多人认为的。"当然,这将会对经济发展和世界上贫穷的人的营养状况影响很大。

我们如何评估 Brown 的假设?从经济角度来看,主要的问题是价格。如果事实如此的话,农业生产粮食受到限制,随着需求增长,我们可以提高食物的价格。图 10.4 中简单的供应和需求分析表明了这一情况。当供给弹性[5]

---

　　[5]　供给弹性:供给量对于价格的敏感度;弹性供给意味着按一定比例增加的价格而导致供给量以较大比例变化;非弹性供给是指按一定比例增加价格而导致供给量以较小比例变化。

(elasticity of supply)高时,如图 10.4 的左半部分,需求从 D1 增加到 D2,价格压力没有显著的变化。当需求缺乏弹性时,如图 10.4 的右半部分,不断上升的需求(D2 到 D3)导致价格急剧上升。

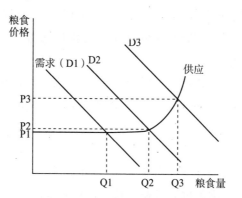

图 10.4　粮食供应的弹性和非弹性

如图 10.5 所示,在 2006 年以前,谷类作物的价格没有持续增长。考虑到通货膨胀,粮食价格在 1970～2010 年间持续下降。那么,是什么原因导致了 1985 年后人均生产量的变化趋势?经济学家如 Amartya Sen 认为主要是需求方面而不是供给方面的原因。在这个观点中,20 世纪 80 年代经济增长减缓是由于许多发展中国家的债务问题和世界经济衰退降低了人们购买食物和其他商品的能力。于是,有效需求的缺乏抑制了粮食产出,而不是环境限制产出。

资料来源:FAO,2012.

图 10.5　美国谷类作物价格指数(1961～2009 年)

此外,在 20 世纪 90 年代,由于美国和欧洲降低农业补贴以及苏联经济的衰退,谷物生产全球性减缓。Brown 也承认,人均粮食产量的下降与动物谷物转化为动物蛋白的效率相关。这种情况下,人均粮食消耗减少,但这不会降低营养状况。

然而,自 2006 年,全球粮食生产趋势改变了。食品价格开始上涨,随着 2008 年"粮食危机"的发生,粮食价格戏剧性地增高,导致许多国家出现粮食危机(见图 10.5)。随后 2009~2010 年粮食价格回落,2011~2012 年粮食价格又再次达到历史新高。

粮食价格的增长归因于"全球中产阶级"对肉类食物和其他较奢侈食物需求的增大以及对生物燃料⑥(biofuels)的需求,而这将导致与有限的作物耕地竞争。自从美国政府强制使用乙醇燃料,玉米乙醇占美国玉米产量的比重从 2000 年的 5％上升到 2012 年的 40％,显著提高了玉米的出口价格。

同时,新的农业耕地变得稀缺。从 20 世纪 50 年代到 80 年代,耕地面积不断增加,这有助于满足世界日益增长的粮食需求;在 90 年代达到极限,之后世界耕地面积略有下降(见图 10.2a)。由此看来,世界粮食的价格会永久性地增高,而不是暂时性的。

在许多发展中国家,穷人承受了经济衰退最大的压力,这增加了不平等分配的问题。同时,边缘土地遭受侵蚀的损害和其他环境问题的破坏。尽管在全球范围内粮食总量增加,但是由于穷人的食品购买力不足和边际耕地生产能力下降,影响了穷人的生存状况。最近,南美洲的人均粮食生产增加,但是由于撒哈拉以南非洲的人口增加和粮食产量疲软导致了人均粮食生产的下降。

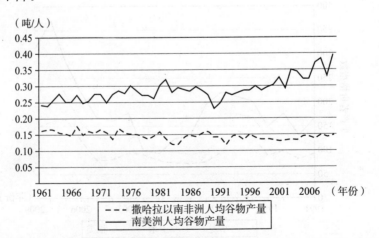

资料来源:FAO,2012;U.S. 人口普查,2012,www.census.gov.

图 10.6　南美洲和撒哈拉以南非洲地区的人均谷物产量(1961~2009 年)(千克/人)

---

⑥　生物燃料:来自农作物、农作物废料、动物粪便和其他生物原料的燃料。

结合粮食价格增长,"这种趋势揭示了发展中国家的粮食安全问题。据联合国粮食与农业组织(FAO)的说法,(食物)价格波动⑦(price volatility)使小农户和贫困的消费者越来越容易变得贫穷"。在全球范围内,遭受营养不良的人数并没有下降,保持在 8.5 亿人左右。国家间存在着巨大的差别,在中国,人均粮食产量稳步上升,但是在其他地区如非洲,自 19 世纪 80 年代以来几乎没有增加。

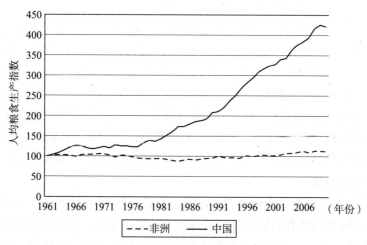

资料来源:FAO,2012.

图 10.7 中国和非洲的人均粮食生产指数(1961~2009 年)

土地利用和公平问题

不平等分配与土地利用相关联。我们已经注意到,绝大多数农业土地被用于粮食生产。在市场经济中,土地被用来耕种价值最高的作物(见图 10.8)。

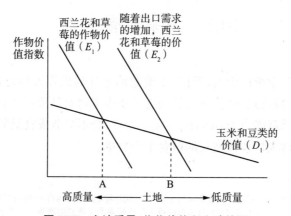

图 10.8 土地质量、作物价值和土地使用

---

⑦ 价格波动:价格快速和频繁地变化,导致市场不稳定。

在图中,x 轴表示耕地质量,x 轴左侧表示最高的耕地质量,随着向右移动,耕地质量逐渐降低。y 轴显示耕地上种植农作物的价值,不同的作物价值指数[8](crop value index)决定了不同的土地利用方式。某些作物需要高质量的土地以创造出更高的亩产。在经济方面,作物价值指数代表土地的边际收益产品[9](marginal revenue product),它的边际物质产品[10](marginal physical product)(某种作物附加量)高于农作物价格几倍。

例如,墨西哥的耕地主要种植玉米和大豆——当地主要消费品。但是,随着西兰花和草莓的出口,产生了更多的收入。D_1 和 E_1 的交叉点显示了如何将土地利用划分为出口生产和国内生产。左边的优质土地到 A 将用于种植最有价值的出口作物,而玉米和豆类则种植在低质量的土地上。

现在假定出口作物的需求增加(见图 10.8 的作物价值线 E_2),而国内食品的需求仍然是相同的。对于西兰花和草莓来说,产品出口的价值上升反映出更高的价格。因此,土地利用格局改变了,出口生产扩大到 B 点,国内生产被挤压到低质量的 B 点。在墨西哥,北美自由贸易协定(NAFTA)加速了这种土地利用趋势。

那么,对于环境和人们的营养状况来说,这意味着什么? 一个可能的结果是大的商业农场将代替缺乏良好市场准入的农民个体。这将增加边际耕地压力(见图 10.8 右)。当流离失所的人们迁徙到任何可用的耕地时,山坡、林缘和贫瘠的土地特别容易受到环境退化的影响。我们可以在非洲的大部分地区、拉丁美洲和亚洲看到这种影响。

如果出口作物收入的分配是不均匀的,穷人的单一饮食会使玉米和大豆的生产变得更糟。部分农民利用出口经济作物产生的收益购买进口食品,但是他们不会成为出口市场中的大型生产者。

10.3　未来粮食产品

正如在第 9 章所讨论的,根据 21 世纪前半叶的世界人口总数预测,人口数量到 2050 年将达到 90 亿。食品的进一步需求将对环境产生什么压力? 会不会超过农业承载能力[11](carrying capacity)? 会不会造成食品短缺? 表 10.1 揭示了随着全球人口预计增长的粮食生产数据。

---

⑧　作物价值指数:一个描述在一定质量的土地上,不同作物生产量的相对价值的指数。
⑨　边际收益产品:是指由于使用额外一单位投入品所带来的总收益的增加。它等于投入的边际物质产品乘以厂商的边际收益。
⑩　边际物质产品:追加最后一单位的生产要素所增加的产量或收益。
⑪　承载能力:依据现有自然资源可持续发展的人口和消费水平。

从 2007 年到 2009 年,全球共生产了 25 亿吨的粮食(第 2 列)[b]。如果这些粮食平均分给每个人,每人每年将得到 350 千克的粮食,每天大约 1 千克,或者 2.2 磅(第 3 列)。在这种情况下,粮食作物将需要全世界一半的耕地,另一半耕地可种植蔬菜、水果、油籽、块根作物或非食品作物(如棉花)。

如果产量水平分布均匀,这将足以提供发展中国家符合个人饮食习惯的食品,包括大部分蔬菜、少量的肉、鱼或者鸡蛋。发达国家的饮食特点是肉类食品,但是需要更多的粮食,当然这些粮食不是直接食用而是用作牲畜饲料。美国国内 3/4 的谷物用作喂牛、喂猪或者家禽。

在全球范围内,现有粮食输出分布是非常不均衡的。在美国,每人年均消费的粮食量是 900 千克,其中包括直接消费和饲料。在发展中国家,年人均粮食消费量是 300 千克以下。在以非肉类为主的发展中国家,虽然有足够的粮食,但是不平等分配使得这些国家最穷的人们没有足够的粮食可供消费。

随着经济的发展,粮食的需求逐步上升。产生这种情况的部分原因是较为贫穷的人们能够买得起更多的基本食品,另一部分原因是中产阶级的消费转向肉食消费(见图 10.9)。当我们展望未来时,我们必须为人口总数增加和人均消费量增加做好准备。

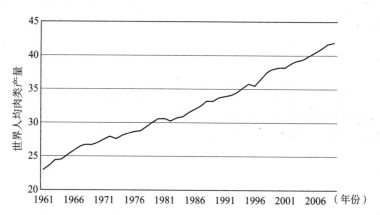

资料来源:FAO,2012.

图 10.9　全球人均肉类产量(1961～2009 年)(千克/人/年)

未来生产和产量要求

在表 10.1 中,2025 年人口预测的数据在公布的估计数字之间(第 4 列)。超过 95% 的人口增长在发展中国家。当我们比较人口增长和预计人均消费

---

b　在农业生产的统计分析中,为了避免产量连年的变化,我们取 3 年的均值来进行比较。

量时,很显然粮食消费量在发展中国家(中国除外)增长了约50%(第5列)。c 然而,世界农业用地面积却增加较少。在发展中国家每公顷土地的粮食产量至少增长了35%(第3列和第6列产量比较)。d

表 10.1   2025 年人口和谷类消费预测

区域	1.2008 年人口数(百万)	2.粮食产量(平均 2 007~2 009)(mmt)	3.粮食产量(平均 2 007~2 009)(千克/公顷)	4.预测人口数 2025 年	5.预测粮食消费量 2025 年	6.预测自给自足粮食产量 2025 年(千克/公顷)
世界	6 715	2 457	3 500	7 989	2 931	3 967
发达国家	1 225	963	4 358	1 272	783	3 421
发展中国家	5 489	1 506	3 119	6 717	2 149	4 214
发展中国家(中国除外)	4 172	1 033	2 608	5 323	1 570	3 703
非洲	980	149	1 446	1 431	315	2 942
拉丁美洲和加勒比海	576	178	3 513	682	222	4 262
亚洲	4 051	1 178	3 583	4 715	1 626	5 052
亚洲(中国除外)	2 734	705	2 915	3 321	1 032	4 376
中国	1 317	473	6 439	1 394	570	6 629
美国和加拿大	337	464	6 089	388	374	4 407
欧洲(俄罗斯除外)	595	360	4 490	601	328	4 002
俄罗斯	140	94	2 220	128	57	1 157
大洋洲	34	32	1 604	41	16	1 258

注:kg/ha=千克/公顷;mmt=百万公吨。

资料来源:人口:www.census.gov/population/international/data/idb/informationGateway.php。

产量:http://faostat.fao.org。在发展中国家,预测的数量假设以人均消费 0.5%增长。预测的数量更新于 Harris,1996 年。

表 10.1 的第 6 列反映了发达国家和发展中国家的农业生产满足自给自足(满足国内需求没有进口)的要求。发展中国家的平均产量从目前的每公顷 2.8 吨上升到超过 4 吨。e 发展中国家(不包括中国)的粮食产量必须超过目前水平的 40%。亚洲作为一个整体,粮食产量要从每公顷 3.5 吨增加到每公顷 5 吨。非洲地区的产量要增加一倍以上才能在 2025 年达到自给自足。

当然,不是所有的地区都要实现自给自足。粮食可以从粮食过剩的国家

---

c　这里假定人均消费量以每年 0.5%的速率增长。随着收入增加,如果人们的饮食转向肉类产品会使经济快速增长。

d　1 公顷=2.477 7 亩。

e　1 公吨=1 000 千克。

进口。然而,通过贸易的增加满足需求是有限制的。如果我们假定发达国家的粮食生产能实现自给自足。那么,亚洲和非洲国家的粮食需求需要通过进口实现。

最近的研究表明,发展中国家粮食净进口量将在 2020 年翻倍,从 1.04 亿吨到 2.01 亿吨,到 2030 年增长到 2.6 亿万吨。这些增加的出口量从什么地方生产呢? 目前世界谷物出口主要来自北美洲和欧洲,这两个地区已经有了很高的产量,未来在这些地区增加产量将很难实现。此外,美国人口普查局预测美国人口将从 2012 年的 3.14 亿人增加到 2025 年的 3.51 亿人,在 2050 年达到 4.2 亿人。如果美国人还是喜欢消费肉类食品,这将会增加粮食作为饲料的需求。这些需求的压力以及先前提到的生物燃料的需求将导致粮食价格上涨,使得世界上贫穷的国家承受购买更贵进口食品的问题。

研究者提供了更为乐观的看法,取决于两个因素。第一个因素是降低人口增长。正如我们看到的,人口增长的预测显示了明显的波动。如果人口在较小范围增长,那么全球农业系统的压力会变得较小。第二个因素是产量增加。一些地区已经使粮食产量从每公顷 6 吨增加到每公顷 9 吨(每公顷 6 000 千克到 9 000 千克)。如果这种成功可以扩展到世界范围内,粮食生产量将是足够的。

然而,人口和粮食产量可能向相反的方向移动。人口数量可能会增加到中等预测水平以上。环境问题,包括水资源短缺和全球气候变化,可能会危及主要地区的粮食产量。我们要谨慎应对这样的结果。根据联合国粮农组织,"实现(全球谷物产量增加 1 亿吨)目标不应该是理所当然的,土地和水资源现在比过去更紧张,产量持续增长的潜力是有限的。"

如果我们使用这种方法,这将成为实现农业生产的环境可持续发展性[12](environmental sustainability)的关键问题。粮食问题的一个适当的解决方法是我们必须考虑环境承载力与农业系统的极限相结合的更多环节。

10.4 农业对环境土壤退化和侵蚀的影响

除了一些水培和水产养殖的,几乎所有的农业依赖于土壤。正如我们已经指出的那样,土壤是可再生或可耗尽资源。理想情况下,农业技术应该不会降低土壤肥力并且通过营养循环[13](nutrient recycling)及时补充土壤生产力。

[12] 环境可持续性:以一个健康的状态继续存在的生态系统;生态系统可能会随时间改变,但不会显著退化。
[13] 营养循环:生态系统将诸如碳、氮、磷等养分在不同的化学形态之间转换。

如果这样,农业生产将是真正可持续的并且可以继续下去。

不幸的是,几乎所有主要农业区的情况是完全不同的,土壤侵蚀和退化现象非常普遍。地球上 30%～50% 的土壤面积受到侵蚀和退化的影响。由于减少了水、营养物和有机物质的供应,侵蚀影响了作物产量。水土流失的沉积物和污染物使水资源遭受污染。土壤流失率最高的通常是发展中国家。

> 土壤侵蚀几乎发生在世界上大部分的农业地区,问题是越来越多的边际土地投入生产,越来越少的作物残留物返回土壤。在欧洲,土壤流失率为 10 吨～20 吨/公顷/年。在美国,耕地土壤侵蚀为 16 吨/公顷/年。在亚洲、非洲和南美洲,耕地的土壤侵蚀速度为 20 吨～40 吨/公顷/年。

联合国环境计划署的《土壤退化全球评估》(GLASOD)估计侵蚀严重损失了 500 万～600 万公顷的土地。进一步的土壤退化是由于过度灌溉、过度放牧和对树木和地面覆盖的破坏。

侵蚀和侵蚀控制经济学

在许多情况下,农民通过作物轮作和休耕[14](crop rotation and fallowing)在很大程度上减少了侵蚀和土壤退化——交替种植谷物和豆类作物,并采取轮作方式。农民的成本,包括土地不用于生产时的收入以及种植低价值作物而没有种植高价值作物的收入。农民必须计算控制水土流失的直接成本是否符合长期利益。

考虑一个简单的例子。假设一个农民无视土壤重建或侵蚀控制,不断种植高价值作物,获得 10 万美元的年收入。在这些条件下,侵蚀将造成每年约 1% 的产量的下降。有效控制水土流失每年将减少 1.5 万美元的收入。这一方案对农民来说值得吗?

答案取决于平衡现在与未来成本的折现率[15](discount rate)。1% 的产量损失是指损失 1 000 美元。但是,这不是一次性的损失,它会持续到未来。我们如何评估由第一年的侵蚀造成的损失呢? 在经济方面,我们采用在第 5 章和第 6 章中讨论的折现,假设我们选 10% 的折现率。延伸到未来无限期的损失的现值[16](present value,PV)等于:

$$PV=(-1\,000)(1/0.10)=-10\,000(美元)$$

在这个例子中,控制侵蚀的收益是 1 万美元,这远低于 15 000 美元的收入损失。在这些条件下,经济上最优的方案是继续侵蚀,但它肯定不是生态可

---

⑭　作物轮作和休耕:一个涉及在不同时间对同一块土地上种植不同的农作物,并定期采取部分土地脱离生产的农业体系。
⑮　折现率(折旧率):将未来收益或成本贴现为当前收益或成本的利率。
⑯　现值(现值):未来成本或收益流的当前值;折现率是将未来成本或收益贴现为当前值。

持续的。顺着这样的经济逻辑,农民为下一代留下的是严重退化的土地。

　　不幸的是,许多农民正是在这种经济压力下最大限度地提高短期收益。需要注意的是,如果我们使用一个较低的利率——5%,控制侵蚀的收益(计算得 2 万美元)大于成本。因此,理论上防治侵蚀是有经济效益的。即便如此,短期损失仍然难以接受。一个生态良好的土壤管理政策依赖于土地主的远见卓识、相对较低的利率以及投资于控制水土流失的资金投入。侵蚀控制,可以通过有针对性的政府低息贷款,提升土壤保持的措施。

　　对非农土地侵蚀的影响是另外一个问题。在许多地区,主要水坝都淤塞了侵蚀的土壤,最终摧毁了它们发电的潜力并且浪费了数十亿美元的投资。严重的淤积也导致河流生态的破坏。由于从农民的角度来看,这些费用是外部性[⑰](externalities)的,因而我们应该从社会角度决定这类侵蚀的影响。

化肥的使用对于环境的影响

　　农业产量的稳步增长依赖于化肥的使用,图 10.10 显示了 1960～2000 年世界主要地区这种模式的情况。化肥的使用显然增加了产量。图中代表每一个区域的线从左下到右上,表明了其使用趋势。随着时间的推移,国家倾向于从低肥的传统农业转变为高肥和高产量的现代农业。非洲以外的主要地区都遵循了这一趋势,在很长一段时间内粮食产量增长超过了人口增长。

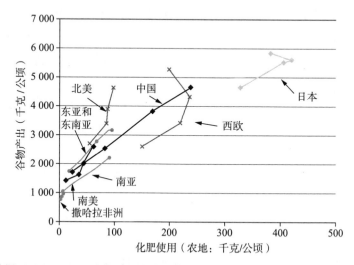

资料来源:FAO,2012(一些化肥已经被停止使用)。

图 10.10　主要区域的产量/化肥关系:期间的平均数据
(1961～1970 年,1971～1980 年,1981～1990 年,1991～2001 年。)

---

　⑰　外部性:交易外的正或负能改变市场交易效益的影响。

这个农业"现代化"的过程对环境的影响是什么？一般来说，现代农业技术依赖于"投入包"，包括化肥、农药、灌溉、机械化和高产作物品种。在图10.10中，经济学家所说的这个包的代理变量[18]（proxy variable）为每公顷的化肥量。高肥料的使用总是伴随着其他投入的高使用量，因此用肥料使用量来表示农业现代化的程度是一个很好的主意。然而，每一种投入的原料都与特定的环境问题有关，伴随高产量的是不断增加的投入，因此使得这些特定的环境问题越来越严重。

土壤吸收了肥料供给的营养，进而传递到农作物上。大多数的肥料中含有硝酸盐、磷酸盐和钾三大营养素。但是，大部分的营养素没有被作物吸收。相反，它们渗入地下水和地表水，造成了严重的污染。

水中过量的硝酸盐对人类的健康造成损害。硝酸盐和磷酸盐也促进有害藻类在河流、湖泊甚至海洋里的生长。美国中西部和西部的大多数地区遭遇了这些问题。在墨西哥湾，农业径流使得18 000平方公里的土地变成了一个巨大的"死区"，并威胁到商业和渔业。在地中海，由于农业径流污染，藻类覆盖了爱琴海及其他海域的海岸线，大部分海洋遭受了严重的生态破坏。在俄罗斯和东欧，过度使用化肥造成了特别严重的农业问题，如黑海和里海的许多本地物种灭绝。

过度使用化肥的另一个影响是微妙的。由于大量的硝酸盐、磷酸盐和钾添加到土壤中，其他较小的营养素——微量营养素[19]（micronutrients）——正在不断耗尽。这使得作物的营养价值逐渐减少。像土地侵蚀，这些都是长期的影响，只要带给农民的当前收益比较高，农民就无法考虑这个问题。

肥料生产是能源密集型的。实际上，现代农业从化石燃料中提取能量以取代太阳能和人力劳动。正如在第13章、第18章和第19章中所讨论的，农业能源消耗所引起的环境问题都与化石能源消耗有关。农业占能源使用总量的3％～5％。虽然相关能源的问题并非主要的组成部分，但这一比例也是不小的，特别是对于由于人口增长而进口能源的发展中国家来说。油价上涨已经成为高粮价的主要原因。化肥的使用也直接加速了全球性大气问题，包括全球变暖和臭氧耗竭。

一些研究者认为，人工施氮已经超过了土壤微生物的自然吸收。在地球的氮循环[20]（nitrogen cycle）中，必然产生不良的生态后果。此外，肥料的使用是为了满足不断增加的需求。令人鼓舞的是图10.10中所显示的近几年在西

---

[18]　代理变量：代表一个广泛概念的变量，如使用肥料的施用率来表示农业生产的输入强度。
[19]　微量营养素：以较低浓度存在于土壤中并且为植物生长所需的营养物质。
[20]　氮循环：氮在生态系统中的不同形式的转化，包括氮由共生细菌固定在某些植物中，如豆科植物。

欧和日本肥料使用量的减少和产量的持续增加,这意味着使用效率的提高。如果这种模式可以广泛地推广,农业生产率能够在较低成本下得到提高。但是,在图 10.10 中,由于化肥使用量整体上升,这一说法似乎并不现实。

农药的使用

随着现代农业的发展,农药的使用和使用肥料一样快速增长(见图 10.11)。从 20 世纪 60 年代到 20 世纪 80 年代大约翻了一倍,农药的使用在美国已经趋向稳定,但是其他国家的农药使用还在上升。伴随着这种上升,众多健康和环境问题接踵而来。农药直接影响农业工人——在许多发展中国家,农药中毒是一个严重且广泛的问题。农药在食物中的残留危害消费者,在母乳中可以发现一定量的有机氯,人体中残留农药是一个严重问题。已知许多农药可以致癌,最近研究的重点是农药对生殖系统的影响。

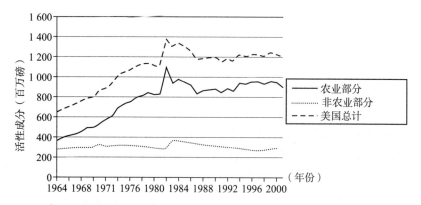

资料来源:U.S. EPA, 1995, 2001.

图 10.11 美国传统农药的使用(1964～2001 年)

农药也通过很多方式影响生态系统。在农业地区,农药导致的地下水污染是一个普遍的问题(见专栏 10.1)。有益的物种灭绝促使虫害爆发得更严重。自第二次世界大战以来,农药使用的快速扩张与有抗性的害虫种类[21](resistant pest species)扩张平行(见图 10.12)。相似地,在动物饲料中,抗生素的过度使用产生了对抗生素免疫的细菌。

这些演变对于生物学家来说并不奇怪,他们了解生态不平衡的危害。然而,这样的结论很难引入到农业决策中来,此外,既得利益者——农药制造商——还在寻求推广农药的使用。

和其他科技对环境的影响一样,信息不对称[22](information asymmetry)

---

[21] 有抗性的害虫种类:害虫演变得对农药有抵抗性,这需要更高频率地使用农药或者新的农药品种来控制这些害虫。

[22] 信息不对称:市场中的不同代理者拥有不同的知识和接受信息的能力。

也是一个问题。[f] 农药生产者普遍知道农药的化学组成以及潜在危害。因为市场上存在各种化合物,掌握这些信息——即使它们是可获得的——对于农业消费者来说几乎是不可能的。政府管理者很难掌握最新的农业开发速度,通常他们的注意力集中在某种危害上,如关注致癌物质。

专栏 10.1　　　　　　　　　控制农业污染

来自侵蚀、化肥和农药的污染是一个比工业污染更严重的政策问题。农业径流被称作非点源污染[㉓](nonpoint-source pollution),意思是它来源于很广的区域,影响水供给和地下径流。除此之外,工厂化的农场带来把动物污染排放到水中的严重问题。根据环境保护组织调查,猪、鸡和牛的废物已经污染了美国 22 个州 35 000 英里的河流以及 17 个州的地下水,同时,这也引起了细菌传播的问题,如切萨皮克湾的瘟疫、赤潮、墨西哥湾的死亡地带。

减少非点源污染需要改善农业的生产方法。化肥农药的使用以及密集型农业使产品价格下降,从而使消费者受益。但是与此同时,这些利益将自动内化为市场机制——以更低成本生产的农民可以获得更大的市场份额——外部成本不被考虑。因此,政府的政策必须确保农业投入与产出的价格可以真正反映社会成本收益。

这意味着减少对农业投入以及扩大生产的补贴。但是,对研究的支持以及对可选择的、低污染技术的推广可以被证明是具有正外部性的。工厂化农业管理以和非工厂化的畜牧业生产会提高消费者的价格——但是在经济层面上更低的价格是不合理的,如果它们不能完全反映社会成本。

特别是对于发展中国家,农药使用稳步上升。降低农药使用的生产方式需要政府承担以及投资。在 20 世纪 80 年代,印度尼西亚每年投资100 万美元用于害虫控制,在这之前,褐飞虱的感染数量呈上升趋势,因为过量农药的使用使它的天敌灭绝。印度尼西亚的这个计划获得了成功——在低环境影响下作物生产提高了 12%——但是这样的投资对于发展中国家很困难。

资料来源:Karlsson, 2004; U.S. Environmental Protection Agency,"Animal Feeding Operations," www. epa. gov/agriculture/anafoidox.html; Wilson and Tisdell, 2001.

这些演变对于生物学家来说并不奇怪,他们了解生态不平衡的危害。然

---

f　信息不对称是经济学家发明的一个名词,用来表示一种情况,即在一个市场经济中,参与者有不同程度获取信息的能力。在农业技术的例子中,食品的消费者,甚至政府管理者都对农药残留的本质以及危害不清楚。

㉓　非点源污染:很难确定污染是来源于一个特定的源头,例如在广阔的地区使用农业化学品导致地下水污染。

而,这样的结论很难引入到农业决策中来。此外,既得利益者——农药制造商——还在寻求推广农药的使用。

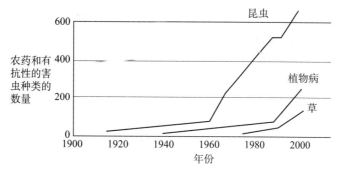

资料来源:Gardner,1996.

图 10.12 20 世纪具有农药抗性物种的增加

在这样的情况下,农药使用的外部成本[24](external cost)几乎不可能被完全理解。对于采用转基因作物将会使管理问题更加复杂,这些开发转基因产品的公司也是农药生产者(见专栏 10.2)。

专栏 10.2 转基因食品——一个富有争议的技术

2012 年,美国有超过 1.5 亿亩农田培育转基因食品,其中,88% 种植玉米,93% 种植大豆,94% 种植棉花。尽管支持者们列出了转基因作物的各种优点,反对者们坚持转基因产品的广泛使用会造成健康和环境上的危害。在欧洲,人们首先反对引入转基因有机物以及将转基因成分掺入日常消费品中。现在似乎已成为全球关注的问题,很多国家都在考虑或者已经限制转基因食物。

担忧转基因食物带来什么问题? 这些作物的优点又是什么? 支持者们认为生物科技和农业的结合为全球人口提供安全、抗虫害、适应性强、高产量以及有营养的食物。他们认为转基因技术可以生产优良品质的食物,如可以生产一种杀灭害虫的玉米、嵌入鱼基因的防霜番茄和生长迅速的鲑鱼。高产量的转基因作物可以取代低产量作物,作物里的维生素可以给贫困的消费者提供更多的营养。这不但可以养活那些国家中不断增长的人口,也可以降低天然林地变为耕地的速度。

转基因食物的反对者声称任何社会收益都不足以弥补大规模的生态灾难。这些批评者认为,超越物种在自然结构中固有的规则将会对自然界以及人类自身产生灾难性的影响。转基因作物与自然物种的杂交将会产

---

[24] 外部成本:没有反映在市场交易中的一种成本,不一定是货币化的。

生肆虐自然界的物种。同时,杀虫剂的广泛运用将导致"超级害虫"的出现。在莫斯科,转基因玉米威胁着天然的玉米。美国林业局警告转基因草地将会对全国175片森林以及草地产生潜在的威胁。

财团控制的问题

研究基因作物需要在研发上进行大量的投入。为了收回它们的投资,公司需要确保它们的产品能被购买。传统的农民,特别是发展中国家的农民,购买寄售的种子,并且保留一些以求未来培养。生物科技公司会为它们的产品申请专利,从而获得法律保护,农民需要每季购买新的种子并且支付特许使用费。一些公司尝试对种子进行基因改造,使得它们的作物不育或者生产出的作物只能通过同一个公司生产的另一种产品才能生长。批评者认为,这样发展下去将导致垄断发生,小部分公司控制着大部分种子的供应。这样的市场将使得个体农民以及发展中国家处于一个非常不利的地位。

一些国家坚持反转基因食物的立场,造成美国反转基因食品生产者与进口国之间贸易冲突。欧洲政府、一些亚洲政府和美国的一些组织正在呼吁对含转基因成分的食物贴上标签或者将转基因产品驱逐出它们的市场。在美国,一些农民和工厂的说客声称这将导致更高的价格,由于转基因和非转基因食品必须分开种植、运输、储存和加工,并且标签将使产品贬值。在2003年,美国农业部门针对用于制药或工业化学物质的转基因作物颁布更严厉的规则。

转基因食物对于环境可持续性、食物安全性、国际间贸易和政策的影响都有很强的争议。

备注:

1.美国农业部门经济研究服务:www.ers.usda.gov/data-products/a-doption-of-genetically-engineered-crops-in--the-us.aspx.

2."Genes from Engineered Grass Spread for Miles," *New York Times*. September 21, 2004;" Mexico is Warned of Risk from Altered Corn," *New York Times*, March 13,2004.

3."U.S. Imposes Stricter Rules for Genetically Modified Crops," *New York Times*, March 7, 2003.

4.关于辩论双方更多的信息,参见 Paarlberg(2000);Rissler and Mellen(1996)。

灌溉和水资源

在扩大农业生产中,灌溉的扩大和化肥使用的增加同样重要。灌溉极大地提高了产量,并且允许在一个地区依赖雨水的多重作物[25](multiple cropping)生长。在发展中国家,对于收成的增长非常依赖于灌溉的扩大。但是,与化肥和农药一样,灌溉的短期利益与长期环境危害相联系。

排水不良会抬高地下水,最终使得田地被淹没。在热带雨林地区,地表水蒸发得特别快,留下不能分解的盐导致土壤盐碱化[26](salinization and alkalin- ization of soils)。例如,在印度的旁遮普,数百万亩的土地已被盐碱化损害。灌溉也冲走农药和化肥,进而污染地表水和地下水。

最依赖灌溉的田地是在那些干旱的地区,水供给很紧张。这会导致地下水透支,抽取地下水的速度快于自然水循环补充的速度。一个经典的例子是在第 4 章讨论的公共财产资源[27](common property resources)问题。单个农民没有考虑使用水的限制。当地下水耗竭时,农业生产将面临缺水的状况。美国西部许多灌溉农业的发展依靠奥加拉拉蓄水层,在一些地区,蓄水层已经被消耗了 50%,并且还在下降。地下水快速下降的问题也发生在印度、中国北方和中亚地区(将在第 15 章讨论)。

从干旱地区河流中抽水同样具有破坏性。农业用水导致美国西部科罗拉多河流域盐碱化以及墨西哥边际河流盐碱度增高,导致了两国之间的纠纷。最严重的例子是苏联咸海的事件,因为抽水灌溉玉米地,1960～2009 年,这片内陆海失去了 88% 的地表面积和 92% 的蓄水量(在最近几年,因为世界银行以及哈萨克斯坦政府的努力,这片海域在慢慢恢复,但是大部分地区永远不能恢复了)。

对于全球大部分地区的农业发展来说,最大的限制是水的供给。灌溉用水占全球总用水量的 65%,在发展中国家则超过 80%。中国大部分地区以及印度次大陆已经非常接近水供给的极限,城市工业用水还在稳步上升。非洲大部分地区、西亚与中亚大部分地区和美国西部都是干旱或半干旱。尽管存在扩大灌溉面积的经济动机,但是与灌溉相关的外部性和公共产权资源问题意味着这种扩张会加剧资源和环境问题。

---

[25]　多重作物:在同一年同一片土地种植超过一种作物的农业系统。

[26]　土壤盐碱化:盐或碱的浓度在土壤中积累,从水中沉积溶解的盐蒸发,产生减少土壤的生产率的效果。

[27]　公共财产资源:不属于私人,而是可以被每一个人获得的资源,如海洋或者大气。

10.5　未来可持续发展农业

第 3 章～第 5 章讨论的许多资源环境问题都与农业生产分析相关。正如我们提到的水土流失问题,土壤作为一种可消耗资源,未来将增加使用成本㉘(user costs)。化肥径流和农药污染是外部性的经典例子。抽取过量的水用来灌溉是过度使用公共资源的问题。抗药性害虫的产生以及生物多样性缺失的问题增加了生态成本。正如我们在第 6 章看到的,这些都很难用金钱衡量。

生态分析提供了对农业和环境之间关系不同的理解。不再将农业看作是各种投入(包括土地、水、农药和化肥)实现产出最大化的过程,生态学家认为农业是一个干涉自然生态循环㉔(biophysical cycles)的过程,包括碳循环、氮循环、水循环以及类似的其他循环。

在自然状态下,太阳能促进这些循环。传统农业几乎不从这些自然循环中分离出什么。现代农业依赖水、氮和合成化学物质等,这些提高了产量,但是引起了自然循环过程的不平衡。从这点来看,水土流失、化肥和农药污染以及地下水过度开采都是干扰自然生态系统的结果。使用另一个生态概念,即现代农业提高了承载能力,但是是以增加生态压力为代价的。

经济观点和生态观点都会影响我们对可持续农业㉚(sustainable agriculture)的定义。一个可持续农业系统应该在不损害支持它的生态系统的前提下提供稳定的产量。从经济角度看,这意味着不存在重要的不可内生的外部性、使用者成本或公共资源的过度使用。从生态角度看,一个可持续的系统降低了对自然循环的破坏。这表明一些技术可能适用于可持续农业。

生产技术,如循环使用有机肥料、作物轮作、豆类和谷类的间作㉛(intercropping),可以帮助保持土壤的氮平衡以及减少人工肥料的使用。减少耕作,使用梯田、休耕和农林复合经营㉜(agroforestry)(在田地周围以及里面种树)都可以帮助减少对土地的侵蚀。病虫害综合防治㉝(integrated pest management,IPM)使用自然的防虫方法,如引入天敌、作物轮作以及早期人工除虫以减少化学农药的使用。

㉘　使用成本:与资源未来潜在使用损失相关的机会成本,来源于当期对资源的消费。
㉔　生态循环:有机物质和非有机物质在生态系统中流动。
㉚　可持续农业:不会消耗土地生产力或破坏环境质量的农业生产系统,包括综合虫害管理、有机技术和复种等技术。
㉛　间作:一种涉及将两种或多种作物同时种在同一片土地上的农业系统。
㉜　农林复合经营:在同一片土地上既种树又种粮食。
㉝　病虫害综合防治(IPM):利用自然天敌、作物轮作以及除虫等方法减少对化学农药的使用。

高效率的灌溉和对耐盐物种的使用可以减少使用水。生物多样性㉞(species diversity or biodiversity)可以通过复合种植(在一片田地里种多种作物)来实现,而不是现代农业的单一种植㉟(monoculture)模式。

根据国家研究委员会《替代农业》报告,在美国爱荷华、宾夕法尼亚、俄亥俄州、弗吉尼亚州和加利福尼亚州,使用有机技术的农田取得了成功。这表明环境友好型技术在大规模农业上也是经济可行的。然而,在美国以及全球实施这项技术还存在很多障碍。

一个主要的问题是信息的可获得性。替代技术既是劳动力密集型㊱(labor-intensive techniques)技术(非常依赖劳动投入的技术)也是信息密集型㊲(information-intensive techniques)技术(需要专业知识的生产技术)。在发达国家,只有一小部分农民了解复杂的有机技术及低投入农业,并且愿意使用。相对而言,阅读农药化肥使用说明书要简单得多。在发展中国家,"绿色革命"技术取代了传统的低投入农业。

近些年,有机农业发展得很快,但是只占农业总产量很少的一部分(见专栏 10.3)。有机技术标准的建立和农业补贴政策的改革对有机农业的未来有着重要的影响。

专栏 10.3　　　　　　　　上升的有机农业

有机产品是农业中发展最快的领域。2010 年,美国有机产品产值达到 270 亿美元,全世界有机产品产值为 550 亿美元。根据经济合作和发展组织(OECD)的一份报告,有机农业占据了 OECD 国家农业总产量的 2%～3%,但是它正在以每年 15%～30%的速度增长。这种增长反映了高收入国家对无农药、非转基因食品的需求。有机农业的优势包含健康效益和环境效益、提高食品的质量和口感与足够新鲜以及可以援助小规模生产者。

虽然有机农田的产量比较低,劳动力成本比较高,但是由于价格比较高,总的收益也就比较高。在一些案例中,政府还会给予补贴,包括认证标签计划的推广和有机农业的市场政策,现在已被几乎所有的 OECD 国家接受。欧盟对于有机农业有一个单独的协调标准,美国已经建立了联邦有机农业标准。为了适应这些标准,出口商将扩大有机产品的生产,但是有时标准不同容易造成混乱。

㉞　生物多样性:在一个生态群中,不同的物种保持相互联系。
㉟　单一种植:在一块土地上年复一年地种植同一作物。
㊱　劳动力密集型:严重依赖劳动投入的生产技术。
㊲　信息密集型:要求专业知识的生产技术;通常这些技术对能源、生产资本或者物质投入替代品的知识能够减少对环境的影响。

欧洲的一些政府开展推广活动,鼓励消费有机产品。有几个国家甚至要求学校和医院购买有机食品。许多政府对生产有机产品的农民提供直接的经济支持,这种补贴被认为是保护环境的一种回报——如减少硝酸盐、磷酸盐以及农药对水源的污染。一些农业研究也致力于有机系统。

OECD报告总结了由于政府对产品进行补贴以及未能很好地处理与传统农业系统有关的负外部性,传统农业依旧保持优势。"这些政策提供了提高产量耕种行为的动机……政府需要处理好传统农业的这些外部性以实现对资源的合理使用和为有机农业提供更好的舞台。"

资料来源：Organization for Economic Cooperation and Development, *Organic Agriculture*: *Sustainability*, *Markets*, *and* *Policies* (Wallingford, UK：CABI, 2003)；M. Saltmarsh, "Strong Sales of Organic Foods AttractInvestors," *New York Times*, May 23, 2011.

可持续农业政策

如果没有较强的经济支持生产方法的改善,以及信息的普及和对替代方法的支持,大部分农民都会使用原来的方法耕作。向新农业转变需要政府政策及市场动机双重的支持。

重要的市场动机包括化肥、农药、灌溉水和能源的价格。许多政府采取政策对这些价格进行直接或间接的补贴。根据一个著名的农业经济理论,农业投入的价格水平决定了农业中诱导创新⑧(induced innovation)的进程。如果化肥的价格比土地和人工更便宜,农业部门将会开发和完善化肥密集型生产方法。通过提供低成本的化肥、化合物以及灌溉水,政府提高了农业的生产效率,但是要付出环境代价。

补贴能源发展的政策也会提高机械化程度并且使农业发展的趋势成为依赖型,改变这些政策会朝着低环境影响、高人力和信息密集型农业发展。发展中国家有大量的无业人口,推广劳动密集型农业将使这些人有可观的薪酬以及改善环境。

扣除能源和投入补贴将会给农民传递一个价格信号：使用低投入性技术。在他们对这些价格信号做出反应之前,农民需要对替代技术有足够的了解——否则投入的高价格只会使食物更贵。发展中国家可以将传统农业知识与现代创新相结合,使得能源密集型单一栽培不会替代传统技术。

在发达国家,农业补贴估计每年达2 500亿～3 000亿美元,大部分是对

---

⑧　诱导创新：在某一产业中,创新来自于相关投入价格的变化。

环境破坏的补偿以及提高能源的使用和投入的增加。尽管发达国家促进生产而导致农业产出过剩,但是发展中国家通过减少农民收入的政策来降低农业生产,目的是为消费者提供更便宜的食品,但是结果是降低地方的产出。这些适得其反的经济政策的运用留下许多改善的空间,可以既提高食物供给也改善环境。这种补贴可以由环境友好型技术替代。更好的价格及提高信用制度可以在保持土壤的情况下提高生产。

美国的保护项目是一个环境友好型农业补贴的例子。这个项目始于1985 年,现在已经覆盖了 3 000 万亩农田。农民收到补贴,从环境敏感型土地中迁出,减少了水土流失并保护湿地和水资源,为包括濒危物种在内的野生动物提供栖息地。整个项目将正外部性内生化,帮助保护家庭农场,为未来提供更多的土地使用选择。

在需求方面,人口是食物需求的主要因素,也间接影响农业对环境的压力。承载力的生态概念是指地球上可以养活的最大人口数。我们关于农业的讨论意味着我们已经接近生态的承载力。如果我们考虑水土流失和水透支的长期问题,地球已经超过了这个承载力。因此,人口政策是限制农业生产对环境影响的核心元素。

需求方面的另一个主要变量是饮食。正如我们所知,一个以肉食为主的饮食比以素食为主的饮食需要更多的土地、水和化肥。肉类出口也会增加发展中国家的环境压力。于是,减少发达国家的肉食消费以及减慢新型工业化国家的肉食消费趋势也是长期可持续性的重要部分。

相对于投入更有效的食物,废除投入补贴将会提高肉类的价格。健康状况也会减少发达国家对肉的需求。从这个角度看,消费者转变他们的饮食习惯,吃更多的蔬菜和有机产品,生产者们就会积极地使用低环境损害的技术。

与农业有关的环境问题很复杂,不能简单地由成本内生化政策解决——尽管这些政策很有帮助。这主要需要消费行为的改变、生产技术的改变、政府的价格和农业政策的改变来促成一个可持续的农业方式。随着人口增长、土地和水资源影响的加剧,改善这些问题的紧迫性将会上升。如果没有足够的改变来提高可持续性,高产出的农业将不能满足 21 世纪的需要。

总　结

从 1950 年开始,食物生产就超过了人口数量,这使得全球人均消费可以缓慢增长。然而,食物的分配很不公平,大约 8.5 亿人不能获得足够的食物。大多数适于耕种的土地已被开发,剩下很少的土地用于未来开发。产量持续增长,但是将伴随着对环境更深的影响,包括水土流失、土质退化、农药和化肥的径流。

农业产出的增长率在下降。最近几年,基本食物的价格已经明显提高。在一些发展中国家,特别是在非洲,人均消费缓慢、停滞或者后退。获取食物的不公平意味着基础农作物可以被奢侈作物或者出口作物取代,给贫困的人和环境脆弱的土地带来压力。

对未来需求的预测显示,发展中国家在未来几十年对食物的需求增长 50%。由于可扩张耕地的有限性,这种需求将需要农业产量的极大增长。这是对实现环境可持续性的挑战。农业生产对环境的影响使其成为一项艰巨的任务。

水土流失使得土地肥力衰退并带来显著的非农户伤害。面临短期的经济压力,农民觉得对长期保护进行投资很困难。化肥的使用会引起大范围的河流污染,还有过量的硝酸盐释放,这些将影响水供给和大气。杀虫剂的使用导致抗药性物种的增长和对生态圈的其他负面影响。缺乏计划的灌溉会导致水资源过度流失并产生污染,会对土壤造成更大伤害。

未来的政策必须保证农业的可持续性。作物轮作、间作、农林复合经营以及综合害虫管理方法都可以在保持高产量的同时减少投入以及对环境的影响。有效的灌溉和土地管理技术都有巨大的潜力,但是需要适当的经济政策才能被农民采纳。去除各种补贴以及提供关于环境保护的信息,必须伴随着更公平、更有效的分配计划和消费方案。

问题讨论

1.在食品供给方面,哪些证据用于证明世界已经达到它的最大承载能力这一命题? 一些分析学家认为世界的农业生产能力足够养活 100 亿的人口,你认为这个推断正确吗? 尝试估计最大承载能力有用吗? 或者,我们是否应该等待市场适应日益增长的食品需求?

2.农业对于环境的哪些影响服从市场的解决方案? 比如,考虑水土流失的农业影响和非农业影响。哪些动机引发了对水土流失的控制? 私人动机能做到何种程度? 政府政策能做什么?

3.怎样定义可持续农业的概念? 高投入农业具有可持续性吗? 有机农业具有可持续性吗? 当前农业系统的哪些方面不是可持续的以及哪些政策能够

应对不可持续的问题？你怎样评价这些政策的经济成本与收益？

注　释

1. See Brown，2004，2011.

2. Lester R. Brown，"The World Is Closer to a Food Crisis Than Most People Realize," *The Guardian*，July 24，2012，www. guardian. co. uk/environment/2012/jul/24/world-food-crisis-closer/. See also Brown，2004，2013.

3. Sen，2000.

4. Smil，2000.

5. www.fao.org/worldfoodsituation/wfs-home/foodpricesindex/en/.

6. See，e.g.，Wise，2012.

7. FAO，2011.

8. See Wise，2011.

9. See，e.g.，Conforti，2011；FAO，2003，2006.

10. FAO，2003；Pinstrup-Andersen and Pandya-Lorch，2001.

11. See Brown，2004，chap. 4.

12. U. S. Census， 2012， www. census. gov/population/international/data/idb/informationGateway.php.

13. See，e.g.，Seckler，1994.

14. A good example of optimism on yields is Waggoner，1994.

15. For a more pessimistic view of world food supplies，see Brown，2004，2011.

16. FAO，2006，5.

17. Pimentel，1993；Zuazo et al.，2009.

18. Oldeman et al.，1990. For detailed assessment of soil degradation，see www.isric.org.

19. See Cleveland，1994；Martinez-Alier，1993.

20. See，e.g.，Hall，1993.

21. Wesseling et al.，1997.

22. See http://news. nationalgeographic. com/news/2010/04/100402-aral-sea-story. For an extensive discussion of the problems of irrigated agriculture，see Postel，1999.

23. Harris，1990.

24.National Research Council，1989.

25.Ruttan and Hayami，1998.

26.See Cleveland，1994.

27.Myers and Kent，2001，chap 3；OECD，2010.

参考文献

Brown，Lester R. 2004.*Outgrowing the Earth*. New York：W.W. Norton.

——. 2011.World on the Edge：*How to Prevent Environmental and Economic Collapse*. New York：W.W.Norton.

Cleveland，Cutler J. 1994. "Reallocating Work Between Human and Natural Capital and Agriculture：Examples from India and the United States." In *Investing in Natural Capital：The Ecological Approach to Sustainability*，ed. Jannson et al.，Washington，DC：Island Press.

Conforti，Piero，ed. 2011.*Looking Ahead in Food and Agriculture：Perspectives to 2050*. Rome：United Nations Food and Agriculture Organization.

Food and Agriculture Organization (FAO). 2003.*World Agriculture：Towards 2015/2030*. Rome，www.fao.org/ docrep/005/y4252e/y4252e00. htm.

——. 2006.*World Agriculture：Towards 2030/2050*. Rome. www. fao. org/docrep/009/a0607e/a0607e00.htm.

——. 2011.*The State of Food Insecurity in the World 2011*. Rome，www.fao. org/publications/sofi/en/.

——. 2012. FAOSTAT Agriculture Database.

Gardner，Gary. 1996. "Preserving Agricultural Resources." In *State of the World 1996*，ed. Brown et al.，Washington，DC：Worldwatch Institute.

Hall，Charles A.S. 1993. "The Efficiency of Land and Energy Use in Tropical Economies and Agriculture."*Agriculture，Ecosystems and Environment* 46：1—30.

Harris，Jonathan M. 1990.*World Agriculture and the Environment*. New York：Garland.

——. 1996. "World Agricultural Futures：Regional Sustainability and Ecological Limits." *Ecological Economics* 17（May）：95—115.

Karlsson，Sylvia I.，2004. "Agricultural Pesticides in Developing Countries，"*Environment* 46（4）：22—42.

Martinez-Alier，Juan. 1993. "Modern Agriculture：A Source of Energy?" In *Ecological Economics：Energy，Environment，and Society*. London：Blackwell.

Myers，Norman，and Jennifer Kent. 2001. *Perverse Subsidies：How Tax Dollars*

Can Undercut the Environment and the Economy. Washington, DC: Island Press.

National Research Council. 1989.*Alternative Agriculture*. Washington, DC: National Academy Press.

OECD, 2010. *Agricultural Policies in OECD Countries at a Glance* 2010. Paris: OECD, http://www.oecd.org/agriculture/agriculturalpoliciesandsupport/45539870.pdf.

Oldeman, L.R., R.T.A. Hakkeling, and W.G. Sombroek. 1990.*Global Assessment of Soil Degradation*. Wageningen, Netherlands: ISRIC/UNEP.

Paarlberg, Robert. 2000. "The Global Food Fight."*Foreign Affairs* 79 (3) (May/June): 24—38.

Pimentel, David, ed. 1993.*World Soil Erosion and Conservation*. Cambridge: Cambridge University Press.

Pinstrup-Andersen, Per, and Rajul Pandya-Lorch. 2001. *The Unfinished Agenda: Perspectives on Overcoming Hunger, Poverty, and Environmental Degradation*. Washington, DC: International Food Policy Research Institute.

Postel, Sandra. 1999. *Pillar of Sand: Can the Irrigation Miracle Last?* New York: W.W. Norton.

Rissler, Jane, and Margaret Mellen. 1996.*The Ecological Risks of Engineered Crops*. Cambridge, MA: MIT Press.

Ruttan, Vernon W., and Yujiro Hayami. 1998. "Induced Innovation Model of Agricultural Development." In *International Agricultural Development* (3d ed.), ed. Carl K. Eicher and John M. Staatz. Baltimore: Johns Hopkins University Press.

Seckler, David. 1994. "Trends in World Food Needs: Toward Zero Growth in the 21st Century." Arlington, Virginia: Winrock International Institute for Agricultural Development, Center for Economic Policy Studies Discussion Paper no. 18.

Sen, Amartya. 2000. "Population, Food and Freedom." In *Development as Freedom*. New York: Alfred A. Knopf.

Smil, Vaclav. 2000. *Feeding the World: A Challenge for the Twenty-First Century*. Cambridge, MA: MIT Press.

U.S. Environmental Protection Agency. 1995. *Pesticides Industry Sales and Usage Report, 1994/1995*. Washington, DC.

——. 2001.*Pesticide Market Estimates, 2000/2001*. Washington, DC.

Waggoner, Paul E. 1994.*How Much Land Can Ten Billion People Spare for Nature?* Ames, Iowa: Council for Agricultural Science and Technology, Task Force Report no. 121, February.

Wesseling, C., et al. 1997. "Agricultural Pesticide Use in Developing Countries: Health Effects and Research Needs." *International Journal of Health Services* 27 (2): 273—308.

Wilson, Clevo, and Clem Tisdell, 2001. "Why Farmers Continue to Use Pesticides

Despite Environmental, Health, and Sustainability Costs," *Ecological Economics* 39: 449—462.

Wise, Timothy A. 2011. *Mexico: The Cost of U.S. Dumping*. www. ase. tufts. edu/ gdae/policy_research/MexicoUnderNafta. html.

——. 2012. "The Cost to Mexico of U.S. Corn Ethanol Expansion," Tufts University Global Development and Environment Institute Working paper 12—01. http://ase.tufts. edu/gdae/policy_research/EthanolCostMexico. html.

Zuazo, Victor H.D., and Carmen R.R. Pleguezuelo. 2009. "Soil Erosion and Runoff Prevention by Plant Covers: A Review." In *Sustainable Agriculture*, ed. Eric Lichtfouse, et al. Berlin and New York: Springer.

相关网站

1.**www.ers.usda.gov.** Web site for the Economic Research Service, a division of the U.S. Department of Agriculture with a mission to "inform and enhance public and private decision-making on economic and policy issues related to agriculture, food, natural resources, and rural development." Their Web site provides links to a broad range of data and analysis on United States agricultural issues.

2.**www.fao.org.** Web site for the Food and Agricultural Organization of the United Nations, an organization "with a mandate to raise levels of nutrition and standards of living, to improve agricultural productivity, and to better the condition of rural populations." Their Web site includes extensive data on agriculture and food issues around the world.

3.**www. ota. com.** Home page for the Organic Trade Association, "a membership-based business association representing the organic industry in Canada, the United States, and Mexico." Their Web site includes press releases and facts about the organic agriculture industry.

4.**http://nabc.cals.cormell.edu.** Home page for the National Agricultural Biotechnology Council, a nonprofit group with membership from more than 30 research and teaching institutions designed to provide a forum for the evaluation of agricultural biotechnology. Several reports are available on their Web site concerning the impacts of agricultural biotechnology.

5.**www.oecd.org/agr.** Web site for the Food, Agriculture, and Fisheries division of the Organisation for Economic Co-operation and Development.

The site includes data, trade information, and discussions of environmental issues. Note that the OECD also maintains a Web page on biotechnology.

6. **www. isric. org.** Web site for the International Soil Resource Information Center, providing information on global soil degradation and agricultural productivity loss, and on measures to conserve and reclaim soil productivity.

第五部分

能源和资源

第 11 章　不可再生资源:稀缺和丰裕

焦点问题

- 非可再生资源是取之不尽、用之不竭的吗?
- 金属、矿产和其他资源的价格会上涨吗?
- 开采矿产资源的环境成本是多少?
- 经济动机如何影响非可再生资源的回收与利用?

11.1　非可再生资源的供应

地球上非可再生资源[①](nonrenewable resources)的储量是有限的,如金属和非金属矿产、煤炭、石油和天然气。有些资源的供应比较充裕,如铁,而像汞和银之类的资源则相对有限。全球经济正在以不断增长的速度消耗这些资源,这是否会为我们敲响警钟?

当然,有限的非可再生资源不可能永远持续利用下去,但是非可再生资源的利用却是个复杂的问题,如资源的供需变化、资源利用带来的浪费和污染等。本章主要分析非可再生资源利用的动态性,重点关注矿产资源,对于诸如煤炭、石油、天然气等非可再生能源的问题将在第 12 章进行分析。

实物供应和经济供应

在第 5 章,我们考察了在资源数量和质量既定的假设下矿产资源在两阶段的配置。由该简单模型得到的经济原理——使用成本[②](user costs)分析和

---

① 非可再生资源:有固定供应量的资源,如矿石和石油。
② 使用成本:与资源未来潜在使用损失相关的机会成本,来源于当期对资源的消费。

资源定价的"霍特林规则[③](Hotelling's rule)"——虽然很重要,但更复杂的分析应该考虑现实世界的条件。我们通常会看到不同品质的资源(比如铜矿的不同等级),然而,我们不能完全确定资源储量的地点和数量。

　　非可再生资源的经济供给[④](economic supply)与实物供给[⑤](physical supply)不同。尽管位于地壳的非可再生资源的实物供应有限,但我们不能确切知道供应的数量。经济可采储量[⑥](economic reserves)提供了最常用的方法,如计算资源的利用年限。然而,三个主要原因可能会导致计算结果随时间而改变:(1)随着时间推移,资源被开采和利用,资源储量减少;(2)随着时间推移,新的资源被发现,资源储量增加;(3)价格和技术条件的变化可能会增加或减少现有的经济可采储量。这些因素都会增加预测资源利用年限的不确定性。

　　通过将地质方法和经济方法相结合可以将矿产资源(如铜)进行归类(见图 11.1)。

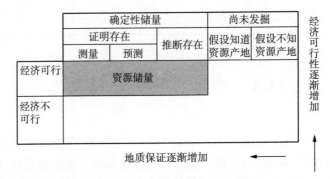

资料来源:根据 1976 年美国矿业局和地质调查资料整理。

图 11.1　　非可再生资源的分类

　　从地质角度讲,按照可采量可以对资源进行分类,如图 11.1 水平方向所示。确定性储量[⑦](identified reserves)是已经知道数量和质量的自然资源。其中,一部分是在 20%的边际误差内测量[⑧](measured)得到的,另一部分是基于一定的地质原理预测或推断[⑨](indicated or inferred)得到的。另外,资源的

---

　　③　霍特林规则:陈述了在均衡时资源的净价格(价格减去生产成本)必须以与利率提高相同的速率提高的理论。

　　④　(一个资源的)经济供给:基于当前价格和技术,一个资源可获得的数量。

　　⑤　(一个资源的)实物供给:可获得的资源的数量,不考虑开采的经济可行性。

　　⑥　经济可采储量:给定当期的价格和技术,一种资源在经济上可采伐的数量。

　　⑦　确定性储量:一种资源确定的数量,既包括经济的和非经济的储量。

　　⑧　测量(储量):确定的资源,其采伐数量能够确切知道。

　　⑨　预测或推断(的储量):确定的资源,其采伐数量不能确切地知道。

假定⑩(hypothetical)数量是尚未被发现但在一定的地质条件下可能存在的非可再生资源。

经济因素体现资源分类的另一个方向,如图 11.1 纵列所示,经济上最有利可图的资源位于图的上方,品质较高并适合开采的资源被界定为经济储量⑪(economic reserves)(图 11.1 阴影部分),非经济资源⑫(subeconomic resources)是指那些因开采成本过高而难以产生生产价值的资源,然而,随着价格上涨或者开采技术水平的提高,开采这些资源也可能会产生经济利润。需要注意的是,尚未被发现的资源不能被纳入经济储量中,因为其品质是不确定的。

一个衡量非可再生资源可用性的指标是静态储量指标。静态储量指数⑬(static reserve index)简单地用经济储量除以当前的年度消费以估算资源的利用年限⑭(resource lifetime)。

$$资源的预期利用年限 = \frac{经济储量}{年度消费量}$$

资源储备可以在地质和经济两个方面进行扩展,这一事实使我们不得不怀疑采用静态储量指标的可靠性。当前的资源消费并不能完美地预测未来消费量,因为随着人口和经济产出的增长,可以预测,未来非可再生资源的消费将增加——尽管资源替代品、消费模式的改变以及资源的回收利用⑮(recycling)可能会影响资源增长的速度。指数储量指标⑯(exponential reserve index)假设资源消费随时间推移以指数形式增长,这便加速了资源耗竭。

1972 年运用静态和指数储量指标得到的计算结果表明,主要矿产资源将会在几十年内被耗尽。预测显然不能被证实,究其原因,主要是由于新的资源发现和开采技术增加了资源储量。然而,我们不能简单地忽视资源耗竭的预测,即使储量扩张,地球上的非可再生资源储量终究还是有限的。

与之相关的问题是,资源消费、新技术和新的资源发现如何影响价格以及价格的变动又如何反过来影响未来资源供给与需求的模式。为了对这些问题有更深入的理解,我们需要了解关于非可再生资源利用的更复杂的经济理论。

---

⑩　假定(的资源):资源不能被肯定的确定的数量,但是假设其存在。
⑪　经济储量(经济可采储量):给定当前的价格和技术,一种资源在经济上可以采伐的数量。
⑫　非经济资源:用来描述那些利用当前的技术和价格不能有效被开采的资源。
⑬　静态储量指数:资源的经济储量除以资源当前使用率。
⑭　资源的利用年限:一种资源的经济储量在预期消费率下能够预期持续的年数。
⑮　回收利用:将废物作为投入品利用在生产过程。
⑯　指数储量指标:基于成倍增加消费的假设,对一种关于矿产资源的可用性的估计。

11.2   非可再生资源利用的经济学理论

哪些方面决定了非可再生资源开采和利用的速度？经营矿产或其他资源开采的个体企业按照资源租金[17]（resource rents）最大化的原则进行决策。考虑一家经营铝土矿的企业，假如该企业处于竞争激烈的行业，是价格接受者[18]（price taker）。以市场价格销售其产出，对市场价格没有任何控制力，然而，该企业在任何时点上都可以决定资源开采的数量。

一般而言，随着资源越来越多地被开采，开采的边际成本将增加。很明显，若边际开采成本[19]（marginal extraction cost）的上升超过了市场价格，便不值得生产铝土矿。只有价格至少等于边际成本时，生产才是有利可图的。与其他竞争性企业均衡选择价格等于边际成本不同的是，资源开采型企业一般都选择价格高于边际成本时的产量（见图 11.2）。尽管企业可以从生产最后几单位的产品中获得少量利润，但企业会选择延缓资源开采，直到生产的产品有更高的利润，因此，并非在 Q_m 处实现当前利润最大化，而是为实现长期利润最大化在 Q^* 处生产。企业放弃的当前利润（阴影面积 A）将超过未来更高利润的补偿。

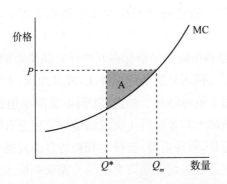

资料来源：Hartwick 和 Olewiler(1998)，为非可再生资源开采的经济理论提供了更好的议题。

图 11.2   非可再生资源的生产决策

除了对未来价格和成本的预算外，利率也会影响企业的生产决策。由于企业以创造更多的即期利润并以较高的利率对所获利润进行投资，因此，更高的利率会激励企业增加当前的生产。但是，产量的增加将压低当前资源的价

---

[17]   资源租金：从稀缺资源的所有权中提取的收入。
[18]   价格接受者：在完全竞争市场上的卖者，其不能控制产品的价格。
[19]   边际开采成本：开采额外 1 单位不可再生资源的成本。

格,同时减少可得资源的储量,提高预期的未来价格。这些因素将会改变企业的未来产量。

正如第 5 章所阐述的,调整的预期结果是,当企业资源租金的增长率等于利率时,即满足霍特林法则时,市场便会达到均衡。需要注意的是,霍特林法则满足净价格[20](net price)(市场价格减去开采成本)的增长率等于利率,而非市场价格。因此,单纯的市场价格信息并不能充分检验霍特林法则的有效性,开采成本和暂时会使资源租金偏离霍特林法则的外部因素,这两个信息也要考虑到。

经济学家通过研究资源价格、开采成本和其他变量的变化趋势来检验霍特林法则的准确性。1998 年的一篇文章总结了霍特林法则的实证检验结果并进行了如下分析:

> 非可再生资源的经济理论与观测数据并不是完全吻合的……如果可能的话,所得结果的有效性使之很难做出对价格和开采成本总体影响的一般性预测。

这篇文章注意到,新的资源发现和技术进步迄今足以避免非可再生资源日益增长的经济稀缺性。然而,即使过去的增长与资源需求的增长保持一致,我们也不能确定这种现象将无限持续下去。非可再生资源的管理依然需要改进。

> 鉴于这些资源和服务的公开使用和公共物品的属性,为了防止资源的低效率,市场干预是必要的。正因为这样,随着人们越来越重视生态交互影响和全球公共资产管理的细节,对非可再生资源利用产生的环境影响的关注将持续增加。

非可再生资源管理很少存在争议性的原因是高品级的资源往往会被优先开采。举例来说,假如一个企业拥有两个铝土矿,一个档次高,另一个档次低一些。由于品质高的资源的边际生产成本相对较低,那么现在生产便会得到较高的利润。开采低品质储备的成本投入明显较高。即使现在开采低品质矿产的边际利润为正,而等到资源的市场价格上涨或者更先进的技术降低开采成本时,再开采等级低的资源则是一种更好的策略。这就解释了为什么当前经济不可行的资源(见图 11.1)在以后会变成经济可行的资源,随着经济可采储量的增加,开采也会减少非可再生资源的实物储量[21](physical reserves)。

在非可再生资源开采的早期阶段,高品质资源的供应可能是充足的。随

---

[20]　净价格:资源的价格减去产品的成本。
[21]　实物储量:资源确定的数量,既包括经济的也包括非经济的储量。

着开采的扩张和技术的进步,起初我们预期资源价格会随着资源开采的急剧增加而下降,这可在图 11.3 的第 I 阶段反映出来。该图展示了长期内非可再生资源利用框架㉒(resource use profile)以及随着时间推移被开采资源储量的价格路径㉓(price path)和开采路径㉔(extraction path)。

在第 II 阶段,资源价格相对稳定,尽管需求的增加会推高价格,但新的资源发现和技术进步会通过降低价格来抵消需求对价格的影响。在第 III 阶段,需求开始逼近资源的上限,价格逐步上升,早期阶段经济不可行的资源储量变得经济可行。技术进步并不能够缓解日益加剧的资源稀缺。

在第 IV 阶段,随着资源进一步耗尽,价格的上升开始抑制需求,最终资源价格会达到溢价㉕(choke price),此时,资源的需求量降为零。在到达溢价点之前,生产商将开采并销售完所有经济可采资源储量,尽管一些经济不可行的实物储量仍是可得的。随着资源达到溢价,寻求合适的替代资源和提高资源回收利用率的激励将有所增强。

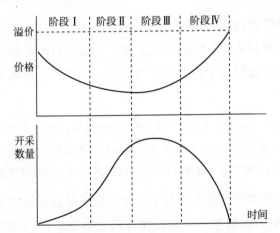

资料来源:Hartwick and Olewiler,1998.

图 11.3   假定的非可再生资源利用框架

对于诸如图 11.3 的资源框架是否可以应用于大多数矿产资源的分析,目前存在很大的争议。如果可以应用,一个很有趣的问题是我们当前处于阶段 I、II、III 还是 IV 中?我们预测价格是下降、稳定还是上升?下一部分,我们将探讨这些问题。

㉒ 资源利用框架:资源随着时间推移的消耗率,典型地应用于非可再生资源。
㉓ 价格路径:随着时间推移资源的价格,典型地应用于非可再生资源。
㉔ 开采路径:随着时间推移资源的开采率。
㉕ 溢价:需求数量等于零时,在需求曲线上最低的价格。

11.3　资源全球稀缺还是充裕?

20 世纪 60 年代的一个经典研究认为,自工业革命以来,贯穿整个 20 世纪中叶,大多数矿产资源的价格都有所下降。同时,全球不可再生资源的消费稳定增长,这与图 11.3 的阶段 I 和阶段 II 一致。以下三个因素可以解释这种趋势:

(1)持续的资源发现;

(2)资源开采技术的提高;

(3)资源替代㉖(resource substitution),比如,用塑料代替金属的使用。

20 世纪的下半叶,矿产资源的价格一般都有所下降或者保持稳定。然而,从 2004 年开始,由于全球需求的急剧增加,许多矿产资源的价格增长迅速。图 11.4 反映了几种常规矿产资源铜、铅、锌的价格变动趋势。在金融危机爆发后的 2008 年和 2009 年,价格明显下滑随后又开始上涨。

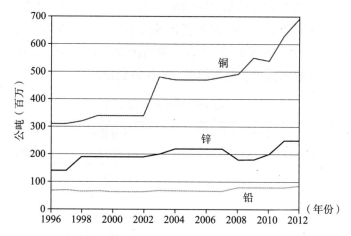

资料来源:美国地质调查局,不同年份的矿产品概要。

图 11.4　1996~2012 年几种矿产资源的价格变化趋势

基于当前的价格上涨趋势,大部分矿产资源的价格路径是否已进入第三阶段? 未来的资源价格预期是否继续上涨? 一个方法便是观察矿产储量的数据。尽管全球矿产资源的开采量依然在增加,但是事实上,很多矿产资源的储量都已达到临界水平,正如图 11.5 所示。

㉖　资源替代:在生产过程中,一种资源可以替代另外一种资源,如在电线中铝代替铜的使用。

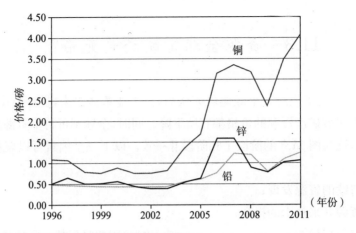

资料来源:美国地质调查局,不同年份的矿产品概要。

图 11.5　1996～2011 年几种矿产的全球经济储量

　　表 11.1 根据当前的经济储量展示了大多数矿产资源的预期使用年限。静态储量指标表明,一些矿产资源的供应比较充裕,如锂、铝和铜,与此同时,诸如铅、锡、锌之类的资源储量仅够满足 20 年的需求。但是,正如前面所提到的,由于不能将新的资源发现、需求变化及技术进步考虑在内,静态储量指标的应用具有局限性。举例来说,尽管锌的当前储量仅能满足全球 20 年的需求,但是图 11.5 显示近年来锌的储量一直保持稳定。

表 11.1　　　　　　　　　　　　　　几种矿产品的预期利用年限

矿产资源	2011 年全球产量 (千公吨)	全球储量 (千公吨)	预计资源利用年限 (静态储量指标)
铝	220 000	29 000 000	132
镉	22	640	29
铜	16 100	690 000	43
铁矿石	2 800 000	80 000 000	29
铅	4 500	85 000	19
锂	34	13 000	382
水银	2	93	47
镍	1 800	80 000	44
锡	253	4 800	19
钨	72	3 100	43
锌	12 400	250 000	20

注:铝的数据来源于用于铝土矿的铝,铝土矿是铝的主要来源。

资料来源:美国地质调查局,不同年份的矿产品概要。

总而言之,短期内全球矿产供给并不会下降,当然,这并不意味着我们不必担心未来的供给问题。根据近期的分析:

> 全球矿产储备可满足未来 50 年的矿产需求,至少从理论上是这样的。当前预计的全球矿产储量是年度产量的 20 倍~1 000 倍,这依赖于商品的利率。确切来讲,什么时候供给将成为主导因素是很难预料的。毫无疑问,什么时候供给成为主导因素会因商品不同而有所不同,并且严重依赖于工业能源的形式和成本。事实上,很多人预言矿产资源将在 2000 年以前出现短缺,这些关于矿产资源预测的失败已经导致了未来世界矿产资源供给的自满心理,并可能导致我们误解这些储量数据。

> 尽管矿产储量看似很丰富,能保证未来 50 年的供应,或者说将矿产储量看作单一的全球数据时是这样的。但是,我们必须铭记在心的是,这些储量是由很多单独的资源储备构成,这些储备必须置于当地的环境中,同时也是当地环境的一部分,受不断变化的地质、工程、经济、自然条件和政策的约束。

英国地质调查阐述了相似的观点,同时也提到了环境影响的潜在问题。

> 亚洲和南美地区的新兴经济体的持续增长和对资源的竞争日趋激烈,推动了金属和矿产资源需求的增加。人类因素,比如地缘政治、资源民族主义以及罢工和冲突等事件,是最可能中断资源供给的因素。政策制定者、企业和消费者应关注供给风险,注重地球资源供给的多元化、资源的回收利用的必要性以及初始消费的环境影响。

除了关注资源耗竭外,矿产开采对环境的影响也是非常重要的。下面将具体分析采矿的环境影响。

11.4　资源开采的环境影响

正如第 3 章所讨论的,产品的价格应该反映生产的私人成本和社会成本(外部成本)。为减少采矿对环境的影响,有些规定已经开始实施。

矿山开采的全部社会和环境成本并未包含在矿产品的价格中,因而需要将产品的私人和社会边际成本纳入其中。

表 11.2 介绍了一些关于矿产开采对环境影响的内容。当矿产从地壳中开采出来时,必须经过处理将有经济价值的成本分离出来。没有价值的废弃物,也就是尾料㉗(tailings),通过河流、湖泊渗透到地下水或者被风吹到空气中,污染生态环境。矿产资源的提炼[被称为冶炼㉘(smelting)]也会对环境产生破坏,包括空气污染和水污染(见专栏 11.1)。

㉗ 尾料:采矿作业中不需要的材料,往往是有毒物质。
㉘ 冶炼:从金属矿变为金属的生产过程。

表 11.2　　　　　　　　　　　　矿产开采潜在的环境影响

活动	潜在影响
矿山开采	植被、动物栖息地、人类居住地和其他地貌遭受破坏(地表采矿) 地面沉陷(地下采矿) 水土流失加剧;河道淤塞;废弃物;酸雨以及河道和地下水的重金属污染
矿物堆积	废弃物(尾料);有机化学污染物;酸雨和重金属污染
矿产提炼	空气污染(包括二氧化硫、砷、铅、镉以及其他有毒物质) 产生废弃物(矿渣);生产能源的影响(用于矿物生产的大部分能源都进入提炼环节)

资料来源:Young,1992 年。

专栏 11.1　　　　　　**不列颠哥伦比亚冶炼厂承认水污染**

2012 年 9 月,加拿大矿业巨头特克资源(Teck Resources)承认其位于不列颠哥伦比亚特雷尔(Trail)地区的冶炼厂对华盛顿州的哥伦比亚河长达 100 多年的污染。该声明是为了回应美国土著部落提交的诉讼。

确切地说,公司承认如下非法排放:"特雷尔向哥伦比亚河排放了固体废弃物、炉渣和废水,该污染物被带到华盛顿州的其他地区,并且其中的有毒物质(美国环境法案下)被释放到大气中",Dave Godlewski(特克美国环境与公共事务部副主席)说:"这是我们都达成一致的,我们并没有谈论排放的量及排放物的影响,我们只是承认在美国的排放造成了污染。"

美国环境保护局估算清理污染的成本多达 10 亿美元。2006 年,特克与环境保护局就潜在损害达成协议,预计 2015 年前将完成评估事宜。

资料来源:加通社,"矿业巨头承认污染美国水资源,"CBC 新闻,2012 年 9 月 10 日。

遗憾的是,至今没有经济分析去评估采矿的外部成本。采矿导致重大环境影响的案例包括:

(1)秘鲁亚马逊的金矿开采:小规模的金矿开采利用有毒水银从矿石中提取金矿,矿山开采除了影响人体健康外,至少 2 000 平方英里的森林也遭受砍伐。

(2)瑙鲁的磷酸盐开采:这个小岛国约 80％的面积都被大规模开采。截至 2000 年,磷酸盐储量已近耗竭。这个小岛不仅饱受环境灾难,采矿收益的信任基金也由于投资和腐败近乎亏空。

(3)菲律宾铜矿开采的灾难:1996 年,铜矿开采所剩的尾料筑坝出现问题,堆放了 160 多万立方米的污染废弃物,这些污染物严重污染了波克河,该国宣布这是一场重大的环境灾难。

另一个环境问题是废弃矿产的污染。以美国为例:

美国西部地区有很多废弃矿山。这里有些地区正在产生严重的环境问题，其中，主要是酸雨以及矿产流入小溪与河流带来的水污染问题。政府在处理废弃矿山问题上显得力不从心，这些地区会进行公共开垦，但是可用基金的局限性阻碍了资金的充分利用。来自矿产资源的可用资金数额远低于需求量。

采矿政策改革

美国矿产开采的主要法律是《1872 年通用矿产开采法案》[24]（General Mining Act of 1872），并且自 19 世纪中期以来很少修订，该法案允许在公共土地上进行矿产开采，而且不需要向政府部门缴税。只要每年缴纳 100 美元的开采请求费就拥有开采矿产的权利。个人或企业以每亩 5 美元的价格就能购买公共土地——该价格是 1872 年制定，之后从未调整过。自从法案通过以来，至少有 300 万亩的土地，即相当于康涅狄克州的面积被采矿集团购买。尽管之后颁布了很多法令，但都没有包含环境损害的条款。一些力图修改该法案的尝试也都以失败而告终（见专栏 11.2）。

专栏 11.2　　　　　采矿法的时代已经过去了

为刺激美国西部的发展，美国制定了《1872 年通用矿产开采法案》，给予矿产开采高于开采其他用途联邦土地的优先权。开采铜、金、铀和其他矿产要覆盖数百英亩，因此，不论潜在的环境影响如何，该法案极难限制矿山开采。近年来矿产价格上升，刺激了采矿请求的增加。

俄勒冈州的 Chetco 河就是一个例子。这条清澈的河流盛产野生鳟鱼和鲑鱼。1998 年，国会指定该河为国家级自然景区，即为了当代和后代人的利益而进行保护。但是，如今 Chetco 河也受到开采金矿提案的影响，这些提案中的开采长度几乎是 Chetco 河（约 55 英里长）的一半。吸泥机将清空河底以寻找黄金，这将使水变浑浊，并且破坏鲑鱼产卵所需的干净砂石。尽管 Chetco 河目前属于自然和风景性河流，但由于 1872 年的法案，美国林业局没能阻止采矿行为。

正如前美国林业局主席迈克尔·P.道柏克于 2008 年向参议院委员会解释的那样："不管环境影响如何严峻，在当前 1872 年采矿法案的框架下，几乎不可能阻止采矿活动。"

根据美国环保局的报告，西部 40％的河流受到采矿污染。2006 年由环境小组对 25 个西部矿山的分析推论，3/4 以上的采矿会引起水污染。在采矿法案下，矿山所有者可以遗弃矿山而不需要为引发的环境损害承担任何责任。美国环保局估计，清理废弃矿点要花费 200 亿～540 亿美元。

---

[24]《1872 年通用矿产开采法案》：美国的一个联邦法律，该法律规范了联邦土地上经济矿物质的开采。

> 对该法案的潜在改革包括：基于环境影响的全面审视赋予政府阻止矿山开采的权利,明确经营矿山的环境标准,矿山经营者支付矿山清理费用,征收反映市场价值的特许权费用。到目前为止,由于来自以开采业为主的州的立法者的游说和反对,改革的提案以失败告终。
>
> 资料来源：Hughes and Woody,2012.

一个矫正环境污染的政策是第 3 章探讨的庇古税。然而,由于涉及很难精确测算采矿污染的问题,按采矿污染比例征税的方法难以实行。当然,以矿产产出为依据进行征税,而非直接按照污染物征税也是一种替代的方法,但是该提议的问题是,对于既定的产出水平,企业没有减少污染物的动机,因为这两种情况下的纳税金额是一样的。

不是税收,而是在许可矿山开采前,要求企业发布债券以防出现环境损害时对公众进行补偿。债券金额需要能够赔偿企业潜在的清理成本。比如,科罗拉多州要求经营金矿的企业支付 230 万美元的现金债券作为清理费用,但是当 1992 年企业破产时,不能支付的债券高达 1.5 亿美元。

有效标准和管理要求可能是解决矿产污染问题的最好方式。监督矿区附近的地表水和地下水可较早地确定污染问题,更严格的规章可以规范尾料经营标准。此外,提高金属产品的回收利用率可以限制资源开采活动。下一章节,我们将考察回收利用的潜力。

11.5 循环利用的潜力

在图 11.3 资源利用框架的第 Ⅰ 和第 Ⅱ 阶段,由于原始资源㉚(virgin resource)价格不断下降,因此,资源回收利用的动机较小。但是在第 Ⅲ 阶段,当价格开始上涨并且需求持续走高时,资源回收利用就具有经济上的吸引力。随着时间推移,第 Ⅲ、第 Ⅳ 阶段的资源开采成本不断上升,来自回收材料的需求比例将不断增加。第 Ⅴ 阶段,资源开采不断降低,由于有效的资源回收,矿产需求的总供给也不会减少。

图 11.6 进行了相应阐述。虚线表示不考虑回收利用时的资源开采路径,这与图 11.3 相似,但是仅适用于第 Ⅲ 和第 Ⅳ 阶段。现在考虑资源回收利用的效应,从第 Ⅲ 阶段开始,由于原始材料的获取相对便宜,资源的回收利用较低。但是,随着原始资源开采成本的上升,需求持续增加,更多的总供给将来自回

㉚ 原始资源：与采用循环材料相反,从自然中获得的资源。

收利用的材料。最后,总供给中大部分来自回收资源而非原始资源。需要注意的是,资源回收使我们能够对原始资源利用的时间更长,尽管比率较低,资源回收利用还可以促进资源供应的稳定增长。同时,技术进步和较高的回收率将推迟资源溢价的到来。

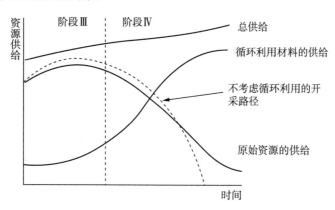

图 11.6　资源回收利用对原始资源开采路径的影响

　　如果价格能够反映环境外部性的话,资源循环利用将更早发生。一般来讲,用回收资源生产的产品对环境的影响更小。比如,从回收利用的饮料罐得到铝要比直接从铝土矿提炼铝少用 90％~95％ 的能源。因此,基于环境外部性的税收将增加回收利用资源的相对优势。

　　原始资源的另一种替代是支持资源[31](backstop resource),其含义是能够替代原始资源但价格更高的资源。因此,我们可以将溢价视为用支持资源进行生产比原始资源生产更便宜的价格。若存在有效的资源回收利用,向支持资源的转移会被延迟或可能取消。

　　当前回收利用的资源降低了初始资源利用的成本。当然,循环利用的过程本身也要耗费成本,包括回收设施、人力和运输产生的资本成本与能源成本等。因此,详尽地检验回收利用的经济性及资源利用的效应是非常有意义的。

循环利用的经济学原理

　　理论上,有效地循环利用可以显著延长许多非可再生资源的生命周期,然而,资源的循环利用具有一定的经济和物理局限性。

　　热力学第二定理[32](second law of thermodynamics)(渐增的熵原理,第 7 章)意味着完全的循环利用是不可能的。在产品制造、使用和回收利用过程中

---

　　[31]　支持资源:是一种替代资源,在原材料达到一个较高的价格水平后,该资源可以成为一个可行的替代方案。
　　[32]　热力学第二定理:该物理定理表明所有的物理过程都导致可获得资源的减少,也就是熵的增加。

总会发生损失和折旧。此外,循环利用要求投入新的能源。从经济学角度来讲,决定回收利用何时在物理上可行和在经济上具有优势,我们必须将回收利用的成本与原材料成本进行比较。

图 11.7 从产业和社会福利的视角展示了循环利用的经济学原理。x 轴代表回收材料占产业需求的比例。该分析假设回收材料的边际成本(MC_r)起初较低,但越接近于理论上的 100% 回收利用率时,增加回收材料所占比重会变得非常困难且昂贵。由于最便宜的资源储备会被优先开采,起初,开采原始资源的边际私人成本(MPC_v)相对较低。随着地下资源储量埋藏得越深或品质越差,开采成本不断提高。(MPC_v 曲线应该从右往左看,表明在较低的回收利用供给水平上原始材料的利用逐渐增加。)

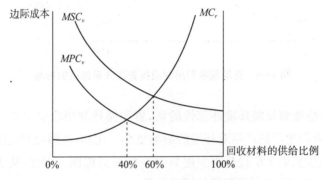

图 11.7　资源回收的边际成本

从左至右进行观察,只要回收利用的边际成本低于原始资源的边际成本,增加对回收材料的依赖就是有意义的。从这个简单的例子可以看出,当对回收材料的依赖度达到整个供给的 40% 时,产业部门可实现成本最小化。

从社会的角度看,我们依然需要考虑环境的外部性。MSC_v 曲线代表开采原始资源的边际社会成本,MSC_v 和 MPC_v 的差代表与原始资源开采相关的额外的环境外部性。因此,社会最优水平依赖于占总供给 60% 的回收利用资源。通过对资源开采征税将外部成本内部化,可以实现社会福利的最大化。随着回收资源对原始资源的替代,产业部门对回收利用的依赖度将进一步提高。

推动资源循环利用的政策

即使缺乏将环境成本内部化的重要政策,金属材料的回收利用也有了极大的发展。2011 年,美国大约 65% 的金属消费来自回收的废弃物。如图 11.8 所示,锌、铜、锡的回收率在 30% 左右,镍、铝约 50%,钢铁的回收率近 70%,而铅的回收率在 80% 左右,这极大地减少了有毒铅的残余物对环境的危害。

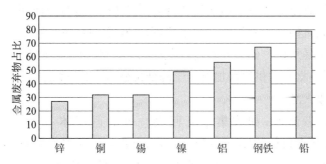

资料来源：USGS，2012。

图 11.8　2010 年美国金属废弃物消费所占份额

从延长资源的生命周期和减少经济与环境成本的角度来说，这些回收利用率是非常重要的。如果全球的金属回收利用率能够达到 50％以上，资源的利用年限将是仅仅依靠原始矿产资源的两倍。此外，金属采矿和制造过程中产生的污染以及废弃物问题也将有显著改善。

哪些政策能够更好地推进非可再生矿产资源的循环利用呢？增加资源回收利用的可选择性政策包括如下内容：

(1)改变资源被迅速开采的公共政策。政府往往以较低的价格出售矿产资源开采权，正如前文提到的，《1872 年通用矿山开采法案》绝对需要改革。稀缺资源的较低价格不仅会减少收益，而且会造成资源的浪费和社会成本的增加。

(2)对初级资源产品征税。如图 11.7 所示，通过税收将环境成本内部化可以增加回收材料的应用。然而，由于原始资源的成本仅代表最终产品的一小部分，单独征税对消费模式的效应也许是有限的。

(3)将回收利用的市场激励措施与促进回收系统所需的技术和基础设施发展的具体举措结合起来。技术封锁[33](technological lock-in)的现象表明，若一个产业部门已经具备一定的厂房、设备(此处指应用非可再生能源的生产技术)，则技术封锁会导致该产业部门重复投资。从一个产品体系到另一个产品体系的产业转移需要巨额费用和有效的初始资金。税收激励、对回收利用技术的支持以及政府采购[34](government procurement)——保证政府对循环材料一定需求的规划，都有助于这个过程的启动。

(4)推进循环利用的市政规划与公共机构。路边回收车为消费者和企业回收利用废弃物提供了方便。社区可以通过销售再循环材料和减少废弃物支

---

[33]　技术(社会)封锁：尽管可以获得更有效和更便宜的技术，在工业或者社会中继续使用给定技术的趋势。

[34]　政府采购：保证政府对产品和服务一定需求的程序。

出收回路边回收车的成本。即使这些规划需要补贴,这对地面环境也是有益的。市政回收机构是废弃物处理的主要部门,该部门从废弃物中获取金属和其他材料而不是从矿产储量或其他原始资源中获得(该主题将在第 17 章中详细阐述)。循环材料的供给增加有助于降低价格,价格的降低使生产厂商更愿意将其作为投入品。

(5)消费者激励,如收集不可回收垃圾的返还体系(deposit/return system)和按袋支付的规则(pay-by-the-bag rules)。这些规则使消费者能够从资源循环利用中得到资金激励;若不能,则被征收一定的费用。总而言之,如果将消费者激励与资源循环利用的其他制度机制(如路边回收车或者是为促进回收要求厂商对不同材料分类的相关规章)相结合,消费者激励往往是更有效的方法。

推进非可再生能源和可再生资源的循环利用对生态环境大有裨益。金属的循环利用减少了矿产开采的需求,塑料的循环利用减少了对石油产品的需求,正如第 14 章所论述的,纸张的循环减少了对森林的压力。

然而,能源资源不能被循环利用,并且原始资源的开采和再循环需要能源。根据热力学第二定律,有用能源在使用后将不可避免地转变为废弃物。

正因如此,在资源利用的分析中,能源备受关注。以下章节将分析资源利用的周期,包括资源消费产生的污染和废弃物,第 12 章关注能源资源,第 13 章~第 15 章考虑非可再生资源的经济学原理,第 16 章分析污染控制政策。

总　结

非可再生资源供给有限,但可用储量可以通过新的发展和技术进行扩张。对主要非可再生能源耗竭的担忧尚未得到证实。尽管对非可再生资源的需求不断增长,但新的发现和技术的改进增加了主要矿产的储量。

尽管在 20 世纪的大多数时段,大部分矿产资源的价格有所下降或保持稳定,但是近年来价格有所上升。由于很多矿产资源储备已达历史最高水平,这是否意味着资源稀缺很难断定? 即使储量充分,为解决环境影响的问题,依然需要先进的矿产资源管理。采矿过程会产生大量的有毒废弃物,并对土地和水资源产生大量的环境负外部性。将环境资源修复的全部成本内部化,有助于转向可再生资源利用和回收利用,而非增加原始资源的消费。

目前,美国约 65% 的金属产品使用回收的废料。尽管完全回收利用是不可能的,但是大部分金属产品的回收利用率可以大幅增加。除了延长非可再生资源的使用年限,回收利用可以极大地减少与原始资源生产有关的环境损害。

推进回收利用的公共政策,包括提高在公共土地上获取矿产的特许使用金,通过对原始资源利用征税将环境成本内部化,发展技术和基础设施,对回收利用产品实行政府采购。

问 题 讨 论

1.非可再生资源的稀缺性是主要问题吗? 什么类型的实物和经济措施与理解该问题相关? 措施中的哪些方法是具有误导性的? 你认为与非可再生资源相关的主要问题是什么?

2.如图 11.4 所示,你预计矿产资源的价格会持续上涨吗? 你认为哪些因素会决定未来矿产资源的价格?

3.一些对于市政回收规划的批评人士认为,由于这要花费比基本污染处理更高的成本,市政回收规划是不经济的。你会采用哪些经济因素去评价该争论? 终端用户回收动机与利用回收材料的厂商动机之间存在什么关系? 在产品回收利用的不同阶段,环境成本是怎样被内部化的?

注 释

1.Meadows et al., 1992.

2.Krautkraemer,1998,p. 2102.

3.Ibid.,p. 2103.

4.Barnett and Morse,1963.

5.Kesler,2007,p. 58.

6.British Geological Survey,Risk List 2012,www. bgs. ac. uk/mineral-suk/statistics/riskList.html.

7.Darmstadter,2001,p. 11.

8.Ashe,2012.

9.http://en.wikipedia.org/wiki/Phosphate_mining_in_Nauru/.

10.http://en.wikipedia.org/wiki/Marcopper_Mining_Disaster/.

11.Buck and Gerard,2001,p. 19.

12.General Accounting Office,1989.

13.Buck and Gerard,2001.

14. New Jersey Department of Environmental Protection，www. state. nj. us/dep/dshw/recycling/env_benefits. htm.

15. See Ackerman，1996，chap. 2.

参考文献

Ackerman，Frank. 1996. *Why We Recycle*. Washington，DC：Island Press.

Ashe，Katy. 2012. "Gold Mining in the Peruvian Amazon：A View from the Ground." Mongabay.com (March)，http://news. mongabay. com/2012/0315-ashe_goldmining_peru. html.

Barnett，Harold J.，and Chandler Morse. 1963.*Scarcity and Growth：The Economics of Natural Resource Availability*. Baltimore：Johns Hopkins University Press.

Berck，Peter，and Michael Roberts. 1996. "Natural Resource Prices：Will They Ever Turn Up? *Journal of Environmental Economics and Management* 31：65—78.

Buck，Stuart，and David Gerard. 2001. "Cleaning Up Mining Waste."*Political Economy Research Center*，Research Study 01—1 (November).

Canadian Press，2012. "b. c. Mining Giant Admits Polluting U. S. Waters." CBC News，September 10.

Cleveland，Cutler J. 1991. "Natural Resource Scarcity and Economic Growth Revisited：Economic and Biophysical Perspectives." In Robert Costanza，ed.，*Ecological Economics：The Science and Management of Sustainability*. New York：Columbia University Press.

Darmstadter，Joel. 2001. "The Long-Run Availability of Minerals：Geology，Environment，Economics." Summary of an Interdisciplinary Workshop，*Resources for the Future* (April).

General Accounting Office. 1989. "The Mining Law of 1872 Needs Revision." GAO/RCED-89-72 (March).

Goeller，H.E.，and A. Zucker. 1984. "Infinite Resources：The Ultimate Strategy." *Science* 27：456—462.

Hartwick，John M.，and Nancy D. Olewiler. 1998. *The Economics of Natural Resource Use*，2nd ed. Reading，MA：Addison Wesley Longman.

Hodges，Carol A. 1995. "Mineral Resources，Environmental Issues，and Land Use." *Science* 268 (June)：1305—1311.

Hughes，Robert M.，and Carol Ann Woody. 2012. "A Mining Law Whose Time Has Passed." *New York Times*，January 11.

Kesler，Stephen E. 2007. "Mineral Supply and Demand into the 21st Century." Proceedings, Workshop on Deposit Modeling, Mineral Resource Assessment, and Sustainable Development.

Krautkraemer, Jeffrey A. 1998. "Nonrenewable Resource Scarcity." *Journal of Economic Literature*, 36 (4) (December): 2065—2107.

Meadows, Donella, et al. 1972. *The Limits to Growth*. New York: Universe Books.

——. 1992. *Beyond the Limits: Confronting Global Collapse, Envisioning a Sustainable Future*. Post Mills, VT: Chelsea Green.

Skinner, B.J. 1976. "A Second Iron Age Ahead?" *American Scientist* 64: 263.

Slade, Margaret E. 1982. "Trends in Natural Resource Commodity Prices: An Analysis of the Time Domain." *Journal of Environmental Economics and Management* 9 (June): 122—137.

Spofford, Walter O., Jr. 2012. "Solid Residual Management: Some Economic Considerations." *Natural Resources Journal* 11 (July): 561—589.

Tietenberg, Tom. 2000. *Environmental and Natural Resource Economics*, 5th ed. Reading, MA: Addison Wesley Longman.

United States Bureau of Mines and United States Geological Survey. 1976. *Geological Survey Bulletins* 1450-A and 1450-B.

United States Geological Survey(USGS). 2012. *2010 Minerals Yearbook*.

——. *Mineral Commodity Summaries*. Various years.

World Resources Institute. 1994. *World Resources 1994—1995*. Oxford: Oxford University Press.

Young, John E. 1992. *Mining the Earth*. Worldwatch Paper 109. Washington, DC: Worldwatch Institute.

相关网站

1. **http://minerals.usgs.gov/minerals.** The Web site for the Minerals Resource Program of the U.S. Geological Survey. The site includes links to extensive technical data as well as publications.

2. **www.epa.gov/waste/basic-solid.htm.** The EPA's Web site on nonhazardous waste management. It includes information about recycling, landfills, and the management of waste nationally and in each state.

3. **www.earthworksaction.org.** The Web site for Earthworks, a nonprofit environmental organization "dedicated to protecting communities and the environment from the impacts of irresponsible mineral and energy development while seeking sustainable solutions."

第 12 章　能源:大转折

焦点问题

● 能源在经济体系中扮演什么样的特殊角色?

● 当前和未来的能源需求如何?

● 是否存在能源短缺的危险?

● 我们能否从以化石燃料为主的能源体系转变为可再生能源体系?

12.1　能源和经济体系

能源对经济体系至关重要,事实上对所有生命亦是如此。在阳光无法触及的深海层,体态巨大的多毛虫和其他奇怪的生物在通风口处形成集群,地球内部的能源推动了它们的代谢过程。地球表层和浅海层的所有植物都依赖阳光,而所有动物均直接或间接地依赖植物。人类对能源的需求更是重要,在现代经济中一些要求被忽视。用国内生产总值 GDP 来衡量,能源资源仅占 5% 的经济产出,但是,剩余 95% 的产出绝对依赖能源投入。

在不发达的农业经济中,人类对能源的依赖更为明显。当然,人类对食物卡路里的需求更是依靠能源投入。传统农业本质上是捕获太阳能①(solar energy)以供人类使用的一种手段。存储于木柴中的太阳能满足了家庭取暖、做饭的基本需求。随着经济发展并趋于复杂化,能源需求急剧增加。从历史观点上讲,由于木柴和其他生物质能②(biomass)的供给不足,不能支持不断发展的经济,人类转向水能③(hydropower)(也是存储太阳能的一种形式),随后是煤炭,再后来石油和天然气成为主要的能源资源。20 世纪 50 年代,核能被

---

① 太阳能:有太阳持续不断提供的能量,包括直接太阳能和太阳能的间接形式,如风能和潮汐。

② 生物能:木头,植物和动物废料提供的能源。

③ 水能:从流动的水产生电力。

引入到能源体系中。

经济发展的每个阶段均伴随着从一种主要能源向另一种典型能源转型④(energy transition)。现今,化石燃料、煤炭、石油和天然气是工业经济中最主要的能源来源。21 世纪,能源来源的下一个巨大变革——从非可再生的化石燃料向可再生能源转型,已经悄然开始。这次转型受多种因素驱动,包括对环境影响(特别是气候变化)的关注、化石能源供给的限制以及价格。

政府政策对这次转型的性质和速度将产生重大影响。当前的能源市场与亚当·斯密在《国富论》中描述的高效无管制的市场几乎没有相似之处,事实上,能源市场接受大量补贴并受到严重限制,每年全世界政府对化石能源的补贴约共有 5 000 亿美元,与其相比,可再生能源的补贴就相形见绌了。(更多关于能源补贴的信息,见专栏 12.1)。

专栏 12.1　　　　　　　化石燃料补贴

根据彭博新能源财经的分析,全球对化石燃料的补贴大约是分配给可再生能源补贴的 12 倍。2009 年,全球对可再生能源的补贴为 430 亿～460 亿美元,补贴主要采用税收抵免和上网电价的形式。与此同时,国际能源组织估计,政府支出用于补贴化石燃料的费用约为 5 500 亿美元。

G20 国家已经同意在中期逐步停止化石能源补贴,但是进展缓慢,也没有设定具体的目标日期。与此同时,许多国家正增加对可再生能源的支持,2009 年,对可再生能源补贴最高的是德国的税收抵免,补贴金额近100 亿美元,其他欧洲国家的税收抵免共 100 亿美元。

美国对可再生能源的补贴约 180 亿美元,高于其他国家。中国提供20 亿美元补贴,尽管该数值看似很低,但并没有包括国有银行为可再生能源项目提供的低利率贷款的金额。

资料来源:Morales,2010.

一般而言,能源价格不能反映负外部性的成本。正如第 3 章所讲,经济理论表明,产品应该按照外部性损害征税。在能源市场的例子中,外部性几乎没有被完全内部化,取消扭曲性补贴、推行合理的外部性税收能显著加快从化石燃料向可再生能源转型。

尽管获得不同能源资源"权利"的价格非常重要,但是我们也应该注意到关于能源的以生态为导向的不同视角。生态经济学派的理论家将能源看作经济发展的基础,并专注于重点区分化石燃料储备的非可再生存量⑤(nonre-

---

④ 能源转型:从化石燃料转向可再生能源的一次全面的能源消费转型。
⑤ 非可再生存量:见"非可再生能源"。

newable stock)与太阳能的可再生流量⑥(renewable flow)。从这个角度讲，自18世纪以来，从煤炭开始，密集使用化石燃料的时期是一次性、不可复制的幸运时期，在此期间，有限的高品质资源储量被迅速开采。

很明显，化石燃料已经为世界大多数地方带来了显著的经济发展，但是这样的发展不可能被普遍遵循。假如世界上每个人都以平均美国人的速度消费化石燃料，即使有充足的化石燃料供应，那么全球温室气体的排放量将增加大约4倍。幸运的是，地球每小时接受的太阳能可满足人类一整年的能源需求。这一数字是理论上的，太阳能的捕获和利用是通过诸如风能或生物质能源等资源进行，这便涉及成本和局限性，然而，可再生能源的潜力还是非常大的。利用可再生资源流量而非耗竭性资源存量发展我们的经济，体现了可持续发展概念的一个重要组成部分。

由于现代经济体系中的很多资本储存⑦(capital stock)和基础设施均基于化石燃料的利用，因此，依赖化石燃料的转型将涉及大量重建和新兴投资，尽管私人市场在这个过程中起重要作用，但政府政策的转变对促进转型也是非常有必要的，这表明将能源利用作为核心的经济与环境问题加以重视的合理性。

12.2   能 源 评 价

我们因不同目的而从各种来源中获得能源。图12.1a表明了全球消费的主要能源，可以看出，世界能源中有81%来自化石燃料——煤炭、石油和天然气，生物能源提供了超过10%的世界能源，其中，发展中国家占了与其不成比例的份额。在大多数方面，美国的能源份额与全球能源比例类似，如图12.1b所示。只不过美国稍微更多地依赖化石燃料和核能，更少地依赖生物质能。美国和全世界一样，都拥有2.5%左右的水电，1%左右的风能、太阳能和地热能。

本章的目标之一是分析当前的能源供给结构是否合理，以及在未来可能需要何种转变。但是首先需要考虑我们该如何评价各种类型的能源，这将有助于理解为什么当前的能源结构是按照图12.1b分配的。我们考虑评价不同能源类型的五个标准：

价格：这也许是我们考虑的最重要的因素。我们应该考虑到一种特定能源的平均价格及其随时间推移的变动。正如预料的那样，我们对化石能源的严重依赖在很大程度上是受价格因素驱动的。

---

⑥   可再生流量：随着时间推移，可再生能源能够不断提供的数量，例如每年都可以获得的太阳能数量。
⑦   资本储蓄：在一个给定地区的资本存量，包括生产资本、人力资本和自然资本。

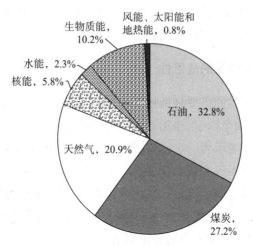

资料来源:国际能源组织,2011b。

图 12.1a 2010 年全球能源消费,按照来源划分

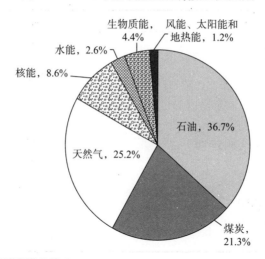

资料来源:美国能源信息署,2011a.

图 12.1b 2010 年美国能源消费(按照来源划分)

可得性:化石能源的供给有限,本章后文将考虑我们是否存在耗尽化石能源的危险。可再生能源如风能、太阳能不会被耗尽,但其可得性具有地理可变性,并且随时间和季节而波动。

环境影响:分析不同能源的环境影响应该考虑整个生命周期的影响。例如,对于煤炭,我们应该考虑与煤炭开采有关的环境影响,燃烧煤炭产生的环境污染、燃煤电厂的废弃物处理以及发电厂的最终停运。

净能源:产生能源需要消耗能源。比如,勘探、开采和加工原油所需的能源应该从所获得的能源中扣除,以确定净可用能源。净能源通常表示为用于最终消费的可得能源与生产所需投入能源的比值。

适用性:不同类型的能源可能更适用于特定用途。例如,石油更适用于机动车辆,核能主要用于发电,地热能更适合于建筑采暖。

净能源和能源资源的适用性

本章后半部分我们将更详细地探讨能源的价格、可用性及环境影响。首先,我们探讨其余两个因素:净能源和能源的适用性。

如果净能源可表示为一个比值,则更高的值意味着我们可以获得大量的可用能源而不需要投入大量其他能源。表 12.1 基于美国的数据表明了不同能源类型的净能源比例,可以看出,化石燃料的净能源比例在页岩油(富含烃岩中开采的石油)的 5 至煤炭的 80 之间变动,水电的净能源比例更高,超过100,核能、风能和光电池的净能源比率适中。

表 12.1   **各种能源资源的净能源比值**

能源资源	净能源比值
石油(全球)	35
天然气	10
煤炭	80
页岩油	5
核能	5~15
水电	>100
风能	18
光电池	6.8
乙醇(甘蔗)	0.8~10
乙醇(玉米)	0.8~1.6
生物柴油	1.3

资料来源:Murphy and Hall,2010.

净能源比率最低的是某些生物燃料。事实上,生产玉米乙醇投入的能源大致等于得到的能源。这意味着,若没有显著的技术进步,基于净能源比率的标准,乙醇(玉米)并不是一种具有吸引力的能源选择,尽管其他生物燃料可能达到更高的净能源比率。

能源统计学通常将能源利用在经济中的 4 个部门进行划分:交通、工业、居民生活和商业以及电力。不同能源适用于不同的部门。表 12.2 表明美国经济中的每个部门所用的三种主要能源。交通部门严重依赖石油,石油满足了美国 94% 的交通需求,石油更适合于交通部门是因为石油具有较高的能源密度并且相对易于存储,但是石油在其他能源部门的使用并不太普遍。工业部门依赖同等的石油和天然气,化学制造业、农业和金属制造业等部门对于天然气的需求最高。居民生活和商业部门依赖的天然气占非电力能源需求的比例约为 3/4,且多用于供热。

表 12.2   2010 年美国各部门的能源消费

	部门			
	交通	工业	居民生活和商业	电力
美国总能源消费占比	28%	20%	11%	40%
主要燃料资源	石油(94%)	天然气(41%)	天然气(76%)	煤炭(48%)
次要燃料资源	生物质能(4%)	石油(40%)	石油(18%)	核能(21%)
第三燃料资源	天然气(2%)	生物质能(11%)	生物质能(5%)	天然气(19%)

资料来源:美国能源信息署,2011a.

美国电力部门大约一半的电力来自煤炭,核能和天然气约各占 20%;可再生能源在电力部门最为普遍,近 10% 的美国电力来自可再生能源,主要是水能和风能;生物能源供给占工业能源消费的 10%,占居民生活和商业能源消费的 5%。

12.3 能源趋势和预测

世界能源需求增长迅速,在可预见的未来世界,能源需求将持续增加。如图 12.2 所示,1965～2011 年,全球能源消费大约增加了 3 倍,而在此期间,世界人口大约增加了 1 倍,因此,世界能源需求增长的一半可以归因于人口的增加,另一半则归因于人均的更高需求。

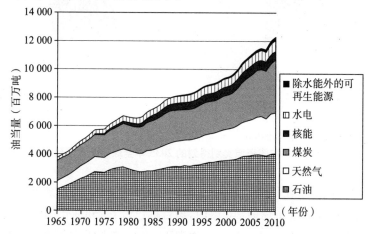

资料来源:英国石油,2012.

图 12.2 1965～2011 年世界能源消费(按照来源划分)

更高的能源需求伴随着所有类型的能源利用的扩张。1965～2011年,煤炭的能源消费增长了161%,石油消费增长了189%,水电消费增长了278%,来自天然气的能源消费增长了395%。近年来,经济的高速增长促进了可再生能源的发展。自1990年以来,风能的全球消费增长了约12 000%,太阳能消费增长超过14 000%!尽管增长迅速,但当前太阳能和风能所占全球能源供给的份额很小,不足1%。同时,2000～2010年,全球能源需求增加的一半来自于中国、印度等新兴国家,主要通过新建电厂、扩大煤炭利用得到满足。

未来全球能源供给的预测依赖于对价格、技术和经济增长的假设。主要能源机构包括美国能源信息署和国际能源组织(IEA)的预测通常包含一个基准或者常规方案(BAU),也就是假设没有明显的政策、价格和技术的变化。其他方案则考虑了预期可能发生的事件,例如,未来石油价格是否显著上升或是否实行重大的政策调整。

图12.3展示了IEA给出的一组对比。在基准方案中,全球能源消费增加了约50%,从当前120亿公吨油当量(12 000 Mtoe)增加到2035年的超过180亿公吨油当量(18 000 Mtoe)。与图12.1的能源结构相比,来自石油的全球能源百分比的预测有所下降,然而,来自煤炭的份额有所上升。总体来看,从化石燃料中获取的全球能源份额保持在80%。核能在能源供应中所占份额更小,从11%下降到6%,然而来自可再生能源的比例有所增加。

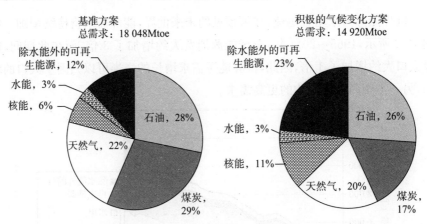

资料来源:国际能源组织,2011b。

图12.3　按照资源类别得到的2035年全球能源需求预测

图12.3预测了在积极政策方案下的全球能源结构,该方案致力于将全球变暖控制在高于工业革命前2℃以内,该目标已经在2009年国际气候变化的哥本哈根会议上达成共识。在这一方案下,全球能源需求仅增长了约25%。我们还可以看出能源结构的显著区别,与基准方案相比,煤炭利用明显降低,

然而,可再生能源和核能所占份额较高,在这种情况下,从化石燃料中获得的全球能源份额从高于80%下降到大约62%。

这些结果表明,能源的未来不是能够预先确定的,能源总消费和能源供给结构依赖于未来的政策抉择。事实上,在相对较短的时期内,一致的政策实施可以产生巨大的变化(见专栏12.2。)

除了基于不同能源类别进行统计,根据国家或区域分析能源消费也具有一定的启发性。如表12.3所示,人均能源利用在不同国家有较大区别。

专栏 12.2　　　　　　　　波兰的清洁能源革新

早在2005年,波兰发起了一项增加可再生能源的规划,人们对该规划的结果印象深刻,2005~2010年,在波兰电力中,来自可再生能源的份额从17%增加到45%。在这段时期,风电增长了7倍。波兰正在建立用于全国联网的电动汽车充电站。

波兰之所以能迅速扩大可再生能源的利用,是因为该国具有大量未开发的风能和水电能。由于波兰以前严重依赖高额进口的化石燃料来生产电力,因此,波兰向可再生能源的转型并不需要增加税收和贷款。波兰开始计划关闭一些传统的不再需要的发电厂。

当回忆起意大利总理贝卢斯科尼嘲讽地说要给他制造一辆电动法拉利时,波兰总理索克拉特斯说:"我已经看到了所有的微笑——你知道,这是个美好的梦想,无法竞争,同时也太昂贵。"同时,他还补充道:"波兰的经验表明短期内发生这些改变是可能的。"

资料来源：Rosenthal,2010.

人均能源利用最高的国家通常是气候寒冷的国家,如加拿大、冰岛,或者是石油生产国,如阿联酋、卡塔尔。美国的人均能源利用相对较高,特别是与欧洲国家如法国和意大利相比较。近年来,中国的人均能源利用增长迅速,2000~2009年,增长了140%,但其仍然仅占美国代表性能源利用的1/4,印度的人均能源利用仅占美国的1/6,最贫困国家的能源利用还不足美国的1%。

表 12.3　　　　　　　　2009 年部分国家的人均能源消费

国家	人均百万 BTUs
阿联酋	679
加拿大	389
美国	308
瑞士	230

国家	人均百万 BTUs
俄罗斯	191
法国	169
德国	163
英国	143
意大利	126
中国	68
泰国	60
巴西	52
印度	19
尼日利亚	5
埃塞俄比亚	2

注：BTU——英国热量单位。

资料来源：美国能源信息署，国际能源统计在线数据库。

全球能源总消费可以被均等地分为发达（OECD）国家和发展中（非OECD）国家，如图 12.4 所示。在图 12.4 所示的基准方案下，预计未来全球能源需求增长的 80％发生在发展中国家。即使发展中国家能源消费迅速增加，发展中国家的人均能源消费也仅是发达国家水平的 1/3 左右。事实上，假如发展中国家和发达国家的人均能源消耗均以当前的速率增长，发展中国家的人均能源消耗赶上发达国家至少需要 300 年。因此，在可预见的未来，全球能源利用的不平等将会一直持续下去。

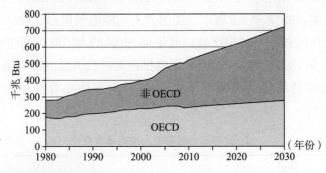

注：OECD 是指经济合作与发展组织。

资料来源：美国能源信息署，国际能源统计在线数据库。

图 12.4　OECD 与非 OECD 国家过去和将来预测的能源消费对比

12.4 能源供给:化石燃料

即使采取积极的能源政策,据预计,未来 10 年全球能源需求仍将持续增加,我们还将继续利用化石能源满足大部分的能源需求。然而,化石能源的供给能满足未来的需求吗?

关于能源供给的大多数争议都集中于石油上,此书的作者们可以回想1973～1979 年能源危机时期关于有限供给的讨论。然而,20 世纪 80 年代期间,石油价格下降了大约 50%,很多人认为石油过剩。近年来,石油价格回弹,2008 年高达大约每桶 140 美元,2011 年和 2012 年的大多数时间在每桶100 美元处浮动(见图 12.5)。一些人认为廉价石油的时代已经一去不复返了。

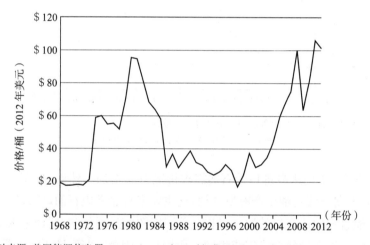

资料来源:美国能源信息署,www.eia.gov;http://inflationdata.com.

图 12.5 1970～2012 年以固定美元表示的石油价格

我们如何评价石油供给有限的预测呢? 根据石油地质学家 M. King Hubbert 在 1956 年提出的理论,石油生产随时间推移的模式类似于钟形曲线。在资源开采的早期阶段,新发现和生产的扩张导致资源价格的下降和消费指数的增长。随着大多数可得资源被耗尽,生产终究会变得更加昂贵。随着新发现的下降,生产最终会达到顶峰,超过顶峰后,生产下降,假如需求不变或增加,能源价格将持续增长。

如图 12.6 所示,Hubbert 曲线[8](Hubbert curve)对美国原油生产的预测

---

⑧ 哈伯特曲线(Hubbert Curve):展示了随着时间推移一个不可再生能源资源的生产数量的钟形曲线。

与目前的实际数据相当吻合。美国石油产出在 20 世纪 70 年代初期达到顶峰,自此以后,石油产量逐步下降。图 12.6 展示了美国的石油消费。20 世纪 50 年代前,美国石油基本上自给自足。自此以后,来自进口的石油需求份额迅速增长,到 21 世纪中期,美国石油 60% 来自进口。一个常见的说法是美国的进口石油大部分来自中东。事实上,向美国输出石油最多的国家是加拿大,占美国进口的 28%,美国石油进口的其他主要来源是沙特阿拉伯(15%)、墨西哥(9%)、委内瑞拉(8%)、尼日利亚(5%)和哥伦比亚(4%)。

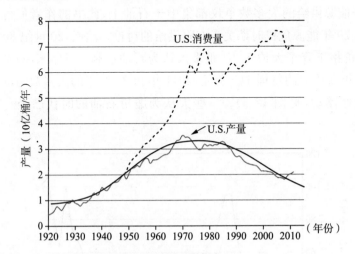

资料来源:美国能源信息署,年度能源展望在线数据库。

图 12.6 美国国内原油产量和消费量

21 世纪,美国来自进口的石油需求份额持续增加。然而,从图 12.6 中我们看到,近期美国石油生产有所增加,这主要来自非常规石油,即致密油(从页岩和其他岩石构造产生的油)。目前,美国能源信息署预测,估计未来十年,美国国内的原油产量保持稳定或稍微有所增长。因此,尽管 Hubbert 曲线可能对于传统的美国原油生产具有代表性,但是非常规石油资源的可得性可能将阻止美国原油总产量的进一步下降。

全球石油供给

在全球水平上分析能源供给的可得性是一个更为重要的问题。正如第 11 章所探讨的,非可再生资源的储量可能会因价格、技术和新发现的变化而随时间波动。回想资源的预期利用年限,可以通过经济储量除以年度消费量计算得到。表 12.4 表明,假如需求水平保持不变,20 世纪 80 年代探明的石油储量能够满足全球 31 年的需求。然而,全球石油需求不但没有保持不变,反而持续增加。那么,在 2011 年或更早,石油资源是否会被耗尽? 当然不是。

从表 12.4 中我们可以看出，由于新的发现、技术进步和更高的油价使得石油储备更加经济可行，目前的石油储量是 20 世纪 80 年代的 2.4 倍。即使 2011 年比 1980 年的全球石油需求量更高，现在探明的石油储量仍可满足未来 51 年的全球需求。

表 12.4　　　　1981～2011 年全球石油储量、消费量和资源利用年限

年份	探明储量(10 亿桶)	年度消费(10 亿桶)	资源利用年限(年)
1980	683	22	31
1981	696	22	32
1982	726	21	34
1983	737	21	35
1984	774	21	36
1985	803	22	37
1986	908	22	41
1987	939	23	41
1988	1 027	23	44
1989	1 027	24	43
1990	1 028	24	42
1991	1 038	24	42
1992	1 039	25	42
1993	1 041	25	42
1994	1 056	25	42
1995	1 066	26	42
1996	1 089	26	42
1997	1 107	27	41
1998	1 093	27	40
1999	1 238	28	45
2000	1 258	28	45
2001	1 267	28	45
2002	1 322	29	46
2003	1 340	29	46
2004	1 346	30	45
2005	1 357	31	44
2006	1 365	31	44
2007	1 405	32	45
2008	1 475	31	47
2009	1 518	31	49
2010	1 622	32	51
2011	1 653	32	51

资料来源：英国石油，2012.

　　然而,近年来石油储量的增加并不意味着油价回归下跌。事实上,常规来源的全球石油产量可能已经达到顶峰。若考虑近期一些国家做出的关于减少温室气体排放和逐步取消化石燃料补贴的保证,在这一方案下,图 12.7 表明过去的和预测的全球石油产量。即使存在新的发现,常规原油产量仍稳定在约 700 万桶/每天。只有依靠非传统的石油资源和液态天然气,全球石油产量才能持续增长。

　　全球石油生产何时达到顶峰可能不仅依赖政策,还依赖于资源的可得性。根据 IEA:

　　　　很明显,全球石油产量将在某一天达到顶峰,但峰值受供给与需求因素决定……如果政府行为比当前规划更高效地利用石油以及发展替代产品,那么石油的需求不久将开始减缓,而我们可能看到石油生产中更早的峰值,资源限制则不会达到这样的效果。如果政府不作为或者很少作为,那么需求将持续增长,供给成本将上升,石油利用的经济负担将增加,供给中断的脆弱性也会增加,全球环境将遭受严重的损害。

　　　　非常规石油将在未来 20 年的世界能源供给中起着非常重要的作用,不论政府为抑制需求所做的事情有哪些……非常规石油储量巨大,是常规石油资源的几倍。非常规石油被开采的速度由经济和环境因素决定,包括减少其环境影响的成本。非常规石油资源是可用资源中成本最高的,因此,在设定未来石油价格时,非常规石油资源将扮演非常重要的角色。

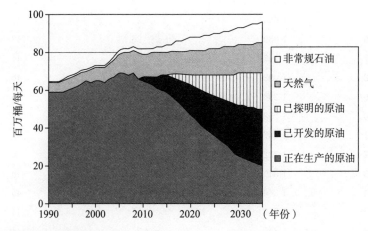

资料来源:国际能源组织,2010。

图 12.7　1990～2035 年,过去的和预测的全球石油产量

　　从绝对意义上讲,我们不可能很快将石油耗尽,特别是当考虑到非常规能源的时候,但是,廉价石油的时代已经终结了,由于常规产量已经不再增加,为满足全球需求的增加,我们只能依赖成本更高的非常规石油。

经济学理论认为，更高的石油价格将导致其他燃料替代石油，但是，发展中国家的石油需求还在稳定增加。

> 由于经济增长推动了个人出行和货运的需求，因此，新兴经济体石油需求的所有净增加来自交通部门。尽管出现了更高效的石油利用或非石油资源利用（如电动车）的替代性技术，但要使这些技术在商业上可行或者能够渗入市场，还需要一定的时间。

其他化石燃料：天然气和煤炭

其他化石燃料如煤炭和天然气，在交通中可以替代石油资源。天然气可直接用来驱动汽车；世界范围内估计有 500 万辆天然气汽车。煤可以产生电力为电动汽车供给燃料。正如表 12.1 所示，煤炭和天然气在工业、居民生活、商业和电力部门起着相当大的作用。从全球范围讲，煤炭和天然气提供了近50％的能源供给。那么，煤炭和天然气资源的可得性如何？

在美国和全球，煤炭和天然气的储量均比石油丰富。尽管美国只占全球石油储量的 2％，但是天然气储量占世界的 4％，煤炭储量占 28％。近年来，美国已经经历了开采天然气的热潮，2005～2011 年产量增加了 27％。美国能源信息署指出在未来几十年，美国天然气的产量预计年均增长 1％。

天然气被视为最清洁的化石能源，产生大气污染物和温室气体的数量相对较低。然而，近年来，环境学家已经表达了对获取天然气时出现的"水压致裂"或"压裂"过程的关注（见专栏 12.3）。一些分析家认为，甲烷是一种强大的温室气体，从温室气体排放的角度讲，甲烷泄露可能与被压裂的天然气和煤炭一样糟糕，甚至比煤炭还糟糕。从全球范围讲，按照当前的需求水平，天然气储量可以满足至少 60 年的供给。在基准方案下，预计 2013～2035 年全球天然气消费量大约增加 23％。

专栏 12.3　环保局将怀俄明州的水污染与水压致裂联系起来

2011 年美国环保局发布的一篇报告指出，在钻井开采天然气过程中，岩石的水压致裂，即通常所说的压裂，可能导致怀俄明州的供水污染。该报告提出了关于压裂的环境安全的问题，压裂被用来在美国各地提取以前不可回收的天然气。然而，能源产业宣称，并没有最终证明水污染来自压裂。

该报告基于长达持续 3 年的研究，而该研究又是从当地居民抱怨河水有异味时开始的。研究选址是被称为巴比伦的区域，是一个很浅的天然气井，井浅意味着天然气可以向上渗透到地下含水层，从而污染水供应。

> "这份调查证明了让联邦政府保护人民和环境的重要性，"巴比伦区市民关注（Pavillion Area Concerned Citizens）的主席 John Fenton 说，"我们社区中的一些人遭受无规制发展的影响，看到污染物的来源正在被确认，他们感到很开心。"
>
> 压裂的另一个潜在威胁是过去常开采天然气的化学公司，这同样会污染水供应。尽管现在怀俄明州已经要求企业披露压裂液体的成分，但是其他州并没有此要求。环保局已经开始进行关于压裂对饮用水供应影响的全国性的研究。
>
> 资料来源：Johnson，2011.

煤炭是最具环境损害的化石燃料，据估计，美国每年至少有 13 000 人死于燃煤电厂排放的颗粒物污染。煤炭在单位能源中会排放更多的二氧化碳，是主要的温室气体之一。然而，煤炭是最丰富的化石燃料，美国是世界煤炭储量最丰富的国家，美国的煤炭储量可以满足世界 31 年的需求。在当前的需求水平上，全球储量足以满足 111 年的世界消费。和天然气一样，在基准方案下，预计 2013～2035 年，全球煤炭需求将增加 23%。

可再生能源

从某种意义上讲，可再生能源是无穷无尽的，因为其供给可以通过自然过程不断得到补充。正如前面所讲，理论上，太阳能供给一天就可以满足人类一整年的能源需求。然而，从其可得性随地域和时间变化的角度讲，太阳能和其他可再生能源又是有限的。世界上有一些地区特别适合风能和太阳能，如美国西南部、非洲北部、中东以及澳大利亚和南美部分地区，太阳能潜力最高。一些风能最丰富的地区如北欧、南美洲南端以及美国的五大湖区。地热能丰富的国家有冰岛、菲律宾等。

一个重要的问题是，可再生能源是否能替代我们对化石燃料的依赖。然而，在不同用途上又是相对可靠的和适合的（下节将考虑成本问题）。近期的一份研究表明，基于风、水和阳光（WWS）的可再生能源在 2030 年可以提供全球所有的新能源，并能在 2050 年替代当前所有的非可再生资源。表12.5 展示了各种可再生能源资源被转化成兆瓦特单位的潜在估计。2030年，预计能源需求为 17 兆瓦特。因此，从表 12.5 可以看出，可开发地区的风能和太阳能的可得性远超过满足世界所有的能源需求。该报告作者的分析预示：

　　一个完全由风、水和阳光（WWS）驱动、零化石燃料和生物质燃烧的时代将要到来。我们假设,所有最终用途可以直接利用 WWS 发电,剩余的最终用途可以以电解氢(用风能、水能或太阳能将水分解产生氢)的形式间接利用 WWS。由于利用 WWS 能将水分解,从而产生氢能,因此 WWS 直接或间接地统治着世界。

表 12.5　　　　　　　　　全球可再生能源的可得性

能源资源	总的全球可得资源 (兆瓦特)	可开发地区的可得资源 (兆瓦特)
风能	1 700	40～85
波浪能	＞2.7	0.5
地热能	45	0.07～0.14
水电	1.9	1.6
潮汐能	3.7	0.02
太阳能光伏	6 500	340
聚光太阳能热发电	4 600	240

资料来源:Jacobson and Delucchi,2011a.

专家们估算了 2030 年利用 WWS 供给世界范围内的所有能源需要的基础设施。表 12.6 假设 90％的全球能源由风能和太阳能供给,10％由其他可再生能源供给,在此基础上,展示了所需基础设施的结果。同时,他们还考虑了可再生能源基础设施[⑨]所需土地要求,包括风力涡轮机之间间距的土地。所需土地大约占全球土地面积的 2％,在大部分土地需求中,风力涡轮机之间的间距可以被用作农业用地、牧场或者是开放空间。风力涡轮机也可以被设置在近海以减少土地需求。

表 12.6　　　　　2030 年用于供给全球所有可再生资源的基础设施要求

能源资源	2030 年全球能源供给百分比	全球范围内需要的工厂/设备
风力涡轮机	50	3 800 000
波浪发电厂	1	720 000
地热厂	4	5 350
水电站	4	900
潮汐涡轮机	1	490 000
屋顶太阳能光伏设备	6	17 亿
太阳能光伏发电厂	14	40 000
聚光太阳能发电厂	20	49 000
总和	100	

资料来源:Jacobson and Delucchi,2011a.

---

⑨ 能源基础设施:支持特定能源资源使用的系统,比如天然气站的供应和汽车使用的道路。

这些可再生能源的应用技术已经存在,然而,基础设施建设需要大量投资,专家们推断主要障碍不是经济的问题。"这些规划的障碍主要是社会和政治上的,而非技术和经济上的。WWS世界下的能源成本应该与现在的能源成本相似。"

成本问题是关于能源转型是否发生,或者是转型速度如何的核心问题。无论是化石燃料还是可再生资源,能源供给的可得性都不是决定性因素,决定性因素是相对成本,包括能源基础设施投资的成本和能源供给的日常成本。在分析成本中,我们应该考虑供给的市场成本和各种能源资源的环境成本。这就是我们现在要转向的分析。

12.5　替代能源的经济学

由于化石燃料能以最低的成本提供能源,当前世界能源供给的80%来自化石燃料。然而,近年来,化石燃料相对于可再生能源的成本优势正在逐渐下降。从单纯的资金角度来讲,某些可再生资源已经能够与化石燃料竞争。化石燃料的价格,特别是石油,未来难以预测,然而,可再生能源的成本预计将进一步降低,因此,即使没有促进向可再生能源转型的政策支持,当前经济因素也正在促使我们向这个方向转移。

将不同能源的成本进行比较并不是件很简单的事情。资本成本变化很大,如新的核电站需要100亿~200亿美元的投入。一些能源要求持续的燃料投入,然而,其他能源比如风能、太阳能只需要偶尔的维护。我们也需要计算各种能源设备和工厂的不同生命周期。

通过计算获取能源的平准化成本⑩可在不同能源间进行成本比较。平准化成本表示在假定的生命周期下,建造和经营一个厂房的现值⑪,考虑去除通货膨胀的影响。对于需要燃料的能源,我们做出了关于未来燃料成本的假设。将平准化的建设和经营成本除以获得的总能源,就可以针对不同能源直接进行比较。

不同的研究会对各类能源的成本产生不同的评价。这些区别有些归因于不同地区的成本差异。图12.8提供了美国和欧洲预测的发电平准化成本比较。美国提供的成本估算的数据以新电力来源为基础,将时间调整至2016年以考虑引入某种新设备——比如核电站和燃煤电厂所需要的时间滞后。欧洲的数据展示了2015年成本范围的预测。

---

⑩　平准化成本:考虑所有的固定和可变成本,在能源使用寿命以内的能源生产的单位成本。
⑪　现值:未来成本或收益现金流的当前价值,折现率用来把未来的成本和收益折现到当前价值。

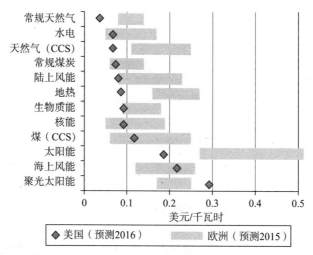

注：CCS 指碳捕获和碳储存。

　　资料来源：能源和气候变化部，2011；国际能源组织等，2010；柏诚，2010；美国能源信息署，2011。

图 12.8　美国(2016 年)和欧洲(2015 年)的不同能源的平准化成本

　　美国成本最低的能源是天然气、水电和常规煤炭。2008 年到 2012 年，美国天然气价格从高于每千立方英尺 10 美元下降到不足 2 美元，致使天然气的价格低于煤炭。美国成本最高的发电来源是太阳能光伏和海上风能。然而，陆上风能的成本与传统的煤电、生物质能和地热发电基本持平。

　　在欧洲，按照国别和数据来源，我们看到大幅的价格变动。常规煤炭、核能和水能的发电成本最低。然而，陆上风能、天然气以及生物质能具有成本竞争力。与美国一样，欧洲太阳能、海上风能是成本最高的发电方式。

　　图 12.9 展示了将可再生能源成本与传统的化石燃料成本比较的另一种方法。为了使可再生能源能够与化石燃料同样具有成本竞争力，可再生能源的成本一般需要下降到批发电力(wholesale power)的现有价格。这种现象已经发生在某些可再生资源上，如水电、生物质能。图 12.9 表明，风能和地热能与传统的电力资源在成本上具有竞争力。太阳能成本最高，但从太阳能光伏(PV)可以被个体消费者安装以来，PV 的价格只需要下降到电力零售价格便具有竞争力了。

　　由于石油很少被用于发电，图 12.8 和图 12.9 并没有显示石油。在美国，只有 0.5% 的电力是用石油产品生产的。但正如表 12.2 所示，石油在交通部门中占支配地位。各种替代选择可用于道路车辆，包括完全电动汽车或者是混合动力车——只有在长途旅行中才使用化石燃料的汽车(比如雪佛兰 Volt)或者是潜在的氢燃料电池。车用电力或氢能可以通过风能、太阳能、地热能和其他可再生能源产生。

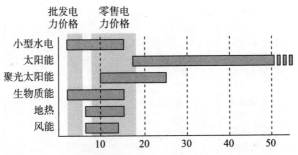

资料来源：国际能源组织和经济合作与发展组织，2007。

图 12.9　可再生资源与化石燃料发电成本的比较

　　传统的内燃车与可再生能源替代品的成本依赖于汽油价格、电力价格以及对清洁汽车税收抵免或退税等因素。最近的一篇研究比较了不同车辆的能源替代成本。研究发现，可再生能源替代品，特别是利用风能为电动汽车电池充电，已经能够与传统汽车在成本上抗衡，即使在汽油相对廉价的美国。

　　总体而言，当前化石能源一般比可再生能源替代品具有成本优势，尽管在某些情况下，如陆上风能和地热能之类的可再生能源具有一定的竞争力。展望未来，预计可再生能源的成本持续下降也是合乎情理的，然而未来化石燃料的价格还具有高度的不确定性。

　　图 12.10a 和图 12.10b 分析了风能和太阳能过去和预计的成本趋势。特别是太阳能光伏，我们很有信心地认为其成本将持续下降。随着技术改进和价格下降，这两类可再生资源的效用将迅速增加。正如前面所提到的，近年来，风能和太阳能的产量急剧增长。

　　不仅可再生能源的成本在未来将有所下降，图 12.10 还分析了风能和太阳能成本下降的区间。未来可再生能源的价格波动将在一个可预见的相对狭窄的范围。这与化石燃料，特别是石油不太一致。

　　图 12.11 展示了过去和未来的石油价格。过去石油价格变化很大，未来石油价格也有很大的不确定性，在未来几年，预计石油价格在 60～175 美元/桶。在参照方案下，扣除物价因素，截至 2030 年石油价格将增加 50%，这与预计的可再生能源成本下降形成鲜明对比。图 12.11 暗示我们确实不清楚未来的石油价格走势——未来石油价格与相对确定的可再生能源价格存在很大区别。石油价格不仅依赖于技术和未来的发现，同时也高度依赖政策和其他世界性事件。

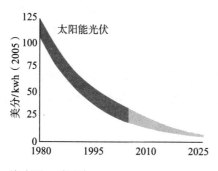
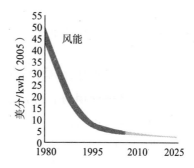

注：kWh＝千瓦时。

资料来源：国家可再生能源实验室，可再生能源成本趋势，www.geni.org/globalenergy/bibarary/
energytrends/renewable-energy-cost-trends/renewalbe-energy-cost_curves_2005.pdf.

图 12.10a　太阳能过去和未来的价格下降范围　　图 12.10b　风能过去和未来的价格下降范围

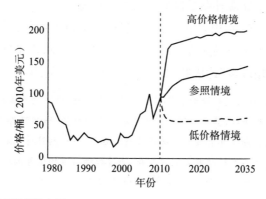

资料来源：美国能源信息署，2012。

图 12.11　过去和预测的石油价格

通常煤炭和天然气的价格并不像石油价格变化那么大，但是未来煤炭和天然气的成本也具有很高的不可预测性。与石油一样，对煤炭和天然气的基准预测表明，未来煤炭和天然气的价格将有所上升。如果这些趋势得到证实，那么当前化石燃料超过可再生能源的价格优势将逐渐下降并且未来会逐步消失。

我们已经基于当前市场价格比较了不同能源的成本，但是我们需要考虑影响当前和未来能源价格的其他两个因素：能源补贴和环境外部性。

能源补贴

能源补贴可采取不同的形式，包括：

（1）直接支付或优惠贷款：政府可对企业生产某种产品给予单位补贴或者向企业提供低于市场利率的贷款。

（2）税收抵免或减税：政府可以对个人或企业安装隔热设备和购买燃料效率较高的车辆等给予税收抵免。损耗补贴[12]是在石油生产中广泛采用的一种税收抵免的形式。

（3）价格支持：例如，确保可再生能源生产者接受的价格等于或高于一定水平。在欧洲普遍使用的上网电价[13]保证太阳能和风能的生产商以一定的价格向国家电网销售电力。

（4）强制购买配额：包括要求汽油中含有一定比例的乙醇或政府购买一定份额的可再生能源的相关法律。

正如第 3 章所证实，补贴支持具有正外部性的产品和服务。当前所有的能源都享受到一定的补贴，但是，正如专栏 12.1 所述，补贴侧重于化石燃料。鉴于化石利用趋向于产生负的外部性，因此，很难断定这种补贴是否符合经济学理论。这种大宗能源补贴更倾向于可再生能源。

2009 年，G20 成员（由发达国家和发展中国家的主要经济体组成）就"在中期理顺和逐步停止鼓励无度消费低效化石燃料的补贴"和"在全世界实施逐步停止这样的补贴政策"达成共识。国际能源组织备注道：

> 能源补贴，作为随意降低消费者支付的能源价格，提高生产者接受的价格或降低生产成本的政府手段，其额度很大且很普遍。若设计良好，对可再生能源和低碳能源技术的补贴在长期将具有经济和环境效益。然而，当补贴针对化石燃料时，其成本通常超过收益。化石燃料补贴会刺激浪费，通过模糊的市场信号加剧能源价格的波动，刺激燃料掺假和走私，抑制可再生能源和其他低碳能源技术的竞争力。

每年全球对电力部门的化石燃料补贴共计 1 000 亿美元，对核能的补贴数据很难获得，但是有限的信息暗示全球核能补贴至少有 100 亿美元，全球对可再生能源发电的补贴每年大约有 300 亿美元，但是该数值比其他补贴增长迅速。

虽然大部分电力部门的补贴转向化石燃料，从每千瓦时的角度考虑，补贴实际为可再生能源提供了价格优势。补贴有效地降低了化石能源提供的电力价格，降幅约每千瓦时 1 美分。但是，根据一份评估，2007 年补贴使每千瓦时风能价格下降了 7 美分，聚集式太阳能下降了 29 美分，太阳能光伏下降了 64 美分。因此，一般而言，电力部门的补贴正促进向可再生能源的转型。

2007～2009 年，全球交通部门的石油补贴每年平均 2 000 亿美元，由于石油消费量每年为 1.3 万亿加仑左右，因此，每加仑的补贴约为 0.15 美元。如果我们假定该数值适用于美国，那么每加仑的石油补贴大约将抵消 18 美分的联

---

[12]　损耗补贴：用于提取自然资源的资本投资的个税扣除，典型如石油和天然气。

[13]　上网电价：一种与可再生能源生产商签订长期合同的政策，以设定的价格购买能源，该价格通常根据生产成本制定（但是高于生产成本）。

邦汽油税。交通部门补贴的另一个主要受益者是生物燃料，据估计，全球对生物燃料的补贴大约是 200 亿美元，同时补贴金额迅速增长。

环境外部性

除了补贴改革以外，经济学理论还要求外部性内部化，每种能源的价格应该反映其全部社会成本。能源外部性的多项研究表明，如果所有能源的价格包含了外部性成本，向可再生能源的转型将更进一步。

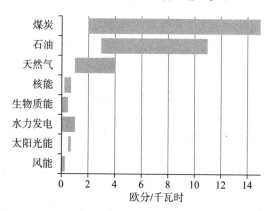

资料来源：Owen，2006 年。

图 12.12　欧盟各种发电措施的外部性成本

图 12.12 基于欧洲的分析，提供了不同电力来源相关的外部性成本的总结。煤炭的外部性成本相当高，每千瓦时为 2～15 欧分。这与评估美国煤炭发电的外部性成本为每千瓦时 6 美分的研究一致。天然气的外部性相对较低，但是变动幅度也在每千瓦时 1～4 欧分，该结论也与美国的评估一致。

可再生能源的外部性更低，每千瓦时不到 1 欧分。因此，仅单纯依据市场价格，尽管当前化石燃料比可再生能源具有成本优势，但是如果考虑外部性，有些可再生能源可能是最经济适用的能源，特别是陆上风电、地热能和生物质能。与之类似，如果将外部性全部纳入价格，石油在交通方面的成本优势可能会消失。

核能的运营外部性相对较低，因为核电产生很低水平的空气污染和温室气体，但核能潜在的最显著的外部性是大型事故和核废弃物的长期储存，这些影响很难用货币评价（回忆第六章关于风险和不确定性评价的分析）。核能在未来能源供给中起到增加还是减少的作用一直是个争议性的问题（更多关于核能的辩论见专栏 12.4）。

专栏 12.4　　　　　　　**核能：发展还是抛弃？**

20 世纪 50 年代，核能作为安全、清洁、廉价的能源资源发展起来。核电的支持者指出，核电"成本太低以致不能用仪表测量"，并预言，截止到 2000 年，核能将提供大约 1/4 的世界商业能源和大部分全球电力（Miller，1998）。

当前，核能仅提供了 6% 的世界能源和 14% 的世界电力。世界上大部分核电产能在 1990 年前就已经形成了，那些预期使用年限为 30～40 年的老厂房已经开始退役。然而，有些人几年前就一直在预言"核复兴"计划，这主要是由于核能产生的二氧化碳排放远低于化石燃料。

2011 年的福岛事件导致一些国家重新评估他们的核能规划。

> 自 1986 年切尔诺贝利灾难以来最具灾难性的核危机，这使其他依赖核能的国家犹豫不决。市民和政客，担心在他们的国家或地区发生同样的悲剧，正在号召世界各地政府重新思考他们的核能规划。伴着日益担忧的浪潮，投资者们纷纷撤出核与铀股票，因为市场中一部分人正在呼吁结束核复兴和铀牛市。（The Citizen，2011）

正如日本重新评估核能的利用，德国已经决定到 2022 年逐步停止核能的利用。在意大利，关于核能的争论已经下放到选民，其中，94% 反对核能扩张计划。但是，其他国家正在推行扩张核能应用的计划，特别是中国。当前，中国有 20 个核能规划正处于建设中，因为中国计划在 2030 年将核能利用增加 20 倍。推进核能利用扩张的其他国家有意大利、俄罗斯和韩国。

因此，核能在未来能源供给结构中的角色还不确定。福岛事故已经略微降低了未来核能供给的基准预测。虽然有些人将福岛事故作为我们需更多如风能和太阳能等可再生能源的依据，其他人则担心，核能的下降将导致"更高的能源成本、更多地碳排放以及更大的供给不确定性"（Macalister，2011）。

文中讨论暗示，当前阻碍向可再生能源转型的最大因素是外部性导致的市场失灵。"正确"界定价格可以使厂商和消费者意识到对化石燃料的持续依赖是不经济的。但是，即使没有将外部性全部内生化，可再生能源的成本下降意味着将来也会向化石燃料转型。

图 12.13 展示了 2020 年使用传统能源发电和各项可再生能源替代发电的预计的成本比较。如果仅依据产品成本，陆上风能、波浪能、聚集式太阳能以及潜在的海上发电这些可再生资源预计都能够与化石燃料在成本上竞争。当考虑到所有的外部性影响时，所有可再生能源均比化石能源成本低。这些

结果暗示我们有充分理由推进向可再生能源的转型。本章最后一部分，我们
转向推进向可再生能源加速转型的政策建议。

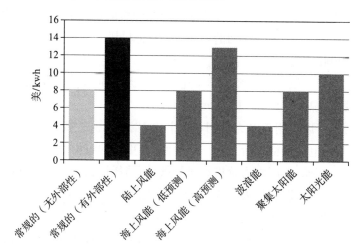

资料来源：Jacobson and Delucchi,2011b.

图 12.13　2020 年不同发电方式的成本

12.6　推进能源变革的政策

哪种政府政策对于促进向可再生能源有效转型最为重要？正如所讨论的
那样，世界很多大国已经逐步停止低效的化石能源补贴，人们关心这是否会在
短期内导致更高的价格和经济增长的下滑。可是，政府取消补贴节省的资金
可以按照减少可再生替代成本的方式以及鼓励化石燃料更快转型的方式进行
投资。

长期内，

> 化石燃料补贴的改革将导致 OECD 和非 OECD 国家国内生产总值 GDP 的总量
> 增长，预计到 2050 年年均增长将高达 0.7 每分……各种对全球或单个国家补贴改革
> 的经济模型研究表明，从总体水平讲，由于价格变化的刺激导致了资源更有效地配
> 置，GDP 的变化可能为正。

一个重要问题是我们需要将不同能源的负外部性内部化。庇古税的常见
形式便是汽油税。即使政府征收汽油税是为提高收入，但是它也具有将外部
性内部化的功能。尽管原油的价格是由全球市场决定的，但由于汽油税的差
别，不同国家的汽油零售价格差异很大。2010 年底，汽油价格在对汽油补贴
而非征税的委内瑞拉、沙特阿拉伯、科威特等国还不到 1 美元/加仑，而在对汽

油征收重税的法国、挪威、英国和其他国家,油价高达 8 美元/加仑,油价变化幅度很大。

经济学理论表明,对汽油合理的征税应充分考虑负外部性。在美国,除了从每加仑 8 美分到 50 美分变动的州税外,当前联邦汽油税是每加仑 18.4 美分。尽管在税收应提高多少的问题上存在异议,事实上所有经济学家都认为这些税收太低了。虽然有些经济学家建议只要提高 60 美分,其他经济学家则认为汽油税应该高于每加仑 10 美元。

庇古税也可以应用于电力部门,如图 12.14 所示。主要是税率差异的缘故,不同国家的电力价格有所不同。一般而言,更高的电力价格与更低的人均消耗率有关。例如,美国电力价格相对较低,而消耗量相对较高;德国、西班牙和丹麦的电力价格较高,但人均消费量只是美国的一半。但是像这样依靠简单的比较就得出结论,我们还需要慎重,因为,这没有考虑到可能影响电力需求而非价格的其他变量,比如收入水平、气候和不同采暖选择的可得性,例如,瑞典的电力价格和消费量均高于美国。解释这种区别还需要更多的信息,而这些信息并没有在图 12.14 中体现出来。

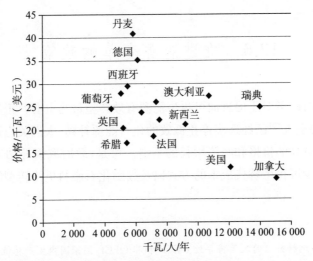

资料来源:美国能源信息署;国际能源数据在线;国际能源组织,能源价格和统计在线数据库。

图 12.14　电力价格和消耗

除减少化石燃料补贴和实行外部性税收外,推进向可再生能源转型的其他政策选择包括:

- 能源研究与开发
- 上网电价
- 对可再生能源补贴,包括优惠的税收规定和贷款条件
- 可再生能源目标

● 效率提高和效率标准

1. 增加研究与开发（R&D）支出将加快可再生能源技术的成熟速度。近年来，全球能源 R&D 支出持续增加，从 2004 年 180 亿美元增加到 2009 年的1 220 亿美元。在能源 R&D 投资较多的国家未来可能会在这个领域得到更多的竞争优势。

　　如中国、巴西、英国、德国和西班牙等国具有强有力的国家政策，为了减少温室气体排放、刺激可再生能源的利用，这些国家正在清洁能源经济中建立更强的竞争地位。那些为清洁能源就业和生产寻求有效竞争的国家，为了评价用于刺激可再生能源投资的系列政策机制，往往会做得很好。以中国为例，中国已经制定了关于风能、生物质能和太阳能的宏伟目标，2009 年，中国清洁能源金融和投资在 G20 以至全球排名第一，美国降至第二位，相对于经济规模，美国的清洁能源金融和投资落后于很多 G20 成员国，比如，相对来讲，去年西班牙投资是美国的五倍，而中国、巴西、英国的投资至少是美国的三倍。

2. 上网电价确保可再生能源厂商能够接入电网和长期的价格合同。那些利用上网电价的不一定是企业。例如，安装太阳能光伏板的房主可以以相同的价格销售多余的能源以增加他们的效应。上网电价政策已经在几十个国家和美国的一些州实行。德国是最有雄心的国家，在安装的太阳能光伏容量方面，德国已经成为世界的领头羊。

随着可再生能源能够更多地与传统能源在成本上进行竞争，随着时间推移，上网电价将被逐步降低。德国已经开始降低上网电价的价格。2008 年，欧盟用不同方法对扩大电力供给的可再生能源份额进行了分析，该分析发现，适应良好的上网电价体制通常是推进可再生电力的最有效、最实际的支持方案。

3. 补贴可采取直接支付或其他优惠条款的形式，例如税收抵免或者低利率贷款。如前面所讲，当前大部分的补贴都转向化石燃料，然而，对不成熟技术的补贴才更有意义。对可再生能源的补贴可以降低生产成本推动规模经济。同上网电价一样，随着可再生能源更有竞争力，对产出的补贴可逐渐减少。

4. 可再生能源目标[14]设置了可再生能源占总能源的百分比或者可再生能源发电占总电力的百分比的目标。世界有六十多个国家已经设置了可再生能源目标。欧盟设置了到 2020 年可再生能源占总能源比例达到 20％ 的目标，其中，每个成员国的目标有所不同，其中德国 18％、法国 23％、葡萄牙 31％、瑞典 49％的目标。尽管美国没有设定全国性的可再生能源目标，但大部分州

_____

[14]　可再生能源目标：设定从可再生能源资源中获得能源的比例的目标的规定。

设定了目标,最宏大目标的一些州包括:缅因州(2017年达到40%),明尼苏达州(2025年达到25%),伊利诺伊州(2025年达到25%),新罕布什尔州(2025年达到24%)以及康涅狄格州(2020年达到23%)。

5.本章大部分讨论着眼于能源供给方管理[15],即调整能源供给结构使可再生能源的份额更高。然而,能源需求方管理通常被认为是对环境政策最具成本效益和环境效益的方法。换而言之,虽然将来自煤炭的能源供给的一千瓦转化成来自太阳和风能的能源供给的一千瓦是可取的,但是消除那一千瓦的能源需求岂非更好。正如美国环保局注解的那样:

> 我们的家庭、商业、学校、政府和工业消费了我国超过70%的天然气和电力,提高这些部门的能源效率是处理高能源价格、能源安全和依存度、空气污染以及全球气候变化等挑战的最具建设性、最经济有效的方式。

在某些情况下,能源效率的提高可以通过技术进步得到,例如,通过驾驶混合动力汽车减少化石能源的利用。在其他情形下,能源效率意味着行为的改变,例如,在晾衣绳上晾晒衣服而不是用衣服烘干机或者是不用的时候关闭电灯和家电。需求方对于减少能源消费增长的潜在性非常重要。

在基准方案下,2003~2050年,全球能源需求预计增加近一倍,然而,考虑能源效率的未开发潜力,据估计,能源需求在这段时期将保持平稳,如图12.15所示。在发达国家,实际能源需求相对于目前水平会有所下降。在发展中国家,能源消费将持续增加,但只增加了约40%,而不是基准方案下的160%。

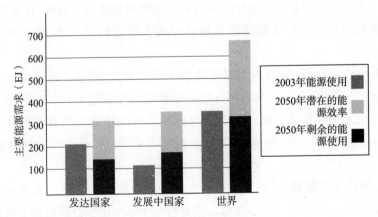

资料来源:Blok et al., 2008.

图12.15　全球能源效率潜力

---

⑮　能源需求方管理:通过宣传活动或者更高的价格等政策来减少能源消费的一种能源政策方法。

　　实现来自能源效率的收益需要巨额投资,估计约为全球 GDP 的 0.2%,然而明显地,能源效率投资要远比通过扩大新能源供给划算得多。设计良好的能效规划的成本大约仅是提供新能源供给成本的一半。另一篇分析估算了能源效率成本为每千瓦时 0~5 美分。将上述估计与图 12.8 能源资源的成本相比较,我们看到,提高能源效率是解决能源需求最经济的选择。

　　除了发展 R&D 外,另外两个政策对提高能源效率也非常有效,其中一个是设置能源效率标准[⑯],燃油经济型标准就是一个例子。2011 年,美国的燃油经济型标准是:客车每加仑 30 英里,轻型载货汽,包括皮卡、小型货车和运动型多功能车等类型,每加仑 24 英里。2011 年,奥巴马政府宣布了新的标准,2025 年提高新型车辆的平均燃油效率到每加仑 54.5 英里,而在 2011 年以后的大约 20 年里,燃油经济型标准变动很少。与 2010 年相比,2025 年车辆在其行驶周期内节约的总能源将超过 8 000 美元。同时,也存在关于建筑物、电气用具、电器和电灯泡的环境效率标准。

　　效率标签[⑰]向消费者告知了关于产品的能源效率,例如,美国环保局和美国能源部管理能源之星计划(Energy Star Program),满足高效标准超过最低要求的产品便有权得到能源之星的标签。大约 75% 的消费者购买有能源之星标志的产品,这表明标签是消费者购买决策的重要因素。2011 年,在美国,通过能源之星节约的能源大约共有 230 亿美元。

　　即使具有信息标签,很多消费者也不购买高效产品,因为前者的成本可能更高。举例来讲,LED 灯和紧凑型荧光灯的成本比传统的白炽灯成本高,不过节能灯的能源节约意味着我们需要在相对较短的时间内,正常情况下不超过一年收回额外的成本。尽管人们可能出于其他原因拒绝购买节能灯,但一个问题是对于标签产品,当对长期储蓄进行贴现时,人们经常会有一个较高的隐性贴现率(见专栏 12.5)

专栏 12.5　　　　　隐性贴现率和能源效率

　　提高电器能源效率的主要问题是由较高的隐性贴现率引起的。假如,消费者可以花 500 美元购买一个标准的冰箱,而节能型冰箱要花 800 美元,节能型冰箱会使消费者在能源成本上每月节省 15 美元。从经济角度分析,我们可以说投资在节能冰箱的额外 300 美元的回报是每年 15×12＝180 美元,或者说 60%。因此,消费者购买节能型冰箱实际不到两年就可以盈利了。

---

⑯　能源效率标准:一种设定了有效最低标准的环境规定,例如发电和燃料消费。
⑰　效率标签:给商品贴上能源利用效率的标签,例如冰箱上表示年度能源利用的标签。

> 　　在股票市场投资的任何人,如果能确定有 60% 的年收益,将认为这是个很好的机会。但是可能冰箱购买者会拒绝得到高回报的机会,因为他/她更侧重花 500 美元还是 800 美元的当期决策,可能会选择更便宜的产品。可以说,消费者正在用高于 60% 的隐性贴现率做出决策,我们很难断定消费者的行为是否经济可行,但这种行为非常普遍。

总　结

　　能源是经济体系的基础性投入品,当前经济活动绝对依赖化石能源,包括煤炭、石油和天然气等非可再生能源,像水电、风能、太阳能之类的可再生能源当前占全球能源的比例不超过 10%。

　　世界能源利用增长迅速,预计还将持续增长,2035 年能源需求将增加 50%。近几十年石油供给充足,但廉价石油的时代已经过去,由于石油必须从昂贵的非传统来源获取。煤炭供应更为充裕,但煤炭利用也会导致更大的环境损害。虽然在正常情景下,预计人们会继续高度依赖化石燃料,但到 2050 年,利用可再生能源获得全球能源的潜力还是存在的。

　　仅考虑市场成本,化石能源的成本低于可再生能源,然而,我们需要考虑,化石燃料得到了不恰当的能源补贴份额,能源成本不能反映负的外部性。如果不同能源能够反映全部社会成本,那么有些可再生能源将会获得超过化石能源的竞争优势。可再生能源的价格正在下降同时也是可以被预测的,然而化石能源的价格预期将会上升,并且具有很大的不确定性。因此,即使没有将外部性内部化,未来 10~20 年,可再生能源应该能够在成本上与化石能源竞争。

　　向可再生能源转型的速度受政策的影响很大,化石能源补贴改革和实行庇古税是可以产生更多经济效益的两项政策。其他潜在的政策包括增加能源研发支出、上网电价、可再生能源目标。最后,解决能源需求最经济有效的方法是提高能源效率,预测未来几十年全球能源需求的增长可以通过注重能源效率提高的政策来解决。

问题讨论

　　1.既然能源产量仅占经济产出的 5%,为什么这个部门被置于特别重要的地位?依靠非可再生能源供给的经济体系和主要依靠可再生能源供给的经济体系有显著区别吗? 关于能源利用的决策应该由政府实施,还是通过市场配置和定价来决定能源利用的模式?

2.20 世纪 70 年代,能源短缺已经显著影响了整个世界经济。这是一次性现象还是会再次发生? 这主要与供给方还是需求方因素相关? 20 世纪 70 年代以来,能源的需求和供给是如何变化的? 这些变化是如何影响能源价格和能源消费模式的? 还有进一步显著变化的可能吗?

3.许多人议论,向可再生能源的转型无论从经济角度还是从环境角度都是利好的政策,但是,这样的转型并没有发生也不会立即发生。你认为从对化石能源的依赖中转型谁会受益? 什么样的经济和政策因素可能会对这种转型是否发生及何时发生存在显著影响?

注 释

1.IEA, 2011a.

2.For the classic assertion of energy's critical role in the economy, see Georgescu-Roegen, 1971. An overview of differing analytical perspectives on energy is in Krishnan et al., 1995.

3.See, e.g., Hall and Klitgaard, 2012.

4.Morton, 2006.

5.IEA, 2011 a.

6.For detailed discussion of global climate analysis and policy, see Chapters 18 and 19.

7.IEA, 2010, Executive Summary, 6—7.

8.IEA, 2011a, Executive Summary, 3.

9.Natural Gas Supply Association, naturalgas.org.

10.See Howarth et al., 2011, and Wigley, 2011.

11.U.S. Energy Information Administration, 2011b.

12.Clean Air Task Force, 2010.

13.Jacobson and Delucchi, 2011a, p. 1154.

14.Ibid.

15.Jacobson and Delucchi, 2011b.

16.IEA et al., 2011.

17.IEA, 2011c.

18.Kitson et al., 2011.

19.Badcock and Lenzen，2010.

20.Charles and Wooders，2011.

21.Jacobson and Delucchi，2011b.

22.See，e.g.，Odgen et al.，2004.

23.Ellis，2010，7,26.

24.CTA，1998；Parry and Small，2005.

25.Pew Charitable Trusts，2010，4—5.

26.Commission of the European Communities，2008，3.

27.Wiser and Barbose，2008.

28.National Action Plan for Energy Efficiency，2008，p. ES—1.

29.Blok et al.，2008.

30.National Action Plan for Energy Efficiency，2006.

31.Lazard，2009.

32.U.S. Environmental Protection Agency，2011.

参 考 文 献

Badcock, Jeremy, and Manfred Lenzen. 2010. "Subsidies for Electricity-Generating Technologies: A Review." *Energy Policy* 38: 5038—5047.

Blok, Kornelis, Pieter van Breevoort, Lex Roes, Rogier Coenraads, and Nicolas Muller. 2008. *Global Status Report on Energy Efficiency* 2008. Renewable Energy and Energy Efficiency Partnership, www.reeep.org.

British Petroleum. 2012. *Statistical Review of World Energy 2012*, June.

Charles, Chris, and Peter Wooders. 2011. "Subsidies to Liquid Transport Fuels: A Comparative Review of Estimates." International Institute for Sustainable Development, September.

The Citizen (Dar es Salaam). 2011. "Countries Assess Safety of Nuclear Power Plants." March 22.

Commission of the European Communities. 2008. "The Support of Electricity from Renewable Energy Sources." SEC(2008) 57, Brussels, January 23.

Clean Air Task Force. 2010. *The Toll from Coal*, www.catf.us/resources/publications/.

Cleveland, Cutler. 1991. "Natural Resource Scarcity and Economic Growth Revisited: Economic and Biophysical Perspectives." In *Ecological Economics*, ed. Robert Costanza. New York: Columbia University Press.

Department of Energy and Climate Change. 2011. "Review of the Generation Costs and

Deployment Potential of Renewable Electricity Technologies in the UK," Study Report REP001, October.

Ellis, Jennifer. 2010. "The Effects of Fossil-Fuel Subsidy Reform: A Review of Modelling and Empirical Studies." International Institute for Sustainable Development, March.

Georgescu-Roegen, Nicholas. 1971. *The Entropy Law and the Economic Process.* Cambridge, MA: Harvard University Press.

Hall, Charles A. S., and Kent A. Klitgaard. 2012. *Energy and the Wealth of Nations: Understanding the Biophysical Economy.* New York: Springer.

Howarth, Robert W., Renee Santoro, and Anthony Ingraffea. 2011. "Methane and the Greenhouse Gas Footprint of Natural Gas from Shale Formations," *Climatic Change* 106 (4): 679−690.

International Center for Technology Assessment (CTA). 1998. "The Real Price of Gasoline." Report No. 3: An Analysis of the Hidden External Costs Consumers Pay to Fuel Their Automobiles.

International Energy Agency (IEA). 2010. *World Energy Outlook 2010.* Paris.

——. 2011a. *World Energy Outlook 2011.* Paris.

——. 2011b. *Key World Energy Statistics.* Paris.

——. 2011c. *World Energy Outlook 2011 Factsheet.* Paris.

International Energy Agency, Nuclear Energy Agency, and Organization for Economic Cooperation and Development. 2010. Projected Costs of Generating Electricity.

International Energy Agency, Organization for Economic Cooperation and Development, Organization of the Petroleum Exporting Countries, and World Bank. 2011. "Joint Report by IEA, OPEC, OECD and World Bank on Fossil-Fuel and Other Energy Subsidies: An Update of the G20 Pittsburgh and Toronto Commitments." Report prepared for the G20 Meeting of Finance Ministers and Central Bank Governors (Paris, 14−15 October 2011) and the G20 Summit (Cannes, November 3−4).

Jacobson, Mark Z., and Mark A. Delucchi. 2011a. "Providing All Global Energy with Wind, Water, and Solar Power, Part I: Technologies, Energy Resources, Quantities and Areas of Infrastructure, and Materials." *Energy Policy* 39: 1154−1169.

——. 2011b. "Providing All Global Energy with Wind, Water, and Solar Power, Part II: Reliability, System and Transmission Costs, and Policies." *Energy Policy* 39: 1170−1190.

Johnson, Kirk. 2011. "E.P.A. Links Tainted Water in Wyoming to Hydraulic Fracturing for Natural Gas." *New York Times*, December 9.

Kitson, Lucy, Peter Wooders, and Tom Moerenhout. 2011. "Subsidies and External Costs in Electric Power Generation: A Comparative Review of Estimates." International Institute for Sustainable Development, September.

Krishnan, Rajaram, Jonathan M. Harris, and Neva Goodwin, eds. 1995. *A Survey of*

Ecological Economics. Washington, DC: Island Press.

Lazard. 2009. "Levelized Cost of Energy Analysis—Version 3.0," February, http://blog.cleanenergy.org/files/2009/04/lazard2009_levelizedcostofenergy.pdf.

Macalister, Terry. 2011. "IEA Says Shift from Nuclear Will Be Costly and Raise Emissions." *The Guardian*, June 17.

Miller, G. Tyler, Jr. 1998. *Living in the Environment*, 10th ed. Belmont, CA: Wadsworth.

Morales, Alex. 2010. "Fossil Fuel Subsidies Are Twelve Times Renewables Support." Bloomberg, July 29.

Morton, Oliver. 2006. "Solar Energy: A New Day Dawning? Silicon Valley Sunrise." *Nature* 443: 19−22.

Murphy, David J., and Charles A.S. Hall. 2010. "Year in Review—EROI or Energy Return on (Energy) Invested." *Annals of the New York Academy of Science* 1185: 102−118.

National Action Plan for Energy Efficiency. 2006. "National Action Plan for Energy Efficiency." July.

——. 2008. "Understanding Cost-Effectiveness of Energy Efficiency Programs: Best Practices, Technical Methods, and Emerging Issues for Policy-Makers." Energy and Environmental Economics and Regulatory Assistance Project.

Nemet, Gregory F., and Daniel M. Kammen. 2007. "U.S. Energy Research and Development: Declining Investment, Increasing Need, and the Feasibility of Expansion." *Energy Policy* 35: 746−755.

Odgen, Joan M., Robert H. Williams, and Eric D. Larson. 2004. "Societal Lifecycle Costs of Cars with Alternative Fuels/Engines." *Energy Policy* 32: 7−27.

Owen, Anthony D. 2006. "Renewable Energy: Externality Costs as Market Barriers." *Energy Policy* 34: 632−642.

Parry, Ian W.H., and Kenneth A. Small. 2005. "Does Britain or the United States Have the Right Gasoline Tax?" *American Economic Review*, 95(4): 1276−1289.

Parsons Brinckerhoff. 2010. "Powering the Nation." www.pbworld.com/pdfs/regional/uk_europe/pb_ptn_update2010. pdf.

Pew Charitable Trusts.2010. "Who's Winning the Clean Energy Race? Growth, Competition, and Opportunity in the World's Largest Economies." Washington, DC.

Rosenthal, Elisabeth. 2010. "Portugal Gives Itself a Clean-Energy Makeover." *New York Times*, August 9.

U.S. Energy Information Administration. 2011a. Annual Energy Review. U.S. Department of Energy.

——. 2011b. International Energy Outlook. U.S. Department of Energy.

——. 2011c. "Levelized Cost of New Generation Resources in the Annual Energy Outlook 2011." U.S. Department of Energy.

———. 2012. *Annual Energy Outlook*. U.S. Department of Energy.

U.S. Environmental Protection Agency. 2011. "Energy Star Overview of 2011 Achievements."

Wigley, Tom M. 2001. "Coal to Gas: The Influence of Methane Leakage," *Climatic Change* 108 (3): 601—608.

Wiser, Ryan, and Galen Barbose. 2008. *Renewables Portfolio Standards in the United States: A Status Report with Data Through 2007*. Lawrence Berkeley National Laboratory.

相关网站

1.**www.eia.gov.** Web site of the Energy Information Administration, a division of the U.S. Department of Energy that provides a wealth of information about energy demand, supply, trends, and prices.

2. **www. cnie. org/nle/crsreports/energy.** Access to energy reports and issue briefs published by the Congressional Research Service.

3.**www.nrel.gov.** The Web site of the National Renewable Energy Laboratory in Colorado. The NREL conducts research on renewable energy technologies including solar, wind, biomass, and fuel cell energy.

4. **www. rmi. org.** Home page of the Rocky Mountain Institute, a nonprofit organization that "fosters the efficient and restorative use of resources to create a more secure, prosperous, and life-sustaining world." The RMI's main focus has been promoting increased energy efficiency in industry and households.

5.**www.eren.doe.gov.** Web site of the Energy Efficiency and Renewable Energy Network in the U.S. Department of Energy. The site includes a large amount of information on energy efficiency and renewable energy sources as well as hundreds of publications.

6.**www.iea.org.** Web site of the International Energy Agency, an "autonomous organisation which works to ensure reliable, affordable and clean energy for its 28 member countries and beyond." While some data are available only to subscribers, other data are available for free, as well as access to informative publications such as the "Key World Energy Statistics" annual report.

7.**www.energystar.gov.** Web site of the Energy Star program, including information about which products meet guidelines for energy efficiency.

第13章 可再生资源使用:渔业

焦点问题
- 渔业管理的生态和经济原则是什么?
- 为什么世界众多渔业资源被过度开发?
- 在保护和恢复渔业方面哪些政策比较有效?

13.1 可再生资源管理的原则

如第2章所述,人类经济活动的扩张已经对地球可再生资源产生了重要影响。21世纪早期,世界许多重要渔场产量下降或耗竭;热带雨林地区以每年2亿英亩的规模持续缩减;在世界主要缺水地区,地下水开采不断消耗含水层。可再生资源持续或不可持续管理的经济和生态原则是什么?

我们可以简单地将资源视为用于经济生产过程的投入品,或者从更广义的视角,按照它们均衡和再生的内在逻辑来分析可再生资源①(renewable resources)。在一些资源管理的方法上,这两个视角是兼容的,但从其他方法上说,又是相悖的。比如,管理自然体系的指导原则应为生态多样性还是产量最大化? 将经济和生态目标一体化对于自然资源的系统管理很有必要,如渔业。

第1章,我们根据资源功能②(source function)和降解功能③(sink function)确认了人类经济和自然系统的关系。资源功能是指供人类利用的原料供给,降解功能是指人类活动产生的废弃物的吸收。在处理农业和非可再生

---

① 可再生资源:可以由生态系统持续供应的资源,如森林、渔业会因物种的灭绝而耗竭。
② 资源功能:环境为人类提供服务和原材料使用的能力。
③ 降解功能:自然环境吸收废物和污染的能力。

资源时，我们已经考虑了这些效应的相关方面。可再生资源的持续管理④
(sustainable management)涉及用保持资源数量和可得性稳定的方式维护资
源来源和降解功能。尽管这绝对是令人满意的目标，但是一些管理刺激了非
持续利用。

　　我们已经明白将渔业作为开放存取资源⑤(open-access resources)进行管
理是如何导致过度捕鱼和储量耗竭的(第 4 章)，然而，私有者或政府管理也会
导致不可持续的活动，原因在于经济原则和生态原则是有区别的。

　　资源管理的经济原则包括利润最大化、有效产量和跨期有效的资源配置，
从第 4 章和第 5 章我们知道，这些原则一般也适用于资源利用，当我们更详细
地观察渔业、森林和水系统时，这些原则只是有时而不是总是与持续性管理相
一致。

　　用简短的词语表达可再生资源体系的生态原则有些困难。由生态原则推
出的一个基本准则是最大化可持续产量⑥(maximum sustainable yield,
MSY)——每年收获的资源不会比按照资源再生或太阳能捕获的自然资源
更多。

　　我们必须考虑大多数自然系统具有生态复杂性⑦(ecological complexity)
的特征。渔业就很具代表性，其包含了很多鱼类品种以及其他形式的动物和
海洋植物；天然林通常具有不同的树种，还为很多动物以及共生或寄生的昆
虫、真菌和微生物提供栖息地；水资源系统通常包含不同种类的水生物栖息
地，如湿地，对平衡水循环和维护水质起着非常重要的作用。

　　人类对自然生态系统的管理必然是经济目标和生态目标的协调。几乎在
各种情形下，人类对自然生态体系的利用都会在一定程度上改变它们的状态。
即使这样，我们通常也可以在不破坏其恢复能力⑧(resilience)(定义为从不利
影响中恢复的能力)或不超出最大化可持续产出的前提下管理生态系统。然
而，要做到这些便需要一定程度的约束，这可能与利益最大化的经济原则或资
源所有权的经济体制不一致。在本章以及后面两章，我们将研究经济原则和
生态原则之间的关系，这适用于渔业、森林和水系统的管理。

――――――――――

　　④　持续(自然资源)管理：自然资源的管理，如自然资本随时间推移而保持固定，既包括存量的维持也
包括流量的维持。

　　⑤　开放存取资源：一种没有进入限制的资源，如海洋渔业和大气。

　　⑥　最大化可持续产量：在不减少资源存量和口径的前提下最大化年度可开采自然资源的数量。

　　⑦　生态复杂性：许多不同的有生命和无生命的元素共存于生态系统并以复杂的模式交互在一起的状
态；生态系统的复杂性意味着生态系统可能是不可预知的。

　　⑧　恢复能力：生态系统从不利影响中恢复的能力。

13.2　渔业的生态和经济分析

在第 4 章最初对渔业的分析中,我们将渔业视为生产体系,其产出——鱼是一种经济物品,但是,渔业也是基本的生态系统,因此,更全面的了解应该从生态分析开始,并需要检验其经济含义。

种群生物学[⑨](population biology)领域确认了自然环境有机体,如鱼类物种变化的一般理论。图 13.1 展示了自然状态下一些物种的种群随时间变化的基本模式。该图体现了种群随时间变化的两条路径。在需要存活的最小临界物种人口(X_{min})以上,物种数量会从 A 增长到自然均衡处,与食物供应相平衡,随着时间推移遵循逻辑增长曲线[⑩](logistic curve)。[a]

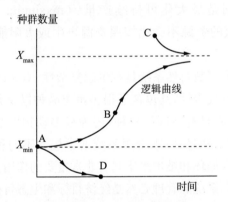

图 13.1　种群人口随时间的增长

从较低的基准开始,由于有大量的食物供给,最初物种数量会以稳定的速度增长——接近指数型的模式。食物供给和生存空间的限制会减缓种群的增长速度。超过 B 点,即拐点[⑪](inflection point),年均增长下降,种群最终接近上限 X_{max}。[b] 即使种群曾超过这个限度——例如,由于可得食物的暂时增加而达到 C 点——在正常的食物供应条件恢复后,也会迅速从 C 点降至 X_{max}点。

如果种群数量(population)降至低于临界 X_{min} 的水平,该种群便趋于灭绝(D 处),如果疾病、捕食或者人类过度捕获使物种数量减少到不可持续的水

---

a　一个 S 形状的逻辑增长曲线朝着上限趋近。参见:Hartwick and Olewiler, 1998, chap.4。

b　在拐点处,曲线的曲率从正的(向上)向负的(向下)改变。微积分的名词解释,二次导数由正值向负值变化,并且在拐点处等于 0。

⑨　种群生物学:研究环境条件如何导致物种的种群改变。

⑩　逻辑增长曲线:一个趋向上限的 S 型的增长曲线。

⑪　拐点:曲线上的一个二阶导为零的点,表明曲率从正到负的变化;反之亦然。

平,这种现象将会发生。北美候鸽便是典型的例子,过度捕获已经导致该物种的灭绝。北美森林充足的食物供应曾经使候鸽成为北美大陆最多的物种,过度打猎导致候鸽零散残存,20世纪早期已绝迹。

一般而言,自然状态下的种群数量是由环境的承载能力[12](carrying capacity)——自然可得的实物供应和其他生命支持所决定的。为避免生态破坏和可能的物种灭绝,人类对可再生资源的开发必须与其承载力相一致。

图13.1所示的物种数量的增长模式可以用将储量(物种数量大小)与年均增长相联系的不同方式表达(见图13.2)。储量大小用x轴表示,年均增长用y轴表示,箭头表明物种数量变化的方向,当增长率为正(X_{min}以上)时,物种数量便向X_{max}扩张,而当增长量低于X_{min}时,物种数量便逐渐降为0。

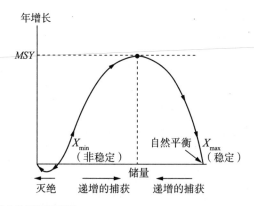

注:MSY表示最大的可持续产量。

图13.2 物种人口和年度增长

现在我们可以明白,X_{min}是不稳定的均衡点[13](unstable equilibrium)。在此处,物种数量稍微增加将使物种数量回到复苏的路径,稍微减少便会导致灭绝。很多濒危物种正处于这个位置。例如,要维护筑巢种群,美洲鹤仅仅能够生存,科学家希望向上微调种群数量以增加种群物种。然而,仅是一场重大自然灾害或疾病便可能造成种族灭绝。

相比之下,X_{max}是稳定的均衡点[14](stable equilibrium)。在自然状态下,物种数量将接近这个均衡点。种群数量减少后增加,而增加后也会缩减。因此,尽管在均衡附近可能会发生变化,但种群数量不会趋于激增或剧降。

通过这种形式,物种数量增长的图示清晰地表明,曲线的最高点对应的是

---

[12] 承载能力:依据现有自然资源可持续发展的人口和消费水平。

[13] 不稳定的均衡点:一个短暂的均衡,例如,可再生能源的存量水平,通过条件的微小调整可以带来存量水平的较大变化。

[14] 稳定的均衡点:一个均衡,例如,可再生能源的存量水平在影响存量条件的短暂的改变后系统趋向回归。

最大的可持续产量(MSY),鱼类潜在的持续性捕获等于总的年均增长量。如果人类采用这个数量,则物种数量会保持不变。在 X_{min} 向 X_{max} 之间,捕获任意数量的鱼类储量都是可能的,其中,点 B 处的收获可能最大。

从生态原则推导经济原则

需要注意的是,目前我们遵循的是严格的生态分析,没有考虑经济含义,但在第 4 章我们已经推导出了用于渔业总产量[15](total product)的经济图表。如果我们从右往左审视图 13.2,从自然均衡点 X_{max} 处开始,我们便可明白总产出的经济图是如何推导的了。

假如图 13.2 描述了自然状态下的鱼类数量,例如,当第一批欧洲殖民者到来时,鳕鱼种群离开了新英格兰。[c] 随着捕捞力量增加,鱼类资源将下降。然而,这导致了更高的鱼类年增量。这是因为在不变的食物供应下,稍许减少鱼类资源可以加速鱼类繁殖。这种模式会持续下去直至到达最大化的可持续产量点 B 处。

假如捕鱼持续超过最大的可持续产量,模式就改变了,鱼类资源和年增加量下降,更大的捕获加剧了存量和产量的减少,直至最终随着不断靠近 X_{min},鱼群面临灭绝的危险。

这种生物衍生模式的经济视角如图 13.3 和图 13.4 所示。图 13.3 将捕捞力量(用每天船只的数量衡量)与总回报联系起来。总产出用鱼的吨数衡量,可以将其乘以鱼价转化成货币。[d] 总收入(TR)曲线与图 13.2 的产量曲线形状大致相同,事实上,与产量曲线极其吻合。图 13.2 中增强捕捞力量是从右向左的顺序,但图 13.3 则是从左向右。在这两个图中,我们对横轴的量化用不同的单位,一个是度量鱼的数量,另一个是捕捞力量,但一般而言,随着捕捞力量的增加,鱼类数量会下降。

当然,捕鱼也涉及成本,图 13.3 所示的总成本曲线是线性的,这意味着每单位捕捞力量的成本为常数。其他形式的总成本曲线也是可能的,不过随着捕捞力量的增加,总成本通常也会增加。这里所示的成本与收益的结合可以使我们确定两个可能的均衡位置:

1.经济最优点[16](economic optimum)E_E,该点处总收益曲线的斜率等于总成本曲线的斜率,或者说边际收入等于边际成本。

---

[c]　欧洲殖民者到来前,美国土著人所从事的渔业活动几乎对自然平衡没有产生影响。

[d]　此例中,我们假设一个稳定的渔业市场价格。

[15]　总产量:给定投入品数量所能生产的产品或服务的总数量。

[16]　经济最优点:最大化经济指标的结果,如效率或利润。

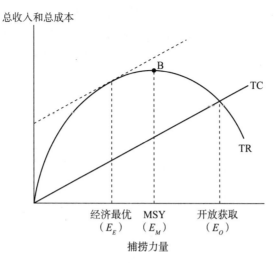

总收入和总成本

B

TC

TR

经济最优　MSY　开放获取
（E_E）　（E_M）　（E_O）

捕捞力量

图 13.3　渔业的总收入和总成本

2.开放获取均衡点[17]（open-access equilibrium）E_o,此处 TR＝TC,或者 AR＝MC(平均成本＝边际成本)。

图 13.4 采用边际/平均成本和边际/平均收益曲线,更易于寻找均衡点。最大化的可持续产量位于图的 E_M 处,此处 TR 最大并且 MR＝0。

开放获取的均衡点为 E_o,正如第 4 章所述,只有在 AR＝MC 处才会发生,这意味着渔业的利润已经降为 0,只要渔业是有利可图的,新进入者便会不断增加对鱼类种群的压力,这便导致总收益的下降直至 TR＝TC。此处是经济和生态上不可取的点,但若不实行限制捕鱼的政策,此点可能会出现。

从经济学家的角度来说,开放获取的均衡会导致租值消散[18]（rent dissipation）——渔业潜在社会收益的损失。渔业的单个所有者通过在 E_E 点限制经营可获得潜在的经济租金[19]（economic rent）,图 13.4 中的阴影面积 A 代表潜在租金。平均收益与边际成本的差值表明单位捕捞力量的租金,面积 A 是总租金。若开放获取,经济利益便消失了。

注意图 13.4 中经济最优 E_E、最大化可持续产量 E_M 及开放获取均衡点 E_o 之间的关系。经济最优位于最大化可持续产量的左侧,而开放获取位于最大化可持续产量的右侧,如第 4 章所述,经济最优可以通过执照费[20]（license fee)以及配额制[21]（quota system)实现。

----

⑰　开放获取均衡点:自由进入市场导致的开放存取资源的使用水平;该使用水平可能会导致该资源耗竭。
⑱　租值消散:由于市场失效导致的市场上潜在社会和经济收益的损失。
⑲　经济租金:稀缺资源所有者获得的收入。
⑳　执照费:为了使用一种资源而支付的费用,如捕捞许可证。
㉑　配额制:通过限制资源开采许可的方式限制资源使用的系统。

当渔业是局域化的情形时,如小型湖泊,经济最优可以通过私有化产权[22] (private ownership)达到。追求利润的所有者或共同行动的所有者群体存在将捕捞力量限制在 E_E 处的动机,这样便可实现利润最大化,也具有防止渔业被过度捕捞的效应。

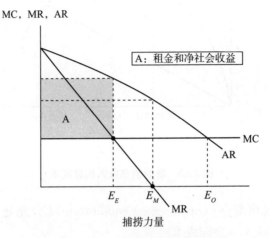

图 13.4　渔业的边际收益与边际成本

参照生态图表(见图 13.2),我们看到,经济最优点位于 MSY(点 B)的右侧,在可持续的范围内,尽管由于捕捞使鱼类资源下降,但是较高的年增长率将使系统维持恢复力,或者反弹的能力。相反,开放捕获均衡位于 MSY 的左侧。

当我们逐步向 MSY 的左侧平移时,产量和年度增长均会下降,鱼类资源最终可能处于灭绝的险境。随着捕获鱼量的下降,鱼类价格可能会上升,图 13.4 中的边际收益和平均收益曲线增加,因此开放获取的均衡点进一步向右移动,从而加速了渔业的崩溃。[e]

遗憾的是,在世界渔业中开放获取的均衡非常普遍,图 13.5 展示了菲律宾渔业的数据。菲律宾渔业的开放获取已经导致捕捞水平首先超过最大化的经济产量 MEY(在以上分析中与 E_E 点相对应),然后是最大化的可持续产量 MSY(与 E_M 点对应)。注意,实际历史数据与渔业经济学的理论模式如此吻合是一件非常有趣的事情。我们可以清楚地看到,20 世纪 80 年代,渔业是如何超过最大化的可持续产量,以及底层(海底)和中上层(海洋)的渔业捕捞又是如何开始下降的。

㉒　私有化产权:对特定资源提供某些专属权,比如地主的限制擅自通过权。

e　渔业的崩溃过程不能够完全在一个静态的平衡模型中表现出来,如图 13.4 所示,而是需要更复杂的动态模型显示非均衡效果的渔业崩溃。

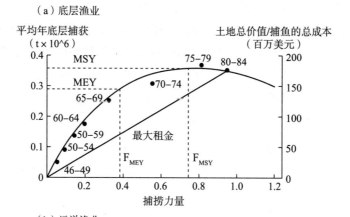

（a）底层渔业

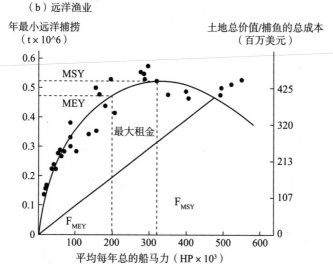

（b）远洋渔业

资料来源:Pauly and Thia-Eng,1988.

图 13.5　开放获取的菲律宾渔业

13.3　实践中的渔业经济学

　　如第 4 章所述,公海捕鱼是公地悲剧[23](tragedy of the commons)可能发生情形的典型诠释。个体渔民热衷于保护行动的动机很少,因为他们清楚,如果他们不捕捞这些鱼,其他人可能也会捕捞。若没有明确的限制,渔民将捕捞尽可能多的鱼。技术进步使寻找和捕捞鱼群更为容易,从而造成了渔业资源的恶化。

――――――――――

　　[23]　公地悲剧:指公共财产资源被过度采伐的趋势,因为没有人有动机去保护该资源,而个人的财政激励促使他们扩大采伐。

一般,传统社会具有当收获某些特定鱼类时对捕鱼季节和天数或对捕鱼总量进行限制的传统,如在产卵期季节禁止捕鱼。近年来,这些传统在很多情况下被抛在一边,这部分归于人口压力,均衡被打破的其他原因还包括制度失灵[24](institutional failure),如当外部利益群体获得颠覆传统产权模式的权力时。

当前世界很多渔场均存在过度捕捞[25](overfishing)现象,之所以说是过度捕捞,是因为人类需求已经超过了鱼类的再生能力。

> 大约25%的世界海鱼资源被认为过度开发,另外50%被完全开发。野生渔业资源耗竭归因于过度开发以及由于不断增长的沿海人口对资源施加的压力逐渐增大,加速了沿海、海洋、淡水生态系统和栖息地的加速退化。
>
> 十大海洋鱼类品种共占据了所有捕获的鱼类产品的30%,其中有7种被完全开发或过度开发。受人口压力和自然干扰(比如不利的气候条件、污染和疾病暴发)的影响,过度开采资源使其恢复能力受到严重损害。

随着现代船舶如商业拖网渔船的引入,渔业经营的规模急剧增大。1970~2005年,全球船只运力增加了6倍,而每吨船队运力的平均捕获量(渔获率)稳定下滑(见图13.6)。

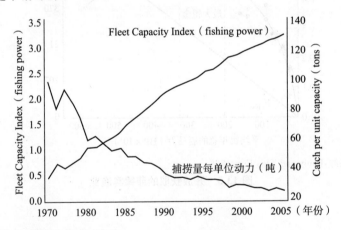

资料来源:世界银行和FAO,2009.

图13.6   全球运力和渔获率

很明显,开放获取的情形是经济不理性的,同时也会进一步引起生态问题,因为现代化的捕鱼手段常会引起非目标物种的高死亡率。所有捕获物中有1/4由于尺寸不足或不适合销售被丢弃,这种全球捕获中被浪费的部分称为"副渔获物"[26](bycatch)。2009年一篇文献认为:

---

[24] 制度失灵:政府或其他机构不能防止资源的过度开发。

[25] 过度捕捞:随着时间推移会减少鱼类存量的捕捞量水平。

[26] 副渔获物:相比较于预期的商业品种,水生生物的收获。

每年确认的副渔获物有3 850万吨,占预计的每年全球海洋捕捞量9 520万吨的40.4%……由于缺乏任何形式的有效管理,大量生物群体正被迫离开海洋。因此,这篇文章揭示了副渔获物是由于普遍缺少监管导致的,是无形捕鱼的一个潜在的问题……很少有产业能忍受约40%的浪费或缺少持续管理水平。

虽然确定渔业最大化的产量有助于维护个别物种,但是生态可持续问题更为复杂。一个物种的耗竭会导致海洋生态不可逆转的变化,因为其他物种会填补原先捕捞鱼种所占用的生态位。例如,在北大西洋渔场,狗鲨和鳐鱼代替了被过度捕捞的鳕鱼和黑线鳕,而如今它们也面临着被过度捕捞的威胁。捕鱼技术,如拖网作业,所用的网是沿着海底被拖起的,对水底底栖生物的所有物种都具有很大的破坏性。大西洋主要海域,曾经多产的洋层生态群落已经被重复拖网作业严重破坏了。

粗略地根据渔获率和MSY比较,捕鱼可以分为三个类别:[f]

(1)非完全开发[27](non-fully exploited):捕捞水平低于MSY,也就是说,随着捕捞力量的增加渔获量增加。

(2)完全开发[28](fully exploited):捕捞水平达到或接近MSY。

(3)过度开发[29](overexploited):捕捞水平超过MSY,也就是说,即使没有捕捞力量的下降,捕捞水平已经从峰值处显著下降。

因此,只有鱼类资源被划分为非完全开发,捕捞水平才可以持续增加。对于完全开发或过度开发的渔业,捕捞力量的增加只会导致捕捞量的下降。图13.7展示了全球水平上的鱼类资源现状。2009年,只有13%的鱼类资源被划分为非完全开发,57%为完全开发,30%为过度开发。我们看到,自20世纪70年代以来,被划分为非完全开发的鱼类资源的百分比已经从40%下降到仅10%多一点,然而,同期被划分为过度开发的鱼类资源的比例却在稳定增长。

正如2008年的一篇报告表明的那样:

人类现在有能力在世界大部分富饶的栖息地寻找和捕捞渔业资源,并且做得比以前任何时候都好,但结果是我们不能再期望找到隐蔽的鱼类资源。事实上,很多科学家已经警告过鱼类数量在近几十年即将崩溃。虽然确切的时间可能值得商榷,但趋势是确定的——[新的压力(例如,天气改变)正威胁着渔业,使情况变得更加糟糕]……,正如联合国粮食与农业组织(FAO)指出的那样:“我们已经达到了世界海洋渔业捕获的长期最大化潜力了。”

---

f   分类体系由联合国粮农组织推导得出,考虑了产卵的潜力、规模和鱼龄结构以及储量丰富度。
[27] 非完全开发:鱼类的捕捞水平低于最大可持续产量的概念。
[28] 完全开发:鱼类的捕捞水平达到最大可持续产量的概念。
[29] 过度开发:鱼类的捕捞水平超过最大可持续产量的概念。

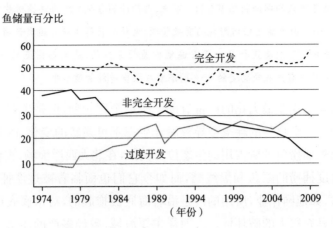

资料来源：FAO，即联合国粮食与农业组织，2012。

图 13.7 1974～2009 年全球渔业状况的全球趋势

13.4 可持续渔业管理的政策

世界银行和 FAO 强调迫切需要渔业制度改革：

> 不采取行动意味着鱼类种群崩溃的风险增加，同时，补贴带来的政治压力也不断增加，一个对全球财富没有净贡献的部门正在社会上不断消耗资源……最重要的改革是有效取消海洋捕捞渔业的开放获取条件，建立安全的海洋使用权和产权制度。很多情形下的改革也将涉及减少和取消引起过多捕捞力量和捕鱼能力的补贴。世界银行已经强调对优质公共产品，如科学、基础设施、人力资本，良好的自然资源管理以及改善的投资环境等进行投资，而不是采用补贴的方式。

从经济学角度讲，市场失灵[30]（market failure）在开放获取的渔业会出现是因为重要的富饶资源——湖泊海洋——被视为免费资源，因此被过度利用。一种简单的解决方式便是对资源进行定价。

当然，私人所有者缺少，以小型湖泊为例，会允许无限数量的人类免费捕鱼，并耗尽鱼类资源直至其没有价值。资源所有者收取一定的捕鱼费用，所有者会产生一定收入（部分可能用于恢复湖泊资源），同时也会限制捕鱼的人数。虽然所有者的动机是收集经济租金，但是捕鱼的人也会获得收益，尽管缴纳一定的费用，但是他们已经得到了持续良好的捕捞，而不是遭受鱼类资源耗竭的损失。

海洋渔业不能用私有化所有权的方式解决。海洋，也被称为公共财产资

---

③0 市场失灵：某些市场未能实现资源的有效分配。

源,它属于每个人而不是某个人,但是根据在联合国主持下达成的 1982 年《海洋法》[31](Law of the Sea)条约,各国可以对近海渔业宣称拥有领土权。那么,他们便可在专属经济区[32](Exclusive Economic Zone,EEZs)——正常从海岸线扩展 200 海里——通过要求获得捕鱼许可证限制对渔业的获取。

捕鱼许可证可以以既定的价格出售或者通过拍卖将有限数量的许可证出售,事实上,这建立了资源获取的价格。注意,我们也可以将其视为把负的外部性内部化。现在每个渔民必须为强加给渔场的额外成本支付一定的费用。费用传递的经济信号将导致较少的人进入渔业。

然而,这种方法并不能解决过度投资的问题。购买许可证的渔船所有者通过投资新设备,如跟踪鱼群的声呐设备、更大的渔网、行程更远更强大的发动机,获得最大捕获量的额外收益。他(她)花费尽可能多的时间在海上以获取投资在许可证和设备上的最大化回报。如果所有的渔民都这样做,耗竭问题也许将非常严重。政府可以通过征收总渔获量配额予以回应,但区域配额往往难以执行,并会遭到渔民的强烈抵抗。

一个将限制与市场机制相结合的政策,便是个体可转让配额[33](individual transferable quotas,ITQs)制度。与可转让排放许可类似,ITQs 对可以获取的捕鱼数量给与最大限额。任何购买配额的人可以捕获和销售一定数量的鱼,或者可以将配额或捕鱼权卖给其他人。假设可以实行配额限制,那么来自渔场的总渔获量将不会超过之前的水平。

为了确定最大的可持续产量水平,政策制定者必须咨询海洋生物学家,他们可以估算鱼类种群的可持续水平。在生态持续性被确定后,许可证市场将会提高经济有效[34](economic efficiency)。要得到 ITQs,那些高效捕鱼的人比其他人出价更高。尽管 ITQs 制度在一些地区非常成功,但也招致了推动渔业集聚和被排挤的小渔民的抱怨。

一个更复杂的问题涉及高度洄游鱼种,如金枪鱼和箭雨,一直游走于国家渔业区和公海之间。即使国家水域具有较好的资源管理政策,这些鱼种也可能作为开放获取的全球资源被捕获,这不可避免地导致了鱼类资源下降。只有国际协议才能解决全球公域的问题。

1995 年,签署了第一个这样的协议:高度洄游和跨界鱼类种群公约,该公约体现了第 7 章所介绍的生态经济原则:预防原则[35](precautionary

---

　　[31]　《海洋法》:1982 年关于海洋捕捞的一项国际规定。
　　[32]　专属经济区(EEZ):通常是指一个国家海岸线附近 200 海里的一个区域,在这里,国家对海洋资源有专属管辖权。
　　[33]　个人可转让配额(ITQs):可交易的收获资源的权利,如允许捕捞特定数量鱼的捕捞许可。
　　[34]　经济有效:资源分配最大化社会净收益;排除外部性的完全竞争市场。
　　[35]　预防原则:政策的制定应该考虑不确定性并通过采取措施避免低概率但灾难性的事件发生的观念。

principle)。该原则暗示着,在问题出现之前,而不是等到明显耗竭的时候,就应该通过限制总渔获量、建立数据收集和报告体系、利用有选择性的装置最小化副渔获物等措施控制渔业开放获取。

需求方问题:转变消费模式

当前发达国家的人口消费了全球 26％的渔获量,而发展中国家则消费了74％。在发展中国家,鱼类是重要的蛋白质来源,发展中国家日益增长的人口和收入可能会引起对鱼类和鱼产品需求的稳定增长,然而,供给扩张,至少来自野生鱼类的供给扩张已经接近极限。

在过去几十年里,世界渔业捕获量稳定增长(图 13.8),按人均计算,20 世纪 50 年代和 60 年代,鱼类捕获量增长稳定,自此以后,只是稍微有所增长。正如前面提及的那样,鉴于大部分鱼类资源已经被完全开发或过度开发,全球渔业总捕获量进一步增长是不可能的。大西洋渔场受到特别大的压力,因为很多捕鱼国家正在为开放获取进行竞争,200 海里专属经济区的渔业管理已经不再合适了。

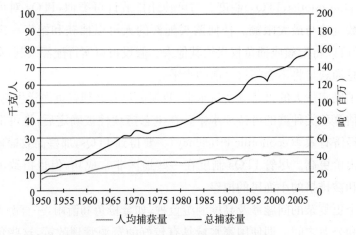

资料来源:世界观察研究所,2009;美国人口普查局人口数据,2013。

图 13.8   1950～2005 年世界海产品捕获量

世界渔产品的 20％,超过 2 000 万吨用于非食品,如鱼粉或者油类。大豆制品和动物及养殖鱼的替代使用将缓解对渔业的压力,并可能使更多的鱼类直接用于人类消费。当然,这将依赖陆生蛋白产品,如大豆不断增长的产出。如我们在第 10 章所讲,这可能会引发其他环境问题。

人类消费模式的改变也是非常重要的。识别由环境损害技术捕获的鱼和海鲜的宣传教育活动可能会引导消费者规避某些物种。例如,旨在制止剑鱼数量减少的抵制得到了很多餐馆厨师和消费者的支持。

确认产品采用可持续方式生产的生态标签㉟(ecolabeling),具有鼓励可持续捕鱼手段的潜能。确认采用可持续捕鱼的产品通常会有略高的市场价格。通过接受产品溢价,消费者含蓄地同意对某些行为进行支付,而不是仅支付他们所吃的鱼。他们为海洋生态系统的安全支付了额外的一小部分费用,也对保存未来人们食用的鱼类支付了额外的小额费用。消费者的选择为捕鱼行业采用可持续的手段提供了经济激励。

用经济术语讲,我们可以说,消费者正在通过购买生态标签产品将与可持续捕鱼技术相关的正外部性内部化。政府或者声誉较高的私人机构可以监督可持续渔产品的认证㊲(certification),一个显著的例子便是"海豚安全"生态标签,这在金枪鱼捕捞过程中对减少被误捕的海豚具有一定的作用。

政府政策将正外部性内部化的另一个领域是补贴㊳(subsidy)的明智利用,例如,帮助开发专门为释放副渔获物或避开海底主要障碍而设计的设备。这可能会缓解取消破坏性捕鱼行为的政府干预的政策反对。遗憾的是,当前大部分补贴达不到预期目标,因其增加了过度捕鱼的经济动机(见专栏 13.1)。

专栏 13.1 **实践中的渔业政策:成功还是失败?**

环境经济学家认为,渔业需要政府管理以避免公共资源的过度捕捞问题,但是许多政府的渔业管理政策并不能达到预期目标,甚至恶化了过度捕鱼或加剧了鱼类资源耗竭。实行渔业补贴则尤其如此,渔业补贴包括补助金、贷款、税收激励、优惠保险、燃油税抵免以及对更高效捕鱼手段的支持。每年全球渔业补贴约 200 亿美元,几乎所有的这些补贴都会导致过度捕捞。

实行捕捞限额的政策对预防鱼类资源耗竭更为有效,甚至在有些情况下,有助于资源恢复,但这些政策常会备受争议,因为对捕捞时间或捕捞数量的限制会减少渔业收入。例如,在新英格兰地区,美国联邦法官 2002 年的一次判决发现,捕鱼限制并没有在恢复鳕鱼和其他底栖鱼类上取得成效,进而法院提出了更严厉的规则。渔民的竞争会破坏鱼类生存。2013 年,新英格兰地区对鳕鱼捕捞的限制进一步收紧,缅因州海湾收紧了 77%,佐治亚洲收紧了 61%。因为渔业资源的灾难性下降,加拿大近期关闭了历史悠久的大西洋鳕鱼渔场。

㉟ 生态标签:提供某产品在生产过程中对环境影响的标签。
㊲ 认证:确认某种产品符合特定的标准的过程,例如确认使用有机农业技术来进行生产。
㊳ 补贴:政府对某个行业或经济活动的帮助;直接通过金融帮助补贴,或者间接通过保护性政策进行。

　　有没有更好的方法呢？像新西兰、澳大利亚等国已经率先使用可转让的捕鱼配额。实际上，这在海洋渔业确立了产权，该行业的新进入者必须向当前所有者购买许可证。由于总捕获量是相对有限的，鱼类资源已经达到顶峰，捕鱼许可证的价值已经上升，这便给了渔民保护渔场的激励。"为什么要伤害渔业？"澳大利亚捕龙虾的渔夫说道："它是我的退休基金。如果没有剩余的龙虾，没有人会为我支付 35 000 美元/捕获圈。如果我现在就掠夺渔业资源，10 年后我的许可证将没有任何价值。"

　　新西兰捕龙虾的渔民要从高达 800 个龙虾捕获圈中获取那些体型偏小、寿命更短的龙虾，维持基本生活。与新西兰渔民不同的是，澳大利亚同行可以过上很好的生活，因为龙虾捕获圈仅 60 个，他们可以捕获更大的龙虾。监管澳大利亚龙虾业的一位生物学家说："捕鱼可能是唯一的经济活动，在这个经济活动中，你可以通过较少的劳动赚更多的钱。通过捕获更少的龙虾，渔民便可留下更多的龙虾进行繁衍生息，这将使他们在以后捕获龙虾更为容易。龙虾茁壮成长，渔民也有更多的时间在家里陪伴家人。"

　　可转让的配额体系也面临批评者的反对，这些批评者害怕企业通过购买许可证接管公共水域。然而通过限制任何个人或企业可拥有的许可数量，转让配额体系有可能保护小规模经营者。罗得岛州的一位捕龙虾者，Richard Allen 正在游说澳大利亚式体系："很多人抱怨将其他人拒之捕鱼业之外是不公平的……但是，由于当前的体系，我们所有的捕鱼者都被拒之门外。我不能出去捕获大比目鱼和箭鱼，因为已经所剩无几。我宁愿鱼类资源兴旺并且具有购买许可证的选择权。"

　　资料来源：来自 John Tierney 的渔民和生物学家陈述，"两个渔场的故事"，《纽约时报》，2000 年 8 月 27 日；Beth Daley，"新英格兰渔业急剧缩减：法官判决是对渔业的沉重打击"，《波士顿环球报》，2002 年 4 月 27 日；Colin Nickerson，"加拿大宣布终止鳕鱼捕捞"，《波士顿环球报》，2003 年 4 月 25 日；Jay Lindsay，"新英格兰监管机构批准捕鱼缩减"，《波士顿环球报》，2013 年 1 月 30 日；补贴估计，Myers and Kent，2001 年。

水产养殖：新的解决方案，新的问题

　　鱼产品增长最快的领域是通常在大型海洋圈中的水产养殖[33]（aquacul-

---

[33]　水产养殖：对鱼类和贝壳类等水生生物进行养殖，主要供人类使用或消费。

ture)——养鱼业。近年来，世界鱼产品的增长很大程度上归因于水产养殖（见图 13.9）。然而，从环境的角度分析，水产养殖可能会引发很多环境问题，正如它解决的环境问题一样。

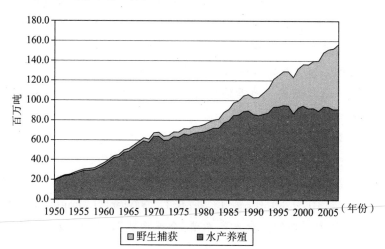

资料来源：联合国粮食与农业组织，2012；世界观察研究所，2009。

图 13.9　1950～2007 年全球野生捕捞和水产养殖的渔业收获

传统的水产养殖体系常会饲养几种物种，并将农作物和动物进行有机、健康的结合，现代体系依靠经济上有利可图的鱼种如鲑鱼和虾的单一养殖⑩（monculture）。这种体系存在很多负面性（见专栏 13.2）。过量食物和鱼的排泄物污染了水生环境，饲养鱼群会传染疾病给野生鱼群，或者是，即使后者能幸免，它们的野生基因源也会退化。虾类养殖通常会取代红树林，而这具有更大的生态破坏性。

专栏 13.2　　　　科学家批判鲑鱼和虾的水产养殖

根据《科学》杂志的一篇文章，尽管人们寄希望于水产养殖以解决陷入困境的全球渔业，但渔业养殖最成功的一些形式也可能弊大于利，因为其耗竭海洋资源并污染了水资源。

斯坦福大学和美国环保协会的研究人员认为，鲑鱼和虾对环境尤其具有破坏性，因为这些鱼种属于食肉类，若其食用的鱼被其他海洋生物或人类食用，它们可能会消费更少的量。

---

⑩　单一养殖：在一块土地上只种植一种农作物，每年如此。

世界上鲑鱼养殖者要喂 180 万吨的野生鱼类但仅能收获 644 000 吨的鲑鱼。与此同时,来自虾和鲑鱼养殖的水污染也在增加,单是挪威的鲑鱼养殖从鲑鱼粪便中排出的物质至少等于拥有 170 万人口的城市的排放量。此外,养殖鱼能够将疾病和寄生虫病传染给野生鱼类,并且免于被传染的鱼类也会使野生基因源退化。

虾类养殖,自 19 世纪 80 年代以来增长了 700%,中国、泰国和印度尼西亚的虾类养殖也造成了池塘的生态受损,这些地区的低收入群体通常会自私地捕虾。

这篇文章总结道:"虾类和鲑鱼养殖的迅速增长已经很明显地导致了生态退化,然而对世界粮食安全的作用很小。"

资料来源:Scott Allen,"水产养殖污染和损害海洋生物",《波士顿全球报》,1998 年 10 月 30 日,第 13 页;R.L. Naylor, J. Eagle and W.L. Smitl,"太平洋西北部的鲑鱼水产养殖:全球产业",《环境》第 45 期,第 8 页,2003 年 10 月。

短期内,密集型虾类养殖具有较高的利润:个体虾类养殖户每年每公顷可以赚 10 000 美元,集约化生产率为每公顷 4 吨~5 吨虾。与之相比,虱目鱼或鲤鱼等物种大约每公顷的收入仅为 1 000 美元。但是,这种经济回报并不能对生态损害(如栖息地退化)和经济损失做出解释。将多元生态体系转化成单一体系后,渔民和公众都损失了很多生态产品,如鱼类、海鲜、林木、木炭和其他产品,他们也失去了海洋生态系统提供的服务,比如过滤和净化水资源、进行养分循环、去除污染物、保护受沿海风暴和恶劣天气影响的土地。马来西亚一份对马塘红树林的研究表明,单纯海岸地区保护的价值就已经超过虾类养殖价值的 170%。

在适中的局部范围内,内陆水产养殖可促进将农作物如水稻和鱼塘相结合的水体系的多元利用,对生态环境大有裨益。亚洲生态友好型水产养殖业具有悠久的历史,非洲和其他地区的发展中国家展现了进一步发展的巨大潜力。海洋养殖渔业能否大规模实践且对环境没有损害还有待考证。

鉴于水产养殖的迅速发展,制定政策应减少资源密集型方式的生产,传统的鱼塘系统将当地环境与可得资源很好地结合起来,因此,恢复和鼓励发展这种鱼塘系统有助于水产养殖对环境影响的最小化。

水产养殖无疑是渔业管理的组成部分,但并不能补偿无限度获取野生鱼类带来的损害。为满足持续增长的世界人口的需求,我们需要包含供给管理、需求改变和可持续的水产养殖方式的综合方法。

总　结

可再生资源体系如渔业涉及生态原则和经济原则。鱼类数量会基于环境承载力在自然状态下达到均衡。如果与环境承载力相一致，人类对资源的开发能够具有可持续性。

渔业的经济学分析表明有效资源的利用应该与生态可持续性相协调。然而，很多渔场的开放获取条件为过度开发创造了强烈动机。

从全球规模来讲，渔船运力和渔业捕捞能力持续增长的结果是，87％的世界渔业被划分为完全开发或过度开发，进一步增加全球捕鱼数量的潜力有限。破坏型捕鱼技术已经损害了海洋鱼类栖息地，改变了海洋生态环境，并减少了海洋的生产力。

维持可持续产量和恢复耗竭渔业的政策包括将限制和市场机制相结合。国际公约已经为领土主权和管理实践设立了指导原则。各国可以获得渔业许可证或利用配额限制对渔业资源进行获取。区域性配额很难实行，但个人可转让配额体系的应用比较成功。

鱼类是重要的蛋白质资源，特别是对发展中国家来说，人们认为这些国家的需求随着人口和收入的增加不断增长。由于鱼类捕获已经达到或超过了可持续限度，更有效的消费模式和水产养殖的增加是很重要的。

为促进可持续的渔业管理，通过消费者意识、认证或生态标签项目可以改变消费模式。水产养殖具有很大的潜力，但也涉及显著的环境成本。小规模传统的陆地水产养殖比大规模的商业运营往往具有更好的环境效益。

问题讨论

1.渔业耗竭的基本原因是什么？近代以来，哪些因素导致该问题更为严重？该问题是如何与渔业的经济与生态分析的区别有关的？

2.渔业管理政策的私有产权、政府通过许可证管制和个体可转让配额的优点和缺点是什么？每种政策适用于什么情景？

3.解释与渔业相关的概念的内在联系：经济租金、最大的可持续产量、经济效率、生态可持续性。这些概念是如何用于指导渔业管理政策的？

练习题

1.假设一个渔场的特征为在总渔业资源与年度增长间存在如下关系：

资源(千吨生物量)	10	20	30	40	50	60	70	80	90	100	120
增长(吨)	0	800	1 600	2 400	2 800	3 000	2 800	2 200	1 200	0	−1 200

列一张表表明资源储量与增长之间的关系，列另一张表表明在每个储量水平的增长率（比如，在储量为 60 000 吨、产量为 3 000 吨时，增长率为 5%）。什么样的储量水平与最大化增长率相对应？什么样的储量水平可给出最大的可持续产量？对于自然状态下的鱼类数量而言，稳态和非稳态均衡的储量水平是什么？

2.现在假设我们将物种数量/产量的关系转化成渔船经营和总产出间的关系：

渔船:	0	100	200	300	400	500	600	700	800	900
总产出(吨):	0	1 200	2 200	2 800	3 000	2 800	2 400	1 600	800	0

鱼类价格平均为 1 000 美元/吨，经营一艘渔船的成本为每年 4 000 美元。

画一张图表明渔业的总收益和总成本为经营的渔船数量的函数，然后画表展现边际收益平均收益和边际成本，再用绘制的表格分析以下条件下渔业的均衡。

(a)没有渔业的自然状态。

(b)从最大化的可持续产量得到的渔业。

(c)在有效管理计划下经营，具有经济最优回报的渔业。

(d)渔业具有开放获取的特征。

就政府的渔业管理政策而言，这种经济分析暗示着什么？这样的政策应该基于最大的可持续产量的概念吗？是否还有其他的重要因素在此分析中没有体现出来？

注释

1.UNEP, 2002; World Resources Institute et al., 2000.

2.For an advanced treatment of the dynamics of fisheries, see Clark, 1990.

3.See Ostrom, 1990; McGinnis and Ostrom, 1996.

4.World Bank, 2006, p. 2.

5.Davies et al., 2009.

6.See Hagler, 1995; Ogden, 2001.

7.Freitas et al., 2008, introduction.

8.World Bank and FAO, 2009, p. xxi.

9. For a survey of the effects of entry restrictions in fisheries, see Townsend, 1990.

10.SeeArnason, 1993; Duncan, 1995; Young, 1999.

11.McGinn, 1998.

12.FAO, 2012a.

13.On Atlantic fisheries, see Harris, 1998.

14.FAO, 2012a.

15.McGinn, 1998, pp. 48—49.

16.See Brummett and Williams, 2000.

参考文献

Arnason, R. 1993. "The Icelandic Individual Transferable Quota System: A Descriptive Account."*Marine Resource Economics* 8: 201—218.

Brummett, Randall E., and Meryl J. Williams. 2000. "The Evolution of Aquaculture in African Rural and Economic Development." *Ecological Economics* 33 (2) (May): 193—203.

Clark, Colin. 1990. *The Optimal Management of Renewable Resources*, 2d ed. New York: John Wiley.

Davies, R.W.D., S.J. Cripps, A. Nickson, and G. Porter. 2009. "Defining and Estimating Global Marine Fisheries Bycatch." *Marine Policy*, 33 (4) (July): 661—672.

Duncan, Leith. 1995. "Closed Competition: Fish Quotas in New Zealand."*Ecologist* 25 (2/3) (March/April, May/June): 97—104.

Food and Agriculture Organization (FAO). 2012a.*The State of World Fisheries and Aquaculture 2012*. Rome.

——. 2012b. "Review of the State of World Marine Fishery Resources." FAO Fisheries and Aquaculture Technical Paper 569. Rome.

——. 2012c. FAOSTAT Agriculture Database, www.fao.org.

Freitas, B., L. Delagran, E. Griffin, K.L. Miller, and M. Hirshfield. 2008. "Too Few Fish: A Regional Assessment of the World's Fisheries." *Oceana* (May).

Hagler, Mike. 1995. "Deforestation of the Deep: Fishing and the State of the Oceans." *The Ecologist* 25:74—79.

Harris, Michael. 1998. *Lament for an Ocean: The Collapse of the Atlantic Cod Fishery*. Toronto: M&S.

Hartwick, John M., and Nancy D. Olewiler. 1998. *The Economics of Natural Resource Use*. Reading, MA: Addison Wesley Longman.

McGinn, Anne Platt. 1998. *Rocking the Boat: Conserving Fisheries and Protecting Jobs*. Worldwatch Paper No. 142. Washington, DC: Worldwatch Institute.

McGinnis, Michael, and Elinor Ostrom. 1996. "Design Principles for Local and Global Commons." In *The International Political Economy and International Institutions*, vol. 2. Cheltenham, UK: Edward Elgar.

Myers, Norman, and Jennifer Kent. 2001. *Perverse Subsidies: How Tax Dollars Can Undercut the Environment and the Economy*. Washington, DC: Island Press.

Ogden, John C. 2001. "Maintaining Diversity in the Oceans." *Environment* 43 (3) (April): 28—37.

Ostrom, Elinor, 1990. *Governing the Commons: The Evolution of Institutions for Collective Action*. Cambridge, UK: Cambridge University Press.

Pauly, Daniel, and Chua Thia-Eng. 1988. "The Overfishing of Marine Resources: Socioeconomic Background in Southeast Asia." *Ambio* 17(3): 200—206.

Townsend, Ralph E. 1990. "Entry Restrictions in the Fishery: A Survey of the Evidence." *Land Economics* 66: 361—378.

United Nations Environment Programme (UNEP). 2002. *Global Environmental Outlook 3: Past, Present, and Future Perspectives*. London: Earthscan.

United States Census Bureau. 2013. World Population website, http://www.census.gov/population/international/data/worldpop/table_population.php.

World Bank. 2006. *PROFISH Fisheries Factsheet Number 2* (November).

World Bank and FAO. 2009. "The Sunken Billions: The Economic Justification for Fisheries Reform." Washington, DC.

World Resources Institute, United Nations Development Programme, United Nations Environment Programme, and the World Bank. 2000. *World Resources 2000—2001: People and Ecosystems*. Washington, DC: World Resources Institute.

Worldwatch Institute. 2009. *Vital Signs 2009: The Trends That Are Shaping Our Future*. Washington, DC.

Young, Michael D. 1999. "The Design of Fishing Rights Systems: The New South Wales Experience." *Ecological Economics* 31 (2) (November): 305—316.

相关网站

1. **www. fao. org/fishery/en.** The Food and Agriculture Organization's

main fisheries and aquaculture Web page. It includes links to their biennial "State of World Fisheries and Aquaculture" report, which contains detailed data on fish production and consumption.

2.**http://worldbank.org/fish.** The World Bank's main fisheries and aquaculture Web page. It includes links to various publications and projects.

3.**http://oceana.org/en.** Web site of Oceana, the "largest international organization focused solely on ocean conservation." The site describes various ocean conservation projects that Oceana is working on, as well as links to publications.

第 14 章 生态系统管理——森林

焦点问题

● 森林管理的经济和生态原则是什么?

● 森林减少的原因是什么? 世界哪些地区的森林覆盖正在减少或增加?

● 可持续林业政策怎样才能被执行?

14.1 森林管理的经济学

森林同渔业一样,是重要的生态系统。当为满足人类需要对森林进行开发时,生态和经济分析有助于我们理解有效管理的基本原则。同渔业一样,自然增长率是森林生态学的基础,并提供了生态和经济分析的联系。林业管理的一个重要因素就是森林增长的累积特性:如果不受干扰,累积几年、几十年甚至上百年的生物体仍可被利用。因此,选择采伐的时间对森林管理非常重要。

如果我们要测量森林中活立木随时间推移的数量,我们可得到与渔业增长相似的逻辑增长曲线①(logistic curve)(见图 14.1),然而,采伐的逻辑有稍许不同。从经济角度看,我们可以将林木看作资产②(assets)或储量③(stock),同时林木也能给人类生产使用价值④(use values)的流量⑤(flow)。如果一片森林归私人所有,那么该所有者可以在资产价值及从使用中得到收

---

① 逻辑增长曲线:一个趋向上限的 S 型的增长曲线。

② 资产:具有市场价值的事物,包括金融资产、实物资产和资源资产。

③ 储量:给定时间变量的数量,如在一个给定的时间里森林中木材的数量。

④ 使用价值:人们对产品和服务使用赋予的价值。

⑤ 流量:在一个期间里变量的数量,包括实物流量,如每秒测量的河水在某一点的立方英尺流量,或者金融流量,如一段时间里的收入水平。

入。一个简化的例子将阐明所涉及的经济原则。起初我们假设对所有者来讲,森林唯一的财务价值是木材来源。

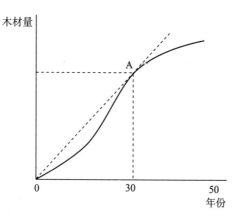

图 14.1　森林随时间增长情况

考虑具有 100 000 吨活立木的一片森林,每年有 5 000 吨额外生物数量的增长率。如果全伐⑥(clear-cut),在价格为 100 美元/吨时,森林的价值为 1 000万美元。实行年采伐量不超过年增长量的可持续管理⑦(sustainable management)政策将每年产生 500 000 美元的收益。

以上方案哪种在经济上更可取?这依赖于折现率⑧(discount rate)。在贴现率为 4%时,可持续产量的现值为:

$$PV = \$50 万 / 0.04 = 1 250 万美元$$

在贴现率为 6%时,可持续产量的现值为:

$$PV = \$50 万 / 0.06 = 833 万美元$$

将这些数据与全伐得到的 1 000 万美元的现值相比,我们发现,贴现率越低,可持续管理越具有经济可行性,但在较高的贴现率水平上,所有者将其全部采伐会更好。

看待上述问题的另一种方式是从所有者角度来讲,全伐的 1 000 万美元收入可以按 6%的收益率投资并每年获得 60 万美元,这比通过可持续管理每年获得 50 万美元更加有利可图。因此,商业利率这一金融变量将支配着私有林管理政策。若森林增长率低于预期利率,森林必然会遭到快采伐。美国森林管理经常应用这种逻辑,特别是当林地所有者有较高利率的贷款要偿还时。

这个简单的例子没有考虑再种植和再生长,我们可以用更复杂的版本决

---

⑥　全伐:砍伐给定的区域内所有树木的过程。

⑦　(自然资源)可持续管理:自然资源的管理方式,比如随着时间推移自然资本保持不变,既包括存量稳定也包括流量稳定。

⑧　折现率(折旧率):将未来收益或成本贴现为当前收益或成本的利率。

定经济最优的采伐期(从林业种植到采伐的时间)。

考虑森林的生物成长模式。图 14.1 表明,幼龄林的增长要快于成熟林。年平均生长量[9](mean annual increment,MAI)或年均增长率是用总生物能[10](biomass)(或木材重量)除以森林年限得到的。用图表示,增长曲线上任意点的年平均生长量(MAI)是由从原点到该点的直线斜率界定的。在经过原点的线与增长曲线相切的点 MAI 最大(图 14.1 中点 A)。

在 MAI 最大的时段(图 14.1 为 30 年)处将树木全部采伐。若木材价格不变,这将导致木材总量最大化和年均收益最大化。

然而,为了达到经济最优,我们必须考虑其他两个因素:第一个是采伐的成本——劳动力、机器和采伐木材以及将木材运至市场所需的能源;第二个是贴现率,如前面例子所表明的一样,收益和成本必须要贴现,计算不同采伐政策的现值。

通过比较不同的采伐期的总成本和总收益(见图 14.2),然后将数据贴现得到预期收益的现值便可确定经济最优(见图 14.3)。总收益(TR)等于被伐林木的数量乘以价格,因此,TR 曲线的形状与图 14.1 中的逻辑曲线类似。

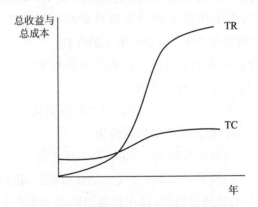

图 14.2　随时间推移的木材收益和成本

总成本(TC)包括种植和采伐成本,采伐成本随采伐量呈比例上升。总收益减总成本(TR-TC)表示未来某个时点的采伐利润。未来时间的预计利润必须进行贴现以计算其现值。从经济盈利能力的角度来讲,贴现后的(TR-TC)的值的最大处对应的点给出了最优轮伐期[11](optimum rotation period)。

若贴现率变高,未来期望收入的现值将缩减,因此,贴现率越高,最优采伐时间越短。图 14.3 展示了未贴现的 TR-TC 与贴现后的 TR-TC 的现值。

---

⑨　年平均生长量(MAI):森林的平均生长率,通过木材的总重量除以林木的年龄来获得。

⑩　生物能:木头、植物和动物废料提供的能源供应。

⑪　最优轮伐期:可再生能源的最优轮伐期,在这个时期能够最大化资金收益,按照最大化总收入减去总成本的现值计算。

贴现后的 PV(TR−TC)曲线更低,最大值会提前达到。随着贴现率上升,最优轮伐期缩短,正如箭头所示。

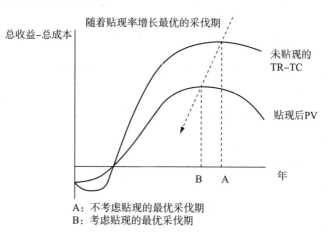

图 14.3　考虑贴现率的最优采伐时间

这个原则有助于解释为什么林业种植一般都基于速生软木树种。生长缓慢的硬木和混合林可能会在长期内有利可图,但在商业贴现率下,生长缓慢树木的现值太低,因此对木材公司难以具有吸引力。商业利率的决定因素依赖于与生态系统不相关的金融因素,但利率对林业管理有很重要的影响。

这种经济逻辑也有助于解释老龄林的压力。已经生长上百年的活立木代表可以被砍伐并立即获利的经济资产。再种植的往往是速生林种。尽管再种植具有单一速生树种的整片森林或农作物代表了显著的生态损失,但从商业角度讲,这可能是最具有盈利性的选择。

商业林业管理的原则常与生态目标冲突。尽管将与林业管理相关的部分社会成本和利益内部化是可能的,但对于广阔的私有林和开放林地区,市场利润是唯一的管理原则,这便是导致世界上严重的森林问题和生态多样性损失的原因之一(见专栏 14.1)。

专栏 14.1　　　　　　　　森林困局

巴拉圭的查科森林占地辽阔,其大小约为波兰的领土面积。虽然大部分查科森林在几个世纪里都保持着原生态,但如今为了将土地改为牧场,大片森林被夷为平地。前环境部长 Jose Luis Casaccia 说:"巴拉圭已经成为毁林运动的始作俑者。"巴拉圭东部大西洋森林的大部分已经被开垦为大豆农场,仅 10% 多一点的原始森林还被保留着。

　　如此多的土地被推平以及如此多的树木被烧毁,以致有时白天的天空变为暮光灰色。"如果我们继续疯狂地这样做",Casaccia 说,"几乎所有的查科森林将会在 30 年内被破坏"。森林损失很大一部分归因于在查科得到大片土地的巴西农场主。

　　巴西从 1980~1990 年已经开始大规模的森林砍伐,然而至 2006 年毁林率已经减少了 80%,因为巴西政府已经划出了 1.5 亿英亩的森林保护红线——大致相当于法国面积。但是近年来,政府对待亚马孙的态度有转变的迹象,一项临时措施是允许总统减少保护用地。

　　"巴西正在发生的关于环境政策的事情是我们可以想象到的最大的倒退",前环境部长 Marian Silva 说。对巴西国会有强烈影响的农业利益集团正在极力争取进一步弱化森林法(环境立法的核心部分)的立法。环境学家认为,提议的变化将会为毁林浪潮大开方便之门。

　　投票表明,85% 的巴西人认为改革法案应该优先考虑林业保护,即使以农业生产为代价。但是,商业压力会支持经济上有利可图的活动,根据当前环境部长 Izabella Teixeira 的观点,"我们必须将收入增长与可持续发展结合起来"。

　　政府宣称该方案将要再造林地 6 000 万英亩,比亚马孙的面积还要大,环境部长将其称为世界最大的造林规划。政府的目标是达到再造林的数量大于毁林数量。但是,谁会为这些新树埋单?政府会实行再造林的要求吗?巴西甘蔗行业协会的 Marcos Jank 说:"小型生产商缺少再造林资金,政府必须发展项目协助他们。"

　　资料来源:S. Romero,"巴拉圭受困的森林",《纽约时报》,2012 年 1 月 20 日;A. Barrionuevo,"对巴西亚马孙保护倒退的担忧",《纽约时报》,2012 年 1 月 25 日。

　　毁林开荒常比可持续的森林管理更加有利可图。林业管理得到的收入可能会提供长期利益,但是毁林或年均农业产出的现值可能更大。正如我们理解的那样,若考虑与林业保护相关的正外部性,经济估算结果可能会得以改变,但正外部性的价值并没有在市场中反映出来。

14.2　森林损失和生态多样性

　　人类活动在某些情况下减少了森林面积,在另一些情形下可能增加森林面积,同样也改变了森林的生态多样性。在世界范围内,大约 2/3 的热带雨林砍伐是由于农业用地转换而非直接伐木导致的,但是,开放具有伐木道路的林区允许自由进入会刺激破坏性的农业技术。

随着人口的增加,天然林已经被大量砍伐并且会被再造林替代。这便产生了森林总面积变化随总人口密度增加的 U 形曲线(见图 14.4)。世界上大部分热带地区处于曲线上向下倾斜的部分,并遭受净森林损失。很多森林面积不变或不断增长的温带地区已经砍伐了天然林并代之以人工林或人造林。

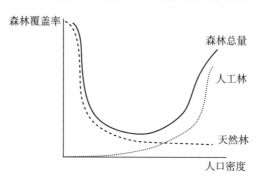

图 14.4　毁林和森林覆盖

在过去几十年里,热带雨林损失惨重。2000～2010 年,热带雨林损失为850 000 平方公里,每年大约 85 000 平方公里(850 万公顷)的速率。非洲和拉丁美洲的森林损失率约为 10%,而亚洲(不包括中国)和大洋洲则为5%～6%。

从森林总面积的角度讲,南美洲遭受最大的森林净损失,2000～2010 年,每年大约损失 400 万公顷,非洲其次,每年损失 340 万公顷,亚洲 20 世纪 90年代的净损失为 60 万公顷/年,2000～2010 年,由于中国大面积的植树造林(见专栏 14.2)和一些国家包括印度尼西亚毁林率的下降,每年平均森林净增加超过 220 万公顷。

专栏 14.2　　　　　　　　中国再造林

由于缺少森林覆盖,中国长期遭受水土流失和洪涝等严重问题。据估计,每年有 20 亿～40 亿吨的淤泥流入长江和黄河,周期性的洪灾导致数以百计的人死亡和巨大的经济损失。这便推动了中国政府实行世界上最大的再造林工程。

中国的退耕还林工程开始于 1999 年,设定了到 2010 年将 1 467 万公顷的农田转变为森林和造林面积大致等于湿地面积的目标。2011 年,研究人员断定该项工程取得了极大的成功。在过去 20 年里,整个国家参与全民植树活动的志愿者植树超过 350 亿棵。因此,中国的森林覆盖率在

2011 年达到 16.5%。20 世纪 50 年代和 60 年代,中国曾是世界上森林净碳排放量最高的国家之一,现在这个比率已经降为零,未来几年,该比率将变为负值(净碳储存)。

　　该项目涉及数以百万的农户从 3 370 亿元(超过 400 亿美元)的政府总预算中得到森林保护支付,这也是世界上最大的生态服务付费项目(PES)。对该项目进行分析发现,农户收入的净效应为正值。尽管中国实行再造林项目的动机与全球气候变化没有直接关系,但它对发展中国家的林业保护项目提供了范式。

　　资料来源:"Afforestation,"*China Through a Lens*,www.china.org.cn/english/features/38276.htm;"Reforesting Rural Lands in China Pays Big Dividends,Researchers Say",*Science Daily*,May 13,2011;Li et al.,2011,http://www.sciencedaily.com.

　　发展中国家将森林变为农田、牧场或草原是森林损失的主要原因(见图 14.5),拉丁美洲主要是将林地变为牧场或草原,而在东南亚和非洲,则是转变为农田,其中东南亚集约型农业更为严重,非洲的主要推手是自给农业。

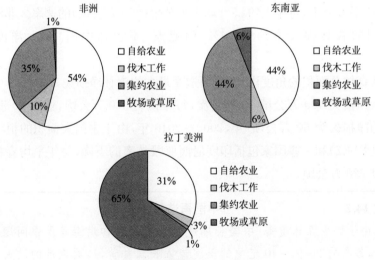

图 14.5　毁林原因的区域分解

　　即使在森林面积稳定或增长的地区,来自森林经济利用的生物多样性威胁依然很大。人工林往往是单一种植[12](monoculture)——为得到最大化经济回报只选择单一树种进行大量种植,这样,很多人工林取代了为很多物种提

---

[12]　单一种植:在一块土地上只种植一种农作物,每年都如此。

供栖息地的天然林。重新生成多样林在长时间是可能的,但是,管理森林多样化的经济动机常常缺失。

最大的可持续产量原则并不足以达到生态持续性。林业管理者只能通过在采伐地区再种植单一速生林种维持可持续产量,这为木材提供了持续性流量,为森林所有者提供了收入,但是却破坏了原始生态系统的多样性,也损害了很多在多物种森林里茁壮成长的动物和植物。

恢复能力[13](resilience)原则是生态体系持续性的核心。恢复力是一种反弹能力:生态系统从破坏中(比如森林大火或虫害)恢复的能力。一般而言,复杂的生态系统比简单的生态系统具有更强的恢复力。如果一片培育林仅包含一个树种,一只害虫就可能毁掉整片森林;多树种的森林更有可能经受住害虫攻击。森林中物种的比例可能发生变化,但是生态完整性和生态安全会一直存在。

过去几十年来,物种灭绝呈加速趋势,生物多样性[14](biodiversity)损失可能是 21 世纪以来最严重的环境问题(见专栏 14.3)。从经济学角度讲,生物多样性被认为是与森林和生态系统相关的重要的正外部性或者是与其损失相关的负外部性。这些外部性并没有从森林采伐的商业开发中反映出来,然而,任何森林管理的政策都必须考虑外部性。

专栏 14.3　　　　　生物多样性损失

为什么生物多样性损失很重要? 一个单一的甲虫物种的损失可能永远不会被注意到,并且也不会有显著的经济影响。但是,任何物种可能都具有重要的医药价值,随着日积月累,很多物种的存在提供了重要的生态系统复原能力。1990 年,从马来西亚雨林一棵树的树枝和树叶中衍生的化合物被认为可以阻止 AIDs 的 HIV 的两种菌株中其中一种的传播,但是当研究者返回寻找更多的样本时,他们发现,该树种已经被砍伐,附近没有其他的树种产生这种关键成分。

除了可能的医药和商业损失外,一种物种的减少甚至都可能改变生态系统的平衡,对其他物种、生态功能和生态恢复能力引起扩散效应。我们对世界的生态多样性的认识、对生态多样性损失的认识还是有限的。

2011 年的一份研究估计地球上的物种数量为 870 万种,其中,热带雨林比其他生态系统包含更多的生物,但是只有不到 200 万的物种可以被识别,生态学家发出警告,很多物种可能在被识别和研究前就已经灭绝了。

---

⑬　恢复能力:生态系统从不利影响中恢复的能力。
⑭　生物多样性:在一个生态群中,不同物种之间保持相互联系。

> 2011 年国际自然保护联盟对野生动物物种保护的全面审核总结道：12%的鸟类和 20%的哺乳类动物面临灭绝的危险，被调查的 22%的爬行动物、30%的两栖动物和 21%的鱼类被认为受到灭绝的威胁（见图 14.6）。
>
> 资料来源：Allen，1992；Black，2011.

经济和人口对森林的压力

推动森林破坏的经济力量包括全球木材产品的稳定增长，这导致森林面积下降和向生态不可取的种植林的转移（见图 14.7）。然而，单纯的需求增长并不能完全解释森林破坏，过度开采则是制度失灵[15]（institutional failure）的结果，很多国家要么允许开放获取[16]（open access）森林资源，要么通过低于市场价值销售伐木权刺激森林资源的过低要价[17]（underpricing of forest resources）。

在一些情况下，当地社区按照传统的可持续发展方式管理森林，直到他们失去资源控制权，该权力被归为政府或伐木企业所有。政府会授予伐木特许权或者由木材公司垄断经营，政府也会鼓励大型农业企业侵占森林进行大规模养牛（巴西和中美洲）或培育咖啡、烟草和其他热带作物之类的经济作物。

人口压力[18]（demographic pressure）也会导致森林损失。政府鼓励在原生态的森林地区安家以减少人口密集地区的压力。这些新的定居者缺少森林管理的知识，他们的开发或农业侵入具有深入持续的生态影响。尽管不完善的政策更多地指责林业损失而不是人口压力，但是森林面积的普遍下降一直伴随着全球人口的日益增长。

14.3　可持续的资源管理政策

经济和生态理论可以为制定森林管理的方法提供指导。更好的政策可以通过促进林业发展而适用于供给方，也可以通过改变消费模式、减少浪费和扩大循环利用适用于需求方。

---

[15]　制度失灵：政府或其他机构不能防止资源的过度开发。
[16]　开放获取：不限制某一资源的可获得性，并且不支付价格。
[17]　森林资源的过低要价：商品或服务的价格，如采伐权等产品和服务的价格低于考虑所有社会成本时的价格。
[18]　人口压力：增加的人口对森林和水等资源的影响。

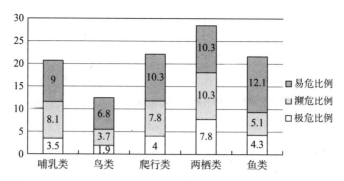

资料来源：IUCN，2011.

图 14.6　被威胁或濒危的物种

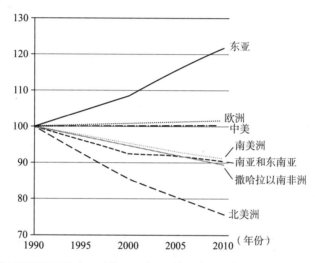

资料来源：FAOSTAT，2011，http://faostat.fao.org/site/291/default.aspx.

图 14.7　地区森林面积的变化

供给方：合适的产权和价格政策

林业管理的一个主要问题是可靠的产权[19]（secure property rights）。若个体、社区（包括很多移居者）的土地所有制不稳定，他们就会很少有保护林地的动机。经济利益迫使他们砍伐森林以得到最大的短期收益。如果被授予可靠的土地期限，他们将会对森林资源中的持续收入感兴趣，除了木材外还包括林产品，如水果、乳胶或者咖啡。

为享受产生的正外部性[20]（positive externalities），稳定的社区会有保护森

---

[19]　可靠的产权：对财产所有权进行清晰的界定并且由法律进行规范。

[20]　正外部性：市场交易的正面影响，影响那些交易外的内容。

林的动机。例如,坐落于山中的村庄和社区可能会规划重新造林的事情,这样既能维持木材供应,又能保持山坡上的土壤,防止水土流失。森林生态系统还能提供稳定的清洁水,并预防洪涝。

事实上,与森林维护和再造林相关的正外部性是全球性的。森林能清除和储存大气中的碳含量,减少大气中二氧化碳的浓度,降低全球气候变化的风险。这可能不会马上带来收益,但未来全球气候变化协议可能对保护和扩大森林覆盖的国家提供补偿。未来,也许能够从保护森林而不是砍伐森林中获得收入。据估计,假设碳储存的价格为每吨 20 美元,热带雨林的碳储存功能价值 3.7 万亿美元(见专栏 14.4)。

专栏 14.4　　　　　　　　森林碳储存评价

森林的一个好处便是树木和其他植物储存二氧化碳(CO_2),即碳封存,植物生物量的净增加一般会增加碳封存,其本质是从地球大气中消除 CO_2。正如第 18 章讨论的那样,CO_2 是影响全球气候的重要温室气体,因此,增加森林覆盖或防止森林损失会通过缓解气候变化提供正的外部性。根据政府间气候变化专门委员会(IPCC)的第四次评估报告,至 2030 年,林业缓解方案具有每年储存 12 亿~42 亿公吨 CO_2 的潜力,这代表 5%~20% 的全球 CO_2 总排放量,其中一半的数量能够以不超过 20 美元/吨的成本达到。

森林资源被过度砍伐的原因之一是正的外部性价值并没有在市场交易中反映出来。对正外部性价值的评估可用于支持森林保护。生态经济学杂志的一篇文章(Kundhlande et al.,2000)给出了津巴布韦 Savanna 大草原地区碳封存收益的评估结果。

作者用 25 美元/吨的价格作为碳封存的收益,未来收益每年按照 5% 的比率进行贴现,碳封存的现值预计是大约每公顷 300 美元。该数值虽然很重要,但是低于潜在的农业用地的值,农业用地大约为每公顷 600 美元。因此,仅依靠碳封存的收益,阻止森林向农业用地转变的政策并不是经济上合理的。然而,与其他森林价值相结合,碳封存的价值可能会改变森林转换的经济逻辑。

澳大利亚关于森林管理的一份研究(Creedy and Wurzbacher,2001)表明,包含碳封存的价值会增加最优的采伐时间,包含森林的其他生态价值可能会使采伐时间增加到无穷大(也就是说,无限期地保护森林才是经济最优的)。

　　森林具有包括水土保持、野生生物栖息地、娱乐和适销产品在内的其他价值。对森林收益的完整核算或许表明了森林保护的正当性,但是如第 6 章我们看到的那样,得到对所有价值的有效估计可能很难。单纯依靠市场行为的森林政策"难以全面考虑森林的众多功能和价值,因其并不能通过市场交易获得。忽视不能在市场交易中获得收益的林业利用决策会导致资源配置的扭曲,同时也具有不利的环境后果"(Kundhlande et al.,2000)。

　　资料来源:Creedy and Wurzbacher,2001;IPCC,2007;Kundhlande et al.,2000;Wertz-Kanounnikoff,2008.

　　另一个至关重要的主题是森林特许权的全价[21](full pricing)。政府低成本销售木材的政策构成了对伐木公司的补贴[22](subsidy)和腐败行为的诱因,比如为得到有价值的特许权向政府官员贿赂。正如我们看到的,既然林业的过度开采具有很多负外部性[23](negative externality),采用补贴则尤其不恰当,根据经济原理,只有存在明显的正外部时才能利用补贴。

　　经济学原理支持可靠的产权和资源的全价,但生态视角增加了森林管理问题的一个重要方面。森林必须被看作复杂的生态体系而进行管理,这样既可以提供健康的生态系统,又可以为当代和后代提供广泛的商品和服务。这与私人土地所有者考虑的事情不同,私人所有者为寻求盈利管理森林,常会选择速生林种,并在很短的周期内进行伐木,而不是允许天然林按自然周期生长。

　　森林资源的生态价值包括提供水服务、维护水质、碳封存价值、生物多样性价值、娱乐、旅行和文化价值。因此,森林的总经济价值[24](total economic value)大大超过木材和其他商业产品的价值。

　　政府政策可以通过林业减税或限制一次采伐之类的措施鼓励合理的森林管理。从经济学理论的角度来看,与良好的森林管理相关的正外部性证明这样的政策是合理的。对可持续生产的木材的认证[25](certification)项目也已经启动。这样,消费者和公共机构可以通过购买选择促进良好的林业活动。经验表明,很多消费者愿意以高于市场价格购买可持续生产的木材。2012 年,森林管理委员会在 80 个国家确认了 1.62 亿英亩的认证林,其中有 0.24 亿英亩属于发展中国家。

---

[21]　全价:产品的价格既包括内部成本也包括外部成本。
[22]　补贴:政府对某个行业或经济活动的帮助;直接通过金融帮助补贴,或者间接通过保护性政策。
[23]　负外部性:市场交易的负面影响,影响那些交易外的内容。
[24]　总经济价值:使用价值和非使用价值的加总。
[25]　认证:确认某种产品符合特定的标准的过程,如确认使用有机农业技术来进行生产。

只有作为公园用地保护区,错综复杂的原始森林生态系统才得以被有效保护,在此情况下,政府或私人保护机构才将其作为公共物品[26](public goods)。在很多发展中国家,公园周围允许当地民众开发森林产品,这样可以减少因森林资源而遭受损失的村民对公园的敌意,否则,入侵保护区是一个重要问题。发展中国家很多保护区被称为"纸上公园",因为,对森林的保护仅存在于纸上。

将可得信用[27](availability of credit)按照合理的条件给予村民用于投资再种植和农林业[28](lagroforestry)(树木和粮食混合经营),投资往往是关键因素。正如我们看到的那样,高利率会刺激较短的规划周期,而低成本贷款可以使长期资源保护投资更加有利可图。

将林业保护的财政激励与森林的碳储存相结合,对森林保护提供补偿的项目利率已经有所上升,因此,林业所有者或经营者将得到"不再伐木"或"再造林"的信用。联合国一项旨在从森林中减少温室气体排放和改善热带雨林国家生计的规划,已经批准了非洲、亚太、拉丁美洲和加勒比海等地的44个参与国共计6 700万美元资金。2008年的一篇报告提出"世界各地要在2020年将毁林排放减半以改善气候变化,2030年林业部门要实现碳中性,即来自森林损失的排放与新的森林增长吸收的量相平衡"。

需求方:改变消费模式

正如我们注意到的那样,林产品的需求在稳定增长,对纸张的需求增长更为迅速(图14.8)。同其他形式的消费一样,纸张消费的分布不均衡:美国平均每人每年使用纸张335千克,德国的人均消费为200千克,巴西是35千克,而印度仅为4千克。

> 如果世界上每个人都与美国人消费得同样多,那么世界用纸将会是现在的7倍,到2050年将是11倍。从另一方面讲,如果纸张使用保持全球现在的水平——每年每人50千克,2050年的人均消费将是现在水平的1.7倍。

扩大纸张和其他木质产品的循环利用对减少森林压力具有重要意义。从世界范围讲,43%的废纸可以被回收利用。发展中国家如印度经常会恢复和利用纸制产品,也经常从其他国家进口和回收废纸。

纸张和其他木制产品的低价既刺激了更多的消费又抑制了循环利用的提高。在一些情况下,对森林采伐的直接和间接补贴刺激了伐木而非纸张回收的利用。将环境的外部性内生化到价格中有利于产品回收效率提高,

---

[26] 公共物品:可以被所有人使用的物品,并且一个人的使用不会减少其他人对其的可获得性。
[27] 可得信用:提供贷款,特别是给相关的农业和自然资源管理提供投资。
[28] 农林业:在同一片土地上既生长树木又生长粮食作物。

对木质产品进行合理定价,提高回收材料产品的价格,从而鼓励更高的回收
利用率。

除了通过回收利用减少需求外,认证项目使消费者能够识别可持续木质
品。如果消费者愿意为这些认证产品支付溢价,生产可持续的木质产品的农
村社区能够使收入得到不断增长。

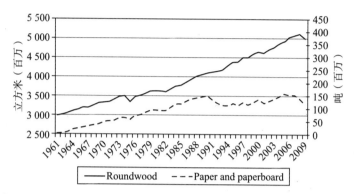

资料来源:FAO 在线数据库,2011,http://faostat.fao.org/.

图 14.8　1961～2009 年世界纸张和木质产品生产

14.4　结论:经济和生态原则的协调

从可再生资源管理的基本经济理论上看,自然资源的经济有效利用从生
态角度讲不一定是可持续的,虽然比开放获取更具持续性。因此,生态管理的
其中一个目标是使不同的经济原则和生态原则相协调。

我们已经注意到,生态持续性不能通过对资源利用的经济分析反映出来。
经济持续性与随时间变化的收入流量相关,生态持续性依赖恢复力——受经
济开发或自然现象(如疾病或极端天气影响)的生态系统反弹的能力。恢复力
依靠生态复杂性,这是可持续的自然体系的必备因素。

利润最大化的经济采伐常会破坏复杂性。在鼓励更快的生长期和更短的
采伐期以及采用更强大设备的林业体制下,老龄林注定会被砍伐。森林总面
积可能不会减少,但是天然林可能会被生态上多样化更少的次生林或速生单
一人工林替代。在飞速发展的发展中国家经济体,很多自然资源体系以传统
的相对持续的方式被砍伐,而随着市场经济盛行以及设备技术的发展,这些自
然资源体系受到越来越大的压力。

与此同时,像可持续林业、纸张回收以及材料高效利用的技术为稀缺资
源保护提供了很大的可能性。若给予合适的激励,生态友好技术和管理可

以保护资源、减少浪费、促进回收利用率和更高效的消费。意识到森林的总经济价值,将正(负)外部性进行合理的内部化,有助于形成这样的激励措施。

相关的一个问题是社会可持续性[24](social sustainability)。依赖森林产品的土著居民会受到更先进的林业采伐方式的威胁。社会持续性与资源持续性是相互依存的。

森林管理政策还必须考虑总体需求的持续增长。尽管增加经济效率的政策可以在微观层面上改善资源管理,但在宏观层面上也会增加资源体系的总压力。更有效的资源利用需要单位消费更少的资源投入,但是由于价格较低,可能会刺激消费扩张。

侧重森林生态完整性的生态体系管理[30](ecosystems management)模式会提供更合适的政策指导。在这种模式下,经济效率原则非常重要,这反映在当地社区对牢固的土地所有制、合适的价格激励以及信用扩张的需要上。然而,单纯的经济有效原则可能与长期的资源有效性原则冲突,因此,有效的经济管理既要考虑经济原则又要考虑生态原则。

总　结

森林管理政策可以由森林增长的生态原则推导出来,林业增长模式暗示着商业木材的最优采伐期,然而,这种商业最优采伐期忽视了森林的其他生态功能。

毁林和将天然林转化为种植林会引起严重的生态多样性损失。与生态多样性相关的价值代表着显著的外部性,但是这种外部性很少反映在市场价格中。

对木材和木制品需求的不断增长增加了对森林的压力。开放获取森林资源为短期采伐创造机会,但不对再造林和可持续管理进行投资。此外,很多政府允许木材公司以较低价格获得公共土地,对砍伐森林补贴过多。

鼓励牢固的土地所有制和支持小规模林业企业及农林业的政策可以为保持森林的生态环境稳定创造激励机制。除木材外,可以从森林提供的其他产品,如水果、天然橡胶获得收益。对可持续生产的林产品的认证项目可以从消费者愿意为其支付的溢价中得到收益。公共产品和碳储存功能代表了活立木正的经济价值,将这些功能内生化有助于促进林业保护。

---

[24]　社会可持续性:社会结构和传统与运行良好的社会保持一致。
[30]　生态体系管理:强调生态系统的长期可持续性的资源管理系统。

问题讨论

1.与海洋渔业不同,森林可以为私人所有,事实上,很多百万公顷的森林都是由私人公司所有或经营。按照经济学理论,私人所有应该会为有效管理提供激励。对于私人所有的森林而言,这种方法在哪种程度上是正确的? 有效管理也会使生态环境受益吗?

2.森林中木材的价值怎样才能与森林支持生态多样性的价值平衡起来?什么样的产权制度和森林管理政策变化能够有助于实现经济盈利和生态保护的双重目标?

3.消费者的行为是如何影响森林保护和森林流失的? 按照促进森林发展的可持续发展的方式,改变对木材和木制品的消费模式中最有效的方式是什么?

练习题

XYZ 林产品公司拥有 2 000 英亩大片林业用地,其中的 1 000 英亩当前种植硬木树种(橡树、山毛榉等),1 000 英亩为软木(松树)。每种森林中 1 英亩包含 200 吨的生物量(活立木)。但是,硬木生长缓慢:1 英亩硬木每年新增长 10 吨,软木则每英亩每年增长 20 吨。

硬木的价格是 500 美元/吨,软木为 300 美元/吨,在不确定的未来,这些价格预计保持不变(不变价)。有两种可能的管理实践:全伐,即所有树种全部砍伐,或可持续的木材供应,每年砍伐的生物量恰好等于年均增长量。出清的成本为 40 美元/吨(对于任何树种而言),而可持续的木材供应的成本为 70 美元/吨。

分析以下情况下 XYZ 公司追求的利润最大化的森林管理政策:

(a)每年实际利率为 3%;

(b)每年实际利率为 5%。

现在假设 XYZ 公司被卡冈都亚集团接管,该集团有 1 亿美元的贷款,年实际利率为 10%,分析可能的森林管理实践。

评价此处利率的角色,并提供关于森林管理的政府政策建议。存在在给出的数据中不是很明显但会影响政府政策的其他因素吗? 如果森林不是私人所有而是公共所有,你的建议是什么? 将发展中国家和发达国家的森林管理进行对比,你认为区别是什么?

注 释

1.For a more detailed treatment of the economics of timber harvesting and optimal rotation periods, see Hartwick and Olewiler, 1998.

2.For an overview of the state of world forests, see FAO, 2010, 2011.

3.Computed from FAO, 2011, data annex. China had a significant increase in forested land due to an extensive reforestation program (see Box 14.3). One km^2 equals 100 hectares.

4.FAO, 2010.

5.See Common and Perrings, 1992; Holling, 1986.

6.See Ehrlich and Daily, 1993; Wilson, 1988, 1992.

7.For discussion of policy failures in forest management, see Contreras-Hermosilla, 2000; Panayotou, 1993, chap. 3.

8.For specific examples of destructive government forest policies, see Abramovitz, 1998.

9.See Myers, 1996; Wertz-Kanounnikoff, 2008.

10.On policies for full pricing of forest concessions, see Panayotou, 1998, pp. 78—79.

11.For assessment of non-market values of forests, see Krieger, 2001; Pearce, 2001.

12.Forest Stewardship Council, *Facts and Figures 2012*, www.fsc.org.

13.See "Partner Countries" at www.un-redd.org.

14.Eliasch, 2008.

15.Abramovitz, 1998.

16.Data on paper consumption and recycling from Abramovitz, 1998; Abramovitz and Mattoon, 1999.

17.See Forest Stewardship Council at www.fsc.org; World Bank, 2004.

参考文献

Abramovitz, Janet N. 1998. *Taking a Stand: Cultivating a New Relationship with the World's Forests*. Worldwatch Paper no. 140. Washington, DC; Worldwatch Institute.

Abramovitz, Janet N., and Ashley T. Mattoon. 1999. *Paper Cuts: Recovering the Paper Landscape*. Worldwatch Paper no. 149. Washington, DC. Worldwatch Institute.

Allen, Scott. 1992. "Loss of a Tree Means Loss of an HIV Blocker." *Boston Globe*, November 10, 1992.

Black, Richard. 2011. "Species Count Put at 8.7 Million." *BBC News*, August 23, 2011.

Common, Mick, and Charles Perrings. 1992. "Towards an Ecological Economics of Sustainability." *Ecological Economics* 6 (July): 7—34.

Contreras-Hermosilla, Amoldo. 2000. *The Underlying Causes of Forest Decline*. Center for International Forestry Research, Occasional Paper no. 30. Jakarta.

Creedy, J., and A.D. Wurzbacher. 2001. "The Economic Value of a Forested Catchment with Timber, Water, and Carbon Sequestration Benefits." *Ecological Economics* 38: 71—83.

Ehrlich, Paul R., and Gretchen C. Daily. 1993. "Population Extinction and Saving Biodiversity." *Ambio* 22(2—3): 64—68.

Eliasch, John. 2008. *Climate Change: Financing Global Forests: The Eliasch Review*, www.official-documents.gov.uk/document/other/9780108507632/9780108507632.pdf.

Food and Agriculture Organization (FAO). 2010. *Global Forest Resources Assessment*. Rome.

——. 2011.*State of the World's Forests 2011*. Rome.

Hartwick, John M., and Nancy D. Olewiler. 1998. *The Economics of Natural Resource Use*, 2nd ed. New York: Addison Wesley.

Holling, C.S. 1986. "The Resilience of Terrestrial Ecosystems: Local Surprise and Global Change." In *Sustainable Development of the Biosphere*, ed. W.C. Clark and R.E. Munn. Cambridge: Cambridge University Press.

Intergovernmental Panel on Climate Change (IPCC). 2007. *Climate Change 2007: Mitigation of Climate Change*. Cambridge: Cambridge University Press.

International Union for Conservation of Nature. 2011. *The Red List of Threatened Species*, www.iucnredlist.org/documents/summarystatistics/201 1_1_RL_Stats_Table_2.pdf.

Krieger, Douglas J. 2001. *Economic Value of Forest Ecosystem Services: A Review*. Washington, DC: Wilderness Society.

Kundhlande, G., W.L. Adamowicz, and I. Mapaure. 2000. "Valuing Ecological Services in a Savanna Ecosystem: A Case Study from Zimbabwe." *Ecological Economics* 33: 401—441.

Li, Jie, Marcus W. Feldman, Shuzhuo Li, and Gretchen C. Daily. 2011. "Rural household income and inequality under the Sloping Land Conversion Program in Western

China." *Proceedings of the National Academy of Sciences*, April 25, www.pnas.org/content/early/2011/04/20/1101018108.short/.

Myers, Norman. 1996. "The World's Forests: Problems and Potentials." *Environmental Conservation* 23(2): 156—168.

Panayotou, Theodore. 1993. *Green Markets: The Economics of Sustainable Development*. San Francisco: Institute for Contemporary Studies Press.

———. 1998. *Instruments of Change: Motivating and Financing Sustainable Development*. London: Earthscan.

Pearce, David W. 2001. "The Economic Value of Forest Ecosystems." *Ecosystem Health* 7(4), December.

Project Catalyst. 2009. Towards the Inclusion of Forest-Based Mitigation in a Global Climate Agreement, www.project-catalyst.info/focus-areas/forestry.html.

Wertz-Kanounnikoff, Sheila. 2008. *Estimating the Costs of Reducing Forest Emissions*. Center for International Forestry Research, Working Paper no. 42. Jakarta.

Wilson, E.O. 1992. *The Diversity of Life*. New York: W.W. Norton.

Wilson, E.O., ed. 1988. *Biodiversity*. Washington, DC: National Academy Press.

World Bank. 2004. *Sustaining Forests: A Development Strategy*. Washington, DC.

相关网站

1. **www.cifor.org.** Web site of the Center for International Forestry Research, a nonprofit, global facility that conducts research to enable more informed and equitable decision making about the use and management of forests in less developed countries, including analysis of the underlying drivers of deforestation and degradation.

2. **www. fs. fed. us/sustained/siteindex. html.** The U. S. Forest Service's Web site, with links to information on sustainable forest management.

3. **http://ran. org/forests.** Information about rainforests from the Rainforest Action Network, an environmental group that campaigns to protect rainforests around the world.

第 15 章　水资源经济学和政策

焦点问题

● 全球水资源的稀缺程度如何?

● 水资源短缺可以通过扩大供给解决吗?

● 水定价可以促进水资源的更高效利用吗?

● 市场改善水资源配置的潜力如何?

15.1　水资源的全球供给与需求

水是独一无二的自然资源,是地球上所有生命的基础。水具有可再生资源的特征,因为只要不被严重污染,通常水资源可被无限地循环利用。水在水文循环①(hydrologic cycle)过程中也会被不断净化(见图 15.1)。水从湖泊、河流、海洋和陆地中蒸发,然后随着降水回到陆地。

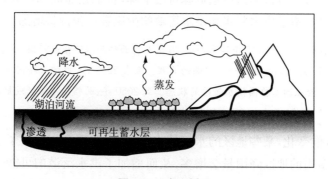

图 15.1　水文循环

---

① 水文循环:水通过蒸发和凝结过程自然纯化。

除了地表水,地下含水层也有地下水储量。尽管渗透的结果是补充含水层,但大部分含水层的补充时间很长,按照人类的时间尺度,地下水实质上是一种非可再生资源,因此,水资源体系分析结合了可再生资源和不可再生资源理论。

可再生资源管理的很多原则适用于水系统,尽管地表水被认为是可再生资源,但其可获得的供应仍是有限的。

> 由太阳而引起的蒸发每年将 50 万立方千米的水汽带入大气中,其中的 86% 来自海洋,14% 来自陆地。每年以降雨、雨夹雪或降雪的形式降落到地球上的水量大致相同,但分布比例不同:陆地通过蒸发而被吸收的水汽大约为 7 万立方千米,但通过降雨会得到 11 万立方千米的水汽,因此,每年大约有 4 万立方千米的水汽从海洋传输到陆地。

4 万立方千米的可得水资源总供给可转化为每人每年 5 700 立方米。水文学者已经估算出,考虑现代社会的水资源需求,每人每年 2 000 立方米的临界值就能代表高于人均持续充裕的水平。尽管全球水资源足够满足人类需求,但并非所有的水资源都能供人类利用,有 2/3 的水资源以洪水的形式流失了,为满足生态需要,必须分配部分水资源,如供应湿地和衍生动物栖息地。

更重要的是,水资源在地理和空间上并不是均衡分布的。世界上一些地区具有充足的水资源,而一些地区水资源稀缺。每年每人有 1 000～1 700 立方米的可得水资源供给的国家被划分为供水紧张②(water stressed)国家,如果水资源供应低于每人 1 000 立方米,这个国家就被划分为供水短缺③(water scarce)国家,这将严重制约食品生产、经济发展和自然体系保护。

图 15.2 展示了已经遭遇供水紧张和供水短缺的国家。水源供给最受限制的国家位于北非和中东。供水紧张的国家包括印度、南非、波兰。随着人口数量的增长,每人可得的清洁水资源将会下降,特别是非洲,2100 年非洲人口预计增长 3 倍,遭受供水紧张和供水短缺的国家数量预计将增加。

> 据预测,2025 年,48 个国家超过 28 亿人将面临用水紧张或短缺,这些国家中,有 40 个位于西亚、北非和撒哈拉以南的非洲。未来 20 年,人口增长和用水需求的增加预计会将西亚国家推向供水短缺的状态。到 2050 年,面临供水紧张或短缺的国家数量将增至 54 个,总人口有 40 亿人,占预计的全球 94 亿人口的 40%。

由于气候变化,某些地区的水短缺将会加重,温度升高加速了水文循环。一般来说,多雨的地区降雨量会增多,从而增加了洪水泛滥的可能性;干旱地区有可能会变得更加干旱,从而增加了干旱发生的概率。(关于气候变化对美国西部降水格局的更多影响,见专栏 15.1。)

---

② 供水紧张:每年人均淡水供应量为 1 000～1 700 立方米的国家。
③ 供水短缺:每年人均淡水供应量低于 1 000 立方米的国家。

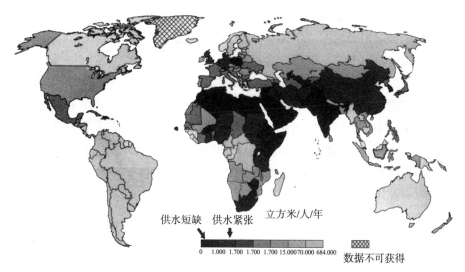

资料来源:联合国环境规划署(UNEP),2008。

图 15.2 全球淡水可得性(2007 年)

专栏 15.1 百年预测:干旱

2012 年美国的干旱状况非常普遍,该国的平均气温创下了历史新高。2011 年,美国中南部各州发生了严重干旱,21 世纪初期,美国西部各州发生了 5 年极端的干旱。直至现在,许多科学家认为,气候变化是通往未来的一个威胁。然而,随着干旱状况发生的频率不断增加,越来越明显的是我们可能已经生活在气候变化的"新常态"(new normal)下。

不过,最糟糕的可能还在后头。假如没有明显的政策变化,政府间气候变化专门委员会的预测表明,美国西部的平均降雨量将少于 2000~2004 年干旱年份的平均水平。气候变化的模式意味着我们今天认为严重干旱的情况到 21 世纪末可能只是反常多雨的时期,一场即将到来的大旱灾——明显低于平均降水量的持续几十年的一段时期,很可能会在美国西部发生。

近期为干旱期间制定的紧急措施,如草坪浇水(lawn-watering)和其他限制措施,可能需要永久持续下去。农业灌溉的程度可能需要减少。尽管我们还有时间规避大旱灾的风险,但是,"毫无疑问,这些未来的威胁的想法会突然和毁灭性地降临在我们身上"。

资料来源:Schwalm et al.,2012.

除了满足人类的基本需要如饮用、做饭、环境卫生外,水资源是经济生产的重要投入品,最为重要的是,水被用于灌溉作物和饲养牲畜。虽然世界上

83％的农田只需依靠雨水,但17％需要灌溉的农田提供了超过40％的世界粮食供给。全球用水量的70％用于农业,另外的19％用于工业,包括发电,只有11％的水资源用于满足市政需求。

与能源消费一样,人均水资源消费在不同国家间存在明显区别,如图15.3所示。与能源利用不同的是,水资源利用并不是经济发展的重要函数。一些水资源利用率相对较高的国家,如土库曼斯坦和伊拉克,农业收入并不是很高,仍严重依赖水资源。中国的人均GDP高于印度,但印度人均利用的水资源更多,其中的90％用于农业;德国人均水资源利用与中国相似,但几乎没有任何水资源用于农业。

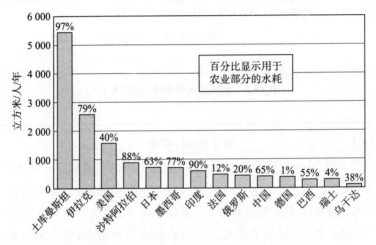

资料来源:粮食和农业组织,Aquastat 数据库,http://www.fao.org/nr/water/aquastat/main/index.stm.

图 15.3　部分国家的人均水资源消费

如图15.4所示,2000～2050年,全球水资源需求预计增加55％。所有的增加预计均发生在非OECD成员国,主要是中国和印度。由于灌溉效率的提高,未来几十年全球灌溉水的需求预计将会减少,但是制造业、家庭用水和电力需求预计将有显著的增加。根据OECD的资料,"由于缺少重要的政策转变和更好的水资源管理,这种状况将持续地恶化下去,水资源的可得性将越来越不确定"。

一个利好消息是发展中国家的安全饮用水供应在扩大。联合国设定的千年目标是:1990～2015年,不能获得安全饮用水的世界人口减少50％。这个目标已经实现了,2010年,约89％的世界人口已经获得安全饮用水。然而,这种进展并不是均衡的,其中,50％发生在中国和印度,但是,自1990年以来,非洲一些国家安全饮用水的获取有所下降。

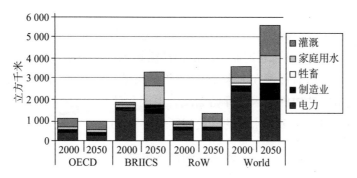

注：BRIICS＝Brazil，Russia，India，China，South Africa（巴西，俄罗斯，印度，中国，南非）；OECD
＝Organization for Economic Cooperation and Development（经济合作与发展组织）；RoW＝rest of
world（其他国家）。

资料来源：OECD，2012。

图 15.4　2000 年和 2050 年的全球水需求

2010 年，联合国通过决议："将享有安全清洁饮用水和卫生设备的权利视为人权，这对完全享受生活和保障是很有必要的"，进一步强调了安全饮用水供给的重要性。这项决议也表达了对"缺少安全饮用水的约 8.84 亿人口和缺少基本卫生条件的 26 亿人口"的深切关注，并号召成员国提供财政和技术支援，"加大努力，以为所有人提供安全、清洁、可得并负担得起的饮用水和卫生设备。"这项决议以 121：0 的比率投票通过。然而，包括美国在内的 41 个国家，由于担心国家主权放弃了对该项决议的投票。

15.2　解决水短缺问题

水短缺可以通过两种基本方法解决：增加水供给和加强水需求管理。鉴于某些地区水资源短缺程度，"神奇子弹"（magic bullet）的解决方式是不可能的，这需要一系列的选择。

> 我们有若干可选方案，但是现状并非如此。通常美国解决水短缺的方法是从河流中引水、建造大坝、打地下水井，然而，这些传统的选择并不是可行的解决方案。其他离奇的想法包括从北极托运冰山、从不列颠哥伦比亚进口水、人工降雨，这些想法反映了人们迫切的希望。人们寄希望于这些情况的发生，却没有强化如何用水和为何用水的问题。更好的方法包括节约、海水淡化以及城市污水再利用，然而，即使采取这些措施的地区仍然面临未来水资源短缺的状况。

增加水供给：含水层、大坝和海水淡化

过去的水资源管理政策一般集中在提高水供给的方法上。有些地区的淡水供给难以满足需要,因而经常抽取地下水以获得额外的水资源。虽然地下含水层可通过水渗流得到补充,但大多数情况下,抽水量远远超过了补充量。

例如,沙特阿拉伯、利比亚等国依赖沙漠地区的地下水,现在这些含水层已经得不到补充,有可能在未来 40～60 年会耗尽。美国西部的奥加拉拉含水层被过度抽取,造成灌溉区域开始缩减。中国北部和印度的含水层也存在相似的问题。(世界更多含水层的开发问题见专栏 15.2。)

专栏 15.2   **水资源的供不应求**

根据 2012 年出版的全球地下水供给分析,几乎 1/4 的人口居住在地下水抽水量超过补水量的地区,包括很多主要的农业区,如加利福尼亚的中央谷、埃及的尼罗河三角洲和印度的恒河上游。除了提供灌溉用水,地下含水层的水资源可以满足人类的基本需要、工业需求,并为野生物种栖息地提供水资源。

"这种过度利用会导致饮用水和食物增长对地下水的可得性下降,"魁北克蒙特利尔市麦吉尔大学的水文学家 Tom Gleeson,也就是这篇研究的主要作者补充道,"这会导致溪流干涸,并对生态环境产生影响。"

这篇研究认为,一些含水层正在以惊人的速度步入耗竭。例如,依赖恒河上游含水层的地理区域是含水层区域的 50 倍。Gleeson 注意到,"在那里,抽水的速度难以持续下去"。

然而,Gleeson 指出,整体来看,剩余的地下水供给是相当大的。地球上 99% 的不冻淡水便是地下水。"正是这种巨大的水库才使我们有持续性管理的可能,"Gleeson 说,"如果我们选择这样做的话。"

资料来源:Mascarelli,2012.

增加水供给的另一种方式便是修建大坝。大坝可以拦截洪水,否则,这些洪水不可能为人类所用或提供水能。世界上的大型水坝大约有 48 000 个,其中的 50% 位于中国。这些大坝提供了世界上 19% 的电力。在中国、伊朗、日本和土耳其,更多的大坝正在修建中。现有大坝经常受到淤泥堵塞的影响,新建大坝的增加所导致的环境和社会损害也备受批判。

由于地球上海水总量巨大,海水淡化④(desalination)看似是一种无限供给的潜在的水资源来源,然而,成本是海水淡化的重要障碍,从海水中除去盐分需要大量的能源,尽管随着技术进步,海水淡化的成本已经有所下降,但是目前每立方米海水淡化的成本仍是 0.5～1 美元,比从地表或地下获得水的成本高。例如,在对加利福尼亚圣地亚哥城水供给选择的分析中,海水淡化的成

---

④ 海水淡化:去除海水中的盐分,使其可以用于灌溉、工业或者城市水供应。

本估计为每英尺 1 800～2 800 美元,地表水供给的成本为每英尺 400～800 美元,地下水供给的成本为每英尺 375～1 100 美元。虽然海水淡化可能具有经济意义,但是大量供给地球水资源是不可能的。

> 尽管海水淡化技术有重大进步,但是与处理淡水的常规技术相比,海水淡化依然属于能源密集型。也有人关注大型海水淡化厂潜在的环境影响。

水需求管理

改变图 15.4 中日益增长的水资源需求,可行的一种方法便是提高水资源的利用效率,其中,农业可以从中获得最大收益。然而,依靠水流和水渠的传统灌溉方式效率很低(60％的水通过蒸发或渗透流失了),运用微灌⑤(micro-irrigation)新型技术则可以达到 95％的利用率。当然,根据土壤和天气条件,可以更精确地确定灌溉需求。

对于非农业来讲,循环和再利用废水可以减少水需求。例如,通过中水系统(graywater system),用于洗衣或沐浴的水也可用于灌溉园林;像洗碟机、马桶和淋浴喷头等设备的用水标准可以减少家庭用水;市政用水供给线的检测和修复也能减少水资源浪费。

经济学研究表明,节约是最廉价的节水方式。在上面提到的圣地亚哥的研究中,在一系列节水选择中,节约的成本预计最低为每英尺 150～1 000 美元。该研究得出结论:

> 在圣地亚哥市七种水资源解决方案中,节约是最具吸引力的一种。这些研究暗示解决圣地亚哥市的水资源短缺主要依靠需求方。

水资源节约可以通过若干种方法实现,包括价格或非价格的方法。非价格方法分为以下三个基本类别:

1.被动或主动采用节水技术:包括为设备效率设定标准、为用水客户提供折扣甚至免费的项目,如低流量淋浴喷头。

2.强制性限制用水:这常适用于干旱状况,包括限制为草坪浇水、洗车或往游泳池注水。

3.教育和信息:包括给客户邮寄关于节水方式的信息、提供关于节约用水的讨论以及在电视或网络上提供公共服务信息。

虽然这些非价格措施在某种程度上是有效的,经济学家更倾向于以水资源定价⑥(water pricing)作为节约用水最有效的方式。价格应作为资源稀缺的指示器,要反映物理限制和环境外部性。然而,由于各种社会和经济原因,

---

⑤　微灌:通过少量使用水资源来增加水利用效率的灌溉系统。
⑥　水资源定价:设定水资源的价格以影响其消费数量。

政府一直维持较低的水价,特别是在农业方面。现在,我们用理论和实践转向水资源定价的探讨。

15.3 水资源定价

关于水资源定价的分析需要我们首先回顾前文中讨论的几个概念。首先,我们要区别价值和价格,正如第3章的讨论,水对消费者的价值通过支付意愿反映出来。消费者对水的支付意愿与价格的差便是净利益或消费者剩余。理论上,只要支付意愿超过价格,消费者便会继续购买水。但是,市场分析并不会告诉我们整个故事。虽然水资源具有明显的使用价值,包括家庭用水和灌溉,水资源也具有非市场和非使用价值,如用于娱乐或野生动物栖息地。

我们必须区分水资源供给的平均成本和边际成本:边际成本是供给额外一单位水资源的成本;平均成本只是简单的总供给成本除以供给的单位数量。这种区分很重要,因为自来水公司是受管制的垄断者,只要边际收益超过边际供给成本(也就是说,只要产品能获得利润),寻求利润最大化的公司就会继续生产。尽管不受管制的垄断者⑦(regulated monopdies)为实现最大化利润可以制定价格,但是,自来水公司是受管制的垄断商,在制定价格上通常受到限制。

美国自来水公司属私人所有或公有。私有自来水公司被允许赚取合理的利润,然而,市政自来水公司的价格设定要覆盖全部供给成本,包括固定成本和可变成本。在任何一种情形下,管理部门通常用平均成本定价⑧(average-cost pricing)设定水价,而没有任何边际成本的考虑。对于市政自来水公司而言,价格等于平均成本意味着它们仅能收支相抵。为了赚取一定的利润,可以允许私有自来水公司在一定程度上收取高于平均成本的价格。

然而,平均成本定价会导致水资源供给的有效水平吗?一般来说,当边际收益等于边际成本时,才会得到产品供给的社会效率水平,因此,平均成本定价不可能得到水资源供给的有效水平。通常情况下,水资源供给的边际成本比平均成本相对低些,因为水资源供给需要大量预付资本,如用于管道和供水设施。这可能意味着水的有效价格应该低于平均成本。但是,我们也需要考虑水供给的外部成本,包括对湿地损失和野生动物栖息地的影响。如第3章

---

⑦ 管制的垄断者:由某个外部实体管制的垄断者,如通过价格或者利润对其进行控制。

⑧ 平均成本定价:一种水资源定价策略,价格等于生产的平均成本(如果由盈利为目的实体控制,那就等于平均成本加上利润补偿)。

所述,从社会有效价格来讲,在计算供给的平均成本时,任何外部性都应该被考虑到。在这方面,不考虑水资源外部性的平均成本定价可能导致价格过低。从经济有效性上来讲,平均成本定价究竟是否会导致价格过高或过低,我们并不清楚。

对于非可再生资源的管理和定价,我们在第 5 章已经分析。如果在未来供给不能满足下一代的需要,非可再生资源随时间的有效配置则要求我们考虑强加给下一代的外部成本。我们得出结论,通过对当代社会收取使用者费用,可以将这些成本内部化。尽管有针对水资源无效配置的建议,但对于地下水,实践中很少这样处理。

使我们的分析更为复杂的是政府常对水资源进行补贴,特别是灌溉用水。

> 很多学者号召取消灌溉补贴,据他们建议,水资源是一种商品,我们应该进行合理定价。这些学者阐述了通过市场定价灌溉效率的潜在收益和稀缺条件下的市场价值。其他学者认为,由于灌溉工程提供了公共产品以及私有产品,补贴是合理的,或者说,由于缺乏减少灌溉引水的激励,更高的水资源价格将会减少农业净收入。

在灌溉对环境有重要影响的地区,对水资源收税而非补贴可能更恰当。以下是一些由灌溉引起的环境损害:

> 显而易见,一些地区的灌溉抽水正在影响着生态环境。例如,由于城市和农业抽水,科罗拉多河在跨境进入墨西哥时经常断流。事实上,大部分年份科罗拉多河的河水并没有注入海洋,这已经影响了河流、河岸生态系统以及三角洲和河口系统,三角洲和河口系统不能像以往那样得到淡水和营养成分的补充。中国的黄河同样如此。加州的圣华金河已经永久枯竭,树木生长在河床上,开发商已经建议在那建房。在过去的 33 年里,死海已经失去了表面面积的 50% 和水容量的 75%,而盐度却增长了 3 倍,原因是从河流中分流水用于灌溉棉花。

虽然灌溉用水具有负外部性,供给和需求图表解释了灌溉用水补贴的低效率。在图 15.5 中,当边际成本曲线(MC)与需求曲线相交时会出现灌溉用水的市场均衡,此时价格为 P_E,数量为 Q_E,但是,假设对灌溉进行补贴,价格变为 P_S,低于均衡价格,销售量将会从 Q_E 增加到 Q_S。

为了分析福利效应,我们需要计算负外部性,灌溉用水的真实边际社会成本用 MSC 曲线表示,其中,MSC 曲线包含外部性成本。对于超过 Q^* 的每个单位,边际社会成本大于边际收益(需求曲线暗示着边际收益)。

面积 A 表示数量为 Q^* 处灌溉用水的净收益,换句话说,供给灌溉用水至 Q^* 处是经济有效的。在市场均衡 Q_E 处,净社会福利为(A−B)。在补贴量 Q_S 处,净社会福利将是(A−B−C),此时是比市场均衡时更低的社会福利水平。B 代表由于没有把负外部性内部化而导致的净损失,C 代表由补贴水价而导致的净损失。

在这个例子中,最大的社会福利将在 Q^* 处得到,正如第 3 章的讨论,我们可以通过对水资源征税,而非补贴,获得这种福利水平。

目前,我们已经讨论了单一价格的水资源,但是水价在几种情况下是变动的。首先,通常水价依赖水资源的利用状况,特别是自来水公司收取的水价对家庭、农业、工业用户是不同的。美国农业用水的成本是每立方千米 5～100 美元,家庭的水费每月为 20～120 美元,这与每立方千米 400～2 500 美元的成本相等。

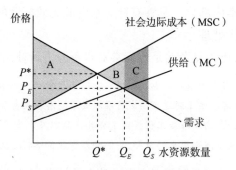

图 15.5　灌溉用水补贴的效应

向不同使用者收取不同水费,看似不存在效率和不公平,但是向农业和工业用户收取低于家庭的费用有一定的正当理由。因为必须要满足饮用水标准,家庭用水需要较高的水处理程度。灌溉用水不需要相同的标准,因此,供给更为便宜。使用后,家庭用水必须进行处理,在很多城市,家庭用水除了收取一定的水供给费外,还要单独收取"下水道费用"(sewer rate)以进行废水处理。

上述价格表明,水资源价格因地区而异。图 15.6 表明美国不同城市每月的平均水费,并展示了其与平均降水量的关系。或许我们期望水资源最为稀缺的地区(也就是说降水量最少的地区)水价最高。然而,在一些干旱城市,如圣达菲和圣地亚哥,确实收取了较高的水费,而其他干旱地区,如拉斯维加斯和弗雷斯诺,则水费较低。这反映了政府水资源补贴的类型。

即使在相对多雨的地区,水价差异也很大,事实上,水费和降水量之间关系很大。当然,除了降水量以外,其他因素也可以影响水资源的可得性。在五大湖附近,由于水供给成本较低,水资源的价格相对便宜。一些城市也许能够获得充足的地下水,但另一些城市并非如此。一些城市可以将水储存在水库中以保持水资源相对稳定的供应。

通常情况下,水价呈上升态势,特别是在一些供给稀缺而人口又不断增长的地区。只有依靠相对昂贵的方式,比如海水淡化,才能获得额外的水资源供应。由于地下含水层的水位在下降,因而抽水成本更高。正如上面提到的那样,获得额外供应的替代方案属于需求管理。通过提价,自来水公司为消费者传递水资源稀缺的信号。

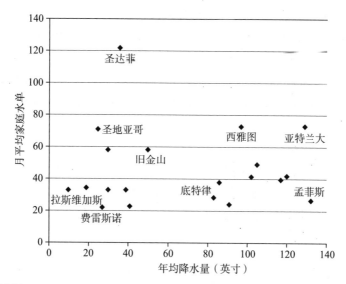

资料来源:Walton,2010.

图 15.6　美国城市平均水费与降水量对比

更高的价格会引起家庭或其他用水单位的反应。灌溉者会在更高效的节水方法上进行投资,家庭会购买低流量的淋浴喷头并减少洗车次数。为应对高水价,消费者会减少多少水消费呢? 这依赖于需求弹性[⑨](price elasticity of demand)。水资源需求往往缺乏弹性,也就是说,需求数量的变化往往小于价格变化。

对水资源的需求弹性已经有大量的研究,特别是对居民用水进行分析。2003 年的一篇综合分析显示,从 64 篇研究中得到 300 多个弹性估计值,平均弹性为−0.41,中位数是−0.35;对灌溉用水 53 个估计值的综合分析发现,平均弹性是−0.51,中位数是−0.22。对工业用水的几篇研究发现,不同工业行业的用水需求弹性相差很大,范围是−0.1~−0.97。正如预期,长期的水资源需求弹性大于短期。

基于以上估计值,政府可以决定如何调整价格以达到节水的目标。假设水资源短缺,需要减少利用 10% 的水资源:如果需求弹性是−0.41,那么自来水公司需要提价 41% 以达到减少 10% 的目标。

然而,水资源的需求和价格的关系并非这样简单。其中一个原因是不同地区、不同季节的弹性并非一成不变。在对居民用水的分析中,美国干旱的西

---

⑨ 需求价格弹性:需求数量对价格的敏感性,等于需求数量的百分比变化除以价格的百分比变化。

部水资源需求弹性要大于东部,冬季需求小于夏季。在夏季,更多的水用于不重要的事项,如灌溉草坪和洗车;而冬季,水资源用于必要事项,如洗澡和洗碗。为应对价格上涨,家庭更愿意在夏天减少水消费。

水价的另一个原因在于水资源并不是以不变价格销售的。在一些情况下,用水户每月支付一定的费用便能够得到所有水消费,不需要对边际成本的增加进行额外支付。在美国、加拿大、墨西哥、挪威和英国等国,水资源是正常测度的。在水资源测度的国家,存在三个基本的定价制度,如图 15.7 所示。

1.统一费用制度:无论用水量如何,单位水资源的价格是不变的。

2.分级累进收费制度:随着用水量的增加,单位水价有所增加。在一个区间内单位水价是不变的,但对于连续的区间,水价会增高。

3.分级累退收费制度:随着用水量的增加,单位水价会下降。

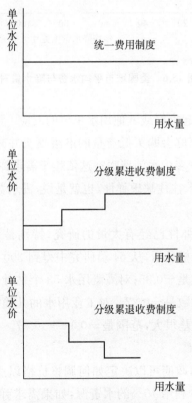

图 15.7　水资源定价制度

人们不希望进入更高价格区间,因此,分级累进收费制度鼓励节约用水。分级累退收费制度是为大型用户单位提供价格折扣。水资源在不同季节的定价不同,为避免用水浪费,夏季的水价更高。

　　分级累退收费制度是美国对公共用水最常用的定价方法。随着对节水关注的增加,分级累进收费制度已成为最常用的手段。2008 年,32%的美国公共用水系统采用统一费用制度,28%采用分级累退收费制度,40%采用分级累进收费制度。

　　国际上,水价制度差异很大。对自来水公司的一份国际调查发现,在 OECD 国家,49%采用累进收费,47%采用统一收费,只有 4%采用累退收费;在非 OECD 国家,63%采用统一收费,其他所有的自来水公司均采用累进收费。

　　虽然分级累进收费制度往往会促进节约用水,但在确定采用哪种收费制度和价格时,也受其他因素的影响,其中包括:

　　1.自来水公司的收费受到管制,不能通过提高水费达到节约用水。

　　2.任意提高水费会影响低收入家庭,因此,在设定水费时会考虑公平性。在南非,充足水权(the right to "sufficient water")被写入制度中,实施起来就是一个区间的供水是免费的(连续区间是通过递增收费定价),这样,贫困的家庭也能得到基本用水量。

　　3.分级累进收费在一定程度上难以理解,用户应该知道,什么时候他们的用量会进入更高的价格区间。

　　4.最后,从政治角度考虑,很难提高水价或者改变水费制度。尽管使用户参与水价的讨论可以增加节水支持度,自来水公司仍需要权衡政策的可行性和节水目标。

15.4　水市场和私有化

　　经济有效的水资源配置应该按照产生最高的边际价值的用途(最高的支付意愿)进行配置。理论上,从水的低值用途转移到高值用途会增加总体福利。在有效配置上,水资源的边际价值在不同用途之间保持不变,这样的转移将不会导致总体福利的净增加。

　　表 15.1 在回顾自 20 世纪 90 年代中期以来美国现有研究的基础上提供了不同用途的水资源边际价值的估计值。我们看到水资源的价值在不同用途间变化很大,价值最高的是工业和家庭用途,价值最低的是用于发电、娱乐或野生动物。这些用途并非都是相互联系的,比方说,水可以用于娱乐,然后在下游用于灌溉。

表 15.1   **不同用途的水资源每英亩一英尺(AF)的边际价值**

水用途	每英亩一英尺的边际价值(美元)	每英亩一英尺的中位数(美元)
航行	146	10
娱乐/野生动物栖息地	48	5
水电	25	21
热电动力	34	29
灌溉	75	40
工业	282	132
家庭	194	97

资料来源:Frederick et al.,1996.

表 15.1 存在从相对低值用途到高值用途再配置的可能性,然而,美国和其他地区的水资源配置不是由经济效率所决定。相反,水权的分配基于不同的历史和法律因素。

美国东部水权一般是河岸权[⑩](riparian water rights)。在这种情况下,对水资源利用的权利属于那些邻水的土地所有者。当需求超过供给时,根据邻水土地的数量对水权重新分配。河岸权不允许灌溉抽水或是将水用到不相邻的土地。

起初,河岸权用于美国西部,到 19 世纪晚期,农业和采矿用水迫切需要不同的水权体系。优先占用水权[⑪](prior appropriation water rights)从土地所有者中分离出来。在这种体系下,当某人有权使用[⑫](beneficial use)水资源时,如灌溉或者市政用途,水权便可识别。这种体系也称"先到权利优先",因为权利是第一次有权使用时被分配的。

例如,一个农民每年从河中抽取 1 000AF 的水,假设几年后,某工厂希望每年从该河中抽取 5 000AF 的水,按照权利优先原则,企业只能在农民抽走 1 000AF 的水后,才能获取水资源。在企业建立水权后,其他抽取水资源的人仍然可以建立优先占用水权,但是,只有在农民和企业已经全额分配后。在干旱时,如果河中只有 3 000AF 的水资源,农民可以得到 1 000AF 水,企业将得到剩余的 2 000AF,其他低等级用水户将得不到任何水资源。

很明显,优先占用方式并没有按经济效率的方式分配水资源。事实上,这会阻碍节约水资源,因为优先持有者使用少于配置给他们的水量,随着时间的推移,他们的用水量将从法律上被减少。优先占用产权也不会考虑生态需求。因此,在水资源短缺的情况下,生态体系可能要遭受重大损失。

---

⑩　河岸权:基于相邻土地所有权的一种水权分配制度。
⑪　优先占用水权:享有水资源的权利不基于所有权而是基于其有利使用的一种水权分配制度。
⑫　有利使用:描述水资源用于生产用途使用的概念,如灌溉或者市政供水。

在存在优先占用产权的情况下,作为一种提高水资源配置的经济方式,我们建立了水市场[13](water markets)。在水市场上,水权持有者可以将水卖给需要买的人。举个例子,农民将部分水资源卖给市政当局,当局可能一次性购买水资源(也被称为租赁),也可以每年购买水权,对于每年一定的水资源数量,这将使当局成为高级占有者。

与其他任何市场交易一样,由于买者和卖者都能从中获益,理论上水市场增加了社会福利,但是需要权衡水市场对现存的不公平的影响。如果贫穷的人持有水权,那么水市场为他们提供额外的收入来源。然而,与之相反的是,那些需要用水的贫困人群也可能得不到水资源,水资源会转向大型农场主、企业或其他利益集团的盈利用途。举例来讲,智利 20 世纪 80 年代初期建立了水市场,但是由于水权投机和垄断导致水价上涨。2005 年,智利修订了水市场法律以限制投机和垄断。

水市场并不需要水的直接运送。上游的水权持有者可以轻易地将其水权卖给下游用户。上游水权持有者只抽取较少的水,为下游用户保留更多的水。下游用户对上游用户的水权销售也用类似的方法实行。但是,在一些情况下,水销售需要通过运河或管道运输。美国西部已经建立了相当复杂的水运体系。加州和中央亚利桑那调水工程便是将数百英里的水运送至用户的手中。

建立成功的水市场的必要条件如下:

1.水权必须明确界定。

2.水需求必须超过供给。必须存在一些愿意高价购买水资源的用户。

3.在亟须购买水的地方或时间,水供给是可转移或可得的。同样,交易成本必须相对较低。

4.购买者必须确信购买合同是有效的,并具有一定的管制和监督。

5.必须有解决矛盾的部门。这将涉及法律程序和非正式的解决方案。

6.必须考虑文化和社会环境。如果大部分人相信水不是可交易的商品,这些地区可能会抵制水市场。

很多国家存在水市场,包括澳大利亚、智利、南非、英国和美国。美国水市场从 1990～2003 年进行了 1 400 个水销售交易。交易的大部分水量只是短期租赁而非水权购买。市政当局是最常见的水资源购买者(大部分来自灌溉者),而灌溉者间的交易也非常普遍。

被购买的 17% 的水用于环境用途,包括市政当局或环境机构的购买。水市场的作用转移到满足环境目标上来,例如,维持野生动物栖息地的生态基流引起了越来越多的关注。一些专家认为,水市场具有改善环境的巨大潜力。

---

[13]　水市场:向潜在卖者售卖水资源或者水权的一种机制。

随着人口和西方经济体的持续增长,克服水市场交易的障碍越来越具有挑战性。这种增长伴随着对环境和娱乐设施需求的增加。消除交易障碍将减少交易成本,促进河道内外用途间更有效的水资源配置,为改进用水创造机会,并提高环境质量。

即使环境价值超过其他用水价值,为获得必要的资金,必须建立相应的机构。该问题与第 4 章讨论的公共产品相似。环保组织的捐款可用于购买水权,但是免费搭车者的存在意味着环境购水对社会而言将供应不足。当然,水市场可以损害也可以帮助环境。水转移可降低水质并使含水层耗竭。在任何市场上,负外部性要求政府干预将其内部化。

水私有化

一个相关问题是水应该作为公共产品由政府供给还是作为商品由私有企业供给。水私有化[14](water privatization)是由世界银行、国际货币基金组织等国际机构提出的,理由是私有企业可以提供比公共实体更高效、更可靠的服务,特别是在发展中国家。理论上,如果私有企业以更低的价格提供水资源,那么消费者能够降低用水成本,这会使更多的人获得水资源。但是,倘若没有合适的规则,私有企业也可能收取过高的水费,不能满足低收入用户的用水需求。

从某种程度上讲,一些国家已经出现了水私有化,包括巴西、中国、哥伦比亚、法国、墨西哥和美国。水私有化的经验好坏参半。根据世界银行调查,菲律宾马尼拉的水私有化在扩大对贫困用户的水消费量上比较成功。

> 通过向顾客扩展更可靠、更实惠的供给服务,自 1997 年全面启动以来,该项目已经使 107 000 户贫困家庭受益。获取饮用水或管道水供给的就近规则(near-to-regular)以及增加的社区卫生设施已经发展到低收入居住中心。进一步讲,该项目建立了顾客设施,以鼓励社区讨论和参与扩展服务的过程,从而解决他们关注的问题。

然而,在其他情况下,水私有化很难实现,最引人注目的例子便是玻利维亚的经验。

2000 年 4 月,在经过 7 天的街道非暴力反抗和愤怒抗议后,玻利维亚总统被迫签署了废止阿瓜德尔图纳里的水私有化合同,也终止了对巨头 Bechtel 的补贴。1999 年,玻利维亚政府已经授权阿瓜德尔图纳里 40 年期限的合同……有时,水费会突然增长,从 100% 到 200%。小农和个体户受到特别沉重的打击。在最低工资每月不超过 100 美元的国家,很多家庭正支付 20 美元甚至更高的水费。

显而易见,水市场和私有化对解决水问题并不是普遍奏效的。确保市场

---

[14]   水私有化:相对于公共管理,水私有化是指由利润为导向的私人实体来进行水资源管理。

和私有化以满足社会和环境目标的方式运营,而非只是以最大化利润为目标。关于该争论的更详细内容,见专栏 15.3。

专栏 15.3 私有企业应该控制我们最宝贵的自然资源吗?

普遍认为,全球水供给无法持续利用。由于市场价格能够刺激水资源节约,私有化可以导致更具持续性的实践吗?

传统上,发展中国家已经开始水供给的私有化。20 世纪 90 年代晚期,世界银行以经济援助为条件,让大量的贫困国家推行水供给的私有化。在某些例子中,效果最差的是玻利维亚,该国私有企业提高水价以致贫困家庭无力支付满足基本需求的水费。

然而,近年来,对水资源私有化的关注已经转移到富裕国家。"这些都是有支付能力的国家,"水权律师 James Olson 说,"这些国家有大量的基础设施需求、紧缩的水资源以及充足的资金。"

水资源管理在中国更为严峻。随着北京地下水需求的增加,城市周围挖的水井必须达到前所未有的深度(几乎是一英里的 2/3 甚至更多,根据近期世界银行的一份报告)才能打到淡水。随着水资源供给变得更加有利可图,私有自来水企业的数量突飞猛涨。同时,为了弥补投资成本,企业大大地抬高了水的价格。"这超出大多数家庭可以接受的支付,"新疆自然保育基金的经济学家葛云说,"因此,随着更多地水资源趋向私有化,得到水资源的人数将越来越少。"

世界银行继续推行私有化,为节约用水而提高水价,并且认为这是必要的。公共自来水企业收取费用不能反映水资源真实的经济和社会成本。私有化倡导者认为这是水资源不能持续利用的根源。从社会福利的视角看,如果不能考虑外部性,水价便太低。但是经济效率可能与公平目标冲突,制定确保贫困人口基本需要的水资源政策,并将其与私有化相结合,这样的私有化可能效果最好,正如南非的体系一样,随着需求增加而引起价格上涨,该体系免费提供基本的水资源供给。

资料来源:Interlandi,2010.

总 结

水系统面临来自农业、工业和城市需求稳定增长的压力。当前很多国家遇到永久性水紧缺,即人均水供给不超过 1 700 立方米。随着人口增长和气候变化影响,降水模式、冰川径流和水短缺日益严峻。

从含水层抽取的供给增加已经导致主要水资源稀缺区域的地下水透支。修建大坝增加了水供给,但是大坝选址已经被开发,新大坝建设涉及环境和社会成本。海水淡化提供了无限挖掘海洋水资源的潜力,但是能源消耗量大并且成本较高。

合理的水价可以促进节约,鼓励有效用水。然而,政府补贴水资源刺激了过度利用。更高的水价会减少需求,但是,水资源需求缺乏弹性,为促进节约用水,价格提高是有必要的。设计良好的价格制度,比如分级累进收费制度,可以促进节约用水。

理论上,通过允许低值用途向高值用途的转移,水市场可以增加水资源配置的经济效率。水市场也可用于满足环境目标,尽管结果可能喜忧参半。水供给私有化也能产生不同的结论,在某些情况下扩大可支付的用途会导致价格的大幅提高,而在另一些情况下,则减少。证据表明,虽然私有和公共部门在应对水资源挑战上扮演不同的角色,但是为确保水资源管理最优,规则和制度是必须有的。

问 题 讨 论

1.假设你正在管理一家由于干旱而面临水短缺的公共自来水企业,你将采取什么措施应对干旱?

2.人类对水资源的需求可导致维持自然资源如湿地和鱼类栖息地的供给不足。你将如何权衡水资源在人类和环境需求间的配置?

3.你认为获取安全饮用水是人类的基本权利吗?考虑支付能力与节约的问题,发展中国家的水资源是如何定价的?

注 释

1.See Figure 15.1;Postel,1992.

2.Center for Strategic and International Studies,2005.

3.UNEP,2008.

4.Dore,2005.

5.Postel,1999,42;www.fao.org/nr/water/aquastat/water_use/index.stm.

6. Aquastat, Food and Agriculture Organization, www. fao. org/nr/water/aquastat/water_use/index. stm.

7.OECD，2012，1.

8.Ford，2012.

9. See www. un. org/ga/search/view _ doc. asp? symbol = A/RES/ 64/292/.

10.Gleick，2011，xi-xii.

11. http：//wwf. panda. org/what _ we _ do/footprint/water/dams _ initiative/quick_facts/. Large dams are defined as those over 15 meters in height.

12.See World Commission on Dams，2000.

13.WaterReuse Association，2012.

14.Equinox Center，2010.

15.Elimelech and Phillip，2011，712.

16.Postel，1992，chap. 8.

17.Equinox Center，2010，18.

18.Olmstead and Stavins，2007.

19. See Hanemann，2005，for a discussion of the value and price of water.

20.Recall the discussion of use and nonvalues in Chapter 6.

21.See Carter and Milton，1999.

22.Whichelns，2010，7.

23.Stockle，2001，4—5.

24.Wichelns，2010.

25.Walton，2010.

26.Dalhuisen et al.，2003.

27.Scheierling et al.，2004.

28.Olmstead and Stavins，2007.

29.OECD，2009.

30.Tietenberg and Lewis，2012.

31.OECD，2009.

32.Conditions adapted from Simpson and Ringskog，1997.

33.Brown，2006.

34.Scarborough，2010，33.

35.Chong and Sunding，2006.

36.World Bank，2010，2.

37.Public Citizen，2003.

参考文献

Brown, Thomas C. 2006. "Trends in Water Market Activity and Price in the Western United States." *Water Resources Research*, 42, W09402, doi:10.1029/2005WR004180.

Carter, David W., and J. Walter Milton. 1999. "The True Cost of Water: Beyond the Perceptions." Paper presented at the CONSERV99 meeting of the AWWA, Monterey, February 1.

Center for Strategic and International Studies. 2005. "Addressing Our Global Water Future." Sandia National Laboratory.

Chong, Howard, and David Sunding. 2006. "Water Markets and Trading." *Annual Review of Environment and Resources* 31:239—264.

Dalhuisen, Jasper M., Raymond J.G.M. Florax, Henri L.F. de Groot, and Peter Nijkamp. 2003. "Price and Income Elasticities of Residential Water Demand: A Meta-Analysis." *Land Economics* 79(2): 292—308.

Dore, Mohammed H.I. 2005. "Climate Change and Changes in Global Precipitation Patterns: What Do We Know?" *Environment International* 31(8): 1167—1181.

Elimelech, Menachem, and William A. Phillip. 2011. "The Future of Seawater Desalination: Energy, Technology, and the Environment." *Science* 333: 712—717.

Equinox Center. 2010. "San Diego's Water Sources: Assessing the Options." http://www.equinoxcenter.org/assets/files/pdf/AssessingtheOptionsfinal.pdf.

Ford, Liz. 2012. "Millennium Development Goal on Safe Drinking Water Reaches Target Early." *The Guardian*, March 6.

Frederick, Kenneth D., Tim VandenBerg, and Jean Hanson. 1996. "Economic Values of Freshwater in the United States." Resources for the Future Discussion Paper 97—03. http://www.rff.org/rff/documents/rff-dp-97-03.pdf.

Gleick, Peter H. 2011. *The World's Water Volume 7: The Biennial Report on Freshwater Resources*. Washington, DC: Island Press.

Hanemann, W. Michael. 2005. "The Value of Water." University of California, Berkeley, www.ctec.ufal.br/professor/vap/Valueofwater.pdf.

Interlandi, Jeneen. 2010. "The New Oil: Should Private Companies Control our Most Precious Natural Resource?" *Newsweek*, October 18.

Mascarelli, Amanda. 2012. "Demand for Water Outstrips Supply." *Nature* (News), August 8.

Olmstead, Sheila M., and Robert N. Stavins. 2007. "Managing Water Demand: Price vs. Non-Price Conservation Programs." Pioneer Institute White Paper, no. 39. http://www.hks.harvard.edu/fs/rstavins/Monographs_&_Reports/Pioneer_Olmstead_Stavins_

Water.pdf.

Organization for Economic Cooperation and Development (OECD). 2009. *Managing Water for All：An OECD Perspective on Pricing and Financing*. Paris：OECD, http://www.oecd-ilibrary.org/environment/managing-water-for-all_9789264059498-en.

——. 2012. *Environmental Outlook to 2050：The Consequences of Inaction*, *Key Findings on Water*. Paris, France：OECD, http://www. oecd. org/env/indicators-modelling-outlooks/49844953.pdf.

Postel, Sandra. 1992. *Last Oasis：Facing Water Scarcity*. New York：W.W. Norton.

——. 1999. *Pillar of Sand：Can the Irrigation Miracle Last?* New York：W.W. Norton.

Public Citizen. 2003. "Water Privatization Fiascos：Broken Promises and Social Turmoil." March. http://www.citizen. org/documents/privatizationfiascos.pdf.

Scarborough, Brandon. 2010. "Environmental Water Markets：Restoring Streams Through Trade," PERC Policy Series, no. 46. http://perc. org/sites/default/files/ps46.pdf.

Scheierling, Susanne M., John B. Loomis, and Robert A. Young. 2004. "Irrigation Water Demand：A Meta Analysis of Price Elasticities,." Paper presented at the American Agricultural Economics Association Annual Meeting, Denver, August 1—4.

Schwalm, Christopher R., Christopher A. Williams, and Kevin Schaeffer. 2012. "Hundred-Year Forecast：Drought." *New York Times*, August 11.

Simpson, Larry, and Klas Ringskog. 1997. "Water Markets in the Americas." Directions in Development, World Bank, Washington, DC.

Strockel, Claudio O. 2001. "Environmental Impact of Irrigation：A Review." State of Washington Water Research Center. Pullman, Washington：Washington State University, http://www.swwrc.wsu.edu/newsletter/fall2001/lrrlmpact2. pdf.

Tietenberg, Tom, and Lynne Lewis. 2012. *Environmental and Natural Resource Economics*, 9th ed. Boston：Pearson.

United Nations Environment Programme (UNEP). 2008. *Vital Water Graphics*, *An Overview of the State of the World's Fresh and Marine Waters*, 2d ed. Nairobi, Kenya：UNEP http://www.unep.org/dewa/vitalwater/index.html.

Walton, Brett. 2010. "The Price of Water：A Comparison of Water Rates, Usage in 30 U.S. Cities." Circle of Blue, April 26. www. circleofblue. org/watemews/2010/world/the-price-of-water-a-comparison-of-water-rates-usage-in-30-u-s-cities/.

WaterReuse Association. 2012. Seawater Desalination Costs. White Paper, January, http://www. watereuse. org/sites/default/files/u8/WateReuse _ Desal _ Cost _ White _ Paper.pdf.

Wichelns, Dennis. 2010. "Agricultural Water Pricing：United States." Paris, France：Organization for Economic Cooperation and Development.

World Bank. 2010. "Private Concessions: The Manila Water Experience." IBRD Results. Washington, DC.

World Commission on Dams. 2000. *Dams and Development: A New Framework for Decision-Making.* London: Earthscan Publications, www.dams.org.

相关网站

1. **www.epa.gov/gateway/Iearn/water.html.** The U.S. Environmental Protection Agency's water portal, with links to information about watershed protection, oceans, drinking water, and freshwater.

2. **www. uneseo. org/new/en/natural-sciences/environment/water/wwap/wwdr.** Web site for the United Nations' World Water Development Report, published every three years. Current and past reports can be freely downloaded.

3. **www. fao. org/nr/water.** The Food and Agriculture Organization's water portal, with reports and links to a database of water information.

第六部分

污染：影响和应对政策

第 16 章 污染：分析和政策

焦点问题

- 为了控制污染，最好的政策是什么？
- 如何均衡污染管理的成本和效益？
- 是否应该允许企业购买污染许可？
- 如何处理长期累积的污染物？

16.1 污染控制的经济

自然系统提供了一种生态服务：吸附功能[1]（sink function）——吸收废弃物和污染的能力。虽然这种能力对人类生活和生态系统都至关重要，但是它经常被过度污染所滥用。由此，对环境保护政策提出了两个问题：第一，假定任何社会都必须排放一些废弃物，社会可接受的污染量是多少？第二，我们如何采取措施控制或降低污染量以使其低于这个可接受的水平？

多少污染是太多？

你可能会认为这个问题的答案为任何污染都是太多的。正如第 3 章所讲，经济学家认为是依据最优污染水平[2]（optimal level of pollution）所决定的。虽然一些人认为这个最优污染水平的值是零，然而经济学家普遍认为要想达到零污染水平，就必须停止生产活动。我们生产任何产品，污染都不可避免。在社会层面上，我们必须确定可接受的污染水平是多少。当然，随着时间的推移，我们可以尽力降低这个可接受的污染量水平，特别是我们可以通过更先进的污染控制技术来达到这个目的。但是，只要我们想要生产产品，我们就

---

[1] 吸附功能：自然资源吸收废弃和污染的能力。
[2] 最优污染水平：最大化社会效益时的污染水平。

必须决定这个"最优"污染水平。

在第 3 章,我们已经讨论了污染的负外部性。按照外部成本和外部收益的逻辑,无管制条件下的市场生产了"太多"的污染。只有当外部性被完全内化时,才会产生"最优"污染水平,这时的产品量和污染量相比较于没有管制时都是更低的。通过考虑一个特定污染物的整体排放,我们可以扩展我们的研究,以此认识到生产各种各样的商品和服务最终产生的污染物。如果不对污染进行管理,那么企业就没有动机去降低污染物的排放量。我们把这种无管制条件下的污染水平设为 Q_{max}(如图 16.1 所示)。企业能够把污染水平降低到 Q_{max} 以下,但是其需要付出成本,如安装污染控制的设备、用低污染的材料替代原先的材料。如果企业必须把污染水平降低到 Q_{max} 以下,理性选择和利润最大化原理告诉我们,企业首先会研究成本最低的减排方案,然后会进行昂贵的实践[a]。随着污染水平逐渐降低到零附近,减少额外一单位的污染所花费的成本将会增加,因此,我们可以从图 16.1 中看出随着我们把污染水平从 Q_{max} 降低到更低的水平,降低污染所花费的边际成本(MCR 曲线)不断增加(即从线的右边移动到左边)。

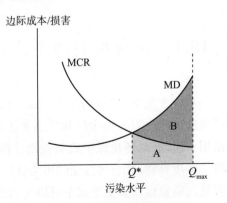

图 16.1　最优污染量水平

接下来,考虑与污染有关的边际损失。以空气污染为例,根据第 6 章中所讨论的总经济价值的概念,这些损失包括对人类健康的影响、空气能见度的降低、对生态系统的损害。因为生态系统能够处理和分解一定程度的污染,所以一开始产生的污染会产生相对较少的损害,并且一开始产生的污染量很低,还不足以对人类的健康产生重大的影响。最终,污染量升高到足以产生一系列的损害,如气喘、明显降低的能见度、生态退化等。在晴朗的日子里,少量的汽

---

a　我们注意到企业也可以通过简单的减产来降低污染水平。我们假设企业将会采取最经济的手段来降低污染,其可以通过在降低污染水平的同时保持产量水平的方式,也可以采用降低产量并且放弃潜在利润的方式。

车尾气排放只是一个小烦恼,但是如果在一个有雾的天气里,高峰时刻同样数量的汽车尾气排放将会引发严重的呼吸和健康问题。因此,污染的边际损失开始于一个较低的水平,随着污染量的增加而不断上升。图 16.1 中的 MD 曲线代表了这种变化。我们应该注意到,这条曲线也可以被看作是污染减少的边际收益,或者是可避免的损失。从图中的 Q_{max} 开始,从右到左,起始的一单位污染的减少所带来的收益非常大(因为这一单位污染带来的损害非常大),并且随着污染清理进程的推进,边际收益在不断下降。

在 Q_{max} 点,虽然降低污染量的成本相对较低,然而,污染的边际损失非常大。如果污染量水平被降低到 Q_{max} 以下,社会福利水平将会增加。在 Q^* 以上,Q^* 是最优污染水平,这条结论都是适用的。在 Q^* 点,污染减少的边际收益等于边际成本。这种边际收益和边际成本的相等被称作是等边际法则[3](equimarginal principle)[b]。

企业把污染水平从 Q_{max} 降低到 Q^* 所花费的总成本是区域 A 的面积——边际成本曲线以下的区域。降低污染水平到 Q^* 的社会总收益是区域 A 和区域 B 的面积之和。因此,降低污染水平导致的社会福利的净增加是区域 B 的面积。

在我们的图形中很容易找到 Q^*,但是在现实生活中,我们如何得到这个最优污染水平? 这个问题就不是那么简单了,因为我们不可能精确地知道这些曲线的形状和位置。正如第 6 章所述,环境损失的估计是一门不精确的科学,并且包含许多主观判断。基于行业估计的角度,管理费用更容易估计,但是它们往往是不确定的。

实际上,一旦控制政策生效了,行业往往会高估管理成本。例如,汽车行业认为减少尾气排放的提议将大幅度增加车辆的成本。实际上,很明显,实施更严格的汽车排放标准对成本的影响不大。

相同地,电力行业预测了减少硫氧化物的高成本,但是真实的成本(由 SO_x 排放许可的价格表示出来)却很低。另一方面,管理成本有时也会比估计值高,比如一些清理有毒废物的设施会增加成本。

尽管存在这些不确定性,污染控制政策的经济研究中等边际法则依然是必要的。即使我们不能确定出精确的目标,我们也知道采用有效的政策是更好的——以一个最低的成本得出最好的结果——而不是以相对更高的成本带来更低的效益和没有效率的政策。经济研究能够帮助我们规划出有效的政策并且分析不同手段的优点和缺点。在接下来的章节中,我们从这些角度考虑

---

[b]　考虑不同企业和不同技术所得到的边际减排成本时也可以运用等边际法则,这在我们接下来对污染控制手段的描述中有所体现。Tietenberg 和 Lewis(2011)区分了"第一种等边际法则"和"第二种等边际法则"。"第一种等边际法则"是从全社会的角度,使边际成本和边际效益相等;"第二种等边际法则"是从企业的角度使边际成本和边际效益相等。

[3]　等边际法则:为了获得有效产出而使得边际收益等于边际成本的法则。

可以选择的污染控制政策。

选择一个污染控制政策

四种基本的污染控制手段：

1.庇古（污染）税[④]（pigovian (pollution) tax）：正如第 3 章讨论的，庇古税也就是每单位污染物排放需要征收的税。

2.可交易的污染许可证[⑤]（tradable pollution permits）：这种许可证仅仅允许企业排放特定量的污染物。可交易性指的是企业能够买卖这种许可证，也就是说，污染排放量低的企业可以卖出额外的排放许可量，污染排放量高的企业可以购买额外的排放量。

3.污染（排放）标准[⑥]（pollution standards）：这种标准要求所有的企业都遵循一个最大的允许排放量水平，每个企业都需要把污染物排放量降低到一定比例以低于基线水平。

4.基于技术的规定[⑦]（technology-based regulation）：这种规定要求所有的企业都使用一种特定的技术或者安装特定的设备。

哪一种污染控制手段是最好的，我们没有统一的答案。在不同的环境下，需要采取不同的手段。在现实中，通常会把这些手段结合起来使用。

本章我们主要是从经济研究的角度提出污染控制的水平和方法。同时，我们应牢记纯经济角度的限制。当考虑污染的影响时，从经济的角度出发，我们不能测量所有的成本和效益。当多种污染物影响环境以及累积生态系统遭到破坏和退化时，或者是当持久性污染物的影响很难估计时，这种研究很正确。

在这种情况下，经济研究可能不会涵盖整个生态系统影响的范围。然而，当理解污染控制政策如何影响企业和个人以及理解经济动机如何在调整行为方面起作用时，经济研究是至关重要的。接下来，我们详细地讨论 4 种污染控制方法。

16.2　污染控制的政策

排放标准

设置排放标准[⑧]（emisisons standards）是降低污染的一种通常的办法。例如，

---

④　庇古（排污）税：每单位税收等于某一活动所造成的额外损失，比如每吨排污的税收等于一吨污染额外的损失。

⑤　可交易的污染许可证：允许企业排放一个特定数量污染物的许可。

⑥　污染标准：责令企业或者行业维持一个特定的污染水平或者污染减少水平的规则。

⑦　基于技术的规定：通过要求企业有特定的设备或者执行特定的操作的污染规定。

⑧　排放标准：对工业企业生产设备或者产品合法排放出的污染物水平设定一个最大值的规定。

环境保护机构能够对特定的行业或者产品设置立法指导原则。每年汽车检验标准的使用就是一个例子。汽车必须将尾气的排放量维持在特定的水平上;对不能达到这个水平的汽车必须进行调整,否则就不能获得一张汽车年检标志贴。

从经济的角度看,这个标准的优点和缺点分别是什么? 最明显的优点在于这个标准能够指定一个明确的结果——污染会给公众健康带来危害,这种明确的结果特别重要。通过对所有的生产者设定一个统一的规则⑨(regulation),我们能够确信没有工厂或者产品会达到有害污染物的水平。在极端的例子中,我们所说的规则可以禁止特定污染物的排放,如许多国家禁止使用DDT(一种有害的杀虫剂)。

然而,要求所有经济活动参与者都执行相同的标准可能会缺乏弹性[c]。当产生污染的企业或者产品相似时,固定的标准能够很好地解决问题。例如,对于汽车厂商设定一个相同的排放标准,包括各种用途的汽车必须和轿车执行相同的尾气排放量标准。但是当我们考虑某个行业,这个行业包括不同规模和历史的工厂,对所有的工厂设定一个相同的标准真的有意义吗? 旧工厂很难执行那些挑剔的标准,从而不得不倒闭。相反,对更多的现代工厂来说,同样的标准过于放松,从而促使它们超量排放污染物,而这些污染以一个较低的成本就能被禁止。

要求所有的企业和产品都执行相同的标准通常并不划算。相比较于减少排放较高的边际成本,减少排放的边际成本低时企业减排的行为更划算。因此,为了达到减少污染的目标,要求所有的企业执行相同标准不是最经济的方式。

另一个问题是当企业达到这个标准时,它们就不再进一步减少污染排放量。美国机动车燃油经济性是一个很好的例证,其中设定的标准就是平均燃油经济性标准(CAFE)。当汽车制造商达到这个燃油经济性标准,并且消费者不需要进一步提高燃油效率时,汽车制造商就不会再努力进一步提高燃油效率,正如图 16.2 所示。

20 世纪 70 年代末和 80 年代初,为了达到 CAFE 设定的 27.5 mpg 的标准,新型轿车的平均燃油效率从 20 英里/加仑增加到 28 英里/加仑,但是这个标准在接下来的 20 年来一直保持不变,而在此期间,新型轿车的平均燃油效率也同样保持不变。只有在 2000 年以后,当天然气价格上升时,为了应对消费者对燃油效率的需求和 2011 年以后 CAFE 标准的增加,平均燃油效率才提高。更多的关于近期 CAFE 标准提高的叙述见专栏 16.1。

---

c 一些经济学家将政府设定的标准看作是命令与控制系统,这种系统并不适用于市场机制。在这里,我们避免使用这种术语,因为其会带来不必要的偏误。然而,我们努力评估不同政策的优点,而不是得出哪一个更好的偏见。Goodstein(2010,第 4 章)保留了对这种术语的使用。

⑨ 规则:制定法律来控制污染对环境的影响,这种法律是通过设定标准,或者控制一种产品或生产过程的方法来实现的。

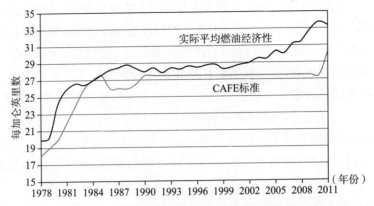

图 16.2   轿车的 CAFE 标准和实际平均燃油效率(1978~2011 年)

专栏 16.1   美国设定更高的燃油效率标准

2012 年 8 月,奥巴马政府宣布了一项截至 2025 年的新政策,要求汽车制造商将新能源汽车的燃油效率提高到之前的两倍。汽车和轻型卡车的平均燃油经济性标准从 2012 年的 29.7mpg(英里/加仑)上升到 2025 年的 54.5mpg。

奥巴马总统说:"这些燃油标准代表我们迈出了重要一步:我们在逐渐降低对外国石油的依赖性,这一历史性协议建立在我们已经取得了节约家庭的资金和减少石油消费的基础上。在接下来的 10 年,我们的汽车消耗每加仑燃油时将会行驶 55 英里,这几乎是今天燃油效率的两倍。这项措施将会巩固我们国家的能源安全,中等收入家庭将从中受益,并且它将有助于创建可持续的经济。"

交通部秘书长 Ray LaHood 说:"简而言之,在保护我们呼吸的空气和为汽车制造商提供了监管从而制造汽车的同时,这项开创性的措施将会促进低能耗、高速度交通工具的发展,并且为消费者提供比以前更高的效率。今天,汽车制造商们发现他们生产的更高燃油效率的汽车在销量上可能不那么乐观,然而,财政部发布的第一项燃油效率措施已经为许多家庭省了钱,未来也将会省更多的钱,这项公告将会是每一个人的胜利。"

13 个主要的汽车制造商已经赞同了这项新政,可以认为这是环保人士的一项胜利。虽然新政会使得新型汽车的价格从 2 000 美元上升到 3 000 美元,但是,截至 2025 年,每一辆汽车节省下来的 8 000 美元的燃油费用将会抵消这部分成本。除了制定新的标准,新的刺激政策也会鼓励节能高效汽车的发展,这其中包括电能汽车、插电式混合动力汽车、天然气汽车等。

财政部发表宣言称:截至 2025 年,新政的实施将会使汽车排放的温室气体减半,减少的排放量达到 60 亿吨。通过增加对新技术的需求,这项政策能够产生几十万岗位空缺。华盛顿某环境组织的清洁能源项目主任 Phyllis Cuttino 说:"新方案的结果将使我们的国家更安全、环境更清洁以及使消费者更有钱。"

资料来源:NHTSA,2012;Vlasic,2012.

基于技术的方法

关于环境保护的第二种手段是要求企业采用特定的污染控制技术。例如,在 1975 年,美国要求汽车制造商采用一种催化转化器来降低尾气排放。虽然汽车制造商可以自由设计自己的催化转化器,但是都必须达到一个规定的尾气排放标准。

与之相似的一个概念是企业采取最佳技术解决方案[10](best available control technology,BACT)[d]。这个方案的一个例子是美国的《清洁水法》,这个法案要求企业的废水必须使用"当前可用的最可行的控制技术"。美国和欧盟也都采用这种基于技术的规定来控制空气污染。总的来说,基于技术的手段考虑了成本因素。例如,英国的环境保护条例要求采用最好的技术从而"不需要过多的成本"。

随着技术进步,强制的 BACT 会发生改变。然而,BACT 规定很难促进创新。如果一个企业投资一项能够控制污染的新技术,但是这项技术会增加成本,企业将会避免让监管机构了解到这项技术,以避免监管机构要求其应用这项技术。

基于技术的规定[11](technology-based regulation)最大的好处在于政府强制执行和监管的成本相对较低。不像设定一个污染标准那样需要频繁地监测企业的污染水平以确认其服从标准,设定一个 BACT 规定只需要临时确认企业已经安装了环保设备并运行它。

因为基于技术的手段是缺乏弹性的,企业不能进行不同的选择,因此它不是成本有效的。就像是执行一个污染标准一样,不同企业应用同一个最佳技术解决方案的成本不尽相同。因此,给定一个污染减少的水平不可能是成本最小的。然而,由于标准化的影响,基于技术的规定会带来成本优势。如果所

---

[d] 许多不同的术语都描述了"最好的"技术,例如:"最可行的技术"(BAT)、"合理可用的控制技术"(RACT)、"最大可用控制技术"(MACT)。

[10] 最佳技术解决方案:通过环境保护条例的手段,政府强制规定所有企业必须使用一种政府认为最有效的污染控制技术。

[11] 基于技术的规定:通过要求企业实现特定的设备或者操作的污染规定。

有的企业都必须采用一种特定的技术,久而久之,这种技术的推广应用将会降低其生产成本。

排污税

因为排污税和可交易的污染许可证都是向污染者提供排污成本的信息而不是强制企业采取某种措施来减排,所以这两者都被认为是基于市场的污染控制[12](market-based pollution control)。基于市场的手段不要求私人公司降低污染排放量,但是它们在市场的推动下有很强的动机采取减排行动。

正如我们在第 3 章所描述的,排污税反映了内化外部成本[13](internalizing external costs)的原则。如果生产者必须通过支付每单位的费用来承担污染成本,那么他们就会发现只要边际控制成本小于税收,降低污染水平就是对他们有利的。

图 16.3 反映了一家私人企业如何根据排污税来调节其决策。同样,Q_{max} 是没有任何规定时的排污量。如果进行统一收费或者收取排污税,也就是在 T_1 点施加税费,污染水平将会下降到 Q_1。生产者发现把污染降低到这个水平是更好的,此时的总成本是区域 E,等于污染量从 Q_1 增加到 Q_{max},即边际成本曲线以下的面积。否则,如果企业保持 Q_{max} 的污染量,它就必须为这些污染支付 E+F 量的费用。因此,企业通过降低污染水平节省了面积为 F 的成本。

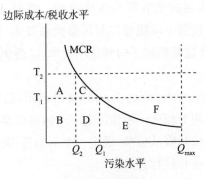

图 16.3　排污税

在降低污染水平到 Q_1 之后,企业仍然需要为其现在的污染量支付税收,这部分等于(B+D)的区域。企业支付排污税的总成本是其减排成本与税收支付的和,也就是区域 B+D+E,这个成本低于企业不采取任何减排措施必

---

[12]　基于市场的污染控制:基于市场的力量而不是控制企业的决定来达到环境保护的目的,如税收、补贴和许可证系统。

[13]　内部化外部成本:例如,通过税收将外部成本考虑进市场决策。

须支付的税收,也就是区域 B+D+E+F。企业认为税收是有效的成本,任何不同于排污量 Q_1 的污染水平都会带来更高的成本。

如果每单位污染的费用更高,在 T_2 点,生产者会进一步降低排污量到 Q_2。这个过程包括控制成本(C+D+E)和排污费用(A+B)。额外每单位的减排量都会带来更高的成本,但是只要这些成本低于 T_2 点,生产者就会发现支付额外的支出以避免支付 Q_1 到 Q_2 之间污染量的费用是有利可图的。

这种成本最小化的逻辑确保了排污费用是否能够完成最大减排量。我们换一种方式来应用等边际法则——所有的生产者的边际控制成本是相等的。如果税收水平反映了真实的损失成本,那么它也能够确保每一个生产者的边际控制成本都会等于从减少损失中获得的边际收益。

我们注意到,有效的减排措施的相同目标都可以通过使用减排补贴而不是排污税收来达到。如果生产者每减少一单位污染都能够获得补贴,那么他们也会根据利益最大化的原则做出相似的减排量的决策。例如,如果每减少一单位的排污量,补贴数等于 T_1,生产者将会根据利益原则把污染量降低到 Q_1,支付面积为 E 的控制成本,接受面积为 E+F 的补贴,得到的净利润为面积 F。这种补贴和收取 T_1 的税费能够达到相同的减排效果,但是带来了不同的分配结果。相比较于政府通过税收收入 B+D,支出了 E+F,生产者获得了 B+D+E+F,情况变好。政治上,企业更愿意接受这种手段,但是从政府预算的角度看,这使得控制污染的成本太高,从而不能接受。

我们可以通过一个简单的数学例子进一步证明一个企业如何应对排污税。假设一个企业减排的边际成本是:MCR=30+2Q。

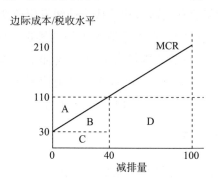

图 16.4 排污税的例子

Q 是相对于 Q_{max} 的减排量,单位是吨(Q_{max} 是没有政策规定时污染排放量)。因此,没有任何规定时,Q 应该是 0。我们假设 Q_{max} 是 100 吨。在图 16.4 中,画出企业的边际成本曲线。在这个例子中,我们旋转了 x 轴,通过测量减排量而不是排污量来分析问题。因此,潜在的最大减排量是 100 吨(从曲线的左边移动到右边)。

假设政府颁布法律规定每吨污染的税收是 110 美元。如果企业根本不打算减少排污量,那么其必须为 100 吨的排污量支付 11 000 美元,即如图 16.4 所示的 A+B+C+D 的区域。但是,只要减排的成本低于税收,企业就应该采取减排,这是一种更加划算的方式。我们可以让减排的边际成本等于税收,从而解出最优减排量:

$$110 = 30 + 2Q$$
$$80 = 2Q$$
$$Q = 40$$

因此,企业将会减排 40 吨,保持 60 吨的排污量。企业依然需要为 60 吨的排污量支付单价为 110 美元的税收,税收总和为 6 600 美元,如图 16.4 中区域 D 所示。企业总的减排成本是减排量在 MCR 曲线以下所反映的面积,也就是区域 B+C。我们注意到,B 是一个底为 40、高为 80(110-30)的三角形,C 是一个底为 40、高为 30 的矩形。因此,可以用另一种方法来计算企业的减排成本:

$$\text{Reduction costs(减排成本)} = (40 \times 80 \times 0.5) + (30 \times 40)$$
$$= 1\ 600 + 1\ 200$$
$$= 2\ 800(美元)$$

同时考虑企业的减排成本和税收,企业的总成本是 9 400 美元,低于不减排时所要支付的 11 000 美元的税收。除了 40 吨的减排量以外,企业采取其他的减排量都会导致更高的总成本。

我们注意到,如果企业的减排边际成本曲线发生改变,那么最优减排量也会不同。MCR 曲线更高的企业将采取更少的减排量,MCR 更低的企业减排量更多。如果给定一个总的减排量水平,每个企业都根据成本最小化原则采取自身的减排,最终会使总成本最小,这就是企业成本最小化原则的积极影响。不像设定标准和基于技术的手段,排污税是更加经济、高效的手段。

可交易的污染许可证

在控制污染方面经济有效性明显是一种优势。然而,排污税的不足是设定了征税水平后很难预测可以达到的总减排水平,这依赖于每个企业的 MCR 曲线的形状,而政策制定者并不能确切知道企业的 MCR 曲线形状。

我们假设,在国家或区域范围内,政策目标是设定一个更精确的减排量。例如,1990 年美国环境保护局设定目标决定减少 50% 的硫氧化物和氮氧化物(SO_x 和 NO_x)的排放量,这两者会引起酸雨现象。达到此目标最好的方式是什么?是否能同时达到经济有效性?

美国的一项实践是,1990 年的清洁空气修正法案设立了一项可交易的污染许可证系统,其中,发布的许可证的数量等于目标排污量水平。企业可以自由决定是留下该许可证还是通过拍卖将其卖掉。一旦被分配出去,这些许可证在企业和利益集团之间都是自由的或者说可转让的。企业可以自主决定是降低排污量还是为排污量购买许可证,但是全社会总的排污量不会超过由许可证数量所规定的最大排污量[3]。

这个系统也会出现这样的情况:致力于减排的私人集团愿意购买污染许可证,但是却希望永久地退掉许可证,这样就把排污量降低到原来设定的目标水平之下。许可证可能会在一个限定期限以后终止运行,也会因为政府发行越来越少的新许可证而导致更低排污量,从而终止运行。图 16.5 显示了可交易许可证系统的一个简化的例子。

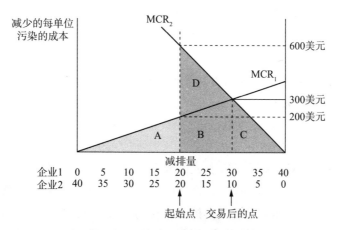

图 16.5 可交易污染许可证系统

在这个简化的模型中,我们假设有两家企业,在执行规定之前这两家企业都排放 50 单位的污染,所以总的排污量就是 100 单位,而政策目标是减排 40 单位,因此,两家企业的减排量总和必须达到 40 单位。图 16.5 中显示了需要达到 40 单位的减排量如何在两家企业中分配,减排量显示在 x 轴。需要注意的是,x 轴上的点代表了 40 单位的总的减排量,但是这 40 单位以不同的方式分配给了两家企业。

两家企业减排的边际成本都不同,在同一个坐标轴中的边际成本曲线也分别倾斜于不同的方向,企业 1 的减排量从左向右变化,企业 2 的减排量从右向左变化。我们通过画图的技巧来简单地处理这个问题,同样是根据等边际成本原则找到最优点(也就是找到两家企业减排的边际成本都相等的点)。

在可交易污染许可证实施之前,两家企业总共排污 100 单位,为了减排 40 单位的总目标,剩余 60 单位的排污量应该通过发放污染许可证来达到。

假设一开始我们允许每个企业排污 30 单位,如果污染许可证不能交易,那么每个企业都必须把自身的排污量从 50 单位降低到 30 单位——减少 20 单位。图表中中间位置显示了这个问题("起始点")。此时,企业 1 的边际成本是 200 美元,企业 2 的边际成本是 600 美元,这与统一规定每个企业排污量是 30 单位的效果是一样的。

这种方式是通过企业各自减排来达到最终的政策目标,但是它在经济上是无效率的。每一个企业的总的成本都可以由 MCR 曲线以下的区域来表示[e],又因为每个 MCR 曲线都是线性的,所以每个企业的减排成本都可以由三角形的面积来计算。企业 1 的减排总成本是区域 A 的面积,等于:

$$企业 1 减排总成本 = 20 \times 200 \times 0.5$$

$$= 2\ 000(美元)$$

企业 2 的减排总成本是区域 B+C+D 的面积,表示为:

$$企业 2 减排总成本 = 20 \times 600 \times 0.5$$

$$= 6\ 000(美元)$$

为了达到 40 单位减排量所耗费的总成本是区域 A+B+C+D 所表示的面积,共计 8 000 美元。

现在,我们假设企业可以自由交易污染许可证。我们看到,减少 20 单位的排污量时企业 2 的边际成本更高。从边际的角度看,企业 2 为了减少最后一单位的排污量必须花费 600 美元的成本,因此,企业 2 愿意花费 600 美元来购买允许的排污量而不必减少这么多的排污量。企业 1 是否愿意将污染许可证卖给企业 2 呢?如果企业 1 卖掉一单位污染许可证,那么为了不超过既定的允许排污量,它就必须额外多减排一单位。我们可以看出企业 1 多减排 1 单位的污染量(从 20 单位的减排量增加到 21 单位)需要消耗 200 美元的成本,因此,如果要卖掉许可证,企业 1 至少需要 200 美元的补偿。

因为企业 1 需要 200 美元的补偿来卖掉许可证,而企业 2 愿意花费 600 美元来购买许可证,那么二者之间就存在很大的协商空间。本质上,这与我们在第 3 章所探讨的科斯定理是一样的。

只要许可证的价格高于减排的成本,企业 1 都会将许可证卖给企业 2。只要许可证的价格低于减排的成本,企业 2 都会继续从企业 1 那里购买许可证。交易会一直进行下去,直到二者的边际成本相等,即企业 1 卖掉了 10 单位的排污许可给企业 2("交易后的点")。在这个点以上(向右移动),企业 1 关于许可证的售价高于 300 美元,而企业 2 只愿意以低于 300 美元的价格购买许可证,二者无法协商进行交易。交易中最后 1 单位许可证的价格应该就

---

e　在数学形式上,总成本 = TC = $\int_{[0 to q]} MCdq$,这里的 q 就是减排量。

是 300 美元,这也代表了两家企业在这个点上的边际减排成本,企业 1 共减排 30 单位,企业 2 共减排 10 单位。简化处理,我们假设所有的许可证都是以 300 美元进行交易。

现在我们能比较交易前和交易后每个企业的总成本,结果如表 16.1 所示。在新的均衡点,企业 1 的总减排成本由三角形 A+B 的面积表示,等于:

$$企业 1 减排总成本 = 30 \times 300 \times 0.5$$

$$= 4\ 500(美元)$$

企业 1 卖掉了 10 单位的许可证,每单位售价 300 美元,于是获得总收入 3 000 美元,因而企业 1 的净成本仅仅是 1 500 美元(见表 16.1)。与交易前的 2 000 美元的成本相比较,企业 1 的成本降低了 500 美元,情况变好。

企业 2 必须购买 10 单位的许可证,产生了额外的 3 000 美元的成本。因此,企业 2 的总成本是 4 500 美元,企业 2 的境况也比交易前更好,因为交易前的成本是 6 000 美元。

许可证的交易是在两家企业间的转移,不会产生额外的总成本,交易后的减排总成本是 6 000 美元。现在,我们能通过交易以更低的成本来达到相同的减排目标。区域 D 代表了从这次交易中节省下来的费用。

表 16.1　　　　　　　　　　　可交易许可证系统的成本有效性

交易前		
	减排的单位	减排成本
企业 1	20	2 000 美元
企业 2	20	6 000 美元
总计	40	8 000 美元

交易后			
	减排单位	减排成本	许可证收入或费用	净成本
企业 1	30	4 500 美元	+3 000 美元	1 500 美元
企业 2	10	1 500 美元	−3 000 美元	4 500 美元
总计	40	6 000 美元	0	6 000 美元

在某种意义上,可交易性污染许可证结合了设定规则和收取污染税二者共同的优点。它允许政策执行者设定一个总污染水平,并且让市场调节来寻求最有效的方式(成本最小化)以控制污染水平。正如我们的例子中展示的那样,这种方式也有利于企业以最小的成本达成既定的减排水平。另外,其他利益集团也可以通过购买和退还污染许可证来加强污染控制,并且随着时间的推移,政府发布的污染许可证的数量可以逐年减少,从而加强对

污染的控制。

在等边际法则的指导下,图 16.5 中显示的交易均衡点是稳定的,因为在均衡点上企业的边际减排成本相等。为了简化计算,我们的例子只包含了两家企业,但是这种方式可以推广到更多的企业中。只要许可证的价格低于边际减排成本,企业就可以通过购买许可证来获取收益,同样,只要许可证价格超过边际成本,企业就可以通过卖出许可证来获取收益。

我们没有必要认定可交易污染许可证就是完美的污染控制政策。1990 年的清洁空气修正法案中颁布的可交易污染许可证成功地减少了二氧化硫的排放(要想获得更多关于二氧化硫的减排的知识,可以参考专栏 16.2),因而人们开始频繁地讨论把可交易污染许可证用于降低全球二氧化碳的排放。但是,要想知道排污税、许可证、基于技术的手段或者直接设定标准这些是否是最好的政策工具,还应该考虑更多因素的影响。我们现在为了找出在特定的情况下采取哪种方式最为经济有效,只考虑了其中的某些因素。

专栏 16.2　　　　　　　**二氧化硫排放交易**

　　SO_2 是酸雨形成的主要元凶,1990 年美国的清洁空气修正法案发布了一项全国范围内的项目,这个项目允许 SO_2 排放量进行交易和银行化。此项目运用于全国超过 2 000 家的大型发电厂,这些发电厂要想排放 SO_2 必须持有许可证。根据发电厂产电的能力,这些许可证免费发放给它们。每年大约有 3% 的许可证被拍卖。通常由经纪人来进行买卖,从而促进交易的发生。虽然大部分的交易都是发生在两家发电厂之间,但是也会有环境保护机构或者个人(甚至有一些是环境经济学家们)把许可证购买下来然后"退还"掉,从而降低整个国家 SO_2 的排放量。

　　经济理论告诉我们,相比较于一个统一的排污标准,可交易的许可证能够以更低的成本来达到减排的目标。Dallas Burtraw 是《未来资源》(*Resources for the Future*)的一位经济学家,他说:"SO_2 排放许可市场是经济学家建议的第一次真正意义上的尝试,因此应该受到仔细的评估"(2000,p.2)。20 年以后,此项目表现如何?

　　为了评估这项政策,必须剔除其他因素,只评估排污许可证交易的影响。即使没有许可证交易系统,20 世纪 90 年代低硫煤价格的下降和技术的进步都会降低减排的成本。经济上的模拟系统比较了许可证交易和排污标准,结果是许可证交易大约节约了 50% 的成本,甚至比基于技术的手段更节约成本。

SO₂排放许可交易项目以一个低于预期的成本消耗达到了既定的目标。美国东北地区的酸雨问题曾经非常普遍,但现在都减轻了。然而,东南各州期望能不通过减排来降低水资源系统成本。虽然这个程序很有效,但是对边际效益和边际成本的调查研究显示进一步的减排会带来更大的净收益。

Burtraw 将 SO₂ 市场总结为"是流动的和活跃的,为了以低于以前传统的设定标准手段的成本来达到减排目标,大部分的观测者非常尽职"。有证据表明许可证和专利类型的创新都促进了"SO₂项目"。同时,也有证据表明有一些节省下来的成本没有被意识到。另外,尽管我们持续减排,也没有达到最终的环境目标。"(Burtraw and Szambelan,2009,p.2)

资料来源:Burtraw,2000;Burtraw and Szambelan,2009.

16.3　污染影响的范围

我们在规划有效的污染控制政策时遇到的一个主要问题是污染的本质。污染的影响主要是当地的？区域的？还是全球的？污染的影响是随着污染物数量的增加而线性增加,还是非线性的或临界值的[14](nonlinear or threshold effects)？（如图 16.6 所示。）

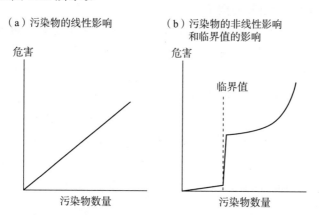

图 16.6　线性的或非线性的污染影响/临界值的污染影响

例如,我们考虑一个重金属污染物,比如铅。如果某一个生产厂家释放出铅这种污染物,那么住在附近的人肯定面临严重的健康威胁。血液中少量的

---

[14] 非线性或临界值影响:污染所造成的损害不与污染量的大小线性相关。

铅就会导致严重的神经和脑力损伤,对孩子的影响特别巨大。我们可以说环境中可接受的铅的临界值是非常低的,基于此,达到临界值时的损害是非常大的(见图 16.6b)。

另一个重要的因素是污染物影响的分布。铅可以成为一种当地的空气污染物[15](local and regional air pollutants),铅排放主要是对那些接近排放地的地方产生健康和生态系统的影响[f]。

排污税或者污染许可证等市场机制在降低铅污染方面通常是无效的。在许可证系统下,一个利润很高的企业能够简单地通过购买许可证以达到排放污染物的目的,如果排放的浓度达到极限值,那么会对当地的居民产生严重的后果。但是,工厂的管理者会选择支付排污税而不会选择减排。这种基于市场的机制可能会达到某个区域或者国家整体的铅排放控制的目的,但是却不能保护当地居民。在这种情况下,为了保护大众,管理局必须给所有工厂设定一个严格的排放标准。只要把污染浓度保持在一个可接受的水平之下,基于技术的手段也能减轻当地污染物。在一些广泛运用的产品中,如加铅汽油或铅涂料,将其完全禁止才是唯一有效的政策。

基于市场的政策在区域或者全球污染物中能够更好地运用。硫氧化物是区域性污染物。许多工厂都排放这种会导致酸雨的气体,特别是煤炭、燃油发电厂。在宽广的区域中,这些气体随风飘散,带来了区域性污染。在制定政策来限制这种区域性危害时,假如我们要求的减排目标能在更多区域中实现,那么在源头上降低污染可能不会起到什么作用。因此,这也是征税和许可证计划在应用时的一个很好的例子。

我们知道,1990 年的清洁空气修正法案使用了可交易许可证,这种方式获得了成功。减少 SO_x 排放量的目标得以实现,并且随着减排技术的提高,污染许可证的价格下降(见专栏 16.2)。但是,可交易许可证不是最佳选择。即使可交易许可证能促进减排成功,但它仍然允许许多特定的地区保持着高排放量。在这里,我们需要区分均匀混合的污染物[16](uniformly mixed pollutants)和非均匀混合的污染物[17](nonuniformly mixed pollutants)。均匀混合的污染物是由许多不同的污染源排放出来,并且在区域中保持相对一致的浓度水平。非均匀混合的污染物由不同的地区排放,并且在不同的地区中保持不同的浓度。

---

[f]　在加铅汽油的例子中,汽车尾气的排放传播了广泛的污染,例中的铅变成了一种区域性污染物。

[15]　当地的空气污染物:仅仅在释放的区域产生不利影响的污染物。

[16]　均匀混合的污染物:在一个地区中有许多源头的污染物,这些污染会导致这个地区有一个相对稳定的污染浓度水平。

[17]　非均匀混合的污染物:在不同地区会产生不同影响的污染物,该影响取决于污染物的排放地。

非均匀混合的污染物可能会产生热点地区[⑱](hotspots),热点地区的污染物水平达到不可接受的程度。虽然可交易许可证系统设定了总体污染水平,但是在一个地区中会有一个甚至多个企业购买过量的许可证,在当地引起严重的污染。同样,有着高 MCR 曲线的企业选择排放 Q_{max} 数量的污染物并且为其支付税收。在减少热点地区的问题上,为当地的污染水平设定一个标准和基于技术的手段会更好。

非均匀混合的污染物的一个例子是水银。在美国布什总统任职期间,为了降低发电厂的水银排放量,政府提议一项可交易许可证系统。这个提议将会致使发电厂周围产生高水平的水银污染,因此提议遭到强烈反对。这个提议被法院驳回,后来布什政府又对其进行了上诉。但是,2009 年奥巴马政府更加赞成为水银排放量设定一个严格的标准,从而取消了这项申诉(见专栏 16.3)。

专栏 16.3　　　　奥巴马政府反对布什政府的水银法案

在早期的环境政策决定中,奥巴马政府废弃了布什政府提出的被许多企业支持的水银法案。这发布出一个信号:奥巴马政府正在寻求一个更加严厉的控制方法以降低国家发电厂的水银排放量。美国司法部门向最高人民法院提交了一项取消布什政府水银提议的申请,布什政府的这项提议在 2008 年被低级法院驳回了。

发电厂是最大的水银排放源头,水银是一种可以进入食物链中的重金属。通常我们会在鱼的体内发现高浓度的水银。水银会严重损害胎儿和青少年的大脑发育。

布什政府推行了这项规定,但是被高级法院终止了。这项规定通过可交易许可证系统而允许一些发电厂释放更多的水银污染。一些州和环境保护组织认为这项规定会产生当地的"热点地区",这些地区水银浓度很高。这项法案要求所有的厂商都安装最好的技术来控制排放。

2011 年 12 月,美国环境保护局(EPA)发布了一项规定,这项规定第一次要求煤炭和石油发电厂控制水银和其他有毒物质的排放。1 400 家煤炭和石油发电厂中大约有 40%缺少对有毒气体排放的现代化污染控制。政府期望通过新的法案,关闭一些老旧的、污染严重的企业。

---

⑱　热点地区:在当地产生高水平的污染,比如一个高排放量的工厂的附近。在污染交易计划下会产生热点地区。

> 这项法案定于 2014 年实施,EPA 估计新法案的保护措施将会在一年中减少 11 000 个早产儿死亡,减少 4 700 个心脏病患者,并且按照当年的估计,将会为企业节省 96 亿美元。相比之下,在 2016 年,若机构援助项目减排相同的量,则会在年度医疗费用和损失的工作日方面节省 3 700 亿美元到 9 000 亿美元。
>
> 资料来源:J.Eilperin,"环境保护局发布水银新规定",《华盛顿邮报》,2011 年 12 月 21 日;"奥巴马反对布什的水银法案",美联社报道,2009 年 6 月 2 日。

累积和全球污染物

污染问题是一个持久性问题。例如,像 DDT、多氯联苯(PCBs)、氯氟烃(CFCs)一样的有机氯化物农药会滞留在环境中几十年。随着这些累积污染物[19](cumulative pollutants)不断被排放,土地中、空气中、水中、生物体内的这些有毒物质的含量会稳定上升。即使不再进行排放,这些污染物的浓度依然会在十年里持续危害人类。

之前我们所研究的污染损害的边际成本适用于流动性污染物[20](flow pollutants),这些流动性污染物对环境只有短期影响,之后就会被分解或者吸收到环境中,不再有害。然而,对于那些累积的或者囤积污染物[21](stock pollutants)来说,我们需要采取不同的研究手段和控制政策。

对于分析全球污染物[22](global pollutants)来说,累积污染的问题是一个特别重要的方面。碳排放、氯氟碳排放都会在空气中滞留几十年,造成广泛的影响。1 吨碳排放到中国还是美国这并不重要,其影响将会是相同的。像 DDT 或其他残留性农药也会广泛传播,即使在北极这种不使用农药的地区,我们也可以在居民体内和动物体内发现高浓度的污染物残留。

多氯化联二苯(PCBs)通常被用于电力系统中的绝缘体,它会导致严重的水污染,在我们禁止使用几十年后,依然是一个主要的问题。河里、海里的鱼吸收甲基汞之后会在体内一直滞留许多年,当甲基汞被转移到更高的食物链后,会变得更加集中。这些问题的严重性不断增加,我们必须考虑适合的应对策略。如何解决这些问题与那些被用来解决短期的空气和水污染的政策非常不同。

考虑那些消耗臭氧层的物质,即含有氯氟烃(CFCs)和其他的化学物质,

---

[19] 累积污染物:那些不会随着时间消散或者显著降低的污染物。
[20] 流动性污染物:有着短期影响并且会被分解或者吸收到环境中去的污染物。
[21] 囤积污染物:在环境中不断累积的污染物,比如说碳和氯氟碳。
[22] 全球污染物:像碳和氯氟碳那样会带来全球性影响的污染物。

如农药甲基溴。20 世纪 70 年代我们才确认氯氟烃的破坏力，但是许多年以后这个问题才被理解，从而制定一个有效的在全球范围内实施的措施。这些用来冷却冰箱和其他工业设备等的气体最终会迁移到上层大气，在那里，这些气体会破坏地球的保护层——臭氧层。

随着臭氧层变薄，太阳辐射增强引起了许多问题，如皮肤癌发病率的增加、复杂生态系统被破坏等。如果臭氧层被完全破坏，很少有生命体能够承受太阳辐射，最终会导致地球上大部分生命体的灭亡。因此，这个问题非常重大，随着极地地区臭氧层空洞逐渐增大，警报已经被拉响（见专栏 16.4）。

专栏 16.4　　　　　北极地区臭氧层的空洞问题

在 2011 年的春天，北极地区的臭氧层的厚度降至前所未有的历史最低点。臭氧层能够保护地球不受紫外线辐射，按照世界气象组织（WMO）的估计，从冬天开始，直到 3 月底，臭氧层的厚度变薄了大约 40%。世界气象组织将臭氧层变薄的原因归因于破坏臭氧层的化学品在空气上层的聚集和低温环境。

1987 年蒙特利尔议定书发布了一项终止含氯氟烃和氟溴烃等破坏臭氧层的化学品使用的决议，这些化学品主要被用作冷却剂和阻燃剂。这个被 197 个国家批准的联合条约降低了这些化学物品的排放，达到了总体成功的效果。但是，大气寿命很长，臭氧层恢复也需要一段时间。因此，即使这些排放量减少了，臭氧层依然很薄。根据联合国的规划，直到 2030~2040 年，臭氧层都不会完全恢复到 1980 年以前的水平。

资料来源："北极地区臭氧层面临创纪录的空洞"，美联社报道，2011 年 4 月 5 日。

为了研究臭氧层空洞，我们必须既考虑氯氟烃的排放也考虑其聚集的浓度。图 16.7 以一种简单的形式展示了二者的关系。与我们之前的图形不同，这一次的图形包含了时间，并且把它放在了 x 轴。上面的曲线展示了每 20 年的排放量的四个简单阶段的形状。在第一个阶段，排放量稳定增加。第二个阶段，排放量不再增加，保持一定的水平，但是排放量依然保持在之前的水平上。第三个阶段，排放量水平稳固降低直到 0。[g] 第四个阶段，排放量保持在 0。

我们需要注意排放量和浓度之间的关系。随着排放量以一个稳定速率增加，正如图 16.7 中第一部分的直线所展示的那样，浓度水平也加速增加[h]。在

---

g　由于国际协议的漏洞和非法生产及贸易的存在，0 排放目标被证明是难以实现的，因此，对于 CFCs 和其他导致臭氧层空洞的物质来说，这是过分乐观的。

h　从数学的角度上看，这种关系能够被表述为：$A = \int e\mathrm{d}t$，意味着聚集量是排放量随时间推移的积分。

第二阶段排放量保持不变时,浓度水平依然稳定上升。直到第三阶段排放量降低为零,浓度的增加速率才开始减缓,最终,在排放量达到最大水平的40年以后,浓度才达到其最大累积量。只有在最后阶段,排放量一直稳定保持在0水平上时,浓度才开始下降。

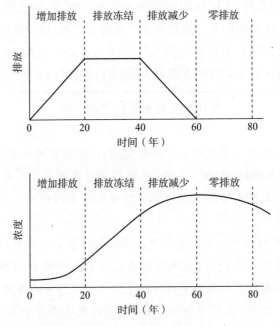

图 16.7　囤积污染物的排放和聚集的浓度

这个简单的图形展示了问题的实质。因为污染的损害与其累积浓度相关,而不与年度排放量相关,就算污染控制政策开始实施,随后的几十年里污染也会变得更严重。要想解决累积的污染物,就必须立即开始行动,并且制定严格的政策措施。即使是有了这些措施,不可逆转的损害也已经发生了。在图 16.7 中,80 年之后,环境中聚集的污染物才会下降到一个安全水平上。

16.4　评价污染控制政策

不确定性下的政策制定

我们可以从图 16.1 中看到边际损失和边际减排成本平衡时的"最优"污染水平。排污税和交易许可证都能达到这个"最优"污染水平,但是通常,我们没有足够的信息能够画出损失和成本的曲线。在税收的例子中,我们可能设定了一个"错误"的税收水平，从而导致了一个无效的污染水平，这个水平可能太多也可能太少。在许可证系统中，我们可能分配出去了太多或者太少许可证，这样也会导致无效。

在描述不确定性的例子中，选择征税还是选择许可证取决于图 16.1 所示的减排边际成本（MCR）曲线和边际损失（MD）曲线的形状。即使我们不知道确切的曲线，我们也能知道每一个曲线是陡峭的还是平坦的。这些信息帮助我们决定哪种政策更好。

假设对于一个特定的污染物来说，边际损失曲线是相对陡峭的，这意味着随着污染水平的增加，造成的损失也会增加。同时，我们假设这种污染物每单位减排的成本相当稳定。正如图 16.8 所示，如图 16.1 那样，我们再一次将污染水平放到 x 轴上，而不是把减排的水平放在 x 轴。

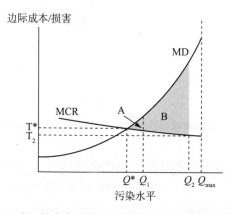

图 16.8　边际损失曲线陡峭时不确定性下的控制污染规定

我们知道最优的污染水平是 Q^*。发放 Q^* 水平的排污许可证或者设定 T^* 水平的污染税都能够达到最优污染水平。但是，假设我们缺少信息，没有无法精确地获得这些值。首先，我们考虑发放错误数量的许可证的影响。假设我们发放了 Q_1 水平的排污许可证而不是 Q^*，这时我们发放太多的许可证，对于 Q_1 到 Q^* 之间每一单位的污染物来说，其边际损失都超过了边际减排成本，因此，相对于最优污染水平来说，Q_1 点是无效的。无效性导致的损失是图形中区域 A 的面积。这个例子代表了潜在利益的损失。

现在，我们假设制定了一项污染税政策，但是设定的税收水平太低，位于 T_2 而不是 T^*。因为 MCR 曲线相对平坦，所以税收方面的一个小错误导致了 Q_2 的污染，也就是比最优污染水平更多的污染。现在，相对于 Q^*，没有实现的收益是区域 A＋B 的面积。制定一项错误的税收政策比发放太多的许可证带来的无效性更大。

损失成本的模式与甲基汞这样的污染物相关，甲基汞有一个很低的可容忍临界值,并且会带来严重的神经损害。在这个例子中,一个以数量为基础的控制系统是更有效的。如果我们只是发放轻微的过多或者过少许可证,无效性将会相对较小。然而,污染税方面的一个小错误将导致很大的无效性,并带来高水平的污染。

当边际损失曲线相对平坦而边际减排成本曲线相对陡峭时,我们可以得出一个对比的例子,如图 16.9 所示。在这里,减排成本快速增长,然而每单位的损失相对稳定。

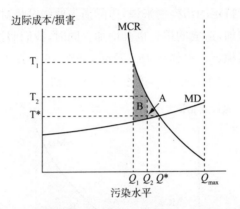

图 16.9   边际减排曲线陡峭时不确定性下的控制污染规定

在这个例子中,数量控制带来了更严重的风险。理想的污染控制数量水平应该是在 Q^* 点上,但是过量的更严格的污染控制点 Q_1 将导致边际控制成本急剧增加到 T_1,社会净损失由区域 A+B 的面积来表示。税收政策虽然也可能会脱离合适的 T^* 水平,但是其带来的消极影响既不会产生过多的成本也不会产生过多的损失。例如,设定一个过高的税收水平 T_2,这个政策的影响仅仅是从 Q^* 移动了很小的距离,社会净损失量等于小三角形 A 的面积。

企业发言人经常说严格的政府规定会带来高控制成本,却仅仅带来有限的收益。正如我们看到的,这种言论有时候只是在喊"狼来了"。但是在有些例子中很多企业的控制成本确实很高,税收或者污染费用的使用会促使企业自己做出控制污染的决定。企业不是被强制要求执行每单位的污染减排花销,这种花销比税收水平要高得多,因为在缴税的情况下企业总是选择缴税而不是减排。同时,税收要求它们考虑污染的内在社会成本。例如,肥料或者杀虫剂方面的税收会鼓励农民追求更加环保的生产技术,同时也允许他们使用化学肥料,因为使用肥料是划算的。

技术改变的影响

在考虑不同政策的有效性时,我们也应该评估控制污染与技术进步的关系。在我们的分析中，使用的边际减排成本会随着时间的推移而改变。技术进步会导致控制成本降低。这就带来两个问题：第一，改变控制污染的成本将如何影响政策？第二，这些政策为控制污染的技术进步提供哪些动机？

图 16.10 展示了污染控制水平将如何随着不同政策和技术的改变而改变。假设我们用 MCR_1 表示控制成本，并且设定一个初始的污染水平 Q_{max}。T_1 水平的污染税会使污染水平降低到 Q_1，分配 Q_1 水平的可交易污染许可证也将达到同样的效果，市场决定的许可证价格为 P_1。现在我们假设技术进步降低了控制成本，边际成本曲线移动到 MCR_2。企业将做何反应？

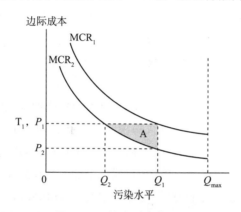

图 16.10　技术进步的影响

在污染税的例子中，企业有动机将污染水平降低到 Q_2，并节省区域 A 的面积（新的控制成本减去企业之前支付的 Q_1 到 Q_2 之间污染水平的税收）。然而，在许可证系统中，结果却是不同的。给定一个更低的控制成本，许可证的价格会降低到 P_2（回顾一下图 16.5 中所说的许可证的均衡价格由企业的边际减排成本所决定）。减排的总量保持在 Q_1——等于总的许可证发放的量。

事实上，许可证系统似乎会带来违反常理的影响。如果一些企业的控制成本急剧降低（这些企业使用了新技术），许可证的价格会下降，允许那些维持旧技术的工厂购买更多的许可证实际上是增加污染的排放量。一些企业采取了更好的污染控制技术反而会导致更多的污染，这种影响令人惊讶，然而，我们可以通过发放更少的许可证来避免这种影响的存在。

污染税和许可证系统都刺激了技术进步。但是在应用许可证系统时，政策制定者需要按照改变的技术水平调整许可证的数量。因为污染税是基于污染的边际损失成本，所以不需要根据技术的改变而进行调整。

制定污染标准之后，企业有动机去投资技术，这些技术能够帮助企业以一个更低的成本来达到这个标准，但是企业不会有动机去追求那些会使污染水平降低到标准以下的技术。最后,正如我们之前提到的,在设定污染水平的标准时,企业几乎没有动机去追求新技术,特别是在这些技术需要高成本时。

构造污染控制政策组合

我们也有必要提出一些与污染控制政策有关的其他问题。首先,在可交易许可证系统下,有两种主要的方式来分配许可证。第一种方式是现存的企业不需要花费任何成本,而是基于历史的排污量来发放许可证。显然,产生污染的企业更偏好这种方式,因为它们不需要任何花费就能拿到有价值的东西(许可证)。但是,免费发放许可证会使企业失去获得收入的机会。基于过去的排放量发放许可证会使那些低效的工厂受益,这是不公平的。那些拥有更有效技术的新企业必须从开放市场上购买现存企业手中的许可证,这使新企业处于不利地位。

第二种方式是许可证拍卖㉓(permit auction),这种方式中,出价最高者获得许可证。这种方式有利于政府获得税收,政府可以使用这些税收来修复环境损失,或者在其他方面减税。通过拍卖来交易许可证,理论上能使政府获得与均衡污染税收相同的收入。拍卖中,现存企业不会比新企业更有优势。

一个相关问题是现存企业不受规定限制㉔(grandfathering)。这种系统中,严格的污染控制政策被用于新企业,而允许现存的工厂遵守更低的标准(或者根本不用遵守标准)。这种方式是为了避免过高的边际控制成本,但是其明显偏向于现有的工厂,还有可能被滥用。

当使用基于市场的政策工具时(也就是税收和可交易许可证),一种自下而上的政策㉕(upstream policy)总的来说是好的。这意味着,为了降低行政政策的复杂性,税收和许可证在应用时远没有达到自下而上。例如给石油征税,自上而下的税收要求对美国的 120 000 个加油站征税[6],而自下而上的税收政策仅仅要求对美国 150 个冶炼厂征税[7]。

最后,在制定污染控制政策时,我们需要考虑监控和执行的问题。排放量的监控必须用来确保企业服从税收政策、标准制定和可交易许可证系统。虽然有必要进行检查以确保设备合理安装并操作,但是相比较于基于技术的手段,监控更加不易鉴定。电子设备越来越多地被用来监控空气和水污染源,从而不断提供排放量的数据。一些监控者也去参观设备的使用情况,这些参观包括采访、记录、收集样本和观察其运行。

不管采取哪种政策手段,惩罚手段都是为了防止企业违背政策。例如,没

㉓ 许可证拍卖:一种把许可证分配给出价最高者的系统。
㉔ 不受规定限制:现有的工业企业不需要遵守新的环境标准或者规定。
㉕ 自下而上的政策:尽可能接近自然资源的开采程度来制定污染和产量的政策规定。

有许可证时进行污染排放的罚款应该高于许可证的成本。2011 年,美国环境保护局发现 3 000 例潜在的违反者,从而收取了 1.5 亿美元的罚款。同年,环境保护局也对 249 个违法者进行了刑事指控(其中包括 197 个个人和 52 家公司),一些人最后进了监狱。[8]

总结污染控制政策的优点和缺点

最好的污染控制政策取决于所处的环境。经济学家普遍认为排污税和交易系统是更好的,因为这两者是更加有效的(也就是以最低的成本达到给定的减排水平),却依然存在一些情况使得这些政策可能不是最好的。表 16.2 总结了四种政策选择的主要特征。

表 16.2 污染控制政策方法的特点

	污染标准	技术为基础的方法	污染税	可交易许可系统
政策是经济有效的吗?	没有	没有	是	是
政策制定了新的动因吗?	只为满足标准	总的来说没有	是,导致较低的污染	是,导致较低的许可价格
政策要求监管吗?	是	极少的	是	是
政策创造了公共收益吗?	没有	没有	是	是,如果许可是被竞拍的
政策提供了直接的污染水平控制吗?	是	没有	没有	是
政策消除了热点吗?	是,如果定位标准	是的	没有	没有
其他的政策优点	允许满足标准的灵活性	能够导致较低成本,为了最好的可获得的控制技术	利用收益可降低其他税收	个人或组织能够购买和退回许可
其他的政策缺点	没有动因超过标准	不允许灵活性	从政治方面来说,征税是不受欢迎的	许可系统较难被理解

我们已经讨论了某些特征,比如经济的有效性、创新的动机和监督。通过设定标准和可交易许可证,政府能对总排放量设定一个极值水平。基于技术的手段和税收,最后的污染水平不能提前得知。因此,如果政策目标是使污染水平低于已知的特定水平,设定标准和许可证手段是最好的选择。但是,如果政府主要的目标是鼓励创新并最小化成本,那么设定排污税是更好的。

从政治的角度上说,设定严格的排污税是有一定难度的,特别是在美国,制定新的税收通常是不受欢迎的。理论上讲,如果增加的税收被其他税抵消掉,那么排污税就应该是收入中性㉖(revenue-neutral)的,但是在实际操作中,收入中性有可能发生,也有可能不发生。可交易许可证系统在政治上更加受欢迎,特别是企业相信政策执行者会让它们获得免费的许可证。但是许可证发放系统可能会导致收入从消费者转移到那些获得有价值的许可证的企业中,因为消费者要为此支付更高的价格。然而,如果完全通过拍卖来发放许可证,那么政府可以使用拍卖收入来补偿纳税人或者降低其他税收。

16.5　实践中的污染控制政策

在这一节,我们主要集中研究美国颁布的政策,这些政策主要用于规范污染情况。在 20 世纪 60 年代,早期的污染规定主要是设定标准和基于技术的手段。基于市场的手段是从近几年开始普遍使用,特别是在应对酸雨和全球气候改变㉗(global climate change)方面。

每个国家制定的环境政策都不相同。虽然从概念上讲很难比较不同国家的污染政策,但是曾经采用一种方法来进行比较,即比较每个国家环境税收的大小。图 16.11 展示了世界经济合作组织(OECD)中的几个国家的环境税收水平,度量的标准是其占国民收入(GDP)的百分比。

丹麦、意大利、荷兰和瑞典等国家有相对较高的环境税收。在发达国家中,美国的环境税最低。然而,我们不能下结论说美国有最松懈的环境政策,因为我们也需要考虑其他的政策工具,如设定标准和基于市场的政策等。事实上,美国的空气污染水平略低于世界经济合作组织国家的平均水平[9]。现在,我们来考虑美国污染控制政策的更多细节。

空气污染规定

美国管理空气质量的是联邦法律清洁空气法案(CAA),这个法案于 1970 年首次通过并在 1990 年修订[i]。CAA 的目标是设定区域空气污染标准以保护居民健康达到"足够的安全边际"[10]。法案详细说明了应该基于最好的科学证据来设定污染标准,明确排除了成本-效益分析。随着时间的推移,政府能

---

i　在 1963 年,美国国会通过了清洁空气法案。但是,这个法案只是为解决空气污染提供了资金,而没有任何具体的标准或是减少污染的其他直接努力。

㉖　收入中性(税收政策):一种保持总税收收入水平不变的税收政策。

㉗　全球气候改变:环境中温室气体的浓度增加所导致的全球气候改变,其中,包括温度、降水、暴雨频率和强度改变等。

够获得更多信息,从而相应地调整标准。

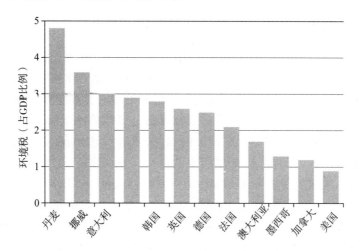

图 16.11 截至 2004 年,部分 OECD 国家的环境税收在国民收入中的比例

CAA 把大气污染物分为两种。第一种包括四种主要的或者标准大气污染物[28](criteria air pollutants):颗粒物、地面臭氧、一氧化氮、硫氧化物、氮氧化物、铅。自从通过清洁空气污染法案,这些污染物的浓度急剧下降,1970～2011 年总共下降了 68%[11]。由于禁止使用含铅汽油,大气中铅含量的浓度迅速下降,总共下降 97%。尽管已经取得了这样的进步,仍然有超过 1 亿的美国人民依然生活在污染较严重的地区,在这些地区,标准污染物的含量甚至超过 2010 年,这主要是由于较高的地面臭氧浓度(也被称为光化学烟雾)。

1990 年的清洁空气修正法案为了解决酸雨问题建立了可交易许可证系统。这个系统的主要目的是:截至 2010 年,SO_2 的排放量相比较于 1980 年降低 50%[12]。人们普遍认为这个系统是一次巨大的成功,因为其在 1980 年到 2010 年间将 SO_2 的排放量降低了 83%,并且成本还比预期少(获得更多 SO_2 交易系统的信息,见专栏 16.2)。

CAA 规定的第二种污染物是有毒大气污染物[29](toxic air pollutants)。这些污染物通常排放量都很小,但是会对人类健康造成严重影响,如癌症、出生率下降、呼吸系统损害等。有毒大气污染物的例子包括水银、砷、氯乙烯等。一开始,解决这些有毒大气污染物的进程是缓慢的,但是 1990 年的清洁空气修正法案要求美国环境保护局对污染源头建立基于技术的规则,这些污染源会排放 200 种有毒大气污染物中的一种或者多种。美国环境保护局发布规定,规范超过 80 家工业企业的污染排放,如化学厂、炼油厂、轧钢厂等。虽然政府需要进一步规范小企业的污染排放,并且逐步解决所有的有毒气体,但是

---

[28] 标准大气污染物:美国清洁空气法案指定的六种主要的大气污染物。
[29] 有毒大气污染物:美国清洁空气法案指定的区别于之前六种标准污染物的有毒大气污染物。

现有的规定已经将源头企业排放的有毒大气污染物降低了 70% 左右。

水污染规定

美国在规范地表水污染方面主要的法律是 1972 年通过的清洁水法案[30]（Clean Water Act，CWA），该法案于 1977 年修订。清洁水法案设定了非常雄心壮志的目标：到 1983 年，保证所有国家的湖泊和河流都能够钓鱼和游泳；到 1985 年，消除所有可航水域里的污染物排放。虽然该法案有所成就，但是直到现在这些目标几乎都没有实现。例如，2007 年关于国家水域的估计：56% 的水域是"好的"，21% 的水域是"可以的"，22% 的水域是"差的"。

清洁水法案主要集中在点源污染[31]（point-source pollution）上，这种污染主要来源于一个明确的源头，比如排水管。清洁水法案依赖于标准和以技术为基础的方法；以此管理点源。例如，它指导环境保护局具体地为不同的设施制定"最可行的技术"。主要的污染点必须接受许可以确保他们遵从清洁水法案并且向环境保护局报告。最初的 CWA 没有解决非点源污染[32]——一种主要来源于雨水和农田径流。因为非点源污染能在自然界中化解，所以很难控制这些污染。虽然清洁水法案已经建立了许多规范，比如提出限制农田、森林、城市径流污染的政策，随后的法案主要承担规范每个州的非点源污染。[32]

其他污染规定

其他污染的规定集中在规范有害废物和化学物质上。1976 年发布的资源保护和回收法[33]（Resource Conservation and Recovery Act，RCRA）主要规范有害废物的处理。在资源保护和回收法的规范下，环境保护局把几百种化学物质定位为有害废物，定位的原因不仅在于其有毒性，而且包括其他原因，如腐蚀性和可燃性。资源保护和回收法要求对有害物质进行全程跟踪，包括危险品的运输等。法案也为工厂设定了对待、安放和处理有害物质的安全标准。资源保护和回收法有效地降低了有害废物的产生，有害废物从 20 世纪 70 年代的年均 3 亿吨降低到 2009 年的年均 0.35 亿吨[14]。

1976 年通过的有毒物质控制法[34]（Toxic Substances Control Act，TSCA）包含了美国对其他化学物质的规定。这个法案授予环境保护局检查新的化学物质的安全性并严格规定现存化学物质的使用。不像其他主流的污染法案，有毒物质控制法明确要求环境保护局在评估化学物质时考虑经济成本。对于现存的化学物质（1980 年以前已经开始使用的），环境保护局的举证责任在于

㉚　清洁水法案（CWA）：1972 年通过的美国主要的联邦水污染法律。
㉛　点源污染：那些能够识别来源的污染，比如来源于烟囱或者水管。
㉜　非点源污染：那些很难识别或者认定发源于特定源头的污染，比如由广泛使用的农药造成的地表水污染。
㉝　资源保护和回收法（RCRA）：美国规定有害物质处理的主要的联邦法律。
㉞　有毒物质控制法（TSCA）：美国规定有害化学物质的使用和销售的主要的联邦法律。

证明一种化学物质具有"不合理风险"。这项法案本质上使得 62 000 种化学物质不受限定，因为我们没有足够的信息能够说明对健康或者环境有影响。自从法案执行以来，环境保护局已经检测了 200 种现存的化学物质，但是只对其中的 5 种进行了规范[15]。

有毒物质控制法在规范新的化学物质方面更加严格。当生产出一种新的化学物质后，必须通知环境保护局，给其时间来检测这种化学物质潜在的风险。然而，即使是环境保护局要求制造商进行检验，他们通常也并不执行。在有毒物质控制法的规定下，有接近 50 000 种新的化学物质被提交到环境保护局，但是却只有少于 10% 的化学物质进入了规定的程序中，比如进行附加检验或者对其进行约束等[16]。

相比较于美国，欧盟制定了一个更加有力的化学物质政策，这个政策具体体现了预防原则⑤（precautionary principle）（见第 7 章）。此政策名为 REACH（登记、评估、授权、规范），要求制造商们提出证据来证明其化学物质的安全性（详见专栏 16.5）

专栏 16.5

欧盟有关化学物质的政策 REACH 在 2007 年开始实施，并且以 11 年为周期逐步推行。按照欧盟 REACH 的网站，其中的一个是"发展并且采用 REACH 规定的原因是多年来越来越多的化学物质被生产出来并投入欧盟市场，有时候这些物质的含量都非常高，但是一直都没有这些化学物质对人类健康和环境造成危害的信息。欧盟需要填补这个信息空白以确保企业能够评估这些物质的危害和风险，并且确定应用风险管理手段来保护人类健康和环境。"

不像 TSCA，REACH 对现存的和新的化学物质都执行相同的标准。二者的另一个不同是：进行举证以确保其安全性的责任在于生产企业，而不是监管机构。如果制造企业不能证明这种化学物质的安全性，那么欧盟就会限制或者禁止这种化学物质的应用。

同一种化学物质的不同制造企业会联合起来共同降低测试成本。除了要求所有新的化学物质的检测，REACH 还要求制造企业提供现存化学物质的检测结果。起初这项规定的目的在于检测那些产量高的（每年超过 1 000 公吨）或者一直备受担忧的化学物质。截至 2018 年，每年生产超过 1 公吨产量的化学物质也需要符合 REACH 的规定，包括登记这些化学物质、评估其安全性并且批准生产。REACH 的规定适用于本土生产的和进口到欧盟的所有化学物质。

---

⑤　预防原则：政策应该考虑不确定性并通过采取措施来避免低概率但灾难性的事件的发生的观念。

在这 11 年间,欧盟估计,执行 REACH 的规定需要花费 28 亿～52 亿欧元的成本(36 亿～67 亿美元)。如果这项规定能够降低 10%的与化学物质相关的疾病的发生,那么 30 年间能够取得大约 500 亿欧元(650 亿美元)的收益,其收益成本比率是 10∶1。一个有关 REACH 政策的独立经济研究总结如下:

基本上,REACH 能够帮助建立可持续的企业并且为欧盟构造健康的环境,这是一种长期的收益。在未来,世界上其他的国家也会采取相似的标准,欧盟国家的企业首先开始进行更清洁和更安全的生产以及化学物质使用,这将为其提供竞争优势(Ackerman and Massey,2014,p.12)。

资料来源:欧盟委员会,2006;Ackerman and Massey,2004。

总　结

在制定环境政策时,经济有效的原则是使减排的边际成本等于污染的边际损失。这个原则暗示了控制污染水平和实现的政策。虽然边际成本等于边际收益的原则在理论上很简单,但是其包含对目标和政策的判断,在真实世界的应用相当复杂。

四种基本的方式都能规范污染水平。最常使用的两种方法是设定污染标准和要求采用特定的技术。虽然这两种政策都有优势,但是经济学家们却更偏好基于市场的手段,如排污税和可交易许可证系统。设定排污税后,税收水平会反映出污染造成的损失。排污税允许私人企业决定减排多少污染,企业首先会选择最低成本的污染水平。然而,选择污染水平要对损失的成本进行确切的估计,这很难以货币形式决定。

可交易排污许可证允许对总的减排成本设定一个目标,随着企业之间交易许可证,市场机制最终决定许可证的价格。理论上,这种政策能很好地结合减排水平和经济有效性这两个优点。但是这种政策只适合于特定环境下的特定污染控制,不可能在所有情况下都适用。

基于市场的政策很难控制那些非线性和临界值影响的污染物,也很难控制那些对当地而不是整个区域有影响的污染物。这些污染物可能需要特定的排放标准,特别是会对人类健康和生态产生严重危害的污染物。选择污染控制政策时还应该考虑成本和损害的模式、选择改良的污染控制技术等。在控制污染时,政府应该选择成本或损失最小化而且又能促进技术提高的政策。

在一些例子中,污染政策确实能够带来减排成果,但是在其他一些例子中却达不到这种效果。在美国,20 世纪 70 年代以后,大气污染物的排放量显著降低了,并且在降低有毒污染物方面也取得了进展。水污染政策减少了点源污染,然而在解决非点源污染方面进程缓慢。对于潜在的有毒化学物质,美国主要的举证责任在于监管机构,他们需要决定一种化学物质是否是安全的。与此同时,欧盟最近的化学物质政策要求制造企业提出证据证明化学物质的安全性。

问题讨论

1.一种可选择的污染控制水平是如何操作的? 在实践中建立这样一种水平可能吗? 仅仅基于经济研究能够达到此目标吗? 或者说,有没有考虑其他因素?

2.假设你的国家有河流和湖泊污染的问题,这个问题既来源于居民区也来源于企业。要求你提出一个合适的污染控制政策。哪一种政策是合适的? 究竟是采用设定标准、基于技术的政策,还是排污税、可交易许可证或者其他政策? 什么因素(如不同种类的污染物)将影响你的决定?

3.对于像氯氟烃这种累积污染物来说,为什么固定排放量不是一种合适的政策? 什么样的政策是更合适的? 为什么在应用这些政策时非常困难?

4.关于污染控制政策,你最近在新闻上看到了什么报道? 根据你在本章学到的知识,对于这些实例你会提出什么政策建议?

练习题

目前,两家发电厂每年分别排放 8 000 吨污染物(总共 16 000 吨)。工厂 1 的减排成本曲线由 $MCR_1 = 0.02Q$ 决定,工厂 2 由 $MCR_2 = 0.03Q$ 决定。Q 代表减少的污染物的吨数。分析以下政策对每个企业减排的成本、政府收入和总的减排量的影响:

(1)规定每个企业都降低 5 000 吨的污染。

(2)每排放 1 吨污染征收 120 美元污染税。

(3)发放 6 000 吨排污量的可交易排污许可证,每个企业都拿到 3 000 吨。采用图 16.5 的形式来展示 10 000 吨的总减排量。然后指出哪一家企业会卖掉许可证(并且计算出卖掉多少),哪一家企业会购买许可证。

这些政策中的某一个会优于其他的政策,这会有不同的结论吗? 政策制定者在决定污染控制政策时应该考虑哪些因素？

注 释

1. CWA section 301(b), 33 U.S.C. § 1311(b).

2. Tietenberg (2011) refers to this as the "second equimarginal principle."

3. For an in-depth account of the background and implementation of the 1990 Clean Air Act, see Goodstein, 2005, chaps. 14 and 17.

4. Sanchez (1998) discusses how the Clean Air Act promoted technological progress in emissions reduction; Joskow et al. (1998) and Stavins (1998) examine the operation of the market for emissions rights. Burtraw et al. (1998) finds that Clean Air Act Amendments benefits considerably outweigh costs, and Jorgenson and Wilcoxen (1998) evaluate the act's overall economic impact.

5. For details and data on ozone depletion and ozone holes, see www. theozonehole. com/polarozone. htm.

6. Number of gas stations from the U.S. Census Bureau.

7. Number of refineries from the Energy Information Agency (EIA).

8. U.S. Environmental Protection Agency, 2011.

9. Based on particulate matter (PM 10) concentrations; data from the World Bank, World Development Indicators database, http://data. worldbank. org.

10. Information for this section is based on Goodstein (2005) and U.S. Environmental Protection Agency (2007).

11. http://epa. gov/airtrends/images/comparison70. jpg.

12. U.S. Environmental Protection Agency, 2002a.

13. U.S. Environmental Protection Agency, 2010a.

14. U.S. Environmental Protection Agency, 2002b, 2010b.

15. NRDC, 2010.

16. U.S. Environmental Protection Agency data as of September 2010, www. epa. gov/oppt/newchems/pubs/accomplishments. htm.

参考文献

Ackerman, Frank, and Rachel Massey. 2004. "The True Costs of REACH." Study performed for the Nordic Council of Ministers, TemaNord. http://www. ase. tufts. edu/ gdae/Pubs/rp/TrueCostsREACH.pdf.

Burtraw, Dallas. 2000. "Innovation Under the Tradable Sulfur Dioxide Emission Permits Program in the U.S. Electricity Sector." Washington, DC: Resources for the Future Discussion Paper 00—38.

Burtraw, Dallas, and Sarah Jo Szambelan. 2009. "U.S. Emissions Trading Markets for SO_2 and NO_x." Washington, DC. Resources for the Future Discussion Paper 09—40 (October).

Burtraw, Dallas, Alan Krupnick, Erin Mansur, David Austin, and Deidre Farrell. 1998. "Costs and Benefits of Reducing Air Pollutants Related to Acid Rain." *Contemporary Economic Policy* 16 (October): 379—400.

European Commission. 2006. "Environmental Fact Sheet: REACH—A New Chemicals Policy for the EU." (February), http://ec. europa. eu/environment/pubs/pdf/ factsheets/reach.pdf.

Goodstein, Eban. 2010. *Economics and the Environment*, 6th ed. New York: John Wiley and Sons.

Jorgenson, Dale W., and Peter J. Wilcoxen. 1998. "The Economic Impact of the Clean Air Act Amendments of 1990." In *Energy, the Environment, and Economic Growth*, ed. Dale Jorgenson. Cambridge, MA: MIT Press.

Joskow, Paul L., Richard Schmalensee, and Elizabeth M. Bailey. 1998. "The Market for Sulfur Dioxide Emissions." *American Economic Review* 88 (4) (September): 669 —685.

National Highway Traffic Safety Administration (NHTSA). 2012. "Obama Administration Finalizes Historic 54.5 mpg Fuel Efficiency Standards." Press Release, (August). www.nhtsa. gov/About＋NHTSA/Press＋Releases/2012/ Obama＋Administration＋Finalizes＋Historic＋54.5＋mpg＋Fuel＋Efficiency＋Standards.

Natural Resources Defense Council (NRDC). 2010. "Now Is the Time to Reform the Toxic Substances Control Act." NRDC Legislative Facts (April).

Organization for Economic Cooperation and Development (OECD). 2007. *OECD Environmental Data Compendium 2006/2007*. Paris: Environmental Performance and Information Division, OECD.

Sanchez, Carol M. 1998. "The Impact of Environmental Regulations on the Adoption of Innovation: How Electric Utilities Responded to the Clean Air Act Amendments of

1990." In *Research in Corporate Social Performance and Policy*, vol. 15, ed. James E. Post. Stamford, CT: JAI Press.

Stavins, Robert. 1998. "What Can We Learn from the Grand Policy Experiment? Lessons from SO_2 Allowance Trading." *Journal of Economic Perspectives* 12 (3) (Summer): 69—88.

Tietenberg, Tom, and Lynne Lewis. 2011. *Environmental and Natural Resource Economics*, 9th ed. Upper Saddle River, NJ: Prentice Hall.

U.S. Department of Transportation. 2011. "Summary of Fuel Economy Performance." NHTSA, NVS-220 (April). Washington, DC.

U.S. Environmental Protection Agency. 2002a. "Clearing the Air: The Facts about Capping and Trading Emissions." Publication No. EPA-430F-02-009 (May). Washington, DC.

——. 2002b. "25 Years of RCRA: Building on Our Past To Protect Our Future." Publication No. EPA-K-02-027 (April). Washington, DC.

——. 2007. "The Plain English Guide to the Clean Air Act." Publication No. EPA-456/K-07-001 (April). Washington,DC.

——. 2010a. "National Lakes Assessment Fact Sheet." Publication No. EPA 841-F-09-007 (April). Washington, DC.

——. 2010b. "National Analysis: The National Biennial RCRA Hazardous Waste Report (Based on 2009 Data)." Publication No. EPA530-R-10-014A (November). Washington, DC.

——. 2011. "Fiscal Year 2011 EPA Enforcement & Compliance Annual Results" (December). Washington, DC.

Vlasic, Bill. 2012. "U.S. Sets Higher Fuel Efficiency Standards." *New York Times*, August 28.

相关网站

1. **www. epa. gov/airmarkets.** The EPA's Web site for tradable permit markets for air pollutants, including links to extensive information about the SO_2 emissions trading program.

2. **http://rff.org/Pages/default.aspx.** Web site of Resources for the Future, featuring many publications on the benefits of pollution reduction and different approaches for regulating pollution.

3. **http://ec. europa. eu/environment/chemicals/reach/reach _ intro. htm.** The European Union's Web site for REACH, including Fact Sheets, background documents, and updates on the process of implementing REACH.

4. **www. edf. org/approach/markets.** Environmental Defense Fund Web page on using economic incentives to improve environmental quality，with links to articles and videos.

第 17 章　绿化经济

焦点问题

- "绿色经济"是可能的吗?
- 哪些经济理论研究了经济和环境之间的关系?
- 保护环境不利于经济发展吗?
- 哪种政策能够促进绿色经济的过渡?

17.1　绿色经济概述

经济和环保通常被认为是两种矛盾的目标。最近几年,政治争论中总会出现一种声音:环保规定会导致难以接受的损失。因此,一方面是提高环境质量,另一方面是促进经济强劲发展,政治家们需要对此做出选择。(最近的一个关于此争论的例子见专栏 17.1。)

然而,这是一个简单的选择吗? 我们不能既拥有健康环境又拥有许多工作机会吗? 在这一章,我们探讨环境保护和经济增长二者间的关系。我们将会参考有关的研究,以此决定是否能够权衡环境与经济之间的关系。环境保护会带来一些成本损失,包括某些行业中的失业损失,经济学家们主要关注其获得的收益是否能超过成本。在某些行业中环保的规定也会创造就业机会,例如,对燃煤电厂的环保限制就创造了风力发电生产。因此,一些环境保护规定有可能会带来净就业增长。

最近一些政策建议,为现在的环境和能源设计一个良好的应对措施实际上是未来经济增长的引擎。相比较于追求经济增长的企业和国家,那些投资于环保的企业和国家将会获得竞争优势。另外,自然资本的减少会降低经济生产力,经济生产力的降低在传统意义上也就是 GDP 的减少,更广泛的意义上则采用我们在第 8 章所讨论的指标。因此,要想确保未来经济增长,维持自然资本是必不可少的。

专栏 17.1　　　违背环境的 Keystone XL 石油管道工作

　　大草原各州的听证会允许支持者和反对者提出议案,作为北美最长的石油管道,关于是否要延长关键的 XL 管道,各方发生了冲突。

　　在 8 月末,国务院发布的环境影响报告表示 TransCanada 公司建立的管道给环境带来的影响极小。工会组织和商业利益集团说这个管道会降低国家对海外石油的依赖并且会创造就业机会,但是环境保护者、当地的农民和一些州政府领导者质疑这个公司的安全记录。

　　Keystone XL 的反对者说政府在规范石油公司时太过于宽松。从去年到现在有两个例子一直在听证会上出现:墨西哥湾漏油事件和另一个较小的密歇根漏油事件,这个事件污染了 35 英里 Kalamazoo 河。

　　他们说,有特定风险的是 Ogallala 蓄水层。这个地下水蓄水层是美国最大的农业灌溉水源,为 8 个州提供水。因为 65% 的蓄水层位于内布拉斯加州,所以冲突也主要集中在那里。

　　内布拉斯加州州长 Dave Heineman(R)反对建设这个管道,他认为如果管道获得批准,国务院应该要求 TransCanada 公司重新设置管道的路线,将管道远离蓄水层。Ron Kaminski,一个在 Omaha 的地方劳工商业管理者告诉相关媒体,他的组织"深信管道将制造就业机会"。千里迢迢来参加会议的工会代表和工人表达了同样的观点:美国不应该放弃能够创造就业的机会,特别是对一个陷入困境的经济体。TransCanada 公司说它们的管道能够创造 2 000 个就业机会,为美国经济增加 200 亿美元收入。

　　反对者对管道将携带的粗混合物感到忧虑。含油砂比原油更具有腐蚀性,这不仅仅更容易损害管道,而且会使减轻漏油事件的危害更困难。TransCanada 公司的主管驳回了这些言论,他说 Keystone XL 管道在建设中将会更厚,从而更加耐用,并且将使用传感器来监督以确保安全。

　　资料来源:Guarino,2011。

　　更加宏伟的目标是创建一个新的"绿色经济"[①](green economy),这个经济包括可持续发展的概念。联合国环境规划署(UNEP)将绿色经济定义如下:

　　　　……一种能够提高人类福利和社会公平,同时能显著降低环境风险和生态短缺的经济。其最简单的表述为:绿色经济可以被认为是低碳排放的、资源有效的和兼容

---

　　① 绿色经济:一种降低环境危害的同时能够提高人类生活条件和社会公平的经济。

并蓄的。

在绿色经济中,收入和就业的增长是由公众和私人投资带来的,这种投资能够降低碳排放量、减少污染、提高能源和资源有效性,防止生物多样性和生态服务的破坏。有针对性的公共支出、政策改革和规定改变应该促进并支持这些投资。这种发展战略应该保持、提高甚至是有必要重建自然资本,将其作为一种关键的经济资产和社会收益的来源,特别是对那些生活条件和生活保障严重依赖于自然资源的穷人来说。

我们应该明白绿色经济的概念并不代表拒绝经济增长,而是应该促进可持续性的经济增长。其明确拒绝了标准工作和环境选择:

或许流传最广的一个虚假信息是在环境可持续和经济进步之间进行权衡取舍。大量证据表明经济"绿色"既不会阻碍创造财富也不会减少工作机会,相反,许多绿色经济能为财富和工作提供投资及相关的增长。

除了环境可持续性,绿色经济应该促进社会公平。因此,绿色经济的拥护者反对可持续发展必须限制世界上贫穷地区的经济。

后面我们将会讨论如何过渡到绿色经济的特定政策,其中一些政策是之前章节讨论过的,如取消化石燃料补贴和内化其外部性等。我们也会进行实证分析,比较绿色经济下和正常情况下的经济与环境表现。不过,首先我们应该讨论经济和环境两者关系的经济理论。

17.2　经济和环境的关系

我们可以从两个方面研究经济和环境的关系,观察环境保护如何影响经济运行,或者经济增长如何影响环境质量。本节我们将从这两个角度出发考虑。

环境的库兹涅茨曲线(Kuznets Curves)

首先,我们考虑经济增长如何影响环境质量。特别是随着一个国家越来越富裕,这将如何影响其环境质量? 问题的答案不是那么显而易见。一方面,富裕的国家有可能会使用更多资源,从而需要更多能源,并且产生更多的废物和污染。另一方面,富裕的国家能够投资到可再生能源中,安装最先进的污染控制设备,并且采取有效的环境保护政策。

从经济的角度看,我们能够普遍接受环境质量是一种正常商品②(normal good)——如果人们的收入增加,就会购买更多的这种商品。有争议的是,环

---

② 正常商品:随着收入增加总消费趋于增加的一种商品。

境质量是否也是一种奢侈品③(luxury good)——随着收入的增加,人们会更多地消费此产品。可能的情况是随着收入超过一定的水平,环境质量就成为一种奢侈品,在此水平以下则是一种正常商品。

　　一个吸引人的假设是经济增长会为国家提供降低环境影响的资源。一篇1992 年的论文写到:

　　　　有证据显示,虽然经济增长在发展的早期阶段通常会导致环境扭曲,但是最后要想获到良好的环境,唯一的方式是大多数国家都达到富裕水平[4]。

　　最初,随着一个国家越来越富裕,环境影响会逐渐增加,但是随着收入的进一步增加,最终环境的影响会降低——这种观点被称为环境库兹涅茨曲线④(Environmental Kuznets Curve,EKC)假设[a]。这个假设认为收入和环境影响的关系是一种倒 U 形曲线,如图 17.1 所示,图中数据是 SO_2 排放量的实际数据。直到人均收入达到 4 000 美元之前,SO_2 的人均排放量随着收入的增加而增加。但是超过这个收入水平以后,SO_2 的人均排放量稳步下降。这是一个令人鼓舞的结论,因为"转折点"出现在一个相对中等的收入水平。因此,适度的经济增长会带来 SO_2 排放量的大量减少。

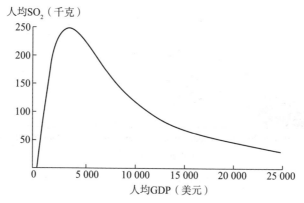

注:GNP=国民生产总值;kg=千克;SO_2=二氧化硫。
资料来源:Panayotou,1993 年。

图 17.1　SO_2 排放量的环境库兹涅茨曲线

　　环境库兹涅茨曲线假设似乎能很好地运用到 SO_2 排放上,但是进一步的研究发现,此假设在其他环境影响问题上并不适用。或许最重要的是,库兹涅茨曲线假设并没有很好地符合二氧化碳(主要的温室气体)的排放数

---

　　a　20 世纪 50 年代,西蒙·库兹涅茨提出了收入不均和经济增长之间的关系,此关系与环境库兹涅茨曲线相似,因而环境库兹涅茨曲线假设就以库兹涅茨的名字来命名。
　　③　奢侈品:随着收入增加人们会加大比例消费的一种商品。
　　④　环境库兹涅茨曲线(EKC):在经济发展的早期阶段,一个国家的环境影响会逐渐增加,但最终超过一定水平的收入后,环境影响会逐渐下降的一种理论。

据,正如图 17.2 所示。图表显示通过实际数据来迎合倒 U 趋势线[b]。趋势线表明没有出现转折点——人均 CO_2 的排放量随着人均收入的增加而持续增加。另一个更加复杂的统计分析检测了 CO_2 排放的库兹涅茨曲线,其结论表明,尽管有这些新的(统计)手段,我们也不能证明二氧化碳排放量的环境库兹涅茨曲线存在[5]。因此,促进经济发展不是解决全球气候变暖的手段。

对于其他的空气污染物,库兹涅茨曲线也进行了检测。对于如 SO_2、悬浮微粒、氮氧化物等一些空气污染物,环境库兹涅茨曲线是适用的,但是对于其他空气污染物来说,此假设并没有更广泛的应用。2003 年对此证据的分析结果显示如图 17.2:

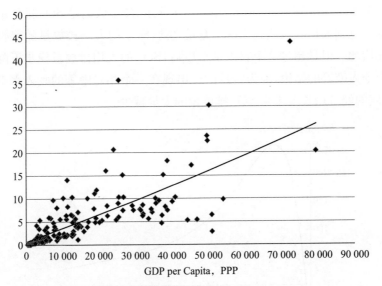

资料来源:世界银行,世界发展指标数据库,http://data.worldbank.org/data-catalog/world-development-indicators.

注:CO_2=二氧化碳;GDP=国民生产总值;PPP=购买力平价。

图 17.2　GDP 和二氧化碳排放(2008 年数据)

这篇文章的证据表明对环境库兹涅茨曲线是否有依据进行分析是不全面的。几乎没有证据表明随着收入的增加哪一个国家会遵循倒 U 曲线。或许在一些城市环境中污染物的浓度与收入之间存在倒 U 曲线的关系,但是也需要用更严格的时间序列或者面板数据来检测这种关系。EKC 成为一种排放量或者浓度的完整模型似乎是不可能的。

即使在环境库兹涅茨曲线假设适用的情况下,我们也应该对经济增长能

---

[b]　趋势线是二次多项式,可以表明 U 形状或者倒 U 形状。

提高环境质量这个结论保持谨慎的态度。

随着收入增加,环境改善不是自动形成的,而是依赖于政策和制度的建立。通过促进环境质量提高的需求和供应可用资源,GDP 的增长创造了环境质量提高的环境。环境质量的改善是否具体或者不具体以及什么时候发生和怎么发生,关键取决于政府政策、社会制度和市场的完全性及其结构。

波特假设(Porter Hypothesis)和环保规则的成本

另一个研究经济和环境的相互作用的假设是从相反的方面来考虑的。传统的经济理论认为,企业为了保持其竞争性,会最小化其成本。因此,任何环保的规定都让企业负担额外的成本并降低其利润。这不意味着环保规定的收益不能超过这些成本,但是意味着企业的情况会因为这些环保规定而恶化。

这个概念受到 1995 年的一篇论文的挑战,这篇论文主要说明无论是企业还是一个国家,竞争力都主要来源于持续创新的能力[8]。精心设计的环保规定刺激了创新,并且实际上能够降低成本,提供竞争优势。

简而言之,相比较别的国家所面临的环保规定,本国的企业能够从更加严厉(或者更早实施)的精心设计的环保规定中受益。通过刺激创新,严格的环保规定实际上能够提高竞争力。

波特假设[5](Porter hypothesis)认为环保规定能够使企业的成本更低。就像环境库滋涅茨曲线假设一样,波特假设也是有争议的。原因是它否定了企业最小化成本这个经济假设。如果可以获得节省成本的创新,标准的经济理论认为企业即使没有激励也会追求节省成本。但是波特假设认为企业不会集中于降低环境危害,所以也就忽略了降低成本的创新。政策规定让企业更加注意新技术并且投资于研究的新领域。

波特假设不能应用于所有的环保规定。显然,即使应用了技术创新,一些规定也为企业带来了净成本。通过比较不同的企业和国家,我们对波特假设进行实证分析[10]。例如,在印度,通过分析发现了水污染企业支持波特假设的证据。那些污染程度较低的企业在经济上也是表现最好的。

另一个分析验证了在国际交易中拥有更严厉环保规定的企业是否有着更大的竞争优势。总的来说,在国家层面上这个结果并不支持波特假设。2011年的一项研究以 7 个发达国家中的超过 4 000 个工厂的数据为基础,发现环保规定不会促进创新,但是环保规定的影响仍然为负。(也就是说,这些规定为企业带来了净成本。)

---

⑤ 波特假设:环保政策刺激企业确定节约成本的创新;反之,环保政策将不被实施。

即使波特假设在某些环境中适用,但是至少在降低依从成本方面,这些环保规定的潜在价值被低估了。由于企业预期的依从成本[⑥](compliance costs)和负的经济影响,企业通常会反对政府提议的环保规定。1997 年的一项研究分析环保规定实施以前依存成本和环保规定实施之后实际的依存成本大小。该研究分析了 12 个实例,包括 SO_2、CFCS、石棉和采矿。所有的实例都发现原始的估计值比实际的依存成本要高,原始的估计值至少高了 29%。在大部分实例中,实际的依从成本比原始的估计值少了一半。报告结论如下:

报告表明在源头上减排的环保规定比预期要花费更少成本。但是并没有表明企业基于战略原因在多大程度上高估了预期的成本,或者企业为何不能预期其生产过程和生产技术改变。然而,报告很清楚地表明投入替代品、创新和资本的灵活性能够使实际成本低于早期的预测。

这并不意味着依从成本不是关键。代表美国制造者的一个组织发起的 2012 年的报告发现,联邦规定的累积影响是使 GDP 降低 2 400 亿美元,达到年度 6 300 亿美元,并且使劳动力补偿降低 1.4%,达到 5%。报告也表明联邦监管负担的最大份额来源于环保规定。然而,报告没有考虑这些规定的好处——我们将会在接下来的章节中考虑这个问题。另外,人们可能会质疑这个分析的客观性。例如,许多规定的成本分析是从对制造公司的调查中得到的,这些公司能够从高估成本中获得战略性收益。

去耦

我们已经强调了环境保护和经济之间联系的方式,但是考虑二者分离的方式也是有价值的。经济增长能够通过许多方式与环境影响的增加相联系。图 17.3a 展示了 1961~1978 年全球经济增长(通过 GDP 来衡量)与相似的全球 CO_2 排放量的增加趋势之间的联系。在这个期间,经济活动通过因数 2.2 来增加,而 CO_2 的排放量通过因数 2.0 来增加。

1978 年以后,我们能从图 17.3b 中看到,虽然全球经济活动和 CO_2 的排放量都增加了,但是二者之间的关系也不像图 17.3a 中那样紧密相关。20 世纪 70 年代以后,这两个变量某种程度上"去耦"。经济活动通过因数 2.3 来增加,而 CO_2 的排放量通过因数 1.6 来增加。

经济合作与发展组织把"去耦"[⑦](decoupling)的概念定义为打破了"环境危害"和"经济产品"之间的关系[15]。我们能够区分相对去耦和绝对去耦[⑧](rel-

---

⑥　依从成本:满足环保政策的企业和工业的成本。
⑦　去耦:打破增长的经济活动和相似的环境影响的增加之间的联系。
⑧　相对去耦和绝对去耦:打破增长的经济活动和增加的环境危害之间的联系;在绝对去耦中,经济活动的增加与环境危害的降低之间相联系。

ative and absolute decoupling)。

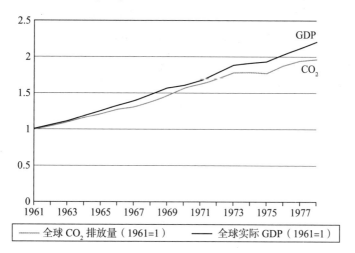

注：CO₂＝二氧化碳；GDP＝国内生产总值。
资料来源：世界银行，世界发展指数数据。

图 17.3a　全球实际 GDP 和 CO₂ 排放(1961～1978 年)

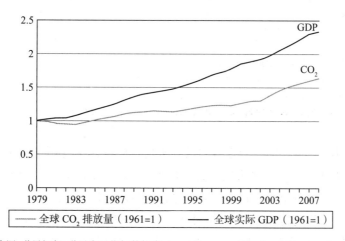

资料来源：世界银行，世界发展指标数据库，http//data. worldbank org/data-catalog/world-de-velopment-indicators.

图 17.3b　全球实际 GDP 和 CO₂ 排放(1979～2008 年)

相对去耦是指环境危害的增长率是正的，但是低于经济增长率。从 20 世纪 70 年代以后，二氧化碳排放量和经济增长的关系是相对去耦。

绝对去耦是指环境危害的程度要么是稳定的，要么是降低的，同时，经济不断增长。因此，绝对去耦打破了经济增长和环境退化之间的联系。

图 17.4 展示了绝对去耦的一个例子。在 1970 到 2008 年间，英国的 GDP 通过因数 2.6 得到了增长。但是在这个期间，总的 CO₂ 排放量减少了 20％。

即使是在经济快速增长的 20 世纪 90 年代,二氧化碳的排放量依然保持稳定或者减少。这个结果在很大程度上是因为能源从煤炭转移到天然气导致的,这种转移是因为英国北部海域发现了相对便宜的天然气资源。CO_2 的数据并没有解释"出口的排放量[9](exported emissions/pollution)"——为了生产出口产品而排放到其他国家。因此,发达国家出现"去耦"现象仅仅是因为制造产业被转移到发展中国家。

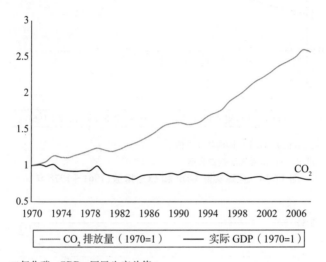

注:CO_2=二氧化碳;GDP=国民生产总值。

资料来源:世界银行,世界发展指标数据库,http//data,worldbank org/data-catalog/world-development-indicators,example taken from Smith et al.,2010.

图 17.4　绝对去耦:英国实际 GDP 和 CO_2 排放量(1970~2008 年)

联合国 2011 年的一个报告通过分析化石燃料、矿物和木材等资源研究了全球去耦的程度[16]。结果表明,最近几十年特定数量的相对"去耦"是自发产生的,而不是政策干预的直接结果,这反映出技术进步增加了对生产效率的影响。但是,一些资源的提取率超过了全球 GDP 增长率。例如,1990~2007年,对于铁矿石、铜和锌开采的速率高于全球 GDP 增长的速率。

联合国报告发现达到绝对去耦需要强有力的政策。假如一切照旧,到2050 年全球资源使用计划增加到现在的 3 倍。绝对去耦把全球资源的使用保持在固定不变或者是低于现在的水平,这个设定对发展中国家和发达国家都有深刻的含义。在发达国家,资源使用需要 3~5 个因数来降低,从而使发展中国家能够获得足够的资源来提高其生活水平。即使这样,为了让贫穷的国家能增加资源使用,技术更先进的国家需要降低 10%~20% 的资源使用。因此,全球水平下的绝对去耦如下:

---

⑨　出口的排放量/污染:通过进口那些能够产生大量污染的产品,把污染的影响转移到其他国家。

　　如果以可持续发展为导向的创新能够使先进的技术和系统改变,那么绝对去耦就是可能的。作为一个整体,要求前所未有的创新是一种严格的约束条件……在设定减少贫困或者为中产阶级提供生活舒适度等发展目标时,大多数政治家都会认为这种约束条件太严格了。

　　更可行的方式是适度收缩和收敛⑩(contraction and convergence)的情境。在这种情境中,发达国家减少资源的使用(也就是绝对去耦),同时允许发展中国家增加其资源使用,从而足以减少全球不平等。按照联合国的报告,在这种情境中,截至 2050 年,全球资源的使用量依然会增加 40%——发达国家资源使用降低了两倍,而发展中国家资源使用大约增加了 3 倍。即使这种情境“为了达到资源去耦,要求可持续的经济结构调整和大量的创新投资”。

　　去耦反映了没有物理产出量增加的陪伴,经济增长也是可能的。然而,为了避免接下来几十年资源使用和污染的急剧增加,需要提高当前的去耦速率。在设定创新政策以鼓励去耦方面,有些国家已经取得了领先地位(见专栏 17.2 中日本在去耦方面的努力)。但是在全球规模上,主要的去耦需要一定程度的国际合作,这种合作现在无法实现。特别是为了满足可持续发展的目标,发达国家必须愿意显著降低其资源使用量,为发展中国家提供足够的可获得的资源,从而消除发展中国家的贫困。

专栏 17.2　　　　　　　　　　日本的去耦

　　日本独特的文化规范和地缘政治的限制都激励其进行创造性的和有效的去耦。日本人口密度很大,自然资源主要依靠进口,这些都推动其摆脱经济增长对生态破坏的影响。另外,日本的文化长期以来都遵循节约,其主要的含义是如果某资源没有发挥其全部的潜在价值,那么会是一件很令人羞愧的事情。

　　在 20 世纪 80 年代,公众对污染的关注从焚烧、垃圾填埋场的饱和不浪费的精神转移到许多固体废物的改革上。例如,使用先进的设备来代替老的焚烧设备,这些先进的设备能够消除废物焚烧时排出的二氧英。在固体废物处理方面,日本不断创新,在技术和政治上都成功地消除了经济增长过程中的污染。

　　或许,日本最成功的现代去耦倡议就是“领跑者计划”(TRP)。TRP 研究了市场在一个类别中生产的最有效的产品,并且制定了新的最低能效标准,所有的企业都必须用 4～8 年的时间执行这个标准。正如第 16 章中讨论的,通常的标准几乎不能刺激创新的产生。但是,TRP 计划激励企业成为行业中最有效率的领导者,从而让其他企业去追赶。

---

　　⑩　收缩和收敛:全体的环境影响和经济活动应该同时减少,从而能够降低经济不平等的概念。

> TRP 计划最终证明非常有效。在 11 个产品中,有 10 个产品创造的效率都超过了预期水平。例如,柴油货车预期提高 6.5% 的效率水平,但是最终提高了 21.7%。就像波特假设一样,TRP 计划证明:当激励是精心设计时,创新有着巨大潜力。
>
> 资料来源:联合国环境规划署,2011c。

17.3 工业生态学

经济增长趋向于依赖原材料提取的增加和污染产生的增加。制造过程需要最小化生产成本,并没有考虑与其相联系的生态成本。向绿色经济的过渡要求重新评估制造过程,从而在制定生产决定时也考虑到生态因素。

如图 17.5 中所示,传统的制造过程是一种"直线型"的过程,原材料直接转换成最终产品,产生的废气(包括余热)直接排放到空气、土地和水中。随着这些最终产品的磨损,最后变成废弃产品。

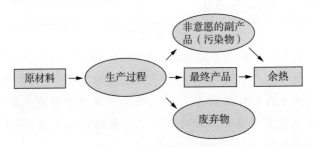

图 17.5 传统的直线制造过程

相比较于经济系统,自然系统通常遵循一种循环模式,在这种模式下,废弃物能够循环和再利用。健康的自然系统不会有累积的污染物和废弃物。像水和氮气等无机元素通过环境进行循环。腐烂的有机材料能够形成肥沃土壤的基础,新的植物就在这个土壤中生长起来,新的植物能够支持新的动物的成长。在循环中,废弃物不是一个需要解决或者处理的问题,而是成为一个新阶段的投入品。

工业生态学[11](industrial ecology)的出现是为了在自然界封闭的循环系统的基础上建立人类制造业的系统模型。工业生态系统的概念如图 17.6 所示。从这个角度来看,废物潜在地成为次级生产的投入品。为了降低原材料

---

[11] 工业生态学:应用生态原则管理工业活动。

的提取,需要最大化再循环率。像余热这种废弃物,也可以被用于生产,比如
把水加热或者为生活/生产环境加热。

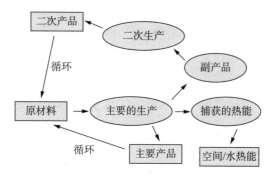

图 17.6　工业生态学的循环生产过程

　　如图 17.7 所示,最近几年,美国和其他地区的再循环率都稳步升高。在
美国城市垃圾谱上,大约有 1/3 都能够再循环。另外的 13％被焚化掉以产生
热量或者发电。最近几年,被送往垃圾填埋场的垃圾数量实际上减少了,从
1990 年的 145 百万吨降低到 2010 年的 135 百万吨[21]。

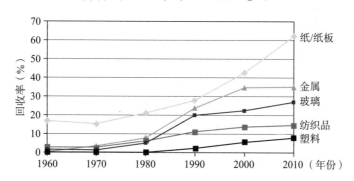

资料来源:美国环境保护局,2011。

图 17.7　美国的再循环率(1960～2010 年)

　　循环的盈利能力主要取决于循环产品的需求和相关循环以及原始材料的
成本。最近几十年,废纸回收率显著提高,其中一个主要的原因就是使用循环
的材料能够更便宜地生产更多的纸。2007 年,一项关于新西兰循环经济的研
究表明,在为社会提供净经济利益的情况下,总体的再循环率从 38％提高到
了 80％[22]。这项研究发现,在纸张、用过的油、金属、玻璃、混凝土方面,再循环
是非常有利可图的。塑料回收经济是混合的——总的来说,在回收 PET(聚
对苯二甲酸乙二醇酯,循环码♯1)和 HDPE(高密度聚乙烯,循环码♯2)方面
是有经济意义的,回收 PVC(聚氯乙烯,循环码♯3)和 LDPE(低密度聚乙烯,
循环码♯4)是没有利润的。

除了提高再回收率,工业生态学也促进了非物质化⑫(dematerialization)——使用更少的物质达到相同的经济目标。例如,相比较于 20 世纪 70 年代,现在的铝制饮料罐使用的金属少了 30％,并且这些铝制饮料罐代替了几十年以前使用的重金属制成的饮料罐。使用更少的原材料达到相同的功能(提供饮料的消费)对供给者、环境都有利,这减少了资源使用和转移成本,即使这些饮料罐不能被再利用,这种措施也减少了废弃物的产生。

工业生态学的另一个原则是材料替代⑬(materials substitution)——用更加环保的良性替代品来替代那些稀有的、有害的或者会产生高度污染的材料。例如,许多铜的使用就被塑料、光纤和铝一类的轻金属所替代。政府规定促进了一部分金属涂料被有机涂料替代,降低了铅中毒的危害,并且减少了铅和其他重金属在废水中的浓度。

17.4　保护环境会危害经济吗？

使经济"绿色"的努力的证据是什么？在保护环境、经济发展和创造就业方面存在一个权衡取舍吗？特别是在美国,传统的观念认为确实存在这样一种权衡:

> 美国的环境规定一直被指责造成了一系列不良的经济后果。环境保护的规定会严重损害美国经济的观点非常牢固,以至于在过去的几年中这些规定都没能实现,而这些规定能够显著地提高环境质量。

美国环境保护局 1999 年的一个报告认为有四种方式来评估环境保护对经济的影响:

1.环境保护太昂贵吗？

2.保护环境会导致失业吗？

3.环境保护会减缓经济增长吗？

4.环境保护会损害国际竞争力吗？

现在让我们用经验证据来回答这些问题。

环境保护太昂贵吗？

回答这个问题第一步需要估计环境保护的花费情况。关于美国环境保护花费的研究中,一个最全面的评估结果是 1990 年环境保护局公布的报告,这

---

⑫　去物质化:通过减少对物理材料的使用(如使用更少的金属制造铝罐)来实现经济目标的过程。

⑬　材料替代:为了生产产品,改变使用的材料,比如在管道工程中用塑料管替代铜。

个报告计算出 1990 年总的污染控制花费占 GDP 的 2.1%（大约 1 000 亿美元），在 2000 年增加到占 GDP 的 2.6%～2.8%[25]。这些花费包括遵循环境保护规定的花费、监管缺失情况下发生的花费，也包括基本的水处理和垃圾收集及处理花费。

欧洲经济合作组织使用了不同的研究方法，在 20 世纪 90 年代，美国中期污染控制花费的估计是占 GDP 的 1.6%[26]。更多的近期研究不够全面，与这些结果没有可比性。例如，对美国 2005 年污染治理的投资和操作成本的估计仅仅是 270 亿美元，占 GDP 的 0.2%左右[27]。

总的来说，美国花费 2%～3%的 GDP 用于保护环境。这些是太多了吗？其中一种回答是比较环境保护的花费与其他种类花费之间的差距。1990 年环境保护局报告"国家环境污染控制花费少于衣服和鞋子花费的一半，是国防支出的 1/3，是医疗保健花费的 1/3，是住房花费的 1/5，是食品支出的 1/6"。因此，环境保护的支出属于其他必需品花销的范围之内。

另一种评估美国环境保护支出的方法是与其他国家进行比较。表 17.1 展示了美国与其他工业化国家在环境保护方面的支出比较。根据占 GDP 的比例，美国的污染控制比加拿大和英国都高，但是低于奥地利和荷兰。

表 17.1　　　　　　　污染控制花费(20 世纪 90 年代中期)

国家	占 GDP 的百分比
奥地利	2.4
荷兰	2.0
法国	1.6
德国	1.6
美国	1.6
加拿大	1.1
英国	0.7

资料来源：OECD，2003。

从经济分析的角度来看，分析环境保护花费是否合理最合适的方式是这些花费与社会获得的收益进行比较。采用第 6 章讨论过的技术，理论上能够估计环保花费的市场和非市场收益。然而，在估计美国或者其他国家全部的环境保护规定所带来的收益时，并没有一种广泛的估计方式。反而是在估计许多单独的联邦规定时，成本收益分析能够得到很好的应用。美国的许多行政命令都是开始于里根时代，在奥巴马执政期间得到重申，根据这些命令，联邦机构提出的规定尽可能地量化这些方案的成本和收益。[c] 这一要求适用于

---

c　一个主要的规定通常被定义为年度经济影响达到 1 亿美元。

非环保法规和那些与环境有关的法规。

美国的管理和预算办公室每年都会公布报告,这个报告总结当年主要法规的成本和收益分析的结果,并且会公布过去 10 年所有规定的总计影响。表 17.2 展示了 2000～2010 年美国主要联邦机构的成本和收益分析的结果[29]。

在这 10 年间,美国环境保护局比其他的联邦机构颁布了更多(33 项)的规定,占主要联邦规定的 31%。据估计,这 33 项规定的年度花费大约是 240 亿～290 亿美元。然而,估计出来的年度收益是 820 亿～5 500 亿美元,其收益成本比率至少是 2.8：1,最多能达到 23：1。

表 17.2　　　　主要联邦法规的成本和收益（2000～2010 年）

机构	法规数量	年度收益(10 亿美元)	年度成本(10 亿美元)
农业部	6	0.9～1.3	1.0～1.34
能源部	10	8.0～10.9	4.5～5.1
健康与人类服务	18	18.0～40.5	3.7～5.2
国土安全部	1	<0.1	<0.1
房产和城市部			
发展部	1	2.3	0.9
司法部	4	1.8～4.0	0.8～1.0
劳工部	6	0.4～1.5	0.4～0.5
交通部	26	14.6～25.5	7.5～14.3
环境保护署	33	81.7～550.4	23.8～29.0
DOT 和 EPA	1	9.5～14.7	1.7～4.7
总计	106	136.2～651.2	44.2～62.2

资料来源:U.S. OMB,2011。

虽然美国环境保护局颁布的规定所需要的花费是全部联邦规定花费的一半,但是其创造的收益是全部规定收益的 60%～80%。因此,环境保护局的规定比其他的联邦规定有更高的收益成本比率。这些结果表明:虽然环境花费很大,环境保护局比其他联邦机构颁布了更多的规定,但是环境规定为社会提供了重要的净收益。

保护环境会导致失业吗?

正如之前所提到的,谣传环境和就业之间必须有权衡取舍是环境保护规定受到批评的主要原因。一些研究探索了就业和环境保护规定之间的关系。虽然环境花费的增加会导致一些特定岗位的缺失,但是它也创造了其他的就业机会。例如,2002 年的一篇论文研究了美国四个产业的数据:纸浆和纸张生产业,塑料业,炼油业,钢铁业。结果如下:

增加的环境花费总的来说不会显著影响就业的改变。通过对四个产业的分析，平均的结果是每花费 100 万美元的环境支出就会增加 1.5 个工作岗位。

2008 年，一项更广泛的国家研究也消除了环保会导致失业这个概念[31]。采用一个美国经济模型，此研究估计环境花费和规定如何影响不同产业的就业情况。这项研究主要的发现如下：

不同于传统的观点，环境保护(EP)、经济增长和创造就业是互补与兼容的：环保投资能够创造就业也能减少就业，但是对就业的净影响是正的[32]。

研究发现，有严格环保法规的州也有最好的工作机会。作者认为颁布州内政策可以成为一个关键的创造就业的建议内容。

英国 2007 年的一项研究也分析了环境规定对就业方面的影响。结果发现，环保规定对就业的影响是略微负面的，虽然这个影响不是显著的。研究人员认为他们的发现"不能证明就业与环境之间存在权衡取舍"。

虽然在一些煤炭开采和炼油等特定的行业中，环境保护规定会明显带来失业，但是环保规定也会创造许多就业机会。根据估计结果，美国的环境保护创造了大约 500 万个就业机会[34]。就像其他行业中的花费一样，环保花费也创造了广泛的就业机会：

我们发现，经典的环保工作仅仅占据环保规定工作机会中的一小部分。与环保规定相关的工作职位包括会计、工程师、计算机分析师、职员、工厂工人、卡车司机和机械师等标准的工作。事实上，在这些岗位上工作的人没有意识到他们是通过保护环境来养活自己。

2009 年的一项研究发现"清洁能源经济"增长迅速，这比经济本身创造了更多的工作机会[36]。1997~2003 年，全国就业增长率是 3.7%，在同一时期，清洁能源方面的工作增加了 9.1%。报告也展示了越来越多的风险资本流入清洁能源领域。

环境保护会减缓经济增长吗?

基于研究环保规定会降低 GDP 增长率的结果，另一个对环境保护的批评是因为减缓了经济增长。例如，通过全面分析，相比较于没有颁布美国清洁空气法案，估计 1990 年的 GNP 降低了 1%。从 1973~1990 年，这个法案造成的宏观损失大约是 1 万亿美元。对欧洲环境保护规定的经济影响的分析发现，总的经济损失大约是 GDP 的 0.2%。

环境保护规定的总计宏观影响的模型是可计算一般均衡模型[14](computable general equilibrium，CGE)。这些模型使经济学家能够分析一个部门的

---

⑭ 可计算一般均衡模型：贯穿一个完整的经济，目的在于预测政策改变效果的经济模型。

经济如何对其他部门的就业和收入产生影响。该模型包括了模型长期影响的反馈，特别是资本投资如何对不同部门供给变化做出反应。然而，必须谨慎地解释 CGE 模型的结果。

> CGE 模型必须预测遵守环境保护规定会导致的经济增长的减缓。毕竟，这个模型中的污染控制成本必须产生同等价值所需的花费。结果隐含在如何构建模型中。这个发现并不是人们和政策决策者想要知道的关于真实规则的完整解释，污染控制部门是作为一个经济部门，并且帮助保护环境，这是一种价值"产出"。

CGE 模型没有估计规定的收益，特别是那些不在市场上运行的规定。例如，关于清洁空气法案的 CGE 费用没有提到法案获得的收益，只有在额外的经济分析中才会包括这种收益。如果估计了清洁空气法案的收益，我们就会发现 1973～1990 年的收益大约是 22 万亿美元，收益成本比率是 22：1[39]。这个模型也不能计算正的反馈机制，比如更好的空气质量给人们带来的健康会提高劳动生产率。

尽管传统观点认为环保规定会对经济增长带来轻微的负面影响，但是我们需要更加全面地分析其对社会福利的影响。正如我们在第 8 章中看到的，GDP 从来都不能衡量社会福利的多少，经济学家已经发展了替代 GDP 的国民经济核算方法。这些替代的方法能够为完全分析环保规定对社会福利的影响提供一个更好的框架。我们既需要分析环保规定的收益，也需要分析其成本。回顾以上的研究，我们发现环保规定为社会提供了一个关键的净收益。

环境保护会损害国际竞争力吗？

最终，我们需要考虑那些没有严格环保规定的国家，考虑是否会导致这些国家在国际竞争力方面处于劣势。假设环保规定会带来更高的生产成本，那些必须执行严格环保规定的企业似乎会处于劣势。

不同的研究都在分析这个问题，普遍探究环保规定如何影响经济中不同部门的出口质量。1995 年的一项研究收集了不同的结果，最后总结道："环境保护规定对竞争力产生负影响的证据较少。"[40] 最近的一些分析发现，环保规定能对特定的部门产生负的影响，特别是那些依赖化石燃料的部门，但也会对其他部门产生积极影响。例如，2010 年的一个报告发现，环保规定会对木材、纸张、纺织品的出口产生正的影响，但是对大部分部门产生负的影响[41]。

美国 2011 年关于制造业的一项研究发现，高度污染的制造厂通常整体生产力较低。研究估计，不能很好地遵守清洁空气法案的规则大约会使生产力降低 5％。[42] 2012 年的一项关于欧洲环保规定的研究发现某些环保规定会对竞争力产生积极影响：

环境政策对制造业出口竞争力总的影响没有害处,然而,特定的能源税政策和创新努力都会影响出口流动的弹性,像波特假设的机制那样运行。这些结果表明公共政策和私人创新模式都会通过互补机制激发生产过程中更高的效率。因此,可把环境保护活动作为一种生产的成本纳入净收益中去[43]。

我们可以归纳出什么结论?

证据表明,关于环境保护规定会损害经济的概念是错误的。虽然环保规定会损害特定的产业,降低国际竞争力,但是环保规定的收益一直超过成本。进一步地说,精心设计的环保规定能够正面影响经济增长和竞争力,并且促进就业。

17.5 创造绿色经济

向绿色经济过渡的过程是缓慢的,主要由经济和政府政策驱动。然而,通常来说,去耦的速率、再循环率和非物质化的速率都不足以很快地完成可持续的目标,比如降低二氧化碳的排放量或者保护生物多样性的目标。联合国总结道:"我们距离绿色经济还很遥远。"[44]

要想创造绿色经济,关键是转移基础设施投资、研究投资和发展投资的资金。联合国环境规划署建立了一个复杂的模型,分析把投资资金转到能促进绿色经济过渡的地方对经济和环境产生的影响[45]。他们考虑了一个绿色方案:采用不同的方式把全球 2% 的 GDP 投资到可持续发展方面,包括能源效率、可再生能源、废物管理、基础设施的改善、农业生产方法和废水管理。他们也比较出绿色经济和一切照旧的方案的结果是不同的,一切照旧的方案投资率依然遵循现在的趋势。

正如图 17.8 所示,图中展示了绿色经济方案下和一切照旧的方案下不同变量的百分比差异。在短期(2015),绿色经济的方案在实际 GDP 和人均 GDP 方面都降低了 1%。但是在长期,相比较于一切照旧的方案,绿色经济展示了充分的经济优势。到 2050 年为止,绿色经济方案下的实际 GDP 比一切照旧方案下的实际 GDP 高了 16%。这两种方案的环境不同一开始是很小的,但是在接下来的几十年变得非常戏剧性。到 2050 年为止,绿色经济方案的能源需求降低 40%,生态足迹降低 48%。

绿色投资也是相对劳动密集型的,特别是在农业、林业和交通领域。在能源方面,随着与化石燃料有关的工作减少,就业一开始会下降,但是在长期看来(大约在 2030 年以后),净就业情况是上升的,主要是因为创造了许多与能效相关的工作机会。

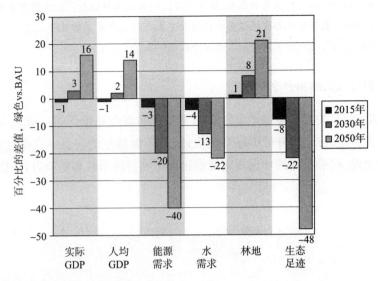

注：BAU＝一切照旧；GDP＝国民生产总值。
资料来源：UNEP，2011a.

图 17.8　绿色经济和一切照旧情况下的环境和经济预测

联合国环境保护署的模型发现，绿色经济的投资特别有利于贫穷的人。穷人们的生活或多或少地依赖于自然资源。因此，对自然资本的投资，包括水资源、可持续农业和林业在提高了环境质量的同时还增加了收入。投资自然资本也促进了生态旅游，这是另外一种提高发展中国家人民收入的方式。在能源领域，可持续能源的投资也有利于穷人。世界上大约有 16 亿人享受不到电力资源。鉴于现在很多贫穷的地区缺乏配电网，小型离网太阳能比传统的化石燃料发电更节约。

绿色经济的过渡不仅要求投资，还要求许多国家层面和国际层面的政策转换。联合国环境保护局总结出来的政策要求有：

● 使用税收和其他基于市场的工具转换负外部性内在化的作用。正如我们所看到的，给污染定价促进了更多资源的有效使用并且鼓励了创新。精心设计的税收和许可证系统也能够创造净就业。例如，1999 年，德国在化石燃料和电力方面的一项税收政策在几年内分阶段完成，这项政策通过降低企业所要求的社会保障贡献，能够利用这些收入来降低雇佣员工的成本。据估计，这些税收在降低二氧化碳排放量的同时能够创造 25 万个全职的等效工作机会。

● 减少政府在消耗自然资本方面的支出。在第 12 章我们讨论了化石燃料补贴扭曲的影响。同时，正如第 13 章所描述的，全球至少有 60％的渔业补贴是有害的,并且会导致过度捕捞。为了减少负面的经济影响,补贴改革应该缓慢地分阶段完成,并且应该增加政策以保护穷人的利益。例如,印度尼西亚在 2005 年和 2008 年降低能源补贴,把收入转移到低收入的家庭中去。

● 相比较于基于市场的工具,效率和技术标准在管理方面更划算并且容易。发展中国家缺乏复杂的税收和可交易许可证系统的机构。技术标准更容易强制执行,并且能够保证快速地达到最好的可获得的技术水平。挑战是设定一个合适的标准,随着新技术发展还需要调整这个标准。对于政府采购部门来说,设定标准被证明是有效的方式,它能够启动对环保商品和服务的需求。

● 为了确保受影响的工作能有一个就业过渡,需要临时的支撑措施。正如图 17.8 中所示,在短期,过渡到绿色经济会导致 GDP 轻微下滑。因此,需要对那些失去工作的工人进行技术培训,使他们能在绿色经济的大环境下找到工作。在许多例子中,工人会力图保住他们现在的工作,但是通过技术培训他们能够学到新的工作方式。建筑工人仍然会建造房子,但是建筑的技术将会包含更好的绝缘材料、太阳能光伏系统和更有效的照明。

● 需要加强国际环境管理。即使绿色经济有潜在的经济利益,但是某些国家依然对单独行事犹豫不决。严格的国际公约创造了公平竞争的环境并且是解决全球环境问题的唯一有效方式,例如全球气候变暖和臭氧层空洞问题。过渡到绿色经济的一个重要步骤是改革国际交易法律,正如我们将要在第 20 章考虑的。例如,可以设定国际贸易协定减少那些有害的补贴,同时降低关税以促进环保产品和服务的交易。关于知识产权的贸易法律被批评为不利于满足发展中国家的需要,事实上是阻碍了绿色市场的发展。在一些例子中,发展中国家需要更大的灵活性来保护新生产业。最后,发展中国家会在生态系统服务的市场上占有优势,例如固碳和流域保护。创造这些服务市场的国际公约在提高自然资本的同时减少贫穷。

这些推荐的政策需要政府做出主要的改变,例如降低有害的补贴或者增加有效的标准等政策,比较简单并且能快速地实施。在接下来的几十年,面对所有的经济政策,向绿色经济过渡将会成为一个主要的议题。随着更多的公共投资被投向于发展绿色经济,关键的步骤已经完成了。按照世界银行的估计,为了应对 2007 年的金融危机,全球刺激性支出有 16% 被定义为“绿色”——花费在可再生能源、能源效率、废物管理和水资源可持续性上[46]。中国是这其中的领导者,花费了 2 210 亿美元在绿色刺激上,大约有一半直接运用到了铁路运输上。美国花费 1 120 亿美元用于绿色刺激上,大约有 300 亿美元分别投资于可再生能源和节能建筑上。欧盟刺激支出的 60% 被用于绿色措施上,包括碳捕获和储存、电网效率。

　　但是向绿色经济的过渡、可持续经济需要一个可持续的承诺。首先开始的国家已经意识到了其收益,韩国保证把其 GDP 的 2‰用于投资绿色经济。最近提高再循环率的努力已经节省了几十亿美元并且创造了成千上万的工作机会[47]。英国是另一个大量投资于绿色经济的国家。据估计,英国 2011～2012 年度的经济增长有 1/3 来源于绿色经济[48]。挑战是通过大胆的举措、长期的思考和国际间的合作保持并加强这些努力。

总　结

　　"绿色经济"的概念是通过投资那些可以减少对环境的影响,以提升人类的幸福并且降低不平等。这个概念是基于经济增长和环境保护是兼容的。

　　我们根据几个理论探讨了经济和环境的关系。环境库兹涅茨曲线假设是经济增长最终会导致环境影响的降低。几个污染物的实证经验支持这个假设,但是并不适用于其他的环境影响,最重要的是不适用于二氧化碳排放。波特假设认为精心设计的环保规定实际上能够降低企业的成本。这个理论在一些例子中是有效地但是并不适用于所有的规定。去耦意味着环境增长与负的环境影响的关系能够减弱。绝对去耦发生在一些例子中,但是更大的去耦的进展需要达到可持续发展的目标。

　　工业生态学的领域是为了最大化资源效率和再循环。这个理论促进了作为投入的废物从一个产业转移到另外的生产中去。通过非物质化,使用少量的材料就能生产产品。工业生态学另一个焦点是无毒的、可循环的、低污染的材料的使用。

　　我们分析了传统的环境保护会损害经济的观念。证据表明环境保护规定的收益远远超过了其成本。环境保护不仅不会导致失业,反而能够创造净就业。环境保护不会损害国际竞争力,对 GDP 的增长速率也没有什么影响。

　　虽然创造绿色经济需要短期成本,但是预期的长期收益是巨大的。相比较于一些照旧的方案,在绿色经济下环境影响显著降低了,从而 GDP 的增长速率更快。向绿色经济的过渡需要强有力的政策措施,包括减少有害的补贴、训练工人、使用税收和可交易许可证等经济政策工具和有意义的国际合约。

问题讨论

　　1.最近你听说关于环境和经济的相互作用的新的报道吗？环境保护和经

济增长是兼容的吗？报道中不同的观点是什么？关于这个报道你的观点是什么？

　　2.在你的国家或者所处的区域,你认为应该采取什么步骤来促进绿色经济？你认为哪一步是最有效的？你能提出一个企业可能会支持的政策吗？

　　3.向绿色经济过渡最能够损害哪个群体？哪个群体最能从这个过渡中受益？你能提出一个受益者的收入补偿受损者的损失的方案吗？

注　释

1.UNEP, 2011a, p. 16.

2.UNEP, 2011b, pp. 1—2.

3.Yandle, et al., 2004.

4.Beckerman, 1992, p. 482.

5.Aslanidis, 2009.

6.Stem, 2003, p. 11.

7.Yandle, et al., 2004, p. 29.

8.Porter and van der Linde, 1995.

9.Ibid., p. 98.

10.Wagner, 2003.

11.Lanoie, et al., 2011.

12.Hodges, 1997.

13.Ibid, p. 12.

14.NERA Economic Consulting, 2012.

15.OECD, 2002.

16.UNEP, 2011c.

17.Jackson, 2009.

18.Ibid., pp. 30, 32.

19.Ibid., p. 31.

20.See Ayres and Ayres, 1996 and Socolow ed., 1994, for an overview of industrial ecology, and Cleveland and Ruth, 1999, on materials flows in the industrial process.

21.U.S. EPA, 2011.

22.Denne, et al., 2007.

23.Arnold, 1999, Summary.

24. Arnold，1999.

25. Carlin，1990.

26. OECD，2003.

27. United States Census Bureau，2008.

28. Carlin，1990，pp. 4—9.

29. U.S. Office of Management and Budget，2011.

30. Morganstem，et al.，2002，p. 412.

31. Bezdek，et al.，2008.

32. Ibid.，p. 63.

33. Cole and Elliott，2007，p. 1.

34. Bezdek，et al.，2008.

35. Ibid.，p. 69.

36. The Pew Charitable Trusts，2009.

37. Commission of the European Communities，2004.

38. Arnold，1999，p. 10.

39. Commission of the European Communities，2004.

40. Jaffe，et al.，1995，p. 157.

41. Babool and Reed，2010.

42. Greenstone，et al.，2011.

43. Constantini and Mazzanti，2012，p. 132.

44. UNEP，2011b，p. 3.

45. UNEP，2011a.

46. Strand and Toman，2010.

47. http://www. unep. org/greeneconomy/AdvisoryServices/Korea/tabid/56272/Default.aspx.

48. CBI，2012.

参考文献

Arnold, Frank S. 1999. "Environmental Protecting: Is It Bad for the Economy? A Non-Technical Summary of the Literature." Report prepared under EPA Cooperative Agreement CR822795-01 with the Office of Economy and Environment, U.S. Environmental Protection Agency.

Aslanidis, Nektarios. 2009. "Environmental Kuznets Curves for Carbon Emissions: A

Critical Survey." FEEM Working Paper 75.09.

Ayres, Robert U., and Leslie W. Ayres. 1996. *Industrial Ecology: Towards Closing the Materials Cycle*. Cheltenham, UK: Edward Elgar.

Babool, Ashfaqul, and Michael Reed. 2010. "The Impact of Environmental Policy on International Competitiveness in Manufacturing." *Applied Economics* 42(18): 2317 -2326.

Beckerman, Wilfred 1992. "Economic Growth and the Environment: Whose Growth? Whose Environment?" *World Development*. 20(4): 481—496.

Bezdek, Roger H., Robert M. Wendling, and Paula DiPema. 2008. "Environmental Protection, the Economy, and Jobs: National and Regional Analyses." *Journal of Environmental Management* 86: 63—79.

Carlin, Alan. 1990. "Environmental Investments: The Cost of a Clean Environment, a Summary." EPA report EPA-230-12-90-084.

CBI. 2012. "The Colour of Growth: Maximising the Potential of Green Business." http://www.cbi.org.uk/media/1552876/energy_climatechangerpt_web.pdf.

Cleveland, Cutler, and Matthias Ruth. 1999. "Indicators of Dematerialization and the Materials Intensity of Use." *Journal of Industrial Ecology* 2(3): 15—50.

Cole, Matthew A., and Rob J. Elliott. 2007. "Do Environmental Regulations Cost Jobs? An Industry-Level Analysis of the UK." *Journal of Economic Analysis and Policy: Topics in Economic Analysis and Policy* 7(1): 1—25.

Commission of the European Communities. 2004. The EU Economy: 2004 Review. ECFIN (2004) REP 50455-EN. Brussels.

Constantini, Valeria, and Massimiliano Mazzanti. 2012. "On the Green and Innovative Side of Trade Competitiveness? The Impact of Environmental Policies and Innovation on EU Exports." *Research Policy*. 41(1): 132—153.

Denne, Tim, Reuben Irvine, Nikhil Atreya, and Mark Robinson. 2007. "Recycling: Cost-Benefit Analysis." Report prepared for the Ministry for the Environment (New Zealand), Covec, Ltd.

Guarino, Mark. 2011. "Keystone XL Pipeline Pits Jobs against the Environment." *Christian Science Monitor*.

Hodges, Hart. 1997. "Falling Prices: Cost of Complying with Environmental Regulations Almost Always Less Than Advertised." EPI Briefing Paper No. 69.

Jackson, Tim. 2009. *Prosperity Without Growth*. Earthscan: London.

Jaffe, Adam B., Steven R. Peterson, Paul R. Portney, and Robert N. Stavins. 1995. "Environmental Regulation and the Competitiveness of U.S. Manufacturing: What Does the Evidence Tell Us?" *Journal of Economic Literature* 33(1): 132—163.

Lanoie, Paul, Jeremy Laurent-Lucchetti, Nick Johnstone, and Stefan Ambec. 2011. "Environmental Policy, Innovation and Performance: New Insights on the Porter Hypothesis." *Journal of Economics and Management Strategy* 20(3): 803—842.

Morganstern, Richard D., William A. Pizer, and Jhih-Shyang Shih. 2002. "Jobs Versus the Environment: An Industry-Level Perspective." *Journal of Environmental Economics and Management* 43(3): 412—436.

NERA Economic Consulting. 2012. "Macroeconomic Impacts of Federal Regulation of the Manufacturing Sector." Report commissioned by Manufacturers Alliance for Productivity and Innovation.

Organization for Economic Cooperation and Development (OECD). 2003. "Pollution Abatement and Control Expenditures in OECD Countries." Report ENV/EPOC/SE (2003).

Organization for Economic Cooperation and Development (OECD). 2002. "Indicators to Measure Decoupling of Environmental Pressure from Economic Growth." Report SG/SD (2002)1/FINAL.

Panayotou, T. 1993. "Empirical Tests and Policy Analysis of Environmental Degradation at Different Levels of Development." Geneva: International Labour Office Working Paper WP238.

Porter, Michael E., and Claas van der Linde. 1995. "Toward a New Conception of the Environment-Competitiveness Relationship." *Journal of Economic Perspectives* 9(4): 97—118.

Smith, Michael H., Karlson "Charlie" Hargroves, and Cheryl Desha. 2010. Cents and Sustainability: Securing Our Common Future by Decoupling Economic Growth from Environmental Pressures. London: Earthscan.

Socolow, R., C. Andrews, F. Berkhout, and V. Thomas, eds. 1994. *Industrial Ecology and Global Change*. Cambridge, UK: Cambridge University Press.

Stem, David I. 2003. "The Environmental Kuznets Curve." Internet Encyclopaedia of Ecological Economics.

Strand, Jon, and Michael Toman. 2010. "'Green Stimulus,' Economic Recovery, and Long-Term Sustainable Development." The World Bank, Development Research Group, Environment and Energy Team, Policy Research Working Paper 5163.

The Pew Charitable Trusts. 2009. "The Clean Energy Economy: Repowering Jobs, Businesses, and Investments across America."

United Nations Environment Program (UNEP). 2011a. "Towards a Green Economy: Pathways to Sustainable Development and Poverty Eradication." www.unep.org/greeneconomy.

——. 2011b. "Towards a Green Economy: Pathways to Sustainable Development and Poverty Eradication, A Synthesis for Policymakers."

United Nations Environment Program (UNEP). 2011c. "Decoupling Natural Resource Use and Environmental Impacts from Economic Growth." A Report of the Working Group on Decoupling to the International Resource Panel. Fischer-Kowalski, M., Swilling, M., von Weizsacker, E.U., Ren, Y., Moriguchi, Y., Crane, W., Krausmann, F., et al.

United States Census Bureau. 2008. "Pollution Abatement Costs and Expenditures: 2005." Report MA200(05), U.S. Government Printing Office, Washington, DC.

United States Environmental Protection Agency. 2011. "Municipal Solid Waste Generation, Recycling, and Disposal in the United States Tables and Figures for 2010."

United States Office of Management and Budget. 2011. "Draft 2011 Report to Congress on the Benefits and Costs of Federal Regulations and Unfunded Mandates on State, Local, and Tribal Entities."

Wagner, Marcus. 2003. "The Porter Hypothesis Revisited: A Literature Review of Theoretical Models and Empirical Tests." Center for Sustainability Management.

Yandle, Bruce, Madhusudan Bhattarai, and Maya Vijayaraghavan. 2004. "Environmental Kuznets Curves: A Review of Findings, Methods, and Policy Implications," PERC Research Study 02－1 Update.

相关网站

1.**http://www.unep.org/greeneconomy.** The United Nations' page on the Green Economy, including their Green Economy report, national case studies, and several videos.

2.**http://is4ie.org.** Homepage for the International Society for Industrial Ecology, with links to their journal, job postings, and events.

3.**http://www.epa.gov/gateway/learn/greenliving.html.** The U.S. EPA's site on green living, including numerous tips on how to reduce your environmental impacts.

4.**http://www.thegreeneconomy.com.** Homepage for "The Green Economy" magazine, with articles and news stories targeted toward businesses leaders seeking to take advantage of green opportunities.

5.**http://www.guardian.co.uk/environment/green-economy.** Web page assembled by The Guardian, a UK newspaper, which collects stories related to the green economy.

第18章 全球气候改变

焦点问题

● 全球气候变暖或者说全球气候变化是多严重的一个问题?

● 经济理论能够评估气候变化的影响吗?

● 我们如何对气候变化的长期影响建立模型?

18.1 气候变化的原因和结果

最近几年关于全球气候变化[①](global climate change)的担忧越来越多。[a] 从经济分析的角度来看,引起地球气候变暖和气象改变的温室气体[②](green- house gases)排放,既是一种环境外部性[③](environmental externalities),也是一种公共财产资源[④](common property resources)的过度使用。

大气是全球共享资源[⑤](global commons),个人和企业都可以释放污染到大气中去。全球的污染创造了一种坏的公共产品,这会影响每一个人——这是一种有广泛影响的负外部性。许多国家都设定了环境保护法律以限制空气污染物排放。从经济术语来看,这种法律从某种程度是把当地和区域污染物的外部性内在化。但是,直到现在也没有对 CO_2 的排放量进行控制,CO_2 是主要的温室气体,短期不会对地面产生有害影响。

---

a   全球气候变暖问题,更准确地说是全球气候改变。温室效应将会对气候模式产生复杂的影响一些地方会变暖,一些地方会变冷,气候变化、极端天气增多。

①   全球气候变化:由于大气中温室气体浓度改变而导致全球气候发生改变,包括气温、降水量、风暴的频率和密度。

②   温室气体:类似于二氧化碳和甲烷一样的气体,这些气体在空气中的浓度会通过阻碍太阳辐射而影响全球气候。

③   环境外部性:影响环境的外部性,如污染对野生动植物的影响。

④   公共财产资源:不属于私人而是所有人都可以获得的资源,如海洋或者大气。

⑤   全球共享资源:全球共同拥有的资源,如大气和海洋。

　　一个广泛的科学共识已经形成,即认为大气中 CO_2 和其他温室气体会对全球气温和天气情况造成严重影响。这些影响的范围和时间是不确定的,但是已经开始影响全球气候了(见专栏 18.1)。如果气候改变的影响确实是这么严重,那么每一个人都应该为公共利益而降低排放量。如果没有关于排放的合约或者规则,那么私人企业、城市或者国家采取的行动都将是不适当的。因此,气候改变可以被视为是一种公共物品[⑥](public goods)问题,需要全球共同协作。因为这个问题是全球性的,所以只有建立一个严格的国际公约约束各国,为共同利益而行动才能防止严重的环境危害。

专栏 18.1　　　　　　温室气体的影响是什么?

　　太阳射线穿过温室气体的大气层到达地面使空气变暖,大气层作为保护层使热量不外泄。因此,需要温暖气候的植物可以在严寒的气候中生长。地球的大气就像是在温室气体形成的玻璃罩。1824 年,法国科学家 Jean Baptiste Fourier 首次描述了全球温室气体的影响。

　　云层、水蒸气以及自然温室气体二氧化碳、甲烷、一氧化二氮和臭氧允许太阳辐射通过,但是又会形成一个保护罩防止红外热散去。这就是自然温室气体影响,这使得地球适宜居住。没有这个影响,地球表面的平均气温将会达到 $-18℃(0℉)$,而不是合适的 15℃(60℉)。

　　"1896 年,瑞典科学家 Svante Arrhenius 研究了增强和人造温室气体影响的可能性。"Arrhenius 假设增加煤炭燃烧会导致空气中二氧化碳浓度提高,从而使地球变暖,煤炭燃烧会随着全球工业化进程而同步进行"(Fankhauser,1995)。从 Arrhenius 所处的时代以后,温室气体的排放量急剧增加。大气中二氧化碳的浓度比工业化前增加了 40%。除了增加煤炭、石油、天然气这种化石燃料的燃烧,农业和工业产生氟氯碳化物等人造化学物质和甲烷以及一氧化二氮的排放也造成了温室气体影响。

　　科学家们建立了计算机模型来估计现在和未来温室气体排放对全球气候的影响。虽然这些模型中包含不确定性,但是依然形成了一个广泛的科学共识——人类产生的温室气体的影响对全球生态系统会造成严重威胁。在 20 世纪,全球的气温上升了大约 0.7℃(1.3℉)。2007 年政府间气候变化专门委员会总结:随着 1750 年以后人类活动的影响,全球温室气体(GHG)的排放量显著增加了。报告强调"从 20 世纪中期以后观测到的全球平均气温的上升是由于大气中温室气体(GHG)的浓度上升"。

---

　　⑥　公共物品:可以被所有人使用的物品(非排他性),并且一个人的使用不会减少其他人对其的可获得性(非竞争性)。

> 到 2050 年,排放趋势会使温室气体的浓度是工业化前的两倍。政府间气候变化专门委员会预测全球平均气温将会升高 1℃~6℃,或者从 2℉~10℉,这将对全球的气温产生显著影响。
>
> 资料来源:Cline,1992;Fankhauser,1995;IPCC,2007a。

因为大气中二氧化碳和其他温室气体的浓度一直在聚集,所以稳定或者"冻结"排放量不会解决问题。温室气体在大气中存在了几十年甚至几个世纪,在它们被排放出来很久以后依然会影响整个地球的气候。这是一个囤积污染物[⑦](stock pollutants)的例子。正如我们在第 16 章中讨论的,囤积污染物排放量的降低将减少大气中的累积量。大气中的累积量会随着自然进程的推进被分解掉,但是这个过程需要花费几十年甚至几个世纪的时间。

应对全球气候改变的国家和国际层面上的政策是一个巨大的挑战,这包括许多科学、经济和社会问题。本章我们将使用之前讨论的技术和概念,解决分析气候改变的问题,在第 19 章我们将转向政策含义的探讨。

全球二氧化碳排放的趋势和预测

在 20 世纪,由于燃烧化石燃料而排放的二氧化碳的含量急剧上升,如图 18.1 所示。化石燃料中的液态燃料(主要是石油)所排放出来的二氧化碳量占全球排放量的 35%,固态燃料(煤)占 45%,天然气占 20%。2006 年,中国超越了美国成为了全球最大的二氧化碳排放国。2010 年,中国排放的二氧化碳量占全世界的 26%,美国紧随其后,占全球的 18%。[1]

尽管许多全球性会议都在解决气候改变的问题,包括 1992 年在里约热内卢举办的联合国环境与发展会议和 1997 年在日本东京举办的地球峰会(在这个峰会上产生了京都议定书),还有 2002 年可持续发展地球峰会、2009 年的哥本哈根会议,但是,全球气候改变的进程一直很缓慢。

如图 18.2 所示,在接下来的几十年,二氧化碳排放量的增长会一直持续下去。根据美国能源情报署的报告,相比 2012 年的排放量,2035 年全球二氧化碳的排放量将会增加大约 30%。对于能源情报署来说,这些预测是"参考案例",因为这种预测是在一切照旧[⑧](business as usual,BAU)的情况下做出的,也就是不采取任何努力来减少二氧化碳的排放。正如我们将会看到的,转变碳基燃料的政策将会改变这些预测的结果。

---

⑦　囤积污染物:在环境中不断累积的污染物,比如碳和氯氟碳。
⑧　一切照旧:关键的政策、技术或者行为改变都不会发生的方案。

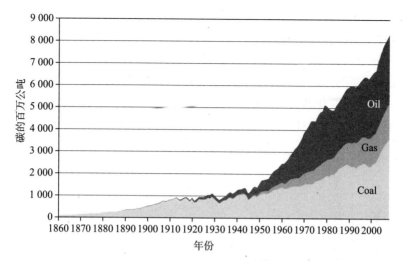

注:碳的百万公吨(MMt)排放。乘以 3.67 转化为二氧化碳的 MMt。

资料来源:二氧化碳信息分析(CDIAC),http://cdiac.ornl.gov/trends/trends.htm(2012 年 8 月数据)。

图 18.1　化石燃料燃烧排放的二氧化碳量(1860～2008 年)

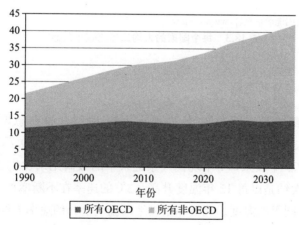

■ 所有OECD　■ 所有非OECD

注:OECD=经济合作和发展组织。图 18.2 的 Y 轴是二氧化碳的百万公吨(图 18.1 的 Y 轴是碳的百万公吨;测量的二氧化碳的排放量大约是碳的排放量的 3.67 倍)。

资料来源:美国能源部,2011。

图 18.2　预期的二氧化碳排放量(1990～2035 年),出自 Region(百万公吨二氧化碳)

2012 年,工业国家有责任减少一半二氧化碳的排放量。如图 18.2 所示,未来二氧化碳排放量的增加主要来自于急剧扩张的发展中国家,如中国和印度等。例如,从 2013～2035 年,中国的二氧化碳排放量预期会增加 52%。

如图 18.3 所示,在发达国家,二氧化碳的人均排放量更高。虽然发展中国家的二氧化碳排放量预期增长最快,但是到 2035 年,工业化国家的人均二氧化碳排放量依然更高(大约高了 6 倍),这也反映出更高的人均收入水平。发展中国家认为它们不应该被要求限制二氧化碳的排放量,因为工业化国家依然保持较高的人均排放量。全球人均排放量的不平衡是一个很严重的问题,在全球气候变化政策的辩论中,需要适时地解决这个问题,而对相关责任问题的分歧导致全球气候谈判陷入僵局。(更多内容在第 9 章。)

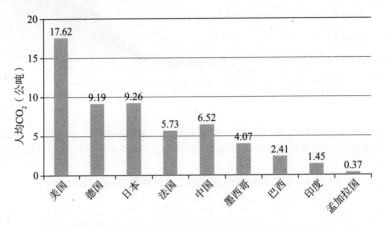

资料来源:美国能源信息署,www.eia.gov。

图 18.3　每个国家的人均二氧化碳排放量

全球气候趋势和预测

从 19 世纪中期有可靠的天气记录以来,地球一直在急剧地升温(图 18.4)。在过去 100 年的时间里,全球气温平均上升了大约 0.7℃,或者大约 1.3 ℉。自 2000 年以来,14 年现代气象纪录中的最高纪录发生了 12 年。证据表明,现在大约是以每 12 年温度升高 0.3℃的速率在不断增加[5]。不是所有的地区都上升同等的温度。北极和南极地区温度上升的速率大约是全球速率的两倍。

升高的温度对生态系统产生了明显的影响。世界上大部分地区的冰川都在融化。例如,蒙大拿州的冰川国家公园在 1910 年建成时有 150 个冰川,到 2010 年就只剩下 25 个冰川,据估计,到 2030 年这个公园不会再有任何冰川。气温变化也会使海平面上升,海平面上升主要是由于冰川和冰原的融化、水在受热时会发生膨胀两个原因。2012 年全球平均海洋温度相比较于 20 世纪的平均温度大约上升了 0.5℃。每年海洋温度的上升和冰川融化会导致海平面上升 2 毫米左右(见图 18.5 和专栏 18.2)。

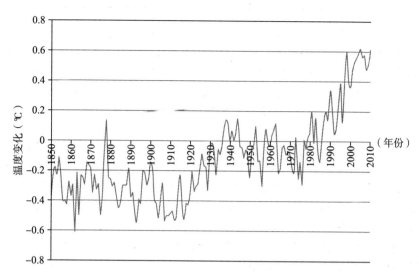

注:零基准线代表 1961～1990 年的全球平均温度。
资料来源:CDIAC,2011,http://cdiac.ornl.gov/ftp/trends/temp/jonescru/global.txt.

图 18.4 全球年度温度异常(℃)(1850～2010 年)

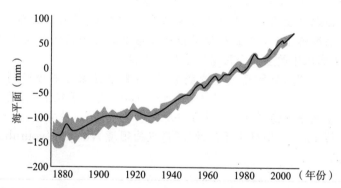

注:实线表明不同研究的平均值;虚线表示 90%的置信区间。
资料来源:IPCC,2007a.

图 18.5 海平面上升(1880～2000 年)

专栏 18.2   太平洋岛屿随着海平面上升而消失

　　由于海平面的上升,基里巴斯太平洋国家的两个岛屿——Tebua tarawa 和 Abanuea 已经消失了。基里巴斯国家的其他岛屿和临近的太平洋国家图瓦卢的岛屿也濒临消失。到目前为止,大海吞噬掉的只是无人居住、相对较小的岛屿,但是危机正在威胁世界各地的珊瑚礁海岸。科学家估计,每年太平洋海平面将会上升 2 毫米,并且预计这个速率会因为气候改变而加快。

人口稠密的岛屿已经在遭受痛苦。基里巴斯和图瓦卢的主要岛屿和马绍尔群岛(也是位于太平洋)已经遭受了严重的洪灾,高高的海浪破坏了海墙、道路和桥梁,淹没了家园和农场。马绍尔群岛中几乎有29个岛屿的整个海岸线都在遭受侵蚀。在其主要的马朱罗环礁上的第二次世界大战留下的残骸被冲走了,道路和地基被卷入大海,尽管有高海墙的保护,但是机场已经被淹没了好几次。

图瓦卢人发现由于海平面上升和土壤盐碱地的问题,很难种植庄稼。基里巴斯和马绍尔群岛的家庭试图把卸掉的卡车、汽车和其他器材丢掉海里,用岩石把它们环绕起来以保持海湾。生存条件变得如此恶劣,基里巴斯的领导者正在考虑把所有的103 000个居民都迁移到斐济岛上。一些村庄里的居民已经迁走了。

在遥远的马尔代夫也发生了同样的故事。印度洋扫除了200个有居民的岛屿中的1/3。总理Gayoom说:"海平面上升不是一个时尚的科学假说,而是一个事实。"

海平面上升部分是因为全球气温上升而使冰川和极地冰冠融化,但是主要的原因是海洋受热膨胀。科学家最乐观的估计是到下个世纪海平面将上升1.5英尺,这足以摧毁许多海洋国家。

海平面越是上升,风暴越是会穿过狭窄的环礁把海浪带到大地上。随着全球温度的上升,风暴的频率预计会增加。许多岛屿将会变得无法居住,因为海水中的盐分会污染它们的淡水供应。

资料来源:"基里巴斯全球变暖的恐惧:整个国家可能会搬到斐济",美联社报道,2012年3月12日;Geoffrey Lean,"它们正在消失;两个岛屿已经消失在太平洋海岸下——由于全球变暖而沉没",《独立报》,1999年6月13日,第15页。同样见于纪录片《总统的困境》,http://youtube/nZL-Wqa5irog。

除了会使海洋温度上升,大气中增加的二氧化碳也会导致海洋酸化[⑨](ocean acidification)。根据美国国家海洋和大气管理局的分析,"自从工业革命以后,大气中排放的二氧化碳大约有一半溶解到了海洋中。这种吸收减缓了全球变暖,但是它也降低了海洋的ph值,使海水更具酸性。更多的酸性水会腐蚀矿物质,而很多海洋生物都依赖这些矿物质来建立自己的保护壳和骨架"。[8]2012年,科学杂志发表的一篇报告称海洋正在以3亿年来最快的速度变酸,这将对海洋生态系统产生严重的潜在后果。[9] 海洋变暖和酸化的第一个受害者是珊瑚礁的珊瑚,因为珊瑚只能在特定的温度和酸度的海域形成。牡蛎育苗场被称为"煤矿中的金丝雀",因为它们可以预测一

---

⑨ 海洋酸化:由于溶解了大气中排放的二氧化碳,海洋水分酸度增加。

定范围内海洋酸化对海洋生态系统的影响,但是牡蛎育苗场也会被海洋酸化影响到。

虽然温度升高部分属于自然趋势,但是 2007 年政府间气候变化专门委员会(IPCC)总结道:

> 20 世纪中期以后,全球平均气温的上升是由可观察到的人为的温室气体浓度的上升。对人类的影响现在已经扩展到其他方面,包括海洋变暖、大陆的平均气温、极端的温度、风的模式。

对未来气候改变的预测取决于温室气体的排放情况。即使今天不再排放任何温室气体,全球依然会在接下来的几十年继续变暖,诸如海平面上升也会持续好几个世纪,因为温室气体排放的最终影响环境不会立即实现。[12]基于对未来排放量做出的不同假设而建立的广泛的模型,IPCC 估计 21 世纪全球平均气温将会上升 1.1℃(2℉)~6.4℃(11℉),变化的范围在 1.8℃(3℉)~4℃(7℉)之间。温度上升的可能的范围见图 18.6。

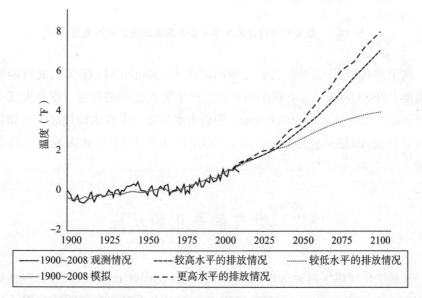

注:每条线的中间的垂直线都代表了不同预测的平均值;阴影部分显示了 90% 的置信水平。

资料来源:美国全球变化研究项目,www.globalchange.gov.

图 18.6 全球温度趋势(1900~2100 年)

实际上,全球变暖和其他影响的大小主要取决于最终二氧化碳和其他温室气体稳定的大气浓度。现在大气中二氧化碳的浓度是 395ppm。当我们考虑其他温室气体的危害时,全部的影响等于大气中含有 430ppm 的二氧化碳,这被称为二氧化碳等价(CO₂ equivalent)(CO_2e)。

图 18.7 把温室气体的稳定水平(由 CO_2e 来测量)与全球平均气温上升的结果联系起来,包括不确定性的程度。每一个 CO_2e 水平上的实线代表 90% 置信水平下的温度的范围。超出这个区间两端的虚线是从现有的主要气候模型预测出来的结果的全部范围。

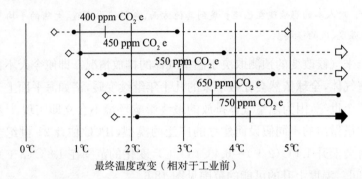

注:CO_2e=二氧化碳等价;ppm=百万分之。

资料来源:Stern,2007.

图 18.7　温室气体稳定的水平与最终温度改变之间的关系

这个预测表明,空气中二氧化碳的浓度为 450ppm 时,有 90% 的可能导致温度上升 1℃~3.8℃,有很小的可能会产生更大范围的升温。现在大气中二氧化碳的浓度是 430ppm,450ppm 的稳定水平是一个很大的挑战。正如我们所看到的,即使是稳定在 550ppm CO_2e 的水平上,也迫切需要采取政策措施。

18.2　对气候变化的反应

气候变化提供了两种选择:预防策略(preventive measures)和适应性策略(adaptive strategies)。例如,我们考虑海平面上升引起的损害。阻止这个过程的唯一方式是防止气候变化——现在是不可能的。在某些例子中,可以建立堤坝和海墙以阻止升高的海平面。那些住在海边的人——包括全部的海岛国家(由于海平面上升,这些国家会失去大部分领土)——在适应性政策下会遭受巨大损失。预防政策虽然不能停止,但是能够缓慢地防止海平面上

---

⑩　二氧化碳等价(CO_2e):对全球全部温室气体的排放量或者浓度的一种度量方式,根据变暖的影响,把所有非二氧化碳气体转化为二氧化碳等价。

⑪　预防措施/预防策略:通过降低预测的温室气体的排放量来降低气候变化的程度的行动。

⑫　适应性策略:见"适应性措施"。

升,这些政策需要说服世界大部分国家一起参与。这么做符合国家的利益吗? 为了回答这个问题,我们必须寻找方法来估计气候改变的影响。

科学家们已经通过建立模型发现大气中累积的二氧化碳浓度增加所造成的结果。预测的部分影响结果如下:

- 海平面上升导致土地消失,包括沙滩和湿地。
- 物种和林业区域消失。
- 城市和农业的水资源供给被破坏。
- 空调成本增加。
- 健康危害、由于热浪和热带病造成的死亡。
- 由于干旱而造成农业产出的损失。

有利的影响包括:

- 在寒冷气候时期农业产出增加。
- 降低供热成本。
- 暴露在寒冷中的死亡率降低。

另外,其他很难预测到但是更加严重的影响包括:

- 天气模式的破坏,飓风、干旱和其他极端天气情况增加。
- 突如其来的重大气候变化,比如大西洋墨西哥湾流的转变,这将会把欧洲的气候转变成阿拉斯加州的气候。

正的反馈影响[13](feedback effect),如气候变暖的北极苔原导致的二氧化碳排放量的增加,这将会加速全球气候变暖[b]。

IPCC 预测,随着排放量越来越大,气温越来越高,负的影响将会强化,而正的影响会减弱(见表 18.1)。如图 18.6 所示,对于预测下个世纪的全球温度情况有很大的不确定性。在计算全球气候改变的经济研究时,我们应该把这个不确定性考虑在内。

给定这些不确定性,一些经济学家尝试把全球气候改变的分析纳入成本收益分析[14](cost-benefit analysis)的方法中。其他人批评了这种方法,因为这种方法尝试对社会、政策和生态影响赋予货币价值,而这些通常远远超过了美元价值;首先,我们通过成本收益分析来核对经济学家分析全球气候变化的努力;其次,我们返回到讨论如何降低温室气体排放的政策。

---

b　当原始系统的变化引起的未来变化会加强原变化(正反馈)或者抵消原变化(负反馈)时,就产生了反馈效应。

[13]　反馈影响:系统中的一个改变过程,这个过程会带来其他的改变,这种改变会抵消或者增强原变化。

[14]　成本收益分析(CBA):一种政策分析工具,尝试将一个行动的成本和收益货币化以决定其净收益。

表 18.1　　　　　　　　　　　　　　　气候改变可能的影响

影响的方面	相对于工业前的温度,最终温度的上升				
	1℃	2℃	3℃	4℃	5℃
淡水供应	在 Andes,小的冰川消失,威胁 5 亿人口的水供应	在一些区域(南非和地中海),减少20%～30%的潜在水供应	在欧洲南部,每10 年就要面临严重干旱;10 亿～40 亿的人口遭受水短缺	在南非和地中海,潜在的水供应减少了30%～50%	喜马拉雅山的大片冰川可能消失,影响1/4的中国人口
食物和农业	在温带区域,产量适度地增长	热带地区(5%～10%在非洲)粮食产量减少	15 亿～55 亿人面临饥饿;在高纬度上产量达到峰值	非洲产量减少15%～35%。一些完整的区域已经不再适合农业生产	海洋酸度的增加可能影响鱼的储存量
人类健康	至少每年 300 000人死于与气候相关的疾病;高纬度上冬天死亡人数减少	在非洲 4 亿～6亿人口遭受疟疾的危害	100 万～300 万的潜在人口死于营养不良	非洲有 8 亿人遭受疟疾	疾病进一步增加,并且给健康服务带来了持续性的负担
海岸面积	沿海洪水危害增加	将有 1 亿人受到沿海洪水的危害	1.7 亿的人们受到沿海洪水的危害	30 亿人受到沿海洪水的危害	海平面的增高威胁主要的城市,如纽约、东京和伦敦
生态系统	至少 10%的陆地物种面临灭绝;增加了野火的危险	物种的 15%～40%潜在地面临灭绝	物种的 20%～50%潜在地面临灭绝;亚马孙森林开始崩溃	北极冻原消失一半;珊瑚礁大范围消失	全球范围的物种灭绝

资料来源:IPCC,2007b;Stern,2007.

18.3　气候改变的经济分析

没有政策干预的情况下,二氧化碳的排放量会随着图 18.2 中的趋势不断增加。在接下来的几十年,立即执行的政策首先需要稳定并降低总的二氧化碳的排放量。在投资收益分析时,我们需要分析和预测二氧化碳排放量的增加所造成的稳定或者是降低二氧化碳排放量需要采取的政策成本。预防气候改变的政策措施会使收益等于损失的价值。[c] 这种收益必须与采取措施的成本相比较。不同的经济研究都尝试估计这些成本和收益。对美国经济这方面研究的结果见表 18.2。

表 18.2　　全球气候改变造成的美国经济年度损失估计(1990 年的百万美元)

	(2.5℃)	(2.5℃)	(3℃)	(4℃)	(2.5℃)
农业	17.5	3.4	1.1	1.2	10
林业损失	3.3	0.7	X	43.6	X
物种损失	4	1.4	X	X	5
海平面升高	7	9	12.2	5.7	8.5
电力	11.2	7.9	1.1	5.6	X
非电力加热	−1.3	X	X	X	X
汽车空调	X	X	X	2.5	X
人类舒适	X	X		X	12
人类死亡率和发病率	5.8	11.4		9.4	37.4
迁徙	0.5	0.6		X	1
飓风	0.8	0.2		X	0.3
休闲活动	1.7	X	占 GDP 的 0.75%		
水供应的可获得性	7	15.6		11.4	X
水供应系统的污染	X	X		32.6	X
城市基础设施	0.1	X		X	X
空气污染	3.5	7.3		27.2	X
总价值(10 亿美元)	61.1	69.5	55.5	139.2	74.2
总 GDP 百分比	1.1	1.3	1	2.5	1.5

备注:"X"代表没有被评估或测量的项目。GDP=国内生产总值。

资料来源:Nordhaus and Boyer, 2000, p. 70.

　　研究基于平均气温从 2.5℃ 增加到 4℃。当货币化成本增加时,估计出来的美国年度总损失在 600 亿～1 400 亿美元(1990 年的美元),这占美国国内生产总值(GDP)的 1%～3%。虽然不同的经济研究会提出不同的估计结果,但是大部分都处在相同的 1%～3% 的 GDP 范围之内。在更长的时期,成本的上升大约会占全球 GDP 的 10%(见图 18.8)。

　　然而,我们应该注意到,在总和中有一些"Xs",Xs 是不能简单被测量到的未知数量。例如,物种濒临灭绝造成的损害很难用美元价值来估计。这里展示的估计结果表明,成本至少是 14 亿～50 亿美元,还有额外的未知成本,

---

　　c　这种预防损失发生的收益也被称为避免成本。

随着额外的温度上升,成本也会随之上升。

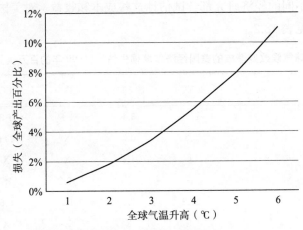

注:通过人口数量,给国民损失设置权重,从而得出全球损失。
资料来源:Norhdaus,2000,p.95。

图 18.8　全球气温上升带来的不断上升的损失

除了 Xs,由于这些估计不能覆盖全部的潜在损失的价值,因而其他货币化的估计也会遭到挑战。例如,海滨土地比真实估计的要大很多。沙滩和海滨湿地有巨大的社会、文化和生态价值。这些土地的市场价值没有反映出全部的社会损失。

正如第 6 章所讨论的,人类健康和生命的货币化是非常有争议的。这些研究都遵循一个共同的成本效益实践,在这个实践中人的一生共分配大约 600 万美元的价值,基于大量的研究,人们愿意花钱来避免危及生命的风险,或愿意接受金钱(例如,为了额外的薪水而参与危险的工作)承担这样的风险。

另外,这些估计遗漏了天气会造成更灾难性的后果的可能性。例如,一个飓风不仅能造成生命的损失,还会造成数百亿美元的损失。例如,2005 年 8 月的 Katrina 飓风造成了超过 1 000 亿美元的损失,而且还造成超过 1 800 人死亡。2012 年的飓风 Sandy 造成了大约 500 亿美元的损失,近 500 万人受灾,对纽约和新泽西广泛的海岸线产生持久的影响。如果气候改变会导致飓风现象越来越频繁,那么表 18.2 中估计的少于 10 亿美元的损失就太少了。如果越来越热的天气会导致热带病的发生范围变广,那么另一个未知的价值——人类发病率,或者疾病损失——就会变得非常巨大。

2008 年的一项研究表明,在一切照旧(BAU)的情况下,预测 2025 年美国经济的年度损失成本是 2 710 亿美元或者是占 GDP 的 1.36%。损失成本随着时间的推移上升(表 18.3)。如图 18.8 所示,温度变化的范围越大,越会导致损失估计急剧增加。

这些损失的货币化估计可能会引起争论,并且它没有覆盖所有的损失(表
18.2 再一次回顾了 Xs),但是我们假设决定接受它们——至少能够作为一种
粗略的估计结果。之后,我们必须衡量防止气候变化政策的收益和成本。为
了估计这些成本,经济学家使用模型来表示劳动力、资本和资源这些投入如何
生产经济产出。

表 18.3　　　　　　　　　　　气候改变对美国经济造成的损失

	2006 年 10 亿美元				占 GDP 百分比			
	2025 年	2050 年	2075 年	2100 年	2025 年	2050 年	2075 年	2100 年
飓风危害	10	43	142	422	0.05	0.12	0.24	0.41
财产损失	34	80	173	360	0.17	0.23	0.29	0.35
能源方面的成本	28	47	82	141	0.14	0.14	0.14	0.14
水的成本	200	336	565	950	1.00	0.98	0.95	0.93
总成本	271	506	961	1 873	1.36	1.47	1.62	1.84

为了降低二氧化碳排放量,我们必须减少化石燃料的使用,使用那些更加
昂贵的能源资源来替代化石燃料。一些经济模型预测这些替代会减缓 GDP
增加。一项主要的研究表明大多数国家的损失为占 GDP 的 1‰～3‰,而对
于像中国这样依赖煤炭的发展中国家来说可能会有更大的潜在损失。[13]

如果一种积极的二氧化碳治理政策的成本和收益占 GDP 的百分比位于
1‰～3‰的范围内,那么我们如何做决定? 这主要依赖于对未来成本和收
益[15](future costs and benefits)的计算。采取行动花费的成本必须在今天或
者在不久的将来承担。采取行动的收益(可以避免损失的成本)更多是在未来
体现。然后,我们的任务就是如何平衡这些未来的收益和成本。

正如第 6 章所述,经济学家主要使用折现率[16](discount rate)来计算未来
的成本和收益。与折现有关的问题和隐含价值判断增加了评价成本和收益时
的不确定性。这也就意味着我们应该考虑一些替代性的手段——那些能够包
含生态和经济成本收益的技术。

解决气候改变的成本收益分析已经提出了一些不同的政策结论。按照
William Nordhaus 和其同事的研究,"最佳的"减缓气候改变的经济政策在短
期内只会以适当的速率减少排放量,而在中期和长期会加快减少排放量的
速度。[14]

直到最近,大部分关于气候改变的经济研究都得出了与 Nordhaus 相似
的结论,虽然有一些研究建议采取更加积极的行动。2007 年,关于气候改变

⑮　未来成本和收益:预期未来会发生的收益和成本,通常通过折现与当前的成本比较。
⑯　折现率:将未来预期收益和成本折算成现值的比率。

经济的讨论改变了,在这一年,世界银行的前主席 Nicholas Stern 发表了一份 700 页的名为"Stern 对气候改变经济的评论"的报告,这份报告由英国政府赞助。[15] Stern 评论的出版非常受媒体的关注,还加强了政策界和学术界关于气候变化的讨论。以前关于气候变化的经济研究都建议相对温和的政策措施,然而,Stern 评论强烈建议英国采取即时的、根本性的政策:

科学证据现在不容质疑:气候变化是对全球的严重威胁,亟须做出全球反应。这本评论评估了关于气候改变的影响和经济成本的证据,还使用不同的技术手段来评估成本和风险。从这些视角来看,《评论》所收集的证据都指向了一个结论:尽早采取有力行动的收益远大于不采取行动的成本。

《评论》使用了标准的经济模型预测:如果我们不采取行动,气候变化的总成本和风险会使每年全球 GDP 至少降低 5%,并将永远持续下去。如果考虑更广范围的风险和影响,损失估计将上升到 20% 或者更多。相反,采取行动的成本——为了避免气候改变而降低温室气体排放——每年只占全球 GDP 的 1%。

如何解释这两种气候改变经济分析手段的不同? 一个主要的不同就是在计算未来成本和收益时折现率的选择。

一个长期的现金流的收益或者成本的现值(PV)主要取决于折现率。高折现率将导致收益的低现值,收益主要是在未来取得的,但是会带来高的短期成本的现值。相反,低折现率将会带来长期收益的高现值。如果我们选择一个低折现率,那么一个积极治理政策的估计净现值将会变高。

虽然 Stern 和 Nordhaus 的研究都运用了标准的经济方法,但是 Stern 的方法更加注重长期的生态和经济影响。Stern 评论采用了 1.4% 的长期折现率来平衡现在和未来的成本。因此,虽然几十年的时间里积极行动的成本会高于收益,但是潜在的高的长期损失还是会支持积极的行动。对于其货币影响和非货币影响来说,这些长期损失都是非常关键的。从长期来看,全球气候改变造成的环境损失也会对经济产生巨大的负效应。但是,使用 5%~10% 的标准折现率会降低长期损失的现值,使其变得相对不重要。如图 18.9 所示,因为短期的成本会超过收益,所以,治理气候改变的净收益估计严重依赖未来损失的权重。

这两种研究的另一个不同是对不确定性的处理方式。Stern 的方法给不确定性设置了一个更高的权重,但这个不确定性指的是灾难性的影响。这反映了预防原则[⑰](precautionary principle)的应用,如果一个特定的结果会是灾难性的,即使不可能发生,也应该采取强有力的措施来避免。这个原则在环境

---

⑰　预防原则:政策应该考虑不确定性并通过采取措施避免低概率但灾难性的事件的发生的观念。

风险管理方面得到了广泛的应用,因为许多未知的灾难性后果可能与温室气体积聚相关,所以对于全球气候改变来说,预防原则也特别重要(见专栏18.3)。

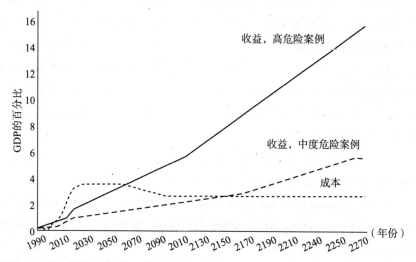

图18.9 治理全球气候改变行动的长期成本和收益(1990~2270年)

专栏18.3 **气候转折点和惊喜**

许多气候改变的不确定性都与反馈循环的问题相关。例如,温度上升初始改变会产生物理过程的变化,从而会放大或者减弱初始的影响(增加初始影响的反应称为正的反馈循环;减弱初始影响的反应称为负的反馈循环),这个过程就被称为反馈循环。正的反馈循环的例子是:当温度上升导致北极苔原融化时,会导致二氧化碳和甲烷排放量上升,这会增加大气中温室气体的浓度,从而加速变暖的过程。

由于气候改变的不同反馈循环,最近的证据表明,全球变暖的速度相比较于5年或者10年以前科学家预测的速度更快了。这导致人们对"失控"的反馈循环的担忧增加,这种"失控"会导致短期内发生巨大的变化。一些科学家认为我们可能已经接近气候转折点,一旦超过这个点,就会带来灾难性损失。

或许最令人不安的是格林兰和南极西部冰原的快速瓦解。国际气候变化小组预测到2100年海平面将会上升0.2~0.6米(6英寸~2英尺),这两个大冰原的融化将会使海平面上升12米或者更多。然而这种情景仍然是有争议的,人们认为它不可能发生在21世纪,但是新的研究发现,改变的速度比预期的速度要快很多。

最近的研究中,科学家们发现仅仅 5 年的时间,来自北极的甲烷排放量就增加了 1/3。这个发现是观察者最近几年对这个地区的一系列的观测报道,报道中说先前冻结的沼泽地融化了,大量的甲烷气体排放出来。北极土壤现在锁定数十亿的甲烷,甲烷是一种比二氧化碳更加强力的温室气体。因此,一些科学家把冻土融化描述为定时炸弹,这个炸弹可以摧毁对气候变化所做的所有努力。他们担心甲烷排放量的增加所引起的气候变暖又会释放更多的甲烷,把这个地区锁定成一个恶性循环,从而导致温度上升比预计更加迅速。

资料来源:David Adam,"Arctic Perfafrost Leaking Methane at Record Levels,Figure Show",*The Guardian*,2010.

www. guardian. co. uk/environment/2010/jan/14/arctic-permafrost-methane/;FredPearce,"Melting Ice Turns up the Heat",*Sydney Moring Herald*,2006 年 11 月 18 日。

1/3 的地区差异涉及减缓气候变化行动的经济损失评估。防止气候改变的措施将会对 GDP、消费、就业产生经济影响,这也就解释了为什么政府不愿意采取严厉的措施来显著降低二氧化碳的排放量,但是这些影响不都是负的。

Stern 评论全面分析了二氧化碳减排成本的经济模型。这些估计的成本主要取决于使用的模型假设。预测稳定大气中的 450ppm 含量的二氧化碳的成本的范围从降低 3.4% 的 GDP 到增加 3.9% 的 GDP。结果取决于一系列的假设:

- 经济对能源的价格信号做出反应的效率或低效率。
- 非碳"支持"能源技术[18]("backstop" energy technologies)[d] 的可获得性。
- 国家能否为了减排来交易最低成本选择[19](least-cost options)而使用许可证方案。
- 从碳基燃料中得到的税收收入是否用于降低其他税收。
- 是否考虑了减排的外部收益,包括在地面水平减少空气污染。

根据做出的假设不同,减排政策的结果差别很大,有可能只是一个轻微减排的简单的手段,也有可能会极大地降低二氧化碳的排放量,减少 80% 或者更多。

---

d   可交易许可证经济见第 16 章。
[18]   "支持"能源技术:太阳能或者风能等能够替代现在能源资源的技术,特别是替代化石燃料。
[19]   最低成本选择:以最低的总成本进行的行动。

气候改变与不平等

气候改变的影响主要取决于世界上的贫穷地区。像非洲这样的地区面临严重的食品生产损害和水资源短缺,而亚洲的东面、北面和东北面的海岸地区都面临洪水的风险。气候干燥会造成热带的拉丁美洲地区森林和农业的损失,南美降水的改变和冰川的消失会显著影响水供应情况。[18] 然而,富裕的国家具有经济资源来适应气候改变的影响,而贫穷的国家无法采取预防政策,特别是那些依赖最新技术的国家。

最近的研究采用了地理分布影响来估计全球气候改变的影响。如表 18.4 所示,到 2080 年,非洲国家沿海遭受洪水的灾民和受饥饿威胁的居民数量相对会很大,而大部分的发展中国家都位于非洲。

表 18.4　截至 2080 年气候改变的区域规模的影响(百万人)

区域	伴随着水资源压力的增加生活在水流域的人口	沿海洪水受害者年均增加	额外的面临饥饿的人口(括号内的数字是假设最大的 CO_2 影响)
欧洲	382~493	0.3	0
亚洲	892~1 197	14.7	266(−21)
北美洲	110~145	0.1	0
南美洲	430~469	0.4	85(−4)
非洲	691~909	12.8	200(−2)

注:这些预测基于一切照旧的情景(IPCC A2 情景)。CO_2 有助于增加植物的生产力,这样可以最大限度地减少遭受饥饿的人口数。

资料来源:IPCC,2007b.

经济学家如何把不平等加入研究中严重影响了他们的政策建议。如果所有的成本都以货币来估计,那么贫穷国家 10% 的 GDP 损失少于富裕国家 3% 的 GDP 损失。因此,贫穷国家气候改变的损失占 GDP 的比例很高,但是,这些损失与富裕国家相比相对较少,因而其权重相对较少。Stern 评论断言气候改变对穷人不成比例的影响应该增加气候改变成本。Stern 估计,不考虑不平等的影响,一切照旧的情景下气候改变成本占 GDP 的比例是 11%~14%。考虑穷人受到的影响将会使估计的占 GDP 的成本提升至 20%。[19]

对社会与环境的成本和收益的假设估计不同,那么政策建议也不同。正如我们所看到的,成本收益分析大部分都建议采取行动来缓解气候变化,但是建议的力度根据其风险和折旧的假设不同而有很大的不同。生态经济学家认为,根本问题在于物理和生态系统的稳定性,这两个系统是行星的气候控制机构。这也就意味着气候稳定性[20](climate stabilization)是主要目标,而不是成本和收益的经济选择。稳定温室气体排放是不够的,因为按照现在的二氧化碳和其他温室气体的排放速率,大气中的累计量会继续增加。温室气体稳定的累积量需要显著低于目前的排放水平。图 18.10 展示了为达到 450ppm～550ppm 的稳定的大气二氧化碳含量需要的减排量。

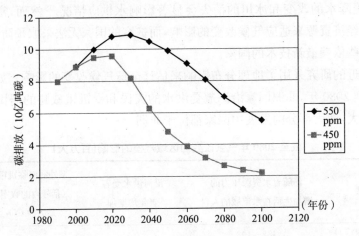

注:ppm=百万分之。

资料来源:IPCC,Climate Change 2001:The Scientific Basis,www.ipcc.ch.

图 18.10   1980～2120 年二氧化碳稳定的情况(450ppm～550ppm 的二氧化碳含量)

总　结

　　从温室气体的温室效应引起的气候改变是一个全球性的问题。对于其原因和所造成的结果两方面,所有的国家都涉及其中。现在,温室气体排放在发达国家和发展中国家平均分配,但是在接下来的几十年,发展中国家的排放量将会大幅增长。

　　最近的科学证据表明,21 世纪的影响会使全球气温上升 1℃(2 ℉)～6℃ (10 ℉)。除了简单地使地球升温,其他预期的影响还包括天气模式和突发性重大气候变化的破坏。

　　对成本和收益的估计可以作为气候改变的一种经济分析。这个问题中的收益是通过预防气候改变减少的损失,成本指的是摆脱对化石燃料依赖的经济成本,以及温室气体减排的其他经济方面的影响。

　　成本收益分析估计成本和收益占 GDP 的 1%～3%。然而,对成本和收

---

[20]　气候稳定:降低化石燃料使用的政策,从而达到全球气候改变不会再增加的水平。

益的相对估计取决于折现率的选择。因为随着时间推移,损失趋于恶化,高折现率的使用避免了气候变化收益的低估计值。另外,物种减少、对生命和健康的影响等很难从货币的角度估计。由于经济模型中的假设不同,避免气候改变的政策影响也不同,从占 3% 的 GDP 增加到占 4% 的 GDP。

全球气候改变的影响主要落在发展中国家。人部分经济研究都建议一些缓解气候改变的行动,但是在提出的补救措施的紧迫性和程度方面有很大不同。低于 550ppm 的大气中二氧化碳的稳定含量需要采取严厉的措施,这也就意味着全球能源使用模式的重大变化。

讨 论 问 题

1.全球气候改变的主要证据是什么? 这个问题有多重要,其主要的原因是什么? 对关于解决这个问题的全球公平性和责任提出了什么问题?

2.你认为解决气候改变问题用成本收益分析的方法合适吗? 我们如何评价北极冰川的融化和岛国淹没等事情? 在分析影响全球生态系统和未来几代人的问题上,你估计分析的合适角色是什么?

3.应对气候改变合适的目标是什么? 既然完全阻止气候变化是不可能的,那么如何平衡适应性努力和预防性或缓解努力?

注 释

1.Boden et al., 2011.

2.U.S. Energy Information Administration, 2011.

3.Ibid.

4.National Oceanic and Atmospheric Administration, 2012.

5.Adapted from U.S. Environmental Protection Agency, www.epa.gov/climatechange/science/recenttc. html; also from IPCC 2007a.

6.IPCC, 2007a, Working Group I: The Physical Science Basis.

7.NOAA, 2012.

8.NOAA, 2010.

9.Honish et al., 2012; Deborah Zabarenko, "Ocean's Acidic Shift May Be Fastest in 300 Million Years," Reuters, March 1, 2012.

10. Roger Bradbury, "A World Without Coral Reefs," *New York*

Times, July 14, 2012; NOAA, "Scientists Find Rising Carbon Dioxide and Acidified Waters in Puget Sound," 2010, www. noaanews. noaa. gov/stories2010/20100712_pugetsound. html and www. pmel. noaa. gov/co2/story/Going+Green% 3 A+Lethal+waters/.

11. IPCC, 2007a, Summary for Policymakers, 10.

12. Jevrejeva, et al., 2012; http://www. skepticalscience. com/Sea-levels-will-continue-to-rise.html.

13. Manne and Richels, 1992.

14. Nordhaus 2007, 2008; Nordhaus and Boyer, 2000.

15. Stem, 2007.

16. Stem, 2007, Short Executive Summary, vi.

17. Stem, 2007, chap. 10.

18. IPCC, 2007b; Stem, 2007, chap. 4.

19. Stem, 2007, chap. 6.

参考文献

Ackerman, Frank, and Elizabeth A. Stanton. 2008. "The Cost of Climate Change." Natural Resource Defense Council, www.nrdc.org/globalwarming/cost/cost.pdf.

——. 2011. "Climate Economics: The State of the Art." Stockholm Environment Institute-U.S. Center. http://sei-us. org/Publications_PDF/SEI-ClimateEconomics-state-of-art-2011 .pdf.

Ackerman, Frank, Elizabeth A. Stanton, and Ramon Bueno. 2013. "CRED: A New Model of Climate and Development." *Ecological Economics* 85: 166—176.

Boden, T.A., G. Marland, and R.J. Andres. 2011. "Global, Regional, and National Fossil-Fuel CO2 Emissions." Carbon Dioxide Information Analysis Center (CDIAC), Oak Ridge National Laboratory, http://cdiac.ornl.gov/trends/emis/ tre_glob_2008.html.

Cline, William R. 1992. *The Economics of Global Warming*. Washington, DC: Institute for International Economics.

——. 2007. *Global Warming and Agriculture: Impact Estimates by Country*. Washington, DC: Center for Global Development and Peterson Institute forInternational Economics.

Fankhauser, Samuel. 1995. *Valuing Climate Change: The Economics of the Greenhouse*. London: Earthscan.

Hönisch, Barbel, et al. 2012. "The Geological Record of Ocean Acidification." *Science*

335(6072): 1058－1063 (March).

Intergovernmental Panel on Climate Change (IPCC). 2007a. *Climate Change 2007: The Physical Science Basis.* Cambridge, UK, and New York: Cambridge University Press.

——. 2007b. *Climate Change 2007: Impacts, Adaptation, and Vulnerability.* Cambridge, UK, and New York: Cambridge University Press.

——. 2007c. *Climate Change 2007: Mitigation of Climate Change.* Cambridge, UK, and New York: Cambridge University Press.

Jevrejeva, S., J.C. Moore, and A. Grinsted, 2012. "Sea Level Projections to AD2500 with a New Generation of Climate Change Scenarios. *Journal of Global and Planetary Change* 80－81: 14－20.

Manne, Alan S., and Richard G. Richels. 1992. *Buying Greenhouse Insurance: The Economic Costs of CO_2 Emissions Limits.* Cambridge, MA: MIT Press.

National Oceanic and Atmospheric Administration (NOAA). 2010. "Ocean Acidification, Today and in the Future." www. climatewatch. noaa. gov/image/2010/ocean-acidification-today-and-in-the-future/.

——. 2012. "Global Climate Change Indicators."www.ncdc.noaa.gov/indicators/index. html.

National Oceanic and Atmospheric Administration (NOAA). 2012. State of the Climate, Global Analysis Annual 2012. National Climatic Data Center, www. ncdc. noaa. gov/ sotc/global/.

Nordhaus, William. 2007. "The Stem Review on the Economics of Climate Change." http://nordhaus.econ.yale.edu/ stem_050307.pdf.

——. 2008. *A Question of Balance: Weighing the Options on Global Warming Policies.* New Haven: Yale University Press.

Nordhaus, William D., and Joseph Boyer. 2000. *Warming the World: Economic Models of Global Warming.* Cambridge, MA: MIT Press.

Roodman, David M. 1997. "Getting the Signals Right: Tax Reform to Protect the Environment and the Economy." Worldwatch Paper 134, Worldwatch Institute, Washington, DC.

Stanton, Elizabeth A. 2012. "Development Without Carbon: Climate and the Global Economy Through the 21st Century." Stockholm Environment Institute-U.S. Center. http://sei-us.org/Publications_PDF/SEI-Development-Without- Carbon-Phl.pdf.

Stem, Nicholas. 2007. *The Economics of Climate Change: The Stern Review.* Cambridge: Cambridge University Press. www.hm-treasury.gov.uk/independent_reviews/stem _review_economics_climate_change/stemreview_index.cfm.

——. 2009. *The Global Deal: Climate Change and the Creation of a New Era of Progress and Prosperity.* Philadelphia: Perseus Books Group.

U.S. Energy Information Administration. 2011. *International Energy Outlook*, www. eia.gov/analysis/projection-data. cfm#intlproj/.

World Bank. 2010. *World Development Report 2010: Development and Climate Change*. Washington, DC.

相关网站

1. **http://epa. gov/climatechange/index. html.** The global warming Web site of the U.S. Environmental Protection Agency. The site provides links to information on the causes, impact, and trends related to global climate change.

2. **www. ipcc. ch.** The Web site for the Intergovernmental Panel on Climate Change, a UN-sponsored agency "to assess the scientific, technical, and socioeconomic information relevant for the understanding of the risk of human-induced climate change." Its Web site includes assessment reports detailing the relationships between human actions and global climate change.

3. **www.hm-treasury.gov.uk/stemreview_index.htin.** Web site for the Stem Review, providing an extensive analysis of the economics of climate change including impacts, stabilization, mitigation, and adaptation.

第 19 章　全球气候改变：应对政策

焦点问题

● 可能的应对全球气候改变的政策有哪些？

● 经济理论建议采取什么样合适的应对政策？

● 已经推出了哪些特定的政策来解决全球气候改变？

19.1　适应与减缓

正如第 18 章讨论的，关于全球气候改变的严重性的科学依据支持了政策行动。总的来说，对气候改变的经济分析建议进行政策调整，虽然说政策已经有了相当大的变化。特别地，Stern 关于全球气候改变经济的评论呼吁"亟须做出全球反应"。

应对气候改变的政策大体上可以被分为两类：

解决气候改变产生后果的适应性政策①（adaptive measures）、缓解或者降低气候变化幅度和时间的预防性政策②（preventive measures/preventive strategies）。适应性政策包括：

● 建立堤防和海墙以预防极端天气事件发生时海平面上升，如洪水和飓风。

● 转变农业栽培模式以适应变化的天气情况。

● 建立可以调动人力、物力和财力的机构，以应对与气候相关的疾病。

缓解政策包括：

● 通过使用低温室气体资源来满足能源需求，从而减少温室气体的排放（例如，从煤炭发电转变为风力发电）。

---

① 适应性政策：采取行动以降低全球气候改变造成的损失的大小或风险。

② 预防性政策/预防性策略：通过减少温室气体排放的计划来降低气候改变的程度。

● 通过提高能源效率来减少温室气体排放(如需求方管理,正如第 12 章中所讨论的)。

● 增强碳汇[③](carbon sinks)[a]。森林把二氧化碳循环为氧气;保护森林区域并扩大造林对减少二氧化碳净排放量有显著影响。

经济分析能够为预防性或适应性政策提供政策引导。第 6 章和第 18 章讨论的成本收益分析[④](cost-benefit analysis)能够为是否应用一个政策提供评估基础。然而,正如第 18 章中讨论的,关于气候改变的成本收益分析的假设和方法,经济学家们的看法并不一致。经济理论中一个有较少争议的结论是在考虑采取什么政策时应该运用成本效益分析[⑤](cost-effectiveness analysis)。成本效益分析应用避免了那些成本收益分析时出现的困难。成本收益分析为政策目标的决定提供依据,但是,成本效益分析是接受一个社会给定的目标,使用经济方法决定达到这个目标最有效的方式。

总的来说,经济学家更喜欢通过市场机制来达到目标的方法(见专栏 19.1)。以市场为导向的方法被认为是成本有效的,这种方法不会尝试直接控制市场主体,而是改变激励机制,从而使个人和企业把外部的成本和收益考虑在内。基于市场的政策工具的例子包括污染税、可转让许可证、可交易许可证等。对于温室气体减排问题,这些工具都是有用的。另一种相关的经济政策是创造激励机制鼓励采用可再生能源和节能技术。

专栏 19.1   关于气候改变经济学家们的观点

在 1997 年,包括 8 名诺贝尔奖获得者在内的 2 500 多名经济学家都签署了以下声明,呼吁认真采取措施来解决全球气候改变的风险问题:

1.在政府间气候变化专门委员会的主持下,一个杰出的国际专家小组进行了审查,最后决定"衡量证据后能够发现人类对气候改变造成的影响"。作为经济学家,我们认为气候改变带来了严重的环境、经济、社会、地理政治风险,并且有理由采取预防性政策。

2.经济研究已经发现许多降低温室气体排放的政策,这些政策的总收益都大于总成本。特别地,对于美国来说,全面的经济分析表明那些能够缓解气候改变的政策不会损害美国人民的生活水平,事实上,从长远来看,这些政策能够提高美国的生产水平。

---

a   碳汇是指能够储存二氧化碳的地方。自然碳汇包括海洋和森林。通过森林管理和农业生产活动,人类的干预也能够降低或者增加这些碳汇。
③   碳汇:属于生态系统的一部分,具有吸收定量的二氧化碳的能力,包括森林和海洋。
④   成本—收益分析(CBA):一种政策分析的工具,其尝试将某个行动的成本和收益货币化以决定其净收益。
⑤   成本—效益分析:一种在给定目标下决定最小成本方法的政策工具。

3.减缓气候改变最有效的手段是基于市场的政策。全球想要以最小的成本达到目标，就需要建立国家间的合作手段——如国际间排放交易协议等。通过市场机制，美国和其他国家能够最有效地应用气候政策，如二氧化碳税或者排放许可证的拍卖等。从这些政策中获得的收入能够有效地运用到降低赤字或者减少现有的税收。

资料来源：www.motherjones.com/toc/1997/05/economists-statement-climate-change。最近一份包括 8 位社会学或经济学诺贝尔奖获得者的科学家和经济学家的声明是"Call for Swift and Deep Cuts in Greenhouse Gas E-mission"，www.ucsusa.org/global_warming/solutions/big_picture_solutions/scientists-and-economists.html。

本章的大部分内容都集中在缓解政策，但是越来越多的证据表明缓解政策需要适应性政策的补充。气候改变已经发生了，即使在将来应用关键的缓解政策，全球变暖和海平面的上升还会继续下去，甚至会持续几个世纪。[2]建立适应性政策的紧迫性和能力在世界各地都不尽相同。世界上的穷人最需要适应这些政策，但是也就是这些穷人最缺乏必要的资源。

由于发展中国家的地理和气候条件、对于自然资源严重的依赖性、对改变的气候有限的适应能力，气候改变的不利冲击对发展中国家影响最大。包括发展中国家在内，贫穷的国家拥有的资源最少，并且最没有能力来适应环境，因此这些贫穷的国家是最脆弱的。未来在发病率、频率、强度、极端气候事件（如高温、强降水和干旱等）的持续时间、平均气候的变化等方面都会威胁贫穷国家的生存条件——进一步地增加发达国家与发展中国家的不平等。

政府间气候变化专门委员会（IPCC）把适应性政策分为 7 个类别，如表 19.1 所示。一些适应性最关键的领域包括水、农业和健康。气候改变会增加一些地区的降水量，主要是高纬度的阿拉斯加、加拿大、俄罗斯等，但是会降低其他一些地区的降水量，包括中美洲、北非和南欧等。融雪和冰川径流的减少会威胁一些地区超过 10 亿居民的水供给情况，如印度和南美的部分地区。为了给这些地区提供安全的饮用水，需要建立新的储水水坝、增加水利用的效率和其他一些适应性政策。

改变温度和降水模式对农业的影响巨大。在适度的升温下，一些寒冷地区的粮食产量预期会提高，包括北美的部分地区，但是预期对农业总的影响是负的，随着气温越来越高，这一负影响会增加。在非洲和亚洲，农业的影响预期最为严重。有必要进行更多的研究来开发农作物，使其能够生长在预期的天气条件下。一些地区应该放弃农业生产，但是另外一些地区应该扩大生产。[4]

表 19.1 不同部门适应气候变化的需要

部门	采取的措施
水	扩大储水量;扩大海水淡化;增加水使用和灌溉的有效性
农业	调整种植日期和作物多样性;作物再移植;为了应对供水或干旱,改善土地管理
基础设施	易受威胁社区的重新选址;建立和加强堤坝和其他障碍设施;为了应对洪灾,建造沼泽地;巩固沙丘
人类健康	应对极热天气的健康计划;增加与热病相关的疾病跟踪;做安全饮用水资源受威胁的演说;增加受危害社区的医疗服务
旅游	重新定位滑雪区域;更多地依靠人造雪
交通	迁移一些交通基础设施;对于气候改变,制订新的应对标准
能源	加强基础设施分配;呼吁对制冷系统的需求;增加可再生资源的使用

资料来源:IPCC,2007。

气候变暖对人类健康的影响已经发生了。世界卫生组织(WHO)估计每年气候改变会导致超过 140 000 多人的死亡,这些人主要位于非洲和东南亚。[5]世界卫生组织建议加强公共健康系统,包括增加教育、疾病监测、疫苗接种和防范措施。通过昆虫控制、提供蚊帐和充足的卫生可以限制疟疾等热带疾病的传播。

各种估计都有适应措施的成本。联合国估计,到 2030 年,适应全球变暖的总成本将达到年度 600 亿~1 900 亿美元。[6]虽然水资源、农业和人类健康的适应性成本在发展中国家较高,但是发达国家的基础设施的适应性成本将会更高,因为发达国家现存的基础设施范围更广。报告还强调需要"政策转变、激励机制、直接金融支持"以鼓励投资结构的转变。

有一份报告重新回顾了这些联合国的估计结果,其结论是当一些之前没有包括(如旅游和能源)的成本也考虑在内时,估计出来的成本可能会太低。[7]另外,2030 年以后,气候变暖和其他影响会变得更加严重,此时的适应性成本趋于增加。在 2010 年,世界银行估计发展中国家 2010~2050 年的适应性成本是每年 750 亿~1 000 亿美元。[8]这份报告也强调了通过发达国家的对外援助的翻倍,适应性措施的资金能够得到满足,同样也提到促进经济发展也会给发展中国家提供更好的内部资源以适应全球气候改变。

19.2 气候改变的缓解:经济政策选择

向大气中排放温室气体是一个负外部性的例子,这会带来全球范围的巨大的成本。用经济理论术语来说,对于煤、石油、天然气等碳基燃料来说,现在的市场只考虑私人成本与收益,这样所导致的市场均衡不是社会最优点。从社会的角度来看,正如第 12 章的讨论,化石燃料的市场价格太低而消费量太高。

碳税

内化外部成本的一个标准的经济措施是每单位征收污染税。在这个例子中,被称作碳税⑥(carbon tax),即根据生产和使用涉及的碳量对化石燃料征收相应比例的碳税。这样一种税收将会增加碳基能源的价格,因此也会刺激消费者整体节约能源(这会降低他们的税收负担),转变能源需求并寻找那些产生较少碳排放的可替代能源资源(并且以较低的税率纳税)。

随着能源价格升高,碳税转向了消费者。然而,只对几种主要的能源征税,这些只代表了部分传递的能量的成本(如汽油或者电),更重要的是,在许多例子中,一种燃料能够被其他燃料替代,整体的价格不会发生波动。消费者能够通过降低能源使用和购买较少碳密集型产品(这种产品需要大量碳基燃料的燃烧生产)来应对新的价格。另外,这些资金可以用来购买低碳密集型产品和服务。

碳税激励了生产者和消费者能够通过降低碳密集型燃料的使用来减少税收。与其他税收活动相反,这能够带来社会效益——降低能源的使用并减少二氧化碳排放。因此,随着时间推移,降低税收意味着政策的成功——与税收政策试图保持稳定或者增加收入是相反的。

表 19.2 展示了不同水平的碳税对煤、石油、天然气的价格产生的不同影响。根据能量的含量来计算,以英热(Btus)为单位,煤是最高碳密集型的化石燃料,而天然气产生的碳排放最低。相对于每个燃料源的标准商业单位,计算其碳税的影响。例如,我们可以看到一项 10 美元/吨的碳税会使每桶石油的价格增加 1 美元左右(专栏 19.2 讨论了对碳征税和对二氧化碳征税的不同)。这相当于每加仑大约只有 2 美分。一项 100 美元/吨的二氧化碳税等于汽油的价格每加仑增加大约 24 美分。即使天然气比石油含有的碳少,其在 2012 年相对较低的价格意味着碳税将会大幅度增加其价格。碳税对煤的价格的影响应该是最大的(一项 100 美元/吨的碳税会使煤炭的价格增加两倍多)。

---

⑥ 碳税:每单位的商品和服务的税费,这些商品和服务是基于生产或消费过程中排放出的二氧化碳的数量。

表 19.2　　　　　　　　　　　　**对化石燃料的替代碳税**

	煤	燃油	天然气
碳的吨数/10 亿 Btu	25.6	17.0	14.5
碳的吨数/燃料的标准单位	0.574/吨	0.102/加仑	0.015/百万立方英尺
平均价格（2012）	43.34 美元/吨	95.55 美元/加仑	3.20 美元/百万立方英尺
碳税/燃料的标准单位			
10 美元/碳的吨数	5.74 美元/吨	1.02 美元/加仑	0.15 美元/百万立方英尺
100 美元/碳的吨数	57.42 美元/吨	10.15 美元/加仑	1.49 美元/百万立方英尺
200 美元/碳的吨数	114.85 美元/吨	20.31 美元/加仑	2.98 美元/百万立方英尺
碳税占燃料价格的百分比			
10 美元/碳的吨数	13%	1%	5%
100 美元/碳的吨数	132%	11%	47%
200 美元/碳的吨数	265%	21%	93%

　　资料来源：碳排放的方式是从美国能源部的碳的转换因子获得。燃油价格是 2012 年 8 月份世界平均价格。天然气价格是 2012 年 8 月份美国平均价格。煤的价格是 2012 年 8 月份美国 5 种类型煤的平均价格。所有的数据都来源于美国能源信息署（U.S. Energy Information Administration）。

　　注：Btu＝英制的热单位。

专栏 19.2　　　　　　　　　　　　**碳税转换**

　　通常会产生的混淆在于碳税是对一单位碳征税，还是对一单位二氧化碳征税。当比较不同的碳税时，我们需要谨慎地用相同的单位表示每一个税。例如，一位经济学家建议对每吨碳征收 100 美元的税，而另一位经济学家建议对每吨二氧化碳征税 35 美元。哪一个提出的税收较多？

　　为了在这两个单位之间转换，我们首先应该注意到碳和二氧化碳的相对分子质量。碳的分子质量是 12，而二氧化碳的分子质量是 44。因此，如果我们希望把 100 美元每吨的碳税转化到每吨二氧化碳的税，我们应该让税收乘以 12/44，或者 0.272 7。

$$100 \times 0.272\ 7 = 27.27（美元）$$

　　因此，100 美元每吨的碳税等于 27 美元每吨的二氧化碳税。如果我们希望转换 35 美元每吨的二氧化碳税，那么应该让税收乘以 44/12，或 3.666 7。

$$35 \times 3.666\ 7 = 128.33（美元）$$

　　因此，35 美元每吨的二氧化碳税等于 128 美元每吨的碳税。对以上任何一种计算方法进行比较，我们能够得出 35 美元每吨的二氧化碳税比 100 美元每吨的碳税更大的结论。

这些税收将会严重影响人们的出行或者家庭取暖,或者影响工业的化石燃料使用吗? 这取决于这些燃料的需求弹性。如前面提到的(第 3 章附录),需求弹性定义为:

$$需求弹性 = \frac{需要数量的百分比变化}{价格的百分比变化}$$

经济学家们测量了不同化石燃料,特别是石油的需求弹性。一项研究调研了所有关于汽车燃料的需求弹性的文章,发现在短期(大约 1 年或者更短),弹性平均是 -0.25[10b],这就意味着在短期,汽油的价格每增加 10% 预期会减少 2.5% 的汽油需求。

在长期(大约 5 年),人们对汽油价格的上升反应更大,因为他们有时间购买不同的交通工具、调整驾驶习惯。基于 51 项研究结果,汽车燃料的长期需求弹性的平均值是 -0.64[11]。按照表 19.2,一个 200 美元的碳税会使石油价格增加 21%,这将会使汽油的价格每加仑增加 48 美分。假设零售价是每加仑 3 美元,也就是价格增加了 16%。一个长期的 -0.64 的需求弹性,意味着人们完全有时间对这种价格变化做出调整,汽油的需求将会减少大约 10%。

图 19.1 展示了不同国家汽油价格和每单位消费之间的关系。(因为生产汽油的成本在不同国家之间几乎没有变化,在不同国家汽油价格的变化完全是由于税收的不同。)我们注意到,这种关系与需求曲线很相似:价格越高,消费量越低;价格越低,消费量越高。

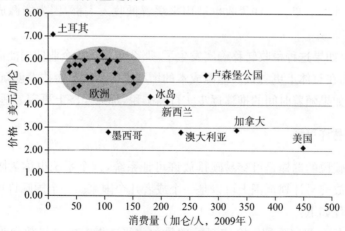

注:阴影区域代表西欧国家价格/消费典型的范围。
资料来源:GTZ;U.S.能源管理数据库。

图 19.1　工业国家的汽油价格与消费量(2009 年)

---

b　最近几年,汽油的短期需求价格弹性大幅下降了。Hugher et al.(2008)估计,2001~2006 年的需求弹性是 -0.03~-0.08,可与其估计的 1975~1980 年的弹性 -0.21~-0.34 相比较。

　　然而,这里展示的关系与需求曲线不是完全相同的,因为我们观察的是不同国家的数据,建立需求曲线时需要的"其他方面相同"的假设并不能满足。例如,需求的不同可能是收入水平不同而不是价格的作用。另外,美国人驾车的频率可能更高,因为交通距离(特别是在美国西部)比许多欧洲国家都要远,并且美国可选择的公共交通较少。但是,这似乎并不是一个清晰的价格/消费关系。数据显示,需要一个相当大的价格上涨幅度——每加仑0.5~1美元或者更多——才能大量影响燃料的使用。

　　汽油税收大幅增加或者一个普遍的碳排放税是否在政治上可行? 特别是在美国,对汽油和其他燃料征收高税收将面对许多反对声音,特别是如果人们把这种税收认为是侵犯了他们自由驾驶和使用能源的权利。如图19.1所示,迄今为止美国的汽油消费量是最高的,而汽油价格是除了中东以外最低的。但是,让我们关注与大量碳税提议相关的两件事:

　　第一,收入循环能够使收入从碳税或者其他环境税中转移并降低其他税。对于高能源税的反对主要来自这样一种观念:能源税是一种额外的税收——在收入、财产和社会保障税这些支付以外的税收。如果实行碳税的同时减少收入税或者社会保障税等,这个政策在政治上或许更能被接受。

　　增加对经济不良状况(如污染)税收,对那些希望鼓励大家做的事情降低税收(如劳动力和资本投资)符合经济有效性的原则。这将带来收入中性税收转移[7](revenue-neutral tax shift),而不是净税收的增加,人们支付给政府的税收总量基本不变。一些税收也被用来缓解低收入人群,因为能源成本上升的负担。

　　第二,如果这种税收转移确实发生了,那么个人或者企业使用能源会更加高效,从而在整体上更省钱。能源成本的增高也会激励节能技术创新、刺激新的市场。如果随着时间的推移逐步实行高碳税,那么经济上更容易适应。

可交易许可证

　　替换碳税的选择是可交易碳排放许可证系统,这个系统也称为限额与交易。碳排放交易计划范围上可以是一个或者几个国家。一个国际许可证系统的工作流程如下:

　　● 给每个国家分配一个定量的碳排放水平。发布的碳排放允许量应该是理想的国家目标。例如,一个国家现在的碳排放量是4亿吨,政策目标是降低10%,那么发布的许可证就允许排放3.6亿吨。不同的国家必须达到不同的目标,也就是有关气候变化的《京都议定书》要求达到的(见第19.4节)。

---

　　⑦　收入中性税收转移:通过增加某种产品或活动的税收、降低其他的税收来平衡整体税收水平的政策,如通过降低收入税来抵消碳税。

● 每个国家的碳排放许可证都分配给了个人碳排放源。在交易计划中包括所有的碳排放源（例如，所有的机动车辆）是不现实的。在应用许可证时，尽可能地涉及生产过程的上游并覆盖更多的排放量是最有效的[c]。许可证可以分配给最大的碳排放者，如能源公司和制造厂，或者是通过碳基燃料进入生产过程分配给上游的供应商——石油生产商和进口商、煤矿和天然气钻井厂。

最初，这些许可证根据过去的排放量免费分配，或者通过拍卖分配给出价最高的拍卖者。正如第 16 章讨论的，不管许可证如何分配，交易系统的有效性是相同的。然而，在分配成本和收益方面有很大的不同——免费分发许可证基本上是给污染者带来了意外收益，而拍卖许可证给企业带来了真正的成本，并且会产生公共收入。

● 企业之间可以自由交易许可证。那些排放污染超过许可证量的企业必须购买额外的许可证，或者面临罚款。同时，那些能够以较低的成本降低排放量的公司可以卖出许可证以获得收益。公司通过市场谈判来解决许可证价格的问题。环保组织或者其他组织也可以购买许可证并且留下它们——这样就降低了整体的排放量。

● 企业和国家也可以从其他国家获得减少碳排放量的融资。例如，一家德国企业从中国获得了安装有效发电设备的融资，这种设备代替了高污染的煤炭发电厂。

可交易许可证系统鼓励应用最小成本的减排选择，理性的企业将会实施比许可证的市场价格便宜的减排行动。正如第 16 章讨论的，这在以较少成本降低二氧化硫和氮氧化物的排放量方面取得了成功。根据许可证的发布，发展中国家可以为其能源发展选择一条没有碳排放的道路，把许可证转变成一种新的出口商品。他们也可以把许可证卖给工业化国家，这些国家很难满足其减排要求。

虽然政府设定可获得的许可证数量，但是许可证的价格是由市场力量决定的。在这个例子中，供给曲线固定，或者说是垂直的，位于发布的许可证数量水平上，如图 19.2 所示。许可证的供给量设定在 Q_0。企业对许可证的需求曲线代表了其愿意支付的价格。反过来，企业愿意支付的最高的许可证价格等于它们能从碳排放中获得的潜在利润。这与第 4 章中的观点相似，捕鱼者愿意支付其潜在的经济利润来获得一个可转让配额。

假设许可证被拍卖给出价最高者。图 19.2 表示支付第一个许可证价格会相当高，因为企业可以通过排放来获得相对较高的利润。对于第二个许可证，那些没有获得第一个许可证的企业会重复出价。成功竞拍到第一个许可

---

c　这里的"上游"是指生产过程的早期阶段，正如第 3 章中关于污染税的讨论。

证的企业也会继续竞拍第二个许可证,但是因为其边际利润递减,所以其竞拍价格也会下降。(也就是说,企业的供给曲线向上倾斜,这属于正常情况。)

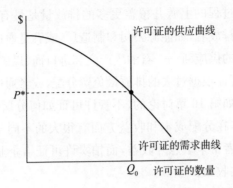

注:WTP=意愿支付的价格。

图 19.2　碳排放许可证价格的确定

无论是谁赢得第二个许可证,第二个许可证的售价都会降低。这种过程会持续下去,许可证的售价相继降低,直到最后一个许可证拍卖掉。这个许可证的售价由图中的 P^* 表示,是市场出清的许可证价格。我们也可以把 P^* 解释为边际收益或者边际利润,拥有排放 Q_0^{th} 单位二氧化碳的权利。

理论上所有的许可证的价格都不同,市场通常被设置成以市场出清价格卖出所有的许可证。这就是美国酸雨案例,这个案例开始于 1995 年,并且被广泛认为是一个成功的排放交易方案(如专栏 16.1 中讨论的)。在这个项目中,所有有兴趣购买许可证的当事人进行出价,表明其想要购买的量和购买的价格。无论是谁竞拍的价格最高,都能获得要求的许可证数量。之后,第二高的出价者获得其要求的许可证数量,就这样一直持续下去,直到所有的许可证都分配完。所有的售价都是最后剩下的可获得的许可证的中标价格。这也就是图 19.2 中的价格 P^*。所有低于这个价格的出价都竞拍不到许可证。

另一个重要的问题是每一个企业都可以通过成本有效的方式来降低二氧化碳排放量。企业在降低排放量时有不同的选择。图 19.3 展示了一个企业有 3 种减排的策略——替换旧工厂、投资有效率的能源、设立基金来扩大森林面积以增加生物碳储存量。图中展示了每一种策略的边际减排成本。总的来说,随着减排量的增加,这些策略的边际成本不断增加,但是一些选择的边际成本可能会高于其他的选择,或者边际成本增长速率比其他的更快。

在这个例子中,使用现有的碳排放技术来替换制造工厂是可能的,但是其边际成本较高——图 19.3 中的第一幅图。中间的图展示了通过使用更有效率的能源来减排的成本较低。最后,通过扩大森林面积来增加碳储存的方式的成本最低。许可证价格 P^*(图 19.2 所决定的)管理实施这些策略的相对水平。只要一种减排策略的成本低于购买许可证的成本，企业采取这种策略就是有利可图的。在我们的例子中，扩大森林面积将会被减排的边际成本用于最大份额的减排，而替换工厂则被用于最小份额的减排。

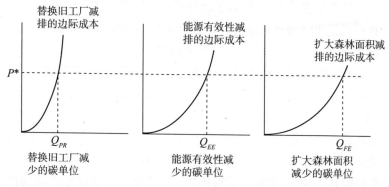

注：这里的边际成本是假想的。

图 19.3　许可证系统下的减排选择

　　参与这种许可证方案的企业（如果这个项目是国际性的，那么就是国家）能够自己决定采取多少控制策略，自然会偏好成本最小的方式。企业也可能会结合不同的手段。在国际项目中，假设一个国家广泛开展植树造林，那么这个国家就有可能拥有过量的许可证，这个国家可以把许可证卖给那些没有低成本减排方案的国家。净效应将是在全球范围内实施最低成本的减排技术。

　　这种系统结合了经济有效性的优势和有保证的结果：整体减排水平达到所期望的水平。当然，主要的问题是实现对许可证的初始数量的协议和是否应该免费发放许可证或者拍卖许可证。这个系统也存在测量的问题，是仅仅计算商业化的碳排放量，还是包括会导致土地利用发生变化的碳排放量，比如与农业和林业相关的排放量变化。

碳税或者总量管制和交易？

　　关于应该采取何种经济手段来减排一直众说纷纭。排碳税和总量管制交易方法有重要的相似之处，但是也有很大的不同。

　　正如第 16 章所讨论的，理论上，排碳税和总量管制都能以最小的总成本来达到给定的减排水平。两种方法都会给终端消费者带来相同的价格上涨。两种方法都强烈刺激了创新的动机。假设所有许可证都拍卖售出，两种方法都给政府增加了相同水平的收入。这两种方法都可以运用到生产过程的上流企业以达到相同排放量。

　　不过，这两种方法有几点重要的不同。排碳税的优点包括：

● 总的来说，相比较于总量管制交易方法，排碳税更容易理解并且更加透明。大部分居民和企业熟悉缴税,但是对一个复杂的总量管制交易系统感到小心翼翼。

● 正如在第16章中看到的,随着技术改变,排碳税能自动进一步减少排放量。在总量管制交易系统中,技术改变反而会降低许可证的价格。

● 排碳税能更快速地得到应用。如果需要尽快解决气候改变问题,那么就不需花费许多年来设定总量管制交易的细节。

● 或许排碳税最重要的优点是能够在更大程度上预测价格。如果企业和家庭能够知道未来的化石燃料或者其他排放的温室气体的产品的税的多少,那么他们就可以进行相应的投资。例如,一个企业是否投资于能源得到高效利用的加热和冷却系统主要取决于未来化石燃料的预期价格。在总量管制交易系统中,许可证的价格可以非常不同,这种价格波动⑧(price volatility)会使决策变得困难。相反,排碳税能够提供一定程度的价格稳定性,特别是如果排碳税在未来可以实现。

总量管制交易系统的优点如下:

● 即使总量管制交易系统最终会导致消费者和企业的价格增加到相同的水平,但是它避免了税收的负面性。因此,相比较于排碳税,总量管制交易系统在政治上会收到较少的反对声音。

● 一些企业可以成功地游说政府免费发放许可证而不是通过拍卖来购买,因此它们更加偏好总量管制交易系统。在早期阶段总量管制交易系统中,免费分发许可证能够使政策被企业所接受。

● 总量管制交易系统最大的好处在于因为政府设定了许可证的数量,那么最终的排放量是确定的。既然政策目标是降低二氧化碳排放量,那么总量管制交易系统能够直接达到目标,而排碳税是通过提高价格间接达到目标。使用总量管制交易方法,我们可以简单地通过设定许可证的数量来达到特定排放量的目的。在排碳税系统中,要想达到特定的排放量目标,就必须不断地调整税率,这在政治上非常困难。

工具的选择——排碳税还是总量管制交易——主要取决于政策制定者是关注价格不确定性还是排放量不确定性。(重新回顾第16章中的价格和数量工具的讨论。)如果采取的角度是价格确定性是重要的,因为在长期能够更好地规划,那么排碳税就是更好的选择。如果政策目标是通过确定减排量的多少来减排,那么总量控制交易手段就是更好的,虽然它会导致一些价格波动。

其他政策工具:补贴、标准、研究与开发、技术转移

未来,政策障碍会阻碍排碳税和可交易许可证系统的使用。幸运的是,许

---

⑧　价格波动:快速和频繁的价格改变,导致市场不稳定。

多不同的政策工具也有可能降低碳排放量。即使广泛应用了排碳税或者总量管制交易系统,为了使碳排放水平低于维持全球气温在可接受的水平,其他的补充性政策也是必要的。总的来说,政策本身是不够的,但是它们是全面手段的重要的组成部分。在一定程度上,许多国家已经应用了这些政策。这些政策包括:

● 从碳基燃料转移补贴到非碳基燃料。如第 12 章所讨论的,许多国家对化石燃料提供直接或者间接的补贴。如果取消这些补贴,就会使可替代的化石燃料更加具有竞争性优势。如果这些补贴用于可再生能源,特别是以税收减免的的方式,那么就会促进可再生能源投资的繁荣。

● 低碳燃油经济性标准要求机械设备效率标准[9](efficiency standards)的应用。通过设立标准要求能源更有效或者降低碳使用,有利于改变技术和实践,使其更加低碳化。

● 研究和开发(R&D)支出促进了替代技术的商业化。政府的研究和开发项目、对企业可替换能源研究开发项目的税收优惠都能加速商业化。非碳"逆止器"技术的存在显著降低了政策的经济成本,比如排碳税政策,如果这种"逆止器"能够和化石燃料竞争,那么排碳税就没有必要了。

● 向发展中国家的技术转移[10](technology transfer)。预计碳排放的增长大部分来自发展中国家。一些机构为能源发展项目设立了基金,如世界银行和区域发展银行等。在某种程度上,这些基金可以直接投向非碳能源系统,其他的基金可以作为补充,专门促进可替代能源的发展,这对于发展中国家摆脱化石燃料密集型的道路是可行的,并且能够同时取得显著的环境效益。

19.3　气候改变:技术挑战

为了应对气候改变的挑战,需要两种补充性的手段,如排碳税、总量管制交易、补贴等经济政策工具,用奖励来激励行为的改变。例如,增加汽油的排碳税会导致许多居民减少开车或者购买更加节能、高效的车辆。我们也可以从技术视角来看待气候改变这个问题,而不是从行为视角。经济政策能够为技术改变创造有利的刺激机制。由排碳税导致高的天然气价格会增加对节能高效车辆的需求,这种需求的增加会刺激汽车制造公司把投资转向混合动力车和电动汽车。

从技术视角思考,为了应对气候改变,做什么是有价值的——不单单指对

---

⑨　效率标准:设定货物的效率标准等法规,如对汽车燃油经济性设立标准。
⑩　技术转移:转移技术信息或者设备的过程,特别是发生在国家之间。

这个问题更好的理解,还需要对适当的政策获得一些见解。我们现在总结两个碳减排技术方面著名的分析。

气候稳定契

一些碳减排的建议要求显著的技术进步,比如广泛应用人工光合作用或者核聚变。这些技术未来的成本和可行性都不确定。我们应该运用哪些现有的技术或者未来可以实现的技术来降低碳排放量? 2004 年,物理科学家 Stephen Pacala 和 Robert Socolow 研究认为,在下一个 50 年,可以通过扩大现存的技术来稳定碳排放量。[13]

图 19.4 中展示了他们对气候改变的描述(根据他们原来的论文略有更新)。[14]在一切照旧(BAU)的情况下,预期未来 50 年二氧化碳排放量将会加倍,从每年 80 亿吨上升到每年 160 亿吨。他们认为到 2060 年某一项行动能把每年的整体排放量降低 10 亿吨。这些措施能够产生气候稳定契[①](climate stabilization wedge),这会降低在一切照旧情况下的碳排放量。因此,如果采取 8 种这样的契,在未来的 50 年,即使发生了污染扩张和经济增加,碳排放也会保持稳定。

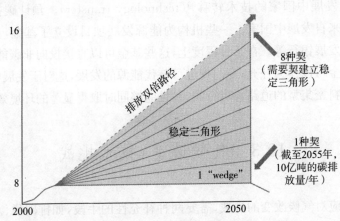

资料来源:Pacala and Socolow,2004。

图 19.4　气候稳定契

之后,他们回顾了一系列技术选择,主要集中于那些在一个工业级别上已经获得的技术。他们把行动广泛的分为三种类型:增加能源有效性、能源供应方面的变化、碳储存。总的来说,他们列出了以下 15 种可能的稳定契:

1.使 20 亿辆车的燃油效率加倍,从每加仑 30 英里上升到每加仑 60 英里

---

① 气候稳定契:由 Pacala 和 Socolow 在 1994 年提出的概念,描述了某些措施使预测的温室气体排放每个减少 10 亿吨(减少 10 亿吨等于 1 个契)。

（mpg）。

2.降低全球汽车行驶总英里数,使其减半。

3.在全球范围内对居民楼和商业楼使用最佳效率实践。

4.燃煤发电的效率是今天的 2 倍。

5.用天然气设备代替 1 400 个燃煤发电厂。

6.从 800 家煤炭发电厂捕获和储存碳排放。

7.以现在 6 倍的速度从煤中生产氢,并储存捕获到的二氧化碳。

8.捕获 180 个煤合成燃料厂的碳并储存其二氧化碳。

9.目前能够代替燃煤发电的全球核能力加倍。

10.相比较于今天,10 倍提高全球风力发电能力,大约共 200 万个大型风车。

11.使现在全球太阳能发电能力扩大 100 倍。

12.使用 40 000 平方公里的太阳能电池板为燃料电池汽车产氢。

13.通过建立 1/6 的世界耕地面积的生物质种植将乙醇生产提高 12 倍。

14.消除热带森林砍伐。

15.对世界各地的农业土壤进行保护性耕作。

他们提出的这些方式稍微令人怯步,因为这些措施必须在全球范围内实施,而不是在某个国家范围实施。这种全球合作的程度在今天难以达到。同样,正如图 18.10 所展示的,保持未来 50 年碳排放量的稳定并不能保证气候升温的水平在一个可以接受的程度。因此,不应该只实施 8 种措施,我们还需要实施 10 种或者更多。

正如我们在第 12 章中对能源的讨论,可以得出结论:主要的挑战不在技术方面,而在于政治和社会层面。

该选项不是一个白日梦或者一个未经证实的想法。今天,人们可以购买风力涡轮机、光伏阵列、燃气轮机、核电站生产的电力。人们可以购买碳捕获的化学生产的氢,购买生物燃料为车发电,也可以购买能提高能源效率的汽车。人们可以参观砍伐已经停止的热带雨林、实行保护性耕作的农场、把碳注入地质储层中的设备。这些选择中的任何一个已经在工业范围实施应用了,并且能在未来 50 年扩大范围以提供至少一个契。[15]

需要进行关键的政策改革以在全球范围实施这些措施。Pacala 和 Socolow 提到:最重要的是对碳进行合适的定价,他们建议每吨碳应该售价 100～200 美元(每吨二氧化碳 27～35 美元)。这大约等价于每加仑汽油 25 美元。

他们也为发展中国家和发达国家提供了减排的路径。如果经济合作与发展组织（OECD）的成员在未来 50 年降低 40% 二氧化碳排放量,那么非 OECD

的成员国在同一时间内的排放量理论上会增加 60％,这将允许他们在保持全球排放量稳定的同时也有了经济发展的空间。即使有了这种分配,发展中国家的人均碳排放量仍然是 OECD 国家的两倍。同样,我们已经提到,稳定的排放量不足对气候改变产生影响——需要全球整体减排。

温室气体减排成本曲线

气候稳定措施调查没有呈现每一种措施的成本问题。显然,一些措施可能会比其他措施更加便宜。由于减排的社会成本,一些措施可能不会为社会提供净收益。为了更加完整的经济分析,我们需要考虑成本。

另一个著名的分析由麦肯锡公司完成,它估计了在全球范围内对 200 种温室气体进行减排选择的成本和碳减排潜能。[16]之后对不同的选择从最低成本到最高成本进行排序。经济逻辑是首先应用那些最低成本减排的措施,之后再实施成本较高的措施。他们的分析结论展示在图 19.5 中,其成本是以欧元来估计的,但是他们的分析覆盖了全球范围的减排可能性。

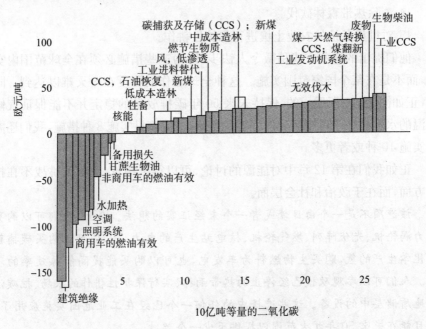

资料来源:McKinsey & Company, 2007。

图 19.5 截至 2030 年全球温室气体减排的成本

需要对这幅图做一些解释。y 轴反映了每种减排的成本,估计的是每年每吨二氧化碳减排的欧元数(或者其他的气体减排如甲烷等,效果等价于减排 1 吨二氧化碳)。我们可以注意到,从左边到右边的第一个选择是建立绝缘体。长条的宽度代表可以避免的二氧化碳排放量。建立绝缘的成本是每吨二氧化碳 150 欧元。这意味着相比较于现在通过减少能源而节省的成本,建立绝缘实际上能够省钱。因此,即使我们不关心气候改变和环境问题,根据长期的财务理由,我们也应该建立建筑绝缘。同样的道理也适用于其他有负成本的行动。例如,车辆燃料效率的提高为每吨二氧化碳节省了 40~120 欧元。

与一切照旧的情况相比,如果我们从左边开始应用这些政策,X 轴是累计的二氧化碳排放量。因此,我们要应用所有负成本的选择,包括提高空调、照明系统和水加热系统的效率等,二氧化碳总量大约每年减排 50 亿吨,这些都能够省钱。

移动到图中的右边,行动就有了正的成本。换句话说,对于这些行动来说,在减少二氧化碳排放量时需要花费成本。图 19.5 展示了所有成本低于 40 欧元的减排行动,包括扩大风能、扩展核能、提高森林管理和保护、应用碳捕获和储存(CCS)。[d]

如果这些行动全部付诸实施,每年二氧化碳的排放量将会减少 260 亿吨。现在每年全球二氧化碳的排放量大约是 500 亿吨,到 2030 年预计会增加到 700 亿吨。因此,采取这些行动后,二氧化碳的排放量将是每年 440 亿吨,而不是 700 亿吨——这比现在的排放量还要低 60 亿吨。也可以采取进一步的减排措施,但是这些措施的成本较高,特别是通过扩大风能和太阳能的方式(这种分析没有考虑到可再生能源带来的成本的减少)。这种方法与科学家们如何把气温上升控制在 2℃ 以内是一致的,也受到很多科学家的推荐。

图 19.5 中所有措施的总成本(也考虑到有些措施实际上是省钱的)少于 2030 年全球 GDP 的 1%。报告显示,如果推迟 10 年再行动,那么就很难保持气温上升在 2℃ 以内。

图 19.5 中有四种政策建议可以达到减排的目的:

● 对建筑效率和车辆效率建立严格的技术标准。理想地,消费者和生产者会做出使其长期利益最大化的理性决定。然而,图 19.5 表明人们经常无法利用许多能节约成本的措施。执行效率标准可以保证人们采取有效的行动。例如,美国在 2007 年通过法规要求从 2012 年开始灯泡需要达到一定的效率标准;2011 年,汽车的效率标准也明显收紧了(见第 12 章)。

● 建立长期的刺激机制,以激励能源生产商和企业投资并且有效地利用技术。

● 通过经济刺激和其他政策为新的效率和可再生能源技术提供政府支持。

● 确保森林和农业的有效管理,特别是在发展中国家。[17]

我们再次看到,制定碳价格是政策方针的一部分。排碳税和总量管制交易程序会为图 19.5 中的行动创造激励机制,但是不能确保这些行动发生。理

---

d　低渗透风能是指扩大风能可提供 10% 的电力供应,而高渗透风能指的是以稍微较高的成本进一步扩大风能。

论上,即使在没有碳价格的情况下,我们应该可以使用所有的负成本的措施,但是现在没有这么做。标准和要求是碳价格的一个很好的补充,其可以确保采取成本有效的行动。潜在的政策包括家电、照明和建筑保温能效标准。

这些减排成本曲线有多可靠? 因为高估或者低估一些成本,McKinsey的研究一直受到批评。一些行动虽然在技术上可行,例如,从农业和森林的角度减排,但是会因为政策和机构障碍很难付诸实践。尽管如此,像 McKinsey的研究中所展现的减排成本曲线证明了一个原则:应该采取低成本或者没有成本的行动来减排。因此,排放量增长不是不可避免的,可以以一个中等的成本水平大幅减少排放水平,使其低于目前的水平。

19.4　实践中的气候改变政策

气候改变是一个国际环境问题。因为单方面减排会带来显著的成本(至少在短期),对总排放量的影响可以忽略不计,所以如果其他的国家不同意减排相同的量,那么单独一个国家减少其自身排放量的几率会很小。因此,需要设立具有约束力的国际协议,特别是在接下来的几十年里将全球排放量从50%减少到80%。

最全面的气候改变的国际合约是《京都议定书》,而此议定书现在已经到期了。该条约下的工业国家同意2008~2012年的减排目标,主要相比较于在1990年设定的基准排放量。例如,美国同意7%的减排水平,法国为8%,日本为6%。这个条约没有要求中国和印度等发展中国家设定减排目标,这是美国和其他国家抗议的一个原因。

到2012年,已经有191个国家签署并认可《京都议定书》。美国是唯一一个签署了该条约但是没有执行的国家。在2001年,布什政府拒绝了《京都议定书》,宣称谈判破裂并且需要一个新的方法。尽管美国退出了,但是从俄罗斯在2004年11月执行以后,2005年该条约开始生效。

为了通过成本有效的方式来达到这个议定书的目标,条约包括了三种"灵活机制"。第一种是排放许可证在国家间的交易由特定的目标约束。因此,一个国家如果不能达到减排目标就可以从其他国家购买许可证,其他国家能够把排放水平维持在要求的目标以下。

第二种机制是共同减排[12](joint implementation),一个工业化国家从其他的受减排目标约束的国家中获得贷款来为其减排项目提供资金,这种情况

---

　　[12]　共同减排:国家之间设立的共同减排的合约。

主要出现在传统的国家,如俄罗斯、立陶宛。第三种机制是清洁发展机制⑬ (clean development mechanism,CDM),工业化国家可以从不受特定减排目标约束的发展中国家(如中国和印度等)获得贷款来为其减排项目提供资金。

　　在本书写作期间(2013 年早期),《京都议定书》设定的全部参与国家整体减排 5％的目标已经实现了。然而,正如我们在图 19.6 中看到的,每个国家的结果都不同。该图比较了每个国家从基准年到 2010 年间的目标减排量和实际减排量。例如,德国在《京都议定书》下的目标减排量是 8％,但是到 2010 年其减排量达到 22％。

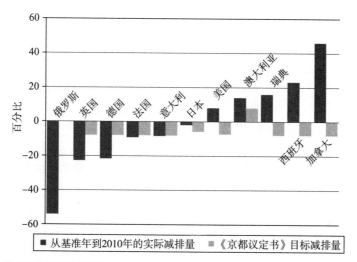

注:包括土地使用和林业调整。

资料来源:UNFCCC 温室气体数据来自于 http://unfccc.int/ghg_data/ghg_data_unfccc/items/4146.php。

图 19.6　部分国家达成《京都议定书》目标的进程(2010 年)

　　其他达到目标的国家包括法国、俄罗斯和英国。俄罗斯减排量的急剧降低是因为其 20 世纪 90 年代早期的经济萧条,而不是因为实施减排政策。如果没有俄罗斯减排量的明显下降,显然不能达到整体的议定书的目标。在灵活机制下俄罗斯能够通过交易减排量来获得收入,但是这些减排量的减少不会发生了。

　　没有达到《京都议定书》目标的国家有美国、澳大利亚、加拿大、西班牙和瑞典。2011 年 12 月,因为不能履行义务,加拿大正式退出了该协议。当美国开始签署协议时,同意相比较于 1990 年的基准水平减排 7％,但是到 2010 年美国的排放水平实际上升了 8％。另外,《京都议定书》对发展中国家没有设

---

　　⑬　清洁发展机制(CDM):《京都议定书》的一项内容,允许工业国家帮助发展中国家获得贷款来减少其排放量。

定约束,这就意味着全球的排放量继续上升,如图 18.1 所示。

那些没有履行承诺的国家需要在京都议定书承诺期以后的时间继续弥补。如表 19.3 所示,为起草一个成功的《京都议定书》,谈判已经进行了好几年。以前的国际气候改变协议设定了最后期限以达成《后京都协议》,但是没有成功。现在似乎到 2020 年以前不可能再签订一个国际协议了。

表 19.3　　　　　　　　　　　国际气候谈判的重大事件

时间与地点	成果
1992, Rio de Janeiro	协商从 UNFCCC 完成框架下开始。国家同意自愿地减少排放以"共有的但是有区别的责任"。
1995, Berlin	第一个各成员国的年会,以"COP"命名。美国同意免除发展中国家的捆绑责任。
1997, Kyoto	COP-3 方同意《京都议定书》。在 2008～2012 年期间,相对于基准排放,命令发达国家减少温室气体排放。
2000, The Hague	克林顿政府和西方关于 COP-6 条款产生分歧,主要集中于农作物和森林的碳储汇。谈判最终破裂。
2001, Bonn	COP-6 谈判第二轮是关于承诺和资金。然而,这时布什政府拒绝《京都议定书》并且成为了唯一的谈判观察方。
2004, Buenos Aires	美国拒绝关于《后京都协议》的正式谈判。COP-10 方设法进行非正式会谈。
2007, Ball	COP-13 方同意制定《后京都协议》的谈判日程,即截至 2009 年年末。
2009, Copenhagen	COP-15 方制作一份《后京都协议》的书面材料失败。然而,它宣称 2℃之内的限制气候变暖的重要性,但是没有任何书面材料。发达国家许诺给发展中国家提供每年 300 亿美元的资金,到 2020 年增加到 1 000 亿美元。
2010, Cancun	各国为了在哥本哈根达成的"Green Climate Fund"的具体细节会面。框架是为了在 2011 年设定一份可能的新的书面协议。
2011, Durban	COP-17 参与国同意尽可能早地采用一份全球性的气候改变协议,不晚于 2015 年,有效期到 2020 年。

在诸多意见分歧中,最主要的争议是发展中国家是否应该被强制减排。虽然一些国家,特别是美国,认为为了合适地解决这个问题,所有的参与国都应该同意减排,对那些强制减排的发展中国家限制其经济发展,这会加重现有的全球不平等现象。

虽然国际协议的进程继续萎缩,但是气候改变的其他政策已经付诸实践,从跨国协议到个别自治市。欧盟为了履行其在《京都议定书》中的责任,建立了一个碳交易系统,这个系统在 2005 年开始实施(见专栏 19.3)。有许多国家已经运用了排碳税,包括印度的全国范围煤炭税(2010 年实施,大约 1 美元/

吨),南非基于碳排放量设定的新型交通工具税(也是发布于 2010 年),哥斯达黎加发布的燃料税(发布于 1997 年),加拿大的魁北克、不列颠哥伦比亚、阿尔伯塔省当地的排碳税,这些税适用于大型发射器或发动机燃料。

作为《京都议定书》进程一部分的国际谈判遵循了关于气候变化的京都协定,也促成了来自于森林砍伐和退化的减排⑭(Reduction of Emissions from Deforestation and Degradation, REDD)项目的运用。由于毁林和森林退化,2010 年的哥本哈根协议认为需要采取行动减少排放,并建立了一个被称为 REDD-plus 的机制。协议强调为发展中国家设立基金以使其能够采取行动缓解气候改变,包括为 REDD-plus、适应、技术发展和转移和能力建设等提供大量资金。

美国没有国家级别的气候改变经济政策,但是有许多州级和地方级的举措来减少排放量。2008 年以来多个州的区域协议已经到位。区域温室气体减排行动(RGGI)是一个减排的总量管制交易程序,来自美国东北部 9 个州的发电厂。[18]许可证主要通过拍卖售出(一些是以固定价格卖出的),所得用于基金投资在清洁能源和能源效率上。到 2011 年大约集资 10 亿美元,参与的州称其排放量大约是允许排放目标的 50%,这些将会给能源效率项目带来额外的收益。[19]许可证拍卖的价格是每吨二氧化碳 2~4 美元。

其他区域的举措,其中包括西部州和中西部的州,已经步履蹒跚,因为大多数州已经决定退出该程序。但是在 2013 年早期,加利福尼亚州发起了一个具有法律约束力的总量管制交易机制,"建立一个州际范围的总排放量为 162.8 百万公吨二氧化碳的限制,设定 350 家企业每年 25 000 公吨二氧化碳的排放配额。大部分的津贴将免费发放给公司,但是一些许可证会拍卖掉,任何公司超过其总量限额就必须购买额外的许可证来满足其超过的量"。[20]

在当地水平上,大约有 1 000 位美国市长签署了市长的气候保护协议。[21]在这个自愿性计划下,城市同意:

- 在自己的社区努力达成或者超过美国在《京都议定书》中的目标。
- 要求州和联邦政府发布政策来达到或者超过美国在《京都议定书》中的目标。
- 要求国会发布温室气体减排规定,包括国家的总量交易管制程序。

---

⑭　来自于森林砍伐和退化的减排(REDD):一个联合国的项目,采用气候谈判的京都协议过程的一部分,通过对森林的保护和可持续土地利用的资金来达到减少毁林排放和土地退化的目的。

19.5　经济政策建议

在这章的最后一节,我们考虑三种特定的气候改变政策的经济建议:美国排碳税、全球总量交易管制系统、气候变化融资的国际分析。虽然没有政府严肃考虑过这些建议,但是它们运用税收在气候变化方面的应用的经济理论,并且对于为了实现重大减排目标而需要时间的政策种类给出了一些政策观点,正如政府间气候变化专门委员会(IPCC)的主张(见图18.10)。

美国的一个分布式的中性碳税

在发达国家对碳排放设定价格将会给不同收入水平的家庭带来不平等的影响。特别地,排碳税将会是递减税,也就意味着由于排碳税是一种占收入百分比的税,所以对低收入家庭的影响比对高收入家庭的影响大。原因是低收入家庭把收入的很大一部分花费在碳密集产品上,如汽油、电和加热燃料。因此,如果只实行一种排碳税,那么将会使整体的收入水平不平等。

排碳税并不意味着整体的税收水平会上升。反之,应用排碳税也就意味着其他的一种或多种现存的税收会降低,因而由家庭平均支付的整体税收水平保持不变。因此,排碳税是收入中性的,也就是说,整体的政府税收水平不会改变。

然而,分配的影响取决于降低哪种税收。一些是递减税[15](regressive tax),严重地影响了低收入家庭,其他一些是递增税[16](progressive taxes),严重地影响了高收入家庭。给定一种税收是递减的,会加剧不平等,我们可能不会想要通过降低递增税收来获得这些递减税收,因为这些税收主要有益于高收入家庭,并且进一步加剧不平等。因此,大部分建议都是通过减少递减的税收来达到收入中性。在美国,递减税收包括销售税、工资税、特许权税[e]。是不是这些税收中的某个降低了,排碳税的整体分配就会在收入水平上相对保持不变呢?

Gilbert Metcalf做了一项经济研究,发现用工资税的减少来抵消碳税会带来一个近似中性[17](distributionally neutral tax shift)的结果,这就意味着对不同收入家庭的影响占收入的百分比基本上相同。[22]Metcalf的研究通过假设

---

e　特许权税指的是一些特定产品的税收,如香烟和酒精。

[15]　递减税:税率(占收入的百分比)随着收入水平的上升而递减。

[16]　递增税:高收入水平拥有高收入份额的税收。

[17]　分布式中性税收转移:税收模式改变,收入分配没有改变。

上游的每吨 15 美元二氧化碳的排碳税应用于煤、天然气和石油产品。作为一种上游税,该税收会强加在煤矿、天然气井口和石油精炼厂上。任何下游的碳捕获和储存都能获得结余。

Metcalf 通过一种制造流程的经济模型估计:上游税收将会使很多产品的价格上升。之后,他使用消费者支出数据,估计出排碳税给不同收入的家庭带来的成本。表 19.4 展示了这种结果。我们可以看到,排碳税的平均年度家庭成本随着收入的增加而增加,范围从低收入家庭的 276 美元到高收入家庭的 1 224 美元。[f] 但是,作为收入的百分比,成本占低收入家庭的百分比是 3.4%,而占高收入家庭的百分比却仅仅是 0.8%。因此,单独的排碳税是递减税。

表 19.4　　　　　　　　　　　　美国的分布式中性税收

收入级别	年均家庭收入变化			
	平均的碳税成本(美元)	平均工资税收信用(美元)	净效果(美元)	净效果(收入的百分比)
1(最低)	−276	208	−68	−0.7%
2	−404	284	−120	−1.0%
3	−485	428	−57	−0.2%
4	−551	557	+6	+0.1%
5	−642	668	+26	+0.1%
6	−691	805	+115	+0.3%
7	−781	915	+135	+0.2%
8	−883	982	+99	+0.2%
9	−965	1 035	+70	+0.0%
10(最高)	−1 224	1 093	−130	−0.0%

资料来源:Metcalf, 2007.

Metcalf 建议,可以为每个工人的工资税提供一个每年每人 560 美元(这个数量可以使税收整体的影响为收入中性的[g])的税收抵免来抵消排碳税。对于高收入家庭来说,这种减免仅仅是收入的 1% 或者更低。表 19.4 展示了抵免的平均额为 200~1 000 美元,这取决于家庭收入水平。

税收抵免与排碳税对不同家庭群体的影响非常相似。对于任何家庭来说,既考虑排碳税又考虑税收抵免时的净影响不会超过 135 美元的平均值。中上水平的家庭往往会略微领先,低收入家庭会略微损失。但是总的影响分

---

f　等分指的是分为人口的 10% 的一组。

g　美国的工资税是成为社保、医保、医疗补助基金的税收。在 2012 年,该税收占工人第一个 110 100 美元收入的 15.3%。该税收由雇员和雇主平均承担,每一方各承担 7.65%。由于经济下滑,员工的税收暂时下降了 2%。

布基本上是中性的。政府会采取一些轻微调整来减少对低收入家庭的负影响。因此，Metcalf 的研究证明了美国的排碳税在不降低整体税收或者不会对不同收入群体有不相称的影响的同时减少碳排放量。

地球大气信托

正因为一个国家的排碳税有递减的影响，一个国际气候改变协议可能会损害世界贫穷地区的经济发展。一个全球的碳价格，即使这个价格很低，也会转化成每个人必须承受的高成本。正如之前提到的，如果一个有约束力的国际条约会限制发展中国家亟须的经济增长，那么发展中国家没有动机去同意这种条约。

正如第 4 章所讨论的，大气是一种全球性公共物品。因此，没有哪一个个体、组织或者国家比其他人有更大的权利排放污染物。另外，如第 3 章中讨论的，应该给碳排放量的负外部性定价以弥补对各方造成的损失。在碳排放的情况中，外部各方指的是生活在地球上的每一个人。

一个宏伟的对地球大气信托⑱（Earth Atmospheric Trust）的提议就是基于这个原则[23]。该政策主要包括 6 个主要特点：

1.对所有的温室气体排放建立一个全球的总量管制交易系统。许可证设立在上游，尽可能地接近制造过程的开端。

2.以最高价格拍卖掉所有的许可证。许可证的拥有者可以自由地与想要购买的买家交易。

3.随着时间推移逐渐减少许可证的数量，以使大气中的稳定的温室气体累积量达到一个可接受的水平，理想上大约是 450ppm 二氧化碳当量或者更低。

4.把拍卖所得收入存入地球大气信托中，这个信托由一家非政府组织管理，其任务是保护地球的气候，由长期的受托人组成。

5.作为一个每年人均支付，把信托的一部分返还给地球上的所有人。这种支付作为每年碳排放的补偿。给定每一个人都有相等的享受大气的权利，每一个人的支付量都应该相同。

6.使用信托剩余的部分来保护大气、鼓励技术创新和管理该信托。

虽然这种提议基于既定的经济原则，但还是面临着巨大的行政和政治障碍。一个温室气体的总量管制交易系统的组织工作令人生畏，对地球上所有人都分配一个年度支出更是具有挑战。作者建议那些没有银行账户或者电子输送机制的人们可以通过小额信贷机构获得其应得的收入。对于世界上的富

---

⑱　地球大气信托：一个解决全球气候改变的建议，包括一个全球的拍卖许可证的总量管制交易系统和一个全球人均退税系统。

人来说,这笔支出相对很少,但是对于世界上的穷人来说,这笔支出可以提供一个显著的经济效益——足以使很多人摆脱绝对贫困。

一些补充性的分析研究了这个提议如何影响不同国家的普通人[m]。在2010 年全球二氧化碳排放量大约是 32Gt,这还不包括其他温室气体。作者建议合适的碳价格应该是每吨二氧化碳 20～80 美元。因此,这个信托能够获得每年 6 000 亿～26 000 亿美元的收入,如果其他的温室气体也包括在内,这项收入会更多。作为全球经济的一个份额,这一收入占全球经济的1％～4％。

作者建议,作为一种均等的年度支出,把拍卖所得的收入的一半返还给地球上的每一个人。如果有 70 亿人,那么年度支出是每人 43～183 美元,这取决于碳的价格。对于发达国家的居民,这个收入相对较少。但是对于发展中国家的居民,可以大大增加其年收入。考虑到全球贫穷地区的人均 GDP 水平大约是 300～900 美元之间。因此,这个支出能够显著地降低生活在赤贫水平的人的数量。

我们也需要考虑这个全球的总量管制交易系统的成本。每吨二氧化碳20～80 美元的碳价格会增加最终产品的价格。可以通过简单地把人均碳排放量乘以一个国家的碳排放价格来估计这个系统对普通人的影响。例如,美国的人均排放量是 18.1 吨二氧化碳。每吨二氧化碳的价格是 20～80 美元,这就转化为每年增加的成本是 362～1 448 美元。就像世界上其他地区的人们一样,美国人也会有一个年度为 43～183 美元的收益。因此,普通的美国人最终是赔钱的,因为年度的收益并不足以抵消碳价格的成本。

表 19.5 估计了信托对不同国家普通居民的影响,基于假设碳价格为每吨二氧化碳 80 美元。越高的价格就会给消费者带来越高的成本(相对于一个20 美元的税收),但是也会带来较高的拍卖收入和较高的年度支出,这也就意味着贫穷国家更大程度的减贫。基于以上内容,碳价格产生 26 000 亿美元的年度收入,相当于全球 GDP 的 4％。按照 Stern 评论所说,为应对气候变化做出适当反应的必要的资金是全球 GDP 的 1％。因此,在这种情况下有可能返还 1/3 的收入作为年度人均派息,应该是 274 美元。

表 19.5 的结果表明一些国家获得了净收益,而一些国家获得了净损失。以印度为例,其年度人均排放量是 1.4 吨。每吨二氧化碳 80 美元的碳价格带来了人均 112 美元的成本。然而,每一个人每年都会获得 274 美元的派息,因此他们每年补贴 162 美元。印度的人均 GDP 是 1 489 美元,这相当于 11％的净利润收益。相反,中国获得的是净损失,因为其人均碳排放量相对较高——等于法国的排放量,而中国的人均 GDP 相对较低。巴西的人均 GDP 比中国

m　这个调查是基于 Barnes 等人描述的方法,但是使用了美国能源情报署更新的数据。

高,获得了净收益,而其排放量相对较低。

表 19.5   地球大气信托对不同国家的平均影响

国家	人均 GDP(美元) (2011)	人均 CO_2 排放量(吨)	人均碳价格的成本 (80 美元/吨)	年度派息 后的净效果(美元)
巴西	12 594	2.3	184	+90
中国	5 430	6.3	504	−230
法国	42 377	6.2	496	−222
德国	43 689	9.6	768	−494
印度	1 489	1.4	112	+162
墨西哥	10 064	4.0	320	−46
俄罗斯	13 089	11.7	938	−662
土耳其	10 498	3.4	272	+2
乌干达	487	0.1	8	+266
美国	48 442	18.1	1 448	−1 174

注:GDP=国民生产总值。

资料来源:美国能源信息署数据库;世界银行,世界发展指数数据库。

    最穷的国家是最大的获益者。在乌干达,碳价格是最低的,因为普通人对化石燃料的使用非常少。乌干达 266 美元的平均的净收益使收入增加了 50%还多,这足以使人们的经济情况发生巨大的改变。美国的普通民众有非常高的排放量,即使受到了年度派息补贴,也会损失 1 000 美元。因此,这个计划会在提高贫穷国家补贴的同时刺激富裕国家降低二氧化碳排放量。当然,在政治上很难说服富裕国家接受一个会使其民众获得净损失的计划。

    平均估计一个人受到的影响取决于他/她的收入水平和化石燃料的使用。当然,个人也可以采取措施降低二氧化碳排放量,这也就会降低其成本。为了判断这个计划的总影响,人们也需要考虑降低排放的长期好处。

温室气体发展权

    最后一个经济建议是从一个不同的角度来对待气候变化的挑战。不是集中于应用排碳税或者总量交易管制系统,而集中于不同国家支付必要的缓解和适应性成本的责任。温室气体发展权[19](greenhouse development rights, GDR)仅仅讨论那些生活在一定发展经济门槛之上的人有责任解决气候改变的问题[24]。那些生活在这个门槛之下的人们应该集中于经济增长,而不是任何气候责任。

---

[19]   温室气体发展权(GDR):对于过去排放的温室气体分配责任和应对气候变化能力的过程。

GDR 分析本质上是用一种方法来安排不同国家在为气候改变和适应性基金提供资金方面的责任。它考虑两个因素来决定一个国家的责任：

● 能力：一个国家提供资金的能力建立在其 GDP 的基础上，但是低于定义的发展门槛之下的收入排除在外。GDP 分析设定的发展门槛是人均 7 500 美元，这个水平能够使人们避免严重的贫困问题，如营养不良、婴儿死亡率高、低学历等。图 19.7 用中国的例子展示了这个概念。这个图示反映了中国的收入分配曲线，开始于低收入的人，随着收入增加向右移动。所有低于 7 500 美元发展门槛的收入都从中国的能力中排除掉。在发展门槛线之上的区域代表了中国为气候改变提供资金的总能力。

● 责任：GDR 方法把温室气体排放的责任定义为一个国家 1990 年以后的累计排放量，基准年的使用与《京都议定书》相同。就像是能力评定那样，与消费相关的排放量低于发展门槛就被排除在责任之外。因此，如果一个国家的排放量主要来自于为了维持生活的加热和烹饪的生物质燃烧，那么这个国家就不为这些排放负责。每个国家占全球责任的份额等于其累计排放量除以全球总排放量。

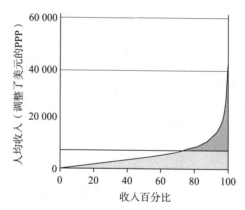

注：PPP＝购买力同等。

资料来源：Baer et al.，2008.

图 19.7　中国的气候改变能力，温室气体发展权框架

结果表明，每个国家占全球能力和责任的份额。责任－能力指数（RCI）是这两个值的加权平均。RCI 代表每一个国家为应对气候改变而提供资金的责任。

选择的国家和区域的结果展示在表 19.6 中。美国是至今为止对排放量有最大的累积责任的国家，在解决气候变化时的分配份额占全球的 1/3。欧盟的份额超过 1/4。日本被要求提供 8％的资金支持，中国大约是 6％，俄罗斯大约为 4％。最不发达的国家被要求承担一个微不足道的份额。随着时间的推移,这些份额会随之改变,发展中国家占全球排放量的比例会增加,并且其应对气候变化的能力(假设其经济成功发展)也随之增加。

表 19.6　责任能力指标,温室气体发展权利框架(部分国家/区域)(占全球的百分比)

国家或地区	人口	能力	责任	RCI
美国	4.5	29.7	36.4	33.1
欧盟 27 成员国	7.3	28.8	22.6	25.7
日本	1.9	8.3	7.3	7.8
中国	19.7	5.8	5.2	5.5
俄罗斯	2.0	2.7	4.9	3.8
巴西	2.9	2.3	1.1	1.7
墨西哥	1.6	1.8	1.4	1.6
南非	0.7	0.6	1.3	1.0
印度	17.2	0.7	0.3	0.5
最不发达国家	11.7	0.1	0.04	0.1

资料来源:Baer et al.,2007。

就像地球大气信托一样,在今天的环境下,GDR 建立在政治上似乎是不可行的。然而,作者认为已经到了采取有效行动的时候。

人们可能会质疑,这样的一种手段在政治上是否是现实的? 这些手段把气候改变的挑战与发展的挑战结合到一起,这样做使其变得更加具有压倒性。我们的回应是质疑另一个问题——我们还面临严重的气候危机吗? 在我们之前的其他人所指出的,今天的现实主义的外部边界仍远低于科学必要性的内边界。

底线是如果没有史无前例的全球合作的水平,那么 2℃ 的紧急通道或者其他将会快速地退出范围。气候改变是个威胁——或许是人类的第一个这样的威胁——需要合作,即使在贫富差距存在的情况下。[25]

19.6　结论

气候改变是一个体现出本书许多分析的问题,包括外部性、共同财产资源、公共物品、可再生和不可再生资源、随着时间推移来分配资源等。它包括经济、科学、政治和技术的考量。只有经济分析不能充分地应对这个范畴的问题,但是经济理论和政策在提供解决方案时能提供很多支持。

相比较于现在已经达到的,一个有效的应对气候改变的措施需要全球范围内更加彻底的行动。但是,不管我们是否在讨论当地的行动或者广泛的全球方案,我们都不能忽略经济分析的问题。在缓解或者适应气候改变时,有能力转换能源使用、工业发展、收入分配模式的经济政策工具是非常必要的。正如第 18 章中提到的,气候改变的证据已经很明显了,随着排放累积量继续增加,这个问题有可能变得更加紧迫。经济分析的工具作为全球努力应对持续危机的方式,能够提供关键的见解。

总 结

应对气候改变的政策可以是预防性的或者适应性的。最广泛讨论的政策是排碳税,这一税收能够显著降低最高碳排放的化石燃料的使用。从中获得的收入可以被用来降低其他经济方面的税收,或者这些税收可以被用来帮助那些低收入人群,由于更高的能源和商品成本,这些人群损失最大。另一个政策选择是可交易碳许可证,企业和国家根据其碳排放水平来决定买卖这些许可证。这两个政策在经济效率方面都有优势,但是很难获得必要的政治支持来应用这些政策。其他可能的政策手段包括从化石燃料转移补贴到可再生能源中、加强能源效率标准、增加可替代能源技术方面的研究和开发等。

按照气候稳定方法的观点,通过扩大现有的技术能够稳定全球的碳排放量。温室气体减排成本曲线展示了减少碳排放量、节省家庭和企业资金的行动存在的许多机会成本。成本曲线的一种应用是效率标准,这是对碳价格政策很好的补充。

通过工业化国家强制减少温室气体排放,《京都议定书》在 2005 年开始实施,但是美国拒绝参加。最终结果表明,所有的《京都议定书》目标都实现了,这是因为俄罗斯在 20 世纪 90 年代出现经济下滑。《京都议定书》的继承方案的谈判没有达成一致,主要是因为发展中国家和发达国家在如何分配减排方案时意见不统一。但是,越来越清楚的是未来合适的气候改变的政策需要美国和中国、印度等发展中国家一起努力。

许多精心设计的经济分析提供了有效的国家和国际气候变化政策的潜在蓝图。例如,美国的排碳税通过设计后可以是收入中性和分配中性的。地球大气信托建议更加雄心勃勃,它认为大气是一种全球公共物品,能够同时解决气候改变和全球贫困问题。最后,温室气体发展权框架根据每一个国家以前的排放量设定责任,根据经济情况设定能力来分配应对气候改变需要提供的资金,并且这个措施能让贫穷国家实现经济发展。

问题讨论

1.你更偏好哪种气候改变的经济政策:排碳税还是总量管制交易系统? 为什么? 政策有效实施的主要障碍是什么?

2.气候改变政策能够集中于改变行为或者改变技术。你认为哪种方法更加有效? 哪种政策能够分别鼓励以上两种改变?

3.制定和实施国际协议进程一直受到分歧和僵局的困扰。在政策实施方面,主要的困难是什么? 从经济的角度看,哪种激励能够引起国家参与并执行条约? 可以设计何种"双赢"的政策来克服谈判壁垒?

练习题

1.假设在一个国际条约的约束下,美国需要减少 2 亿吨二氧化碳排放量,巴西需要减少 0.5 亿吨。

以下是美国和巴西可以采取的减少排放量的政策选择:

美国:

政策选择	减少的总排放量(百万吨碳)	成本(十亿美元)
A:效率机器	60	12
B:植树造林	40	20
C:取代燃煤发电	120	30

巴西:

政策选择	减少的总排放量(百万吨碳)	成本(十亿美元)
A:效率机器	50	20
B:植树造林	30	3
C:取代燃煤发电	40	8

A:对每一个国家来说,若要达到减排目标,哪种政策是最有效的? 如果这两个国家必须独立操作,那么通过每种政策能够减少多少排放量? 花费多少成本? 假设以一个固定的成本实现这些政策选择。例如,美国可以选择通过效率机器设备减少 0.1 亿吨的碳排放量,成本是 20 亿美元。(提示:首先计算六种政策减少每吨排放量的平均成本。)

B:假设美国和巴西有一个可交易许可证系统,该系统允许两个国家交易二氧化碳排放许可证。谁有兴趣购买许可证？谁有兴趣售卖许可证？在美国和巴西之间能达成什么协议使它们以最小的成本完成 2.5 亿吨的减排目标？你能估计出排放 1 吨二氧化碳的许可证的价格范围吗？（提示:使用问题中第一部分计算出来的平均成本。）

2.假设一个普通的美国家庭在加热和交通方面的年度消费水平是 2 000 加仑,天然气的消费是 Mcf(千立方英尺)。使用表 19.2 给出的排碳税的影响的数据,如果一个普通美国家庭每年需要支付额外的每吨碳排放 10 美元的税收,计算每年需要支付多少钱。（一桶油为 42 加仑）假设这个相对较小的税收不会引起油和使用消费的减少。如果美国有 1 亿的家庭,美国财政部通过这个排碳税能够增加多少收入？

国家能够从每吨碳排放 200 美元的税收中获得多少收入？考虑提高价格对消费的影响——合理的假设消费弹性是:一个每吨碳排放 200 美元的税收能够引起油和天然气的消费减少 20%。政府将如何使用这些收入？这会对普通家庭产生什么样的影响？讨论短期和长期影响的不同。

注释

1.Stern，2007.

2.IPCC，2007，46.

3.African Development Bank et al.，2003,1.

4.Cline，2007；U. S. Global Change Research Program，2009，Agriculture Chapter.

5.World Health Organization，2009.

6.UNFCCC，2007.

7.Parry et al.，2009.

8.World Bank，2010.

9.Dower and Zimmerman，1992.

10.Goodwin et al.，2004.

11.Ibid.

12.Carbon tax advantages summarized from www.carbontax.org/faq/.

13.Pacala and Socolow，2004.

14.See http://cmi.princeton.edu/wedges/intro.php.

15.Socolow and Pacala,2006.

16.McKinsey & Company，2007 and 2009.

17.Ibid.

18.www.rggi.org.

19.Beth Daley, "Mass. And 8 other States Lower Greenhouse Gas E-missions Cap," *Boston Globe*, February 8,2013.

20.Will Nichols, "California Carbon Trading Scheme Gets Underway," business Green January 3, 2013. http://www.businessgreen.com/.

21.www.usmayors.org/climateprotection/agreement.htm.

22.Metcalf, 2007.

23.Barnes et al., 2008; see also www.uvm.edu/~msayre/EAT.pdf.

24.Baer et al., 2008.

25.Ibid., 9.

参考文献

African Development Bank, Asian Development Bank, Department for International Development (UK), Directorate-General for Development (European Commission), Federal Ministry for Economic Cooperation and Development (Germany, Ministry of Foreign Affairs), Development Cooperation (The Netherlands), Organization for Economic Cooperation and Development, United Nations Development Programme, United Nations Environment Programme, and World Bank, 2003. *Poverty and Climate Change Reducing the Vulnerability of the Poor Through Adaptation*. www.unpei.org/PDF/Poverty-and-Climate-Change.pdf.

Baer, Paul, Tom Athanasiou, Sivan Kartha, and Eric Kemp-Benedict. 2008. "The Greenhouse Development Rights Framework: The Right to Development in a Climate Constrained World." 2d ed. Heinrich Böll Foundation, Christian Aid, EcoEquity and the Stockholm Environment Institute.

Barnes, Peter, Robert Costanza, Paul Hawken, David Orr, Elinor Ostrom, Alvaro Umana, and Oran Young. 2008. "Creating an Earth Atmospheric Trust." *Science* 319:724.

Cline, William R. 2007. *Global Warming and Agriculture: Impact Estimates by Country*. Washington, D.C.: Center for Global Development and Petersen Institute for International Economics, http://www.cgdev.org/content/publications/ detail/14090.

Dower, Roger C., and Mary Zimmerman. 1992. *The Right Climate for Carbon Taxes, Creating Economic Incentives to Protect the Atmosphere*. Washington, DC: World Resources Institute.

Goodwin, Phil, Joyce Dargay, and Mark Hanly. 2004. "Elasticities of Road Traffic and Fuel Consumption with Respect to Price and Income: A Review." *Transport Reviews*

24(3)：275—292.

Grubb，Michael，Thomas L. Brewer，Misato Sato，Robert Heilmayr，and Dora Faze-kas. 2009. "Climate Policy and Industrial Competitiveness：Ten Insights from Europe on the EU Emissions Trading System." German Marshall Fund of the United States，Climate & Energy Paper Series 09.

GTZ. 2009. "International Fuel Prices 2009," 6th ed.，on behalf of Federal Ministry for Economic Cooperation and Development (Germany).

Harris，Jonathan M.，and Maliheh Birjandi Feriz，2011. *Forests，Agriculture，and Climate：Economics and Policy Issues*. Tufts University Global Development and Environment Institute，http://www. ase. tufts. edu/gdae/education_ materials/ modules. html # REDD.

Hughes，Jonathan E.，Christopher R. Knittel，and Daniel Sperling. 2008. "Evidence of a Shift in the Short-Run Price Elasticity of Gasoline Demand." *Energy Journal* 29 (1)，113—134.

Intergovernmental Panel on Climate Change (IPCC). 2007. *Climate Change 2007：Synthesis Report*.

Kesicki，Fabian，and Paul Ekins. 2011. "Marginal Abatement Cost Curves：A Call for Caution." *Climate Policy* 12(2)：219—236.

McKinsey & Company. 2007. "A Cost Curve for Greenhouse Gas Reduction." *The McKinsey Quarterly* 1：35 — 45，available at http://www. epa. gov/air/caaac/coaltech/ 2007_05_mckinsey.pdf.

——. 2009. *Pathways to a Low-Carbon Economy*. https://solutions. mckinsey. com/ ClimateDesk/default.aspx.

Metcalf，Gilbert E. 2007. "A Proposal for a U.S. Carbon Tax Swap." Washington，DC：Brookings Institution. Discussion Paper 2007—12.

Pacala，Stephen，and Robert H. Socolow. 2004. "Stabilization Wedges：Solving the Climate Problem for the Next 50 Years with Current Technologies." *Science* 305(5686)：968—972.

Roodman，David M. 1997. "Getting the Signals Right：Tax Reform to Protect the Environment and the Economy." Worldwatch Paper no. 134. Worldwatch Institute，Washington，DC.

Parry，Martin，Nigel Arnell，Pam Berry，David Dodman，Samuel Fankhauser，Chris Hope，Sari Kovats，Robert Nicholls，David Satterthwaite，Richard Tiffin，and Tim Wheeler. 2009. "Assessing the Costs of Adaptation to Climate Change：A Review of the UNFCCC and Other Recent Estimates." Report by the Grantham Institute for Climate Change and the International Institute for Environment and Development. London.

Socolow，Robert H.，and Stephen W. Pacala. 2006. "A Plan to Keep Carbon in Check." *Scientific American* (September)：50—57.

Stern, Nicholas. 2007. *The Economics of Climate Change: The Stern Review*. Cambridge: Cambridge University Press.

United Nations Framework Convention on Climate Change (UNFCCC). 2007. "Investment and Financial Flows to Address Climate Change." Climate Change Secretariat, Bonn.

United States Global Change Research Program. 2009. *Second National Climate Assessment*, http://globalchange.gov/publications/reports/scientific-assessments/us-impacts.

World Bank. 2010. "The Costs to Developing Countries of Adapting to Climate Change: New Methods and Estimates." Consultation Draft.

World Health Organization. 2009. "Protecting Health from Climate Change: Connecting Science, Policy, and People."

相关网站

1. **http://climate. wri. org.** World Resource Institute's Web site on climate and atmosphere. The site includes several articles and case studies, including research on the Clean Development Mechanism.

2. **www.unfccc.de.** Home page for the United Nations Framework Convention on Climate Change. The site provides data on the climate change issue and information about the ongoing process of negotiating international agreements related to climate change.

3. **http://rff.org/focus_areas/Pages/Energy_and_Climate.aspx.** Publications by Resources for the Future on issues of energy and climate change. The site includes several research papers on the trading of greenhouse gas emissions permits.

第七部分

环境、贸易和发展

第 20 章　世界贸易和环境

焦点问题

● 扩张的贸易对环境有哪些影响?

● 区域和全球的贸易协议应该包含环境保护的内容吗?

● 哪些政策能够促进可持续贸易?

20.1　贸易的环境影响

世界贸易扩张使人们开始关注贸易和环境之间的关系问题。贸易对环境的作用是好是坏? 答案并不是那么显而易见。就像其他商品一样,出口商品和进口商品的生产经常会产生环境影响。随着贸易的扩大,这些影响是增加还是减少? 它们将如何影响出口国家、进口国家或者整个世界? 谁应该对贸易引起的环境问题负责? 最近几年,这些问题引起了越来越多的关注。

1991 年,墨西哥政府挑战了一项美国法律,这项法律禁止从墨西哥进口金枪鱼,国际关注首次集中到了这些问题上。美国海洋哺乳动物保护法案禁止那些会杀死大量海豚的捕获金枪鱼的方法,并且禁止从那些采用这种捕鱼方法的国家进口金枪鱼。墨西哥政府认为美国法律违背了关贸总协定①(General Agreement on Tariffs and Trade,GATT)的条约。

按照 GATT 的基础原则和 1994 年出现的后续原则:根据自由贸易的准则,世界贸易组织②(World Trade Organization,WTO)的国家不能限制进口,除非出现那些保护本国居民健康或者安全的情况。关贸总协定争端解决小组裁定:美国不能用本国的法律来保护超出自己领土界限的海豚。

---

① 关贸总协定(GATT):为了逐渐消除关税和其他贸易壁垒提供框架的多边贸易协定,是世界贸易组织的前身。

② 世界贸易组织(WTO):通过消除关税和贸易壁垒来扩大贸易的一个国际组织。

虽然墨西哥没有敦促这个决定的执行,但是这个金枪鱼/海豚的决定引起了关于贸易和环境问题的巨大争议。在 1999 年一个相似的例子中,WTO 裁定:美国不能禁止从那些采用杀死濒危海龟的捕鱼方式的国家进口虾。

关于这些问题的争议带来了一系列不同视角的对国际环境问题的辩论,包括森林保护、臭氧耗损、有害废物和全球气候改变。所有的这些问题都与国际贸易有关,如果某个国家禁止使用贸易措施来保护全球环境,如何才能制定有效的政策来应对这些问题?

为了解决这些问题,我们需要重新审视国际贸易理论与实务。标准经济理论的一个基本原则是扩大的贸易总的来说是有益的,能够促进效率的提高和贸易国财富的增加。但是,如果扩大的贸易会损害环境,又会如何呢?

在国家的水平上,应对环境影响标准的经济政策时,应采用那些能够把外部性内化的政策,正如之前章节讨论的。然而,这在国际上是混乱的。与贸易相关的环境外部性的压力主要应该由出口国、进口国和其他不是直接参与生产或销售产品的国家来承担。当局制定和执行环境政策的情况通常只存在于国家层面。这产生了一个严重的问题,即环境影响是跨国的,因为大部分国际贸易条约没有建立环境保护的规定。

竞争优势和环境外部性

我们使用经济理论来分析与贸易的环境影响有关的获利和损失。比较性优势③(comparative advantage)的理论告诉我们,通过那些能够以最高的效率生产的产品,贸易参与双方都能从贸易中获益。这个基本理论并没有考虑与产品生产或者消费相关的环境外部性④(environmental externalities)。观察图 20.1,图中以汽车作为例子来研究进口商品的福利效应。

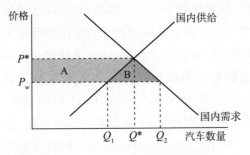

图 20.1　进口汽车的获利和损失

在贸易不存在的情况下,本国的供给和需求在 Q^* 点达到均衡,国内价格

---

③　比较性优势:通过生产那些能够相对有效的产品,贸易参与双方都能从贸易中获得收益的理论。
④　环境外部性:影响环境的外部性,如污染对野生动植物的影响。

是 P^*。通过交易，进口国的汽车生产和消费都发生了改变。如果没有任何贸易壁垒，可以按照 P_w 的价格进口汽车，这个价格显然低于国内价格。[a] 随着国内生产商逐渐失去市场份额，国内产量下降到 Q_1，然而，为应对更低的价格，国内消费者扩大购买汽车，国内消费水平上升到 Q_2。进口的数量表示为 $(Q_2-Q_1)'$。

贸易如何影响国内经济福利情况？使用第 3 章描述的福利分析，我们能够说国内汽车生产商的福利水平下降至区域 A，因为他们现在以更低的价格销售更少的汽车。国内消费者增加了区域 A＋B 的福利，因为他们在贸易后能够以相同的低价购买更多的汽车。因此，净收益是(A＋B)－A＝B。

但是，这种计算遗漏了与贸易相关的环境外部性。如图 20.2 所示，图中增加了两条不同类型的环境外部性曲线：由汽车生产引起的生产外部性[⑤]（production externalities）和汽车使用导致的消费外部性[⑥]（consumption externalities）。[b] 生产外部性表示为供给曲线成本增加，消费外部性表示为需求曲线收益降低。贸易产生的福利影响由 C 和 F 阴影部分表示。国内生产的减少意味着国家通过环境成本的降低获得了区域 C 的收益。然而，增加的汽车消费和使用导致增加的环境损失面积等于区域 F。

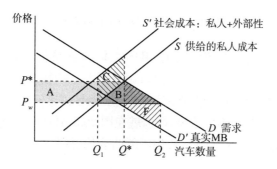

图 20.2　进口汽车的环境影响

这对贸易理论具有重要意义。在基本的没有外部性的贸易例子中，我们可以明确要求贸易获利[⑦]（gains from trade）。即使一个群体（汽车制造商）发生损失，消费者收益也会多于这些损失。然而，在介绍完外部性之后，我们将不再确信从贸易中一定能获得净收益，而是取决于自然和环境损害 C 和 F 的大小。进口国和出口国的政策措施能够使外部成本内部化,但是除非我们知道会采取这些政策,否则就不能确信贸易一定能获得净收益。

扩大资源出口的环境影响

对一个出口国进行贸易效应分析必须包括环境影响,如图 20.3 所示。这里我们使用木材出口作为例子。在没有包括外部性的贸易分析中,木材生产商获得 $A'+B'$,因为在更高的全球价格 P_w 下,他们通过贸易可以生产并销售更多木材。国内木材消费者损失 A',因为他们在更高的价格下只能购买更少的产品。国家的净收益是 B'。

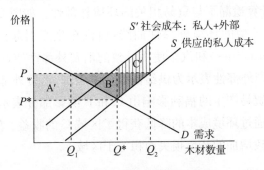

图 20.3　出口国家的获利和损失

外部成本包括土地和流域退化、用户成本、期权价值和生态成本,当我们把外部成本加到木材生产中去时,出口国就需要承担额外的成本 C'。(也可能存在与消费木材有关的消费外部性的变化,但是相比较于汽车的例子,消费木材的外部性的变化并不太重要,所以就在图 20.3 中省略了。)我们不能断定 B' 与 C' 之间面积的大小。因此,我们不能明确地说明贸易能给出口国带来净收益。

当然,我们的例子仅代表一个很简单的贸易模型。然而,环境成本可能会严重影响贸易国的净收益这一结论是深远的。在真实世界中,国家贸易产品价值万亿美元。如果存在严重的环境外部性,那么贸易就会把这些外部性重新分配到各个国家。

通过进口那些在生产过程中产生大量环境影响的产品,可能导致出口污染[8](exported emissioins)。另外,扩张的贸易趋向于增加某个国家和整个世界的生产规模[9](scale of production),这也就意味着整体污染和环境损害的总量有可能会增加。贸易也必然导致能源使用的转移,这也将会导致污染和

---

[8]　出口污染:通过进口那些生产过程涉及大量污染的产品,把污染转移到别的国家。

[9]　生产规模:一个产业的大小或产出水平。

其他环境后果,引进外来入侵物种[1]。贸易的间接环境影响[⑩](indirect environmental effects of trade)可能也会发生,例如,当大规模的农业出口把农民驱逐到山坡和森林边缘之类的贫瘠土地上,就会导致森林退化和水土流失。一些特别的贸易类型,如有毒废物和濒危物种的交易显然对环境有负效应。

贸易也会有利于环境。自由贸易可能会帮助传播环保技术,并且促进更有效生产的贸易趋势,降低每单位产出的原材料和能源使用。另外,当生产质量或者跨界影响成为关注的焦点时,贸易国可能处在提高环境标准的压力之下。我们如何平衡来自贸易的经济收益和贸易会带来环境影响?这个影响有时增加,有时减少。

20.2 贸易和环境:政策和实践

让我们考虑一下关于贸易环境影响的实际例子。许多发展中国家既为了国内销售也为了出口而生产农作物。随着贸易不断增加——经常是国际货币基金组织和世界银行等国际机构要求"结构调整",用于出口农作物的地域增加了。转向出口农作物的环境影响是什么?在一些例子中,这些影响可能是巨大并有害的。例如,Mali 的一项研究发现随着农作物的大量出口,棉花的发展"显著增加了耕种面积并且显著降低了休耕期……由于过度耕种和休耕的不足导致长期的森林退化和水土流失方面的环境影响是明显的,边际土地的利用也导致了干旱的增加"。

然而,相比较于那些被替代的国内农作物,那些出口的农作物有时候更加环保。在拉丁美洲和非洲,农作物如咖啡、可可等能够帮助防止侵蚀。在肯尼亚,迅速扩大的园艺出口部门对环境有着复杂的影响。一些花卉种植者过度地使用杀虫剂,这对人类健康和环境都有影响。在缺水的肯尼亚,灌溉水的过度使用也是一个问题。最初用于园艺的农业用地现在可能会被实物生产取代;然而,花卉农场的就业能够为维持生计农业的边际土地开发提供一种可替代的途径。通过斐济,这些花卉流向了欧洲,这也引起了交通能源使用的问题,但是关于能使气温上升的温室气体方面,飞机飞行消费的能源大约等于欧洲种植相似花卉所需要的能源。一些肯尼亚的花卉种植者生产"公平贸易"的花卉,他们遵循了以下原则:减少水和农药的使用,保证工人的高工资,给他们提供稳定并可靠的收入。[4]

---

⑩ 贸易的间接环境影响:产生于贸易的环境影响,例如,当更大规模的农业出口把农民驱逐到山坡和森林边缘之类贫瘠的土地上,就会导致森林退化和水土流失。

许多情况的出现不是仅仅因为贸易而是因为国内的政策环境，二元的土地所有权⑪(dualistic land ownership)指的是土地主有相当大的政治权利而小农户通常是被取代或者被驱逐到劣地，这种情况能够加倍造成对环境的损害。例如，在中美洲，改良的交通和贸易基础设施导致"向高利润、投入依赖性农业的技术转移。玉米和豆类让位给棉花、番茄、草莓和香蕉。耕地的价值自然而然的增加，这有利于特权的地主精英，但是使得许多贫穷的农民更加被驱逐。这些农民没有选择，必须迁移到更加干旱的土地、林地、山坡或者阴暗处不肥沃的土地"。同时，这些富裕的地主"用他们的影响力要求那些破坏环境的投入补贴，这反过来会让他们更加机械化、过渡灌溉和超范围喷涂"。[5]

不管在国内还是在国际上，由贸易引起的健康和安全问题并不容易解决。例如，国内关于禁止有毒杀虫剂的规定就不能应用于国际上。"那些对人类健康或者环境有害的产品在国内市场上被禁止，但是它们通常在出口方面是合法的。这会给进口国家带来一个问题，在这些国家，缺乏关于这种产品是否被禁止或者为什么被禁止的信息：出口商可能会做出虚假声明，商品专家（特别是在发展中国家）可能会缺少合适的商品检验设备。"[6]

按照 WTO 的第 XX 条款⑫(WTO's Article XX)，国家可能会因为"保护即将枯竭的自然资源"或者因为保护"人类、动物或者植物的生命和健康"的原因而限制贸易。然而，对这些自由贸易规则的解释导致了国家间产生激烈的争端。

例如，欧洲国家从 20 世纪 90 年代开始不允许进口美国和加拿大用激素补充剂生产的牛肉。美国和加拿大认为既然没有证据表明激素补充剂对人体有害，那么欧洲的行为就可以认为是一种贸易壁垒。然而，欧洲人信奉预防原则：因为其消费者关心激素补充剂可能的影响，他们不应该有权决定允许国内消费什么吗？在 2012 年这个长期的贸易争端终于解决了，最终达成的协议是允许欧盟国家保持其对激素补充剂生产的牛肉的禁止，反过来增加从美国和加拿大进口的高质量的牛肉的数量。

产品和生产过程中的问题

一个类似的问题已经在转基因作物的使用中出现了。虽然未贴标签的转基因食品在美国是允许售卖的，但是在欧洲，很大范围内反对这些食品。欧洲国家能够禁止这些转基因食品的进口吗？这个问题对农业企业和许多消费者

---

⑪ 二元的土地所有权：一种所有制模式，在发展中国家比较常见，在这种所有制下，大地主有相当大的政治权利，而小农户的通常是被取代或者被驱逐到劣地。

⑫ WTO 的第 XX 条款：世贸组织的一条规则，其允许国家因为"保护即将枯竭的自然资源"或者因为保护"人类、动物或者植物的生命和健康"的原因限制贸易。

都产生了巨大的影响,农业企业能够从转基因产品中获得巨大利益,而消费者强烈反对这些转基因产品。

这个问题变得更加复杂了,因为反对转基因产品的原因不仅是基于其对人类健康产生的影响(如果证明了这些影响,那么在条款 XX 下这是个很好的禁止贸易的理由),而且由于这些转基因农作物很可能对环境产生影响。这些作物的花粉很容易扩散到环境中去,这会损害脆弱的生态系统并且可能产生抗除草剂的"超级野草"。但是在 GATT 和 WTO 的规则下,一个产品生产的过程不是贸易限制可以接受的原因。只有在这个产品自身是有害的情况下,一个国家才可以设定进口控制。

例如,如果在水果和蔬菜上检测到的农药残留水平很危险,那么对这些产品的进口就可以被禁止。但是如果农药的过度使用在生产领域产生了环境损害,那么进口国就没有权利实施控制。相似的是,如果雨林被不受限制的伐木所破坏,那么国家不能对不可持续的生产的木材设置进口禁令。

过程和生产方法[13](process and production methods,PPM)规定使国际环境保护失去了一个重要的潜在武器。如果一个国家不能采取行动保护其自身环境,那么其他国家就没有促进更好的环境实践的贸易杠杆。只有在一个特定的多边环境协议[14](multilateral environmental agreements,MEAs)下,例如,濒危物种国际贸易公约(CITES)的实施就是一个允许的进口限制。

在金枪鱼/海豚和虾/龟的决定中,这个原则存在问题,贸易专家认为国家关于环境问题在域外没有管辖权。但是,在日益全球化的世界,这种问题会越来越普遍。只是简单地等待生产国的"清理行动"可能不够。

通过外部性的跨界交流,贸易全球化能够产生"飞反"效应。例如,美国农药禁令下的作物经常出口到发展中国家。没有安全防范措施而使用农药的工人将遭受严重的有害影响,因为成人和儿童都饮用了被污染的河流的水。另外,通过买卖那些包含有害化学物质残留的水果,美国反过来也会遭受有害影响。

贸易能影响国内和国际政策,减弱国家制定其自身环境和社会政策的权威。人们开始关注"竞相杀价"[15](race to the bottom),在这种竞争中,国家为了获得竞争性优势而降低环境和社会标准。

相比较于那些执行较为不严格流程标准的成员国的生产者,执行严格的流程标准成员国的生产者将处于竞争劣势……相比较于那些有低标准司法权

---

⑬　过程和产品方法(PPMs):国际贸易规则规定:一个进口国不能针对其他不能达到环境或者社会标准的国家采用贸易壁垒或者罚款,这些标准通常与生产过程和产品相关。

⑭　多边环境协议(MEAs):关于环境问题国家间的国际条约,如濒危物种国际贸易公约。

⑮　"竞相杀价":为了吸引国外贸易或者保持现在的贸易水平流向其他国家,国家会减弱其环保规定的趋势。

的国家,成员国的工业处于竞争劣势,面对这种展望,成员国可能会选择不提升环境标准或者甚至可能会放松现在的标准。[8]

按照几个经济研究的结果,"很少有证据能够证明环境规定对竞争性有相反的影响的假设",并且现在很少存在污染避难所[⑯](pollution haven)的例子——由于环保规定较弱,那些会吸引制造公司的国家。[9]但是,尽管如此,考虑有严格环保法律的国家,竞争性压力也可能会对国家产生降温效果。

北美自由贸易协定(NAFTA)产生了一个特例,在这个协定中,作为贸易壁垒,合作挑战了环保规定。加拿大石棉工业试图让美国撤销对致癌的石棉产品销售的限制,美国杀虫剂产业挑战了严格的加拿大杀虫剂规定。在一个例子中,Ethyl乙基公司(建立在美国)成功地推翻了加拿大关于汽油添加剂MMT的销售和进口的禁令,这种添加剂是一种猜测会造成神经损伤的化学物质。加拿大不仅被要求取消这个禁令,而且被要求支付0.13亿美元来补偿Ethyl公司的法律损失和销售的减少。[10]

贸易对环境的有益影响

贸易扩张也可能会对环境有直接或间接的有益影响。按照比较性优势的理论,贸易使得各国能更加有效地利用资源,从而能保护资源并且避免浪费。贸易自由化也消除了扭曲的补贴[⑰](distortionary subsidies)和价格政策,提高了资源分配的效率。例如,对化学肥料和杀虫剂广泛的补贴促进了对环境有害的耕作方法,但是贸易协定经常禁止这种补贴国内生产者的行为。消除这些补贴既能促进经济有效性而且也能促进环境可持续发展。

贸易也能鼓励环保技术的推广。例如,在能源生产领域,许多发展中的和前共产主义的国家严重依赖那些老旧的、无效的、高污染的发电厂。贸易能够促进用现代的、高效的机器来替代这些发电厂,或者(正如在印度)鼓励一个不断发展的风力发电产业。有些时候,跨国公司被认为是剥削发展中国家资源的罪犯,这些跨国公司也可以在工业领域引进更加有效率的技术。为应对国内的政策压力,跨国公司可能会发展更加清洁的工业生产过程,并且把这些生产过程传播到它们在世界各地的机器操作中。[11]

国外投资在许多方面影响环境。在基于资源的工业中,特别是在石油开采和采矿业中,就像在尼日利亚、印度尼西亚、巴布亚新几内亚等国家被证明的那样,投资会导致当地环境严重退化。另一方面,在制造业领域的外国投资会带来以后年份就业的增加和可能的少资源、少污染密集的技术。

---

⑯   污染避难所:一个国家或地区因为有较低水平的环境规定而吸引许多高污染的企业。
⑰   扭曲的补贴:那些通过损害经济效率的方式改变市场均衡的补贴。

一种获得贸易对环境的不同影响的方法是分别考虑规模、构成和技术影响[18]（scale，composition，and technique effects）。贸易促进了增加（增加规模），改变了工业模式（构成），并且提高了技术效率（技术）。"如果一种（经济）活动的本质不能改变，但是规模在增加，那么随着产出的增加，污染和资源消耗也会随之增加"。[13]构成影响可能会转移一个国家的生产到增加污染产业或减少污染产业的方向。由于更加有效的生产方式和清洁技术的使用，技术影响能够导致污染水平下降。这三种效应的总和可能增加污染水平也可能减少污染水平，或者保持平衡使污染水平不变。一个对 SO_2 的研究结果发现：总的来说，贸易降低了污染水平[14]——但是这对其他的污染物可能不适用。

贸易和全球气候改变

贸易对全球二氧化碳和其他会导致全球气候改变的气体的排放量有着很大的影响。正如前面提到的，扩张的贸易导致运输增加并带来较高的与运输有关的排放量。贸易也会转变碳排放的模式，带来大量的"出口污染"——与进口商品消费相关的碳排放量。图 20.4 展示了主要的国际贸易中的碳流动，主要是基于国际贸易货物的含碳量的分析。能够清楚地看到，一个很大比例的碳排放量是与"南半球"的发展中国家生产，特别是来自中国生产而在欧洲和美国（"北半球"）消费的出口商品相关的产品。这对全球气候改变国际谈判有重要的含义。似乎应是这些消费产品的国家而不是生产产品的国家有责任减排。[15]

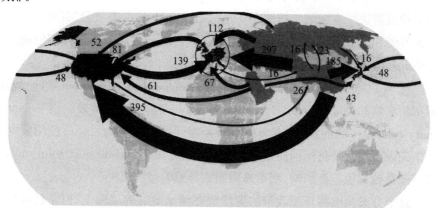

注：图中的单位：CO_2 的百万公吨/年。西欧流入和流出碳的国家主要包括英国、法国、德国、瑞士、意大利、西班牙、卢森堡、荷兰和瑞典。
资料来源：Davis and Caldeira，2010.

图 20.4　国际贸易中的碳流动

⑱　规模、构成和技术影响：贸易对经济增长、工业模式和技术进程的影响，三种效应的总和可能是环境负效应、正效应或者环境中性的。

20.3　贸易协议和环境

已经建议许多机构和政策来平衡贸易的好处和环境保护之间的关系,其中一些建议与标准免税贸易模型很相似,有一些又与这个模型非常不同。我们考察其中的几个解决方案。

世贸组织解决方案

这种解决方案保留了首要的自由或者"自由化"贸易的政策目标,在关贸总协定和其后续组织 WTO 的努力下,通过"多轮"贸易协议,为达成这一目标而耗费 5 年。WTO 成员现在已经包括了 157 个国家,为了贸易和消除对出口行业的补贴,它们努力降低关税(对进口的贸易产品征收的税收)和非关税壁垒。

虽然在资源节约和环境保护的第 XX 规定下,WTO 已经认识到一个贸易规定的特殊例外,但是其小组的裁决却把这解释得相当狭隘。WTO 倾向于怀疑"绿色保护主义"——使用贸易壁垒以保护国内的产业免受环境规定的伪装下的竞争。它们对于在其国界外通过贸易手段来影响环境政策的国家努力也保持冷漠的态度。

WTO 建立了一个贸易与环境委员会,这个委员会解决了一些环境问题,但是没有解决所有问题。按照 WTO 网站的说明,这个委员会"有助于识别和理解环境和贸易的关系以促进可持续发展",并且"为成员国设计和应用解决环境问题的措施,提供建立框架的帮助"。[16]

从 WTO 的视角,环境政策责任首先应该是在国家水平上。尽可能地,国际贸易政策的决定不应该与环境问题合并到一起。这与"特效法则"[19](specificity rule)是一致的:政策方案应该直接以问题的源头为目标。使用贸易方式来完成环境政策目标因而是第二好的解决方案[20](second-best solution),这有可能导致其他不良影响,如贸易限制而导致的经济损失。

这个方案虽然将环境政策的责任放在国家政府的层面上,但是已经在几个方面遭受了批评。它没有考虑竞争性的压力和发展中国家薄弱的管理机构,这种压力可能鼓励贸易国减少环境保护。它也没有充分地处理真正的跨

---

[19]　特效规则:政策手段应该直接以问题的源头为目标导向的观点。
[20]　第二好的解决方案:一个问题的政策手段,该手段不能最大化潜在的净社会收益,但是如果最佳手段不能达到,那么该手段也是可取的。

界和全球的污染问题㉑(transboundary and global pollution problems)。

NAFTA 解决方案

1993 年,美国、加拿大、墨西哥签订了北美自由贸易协定(NAFTA),减少了北美的贸易壁垒。在谈判期间,环保团体强烈认为更加自由的贸易环境可能会导致负面的环境影响,并且指出几个严重的环境问题,这些问题已经影响了加工出口区,这个区域是墨西哥的边境工业区域,材料和设备可以在这里免税进口组装并再出口。结果是签订了一个附属协议㉒(side agreement),北美环境合作协议(NAAEC),建立环境合作的三方委员会(CEC),以及签订了另外一个附属协议——北美劳务合作协议(NAALC),这个协议解决了劳动力问题。

这种对贸易从社会和环境角度的特殊关注是非常关键的,几乎在贸易协议中是前所未有的。虽然 NAFTA 这种不寻常的角度说服了美国的一些环保团体支持这个协议,但是 CEC 几乎没有执行权力。这可能反映出一个国家在执行现存的环保规定方面的失败,但是其作用总的来说被限定为产生一个事实调查报告并提供政府参与的建议。

在 NAFTA 下,农业领域贸易的开放既有社会影响又有环境影响,因为墨西哥的小农场主不能与从美国进口更加便宜的粮食竞争。在美国墨西哥边境,流离失所的农民从农村到城市的迁移加剧了城市环境的压力,并且对非法移民创造了更大的压力。另外,小农遗传多样性的特征可能受到威胁,这可能会导致一个对世界农业非常重要的"活的种子银行的损失"。

在工业污染领域,NAFTA 既有正面的又有负面的影响。墨西哥的环境实施已经改进了,但是增加的工业导致一些地区当地环境质量恶化。一个 NAFTA 环境规定的评论总结道:它已经"远远落后于社区环境的愿望",并且"应该在下一阶段的 NAFTA 得到加强"。[18]但是在美国的自由贸易区域(FTAA)和中美洲自由贸易协议(CAFTA)中,把 NAFTA 扩大到中美洲和南美洲的努力遭遇了反对,他们批评这些协议会进一步减弱社会和环境规定。

NAFTA 中最有争议的一个方面是其第 11 章,该章的协议保护了国外投资者。在这项规定下,那些声称环保规定给其商业活动造成损失的投资者能够控告政府以补偿其损失,并且有几项诉讼已经成功。1999 年,加利福尼亚下令淘汰汽油添加剂 MTBE 和地下水污染,加拿大的制造商 Methanex 要求 10 亿美元的补偿。在很长时间的法律战后,2005 年,北美自由贸易协定法庭拒绝了该请求。[19]自此以后,投资者权利的问题就变成了国际贸易协定中一个

㉑ 跨界和全球的污染问题:超过特定的国家或地区边界的污染和超过这些区域的影响。
㉒ 附属协议:解决社会和环境问题的与贸易条约相关的规定。

主要的问题。在与多米尼加共和国、中美洲国家和秘鲁的贸易协定中,美国同意保护来自被公司征收诉讼主体的"善意的环保法规"。

欧盟解决方案

欧盟在自由贸易区域方面是不寻常的,它有自己的立法和行政机构。不像北美自由贸易协定,欧盟有权对其成员国制定环保规定约束,名为环境标准的统一㉓(harmonization of environmental standards)。然而,应该注意到这个政策手段不仅仅涉及自由贸易,它需要一个超越国家权力机构制定环境标准的创新。

区域贸易政策也带来了"更加协调"和"更加不协调"的问题。一些国家可能被要求加强其环保政策以达到欧盟的标准。但是一些国家可能会发现其环保规定减弱了。欧盟把丹麦关于回收瓶子的法律认定为贸易壁垒,推翻了该法律,挪威选择不加入欧盟,部分是因为害怕它可能会被要求执行严格的国内环保规定。

对贸易协定来说,像欧盟现存的这种执行国家环境法规是相对罕见的。虽然在1992年的关贸总协定乌拉圭贸易谈判之后采用的准则都呼吁统一国际环保标准,但是自愿的过程是不存在的。

多边环境协定(MEAs)

人们花了很长时间认识到一些环保问题需要国际解决方案。解决贸易和环境问题的第一个国际条约是1878年的Phylloxera协议,该协议为了防止害虫损害葡萄园而限制了葡萄的贸易。1906年,达成了火柴中禁止使用磷的国际公约。磷导致了火柴工人患上职业病,但是磷是最便宜的火柴组成成分。国际公约要求防止任何出口国在火柴生产中使用磷来获得竞争性优势。

从此,许多国际条约都回应了特定的环境问题,如保护海洋、候鸟、北极熊、鲸鱼和濒危物种的公约。在关于消耗臭氧层物质的蒙特利尔议定书(1987)、关于危险废物巴塞尔公约(1989)、南极条约(1991)、跨界和高度洄游鱼类种群的公约(1995)、关于气候变化的京都协议(1997)、生物多样性公约(2002)、中卡塔赫纳生物安全议定书(2003)中,跨界和全球环境问题得以解决。这些国际条约已经解决了某个国家不能解决的生产方式的环保后果。

工艺和生产措施(PPM)标准在国内生产制造业的征收显然是国家特权,但是无论生产过程是怎样的,它都不能用来限制进口的商品。这种行动的类型与(世界贸易规则)相冲突。然而,更容易接受的是如果作为一个适当的措

㉓　环境标准的统一:正如欧盟一样,国家间环境标准统一。

施,工艺和生产措施包括一个多边环境协议,那么该措施的征收情况就是多边的而不是单边的。

　　然而,关于 WTO 的多边环境协议依然存在严重的问题。在发生冲突的情况下哪项国际协议应优先?例如,京都协议鼓励对发展中国家的能源有效技术进行补贴转移,但是这种规定可能会违背 WTO 关于出口补贴的规定。然而,例如,美国等国家的海洋哺乳动物保护法案与 WTO 的规则冲突,至今为止,还没有哪个大的测试案例能解决 MEA 与贸易协议之间的冲突。但是一些分析家认为,与 WTO 规则冲突的可能性对 MEA 达到目标产生了"激冷"效应。[23]

20.4　可持续贸易的策略

　　新兴的 21 世纪的全球经济的特点在于资源和环境限制两方面,并且对于发展中国家越来越重要。全球贸易继续急剧增加:

　　世界经济的国际贸易和投资流量水平一直在增加。按照世界银行的估计,1960 年贸易(出口加进口)占全球生产总值(GDP)的比例是 24%,在 1985 年是 38%,2005 年是 52%。[c]

　　扩张的全球贸易将会带来效率增加、技术转移和可持续生产产品的进出口等效益,但是我们必须从社会和生态的角度来估计贸易效应。

　　世界银行的一个贸易和环境问题评论发现:"现在的争论中,许多参与者都同意(a)更加开放的贸易促进了经济增长和福利增加,(b)在没有合适的环境政策的情况下,增加的贸易可能会给环境带来不利影响。"[25]这暗示了未来的贸易协议必须明确考虑到环境可持续性。把持续性介绍到贸易政策中要求全球、区域、当地水平上的机构变革。

"绿化"全球环保组织

　　在全球的水平上,机构改革的倡导者提出了建立世界环境组织[24](World Environmental Organization,WEO),这个组织作为国家环境保护机构平衡了财政部门和商务部门,并且将与 WTO 抗衡。[26]这将创造一个全球环境倡导组织,可能也会导致与其他跨国机构的冲突和僵局。

　　另一个方法是"绿化"现存的机构,扩大现在 WTO 的第 XX 条的环境和

————————

　　c　世界银行的数据既包括进口也包括出口。只有出口的情况占 GDP 的百分比是 28%。这意味着 2010 年全球经济生产的 28% 都是通过跨国界贸易进行的(Gallagher,2009;世界银行,2008)。

　　㉔　世界环保组织(WEO):一个拟议的国际组织,该组织负责全球环境问题。

社会规则,并且调整世界银行和国际化基金组织的任务以强调可持续的贸易发展目标(在第 12 章中讨论的)。

世界环境组织的观点似乎是一种空想,但是得到了关键的支持。按照欧盟委员会副主席 Sir Leon Brittan 的观点:"在一个国家的领土内设定一个环境标准可能是好的,但是如果超出国界,其损害将会怎样呢? 在一个急速全球化的世界,越来越多的问题在国家或者双边的水平上不能有效地解决,甚至在欧盟这样的区域贸易集团的水平上也不能解决。全球问题需要全球解决方案。"[27]

在对农业补贴的贸易协议进行谈判时,WEO 也起到了很大的作用,它尝试将农业补贴投入到土壤保护和低投入的农业技术发展中。随着全球二氧化碳排放量一直在增加,能源领域贸易可能需要结合排碳税或者可交易许可证方案,正如第 19 章所讨论的。全球关于森林和生物多样性保护的协议也有可能加入特殊的贸易限制、关税优惠或者标识系统。在这些所有的领域中,一个有力的对环境利益的制度倡导者对贸易条约和规定的形成产生了重要的影响。

当地的、区域的和私人的部门政策

全球化的趋势越来越使社区受全球市场的影响,这种影响可能与加强当地和区域促进可持续发展的政策目标相冲突。对于资源的可持续管理来说,资源节约保留的权利与地方和国家机构的管理是重要的。大部分环保政策应用在国家水平上,并且保持国家执行环境标准的权威也是重要的。

在如 NAFTA 这样不涉及超国家的规则制定机构的区域分组中,贸易协议给了以可持续农业和资源管理为目的的国家政策的特殊地位。NAFTA 规则目前优先考虑国际环境条约(如关于危险废物的巴塞尔公约、关于消耗臭氧层物质的蒙特利尔议定书、关于濒危物种的 CITES 条约)。这个原则可能会扩展到所有国家的环境保护政策,并且可以建立对环境违法行为的有效制裁。

例如,欧盟等区域贸易和关税同盟包括了当选的超国家的政策制定机构,其有责任制定关于环境和社会的规定,这些规定在一定程度上是其合法的民主授权允许的。跨界问题是超国家机构进行环境制定规则的逻辑区域。它们有权干涉国家决策,因此这个过程是以"协调起来"环境标准而不是"协调下去"环境标准为目标的。这就意味着自由贸易区域内的国家保持并加强它们认为合适的社会和环境标准的权利。

可持续地生产产品的认证和标识㉕的发展可以来自公共的或私人的倡议。德国的可回收和再生产品的"绿点"("greendot")系统就是一个例子。私

㉕　认证和标识:参考"认证"和"环境标志"。

人的、非政府的组织也能为咖啡和木材等产品建立认证系统。"自由贸易"
("Fair trade")网络认证了贸易商品生产的社会和环境责任。虽然它仅仅代
表一小部分的贸易,但是自由贸易工业已经经历了一种快速的销售增长率。[28]

　　有证据表明,存在许多不同的方法能够协调贸易和环境政策的目标。在
一篇回顾贸易和环境争论的文章中,Daniel Esty 总结道:"在能否解决贸易与
环境的联系方面没有真正的选择,这种联系是一种事实……因此,以一种全面
的、系统的方式建立贸易环境敏感性符合贸易团体以及环保人士的利益。"[29]
在可见的未来,在区域和全球水平上,贸易谈判达到这些目标将会是一个很大
的挑战。

总　结

　　贸易扩张总是会引发环境问题。贸易可能会增加国家、区域或者全球水
平上的环境外部性。虽然对于国家来说,通过贸易来追求比较优势,通常在经
济上是有优势的,但是贸易也可能产生环境影响,如增加污染或者使自然资源
退化。

　　贸易的环境既影响出口者也影响进口者。由于出口农作物的引入而改变
的农业种植模式包括环境效益或者环境损失。贸易的第二个影响可能是现存
的社区被破坏、迁移越来越多和土地贫瘠。

　　国际贸易协议制定了资源保护和环境保护的规定,但是这些通常是自由
贸易一般原则的特例。在世界贸易组织中(WTO),各国可能会考虑一个产品
的环境影响而不会考虑其生产过程。这导致一个严重的贸易争议,那就是是
否应该根据保护生命和健康的理由而采取特殊的措施或者说这只是变相的保
护主义。

　　政策对贸易和环境问题的反应会出现在国家的、区域的和全球的层面上,
欧盟就是一个自由贸易区的例子,这里包括制定跨国环保标准的机构。北美
自由贸易区包括了一个附属协议,并且建立了环境监测的权威机构——环境
合作委员会,但是这个机构并没有多大的执行权力。

　　多边环保协议(MEAs)解决了特殊的跨界或全球环保问题。MEAs 和
WTO 的规则之间的冲突可能发生,但是至今都被避开了,同时,提出建立世
界环保组织的建议来负责全球环境政策并且倡导世界贸易系统的环境利益。

　　在区域或全球的水平上缺少有效的环保政策,国家政策必须解决与贸易
相关的环境问题。由政府或者私人的非政府组织设立的认证和标志,要求能
够帮助促进消费者提高认识并在国际贸易中更加"绿色地"参与。

问 题 讨 论

1.有毒废物的贸易对福利有什么影响？这种贸易应该被禁止吗？或者说，它能服务于一个有用的功能？谁应该有权规范有毒废物的贸易，单个国家？当地社区？还是一个全球性的权威机构？

2.环境标准统一能够解决贸易的环境外部性问题吗？在北美自由贸易区、欧盟和世贸组织，关于环境统一的问题有什么不同？统一能够促进经济有效性和提升环境吗？或者说，它能导致更低的环境标准？

3.如果一个多边环保协议的规定与 WTO 的原则发生冲突，应该如何解决？哪一个应该有权做决定？为了解决这个问题，应该采取经济原则？社会原则还是环境原则？

注 释

1.See Gallagher, 2009; McAusland and Costello, 2004.

2.For more on the IMF, the World Bank, and structural adjustment, see Chapter 21.

3.Reed, 1996, 86, 96.

4. See "Kenya's Flower Industry Shows Budding Improvement," *Guardian*, April 1, 2011, www.guardian.co.uk/environment/2011/apr/01/kenya-flower-industry-worker-conditions-water-tax.

5.Paarlberg, 2000, 177.

6.Brack, 1998, 7.

7. See www.europarl.europa.eu/news/en/pressroom/content/20120314 IPR40752/html/Win-win-ending-to-the-hormone-beef-trade-war/.

8.Brack, 1998, 113.

9.See Jaffe et al., 1995 (quoted); Gallagher, 2004.

10. See www.cela.ca/article/international-trade-agreements-commentary/how-canada-became-shill-ethyl-corp.

11.See Zarsky, 2004.

12.Neumayer, 2001, x.

13.Gallagher, 2009.

14. Antweiler et al., 2001.

15. See Davis and Caldeira, 2010; Giljum and Eisenmenger, 2004.

16. See www. wto. org/english/tratop _ e/envir _ e/envir _ e. htm; Charnovitz, 2007.

17. See Wise, 2007, 2011.

18. Hufbauer et al., 2000, 62. See also Deere and Esty, 2002; Gallagher, 2004.

19. See Mann, 2005.

20. Gallagher, 2009, 296.

21. Charnovitz 1996, 176—177.

22. Brack, 1998, 65.

23. Gallagher, 2009; Neumayer, 2001.

24. Note that the World Bank figure adds both exports and imports. Exports alone represent 28 percent of GDP. This means that about 28 percent of global economic production in 2010 was traded across country borders (Gallagher, 2009; World Bank, 2008).

25. Fredriksson, 1999, 1.

26. See Biermann and Bauer, eds., 2005; Esty, 1994, chap. 4; Runge, 1994, chap. 6.

27. Brack, 1998, 19, 20.

28. See www. fairtraderesource. org and www. fairtradefederation. org for a review of fair trade initiatives.

29. Esty, 2001, 114, 126—127. See also Harris, 2000.

参考文献

Antweiler, Werner, Brian R. Copeland, and M. Scott Taylor. 2001. "Is Free Trade Good for the Environment." *American Economic Review* 91(4) (September): 877—908.

Biermann, Frank, and Steffen Bauer. 2005. *A World Environment Organization: Solution or Threat For Effective International Environmental Governance?* Aldershot, UK: Ashgate Publishing.

Brack, Duncan, ed. 1998. *Trade and Environment: Conflict or Compatibility?* London: Royal Institute of International Affairs.

Charnovitz, Steve. 1996. "Trade Measures and the Design of International Regimes." *Journal of Environment and Development* 5(2): 168—169.

——. 2007. "The WTO's Environmental Progress." *Journal of International Economic Law* 10(3): 685—706.

Davis, Steven J., and Ken Caldeira. 2010. "Consumption-based Accounting of CO_2 Emissions." *Publications of the National Academy of Sciences*, March 8. www.pnas.org/content/early/2010/02/23/0906974107.full.pdf+html.

Deere, Carolyn L., and Daniel C. Esty. 2002. *Greening the Americas: NAFTA's Lessons for Hemispheric Trade*. Cambridge, MA: MIT Press.

Esty, Daniel C. 1994. *Greening the GATT: Trade, Environment, and the Future*. Washington, DC: Institute for International Economics.

Fredriksson, Per G., ed. 1999. "Trade, Global Policy, and the Environment." World Bank Discussion Paper no. 402, Washington, DC.

Gallagher, Kevin P. 2004. *Free Trade and the Environment: Mexico, NAFTA, and Beyond*. Palo Alto: Stanford University Press.

——. 2009. "Economic Globalization and the Environment." *Annual Review of Environment and Resources* 34:279—304.

Giljum, Stefan, and Nina Eisenmenger. 2004. "North-South Trade and the Distribution of Environmental Goods and Burdens: A Biophysical Perspective." *Journal of Environment and Development* 13(1): 73—100.

Harris, Jonathan M. 2000. "Free Trade or Sustainable Trade? An Ecological Economics Perspective." In *Rethinking Sustainability: Power, Knowledge, and Institutions*, ed. Jonathan M. Harris, Ann Arbor: University of Michigan Press.

Hufbauer, Gary C., Daniel C. Esty, Diana Orejas, Luis Rubio, and Jeffrey J. Scott. 2000. *NAFTA and the Environment: Seven Years Later*. Washington, DC: Institute for International Economics.

Jaffe, Adam B., et al. 1995. "Environmental Regulation and the Competitiveness of U.S. Manufacturing." *Journal of Economic Literature* 33(March 5): 132—163.

Mann, Howard. 2005. *The Final Decision in Methanex v. U.S.: Some New Wine in Some New Bottles*. Winnipeg: International Institute for Sustainable Development, www.iisd.org/pdf/2005/commentary_methanex.pdf.

McAusland, Carol, and Christopher Costello. 2004. "Avoiding Invasives: Trade-Related Policies for Controlling Unintentional Exotic Species Introductions." *Journal of Environmental Economics and Management* 48: 954—977.

Neumayer, Eric. 2001. *Greening Trade and Investment: Environmental Protection without Protectionism*. London: Earthscan.

Paarlberg, Robert. 2000. "Political Power and Environmental Sustainability in Agriculture." In *Rethinking Sustainability: Power, Knowledge, and Institutions*, ed. Jonathan M. Harris, Ann Arbor: University of Michigan Press.

Reed, David, ed. 1996. *Structural Adjustment, the Environment, and Sustainable*

Development. London: World Wide Fund for Nature.

Runge, C. Ford. 1994. *Freer Trade*, *Protected Environment*: *Balancing Trade Liberalization and Environmental Interests*. New York: Council on Foreign Relations Press.

Wise, Timothy A. 2007. "Policy Space for Mexican Maize: Protecting Agro-biodiversity by Promoting Rural Livelihoods." Tufts University Global Development and Environment Institute Working Paper no. 07−01, February, Medford, MA. www. ase. tufts. edu/gdae/policy_research/MexicanMaize. html.

——. 2011. "Mexico: The Cost of U.S. Dumping." North American Congress on Latin America, *Report on the Americas*, January/February. www. ase. tufts. edu/gdae/Pubs/rp/WiseNACLADumpingFeb2011 .pdf.

World Bank. 2008. *World Development Indicators*. Washington, DC.

Zarsky, Lyuba. 2004. *International Investment Rules for Sustainable Development*: *Balancing Rights with Rewards*. London: Earthscan.

相 关 网 站

1. **www.wto.org/english/tratop_e/envir_e/envir_e.htm.** The World Trade Organization's Web site devoted to the relationship between international trade issues and environmental quality. The site includes links to many research reports and other information.

2. **www.cec.org.** Home page for the Commission on Environmental Cooperation, created under the North American Free Trade Agreement "to address regional environmental concerns, help prevent potential trade and environmental conflicts, and to promote the effective enforcement of environmental law." The site includes numerous publications on issues of trade and the environment in North America.

3. **www.oecd-ilibrary.org/environment.** The Web site for the environment division of the Organization for Economic Cooperation and Development, including many publications dealing with trade and environmental policy.

4. **www. iisd. org/trade/handbook.** This handbook, a joint effort of the International Institute for Sustainable Development and the United Nations Environment Programme, provides a guide to trade, environment, and development issues.

5. **www. fairtradefederation. org.** Home page for the Fair Trade Federation, an organization dedicated to promoting socially and ecologically sustainable trade.

第21章 可持续发展的机构和政策

焦点问题

- 经济发展的目标与环境可持续发展的目标能够一致吗?
- 如何"绿化"目前的发展机构?
- 在全球、区域和当地水平上如何追求可持续性?
- 对于 21 世纪来说,重要的环境和发展问题是什么?

21.1 可持续发展的概念

在过去的 40 多年中,发展中国家和发达国家关于环境在经济发展中的角色都从一个可忽略的问题转为一个重要的问题。然而,在国家和全球的角度,这种观念的转变并非都能转化为有效的政策。设计和应用政策来促进环境可持续的一个最大障碍是人们相信这种政策会阻碍岗位创造和经济发展(第 17章讨论的一个问题)。在 20 世纪 80 年代,这种假设的矛盾在可持续发展理念出现时找到了一些解决方案——一个在过去 25 年里受到广泛支持的概念,但是因为这个概念太过于模糊,所以没有带来任何重大变化,因而受到谴责。

这一章将讨论这个概念的起源、涉及可持续发展的经济问题、作为新政策设置的蓝图的长处和局限性。我们探讨了全球性制度如何对可持续发展的概念做出反应,根据环境可持续的目标会在何种程度上重新定位经济发展的概念。

我们也专注于这些全球性制度的局限性。特别是在气候改变领域,如2009 年的哥本哈根会议、2010 年的里约 20 国峰会和多哈气候变化会议,最近的国际会议的结果都令人失望(正如第 19 章中讨论的)。[a] 面对全球性障碍,

---

a   在 1992 年里约热内卢举行的原始联合国环境与发展会议二十年之后举行了里约 20 国峰会,它是关于可持续发展的联合国大会,也被称为 2012 年地球峰会。

我们探讨了南半球和北半球的农村和城市区域的地方举措如何能够结合经济发展的目标和生态可持续性的目标,并且我们能从这些例子中获得什么总结以解决 21 世纪的挑战。[b]

21.2　可持续发展的经济

所有的国家都在寻求经济发展。然而,直到目前,经济发展政策都很少注意到环境。仅仅在过去的 40 年里,发达国家才开始认识到需要采取特殊政策来保护环境。在许多国家,环保的概念甚至是非常近代的。

例如,美国在 1970 年设定了环境保护法案。在此之前,一个活跃了将近一个世纪的环境保护行动主要集中于公共土地的保护。工业系统应该受某种环境控制影响的观点不是经济发展理论的组成部分,也不是 20 世纪的实践活动。

直到 20 世纪结束,人们才清楚地认识到环境和发展的问题不能分离。这引起了可持续发展[①](sustainable development)的概念。在 1987 年,世界环境与发展委员会(WCED)通过提出以下定义来解决环境和发展之间的冲突问题:

> 可持续发展指的是既满足当代人的需求,又不损害后代人满足其需求能力的发展。

按照 WCED(其发现也被称为布伦特兰报告(Brundtland Report)),可持续发展的概念必须调和两个关键概念:

● "需求"的概念——特别是世界上穷人的基本需求——这暗示了在解决伦理问题时,按照公平合理的价值来设定优先次序的问题。

● 由环境满足现在和未来需求能力受到限制的观点引发了平衡现在和未来需求的问题。

起源于 WCED 的可持续发展的概念被定义为三个维度:生态的、社会的和经济的,可由图 21.1 来表示。

在三个维度的交叉处能够达到完全的可持续性——满足环境适应力(自然生态系统的自我更新和再生的能力)的要求、社会平等(满足人类基本需求的必要性,因此每个人都能过上一种有尊严的生活)、经济性(提供足够的经济产品和就业的要求)。每一个维度都很重要。

---

b　"南半球"和"北半球"用来指代位于北半球的经济更加发达的国家和主要位于南半球的发展中国家。

①　可持续发展:指既满足当代人的需求,又不损害后代人满足其需求能力的发展。

在经济必要性和环境问题的交叉处，其范围是生态可持续性的维度。本书的焦点主要在于解决处理交叉的问题，但是相关的社会问题也同样关键：

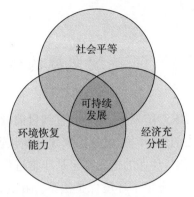

图 21.1　可持续发展的概念化

- 社会如何应对生态限制和约束向人们提出了一个问题：社会和文化规范如何帮助或者阻碍向生态可持续发展的过渡。为了使向生态可持续发展的过渡在社会上、文化上、政治上能够被接受，可以通过教育来转变这些规范。

- 社会公平也是可持续发展概念的一个重要部分。一个平等的社会不是必须要完全的平等，但是，需要满足经济公平和所有人基本需求的规定。

可持续发展的概念被许多不同的支持者广泛接受，包括商业、政治环保活动和倡议者。但是，正因为它包罗万象，这个概念以不同的方式被使用和滥用着，对不同的人意味着不同的事情。本章，我们从理论和实践的角度尝试更加具体地判别可持续发展的含义。

可持续发展：对发展中国家和发达国家的含义

发展在社会层面和生态层面可持续的含义在发展中国家和发达国家是不同的。现在的发达国家通常有大量的资本存量[②]（capital stock）和广泛的基础设施，包括发电厂、高速公路、工厂、扩展的城市、近郊业务、住宅建设、水坝、灌溉系统和对现代经济生产很关键的其他要素。在尝试达到环境可持续发展的目标时，这些都有优点和缺点。

一方面，更强的经济能力和更先进的技术使得实现环境保护系统更加可能和更加负担得起。另一方面，现有的大量资源使用的存量、浪费和污染产生的资本、消费者对产品持续流量的需求都意味着发达国家被锁定在不可持续的生产方法里。这种锁定可以是技术上的，如对化石燃料和与其相关的技术的依赖性，也可以是社会的，如美国人不愿意考虑汽车为主的运输方式的替代

---

②　资本存量：在一个给定地区的资本存量，包括生产资本、人力资本和自然资本。

方案。按照图 21.1 中展示的图形,存在一个情况是生态可持续发展的阻碍既是经济的又是社会文化的。

发展中国家在达到可持续发展目标过程中存在不同的问题。因为发展中国家的初始收入水平很低,所以它们主要的社会和经济目标是扩大产量。正如我们看到的,发展中国家也有相当大的人口增长势头。人口的增加和经济发展相结合给增加资源的使用和浪费以及污染的增加带来了很大的压力。

如表 21.1 所示,大部分发展中国家现在仍然是一个低的人均环境影响,如果它们采取相似的发展模式,那么它们也有人口和经济潜力来"赶超"发达国家高水平的环境影响。例如,虽然中国的人均能源消费少于美国人均能源消费的 1/4,中国的总能源消费已经超过了美国。印度的人均能源消费比美国人均能源消费的 1/10 还少。如果中国和印度的人均能源消费水平都与美国相同,那么世界的总能源消费会比现在的两倍还要多。同样,如果全世界居民的二氧化碳排放量是按照美国居民的人均水平来计算,那么全球的二氧化碳排放量将会成为现在的 4 倍。

表 21.1　　　　　　　　　**部分国家的环境数据**

国家	2011 年人口（百万）	能源消费[1]		CO_2 排放[2]		机动车辆[3]	
		人均	总量	人均	总量	每 1 000 人	总量
孟加拉国	150	201	30	0.3	46	3	0.5
中国	1 344	1 695	2 257	5.3	7 049	47	62.6
法国	65	3 959	256	5.9	366	598	37.7
印度	1 241	560	676	1.5	1 722	18	21.1
日本	127	3 700	472	9.5	1 207	589	74.8
墨西哥	112	1 559	175	4.3	473	276	30.4
泰国	70	1 504	103	4.2	273	134	9.0
美国	311	7 051	2 163	18.0	5 472	802	246.2
世界	6 974	1 790	12 483	4.8	32 102	137	933.0

资料来源:世界银行,世界发展指标数据库,http://data.worldbank.org/topic/。

[1]来自于所有资源的商业能源,由每人油等量千克测量,2009 年数据。总量是油等量的百万公吨。

[2]从工业过程排放,由每人 CO_2 公吨测量,为 2008 年的数据,总量是百万公吨。

[3]包括汽车、公交系统和摆渡船,数据的日期:泰国为 2006 年,其他为 2009 年,总量是百万车辆。

然而,发展中国家在追求发展的道路上可能有更好的选择。它们没有必要致力于资源密集型,而且产生废物较多的经济增长模式。作为后来发展的参与者,发展中国家能够获得改进的技术,特别是在发达国家的帮助下,并且能够避免发达国家做过的昂贵的环境代价(有时候被称为"后来者"优势的现象）。但是发展中国家也与发达国家竞争有限的资源和环境有限的对全球污染物的吸收能力，如二氧化碳等（见专栏 21.1）。

专栏 21.1　　　　　　　　中国和全球环境的未来

影响全球环境的一个主要因素是中国在不造成严重的和不可逆转的生态破坏的情况下发展经济的能力。中国有着多于 13 亿的人口，已经使用了大约 18％的世界商品能源，并且应该对全世界 22％的二氧化碳排放量负责。中国已经经历了世界上最快速的经济发展速度，从 2000 年到 2012 年，每年的国内生产总值（GDP）增长速率平均超过 8％。[1]

如果中国经济继续增长下去，那么环境将会发生什么？即使中国有相对较低的人均影响，但是中国巨大的总人口（大约是全球人口的 19％）意味着中国已经引起了严重的全球环境影响。中国已经超过美国成为了世界最大的能源消费者和二氧化碳排放者。

由于工业和农业生产的快速增加，中国正在面临一个生态和健康危机。2004 年，一份报告指出："严重的空气污染导致呼吸系统疾病，这个疾病每年会杀死 30 万人"（Yardley，2004）。2007 年，世界健康组织估计"西太平洋地区死亡人口的 17％连接到一种或多种环境健康风险，中国是该地区大部分人口的贡献者……中国水利部报告指出，中国 70％的河流和湖泊都被污染了。"

在过去 10 年，中国已经开始认真对待气候变化，通过大量投资风能和太阳能，中国变成了世界上最大的风力涡轮机和太阳能电池板的制造商、碳封存技术发展的"领头羊"。2011 年，中国公布了"十二五"计划，声称在 2012～2017 年将会减少 17％的碳强度（每单位 GDP 的排碳量），并且到 2050 年将会努力用可再生能源来满足 50％的能源需求。

许多观察家认为，中国宏伟的长期目标是不能实现的，因为现在的可再生能源仅仅占这个国家能源使用的 1％还低。中国对煤的消费一直在增加，每年大约是 17％，并且国际能源机构估计：到 2030 年，中国能源需求的 80％左右还是靠煤和石油来满足——这使得中国宣布的生态可持续性目标变得不现实。

注：中国的实际国内生产总值增长速率：www.indexnundi.com/china/gdp_real_growth_rate.html.

资料来源：Brown，2005；国际基金组织，2012；Lee，2011；美国能源信息部，2012；世界健康组织，2007。

21.3　改革全球机构

国际机构经常有一些有冲突的议事日程,反映了经济增长的需求与人类发展和环境保护需求之间的紧张局势。例如,世界银行、国际货币基金组织(IMF)、世界贸易组织(WTO)等主要的全球机构把促进经济发展作为自己的首要目标,这往往是以损失环境为代价的。正如我们在第 20 章中看到的,环境问题在世贸组织中是有争议的。IMF 在其宗旨中并没有包括环境因素,但是其货币政策对环境和发展中国家与发达国家之间都有着显著的影响。至于世界银行,其功能是为发展提供金融支持,只是在最近,环境因素在其政策制定时发挥了重要的作用。[c]

在 20 世纪 80 年代和 90 年代,世界银行频繁地遭受抗议,由于它们为那些破坏环境的项目提供资金,如大型水坝建设和森林砍伐。世界自然基金会(WWF)在 20 世纪 90 年代实施的一项研究表明,世界银行支持的结构性调整[③](structural adjustment)[d] 政策带来了可再生资源和不可再生资源消费的增长,给环境吸收污染的环境的降解功能[④](environmental sink functions)带来了严重压力,自然资源[⑤](natural capital)下降,并且减弱了环境保护能力。[2]WWF 研究建议将环境问题纳入宏观经济改革的计划中。WWF 的这一分析就像其他报告一样,指出了忽视环境将会带来长期的问题,这也将会破坏经济目标。

部分由于外界对其政策的批评,世界银行开始在贷款中突出考虑环境问题,并且让一些项目集中在环境和自然资源管理上。1994 年,世界银行的环境和自然资源管理(ENRM)投资组合占总贷款的 17.2%,但是在过去 10 年里下降到大约 10%(见图 21.2)[3]。正如世界银行的独立评估小组指出,在 1990~2007 年的财政年度间,世界银行承诺的总额是 6 792 项项目中投入

---

c　世界银行和国际货币基金组织都是在 1944 年为了稳定世界金融系统而建立的。国际货币基金组织"掌管着监督国际货币体系的职责以确保利率稳定并且鼓励成员国消除那些阻碍贸易的外汇管制",而世界银行"不是普通意义上的银行,而是一个特殊的团体,其目的是消除贫困、支持发展"。有时候以较低的利率水平提供贷款给发展中国家以"支持广泛的投资,投资领域包括教育、健康、公共管理、基础设施、金融和私营部门发展、农业、环境和自然资源管理等"。详见 www.imf.org 和 www.worldbank.org。

d　结构性调整政策指的是与发展中国家贷款相关的一系列贷款条件,其目的是为了促进以市场为导向的经济改革。总的来说,这些条件包括财政和金融措施,目的是平衡政府预算、限制货币供给以防止通胀。另外,国家必须降低贸易壁垒,纠正被高估的汇率,并且使国有企业私有化。

③　结构性调整:在发展中国家,与贷款相关,以刺激市场为导向的经济改革的政策。例如,控制通货膨胀,减少贸易壁垒和国企私有化。

④　环境的降解功能:见"降解功能"。

⑤　自然资源:来自土地和资源可用的馈赠,包括空气、水、土壤、森林、渔业、矿业以及维持生命的生态系统。

4 015亿美元——其中 2 401 项项目被具体确定为纳入环保和自然资源管理组合中。1994~2007 年,官方估计相关的 ENRM 项目总共 590 亿美元(大约占世界银行总贷款额的 15%)。[4]

这些项目既包括一个"棕色议程"(污染管理),也包括一个"绿色议程"(自然资源保护),涉及森林管理、综合虫害管理、分水岭康复、能源效率和可再生能源、水资源管理和下水道系统,有时候也与其他的国际环保和发展组织合作。

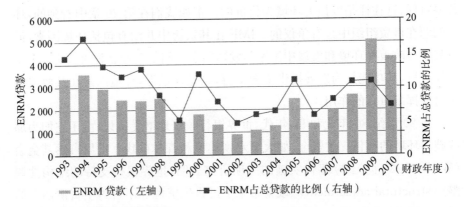

注:ENRM=环境和自然资源管理。

资料来源:世界银行,2004,2010.

图 21.2　活跃的世界因哈根环保投资组合(1993~2010 财政年度)

另外,世界银行所有的项目都被筛选出了潜在的环境影响。农村发展项目越来越强调土地资源管理、油和水的保护、可持续农业技术方面的培训。城市发展项目包括水和卫生设施的升级和固体废物管理。能源贷款包括促进能源效率、可再生能源资源、天然气等清洁化石燃料的发展。世界银行在双项目上投资的例子——贫困和环境可持续性的消除——包括在孟加拉国农村大规模应用太阳能电气化的努力(见专栏 21.2)。

作为部分"绿化"的努力,世界银行也建立了一个碳金融部门(CFU),这个部门不会贷款或者发放资源给各种项目,而是使用经济合作与发展组织成员国的政府和企业投入的资金,在碳排放交易体系下建立购买减排量的合约,正如第 19 章讨论的。世界银行的碳金融部门正在帮助发展中国家建立重新造林的项目,这个项目在更大的规模上能够减缓气候改变的一些影响。例如,刚果民主共和国和埃塞俄比亚等几个最贫困的非洲国家能够从这个项目中获益。

尽管世界银行政策中关于环境的内容显著增加,批评者们认为"世界银行和国际货币基金组织并未留意到它们的政策对生态健康的深刻影响和受援国的社会结构"⁵。世界资源研究所的一份报告指出,在 2005～2007 年,在世界银行对能源领域的贷款中,用少于 30% 的贷款综合考虑了气候和项目决策制定——然而世界银行的 18 亿美元的能源领域的投资组合中,大约有超过 50% 没有考虑气候改变(图 21.3)。⁶

专栏 21.2　　　孟加拉国的农村用电和可再生能源发展

　　孟加拉国大约 1.5 亿人口都缺乏可靠的电力资源。大范围的农村用电和可持续能源发展项目都是在 2009 年启动,世界银行为该项目提供了 1.3 亿美元的零利率国际开发协会(IDA)贷款,在 2011 年提供了另外的 1.72 亿美元的贷款。两年的时间里,超过 140 万的低收入农村家庭能够使用太阳能光伏板提供的电能,大部分的光伏板是从中国进口的。

　　除了给无服务的社区输送电,世界银行也通过避免照明煤油和柴油的使用来减少碳排放量。孟加拉国的太阳能发电工业和其供给链也有助于直接或者间接地创造大约 50 000 个工作机会。

　　按照世界银行的可持续能源部门主管 Vijay Iyer 的估计:"太阳能光伏板价格的下降与化石燃料的高价格、电网连接速度缓慢、手机在穷人中的普及(这驱动了需求)相结合创建了用于离网太阳能新的巨大潜力——不仅仅在孟加拉国,也在许多其他的低收入国家中。"

　　资料来源:世界银行,"Energy from Solar Panels Transforms Lives in Rural Bangladesh",http://go.worldbank.org/SJPSS5C0RGO.

专栏 21.3　　　埃塞俄比亚和刚果民主共和国再造林

　　埃塞俄比亚失去了其 97% 的原始森林,对当地居民的生活和生态都造成了严重的后果。Humbo 埃塞俄比亚辅助天然林更新项目(由世界银行的碳金融单位支持)正在修复 2 700 公顷的原始森林的生物多样性,同时该项目也支持了当地的收入和就业。

　　在刚果民主共和国的 Bateke 高原,生态系统是由干燥的森林和土地构成的,由于木炭生产和自给性农业,容易遭受不受控制的退化和森林滥伐。IBibateke 退化草原造林项目是将 4 200 公顷的天然草原转化到丰富的、可持续的薪柴木炭生产供应中去。这个项目鼓励当地居民和农民停止对当地天然森林的破坏并且主要集中于森林管理。

　　资料来源:世界银行碳金融单位,http://wbcarbonfinance.org.

　　因为世界银行提供的是贷款而不是补助金,资金最终必须要偿还。为了促进债务偿还,贷款人强调促进出口,这会导致国家进行自然资产清算,破坏

其长期经济预期。另外,在地方水平上,处理数十亿美元的庞大的官僚机构通常没有准备好与可持续发展的举措联系起来。

　　全球环境设施(GEF)的建立是一种几个国际机构共同努力来促进可持续发展的尝试。作为一个十个国际组织的联合行动,全球环境设施(GEF)建立于1991年,为发展中国家和那些有着经济转型项目的国家提供补助金,这些项目包括生物多样性、气候改变、国际水域、土地退化、臭氧层空洞、化学物质等。这些项目有利于全球环境,结合了当地的环境挑战、国家环境挑战、全球环境挑战、促进可持续的发展方式。

　　在过去的20年,GEF已经分配了100亿美元,通过联合融资又补充了超过470亿美元,涉及超过168个发展中国家和有经济转型项目的国家的2 800多个项目。

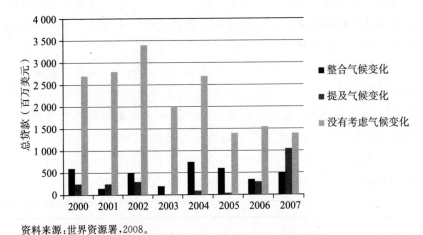

资料来源:世界资源署,2008。

图21.3　世界银行能源金融和气候变化

全球环境治理的缺点

　　1972年,在斯德哥尔摩举行的第一次联合国人类环境会议与2012年的里约20国峰会指出,一个宏伟的议程是推动国家与国际社会环境的可持续发展的更大的承诺。[e]然而,对于达成有意义的任何国际共识的目标都是困难的。

　　一个关键的问题是,发展中国家和发达国家是否能够一起合作共同促进环境可持续发展道路。正如我们在第19章对全球气候政策的讨论,各国很难达成协议。发展中国家认为富裕的国家应该首先"清理它们的行为"。发达国

---

e　要想获得可持续发展国际机构建设中的主要的基准的详细历史记录,参考2012年的国际可持续发展研究所的可持续发展时间表,www.iisd.org/pdf/2012/sd_timeline_2012.pdf。

家担心除了发展中国家之外的生产快速增长将会耗尽效率和污染控制中得到的收益,除非发展中国家能够调整经济目标。这种观点的差异并不一定会导致僵局。共同努力来促进环境改善的可能性依然存在,但是问题的程度一直是令人气馁的。

许多参与者把 2009 年的联合国哥本哈根气候变化会议描述为一次失败。当时,中国和印度退出了谈判,并且没有达成任何关键的有约束力的协议。另一个令人失望的会议是 2012 年的里约 20 国峰会,本来该会议是作为 1992 年地球峰会的延续,在关于气候变化和生物多样性方面的令人振奋的公约与消除贫困和社会正义的承诺方面,该会议已经到位了。世界主要的领导者缺席了 2012 年的 20 国峰会,最后的文件"我们想要的未来"被描述为一个空的声明而不是一个真正的行动计划。

为了解决国际环保管理方面的劣势,过去 40 年已经进行了一些尝试并提出建立一个联合国环境组织。为了建立这样的一个组织,在国际水平上讨论了三个结构模型。从一个温和的情况——环境署升级为类似于世界卫生组织的非正式的联合国专门机构,到一个更加深远的形式——一个"在环境问题上有层次的政府间组织,该组织由多数人的决策构成,加上对未能遵守有关保护全球公域进行执法的权力与国家"。[7] 46 个国家已经表示出它们对建立联合国环境组织的支持。[f]

尽管有了这些努力,一个全球环境基金的前负责人提供了一个发人深省的有限的国际进展的评估:

> 在不到 15 年的时间里,国际社会对环境和可持续发展挑战的反应包括 4 个国际峰会、4 个首脑会议、3 个国际会议、2 个协议、1 个新的金融实体——全球环境基金(GEF)。从表面判断,这些是巨大的成就。但是尽管有高性能的聚会和协议,但是在促进环境和追求可持续发展的过程上仅仅取得了一些小小的进展。全球环境趋势依然是消极的,解决环境与发展挑战的重要金融资源承诺没有兑现。[8]

在地方一级的行动:从零开始的可持续性。

正如我们看到的,向可持续发展移动的国际记录是不均匀的。但是,正如之前对 GEF 的小额援助项目的描述(见专栏 21.4),在城市、农村地区以及在北半球和南半球,地方一级已经出现了巨大的多样性和创造性。

---

f　在法国、荷兰、挪威的领导下,欧盟的成员国在 2007 年共同参与了"巴黎行动宣言",几个发展中国家也这样做了(包括阿尔及利亚、摩洛哥、厄瓜多尔和柬埔寨),这三个国家从 20 世纪 80 年代就开始促进这样一个机构的建立。然而,温室气体主要的排放国——美国和 BRIC 国家(巴西、俄罗斯、印度和中国)拒绝签署这样的协议。详见:www.reuters.com/article/2007/02/03/usglobalwarming-appeal-idUSL0335755320070203。

专栏 21.4　　　　　　　**全球环境基金**

　　全球环境基金(GEF)包括 182 个成员国政府。它由十个国际机构共同管理,包括联合国开发计划署(UNDP)、联合国环境规划署(UNEP)、世界银行、联合国食品和农业组织(FAO)、联合国工业发展组织(UNIDO)、区域发展银行。不像世界银行和国际货币基金组织,GEF 提供援助金和贴息资金而不是贷款。通常,一个全球环境基金资助可能伴随着世界银行环境贷款,从而以较低的成本增加对接收国的影响。

　　GEF 项目的经济和理性主要表现在:超过发展中国家准备支付的用于环保金额的增量成本应该由国际社会作为一个整体来承担。例如,能源有效和可再生能源资源的建立有利于当地人,但是也会有利于全球限制温室气体排放的努力。因此,一些成本应该由受援国以偿还贷款的方式支付,一些成本应该由更加富裕的国家通过 GEF 的方式来承担,这样似乎是有道理的。

　　实践中,这种增量成本的概念的应用是棘手的。批评者认为:很难去分离全球和国家的利益。同样,在一些例子中,世界银行通过 GEF 贷款的方式进行资助的配对原则实际上会导致更加严重的环境损害。例如,在厄瓜多尔,一个伐木公司接受了世界银行 400 万美元的贷款和 GEF250 万美元的援助金。这个公司被要求建立一个森林保护区,但是不能在更大的地区扩大伐木。在埃及,世界银行的一个开发海滨度假胜地的 2.42 亿美元的贷款与 GEF 的 475 万美元的保护活动贷款相结合。在这个例子中,GEF 的组成部分可以作为加速资源开发的理论基础。

　　GEF 现在已经在 117 个国家进行了 619 个项目,在这之中,中国的项目数量最大。2005 年的一项研究 GEF 项目对中国影响的调查总结:这些项目在提高中国对气候变化和生物多样性方面发挥了重要的作用,但是在中国协调各机构与政府机构之间的关系是存在困难的。

　　大部分 GEF 的援助金都通过国家机构来引导(遵循与世界银行贷款相同的模型)。GEF 的援助金中只有 5% 直接针对解决农村和城市社区的需要,并且通过当地的非政府组织⑥(nongovernmental organizations)来引导(NGOs)。但是 GEF 的小额赠款方案已经被公认为实现全球环境效益的最有效的工具之一,同时它还在特别注意帮助穷人的情况下解决当地居民的生活需要。

---

　　⑥　非政府组织(NGOs):私人资助的非营利组织,通常参与研究、游说、提供服务或开发项目。
　　增量成本:相比较于那些没有国外支助的准备支付环境成本的国家,发展中国家额外的环保成本。

小额赠款方案的例子包括培训牧民在也门建蓄水池来收集雨水,提高世界上最干旱的地区之一的水资源管理;给塞内加尔当地的工匠提供太阳灶。这些方案中的每一个每年都能节省等量的 12 棵树(3 公吨的碳当量)。

正如我们所见,这些项目很温和(每个达到约 1 000 人的社区通常有一个 50 000 美元以下的预算),评估显示,相比较于环境基金中等和大尺寸的项目,小额赠款方案在实现全球环境效益方面有较高的成功率,并且在维持方面有显著更高的利率。大约 90% 的小额赠款方案被评估为是成功的,并且在这些项目中,80% 显示的好处可能会持续到未来。

资料来源:Barnes 等,1995;国际环境基金的年度交互式地图检测报告,www.thegef.orp/gef/RBM/;国际环境基金评估办公室,2010;Heggelund 等,2005;Shiva,2001;UNDP,2012;世界银行,1995,2004。

在过去的 20 年,成千上万个地方举措已经开始萌芽。对生态可持续发展必要性做出回应,同时通过农业、林业、资源管理、生物多样性保护、能源生产、工业回收和其他领域方面的创新举措来提高人们的生活水平。[9]

- 菲律宾有机农业合作社。
- 巴西雨林促进多产品森林的管理和保护的采掘储备⑦(extractive reserves)。
- 在秘鲁的亚马孙森林和哥斯达黎加可持续地发展森林和重新造林。
- 在多米尼加共和国的农村建立太阳能发电装置。
- 洪都拉斯土壤的修复与保护技术。
- 尼日利亚的农业、食品加工、轻工业妇女合作社。
- 瓜地马拉,海地和印度尼西亚的农林复合经营⑧(agroforestry)项目。
- 塞内加尔的太阳能炊具项目。
- 玻利维亚对天然马铃薯、块茎、谷物和豆类的保护。
- 亚洲、非洲和拉丁美洲的保护当地土著品种谷物(小麦、大麦、玉米等)的社区种子银行。
- 刚果和埃塞俄比亚的森林更新项目(见专栏 21.3)。
- 在摩洛哥的阿特拉斯山脉造林[10]。
- 在孟加拉国沿海造林[11]。

这些当地可持续发展实践的例子证明:经济发展、消除贫困和提高环境的

---

⑦ 采掘储备:为了非木材产品的可持续采集如坚果、树液等而管理林地。
⑧ 农林复合经营:在同一片土地上既种树又种粮食。

目标能够成功地结合到一起。不幸的是,体现在这些小规模项目上的原则很少反映到国家和全球的经济优先上。这反映了经济发展政策需要进行重大调整。

可持续发展问题对城市地区越来越重要。现在,世界上一半以上的人口都居住在城市,截至 2050 年,这个比例将接近 80%。城市占据了所有废物中的 50%,所有温室气体排放中的 60%~80%,并且消费了 75% 的自然资源,但是仅仅占据世界土地面积的 3%。[12]

交通系统是城市区域的关键问题。城市规划者正在寻求方式来为人们设计城市,没有车:"超过一个临界点之后,随着汽车数量的累加,汽车提供的不再是便捷,而是停滞"。[13] 在里约 20 国峰会上,成立了一个全球性的市政厅,数百个城市的市长在这里对最佳实践进行了交流,表明城市在全球可持续发展中是最坚定的机构,同时也面临一些最具挑战的问题(见专栏 21.5)。[14]

专栏 21.5　　　　在巴西的库里提巴进行可持续城市管理

巴西城市库里提巴在可持续发展、公共交通系统和碳排放减少等方面的投资成为了先行者。库里提巴是发展中国家和发达世界国家的榜样,但是库里提巴在面对迅速增长的人口时,依然面临着一些保持可持续发展承诺的挑战。

库里提巴成功的一个关键因素是对交通问题的重视。分区法促进了巴士运行的高密度发展。巴士系统每天运送超过 100 万名乘客。库里提巴人均汽油的使用和空气污染水平是巴西最低的。虽然库里提巴居民 60% 拥有汽车,但是巴士、自行车和步行占据了整个城市交通水平的 80%。相比较于巴西大部分的城市,库里提巴的人均排碳量少了 25%。

库里提巴通过把排水区转变为公园的方式来保护排水区以控制洪水。库里提巴没有办法提供一个大规模的再循环工厂,但是公共教育项目在减少废物和增加循环率方面非常成功。在那些因街道太过狭窄而垃圾车无法进入的区域,创造了社区垃圾收集的激励措施。主要方式包括不交换公交币的垃圾袋、剩余食物的包裹和学校的笔记本电脑。在另一个项目里,较旧的公交车转给流动学校并且前往低收入居民区。

库里提巴的例子证明在那些有着快速人口增长和较高贫穷率的城市区域,环境可持续的项目也是可能的。"从库里提巴学习到:创造力可以取代金融资源。任何城市,无论贫穷还是富裕,都能够借鉴其居民的技能来解决城市环境问题"(世界资源署,1996)。

然而,不足也不是不存在。该城市从 1950 年的 30 万人口增加到现在的大约 300 万人口(包括其大型都市地区)。库里提巴的管理很难跟上人口增长,并且它的垃圾经常溢出。它已经不再是巴西最清洁的地区了,并且其发展导致严重的森林砍伐:巴拉那州 99% 的森林遭到砍伐,该州最大的城市就是库里提巴。因此,尽管 40 年以前采取的积极的城市规划方案取得了成功,库里提巴也必须更新其计划以适应这个时代。

资料来源:绿色地球监督,2009;世界资源署,1996。

21.4　新目标和新生产方式

促进生态可持续性意味着对现存的技术和生产组织的转移。考察经济活动的具体方面的影响并且总结之前章节的讨论,我们可以得出以下几点需要改变:

农业

在人均消费水平不断增加的情况下,向扩大的人口提供食物给全球土壤和水系统带来了严重的损伤。对该问题的应对方案必须是双重的。在生产方面,现在造成土壤退化和水污染、水透支相关高投入的生产技术应该进行改造,以综合虫害管理和有效地灌溉替代。反过来,这表明对当地的知识和农业系统发展的参与式输入的依赖。[15]

从消费角度看,对生产资源限制需要限制人口增长和粮食分配公平与效率。正如第 9 章中讨论的,效率政策能够同时促进社会公平和缓和人口增长,包括女性教育和健康保证、计划生育服务。食物分配和饮食模式需要强调负担得起的基本食物、蔬菜类蛋白质和营养素。

工业

全球工业生产的规模增加到现在水平以上,这个水平代表了在 1950 年的水平上翻了两倍,"末端"污染控制的不足将会越来越明显。正如我们在第 17 章看到的,工业生态学[⑨](industrial ecology)的概念表明在生产周期的所有阶段减少排放和再利用材料的目标,即对整个工业行业结构进行调整。为了达到这个目标,企业和政府之间广泛努力合作是关键。

---

⑨　工业生态学:应用生态原则管理工业活动。

能源

供给限制和环境影响(特别是温室气体的累积量)意味着有必要在 2050 年以前完成化石燃料的过渡,正如第 13 章和第 19 章中讨论的。一个重组的能源系统将大大减少集中程度、适应当地条件以及利用风、生物质和太阳能离网发电系统的机会。在那些急剧扩张其能源系统的国家中,如果没有可再生能源发展的资本激励,那么这些资源重组就不可能发生。

可再生资源系统

正如第 13、第 14、第 15 章中讨论的,世界渔业、森林和水系统受到过大压力。在下个世纪,对所有系统预期的需求甚至增加了,所有的机构管理水平都必须进行迫切的改革。需要多边协定和全球基金来保护跨界资源;必须把国家资源管理的目标从开发保护转移到可持续收获;当地社区也必须积极地参与到资源保护中去。

转向发展的再定义

如第 7 章和第 8 章讨论的,可持续发展政策的目标被描述为强可持续和弱可持续。总的来说,强可持续性⑩(strong sustainability)的拥护者认为:自然系统应该尽可能地保持完整。人们把关键自然资本⑪(critical natural capital)(如水供给)确定为在任何情况下都应该保留的资源。在这个观点下,例如,即使可以用额外的肥料来补偿退化的土壤,自然土壤肥力的维持也是必不可少的。在更加适度的弱可持续性⑫(weak sustainability)的方式下,如果可以通过制造资本⑬(manufactured capital)积累来补偿自然资本,一些退化或者自然资本的缺失是可以接受的。

无论是两个可持续概念中的哪一个——特别是在强可持续的情况下——都表明经济增长的标准概念的转变。那些严重依赖自然资源、原材料和化石燃料的经济活动不能无限增长。因为地球上的生态系统有一定的限制,该限制也必须应用于宏观经济规模⑭——总的资源使用和产品产出水平,正如第 7 章讨论的。Herman Daly 指出,要想达到一个峰值需要长期准备,该峰值是一个经济在材料和能源资源消耗方面处于稳定状态⑮(steady state)。[16]

---

⑩　强可持续性:认为自然和人力资本一般是不可替代的,因而认为自然资本水平应维持不变。
⑪　关键自然资本:自然资本的元素没有合适的人造替代品,如基本的供应水和可呼吸的空气。
⑫　弱可持续性:只要能由增加的人力资本进行补偿,那么认为自然资本的消耗就是合理的;假定人力资本可以替代大多数类型的自然资本。
⑬　制造资本:被人类生产出来的生产性资源,如工厂、道路和计算机,也指生产性资本或人力资本。
⑭　宏观经济规模:一个经济的总规模;生态经济学认为生态系统对宏观经济设定了规模限制。
⑮　稳定状态:通过限制材料和能源资源的吞吐量来保持稳定自然资本水平的经济。

这个概念与标准的经济增长的观点完全不同,在标准经济增长观点中,GDP 按照一个无限期的指数增长⑯(exponential growth)路径增加——例如,GDP 每年增加 4%。在增长限制的视角下,国家和全球的经济系统必须遵循一个称为逻辑增长⑰(logistic curve/logistic growth)模式的方式,在这个模式中,至少在资源消耗方面,经济活动达到最大值(见图 21.4)。

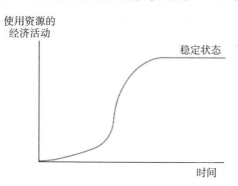

图 21.4　增长达到稳态

这个分析表明原料消费的限制,但是那些不涉及资源消费,环境中性或环保的活动能够无限增长。这些活动包括服务、艺术、通信和教育。在满足基本需求并且达到了适度水平的消费后,经济发展会越来越面向这种固有的"可持续的"活动。17

目前,许多发展理论和政策都促进了持续的经济增长。什么样的政策能够促进可持续性? 经济增长和可持续性的目标是兼容的吗?

一些生态经济学家认为"可持续增长"是一个自相矛盾的概念。他们指出,没有哪一个系统可以无限增长。然而,一些特定种类的经济增长很关键。世界上很多不能满足基本需要的人们需要更多并且更好的食物、房屋和其他商品。

在高消费的社会中,或许可以通过没有负的环境影响的教育和文化服务来实现改进的幸福。人们可能也会选择更多的休闲时间而不是扩大商品消费。但是无节制的经济增长不可能是公平的,也不可能是环境友好的。全球向可持续增长的过渡主要涉及健康、水资源、卫生、教育、可替代能源资源和环境保护等方面的投资。目前,没有一个国家或者国际机构进行任何必要规模的投资。但是一些理论学者建议后经济增长⑱(post-growth economy),该增长是"设计其缓慢,而不是灾难"。18

---

⑯　指数增长:一个价值增加的比例在每个时间段都相同,如人口每年增加了相同的比例。

⑰　逻辑曲线/逻辑增长:倾向于一个上限的 S 形状的增长曲线。

⑱　后经济增长:已经完成经济增长过程并且不会有进一步提升的经济,该经济有可能减少资源和能源使用。

　　Peter Victor 展示了一个向稳态经济过渡的模型。[19] 一个称为 LOWGROW 的经济模型被应用于加拿大经济模型"社会生态环境"路径,该路径在不要求经济增长的情况下提供了有吸引力的社会和环境产出。

　　在图 21.5 中展示的情境下,假设加拿大政府对温室气体(GHG)排放征税,创造了从高温室气体到低温室气体的能源资源转移的激励,总的来说,使得能源更加昂贵,并且鼓励资源保护和效率。从温室气体征税获得的收入用来降低其他税收,因此收入的净效应是 0。在这个情境下,2025 年以后人均 GDP 保持稳定,到 2035 年温室气体排放减少 22%。贫穷水平和失业水平也显著降低,达到财政平衡,债务占 GDP 的比例也稳固下降。在原料消耗方面增长缓慢,但是在卫生保健和教育方面花费更多,一个较短的工作周允许了充分就业。

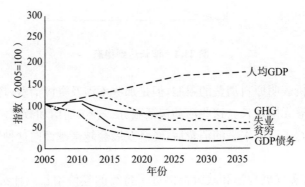

注:GDP=国内生产总值;GHG=温室气体。
资料来源:Victor,2008,p. 182。

图 21.5　加拿大经济无增长的情境

　　这个模型表示最终导致经济缓慢的增长与完全就业、虚拟消除贫困、更多的休闲、温室气体相当大程度上的减少和财政平衡是一致的。

特殊的政策建议

　　哪一种特殊的政策与环境的合理发展是一致的? 在之前的章节中,我们已经涉及的可能的政策有:

　　● 绿色税[19](renewable energy sources)能够把税收和资本税的负担转移到化石燃料使用、资源提取和污染产生等方面。这将会减少能源和材料密集型的经济活动而鼓励服务和劳动密集型的活动。收入中性(税收政策)[20](bio-sphere)转移可能把新能源和资源税收集上来的每 1 美元匹配给收入、工资、

────────────

⑲　绿色税:基于商品或服务的环境影响的税收。
⑳　收入中性(税收政策):用于描述一个税收政策,该政策能够保持税收收入的总水平不变。

公司或资本税收减少。[20]

● 那些鼓励减少能源、化肥、杀虫剂和灌溉用水过度使用的农业和能源补贴。这就可以与可持续农业系统的促进相匹配,这些系统包括营养循环、农作物多样化、天然防虫、尽量减少使用人造化学物质和化肥。

● 原料使用和可再生能源更大的回收利用。工业生态学的原则建议重新设计工业系统来模仿自然生态系统的封闭循环模式,并且用最少的废物输出重复使用尽可能多的材料。

● 有效的运输系统,该系统包含高速列车、公共交通和增加自行车的使用以及代替能源密集型的汽车运输,并且重新设计城市和郊区以尽量减少运输需求。燃料效率高的汽车的使用在美国等国家中很重要,这些国家已经广泛发展了以汽车为中心的系统。一些发展中国家可以通过回收,而不是通过自行车和高效的公共交通来避免对大型汽车的依赖。

● 可再生能源系统的加速发展,如太阳能、水电、风能和地热发电,还有燃料电池和高效工业系统等新技术。正如我们在第 12 章中看到的,在这个过程中,为了建立替代能源的市场激励机制,对目前化石燃料补贴的重新定位非常重要。

结论

发展政策分析必须考虑长期的可持续性。单纯的、以经济增长为目标的政策面临着关于第 1 章讨论的生物圈广泛的"圆形流"的损害风险,除非政策包括对环境影响可持续规模的考虑。这给发展政策的争论增加了一个新的维度,这个维度对于发展中国家和发达国家来说都是越来越重要的。

在人口统计学和经济学上,未来的可持续发展路径在发达世界的工业化国家和仍然处于成长阶段的新兴的发展中国家之间非常不同。

在南半球,为农村地区和城市贫民区的数以亿计的贫民提供基本需求的必要性促进了经济向上增长。但是,经济增长不需要继续使用相同的增长模式,并且这种模式造成当前的生态危机。正如当地可持续性创新所展示的,可以在不对自然资源造成影响的情况下达到可持续的民生。对于发展中国家来说,通过扩大社会目标与环境目标相结合的措施,一个更加可持续的途径是可以想象的,这些措施包括增加可再生能源的使用和恢复土壤肥力、水资源获得、退耕还林以保护生物多样性等整合方法。

随着世界人口持续增加、经济活动持续扩张,可持续性变得越来越重要,并且越来越难以达到。这是 21 世纪的主要的挑战,在制定全球、国家和地方政策时,既需要经济的也需要生态的理解。

总　结

可持续发展被定义为既满足当代人的需求又不损害后代人满足其需求能力的发展。这意味着在不损害自然资本的情况下增加并促进制造成本，必须在不增加资源需求和产生超出生态系统的支持能力的情况下满足增加人口的需求。

对于发达国家，这表明消费的适度增加和更加环保的技术的应用。发展中国家的消费增长是不可避免的，但是可以避免那些会产生高资源需求和环境影响的生产方式。为了达到这些目标，发达国家和发展中国家的共同合作很关键，但是很难实现。

在农业、工业、能源系统和可再生能源管理方面必须进行改革。其中，低投入和有机农业、能源有效和生态无害的工业发展、更好的渔业和林业管理是一个平衡的经济/环境系统重要的内容。另外，在所有的领域中，人口稳定都是重要的。

在可持续和经济发展之间存在一个内在张力。虽然这两者不是必然不兼容的，我们也不能在有限的资源下无限发展经济。因此，未来的经济增长必须更加注重服务业、通信、艺术和教育等领域，这些领域有利于人类福利但是有相对较低的资源需求。

世界银行等全球主要的金融机构已经实施具体的政策措施来促进可持续的发展并且重新调整其发展贷款。然而，资源密集型和产生污染的发展政策依然很普遍。在促进消除贫困和环境保护的二元目标时，通过私人或者国家融资的小规模项目上表现得更加成功。

可持续发展战略尝试平衡地球资源和吸收污染能力限制下的经济增长的必要条件。对于 21 世纪可持续发展来说，必须对全球经济增长目标进行修改。

问 题 讨 论

1.评论持续发展初始的定义"既满足当代人的需要又不损害后代人满足其需求的能力"。你认为这个定义是有用的吗？或者它太过于雄心勃勃或者因笼统而失去了其可应用性？你能想出方法让它更加精确或者可替代的定义吗？

2.你将如何平衡经济发展和环境可持续性的目标？在何种程度上这些目标必然会发生冲突？

3.你认为哪些政策在促进环境可持续发展方面是最重要的？在哪些领域社会已经在可持续发展的过程中有所进展？哪里的问题最严重？

注　释

1.World Commission on Environment and Development，1987.

2.Reed，1997，351.

3.World Bank，1995，2004，and 2010.

4.Report available at http：//go.worldbank.org/BD8MP7T5B0.

5.French，2000，196.

6.World Resources Institute，2008.

7.Biermann，2011.

8. Mohamed El-Ashry, former CEO of the Global Environmental Facility in the 1990s，quoted in Swart and Perry，2007.

9.Examples drawn from Barnes et al.，1995；Global Environmental Facility，2012，www.thegef.org/gef.

10.High Atlas Foundation，www.highatlasfoundation.org.

11. See www. thegef. org/gef/news/bangladesh-wins-earth-care-award-2012-ldcf-project.

12.Brown，2009.

13.UN News Center，"UN and Partners Unveil New Initiative to Achieve Sustainable Cities," June 18，2012，www. un. org/apps/news/story. asp？ NewsID＝42264＃. UFObSbJlT61/；quotation from Molly O'Meara, *Reinventing Cities for People and the Planet*，Worldwatch Paper 147 (Washington, DC：Worldwatch Institute，June 1999)，pp. 14—15.

14.See www.iclei.org for specific examples of sustainable city efforts.

15.Pinstrup-Andersen and Pandya-Lorch，1988.

16.See Daly，1996；Daly and Townsend，1993.

17.See Durning，1992，and Harris，2013.

18.See Jackson，2009；Victor，2008.

19.Victor，2008，chap. 10.

20.See Frank，2012；Hamond et al.，1997.

参考文献

Barnes, James N., Brent Blackwelder, Barbara J. Bramble, Ellen Grossman, and Walter V. Reid. 1995. *Bankrolling Successes: A Portfolio of Sustainable Development Projects*. Washington, DC: Friends of the Earth and the National Wildlife Federation.

Biermann, Frank. 2011. *Reforming Global Environmental Governance: the Case for a United Nations Environment Organization*. www.stakeholderforum.org/fileadmin/files WEO%20Biermann%20FINAL.pdf.

Brown, Lester R. 2005. *China Replacing the U.S. as World's Leading Consumer*. www.earth-policy.org/plan_b_up-dates/2005/update45/.

——. 2009.*Plan B 4.0: Mobilizing to Save Civilization*. New York: W.W. Norton.

Daly, Herman E. 1996.*Beyond Growth: The Economics of Sustainable Development*. Boston: Beacon Press.

Daly, Herman E., and Kenneth N. Townsend, ed. 1993. *Valuing the Earth: Economics, Ecology, Ethics*. Cambridge, MA: MIT Press.

Durning, Alan. 1992. *How Much Is Enough: The Consumer Society and the Future of the Earth*. New York: W.W. Norton.

Frank, Robert. 2012. "Nation's Choices Needn't Be Painful." *New York Times*, September 22.

French, Hilary. 2000. "Coping with Ecological Globalization." In *State of the World 2000*, ed. Brown et al., New York: W.W. Norton.

GEF Evaluation Office. 2010. *Fourth Overall Performance Study of the GEF*. www.thegef.org/gef/.

Green Planet Monitor. 2009. *Smart Solutions for a Developing World—Curitiba*. www.greenplanetmonitor.net/ news/2009/03/curitiba-sustainable-city/.

Hamond, M. Jeff, et al. 1997. *Tax Waste, Not Work*. Washington, DC: Redefining Progress.

Harris, Jonathan M., 2013. "The Macroeconomics of Development Without Throughput Growth." Chapter 2 in *Innovations in Sustainable Consumption: New Economics, Socio-technical Transitions, and Social Practices*, eds. Maurie J. Cohen, et al. Cheltenham and Northampton, MA: Edward Elgar. Also available at: http://www.ase.tufts.edu/gdae/ Pubs/wp/10-05MacroeconomicsofDevelopmentwithoutThroughputGrowth.pdf.

Harris, Jonathan M., Timothy A Wise, Kevin P. Gallagher, and Neva R. Goodwin, ed. 2001. *A Survey of Sustainable Development: Social and Economic Dimensions*. Washington, DC: Island Press.

Heggelund, Gorild, Andresen Steinar, and Ying Sun. 2005. "Performance of the

Global Environmental Facility (GEF) in China: Achievements and Challenges as Seen by the Chinese." *International Environmental Agreements* 5: 323－348. www.springerlink. com/content/f000235438327217/.

International Monetary Fund. 2012. *World Economic Outlook: Growth Resuming, Dangers Remain*, www.imf.org/ external/pubs/ft/weo/2012/01 /index.htm.

Jackson, Tim. 2009. *Prosperity Without Growth: Economics for a Finite Planet*. London: Earthscan.

Lee, John. 2011. "The Greening of China, a Mirage." *The Australian*, September 9.

Pinstrup-Andersen, Per, and Rajul Pandya-Lorch. 1998. "Food Security and Sustainable Use of Natural Resources: A2020 Vision." *Ecological Economics* 26(1): 1－10.

Pretty, Jules, and Robert Chambers. 2000. "Towards a Learning Paradigm: New Professionalism and Institutions for Agriculture." In Jonathan M. Harris, ed., *Rethinking Sustainability: Power, Knowledge, and Institutions*. Ann Arbor: University of Michigan Press.

Reed, David, ed. 1997. *Structural Adjustment, the Environment, and Sustainable Development*. London: Earthscan.

Shiva, Vandana. 2001. "Conflicts of Global Ecology: Environmental Activism in a Period of Global Reach." Original publication in *Alternatives* 19 (1994), pp. 195－207; summarized version in Harris et al. eds., *A Survey of Sustainable Development*.

Swart, Lydia, and Estelle Perry, ed. 2007. *Global Environmental Governance: Perspectives on the Current Debate*. Center for UN Reform Education, www.centerforunreform.org/node/251/.

United Nations Development Programme (UNDP). 2012. "The GEF Small Grants Program, 20 years—Community Action for the Global Environment," www. thegef. org/ gef/pubs/20-years-community-action-global-community/.

U.S. Energy Information Administration. 2012. *China: Country Analysis*. www.eia. gov/countries/cab.cfm? fips＝CH/.

Victor, Peter. 2008. *Managing Without Growth, Slower by Design, not Disaster*. Northampton, MA: Edward Elgar.

World Bank. 1995. *Monitoring Environmental Progress: A Report on Work in Progress*. Washington, DC.

——. 2004. *Environment Matters: Annual Review*. Washington, DC.

——. 2010. *Annual Report 2010: Development and Climate Change*. Washington DC.

World Commission on Environment and Development. 1987. *Our Common Future*. Oxford: Oxford University Press.

World Health Organization. 2007. *Environment and Health in China Today*, http:// www2.wpro.who.int/china/sites/ehe/.

World Resources Institute. 1996; *World Resources 1996－1997: The Urban Environment*. New York: Oxford University Press.

——. 2008. *Can the World Bank Lead on Climate Change?* www. wri. org/press/ 2008/06/can-world-bank-lead-climate-change/.

Yardley, Jim. 2004. "Rivers Run Black, and Chinese Die of Cancer." *New York Times*, September 12.

相关网站

1.**www.thegef.org/gef.** Home page of the Global Environmental Facility, a funding agency established "to address global environmental issues while supporting national sustainable development initiatives. The GEF provides grants for projects related to biodiversity, climate change, international waters, land degradation, the ozone layer, and persistent organic pollutants."

2.**www.unep.org.** Web site of United Nations Environmental Program, including the *GEO Yearbook 2012* (www. unep. org/yearbook/2012/) focusing on major policy developments and instruments that have a bearing on sustainable development.

3.**www.iisd.org.** The International Institute for Sustainable Development offers policy recommendations on international trade and investment, economic policy, climate change, measurement and indicators, and natural resources management. The site includes free software for modeling complex relationships between economic, social, and environmental issues.

4.**www.maweb.org.** Reports by the Millennium Ecosystem Assessment, a United Nations project "strengthening capacity to manage ecosystems sustainability for human well-being" including Synthesis Reports on biodiversity, desertification, business and industry, wetlands and water, and health.

5.**www.wri.org.** Web site of the World Resources Institute, a global environmental think tank that produces research reports and conducts projects on aspects of global climate change, sustainable markets, ecosystem protection, and environmentally responsible governance.

6.**www.earth-policy.org.** Web site of the Earth Policy Institute (EPI), an advocacy think tank founded in 2011 by Lester Brown, the founder and former president of the Worldwatch Institute, to provide a plan for a sustainable future.

7.**www.greenplanetmonitor.net/news.** Web site of the Green Planet Monitor presenting case studies of local sustainable solutions all over the world.

8.**www. iclei. org.** Web site of Local Governments for Sustainability, a Global Association of 1200 local governments that provide tools and technical assistance to local governments, cities, and municipalities, all over the world, to set and achieve their climate protection and sustainability goals.